国家出版基金项目
NATIONAL PUBLICATION FOUNDATION

"十三五"国家重点出版物出版规划项目

采矿手册

第六卷　矿山智能化

古德生◎总主编

王李管◎主编

毕　林　胡建华◎副主编

Mining Handbook

中南大学出版社
www.csupress.com.cn

·长沙·

内容提要

　　本卷涉及矿山智能化理论与技术，共9章，分别为：第1章绪论；第2章矿床地质信息模型；第3章矿山开采设计数字化；第4章数字化开采计划编制；第5章露天开采作业智能化；第6章地下矿山开采作业智能化；第7章生产辅助系统自动化；第8章矿山安全监控与信息化；第9章生产管理信息化。

　　本卷重点介绍了矿山在资源建模、开采设计、开采计划、开采作业和生产管理方面的智能化建设内容和系统，既有基础理论，也有前沿技术。收集整理了一些新的智能化系统应用案例，系统反映了近年来矿山智能化建设的发展动态，具有较大的参考价值。可供矿山智能化设计、建设和管理人员使用，也可作为大专院校师生的工具书。

矿产资源是在地球长达 46 亿多年的演化过程中形成的、不可再生的可开发利用矿物质的聚合体。矿业是人类开发利用矿产资源而形成的产业，包括矿产地质勘探、矿床开采和矿物加工，是获取初级矿产品、为后续工业提供原材料的基础性产业。

人口、资源、环境是人类社会可持续发展的三大要素，而矿产资源是核心要素。人猿揖别后，人类文明"一切从矿业开始"：从旧石器时代到当前大数据、人工智能、物联网协同发展的"大人物"时代，人类从未须臾离开过矿业！矿产资源的开发利用与人类社会的发展，在历史长河中相辅相成，各类矿产资源为人类的衣、食、住、行，社会的发展与科技进步提供了重要的物质基础，衍生了人类社会，创造了人类的物质文明、科技文明和精神文明。现代社会的冶炼和压延加工业、建筑业、化学工业、交通运输业、机械电子业、航空航天业、核能业、轻工业、医药业和农业等国民经济的各行各业，没有矿业一切都将成无米之炊。

绵延五千年，在中华大地上，华夏儿女得以生存发展与繁衍生息，中华文明的传承和发扬光大，与矿产资源的开发密不可分。华夏祖先是世界上开发利用矿产资源最早、矿物种类最多的先民之一，在世界矿业史上开创了辉煌的时代，创造了灿烂的矿冶文明。1973 年，在陕西临潼姜寨遗址中出土的黄铜片和黄铜管状物，年代测定为公元前 4700 年左右，是世界上最古老的冶炼黄铜，标志着我们的祖先早已为人类青铜时代的到来奠定了坚实的基础。出土了成批青铜礼器、兵器、工具、饰物等的二里头文化，表明在距今已有 4000 余年的夏朝时期，华夏文明就已进入了青铜时代。2009 年，在甘肃临潭磨沟寺洼文化墓葬中出土的两块铁条，距今已有 3510～3310 年，表明 3000 多年前华夏的铁矿采冶技术就已经相当成熟，为春秋战国时期大量开采铁矿、使用铁器和人类跨入铁器时代奠定了基础。到了近代，特别是 1840 年鸦片战争以后，由于列强的掠夺、连年战乱和长期闭关锁国，中国矿业开始逐渐落后于西方国家。

1949 年，中华人民共和国成立后，国民经济得到了迅猛的恢复和发展，中国矿业从年产钢 15 万吨、10 种有色金属 1.3 万吨、煤炭 3200 万吨、原油 12 万吨起步，开启了快速发展与重新崛起的新纪元。

20 世纪 50 年代初期，为规划"建设强大的社会主义国家"，振兴矿业成为头等大事。

1950 年 2 月 17 日，正在苏联访问的毛泽东主席在莫斯科为中国留学生亲笔题写了"开发矿业"四个大字，号召有志青年积极投身祖国的矿山事业，为中国矿业的发展和壮大贡献青春和智慧。七十多年弹指一挥间，经过几代人的努力，我国已探明了一大批矿产资源，建成了比较完整、齐全的矿产品供应体系，为国民经济的持续、快速、协调、健康发展提供了重要的物质保障，取得了举世瞩目的成就：2019 年生产钢材 12.05 亿吨，10 种有色金属 5866 万吨，原煤 38.5 亿吨，原油 1.91 亿吨。

1 矿业特点与产业定位

在人类社会漫长的发展过程中，被发现和利用的矿产种类越来越多。依据矿业经济和社会发展的不同历史阶段所需矿物种类的差异性，可以大致将矿产资源分为三类：

第一类是传统矿产，包括铜、铁、铅、锌、锡、煤和黏土等工业化初期需要的主导性矿产品。

第二类是现代矿产，包括铝、铬、锰、钨、镍、矾、铀、石油、天然气和硅等工业化成熟期到高技术发展初期广泛利用的矿产品。

第三类是新兴矿产，包括钴、锗、铂、稀土、钛、锂、金刚石、高纯石英、晶质石墨等知识经济高技术时代大量使用的矿产品。

一个国家的科技及经济处于哪个发展阶段，依据上述三类矿产品的生产量和需求量的比例就可做出判断。当今世界正面临着新的技术革命，不仅需要第一类、第二类矿产，还需要大力开发第三类矿产。比如，航空航天、医疗设备、电子通信、国防装备等，都需要大量的新兴矿产品。

在联合国的《国际标准行业分类》(ISIC-4.0) 和欧盟标准产业分类 (NACE2006)、北美产业分类 (NAIC2012) 等文件中，矿业 (包括探矿、采矿和选矿) 均归属于从自然界获取初级矿产品、为后续加工产业 (第二产业) 提供原材料的第一产业。世界矿业大国和矿产品消费大国，如俄罗斯、美国、巴西、澳大利亚、新西兰、加拿大、南非等，都把矿业作为一个独立产业门类且归属为第一产业。仅有日本、德国等少数国家，因其国内矿产资源较为贫乏，所需要的矿产品主要依靠国外进口，矿业在其国民经济中所占份额较少，而把矿业列为第二产业。

由于历史的原因，我国矿业被划分在第二产业，这是不合适的。中华人民共和国成立之初所确定的产业分类法，是从苏联移植的按生产单位性质划分产业类型的方法，完全没有考虑经济活动的性质。因此，把设在冶金联合企业 (包含探矿、采矿、选矿、冶炼和材料加工等生产业务) 内部的矿山采掘生产作业 (探矿、采矿、选矿) 连带划入了第二产业。几十年来，我国一直维持着这一分类法。到 2003 年，国家统计局颁布的《三次产业划分规定》及现行的《国民经济行业分类》(GB/T 4754—2017) 中，依然将采矿业划归为第二产业，且把勘查业划归为第三产业。这种把矿业等同于加工业的产业分类方法，混淆了企业经济活动的性质，压制了矿山企业的经济活力，实在有待商榷。马克思在《资本论》中阐述剩余价值学说时，就曾论述到：农业、矿业、加工业和交通运输业是人类社会的四大生产部类，农业和矿业是直接从自然界获取原料的生产部类，是基础性产业；加工业是对农业和矿业所获得的原料进行加工，以满足社会的需求；交通运输业是连接农业、矿业、加工业等的纽带和桥梁；没有农业和矿业的发展，就没有加工业和交通运输业的繁荣。

随着经济和社会的发展，中国已成为世界第一矿业大国，理应同世界上绝大多数国家一样，把矿业归属于第一产业。从生产活动的性质上看，矿业不仅应该划归第一产业，而且它还应该是个独立的产业门类。因为它与一般工业有本质的不同，主要有如下特性：

（1）建矿选址的唯一性。一般工业可选择相对有利于人们生产、生活的地区建厂，而矿山只能建在矿床所在地。大多数蕴藏矿产资源的地区往往是水、电、交通条件很差的边远山区，建矿如同建社会，矛盾多、投资大、工期长。

（2）开采对象的差异性。开采对象资源禀赋天然注定，其工业储量、有用矿物种类与价值、赋存条件、矿床形态、矿岩的物理力学性质、矿石品位等的差异非常大，由其所决定的生产方式、开发规模、服务年限与可营利性等千差万别。这些差别表明矿山投资风险高、技术工艺多变、建设周期长。

（3）作业场所的不确定性。矿山开采作业人员和设备的工作面随着生产推进而日新月异，同时还面对地质构造、地下水、地压、矿体边界等许多不确定性，以及采、掘（剥）等主要生产工序间的协同性，导致矿山生产作业、安全管控难度大、风险高。

（4）矿产资源的不可再生性。矿产资源是地质作用下形成的有用矿物质的聚合体，是不可再生的，因此，矿山终将随着资源的枯竭而关闭，大量固化工程将报废，大量固定资产因失效而流失，同时还有大量的如闭坑等善后处理工程。

（5）产业发展的艰难性。目前，矿山生产与建设需要遵守国家五十多项法律法规，矿山建设准备工作纷繁复杂；矿山生产设施和废渣排放需要占用大量土地，矿山建设与矿区周边复杂的利益关系往往使得矿地关系协调异常困难；受矿床赋存条件制约，矿山建设工程量大、建设周期长、投资风险高；采矿生产过程需要经常移动作业地点、资源赋存条件也往往不断变化，这些都会导致生产安全、生态环境等诸多不确定性，根本不可能用管理工厂的固定工艺流程的办法来管理矿山。

（6）矿业的基础性。矿业处于工业产业链的最前端，它为后续加工业提供初级原料，向下游产业输送巨大的潜在效益，全面支撑国民经济的可持续发展。我国85%的一次能源、80%的工业原材料、70%以上的农业生产资料均来自矿业。没有矿业就没有工业、没有国防，也没有国家现代化。矿业与粮食一样是国家立业之根本。

世界上最早认识到矿业处于国民经济基础地位的是现代工业发源地英国，其后是非常重视矿产资源基础地位、掀起了第二次工业革命浪潮的美国。当今时代，矿业在国民经济的发展和国家安全中的重要性尤为突出。但是，长期以来我国矿业被定位为第二产业，与加工业混为一谈，这漠视了矿业的特殊性，严重扭曲了矿业的租税制度，导致我国的矿业管理几近碎片化，致使矿业负担过重、资源开发过度、环境破坏严重，形成了当代矿业发展与后代子孙的资源权益同时受损的局面。在面临百年未有之大变局的今天，国际政治、经济、军事环境复杂多变、世局纷扰,无不涉及矿产资源的激烈竞争。对于我国这样一个涉及油气、煤炭、冶金、有色金属、化工、核工业、建材等领域的矿业大国来说,缺乏全国性的统一管理部门,对我国经济和社会的健康发展与有效应对复杂多变的国际环境十分不利。现实在呼唤:中国矿业应该与同是基础产业的农业一样划入第一产业,并由独立部门负责管理,以加强我国矿业发展的战略规划和政策引导。这有利于将矿业作为一个整体纳入国民经济体系之中,有利于制定统一的矿业发展战略和发展规划,有利于制定统一的方针政策和行业规范,有利于协调不同行业之间的矛盾,有利于解决行业内部遇到的共同问题,有利于制定并实施全球资源战略和参与国际竞争。让中国矿业大步跨出国门,积极融入"一带一路"建设,这也是第一矿业大国应有的担当。

2　矿产资源开发的世界视野

矿产资源的不可再生性,决定了世界矿产资源保有量的枯竭性和供应量的有限性。加上矿产资源供需不均衡,致使世界范围内争夺矿产资源的矛盾加剧,造成了全球局势的纷扰动荡。

在近代,全球地缘政治复杂多变,无不与资源争夺有关。矿产资源丰富本是一个国家的优势,但在世界资源激烈争夺的过程中,相对弱小的国家,资源优势成了外国入侵的导火索,如某些中东国家的石油,非洲国家的钻石、黄金等,都带着资源争夺的血腥味。

当前,全球四千三百多家国际矿业公司中,尤其是占比达63.5%的加拿大、美国、澳大利亚等国的矿业公司,在一百多个国家和地区既争夺资源,又争夺市场。这种争夺不仅表现在贸易摩擦和投资竞争的激烈性上,也表现在这些国际矿业公司与东道国之间矛盾的尖锐性上,有时甚至演化成为领土间的争端和冲突,造成世界经济、政治和军事的动荡不安。

邓小平同志在1992年曾经说过:"中东有石油,中国有稀土",中国稀土年产量曾经独占全球的九成。随着高新科技产业的快速崛起,稀土资源成为极其重要的战略资源,特别是产于中国南方离子吸附型矿床中的钪、铕、镝、钬、铒、铥、镱、镥、钇、钷等10种重稀土。长时间超大规模、超强度的无序开采,给中国南方稀土矿区的生态环境带来了非常严重的破坏。为了保护生态环境,国家2007年决定对稀土出口实行配额管理,使得稀土的出口量缩减了35%~40%。2012年,美国、欧盟、日本等纠集起来,在世界贸易组织对中国的稀土配额管理制度横加指责、粗暴干涉。这些深刻地反映出世界矿产资源争夺与国际市场贸易战的激烈程度。

作为世界第一矿业大国,中国矿业对世界矿业的影响举足轻重,在矿业市场全球化的环境下,中国矿业已经深深地植根于全球化的矿业市场中,面对日益激烈的竞争,中国应加快从矿业大国向矿业强国转变。

到2050年,全球人口将会突破90亿,水、粮食和矿产资源的需求将大幅增加。资源过度开发利用所带来的环境破坏,以及资源过度消耗所造成的环境污染与气候变迁,将使人类面临更为严峻的生态危机。

　　放眼世界，资源是世局纷扰的主要因素。资源占有和资源供应决定着国家战略。发达国家之所以不惜投入巨资发展太空科技，研究打造月球基地和小行星采矿，努力向外太空发展，除了国家安全战略方面的考虑外，开发太空资源是其重要动因。未来一定是谁掌握了未来资源，谁就掌握了未来。

　　当前，我国经济已由高速发展阶段转向高质量发展阶段，对矿产资源的需求也由全面、持续、快速增长转变为差异化增长。矿产资源的供给安全正逐步突破以数量、规模、成本、利润为目标的市场供给范围，新一轮科技革命必将驱动矿产资源的供应安全渗透到国家经济发展和地缘政治领域。

　　面对错综复杂的国际环境，中国矿业要紧扣矿业领域新的发展阶段、新的发展理念、新的发展格局，以推进高质量低碳发展为目标，以短缺矿产资源找矿突破为重点，以树立绿色低碳矿业新形象为标志，加快构筑互利共赢的全球产业链、供应链命运共同体，形成以国内大循环为主体、国内国际双循环相互促进的发展新格局。

3　矿业的可持续发展

　　矿业要坚定不移地走可持续发展之路，"绿色开发"将成为矿业发展的永恒主题。人类在石器时代，对矿产品的认识、采集、加工利用等活动仅在地表进行，矿产品产量、开采方式和废弃物排放等，与生态环境的承载能力基本上相适应。自青铜时代起，铜、铁等矿产品先后出现规模化开采矿点，涉及地表、地下开发，但规模有限，对生态环境的影响也有限，故早期人类并没有十分重视矿业对周边生态环境的影响。进入工业化时代以后，经济和社会的发展使得矿产资源的需求量激增，矿业对生态环境的破坏也越来越严重。为了解决现代工业发展与生态环境保护间的矛盾，自20世纪70年代以来，人类在不懈地探求生存和发展的新道路，提出了"可持续发展"理念，倡导绿色矿业。经过几十年的实践，可持续发展和绿色矿业的理念，已被越来越多的人接受，并已成为全球共识。

　　我国是世界上少有的几个资源总量大、矿种配套程度较高的资源大国之一，矿产资源总量居世界第三位。但是，大宗矿产资源赋存条件不佳，可持续供给能力不强，人均资源量约为世界人均资源量的58%。从这个意义上说，我国实际上还是一个资源相对贫乏的国家。目前，我国的镍、铜、铁、锰、钾、铅、铝、锌等大宗矿产品的后备资源储量较少，品质不高，且经过多年远高于全球平均水平的高强度开采，资源消耗过快，静态储采比大幅下降，总体上处于相对危机状态。

　　目前，我国正处于工业化中期阶段，对矿产资源的需求强度将进入高峰期，矿产资源的供需矛盾日益突出，因此，矿产资源的可持续开发利用更加引人瞩目。自20世纪末以来，我国矿业的可持续发展理念有了很大升华，归纳为以下四点：

　　(1) 矿业经济的全球观。将一个国家和地区的资源供求平衡过程与国际平衡过程紧密地联系起来，采取两种资源和两个市场的战略方针和对策，稳定、及时、经济、安全地在国际范围内，实现国内总供给和总需求的平衡；同时积极、主动地适应矿业全球化的大趋势，以获得全球竞争与合作的"红利"，防止被边缘化。

（2）矿业的可持续发展观。将矿产资源的开发利用和生态环境的保护与整治紧密联系起来，强调资源利用的世界时空公平性和资源效益的综合性，在生产和消费模式上，实现由浪费资源到节约资源和保护资源，由粗放式经营到集约化经营，由只顾当代利用到兼顾后代持续利用的转变。

（3）资源开发利用增值观。通过科技进步，提高资源的综合回收率，开拓资源应用的新领域，延伸资源开发利用的产业链，从根本上改变"自然资源无价"和"劳动唯一价值论"的传统观念，使资源得到最大限度的利用。

（4）矿产资源供应安全观。矿产资源在很大程度上决定着一个国家的经济发展实力和综合国力，因此，资源需求大国应大大提高资源供求意义上的国家安全观，强化重要资源的安全供给。

矿业可持续发展是矿产资源开发利用与人口、经济、环境、社会发展相协调的可持续发展。2003 年，我国提出了"坚持以人为本，实现全面、协调、可持续发展"的科学发展观，它成为我国实施可持续发展战略的原动力和重要指导方针。为了实现矿产资源可持续开发，在树立上述四个新观念的基础上，人们十分关注与矿产资源可持续开发相关的矿业政策与措施：

（1）健全矿产资源法律法规体系。在已有《中华人民共和国矿产资源法》《中华人民共和国固体废物污染环境防治法》等的基础上，制定关于矿山环境保护、矿业市场等的法律；科学编制和严格实施矿产资源规划，加强对矿产资源开发利用的宏观调控，促进矿产资源勘查和开发利用的合理布局；健全矿产资源有偿使用制度，加强矿山生态环境保护和治理，制定矿业监督监察工作条例，加强矿业执法、检查和社会监督。

（2）择优开发资源富集区。加强矿产资源调查评价和矿产勘查工作，积极开拓资源新区，开发国家短缺的和有利于西部经济发展的矿产资源；依据资源配置市场化的战略思路，对战略性资源实行保护性开采；按照价值规律调节资源供求关系，重视开发利用过程中资源价值的增值问题；科学地探索和总结矿床地质理论，不断创新勘探技术与方法，提高矿产资源保证程度。

（3）提高矿产资源开采和回收利用水平。依靠科技进步，推广采、选、冶高新技术，大力提高矿石回采率和伴生、共生组分的回收利用能力，最大限度地合理利用矿产资源，减少矿业对环境的影响；促进资源开发的节能降碳、绿色发展；大力培养全民节约资源和保护资源的意识，建立节约资源和循环利用资源的社会规范。

（4）用好国内外两种资源、两个市场。从以国内矿产资源供应为主，转变为立足国内资源，通过扩大国际矿产品贸易、合作勘查开发和购置矿业股权等途径，最大限度地分享国外资源；组建海外经济联合体，形成利益共同体，掌控海外矿冶产业链的主导权，以稳定国外资源供应。对国内优势矿产，坚持保护性开发，以保障国家资源安全。

（5）矿产开发与环境保护协调发展。推进矿产资源开发集约化之路，提高矿业开发的集中度，发挥规模经济效益；发展现代装备技术，提高采掘装备水平，变革采矿工艺技术，"在保护中开发，在开发中保护"，推进安全生产、绿色发展，促进矿产资源开发利用与生态建设和环境保护的协调发展。

（6）建立重要战略矿产资源储备制度。采用国家储备与社会储备相结合的方式，实施战略性矿产资源储备；建立重要战略矿产资源安全供应体系和预警系统，最大限度地保障国家经济和国防建设对资源的需求；完善相关经济政策和管理体制，以应对国内紧缺支柱性矿产供应中断和国际市场的突发事件；积极开展大洋与极地矿产资源的调查研究，为开发海底与极地资源做好技术储备。

4　金属矿采矿工程

我国目前已经发现的矿产有173种，其中金属矿产59种、非金属矿产95种、能源矿产13种、水气矿产6种。本书所涵盖的内容主要涉及金属矿产资源的开采领域，包括已探明储量的54种金属矿产。

根据金属矿床赋存的空间环境和所采用的采矿工艺技术及装备的不同，金属矿床的开采方式目前一般分为露天开采、地下开采和海洋开采三种。

"露天开采"用于开采近地表的矿床。我国的铁矿石和冶金辅助原料，以及化工、建材及其他非金属矿产多采用露天开采。

"地下开采"用于开采上覆岩土层较厚或滨海、滨江、滨湖的矿床。我国的铅、锌、钨、锡、锑、金等有色金属矿产主要采用地下开采。

"海洋开采"用于开采海水、海底表层沉积物和海底浅表基岩中的有用矿物，至今仍然处于探索阶段。我国已于1991年成为海底资源"先驱投资者"国家，在国际公海上获得了15万 km^2 的"开辟区"和"保留区"的权利。我国在深海海底资源勘探、深海耐高压采掘设备和机器人等领域的研究，也已取得重要进展。

采矿工程学科是一个以矿山地质、矿床开采系统与方法、采矿工艺技术、矿山装备与信息技术、数字矿山与智能采矿、矿床开采设计、矿山建设与管理、矿山安全与环境工程等为主线，以岩体力学为专业基础理论，以机械化、自动化、信息化、智能化为重要技术支撑的工程科学技术学科。为了开发利用矿岩中的有用矿物资源，需要在长期地质作用下所形成的矿岩体中进行采掘作业而形成采矿工程，因而打破了亿万年来地层结构的原始应力平衡状态，必须通过支护、充填或崩落等地压控制手段在矿岩中形成一个新的应力平衡。但在长期的地质作用下所形成的板块、地块、断层、裂隙、层理、节理等多层次的结构体存在着复杂多变的地应力，直接影响着岩体本构关系的性质，使得采矿工程学科的基础理论与工艺技术比一般工程学科更加复杂。作为采矿工程基础理论的岩体力学，由于受到开采过程中多种随机因素的影响，要研究和处理非均质、非连续介质、内部充满各种软弱面的力学问题，也变得十分复杂。但在近代计算力学成果的基础上，通过计算机仿真技术，岩体力学已经能够从工程的角度诠释混沌问题的本质，为采矿工程技术的发展提供科学基础。

5　金属矿采矿的未来

　　我国钢铁和有色金属产量已于 2000 年前后分别跃居世界第一位，成为世界金属矿业大国。如今，我国正处于迈向矿业强国的重要转折期。站在世界矿业科技前沿的高度，去审视我国金属矿业的发展状况，前瞻未来，明确重点发展领域，全面落实可持续发展、绿色开发理念，努力构建非传统的"深地"开采模式，寻求"智能采矿"技术的新突破，是当代中国矿业人的重大使命。

　　(1)遵循矿业可持续发展模式——绿色开发。遵循矿业可持续发展的模式，将矿区资源、环境和社会看作一个有机整体，在充分开发、有效利用矿产资源的同时，保护矿区土地、水体、森林等生态环境，实现资源-环境-经济-社会的和谐发展是绿色开发的基本特征。"绿色开发"的技术内涵很广，主要包括矿区资源的高效开发设计和闭坑设计，矿区循环经济规划设计，固体废料产出最小化和资源化，节能减排，矿产资源的充分综合回收，矿区水资源的保护、利用与水害防治，矿区生态保护与土地复垦，矿山重金属污染土地生物修复，矿区生态环境的容量评价等。

　　2005 年 8 月 15 日，习近平同志首次提出"绿水青山就是金山银山"的理念。按照"绿水青山"和"金山银山"和谐共存、互利互惠的基本原则，充分依靠不断创新的充填采矿工艺技术和装备，特别是金属矿山"采、选、充"一体化技术、特殊资源原位溶浸开采技术、闭坑后采掘空间绿色开发利用技术，推广节能降碳、绿色发展的矿业新模式，是矿山企业践行"绿水青山就是金山银山"的绿色发展理念、建设美丽中国的时代要求。

　　新建矿山必须牢牢把"绿色、智能、安全、高效"作为矿山建设发展方向，高起点、高标准建设，把绿色发展理念贯穿到矿产资源开发的全过程，一次性建成"生态型、环保型、安全型、数字化"的绿色矿山，正确处理和妥善解决好矿产资源开发与生态环境保护这个主要矛盾，实现"开发一矿、造福一方"的目标，不断增强企业员工和矿区人民群众的获得感、幸福感和安全感。

　　已建成矿山应该秉持"天地与我并生，而万物与我为一"的中国传统哲学思想，把矿区的资源与环境作为一个整体，在充分回收利用矿产资源的同时，协调开发利用和保护矿区的土地、森林、水体等各类资源，实现绿色发展。

　　(2)开拓矿业的科技前沿——深部(深地)开采。由于浅部资源正在消耗殆尽，未来金属矿山开采的前沿领域必将是深部开采。对于"深部"概念的确定，国内外采矿专家、学者历经近半个世纪的研究，到目前为止尚无统一的标准。我国有些专家、学者建议以岩爆发生频率明显增加作为标准来界定，普遍认为矿山转入深部开采的深度为超过 800～1000 m。谢和平院士指出：确定深部的条件应是由地应力水平、采动应力状态和围岩属性共同决定的力学状态，而不是量化的深度概念，这种力学状态可以经过力学分析得到定量化的表述，并从力学角度出发，提出了"亚临界深度""临界深度""超临界深度"等概念。

　　"深地"的科学内涵包括揭露陆地岩石圈结构，揭示地壳结构构造、地壳活动规律与矿物质组成；探索地球深部矿床成矿规律，开展深部矿产资源、热能资源勘查与开发；进行城市地下空间安全利用、减灾、防灾与深地核废料处理等。为开发"深地"基础科学与工程技术研究，2016 年、2017 年，国家项目"深部岩体力学与采矿基础理论研究""深部金属矿建井与提升关键技术""深部金属矿安全高效开采技术"和"金属矿山无人开采技术"等已先后启动，我国矿业拉开了向"深地"进军的大幕。

随着开采深度的增加，开采难度将越来越大。开采深度达到 2000 m 后，开采环境将更加恶化，井下温度将高达 60℃以上，地应力在 100 MPa 以上，开采活动变得更加困难，这被视为进入"超深开采"（或"深地开采"）阶段。"高地应力能""高地热能"和"高水势能"的"三高能"特殊开采环境，现有传统技术已经难以应对。因此，"深地开采"必将成为矿业发展的前沿领域。

任何事物都有两面性，如可以引起岩爆、造成事故的"高地应力能"，目前已能利用其诱导岩石致裂来提高破碎效果。严重危害人的健康，甚至能引发炸药自爆的"高地热能"或许可用来供暖、发电，甚至实现深井降温；可造成管网爆裂和深井排水成本大幅增加的"高水势能"或许可作为新的动力源，用于矿浆提升或驱动井下机械设备。从能量角度思考，可以说，深地开采中的难题源自"三高能"的可致灾性，而这些难题的解决在一定程度上又寄望于"三高能"的开发利用。因此，在"深地"开采中，既要研究"三高能"的能量控制与转移，以防止诱发灾害，又要研究"三高能"的能量诱导与转化，为"深地"开采所利用。遵循这一技术思路，在基础理论、装备与工程技术的研究中，就会有更宽广的路线，实现安全、高效、绿色开采，从而有更宽阔的空间发展未来的"深地"矿业科技。

"深地"开采包含许多需要研究开发的高端领域，如：整体框架多点支撑推进、导向钻进的智能竖井掘进机械；深井集约开采智能化无轨采掘装备；大矿段多采区协同作业连续采矿技术；高应力储能矿岩的诱导致裂与深孔耦合崩矿技术；深井开采过程地压调控与区域地压监测技术；井下磨矿、泵送地面选厂的浆体输送技术；深部井底泵站与全尾砂膏体泵压充填技术；"深地"地热开发利用与热害控制技术；集约开采生产过程智能管控技术，等等。

"深地"矿物资源、能源资源的开发利用，已引起世人的极大关注，它是未来矿业的重要领域，是矿业发展高技术的战略高地。

（3）迈向矿业的未来目标——智能采矿。智能采矿是新一代信息智能技术与矿山开发技术深度融合，人文智慧与系统智能高效协同，通过人-机-环-管 5G 网络化数字互联智能响应矿产资源开发环境变化，实现采矿作业遥控化、采掘装备智能化、开采环境数字化、生产管理信息化的绿色智能、安全高效开采技术，是 21 世纪矿业发展的必然趋势。近期目标是全面实现矿山采矿机械化、信息化、自动化，个别矿山初步构建较完善的智能采矿应用场景，针对井下有轨/无轨作业装备实行局部智能调度；中期目标是构建完善成熟的智能感知、智能决策、自动执行的智能采矿技术规范与标准体系，以矿山无轨装备远程自主智能化作业为基础，实现矿山开拓设计、地质保障、采掘（剥）、出矿（充填）、运输通风、供风排水、地压监控等系统的智能化决策和自动化协同运行；远期目标是矿山开采全过程三维可视化及数据实时采集智能化处理、矿山生产决策及管控一体化平台高效协同，地下矿山生产作业全部实现机器人替代，矿产资源开发实现全流程智能化开采。

矿业作为传统而复杂的产业，面对着采矿条件复杂、生产体系庞大、采掘环境多变等诸多挑战，抓住新一代信息技术变革机遇，构建互联网新思维，利用无线遥控传感技术、云计算、人工智能、机器视觉、虚拟现实、无人驾驶、工业机器人等先进技术，解决了生产、设备、人员、安全等制约矿山发展的瓶颈，着力打造"智能化矿山"，是当前矿业高质量发展的努力方向。

"智能采矿"的发展，起步于数字矿山的基础平台建设，发展于信息化智能化采矿技术的创新过程。近几年来，一批具有远见卓识的矿山企业，已把矿山数字化、信息化列为矿山基础设施工程，初步建成了集多功能于一体的矿山综合信息平台，包括矿产资源评价、资源动态管理、开采优化设计、矿山安全生产指挥调度中心、灾害远程监测与预报、矿山固定设备远程集中控制、井下移动目标跟踪定位、智能采装运设备检测与遥控系统、生产经营管理，等等。一批如杏山铁矿、迪庆普朗铜矿、城门山铜矿、乌山铜矿、三山岛金矿和即将投产的思山岭铁矿等智能化矿山标杆企业，已经走在前头。总体而言，我国大型矿山企业的智能化发展水平与国际先进水平的差距正逐步缩小，其中在智能化装备技术应用方面已基本与国际实现同步发展；在智能软件设计和应用，以及井下有轨矿山智能化改造等方面已经处于国际先进水平。

"智能采矿"是一个综合的系统工程，在推进智能采矿的过程中，需要矿业软件、矿山装备与通信信息等学科的支撑及产业部门的大力合作和支持，但把握矿山工程活动全局的采矿工作者要做实践智能采矿的主导者，以推动矿业全面升级：实现采矿作业室内化，最大限度地解决矿山生产安全问题，使大批矿工远离井下作业环境；实现生产过程遥控化，大幅提高井下作业生产效率，大幅降低井下通风、降温等费用；实现矿床开采规模化，大幅提升矿山产能，大幅降低采矿成本，使大规模低品位矿床得到更充分的利用；实现职工队伍知识化，大幅提升职工队伍的知识结构，使矿工弱势群体的社会地位发生根本性的改变。

人类文明始于矿业，未来仍将以矿业为基石，伴随着中华文明的伟大复兴，中国采矿必将走向星辰大海，前途一片光明！

  矿业是一个古老的行业，在当今数字化浪潮的推动下，矿业领域正迈向一个全新的发展阶段，那就是数字矿山与智能采矿的时代。数字矿山与智能采矿融合了先进信息技术与传统矿业开采的创新理念，旨在通过数据分析、自动化控制和智能决策等手段，实现矿山开采全流程的优化与革新。从构建准确的矿床地质信息模型，到实现数字化的开采设计和计划编制，再到实现作业的智能化操作和生产的信息化管理，数字矿山与智能采矿将引领矿业领域向更安全、更高效、更智能、更可持续的未来迈进。

  数字矿山与智能采矿源于 20 世纪 90 年代，芬兰、加拿大、瑞典等矿业发达国家分别制订了矿山智能化建设的战略计划，重点是实现矿山生产的远程遥控和自动化采矿。我国数字化矿山的研究及建设起步相对较晚，从 20 世纪 90 年代开始开展自动化、数字化采矿相关的研究工作。1999 年首届"国际数字地球"大会上首次提出"数字矿山（digital mine）"的概念，其核心就是利用技术使设备从机械化走向自动化，并由计算机网络对矿山形成统一管控体系。自动化控制、数据处理技术的引入，逐步推动了矿业的演变。近年来，随着计算机技术、传感器技术、通信技术、人工智能等技术的快速发展，数字矿山与智能采矿也蓬勃发展。全球范围内的矿业公司都在积极推广和应用这一技术，推动矿山的数字化和智能化进程。

  数字矿山与智能采矿的重要性不局限于提升开采效率，更体现在可持续发展和人员安全方面。通过建立矿床地质信息模型，可以实现矿山资源信息的全面数字化，为后续的开采设计提供精确的数据支持，在此基础上进行数字化设计，可以帮助矿山评估资源储量，减少浪费，降低环境影响。通过智能化技术，可以实现露天和地下开采作业的自动化，自动化作业减少了人员直接参与高风险环节，增强了作业的安全性。通过自动化系统，可以实现生产辅助系统的自动化，如铲装作业、凿岩、装药台车等，保障了工人的生命安全，能够提高矿山的可持续性，实现资源的合理利用和环境保护。

  展望未来，数字矿山与智能采矿将持续蓬勃发展。随着人工智能、物联网、机器学习等技术的不断进步，矿山作业中的智能决策和自主操作将更趋成熟，实现全流程自动化、智能化。其中，人工智能技术将在采矿计划编制、设备控制、数据分析等方面得到广泛应用；物联网技术将实现设备间的信息互通和协同作业；区块链技术将实现数据的安全可信和不可篡改。同时，矿山的数字孪生技术将不断演进，实时监测与仿真模拟将日益完善。另外，绿色环保和能源的高效利用也将成为未来发展的重要方向。数字矿山与智能采矿的融合，将推动矿业向着智能化方向迈进，为矿业的可持续发展描绘出更加光明的未来。

本卷由中南大学王李管担任主编，中南大学毕林、福州大学胡建华为副主编。本卷共分9章，其中第1章由中南大学王李管撰写；第2章由中南大学王李管、长沙迪迈科技股份有限公司谭期仁撰写；第3章由长沙迪迈科技股份有限公司陈鑫、李金玲，广西柳工机械股份有限公司梁超撰写；第4章由长沙迪迈科技股份有限公司陈鑫撰写；第5章由中南大学毕林撰写；第6章由福州大学胡建华、长沙矿山研究院有限责任公司寇向宇、湖南中矿金禾机器人研究院有限公司胡业民、中南大学彭平安、大冶有色金属集团控股有限公司张金钟、中南大学谭丽龙、长沙施玛特迈科技有限公司张建国、安徽马钢张庄矿业有限责任公司孙永茂、安徽马钢矿业资源集团南山矿业有限公司赵芳芳撰写；第7章由内蒙古科技大学陈忠强，北京速力科技有限公司陈洪海，湘潭大学王晋淼，北方矿业有限责任公司赵辉军，广西华锡有色金属股份有限公司吴乐文、蔡勇，长沙迪迈科技股份有限公司于德宁，矿冶科技集团有限公司张达撰写；第8章由长沙迪迈科技股份有限公司李金玲、矿冶科技集团有限公司王紫临、中南大学贾明滔、武汉理工大学李宁、云南迪庆有色金属有限责任公司冯兴隆、西藏金龙矿业股份有限公司曾庆田、刚波夫矿业股份有限公司李冲撰写；第9章由中南大学毕林，长沙迪迈科技股份有限公司陈鑫、徐飞雄，深圳市中金岭南有色金属股份有限公司刘晓明，北京科技大学李国清，中色非洲矿业有限公司姚高辉，中国有色金属建设股份有限公司李辉撰写。

本卷由北京科技大学胡乃联主审，矿冶科技集团有限公司杨小聪、北京科技大学尹升华、江西理工大学饶运章、东北大学孙效玉、昆明理工大学杨溢组成审稿专家组，在百忙之中对本卷进行了认真审阅，并召开了多次审稿专题研讨会，形成了具体的修改意见与建议。此外，还有一大批没有署名的人员，他们提供了素材，进行了文字编录、插图绘制等工作，在此一并向他们表示感谢。

本卷虽由多位长期工作在矿山智能化设计、建设的技术与研究人员共同编写而成，但仍存在一些不足之处。希望各位读者不吝赐教、批评指正，以便再版时修正和完善。

本卷在编写过程中，部分引用了《采矿手册》(1988年版)、《采矿设计手册》等资料，并参阅了大量的国内外文献。在此谨向文献作者表示衷心的感谢，对个别引用而漏标的作者表示真诚的歉意。

编者

2023 年 9 月于长沙

Contents **目 录**

第1章

绪论

1.1 矿山智能化背景

科技创新是推动矿业发展的不竭动力。随着人工智能、5G、大数据、云计算、物联网等高新技术的兴起，矿山行业结合自身的特点与特殊性，对各种高新技术加以应用与推广。正是新一代信息技术与矿山开发技术不断深入融合与发展，推动着矿山企业朝着数字化转型与智能化升级方向发展。这不仅极大地提升了矿山的数字化与智能化水平，而且实现了矿山行业的安全、高效、经济、绿色与可持续发展。

矿山数字化与智能化建设是利用最新的计算机技术、物联网技术、数据库技术、云计算以及人工智能等信息技术，并结合地质统计学、最优化理论、采矿理论等理论与方法，对矿山全生命周期进行数字化、信息化与智能化作业，以保证矿山的安全生产、提高生产效率与质量、降低生产成本以及提升矿山企业的市场竞争力。数字化是实现矿山智能化的基础，智能化是矿山数字化发展的终极目标，两者处于不同的发展阶段。前者重点关注资源、规划、设计、计划和过程管理的数字化建模、仿真、优化和评估；后者侧重于生产装备、系统和过程的智能化。

自20世纪90年代末我国正式提出"数字矿山"概念以来，在我国矿业领域企事业单位的共同努力下，以及我国相关政策与科研项目的引领与支持下，我国矿山数字化与智能化建设取得了长足发展。在理论与技术研究方面，数字矿山与智能采矿相关理论与关键技术得到深入研究与广泛讨论，包括资源评价与建模、开采规划与优化、采矿设计、生产管理与安全管控等相关理论与技术；在产品研发方面，研发了矿山数字化、信息化、智能化系列软硬件产品，包括资源评价与建模、开采规划与设计、生产管理、测量验收等软件系统（如DIMINE、LongRuan、3DMine等软件）、环境感知类、测量类以及生产作业类产品（包括无人机、无人驾驶矿卡、无人电机车、无人凿岩台车、矿用三维激光扫描仪与智能调度系统）等。我国矿山企业则将矿山数字化、信息化、智能化相关理论与关键技术研究、产品研发上取得的成果应用于矿山生产与管理中，不仅提升了数字化与智能化水平，还在实现矿山安全、高效、经济、绿色、可持续发展方面取得了显著成效，包括：

（1）三维矿业软件广泛应用：相比于传统的二维CAD软件，三维矿业软件在地质建模、储量计算、采矿设计等方面具有三维可视化、精准、高效的优势，因此，矿山企业通过应用三维矿业软件进行三维地质建模、储量计算、采矿设计以及采掘计划编制等,可以提高其生产效率与质量、降低其生产成本,且取得显著成效。

(2)矿山综合通信系统建设:矿山综合通信系统是利用漏泄电缆、光纤、电话电缆、WiFi、5G 等通信技术对数据、语言、视频进行统一传输的综合通信系统。矿山综合通信系统的建设可以解决矿山业务系统间相互联通的难题,并对矿山人员通信、监测数据传输、生产调度、人员定位以及应急救援等生产安全系统融合应用及生产作业系统的无人化、智能化升级起到极其重要的作用。

(3)矿山监测监控系统的部署:矿山监测监控系统主要用于监测矿山有毒有害气体、温度、湿度、风速、风压等,以保证井下作业环境安全、可靠;监测监控风门、风机、风窗等通风设施,可根据通风需要进行相应调整,以降低通风能耗;也用于排水、轨道运输以及尾矿库等的监测监控,以保证矿山安全与合规生产。

(4)矿山自动化系统的推广与应用:矿山自动化系统包括运输、提升、排水、压气、电气、通风以及充填等自动化系统。矿山企业通过建设相应的自动化系统,减少相应的作业人员、降低劳动强度、提高生产效率。

(5)矿山生产管控系统平台建设:通过建设矿山生产管控系统平台,对矿山生产过程与安全状态进行实时可数字化、信息化和可视化表达,包括实时接入安全避险六大系统、智能通风系统、自动化无人值守系统、智能化作业系统等数据,在此基础上,对相应数据进行查询分析、预警决策等,实现对矿山生产过程与安全状态的可视化管控。因此,矿山企业通过建设生产管控系统,能够实时以及直观掌握矿山生产情况,有效地辅助矿山企业预防事故、综合管控以及指挥决策。

由以上可知,矿山数字化与智能化建设成果显著,已成功在有色、冶金、黄金、煤炭、化工、建材、核工业等领域推广与应用,包括中国铝业股份有限公司、中国五矿集团有限公司、紫金矿业集团股份有限公司等各大矿业集团及旗下矿山企业。矿山数字化与智能化建设,相比于传统采矿,在生产方式与管理模式上存在根本性的变革,然而已出版的相关手册中没有对其进行专门的论述。因此,为了使矿业领域相关企业、科研院所的专业人员,在进行矿山企业数字化与智能化建设时,有可供查阅与参考的专业手册,本卷应运而生。

1.2　矿山智能化现状及存在的问题

1)国外矿山智能化现状

国外的矿山数字化技术可追溯至 1952 年,南非克立格(D. G. Kring)首次将地质统计学用于南非金矿的储量计算,为资源评价的数字化奠定了理论基础。自 20 世纪 60 年代起,国外已开始将计算机技术与自动化技术应用到矿山行业,这已与采矿工艺不断融合,例如,20 世纪 60 年代,苏联开始在煤炭行业大力推广与应用自动化管理系统(ACY 系统);澳大利亚帕拉布多露天铁矿应用了管理信息系统;加拿大采用了矿山管理系统 TMMS。20 世纪70 年代,英国研制了专门监控煤矿作业的 MINOS 系统;美国为解决煤矿的应急救援与瓦斯监测等问题开始进行通信系统与监测系统的研制与应用。20 世纪 80 年代,随着微型计算机的诞生、推广与应用,欧美国家相继研发与推出了三维可视化矿业软件系统,如 GOCAD 系统、Surpac、Datamine Studio、Micromine、MineSight、Vulcan,用于地质勘探数据的管理与分析、矿床与矿体建模、井巷模型构建、采矿设计以及计划编制等。

　　20 世纪 90 年代,AMSKN 公司的矿山信息系统与 AQUILA 公司的矿山实时监控信息管理系统等在国外矿山广泛应用,同时矿山信息系统集成技术也有了相关研究。同期,加拿大的国际镍公司(Inco)着手遥控采矿技术的研发;澳大利亚联邦科学与工业研究组织(CSIRO)也着手采矿机器人的研究。此外,芬兰的 Tamrock 公司、加拿大的 Inco 公司以及挪威的 Dyno公司为解决深部采矿、作业效率以及生产成本等问题,共同发起了采矿自动化计划(MAP)。此后,芬兰相继提出了智能矿山研究计划(Intelligent Mine,IM)与智能矿山实施研发技术计划(Intelligent Mine Implement,IMI),重点研究了资源与生产的实时管理、设备自动化、生产维护自动化以及智能化机械装备与系统。瑞典为实现矿山的自动化与智能化提出了"Grountecknik 2000"计划、"矿业创新(Swedish Mining Innovation)"项目,并联合成立了瑞典采矿自动化集团(Swedish Mining Automation Group,SMAG)。

　　21 世纪初,力拓集团启动了"未来矿山"计划,构建自动化矿山。2011 年,欧盟启动了I2Mine(Innovative Technologies and Concepts for the Intelligent Deep Mine of the Future)项目,该项目包括深部采矿方法、技术、设备以及新的传感技术等的研发。2016 年底,欧盟"地平线2020"科研计划启动了"SIMS Mining"项目,该项目包括通信、定位、集成过程控制与自动化、采矿机器人、蓄电池采矿设备等的研究。2018 年,力拓集团批准投资 26 亿美元,打造全球首个"智能矿山"。2019 年,欧盟启动了"Robo-miners"项目,主要研发适用于地下开采的仿生机器人等。

　　综上所述,国外矿山数字化与智能化相关研究与发展是从 20 世纪 50 年代克立格法的成功应用开始,到将计算机技术应用于矿业行业,再到通信系统与监测监控系统的研制与应用,以及三维矿业软件的研发、应用与推广,直至 20 世纪 90 年代,欧美国家着手采矿自动化、遥感以及智能化技术的研发,如图 1-1 所示。

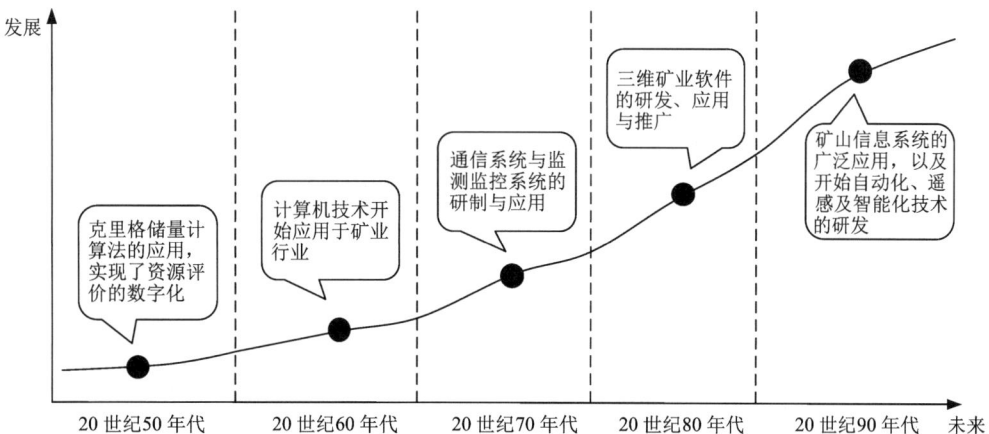

图 1-1　国外矿山智能化相关研究与发展

2)国内矿山智能化现状

我国矿山数字化智能化研究与应用可以追溯到 20 世纪 80 年代,国内部分高校、设计研究机构相继从国外引进采矿软件与信息系统，开始了解与探索其在矿山的应用；到1999年首届数字地球国际会议上正式提出"数字矿山"概念，矿山数字化与智能化理论研究、技术攻关以及建设实践已悄然兴起。下面分别从国家政策及科技项目资助、理论研究以及产品研发与应用这三个方面进行综述。

国家政策及科技项目资助方面，从"十五"到"十四五"期间，国家相继公布与印发了《2006—2020年国家信息化发展战略纲要》《全国矿产资源规划（2016—2020年）》《关于开展"机械化换人、自动化减人"科技强安专项行动的通知》《关于推进"互联网+"智慧能源发展的指导意见》《有色金属行业智能工厂（矿山）建设指南（试行）》《智能矿山建设规范》以及《"十四五"矿山安全生产规划》等一系列战略规划、重大政策与相应规范，并将"数字化采矿关键技术与软件开发""数字矿山关键技术及应用研究""数字矿山及智能化开采基础""地下金属矿智能开采技术""地下金属矿规模化无人采矿关键技术研发与示范"等列为国家"863"计划重点项目、国家重点研发计划与国家自然科学基金重点项目，通过政策指导与关键技术攻关资助等，推动我国矿山数字化转型与智能化升级。

理论研究方面，国内矿业知名学者分别从不同角度探讨了矿山数字化与智能化的内涵、建设框架、建设内容以及关键技术等，他们对矿山数字化与智能化内涵的理解包括"硅质矿山""矿山GIS""3S技术的集成应用""虚拟矿山""智能矿山""智慧矿山"等，为我国矿山数字化与智能化建设奠定了理论基础。

产品研发与应用方面，长沙迪迈科技股份有限公司、北京龙软科技股份有限公司、丹东东方测控技术股份有限公司、飞翼股份有限公司、北京速力科技有限公司、山西科达自控股份有限公司、重庆梅安森科技股份有限公司、徐工集团工程机械股份有限公司等软硬件公司分别开发了一系列矿山数字化与智能化产品及系统，并在中国铝业股份有限公司、中国五矿集团有限公司等国内大型矿业集团得到推广与应用，加速推动了我国矿山数字化与智能化建设。此外，随着云计算、人工智能、5G、大数据等新一代信息技术在矿业领域的应用，矿山智能化建设与应用前景广阔，华为技术有限公司、百度、阿里巴巴等信息化平台与互联网公司，以及中国电信、中国联通、中国移动等网络运营商纷纷入局矿业智能化建设，为矿山智能化建设提供了新思路、新方法、新模式。

3）矿山智能化存在的问题

我国矿山数字化与智能化建设经过20多年的发展，在理论研究、关键技术攻关以及产品研发等方面成果显著，形成了一系列矿山数字化与智能化建设理论、规范、技术以及产品。矿山企业也通过矿山数字化与智能化建设提高了其工作效率与质量、降低生产成本、减少了矿山安全事故，为实现矿山企业的安全、经济、高效、绿色与可持续发展提供了必要的技术手段，但目前我国矿山数字化与智能化建设仍存在以下问题：

（1）矿山数字化与智能化缺乏顶层设计、统一的标准与规范。

矿山数字化与智能化建设过程是依据已有的矿山数字化与智能化技术水平，统筹规划、相继部署与建设矿山数字化与智能化相关的软硬件产品，实现矿山的数字化转型与智能化升级。然而目前矿山数字化与智能化缺乏顶层设计，相关产业政策、技术标准与规范等的制定仍滞后于行业发展，各生产厂商之间因缺乏统一的标准与规范、数据格式与数据接口不统一等问题，导致各产品之间数据无法互联互通，进而形成大量的"信息孤岛"。因此，经常出现有信息却不能用的境地，有时不得不重新加工数据以满足其产品的使用需要，造成大量信息资源、人力成本的浪费；而且正是存在大量的"信息孤岛"，矿山全生命周期内业务流转不通畅，导致各业务之间严重脱节、效率低下，造成矿山数字化与智能化建设投入与产出不符，进而阻碍了我国矿山数字化与智能化建设进程。因此，应足够重视矿山数字化与智能化顶层设计，并加快规划实施，构建统一的标准规范，以引导矿山数字化与智能化基础理论研究、产品研发以及应用实践，规范相关企业的生产管理标准，实现标准化与整体化管理。

（2）矿山数字化与智能化基础理论与关键技术相对薄弱。

我国矿山数字化与智能化经过 20 多年的发展，在矿山数字化与智能化内涵、框架、建设目标与任务方面，以及在地质建模与资源评价、开采规划与设计优化、采掘计划优化编制、生产调度优化、安全监测与预警、应急救援、生产管控、设备自动化等理论与技术方面进行了大量研究，形成了一系列的理论、关键技术与产品。但受现实条件和技术发展的限制，现有矿山数字化与智能化相关产品仅支持矿山全生命周期业务流程的某个具体业务部分内容的数字化与智能化、某个具体业务的数字化与智能化或者某几个业务的数字化与智能化，矿山数字化与智能化基础理论与关键技术仍很薄弱，无法实现矿山全要素、全业务、全流程的数字化与智能化。因此，为了实现矿山全生命周期的数字化与智能化，需对矿山业务与管理双管齐下，对基础设施网络化、生产装备智能化、生产作业系统化、生产管理数字化、安全监管智慧化、企业管理平台化、设备实训虚拟化这七个方面进行理论与技术攻关，以打通数据通路、智能感知生产数据、智能化升级生产装备、搭建智能化生产作业系统、规范生产与安全管理，实现数据的互联互通、生产过程的安全与高效协同。

（3）矿山现有的管理模式及作业方式难以满足矿山智能化建设的要求。

我国矿业发展经过历史的沉淀，逐步形成了传统而固化的工作方式与管理模式，且矿山企业的管理模式大多是基于分工理论的职能型组织结构，导致完整的业务流程被割裂得支离破碎，组织界限明显。随着矿山数字化与智能化的推进，企业、高校、科研院所以及从业者大多关注于矿山业务的数字化与智能化，忽视了与之匹配的矿山管理模式与作业方式。而矿山数字化与智能化建设要求必须搭建高效、规范化的管理模式与作业方式，这对于已适应矿山现有管理模式与作业方式的管理人员与技术人员来说，是难以接受与改变的。因此，在矿山数字化与智能化建设实践上，矿山企业力图使矿山数字化与智能化产品适应现有的管理模式与作业方式，或仅仅是将传统作业工具转换为数字化作业工具，导致矿山数字化与智能化的优势无法得以体现，在某种程度上甚至会给矿山企业与矿山技术人员带来巨大负担，无法实现矿山企业安全、高效、经济、绿色与可持续发展。

（4）装备、系统、工艺高效协同与智能化产业链发展。

矿山的生命力源于资源，资源稀缺性与价值取决于下游工业需求和市场价格，随着下游产业新技术的不断涌现，对资源的认知也在不断颠覆人们传统的观念，因此，如何打破传统的资源评价体系，采用数字化技术对规划、设计、计划、决策过程进行建模、仿真、评估、优化，以适应快速的市场变化是行业发展必须解决的重大问题。另外，在智能矿山建设中，如何在解决装备智能化作业的同时，全面考虑与智能化系统高效运行相适应的生产系统、工艺结构的优化设计，实现"车路协同"，解决目前"有好车无好路"的行业窘态，也是未来必须解决的重大问题。同时，如何集中社会的能力与资源，搭建完善的矿山智能化产品与服务生态链，实现数字化、信息化、智能化技术与矿山生产业务场景的深度与高度融合，从而推动行业技术升级、模式创新，也是未来必须关注的重点。

(5)矿山数字化与智能化建设复合型人才不足。

随着矿山数字化与智能化建设的推进，信息技术与采矿工艺不断深入融合，各专业岗位及其岗位职责发生了根本性的变革，传统的矿业人才已不能满足矿山数字化与智能化建设的需求，尤其近年来矿山数字化与智能化建设如火如荼，加大了对矿山数字化与智能化建设新型矿业人才的需求。矿业类高校是新型矿业人才培养的"摇篮"，矿业类企业则是新型矿业人才培养的"练兵场"，其中矿业类高校是新型矿业人才培养的核心与主力军。然而矿业类专业作为传统工科类专业，工作位置偏远、条件艰苦、环境恶劣，愈来愈少学生将其作为第一选择，而选择矿山企业就业的学生更是寥寥无几。因此，近年来，矿业人才匮乏问题愈显突出。为了满足矿山数字化与智能化建设的需求，矿业类高校需在矿业人才的培养上做出相应的改变。一是矿业类专业的变革，新增"智能采矿"专业，以培养满足矿山数字化与智能化建设需求的新型专业人才，如中国矿业大学、东北大学等高校已开设该专业；二是对"智能采矿"专业人才培养定位、能力素质以及课程体系进行相应的变革，如增设"智能采矿技术"课程、将"矿井通风安全"课程升级改造为"矿井智能通风"课程等，以契合矿山数字化与智能化建设的需求；三是加强高校与企业的产学研合作，以加速推进矿山数字化与智能化建设的技术创新与人才培养；四是改变传统的矿山技术运营模式，通过技术与服务承包的模式，让专业的团队干专业的事，解决新型矿业人才不足的难题，同时化解企业对自有人才队伍要求"大、全、专"，而市场无法满足供给的困局，这方面发达矿业国家已有成功的先例，国内有些知名企业也已开始实践。

1.3　矿山智能化发展趋势

随着碳达峰、碳中和政策的出台，5G、大数据、云计算、人工智能、物联网等新一代信息技术与矿业不断深入融合，矿业的数字化转型与智能化升级持续加深，推动着矿业走绿色、智能化发展道路，以实现矿山安全、绿色、高效、经济与可持续发展。围绕着矿山智能化现状及其存在的问题，并结合"5G+工业互联网""人工智能""数字孪生"等技术与矿业融合的迫切需求，下面主要从四个方面论述矿山智能化的发展趋势。

(1)矿山全生命周期数字化与智能化产品体系的完善与升级。

针对矿山数字化与智能化缺乏统一的标准与规范、基础理论与关键技术薄弱、现有的管理模式与作业方式难以适应矿山智能化的要求，需制定统一的标准与规范，保证矿山全生命周期数据统一、接口统一、网络统一、标准统一、制度统一；并对矿山数字化与智能化基础理论与关键技术进行攻关，如将地质模型的动态构建与快速更新作为智能矿山建设的基础与核心难题之一，突破其瓶颈，完善与更新现有基础理论与关键技术，实现矿山全生命周期数字化与智能化产品的迭代更新；对矿山现有的管理模式与作业方式进行变革，使其适应矿山数字化与智能化的要求。在矿山数字化与智能化建设的信息化基础支撑方面，"5G+工业互联网"建设已成为国家战略。通过将"5G+工业互联网"融合应用于矿山数字化与智能化建设，对矿山全生命周期数字化与智能化产品进行全面连接与集成，构建统一的数字化作业环境，打通各系统的数据与边界壁垒，优化矿山管理与运营模式以及作业方式，实现跨区域、跨学科、跨部门的协同作业，从而实现矿山全生命周期数字化与智能化产品体系的集成、协同与优化升级。

（2）资源开采作业过程的智能化。

为提高我国矿山的数字化与智能化水平，国家在《中国制造 2025》《全国矿产资源规划（2016—2020 年）》《安全生产"十三五"规划》《"十四五"矿山安全生产规划》《有色金属行业智能矿山建设指南（试行）》等文件中，相继提出了推进矿业领域科技创新，加强矿山数字化、自动化与智能化技术攻关，实现少人化、无人化作业，并形成智能化示范矿山。因此，在国家相关政策的引导下，各大高校、科研院所、矿山企业以及供应商积极地进行矿山数字化与智能化技术攻关与示范性建设，尤其围绕资源开采过程的智能化，即凿、铲、装、运、卸等作业过程的智能化。

目前露天矿的开采作业智能化主要集中于矿卡的无人驾驶以及对应的智能调度系统的研发与应用；而地下矿的开采作业智能化则主要集中在电机车的无人驾驶、铲运机的无人驾驶与远程遥控、生产辅助系统的无人值守等方面的研发与应用。虽然在露天矿与地下矿作业的智能化方面已取得了一定的成效，但大都只是单个设备、部分设备、部分功能的智能化，且大多是示范性项目，距离真正实现开采作业全过程系统智能化还有很长一段路要走。因此，在资源开采作业过程智能化方面，未来将重点关注以下方面：精准定位与导航；凿、铲、装、运、卸设备的智能化；生产辅助系统的智能化；矿山设备的智能调度；各系统设备集群智能与协同作业；等等。

（3）资源开采全要素、全业务、全流程的数字孪生理论与技术。

数字孪生是通过信息技术将物理系统的属性、结构、状态、性能、功能和行为等映射到虚拟世界，形成一个多维、多尺度、多物理量的高保真动态模型，以观察物理世界、认识物理世界、理解物理世界、控制物理世界、改造物理世界。目前已在多个领域开展了数字孪生的研究与应用实践，包括电力、汽车、城市管理、铁路运输、船舶、建筑以及矿业等。其中数字孪生在矿业领域的研究与应用还在起步阶段，主要集中在矿业数字孪生的理论与技术体系、应用生态方面，如矿业数字孪生的概念框架、体系架构以及关键技术、数字孪生智采工作面技术架构、智能掘进机器人数字孪生系统、采掘地质信息数字孪生技术、矿井风流调控数字孪生技术等等。

矿业数字孪生相关理论与技术体系的研究、产品研发与应用，虽然已取得了一定成效，但距离实现资源开采全要素、全业务、全流程的数字孪生仍有很大的发展空间，存在着系列科学问题和难点需要解决：如何实现矿山多源异构物理实体数据的智能感知与互联互通；如何快速与准确构建多维、多尺度、多物理量的矿山高保真动态模型；如何确保矿山物理模型与虚拟模型的真实性、一致性、有效性与可靠性；如何实现矿山全要素、全业务、全流程的多源异构数据的高速传输；如何实现矿山数字孪生数据与物理实体的精准映射与实时交互；如何实现矿山数据模型应用的迭代交互与动态演化；如何基于多维、多尺度、多物理量的矿山模型，提供满足不同层次用户、不同业务应用需求的服务；等等。

（4）资源开采安全智能感知、识别与预警。

矿山行业作为四大高危行业之一，具有地质环境多变、作业环境危险等特点，一旦资源开采过程中存在安全监管不力问题，极易发生安全事故，造成大量人员伤亡和财产损失。虽然矿业安全生产形势持续稳定向好、相应的法律法规标准体系逐步完善、安全生产责任体系逐步健全、重大灾害治理不断深化、安全科技支撑水平不断提升、安全信息化建设取得积极进展，但矿山安全基础总体依然薄弱，矿山的数字化、自动化与智能化水平低，安全生产风险高。且随着浅部资源的逐渐减少，深部开采已经成为未来矿业开发的必然趋势，资源开采过程中将进一步面临着高井深、高应力、高井温的特殊开采环境，地热、岩爆等安全问题突出。因此，对资源开采过程的安全风险感知、识别与预警等方面，提出了更高的要求与挑战。

随着人工智能、大数据、云计算等先进技术与资源开采安全的融合，安全智能感知、识别与预警等受到越来越多科研院所、企业专家学者与从业者的青睐，已开始了相关理论、技术以及产品研发攻关。由于其能够及时感知、识别、预警资源开采过程中存在的安全风险，并进行相应的安全智能分析与决策，未来一段时间仍将是矿业领域关注的热点问题之一。资源开采安全智能感知、识别与预警需要解决的重点与难点问题有：资源开采致灾因素多源信息的智能感知技术与装置研制，包括智能微震监测系统与装置、作业环境危险有害因素智能感知系统与装置等；资源开采致灾因素多源信息的采集、传输、存储协议与规范；资源开采致灾因素多源信息融合技术；资源开采过程安全隐患的智能识别算法与系统研制；基于智能感知与识别信息的矿山安全智能预警技术研究等。

1.4　本卷主要内容

本卷是按照资源模型→开采设计→开采计划→开采作业→生产管理这一流程主线进行撰写的，共分为 9 章，如图 1-2 所示，具体内容如下：

第 1 章主要阐述矿山智能化卷的撰写背景，分析与总结了矿山智能化现状及其存在的问题，探究了矿山智能化的未来发展趋势，以及简要介绍了本卷各章节的内容。

第 2 章重点介绍矿床地质信息模型构建与储量计算及分类的全过程，包括地质基础信息数字化、地质数据库创建与应用、三维地质模型构建、块体模型创建、变异函数及结构分析、块体模型估值、资源储量分类、资源模型验证以及常用的三维地质建模软件。

第 3 章着重叙述矿山开采设计数字化方面的内容，包括露天开采设计数字化与地下开采设计数字化两个方面，其中露天开采设计数字化包括基于计算机模拟技术的开采境界优化、露天开拓坑线设计、排土场设计以及台阶爆破设计；地下开采设计数字化则包括开采方案优化、开拓系统设计、采切工程设计、回采爆破设计以及矿井通风设计。

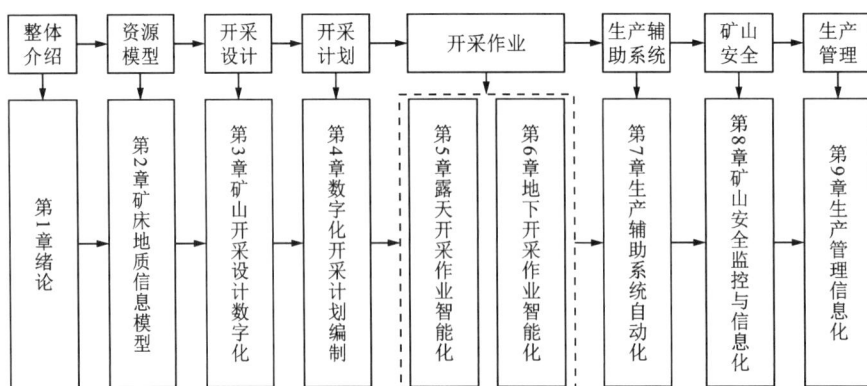

图 1-2　矿山智能化内容安排

第4章分别介绍露天矿与地下矿开采计划数字化编制方面的内容，其中露天矿采剥计划数字化包括中长期采剥计划编制、短期采剥计划编制以及配矿计划编制；地下矿采掘计划数字化编制则包括采掘计划编制、采掘计划编制系统、已有的采掘计划编制软件以及采掘计划数字化编制实例。

第5章主要阐述露天矿开采作业过程智能化方面的内容，包括露天矿开采作业智能化的总体框架与基础设施、智能化穿爆、无人驾驶矿卡、装运卸协同智能、智能调度系统以及露天矿智能化开采案例。

第6章重点叙述地下开采作业过程智能化方面的内容，包括井下智能开采基础设施、铲装作业系统、全电脑凿岩台车系统、智能装药台车系统、井下自动驾驶系统以及井下设备智能调度系统。

第7章着重介绍矿山正常生产所需相关辅助系统自动化方面的内容，包括溜破系统自动化、皮带运输系统自动化、电机车无人驾驶系统、按需通风系统、排水自动化系统、供配电自动化系统以及充填自动化系统。

第8章主要阐述矿山安全监控与安全信息化方面的内容，其中包括安全监控与信息化系统架构、露天矿边坡安全监测、地下矿地压监测、尾矿库安全在线监测、离子型稀土矿原地浸矿开采边坡安全监测、风险分级管控、隐患排查治理、应急调度管理、安全实训平台以及智能化安全识别与预警。

第9章重点叙述矿山生产管理信息化方面的内容，包括矿山生产信息化管理功能概述、采矿生产过程分析、矿山生产流程数字化再造、采矿生产执行系统以及生产过程信息化案例。

参考文献

[1] 李国清，王浩，侯杰，等. 地下金属矿山智能化技术进展[J]. 金属矿山，2021(11)：1-12.

[2] 王国法，杜毅博. 煤矿智能化标准体系框架与建设思路[J]. 煤炭科学技术，2020，48(1)：1-9.

[3] 王国法，庞义辉，任怀伟. 煤矿智能化开采模式与技术路径[J]. 采矿与岩层控制工程学报，2020，2(1)：5-19.

[4] 王李管，陈鑫. 数字矿山技术进展[J]. 中国有色金属学报，2016，26(8)：1693-1710.

[5] 熊书敏. 地下矿生产可视化管控系统关键技术研究[D]. 长沙：中南大学，2012.

[6] KRIGE D G. A review of the development of geostatistics in South Africa[C]//Advanced Geostatistics in the Mining Industry. Dordrecht：Springer Netherlands，1976.

[7] 朱德林. 苏联煤炭工业自动化管理系统[J]. 煤炭科学技术，1983(9)：54-56.

[8] 朱敏. 澳大利亚帕拉布多露天铁矿管理的全面计算机化[J]. 金属矿山，1986(9)：8-12.

[9] 王文铭. 电子计算机在采矿工业中的应用[J]. 本钢技术，1995(5)：46-49.

[10] 张香亭. 英国煤矿作业用的MINOS远距离监控系统[J]. 煤矿自动化，1978(3)：34-38，54.

[11] NUTTER R S，ALDRIDGE M D. Status of mine monitoring and communications[J]. IEEE Transactions on Industry Applications，1988，24(5)：820-826.

[12] MALLET J L. GOCAD：A computer aided design program for geological applications[M]//TURNER A K. Three-Dimensional Modeling with Geoscientific Information Systems. Dordrecht：Springer，1992.

[13] ONIONS R, TWEEDIE J. Development of a field computer data logger and its integration with the DATAMINE mining software[J]. Geological Society, London, Special Publications, 1992, 63(1)：125-133.

[14] RADULESCU A T G M, RADULESCU V M G M. BRIEF ANALYSIS ON SOFTWARE FOR THE MINING INDUSTRY, WITH OPERATIONAL APPLICATIONS[J]. Scientific Bulletin Series D：Mining, Mineral Processing, Non-Ferrous Metallurgy, Geology and Environmental Engineering, 2012, 26(2)：157.

[15] AGRAWAL H. Modeling of opencast mines using Surpac and its optimization[D]. Orissa：National Institute of Technology Rourkela, 2012.

[16] GOLOSINSKI T, ATAMAN I. Total open pit mining systems：a dream or a reality[C]. Proceedings of the 16th Mining Congress of Turkey, 1999.

[17] 吴立新, 汪云甲, 丁恩杰, 等. 三论数字矿山——借力物联网保障矿山安全与智能采矿[J]. 煤炭学报, 2012, 37(3)：357-365.

[18] UNION E. Innovative Technologies and Concepts for the Intelligent Deep Mine of the Future[EB/OL]. 2011, http：//www.eurogeosurveys.org/projects/i2 mine/.

[19] UNION E. SIMS Mining[EB/OL]. 2016, https：//www.simsmining.eu.

[20] 毕林. 数字采矿软件平台关键技术研究[D]. 长沙：中南大学, 2010.

[21] 吴立新. 数字地球、数字中国与数字矿区[J]. 矿山测量, 2000(1)：6-9, 62.

[22] 吴立新, 殷作如, 邓智毅, 等. 论21世纪的矿山——数字矿山[J]. 煤炭学报, 2000, 25(4)：337-342.

[23] 吴立新. 论数字矿山及其基本特征与关键技术[C]. 第六届全国矿山测量学术讨论会, 2002.

[24] 吴立新, 殷作如, 钟亚平. 再论数字矿山：特征、框架与关键技术[J]. 煤炭学报, 2003(1)：1-7.

[25] 吴立新. 中国数字矿山进展[J]. 地理信息世界, 2008, 6(5)：6-13.

[26] 吴冲龙, 田宜平, 张夏林, 等. 数字矿山建设的理论与方法探讨[J]. 地质科技情报, 2011, 30(2)：102-108.

[27] 王青, 吴惠城, 牛京考. 数字矿山的功能内涵及系统构成[J]. 中国矿业, 2004(1)：8-11.

[28] 僧德文, 李仲学, 张顺堂, 等. 数字矿山系统框架与关键技术研究[J]. 金属矿山, 2005(12)：47-50.

[29] 王李管, 曾庆田, 贾明涛. 数字矿山整体实施方案及其关键技术[J]. 采矿技术, 2006(3)：493-498.

[30] 卢新明, 尹红. 数字矿山的定义、内涵与进展[J]. 煤炭科学技术, 2010, 38(1)：48-52.

[31] 王国法, 范京道, 徐亚军, 等. 煤炭智能化开采关键技术创新进展与展望[J]. 工矿自动化, 2018, 44(2)：5-12.

[32] 王国法, 杜毅博, 任怀伟, 等. 智能化煤矿顶层设计研究与实践[J]. 煤炭学报, 2020, 45(6)：1909-1924.

[33] 陶飞, 张贺, 戚庆林, 等. 数字孪生十问：分析与思考[J]. 计算机集成制造系统, 2020, 26(1)：1-17.

[34] 张帆, 葛世荣. 矿山数字孪生构建方法与演化机理[J]. 煤炭学报, 2023, 48(1)：510-522.

[35] 李鹏, 程建远. 采掘工作面地质信息数字孪生技术[J]. 煤田地质与勘探, 2022, 50(11)：174-186.

[36] 郭一楠, 杨帆, 葛世荣, 等. 知识驱动的智采数字孪生主动管控模式[J]. 煤炭学报, 2023, 48(S1)：334-344.

[37] 张超, 张旭辉, 毛清华, 等. 煤矿智能掘进机器人数字孪生系统研究及应用[J]. 西安科技大学学报, 2020, 40(5)：813-822.

[38] 张帆, 葛世荣, 李闯. 智慧矿山数字孪生技术研究综述[J]. 煤炭科学技术, 2020, 48(7)：168-176.

[39] 杨林瑶, 陈思远, 王晓, 等. 数字孪生与平行系统：发展现状、对比及展望[J]. 自动化学报, 2019, 45(11)：2001-2031.

[40] 朱斌, 张奎, 张有为, 等. 综掘面风流智能调控数字孪生系统[J]. 计算机集成制造系统, 2023, 29(6)：2006-2018.

[41] 毕林, 王晋森. 数字矿山建设目标. 任务与方法[J]. 金属矿山, 2019(6)：148-156.

第 2 章

矿床地质信息模型

矿床地质信息模型是对地表以下矿体要素信息的三维可视化表达，建立矿体的三维模型能够直观地展示矿体在地下的空间赋存形态和几何结构特征，能够助力地质工作者直观、形象而生动地处理大量野外实测数据和样品，分析矿体地质特征，并为后续矿石的开采设计工作提供有利指导。在三维地质解译基础上，可通过显式建模、隐式建模等多种技术构建地层、矿体、构造和岩体等模型，有助于对矿体空间分布的认识、体积计算、模型运算、图件输出等。利用品位空间插值技术构建矿山品位与相关属性的块体模型，结合开采设计和生产过程管控，服务贫损指标计算和资源储量动态管理。

2.1 地质基础信息数字化

地质数据是表示地质信息的数字、字母和符号的集合。从广义的角度来看，地质数据涵盖了全部的地质观测结果及地质成果，地质数据既可以是定量的、定性的数据，也可以是文字说明和图形。但是从狭义的角度来看，地质数据主要是指定量的和定性的数据。

地质数据是矿山资源评估和采矿设计的基础，一般通过钻探、坑槽探、物化探等手段，采用测量、地质编录、化验等方法获取或描述清楚工程位置、倾角变化、取样位置矿石品位分布、岩性、断层信息等。目前，主流矿业软件一般通过数据库方式管理钻孔数据，在三维图形环境下，显示钻孔轨迹、钻孔品位、岩性等信息，并可进行平剖面切换、数据查询、属性显示、统计分析、地质解译和剖面品位计算等。矿山常见的地质数据可分为钻探数据、物探数据、化探数据等。

地质勘探是指根据地质学、物理学和化学原理，凭借各种仪器设备观测地下情况，研究地壳的性质与结构，寻找原油、天然气及其他各种固体矿产的地质工作。生产勘探是指矿山生产过程中，在紧邻近期开采地段为提高储量级别、正确圈定矿体，为采矿单体设计和编制采掘进度计划提供可靠地质依据的探矿工作。生产勘探包括坑道勘探、钻探和槽井探等。

2.1.1 纸质图件数字化

数字化图形是矿山数字化应用过程的基础，具有存储空间小、易于编辑等优点。由于一些矿山早期缺乏数字化观念和意识，生产资料数字化程度不高，部分矿山仍存在一些手绘图纸，要高效应用此类图件，需先通过扫描形成 jpg、pdf 等格式，然后对图纸进行矢量化处理。

其基本原理是对各种类型的数字工作底图(如纸质地图、黑图或聚酯薄膜图)，使用扫描仪及相关扫描图像处理软件，把底图转化为光栅图像，对光栅图像进行诸如点处理、区处理、帧处理、几何处理等，在此基础上，对光栅图像进行矢量化处理和编辑，包括图像二值化、黑白反转、线细化、噪声消除、结点断开、断线连接等。这些处理由专业扫描图像处理软件进行，其中区处理是二值图像处理(如线细化)的基础，而几何处理则是进行图像坐标纠正处理的基础，通过处理达到提高影像质量的目的。利用软件矢量化的功能，采用交互矢量化或自动矢量化的方式，对地图的各类要素进行矢量化，并对矢量化结果进行编辑整理，存储在计算机中，最终获得矢量化数据，即数字化地图，完成扫描矢量化的过程。

图件校准软件有 VP Studio(常用于倾斜校正、去斑和图像网格校准)、Cass(常用于比例纠正、网格校准)，矿山常用的图形数字化软件有 AutoCAD、MapGIS 等。

2.1.2 图件三维转换

矿山各类图件承载了地质勘探、生产勘探、开采过程的中各类信息，是长期积累形成的，所以大部分矿山在开始应用矿业软件时往往参考或利用前期的 AutoCAD、MapGIS 等图件。

在将二维图件导入三维矿业软件时，需将图件的比例尺调整为一致，一般为 1∶1000，并对图形进行坐标转换，以保证所有图件处于统一的坐标系统中，且位于准确的空间位置，并以此建立矿山三维模型。

平面图导入时，可以设置一个固定高程，这样导入的图件都会落在设定的高程上；也可以不设置高程，这种情况下导入的图件保留原有的高程属性，如现状地形图或带测点的实测图的导入。

不同软件导入剖面图的方法不一，有两点法、剖面方位角法等，但是其核心机理是一样的，主要通过坐标转换、旋转、移动等操作来完成。

1)坐标轴变换

将图形区域内图形的 X、Y、Z 坐标做调换，包括"XY 调换""XZ 调换""YZ 调换"三种坐标调换方式。在二维剖面图转为三维剖面图时，一般选用"YZ 调换"，将 X-Y 剖面图转为 X-Z 剖面图。

2)坐标转换

选定图形上某一基点，通过调整图形的旋转角度对图形进行旋转和坐标移动，完成剖面图的转换。图 2-1 所示为导入的剖面图与平面图复合状态。

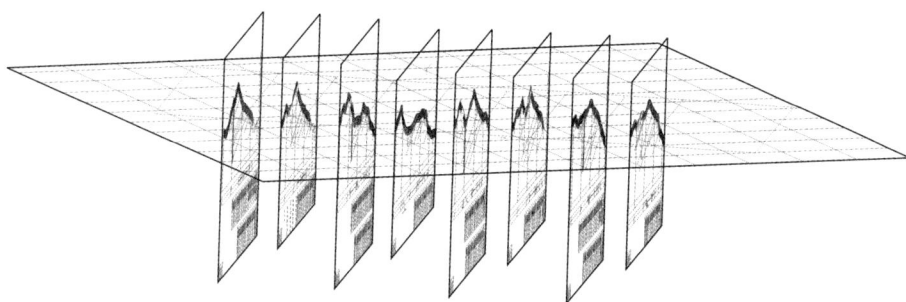

图 2-1　平剖面三维变换

2.2　地质数据库的创建与应用

地质数据库是地质解译、品位推估、矿量计算和管理、采矿设计的基础。

地质数据库涵盖了矿山地质勘探、生产勘探、矿山开采等阶段的数据，数据内容主要包括钻探、坑探、地表槽探等探矿数据以及生产过程中的坑道编录和刻槽取样数据。矿山地质数据主要保存在一些平、剖面图，柱状图及勘探报告附表中，所以在建立数据库前需进行数据整理、检查、输入与合并工作。

2.2.1　地质数据库结构与数据规范

地质数据信息主要包含钻探、坑探、地表槽探等探矿工程的坐标、测斜、样品分析结果、容重测试结果以及岩性、构造等地质信息。其中样品分析结果中的品位数据等为利用地质统计学方法进行品位推估的区域化变量，是矿床品位估值的必选数据；而岩性、地层、矿化等数据则为样品组合、不同矿化带的划分及品位估值的参数控制提供了依据。如果要建立完整的矿床模型，则还需包括工程地质、岩石力学等相关信息，因此在进行数据输入的同时需要将这些数据输入数据库中。表 2-1 为某矿床资源储量估算所用数据。

表 2-1　某矿床资源储量估算所用数据

文件名	说明
collars. xls	钻孔坐标及孔深
surveys. xls	钻孔测斜
geology. xls	岩性数据
mineralization. xls	矿化类型
stratigraphy. xls	地层信息
samples. xls	原始样品记录
assays. xls	样品分析结果

(1)探矿工程坐标。探矿工程坐标文件一般需要工程名称、X 坐标、Y 坐标、Z 坐标。由于矿床建模所采用软件的工作机制不同，部分软件还需提供工程长度，如钻孔孔深等信息。

在输入工程坐标文件时，需要注意对 X 坐标和 Y 坐标的区分，一般情况下估值所需 X 坐标为地理东方向(E)，Y 坐标为地理北方向(N)。

探矿工程坐标文件实例见表 2-2。

表 2-2 钻孔开口信息表

工程名称	X(东)/m	Y(北)/m	Z(高程)/m	孔深 /m	勘探线号	钻孔轨迹
ZK110	529636	89974	43.08	253.4	11	弯曲孔
ZK112	529622	90008	46.97	164.84	2	弯曲孔
ZK86	529620	90015	47.88	358.19	7	弯曲孔
ZK114	529627	89994	43.33	349.06	10	弯曲孔
ZK226	529544	90203	40.94	456.58	22	弯曲孔
ZK247	529716	89827	28.88	330.56	24	弯曲孔

(2)探矿工程测斜。如表 2-3 所示，工程测斜文件所需数据主要有工程名称、测斜深度、方位角、倾角等。方位角定义正北为 0°，沿顺时针方向增大，范围为 0°至 360°；由于软件定义的不同，一些软件将水平面向下施工的工程倾角定义为正，向上施工的工程倾角定义为负，范围为 90°至 -90°，而另一些软件则正好相反，即倾角向上为正，向下为负，故应视所用软件而定。此外，大部分软件对角度的运算均采用十进制，因此，对于部分采用度、分、秒记录的角度，在输入数据时应根据所选软件的具体要求决定是否转换成十进制角度。

表 2-3 探矿工程测斜

工程名称	测斜深度/m	方位角(BRG)/(°)	倾角(DIP)/(°)
CK110	0	292	-90
CK110	253.4	292	-90
CK22	0	292	-70
CK22	164.84	292	-70
CK76	0	292	-90
CK76	50	292	-89.57
CK76	100	292	-88.9

(3)样品分析数据。取样分析数据一般需要工程名称、取样起始位置、取样结束位置、样品长度、各种组分的含量(值)、矿化带或矿体标识、矿石类型标识等。样品分析数据实例见表 2-4。

表 2-4　样品分析数据实例

工程名称	样号	取样自 /m	取样至 /m	样品长度 /m	$w(\mathrm{Cu})$ /%	$w(\mathrm{TFe})$ /%	$w(\mathrm{Au})$ /($\mathrm{g}\cdot\mathrm{t}^{-1}$)
K102	11	252.68	253.82	1.14	0.92	36.9	2.51
CK102	12	253.82	254.47	0.65	1.07	28.1	3.59
CK102	13	254.47	255.96	1.49	0.87	40.94	1.92
CK102	14	255.96	256.92	0.96	2.09	23.22	1.87
CK102	15	256.92	258.11	1.19	1.17	34.94	0.05
CK102	16	258.11	259.67	1.56	1.78	9.3	<0.01
CK102	17	259.67	262.52	2.85	0.5	13.09	0.05
CK102	18	262.52	265.86	3.34	0.26	9.94	0.98
CK102	19	265.86	268.61	2.75	0.99	12.74	1.56
CK102	20	268.61	270.79	2.18	0.48	17.45	2.72

对于容重测试结果、岩性、构造等数据，可采用与样品分析数据相同结构的数据表。如地质钻孔基本信息表、钻孔回次表、钻孔孔深校正和钻孔结构数据表等，也可以添加数据类型，使数据库的信息更加完善。

上述数据中，坐标和样品分析结果类数据是必需数据，对于测斜数据来说是可选的，如果探矿工程没有测斜数据，一般情况下数据处理程序会将其默认为垂直工程。

由于部分软件，如 DIMINE、Datamine 等对数据表的字符型字段的名称及其值的大小写是敏感的，因此在输入数据时，必须确保所有工程所对应的坐标、测斜、样品分析结果、地质信息等数据对应的工程名称及其值的大小写一致。

2.2.2　数据检查

地质数据有的是通过原始记录输入的，有的是直接从别的数据库中获取的，不管以哪种方式获取数据，都要对所得数据进行检查，必须确保输入数据与原始记录的一致性，同时还应排除原始记录中的输入性错误。特别是我国早期的勘查资料中，最终成果数据往往经历了多种媒介的多次转载，很容易出现输入性错误，因而应在数据输入的同时进行检查。

此外，还应对不同类型数据的匹配性进行检查，即检查坐标、测斜及样品分析数据文件所对应的工程名称是否一致，每个工程所对应的坐标、测斜及样品分析结果是否均存在，同时应对样品重叠、取样结束位置小于取样起始位置等问题进行检查。对于此类问题，部分软件在合并数据时能自动检查，如 DIMINE 软件可以自动检查：①各表中钻孔对应关系是否正确；②测斜/样品长度是否超过钻孔总深度；③样品段是否重叠；④样品表中"从（FROM）"是否小于"至（TO）"。往往可以根据生成的检查报告，核对原始数据，并修改导入的数据，直到没有错误。

逻辑关系检查完后，一般生成并显示钻孔数据库，以进一步检查钻孔几何位置的正确性。

15

2.2.3 数据合并

数据输入后,应对各类数据以工程名称为关键字段进行合并,使之形成完整的数据库,以满足后续工作的要求。由于所用软件不同,合并后的数据库的格式也不尽相同,一些软件采用独立的数据库(如 DIMINE、Vulcan、Datamine 等),因此,在建立钻孔数据库时,必须将 TXT 或 CSV 格式的原始数据文件转换成为软件默认的格式文件;另一些软件则采用 Access 标准数据库(如 Surpac、3DMine 等)。

在导入的过程中设置字段类型,工程名称、勘探线号、工程类型、样号、岩性名称等均用字符串,开孔日期和终孔日期采用日期型字段类型,其他涉及数字的字段(如钻孔坐标和样品品位信息)选择双精度型或浮点型。需要注意的是,软件不同,则各列对应的字段也不尽相同。

2.2.4 地质数据库建立和显示

在基础表文件基础上,通过创建钻孔数据库,利用字段对应关系完成数据表之间的关联。

地质数据库承载了矿山勘探地质和生产地质各类数据,实现了矿山地质数据集成化管理,便于地质数据的存储、更新、查询、修改等。通过三维矿业软件,可将地质数据库进行三维可视化展示,可显示钻孔数据库、坑槽井探数据库等基本信息、元素品位分布、岩性信息等,可以对相应字段按不同的品位区间或岩性类型显示不同颜色和图案,便于三维环境中的地质解译。图 2-2 为钻孔数据库及样品风格显示。

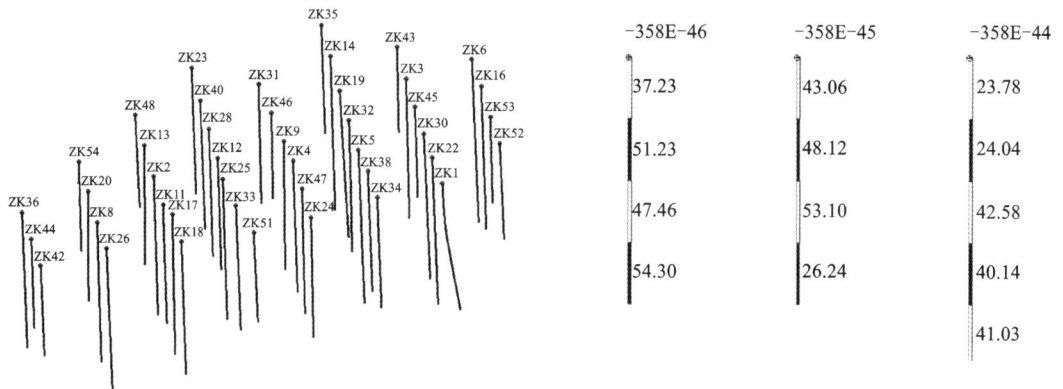

图 2-2 钻孔数据库及样品风格显示

2.2.5 样品组合

地质数据库中的样品数据是矿床储量估算的基础,根据地质统计学原理,为确保参数的无偏估计,所有样品数据应规范化,即同一类参数的地质样品的长度应该一致。组合样品的过程是将品位信息通过长度加权的方法进行计算。如果地质样品的取样长度不均匀,则要将不同长度的样品沿钻孔方向组合成相同长度的组合样品,以确保数据在定长的载体上,这些载体以离散点方式存储该组合样品数据。

在组合样品时,应注意所组合样品必须属于同一地质条件,即样品组合要求在同一成矿环境内,如在同一矿化带、地层、矿(化)体内,否则一方面可能造成估值偏差,另一方面可能造成局部品位人为的贫化或富集。一般可以通过对应条件约束样品数据,并以此数据进行样品组合。约束条件通常包括实体约束、地质带约束、顶底板约束、台阶高度约束、DTM 面约束、圈矿指标约束等多种方式。其中实体约束是使用最广泛的方法之一,一般采用矿床实体模型来约束。不同软件在样品约束过滤和组合处理上方式不一,有的将功能组合于一起,有的是分开的。通常所讲样品组合主要是对所过滤出来的样品数据按长度或按台阶高度组合。

1)按样品长度组合

样品组合应在原始样品长度统计的基础上进行,尽量使组合样品长度与原始样品长度统计结果中的众数一致,以尽可能保证数据的原始状态。组合样长一般应根据勘查工程网度、矿体厚度、形态及采矿工程等因素确定。

按样品长度组合方法中,组合样的属性值是原始样品属性值的长度加权平均值,如图 2-3 所示,组合样 L 由三个原始样品重新组成,参与组合的长度分别为 L_1、L_2 和 L_3,如果三个原始样品的品位分别为 G_1、G_2 和 G_3,那么组合样的品位 G_c 为:

$$G_c = \frac{L_1 G_1 + L_2 G_2 + L_3 G_3}{L_1 + L_2 + L_3} \quad\quad (2-1)$$

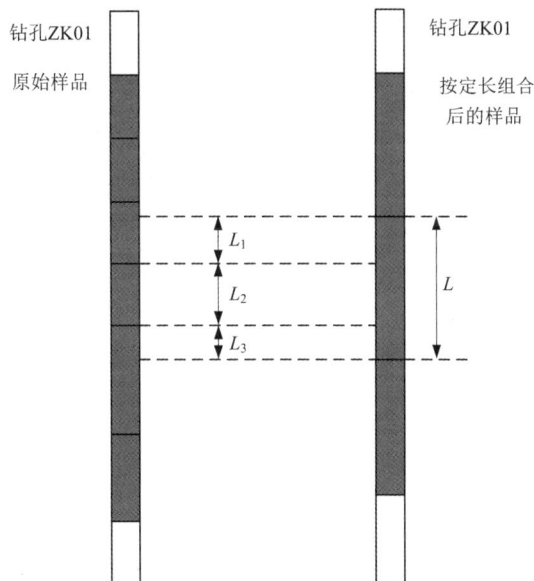

图 2-3　按样品长度组合示意图

2)按台阶高度组合

按台阶高度组合对于直孔产生的结果与按长度组合是一样的,但对于弯曲钻孔,组合样的长度并不一致,但其高程差相等,组合样的属性值需按样品参与组合的部分的高度进行加权平均。样品组合的计算公式为:

$$G_c = \frac{\sum\limits_{i=1}^{n} G_i \cdot L_i}{\sum\limits_{i=1}^{n} L_i} \quad L_c \geqslant \sum_{i=1}^{n} L_i \geqslant 0.75 L_c \quad\quad (2-2)$$

式中：G_c 为组合样的属性值；G_i 为参与组合的第 i 个样品的属性值；L_i 为第 i 个样品的长度，按台阶高度组合时 L_i 为高度；$\sum\limits_{i=1}^{n} L_i$ 为组合样的实际长度；L_c 为确定的组合样长度，按台阶高度组合时是组合样的高度；n 为参与组合样计算的样品数。

在样品组合过程中，假定了每个样品的属性值是不变的，组合样品的属性值对原始样品属性值的变异性进行了平滑，从而产生平滑效应。如果每个样品实际的属性值变化较大，组合样品的长度小于原始样品的平均长度或者计算变异函数的滞后距 h 较小，这种平滑效应对于结构分析的影响是很大的。因此在样品组合过程中，组合样的长度不能小于原始样品的平均长度。

2.2.6 特高品位处理

特高品位又称风暴品位，是指矿床中那些比一般样品品位显著高出许多倍的少数品位。特高品位是样品分布中的特异值，在岩金矿床和其他贵金属矿床中经常出现，其分布极不稳定，且不连续，使品位总体具有高方差。特高品位对矿床品位估值的影响是显而易见的，处理不当将会使矿床品位估值正偏或负偏。

特高品位的判定方法国内外尚无公认的统一标准，常用的方法有：

(1)经验法。经验法又称类比法，是根据矿床的矿化特征和品位变化程度，与已开采的类似矿山的经验数据进行对比加以确定。如对岩金矿床，国内较多地采用矿床平均品位的 6~8 倍进行处理。对于品位变化系数小的矿床，采用此范围的下限值；对于变化系数大的矿床，采用此范围的上限值。

(2)品位分布频率曲线法。对所有样品按适当的品位分段进行统计，根据品位频率(数)曲线图，正偏倚曲线右侧第一次出现极小值处即为特高品位的下限值。图 2-4 为某金矿品位频数曲线图，根据此图，确定该金矿 Au 特高品位下限值为 6 g/t。

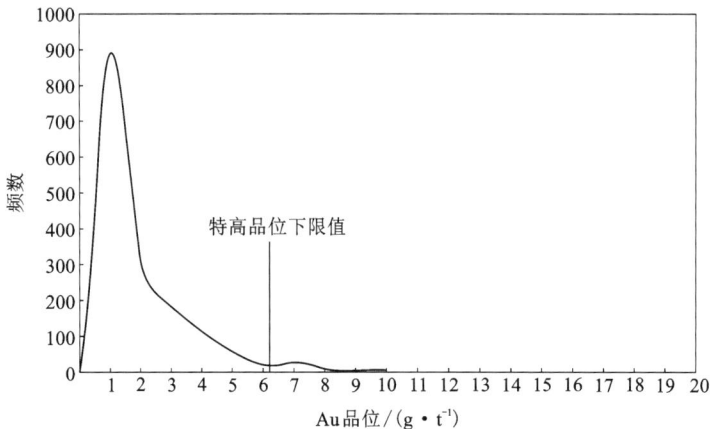

图 2-4 某金矿品位频数曲线图

（3）品位统计标准差法。由于特高品位是一种特异值，因此可通过品位统计标准差来确定其下限值。具体方法为：特高品位下限值为元素品位统计结果中 n 倍标准差与均值之和，n 的取值应视矿床成因和品位变化特征而定。大于下限值的特高品位用下限值来代替。

实际工作中，特高品位的一般处理方法有：

（1）特高品位不参加平均品位计算，即剔除法；

（2）用包括特高品位在内的工程或块段的平均品位来代替特高品位参加计算；

（3）用与特高品位相邻两个样品的平均品位值来代替特高品位；

（4）用特高品位与相邻两样品品位的平均值来代替特高品位；

（5）用该矿床一般样品（特高品位样品除外）的最高品位或用特高品位的下限值来代替特高品位。

以上（2）、（4）的代替法，是国内较常用的特高品位处理方法。若特高品位呈有规律的分布，且可以圈出高品位带时，则可将高品位带单独圈出，分别计算储量，不再进行特高品位处理。

用经验法所确定的特高品位，其处理方法通常为用出现特高品位的样品所影响块段的平均品位或工程（当单工程矿体厚度大时）平均品位来代替特高品位。数理统计方法可通过对数转换、高斯变形、排列等数据转换来减轻（但无法消除）特高品位对矿床品位估值的影响。

特高品位的确定和处理不能一成不变、一概而论，应结合矿床成因类型、矿床勘查程度以及矿体形态、矿床总体品位分布特点等因素综合考虑，最终选择合理的特高品位确定和处理方法。对于矿化均匀、矿体形态规则、矿体平均品位高、勘查程度高的矿床，其特高品位的确定和处理方法应有别于矿化不均匀、矿体形态复杂、矿床平均品位低、勘查程度低的矿床，否则可能造成对高品位矿床品位的过低估计和对低品位矿床品位的过高估计。

2.2.7　统计分析

地质统计学研究的主要对象为区域化变量，而区域化变量有其特有的性质，首先应对区域化变量的分布规律进行研究。因此，对原始数据进行统计分析是地质统计学的一项基本内容，也是矿床建模和品位估值必不可少的工作。通过统计，不但可以进一步起到数据检查的作用，能够检测和处理原始数据中可能存在的人为差错和常识性的错误，还可以发现原始样品中的特异值，同时针对原始样品中特异值的分布特征选择合理的处理方法。更重要的是，通过对原始数据的统计分析，可以了解区域化变量的分布规律，揭示矿化与区域化变量之间的相互关系，为进一步研究矿化的空间分布规律，平稳性条件的存在及其分区，空穴效应、比例效应的存在和类型，以及为变异函数的研究和矿床建模提供必要的依据。对品位估值方法的合理选择具有重要意义，不同分布规律的矿床应选择不同的估值方法。

统计分析的主要任务为：通过对原始数据的统计来研究区域化变量的分布特征、分析元素之间的相关性和进行回归分析等。

统计分析的常用方法有：直方图（histogram）、散点图（scatter plot）、P-P（probability-probability）图与 Q-Q（quantile-quantile）图、累计概率曲线（cumulative probability curve）等。目前常用的矿业软件已经集成了这些统计分析方法，可以直接使用。还可以借助诸如 Stata、MATLAB、SPSS、SAS 等专业统计软件。此外，微软 Office 系列的电子表格也具备上述部分功能。

统计数据时，在对全部数据进行统计的基础上，应分别对不同成矿环境中的区域化变量进行统计，同时应在原始样长的基础上进行更大组合样长的统计，以发现不同的规律。

（1）直方图。对一个变量按照测量范围进行等宽度分级，统计数据落入各个级别的个数或占总数据的百分比，这一组频率值组成频率分布，其图形即为直方图。直方图可以直观地反映数据分布特征、总体规律，可以用来检验数据分布形式和寻找数据特异值。如图 2-5 所示，为某矿山 TFe 含量的直方图，从图中可以看出 TFe 含量大致服从正态分布。

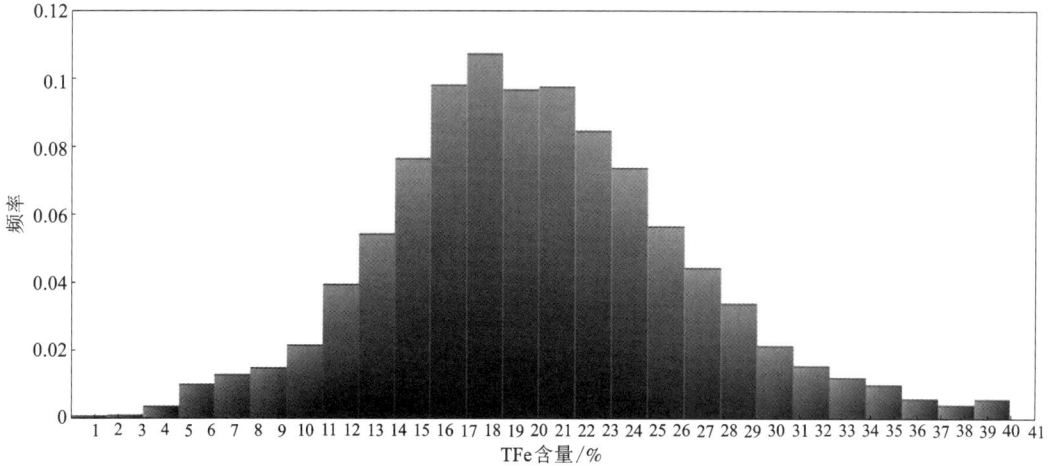

图 2-5　TFe 含量直方图

有时样品品位分布呈正偏态，特别是大量低品位的"零值高峰"分布，表明矿化带内可能存在很多品位带或无矿夹石带，可能存在空穴效应。非正态分布的区域化变量有时经对数转换后可服从正态分布，即对数正态分布。有时还需要对区域化变量附加一常数并取对数后才能服从正态分布，即三参数对数正态分布。当样品品位为对数正态分布或近似对数正态分布时，表明矿化可能存在比例效应。空穴效应和比例效应的正确判断，为后续实验半变异函数的计算和拟合提供了依据。

直方图级别的数量要根据数据个数和数据值的范围来确定。通常情况下，数据个数越少，所需级别的数量也越少，才能更好地表示数据。相同的区间宽度确保每个条带的面积与该级别的频率成正比。

（2）散点图。散点图是表示两个变量之间关系的图，又称相关图，用于分析两组数据值之间的相关关系，它有直观、简便的优点。通过散点图对数据的相关性进行直观的观察，不但可以得到定性的结论，而且可以剔除异常数据。

如图 2-6 所示，图（a）表明 X 和 Y 之间存在一定的线性相关性，图（b）表明 X 和 Y 之间为完全线性相关关系，X 增大时，Y 也显著增大，此时为正相关；若 X 增大时，Y 却显著减小，则为负相关。图 2-6（c）表明，X 和 Y 之间存在相关关系，但这种关系是曲线相关，而不是线性相关。图 2-6（d）表明，X 和 Y 之间不相关，X 的变化对 Y 没有什么影响。

（3）P-P 图和 Q-Q 图。

P-P 图是根据变量的累积概率与指定分布的累积概率之间的关系所绘制的图形。通过P-P 图可以检验数据是否符合指定的分布。当数据符合指定分布时，P-P 图中各点近似呈线性关系。如果 P-P 图中各点不呈线性，但有一定规律，可以对变量数据进行转换，使转换后

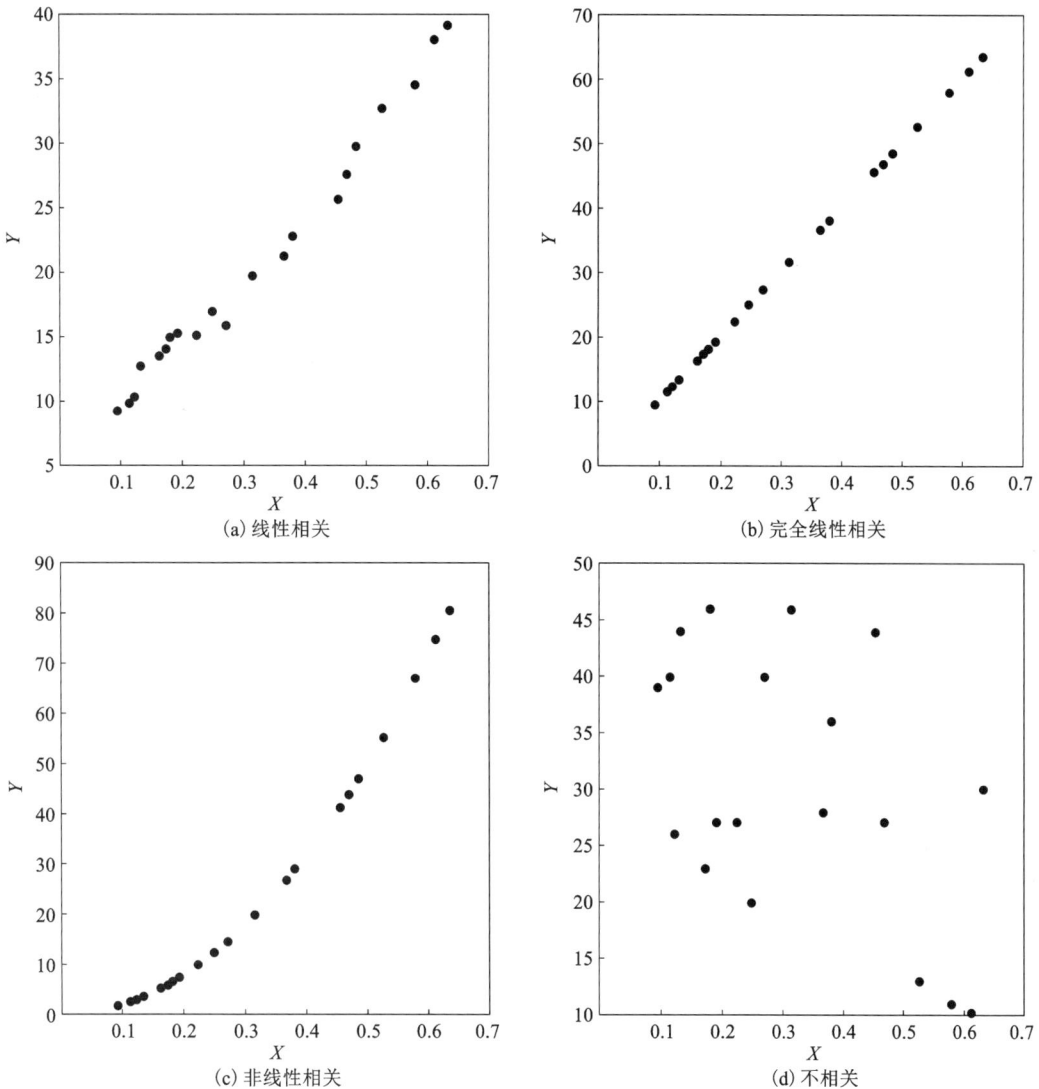

图 2-6　散点图类型

的数据更接近指定分布。

P-P 图的绘制使用指定模型的理论累积分布函数 $F(x)$ ，样本数据值从小到大表示为 x_1 ，
x_2 ，$\cdots$ ，x_n 。P-P 图即为 $F(x_i)$ 比上 $\left(i-\dfrac{1}{2}\right)/n$ ，其中 $i=1$ ，2 ，$\cdots$ ，n 。

Q-Q 图同样用于检验数据是否服从指定的分布形式，区别是，Q-Q 图是用变量数据分布
的分位数与所指定分布的分位数之间的关系曲线来进行检验的。如果有个别数据点偏离直线
太多，那么这些数据点可能是一些异常点，应对其进行检查。

Q-Q 图的绘制同样使用指定模型的理论累积分布函数 $F(x)$ ，样本数据值从小到大表示
为 x_1 ，x_2 ，$\cdots$ ，x_n 。Q-Q 图即为 x_i 比上 $F^{-1}\left[\left(i-\dfrac{1}{2}\right)/n\right]$ ，其中 $i=1$ ，2 ，$\cdots$ ，n 。

P-P 图和 Q-Q 图的用途相同,只是在检验方法上存在差异。图 2-7 为 P-P 图和 Q-Q 图示例,可以看出 TFe 含量服从正态分布。

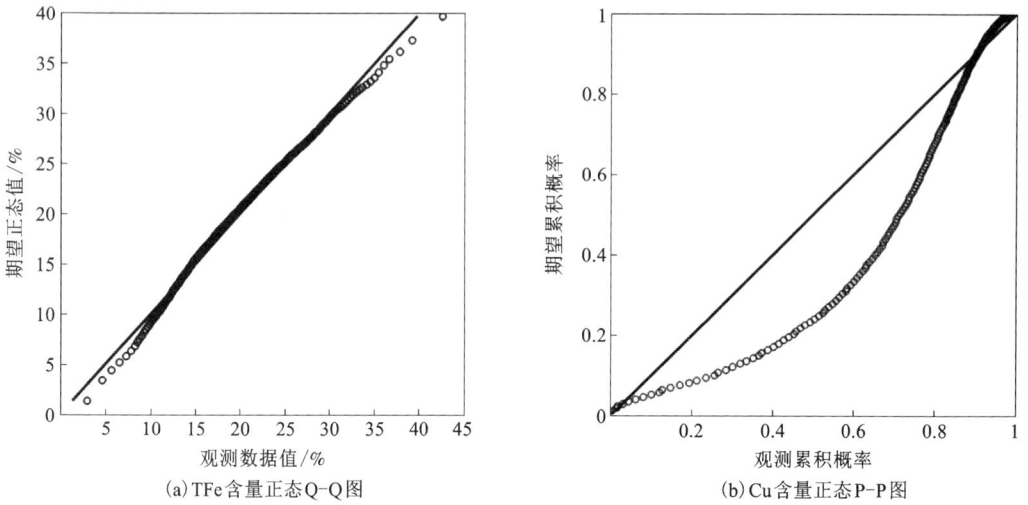

(a)TFe含量正态Q-Q图　　　　　　　　　(b)Cu含量正态P-P图

图 2-7　检验正态分布的 Q-Q 图和 P-P 图

(4)累计概率曲线

概率图可以用来分析矿体中元素分布数据的累积概率。图 2-8 为某矿 Cu 品位分布的累计概率曲线图,从中可分析出 Cu 品位在某个具体数值时对应的累计概率。

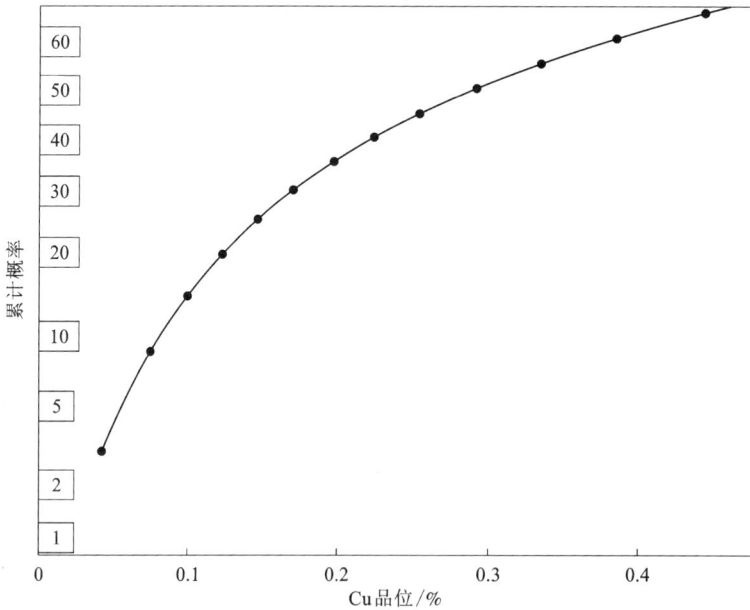

图 2-8　某矿 Cu 品位分布的累计概率曲线图

2.3　三维地质体创建

矿山三维模型是矿山数字化建设的基础。合理准确的矿山三维模型，能为地质、测量、采矿等各方面应用以及矿山生产提供准确有效的数据，为科学合理地设计和指导生产提供保障。

矿山地质体模型主要包括数字地形模型、矿体实体模型、岩体构造模型、围岩模型、夹石模型等。

2.3.1　数字地形建模

地表测量所获得的数据，通常为一系列离散的、稀疏的、空间上分布不均匀的数据。利用这些离散数据形成三维地表时有两种方法，一是直接采用不规则三角网构模，二是在三角网过于稀疏的地方，通过数据插值的方法，对该区域内的点进行加密处理，最终采用三角网构模技术生成完整的地形模型。

地表模型是三维地质建模的一项重要内容。三维地表不仅直接影响地表工程的设计、施工，而且对选厂、排土场、井口等位置的最优布置有很大的影响，同时地表模型作为边界约束条件，还直接影响保有资源量的计算以及技术经济指标和工程量的计算。

如图 2-9 所示，数字地形模型 DTM（digital terrain model）创建流程，

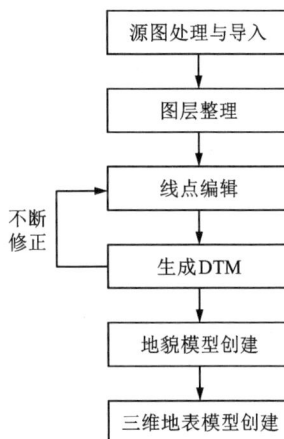

图 2-9　数字地形模型创建流程

包括源图处理与导入、图层整理、线点编辑、生成 DTM、地貌模型创建及三维地表模型创建几个部分，其中前两个过程均可在 AutoCAD、MapGIS 中实现，线点编辑与生成 DTM 这两步需在三维矿业软件中相互参考，不断反馈，直至生成合理的 DTM 模型。

建立三维地形模型可以分为以下三个步骤：

1. 源图预处理

作为一个复杂的综合图，里面的信息非常多，首先需要提取的是在建模中要用到的内容，包括地形等高线、道路线、水系界线、台阶坡顶底线、主要工业场地轮廓线、坐标网格、文字等，其他不需要的可以删除或单独存放。将这些有用的信息分别用单独图层提取出来，然后调整比例尺至 1∶1000，接着将图形坐标移动到正确位置，如图 2-10 所示。

2. 将二维图导入三维软件中进行点、线处理，赋高程并生成 DTM 地形

线处理包括将导入的线转换为多段线、提取参与生成 DTM 的三维线或点、将处于同一高程的线尽量连成一根、删除重复的点或线等。尽可能把平面图所能展示的高程信息的点、线赋上高程，最后生成 DTM 模型，如图 2-11 所示。

3. 地物/地貌模型创建

地表 DTM 模型建完后，需对地表上的地物/地貌进行完善，比如矿区道路模型、地表工业场地模型、露天采场和排土场模型、塌陷区模型等。

图 2-10 源图预处理

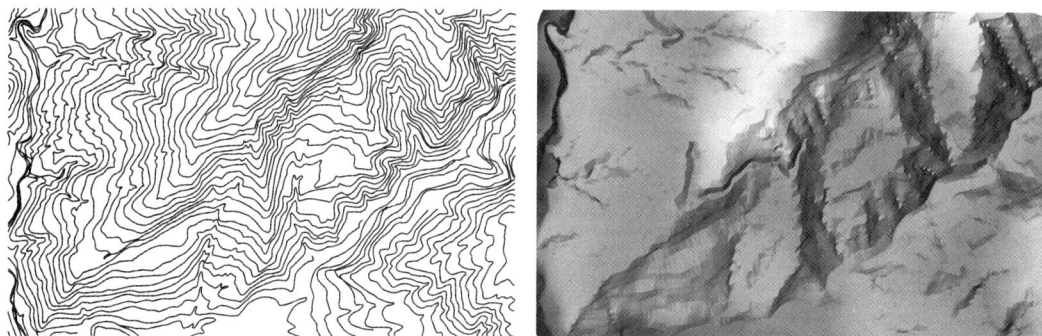

图 2-11 等高线处理及 DTM 模型生成

1) 矿区道路模型

矿区道路的建模方法有：

(1) 直接对公路两帮线条赋上高程，在用等高线、高程点创建 DTM 模型的过程中，参与生成 DTM 模型，模型面上会展现道路轨迹；

(2) 用赋上高程的道路帮线裁剪 DTM，将裁剪出来的道路面片抬高一定距离后再复制一份面片，并将两层面片构建成一个体，改变其颜色，突出显示，如图 2-12 所示。

（3）针对矿区内的一些单线条的小路，直接将线附着到地表 DTM 模型上即可。

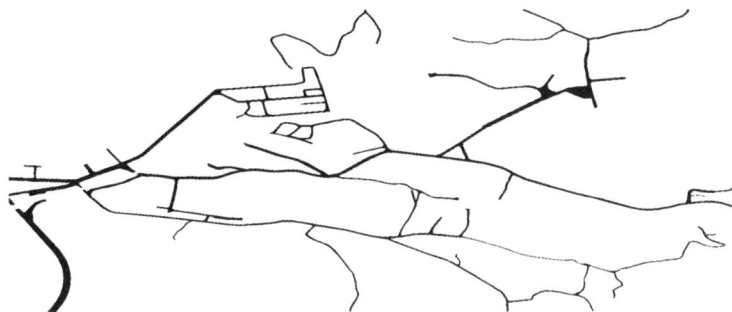

图 2-12 突出显示道路模型

2）地表工业场地模型

工业场地包括采矿场和选矿厂的建筑。这些模型建立的基本思路是：地表 DTM 建立好之后，可以批量地将建筑物线框附着到 DTM 面上，批量移动并复制附着的线框，然后将上、下线框用面连接起来，最后对顶部做一些美化处理，从而体现出建筑的三维立体感。图 2-13 为工业建筑建模示意图，图 2-14 为建成的房屋模型成果。

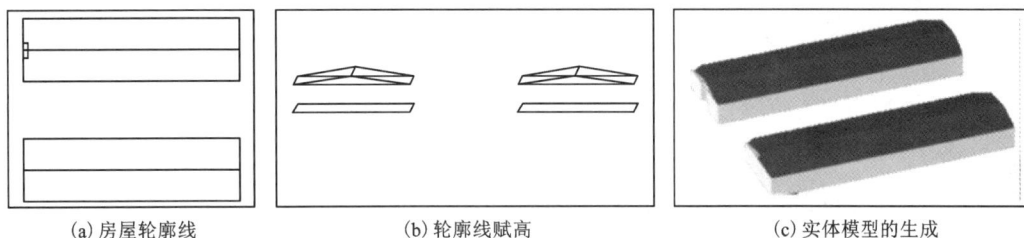

(a) 房屋轮廓线   (b) 轮廓线赋高   (c) 实体模型的生成

图 2-13 工业建筑建模示意图

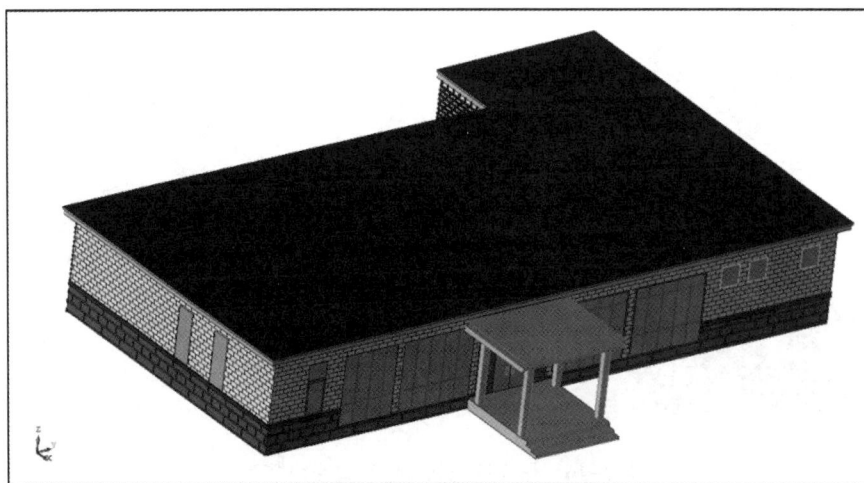

图 2-14 建成的房屋模型成果

25

工业场地内的各种其他特殊建筑设施，可以根据其外在形态用软件的线编辑建立三维轮廓线，然后用实体建模的功能完成其三维可视化模型的构建。

3）露天采场和排土场模型

矿区内露天采场、排土场、尾矿库等关键区域，高程起伏变化较大，坡坎明显（图2-15），这些区域的建模主要利用台阶线、坡顶线、坡底线和测点建模，所建模型为地表 DTM 的一部分。

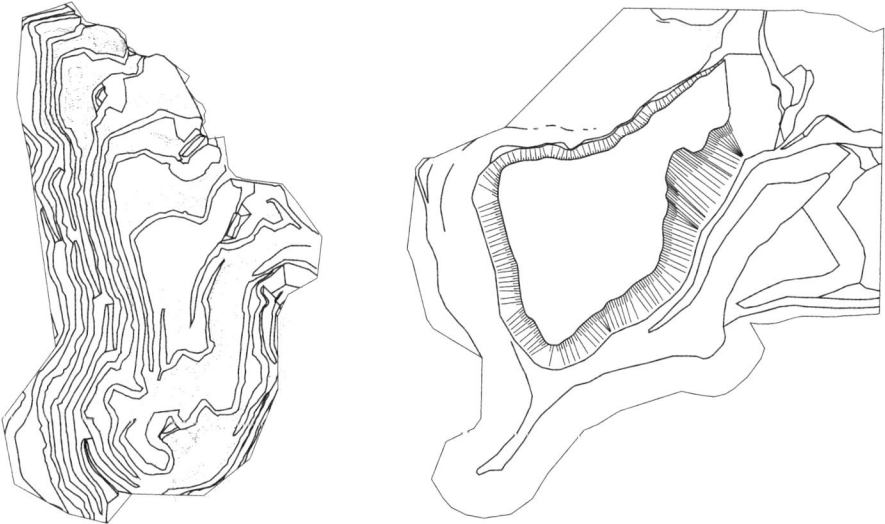

图 2-15　原始露天坑及排土场 CAD 图

根据实测点的高程对台阶坡顶、底线赋值。利用赋值完成的坡顶、底线建立露天坑现状模型和排土场模型（图 2-16）。

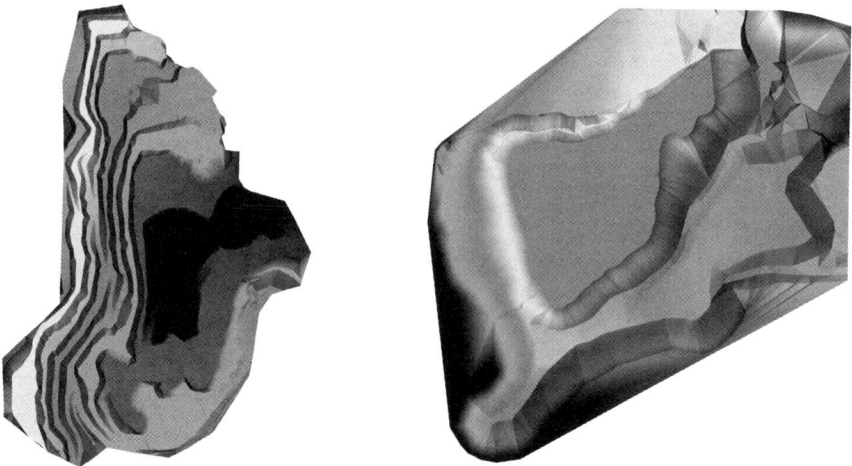

图 2-16　露天坑现状模型和排土场模型

4) 塌陷区模型

有些矿山早期曾采用崩落法采矿, 整个矿区地表存在很多塌陷区。若要构建塌陷区的模型, 需依据实测的坡顶、底线来完成。原始塌陷区数据如图 2-17 所示。

图 2-17 原始塌陷区数据

根据实测点的高程对塌陷区坡顶、底线赋值, 对于没有坡底线的位置, 沿着示坡线圈出坡底线。利用赋值完成的坡顶、底线建立塌陷区模型(图 2-18)。

图 2-18 塌陷区模型

如图 2-19 所示，塌陷区模型与地表模型结合可以直观表达塌陷区范围及塌陷状态。将地表 DTM 模型与地物/地貌模型结合，其整体展示如图 2-20 所示。

图 2-19　塌陷区模型结合地表模型

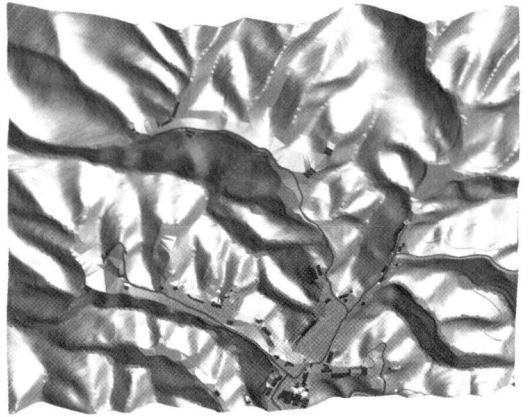

图 2-20　地表模型整体展示

2.3.2　构造建模

矿山地质构造在地质平/剖面原始数据中都是一根不闭合的线。因此，对于构造模型，可以按照线框模型建模方法，利用平/剖面构造线形成开放性的构造面，无须形成体文件。构造与矿体的临界面处，可以通过面与体的布尔运算完成对矿体模型的切割，提高两个模型的契合度。地质构造模型如图 2-21 所示。

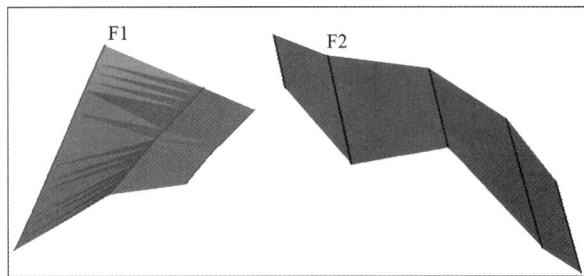

图 2-21　地质构造模型

2.3.3　岩层建模

岩层原始数据在图纸中同样以不闭合线表示，但最终的岩层模型应是一个闭合实体模型。因此，岩层的建模方法与矿体、构造模型建立方法稍有不同，前者是将多种建模方法相结合，其具体的建模步骤如下：

（1）根据各平/剖面控制范围，构建区域地质体，地质体的范围应尽可能囊括所有层面，并且以原始地表作为顶部进行创建，如图 2-22 所示。

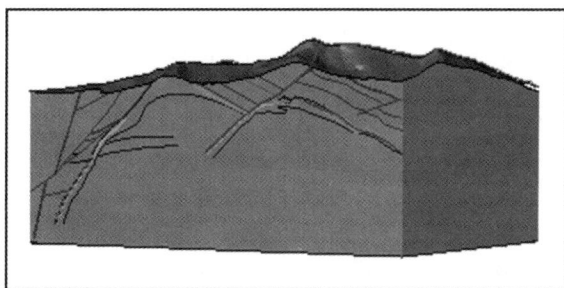

图 2-22　创建区域地质体

（2）提取各岩层分界线，建立各平/剖面相对应岩层分界线的线框模型。

（3）用构造面模型分割区域地质体（图 2-23）。

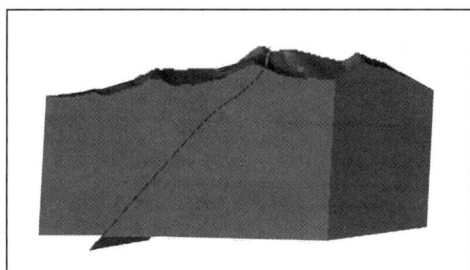

（a）断层面与实体运算前　　　　　　　　　（b）断层面与实体运算后

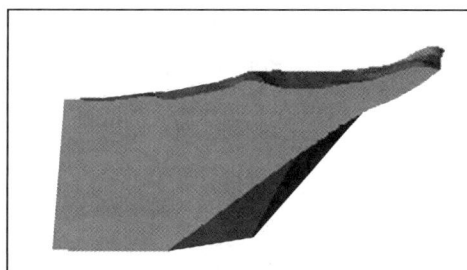

图 2-23　构造面模型分割区域地质体前后

（4）利用岩层/地层分界面线框模型对整个地质体文件按从上往下的顺序逐层做布尔运算，从而获得各岩层模型。图 2-24 所示为某矿区岩层模型结果。

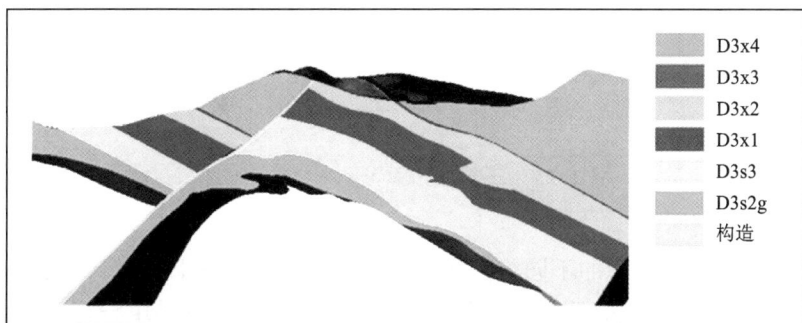

	D3x4
	D3x3
	D3x2
	D3x1
	D3s3
	D3s2g
	构造

扫一扫，看彩图

图 2-24　某矿区岩层模型结果

2.3.4 矿床建模

矿床模型一般也称为线框模型,是一种通过计算机描述矿(化)体空间几何形态的常用表现方式,是由一系列三角网格组成的空间形态模型。矿(化)体几何模型可用于可视化展示,体积计算,在任意方向上切制平、剖面以及约束地质数据库等。

1. 地质解译

众所周知,地质因素具有复杂性、多变性,虽有其特定的规律,但又无章可循。因此,大量的工作还得依靠人工进行,计算机软件只是一种辅助工具,始终无法完全替代地质工程师的工作。

矿(化)体的圈定必须符合客观地质事实,应在综合考虑区域成矿背景、矿床成因、构造、岩性、围岩蚀变等控制和影响矿床形成的诸多因素的前提下,结合地质数据库合理地解释矿区及矿床地质,划分不同的矿化带(图 2-25),根据圈矿指标(边界品位、最低工业品位、最小可采厚度、夹石剔除厚度、最低工业米百分率等)对全部或部分钻孔进行单工程矿体圈定,完成剖面及剖面间矿体圈定。

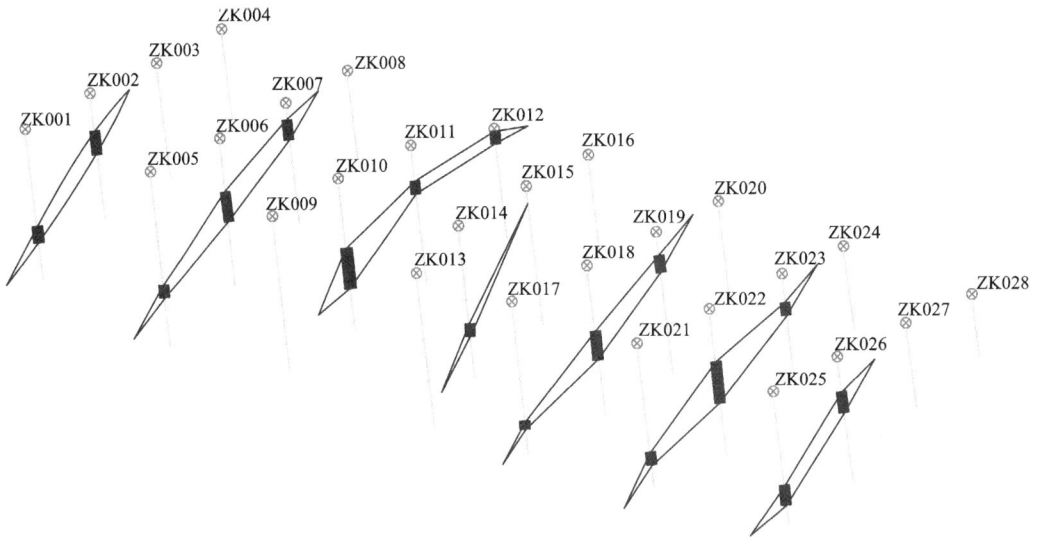

图 2-25 三维地质解译

需要特别注意的是,对矿床认识的不同将直接影响矿(化)体的圈定和连接方式,进而影响矿(化)体的空间形态和产状。目前有一些软件,如 DIMINE 软件提供了单指标、双指标、多矿种方式来进行组合单工程矿体的自动圈定和简单矿体剖面的自动圈连(图 2-26)。

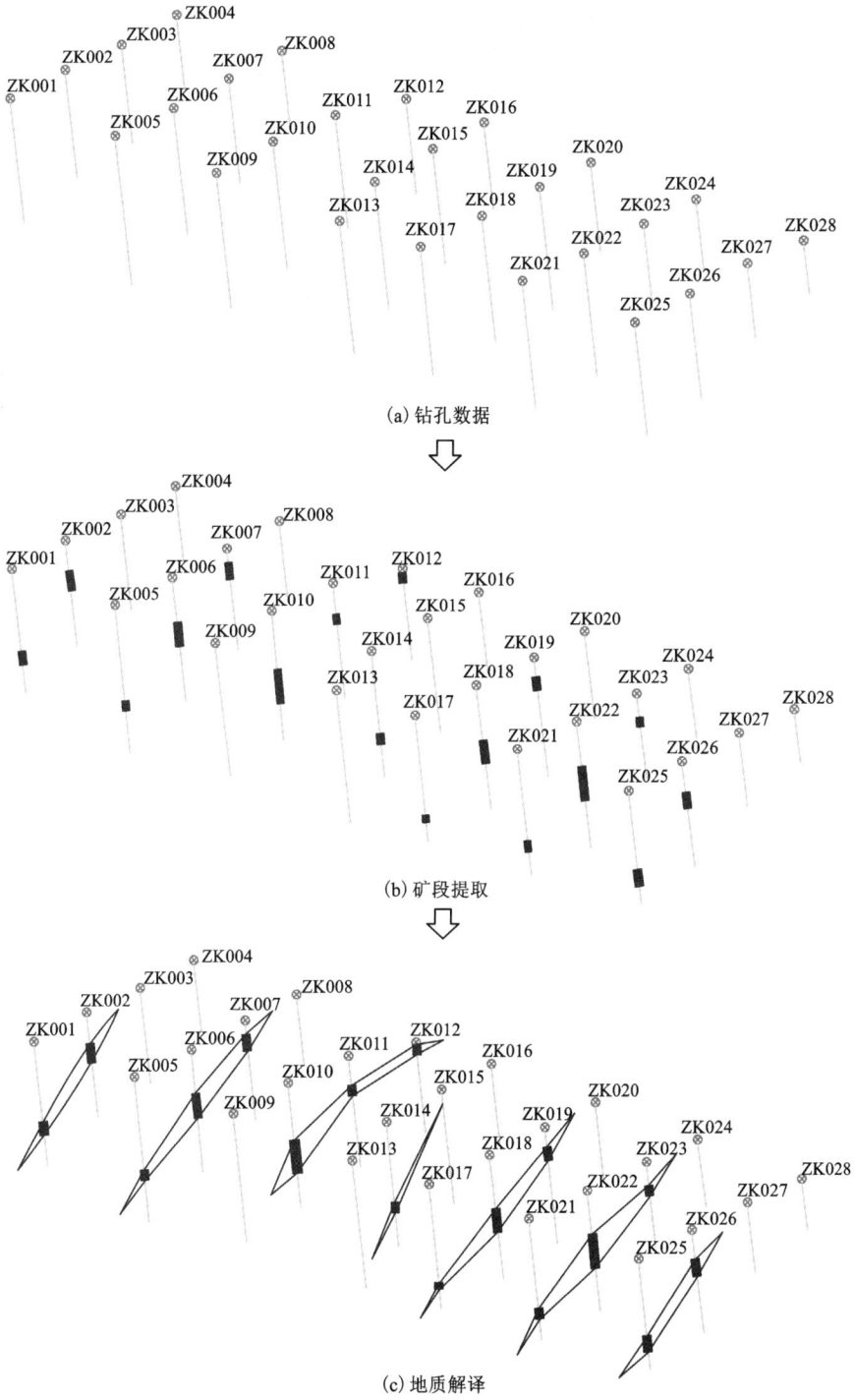

(a) 钻孔数据

(b) 矿段提取

(c) 地质解译

图 2-26　矿体轮廓线自动生成

　　传统解译是在钻孔投影到勘探线剖面后再进行地质解译，而采用矿用三维软件进行地质解译则是在三维空间中，直接在钻孔数据库上进行解译，因而，三维解译的线条通常不在一个平面上。

　　2.线框模型

　　线框模型是矿（化）体空间几何形态的一种常用表现方式，是由一系列三角网格组成的空间形态模型，如图 2-27 所示。

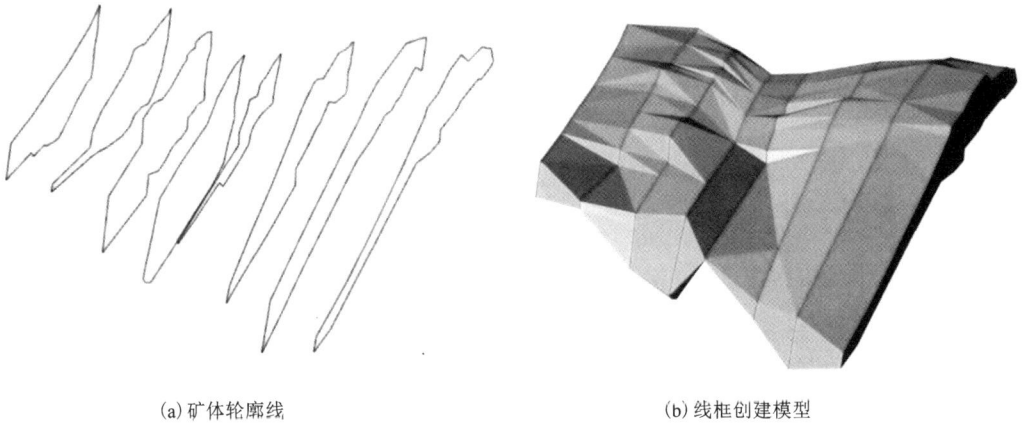

(a)矿体轮廓线　　　　　　　　　　　　　　　(b)线框创建模型

图 2-27　线框模型

线框模型由以下要素组成：

（1）点：定位线框模型的空间位置，是三角面片的基本组成单元，如图 2-28 所示。

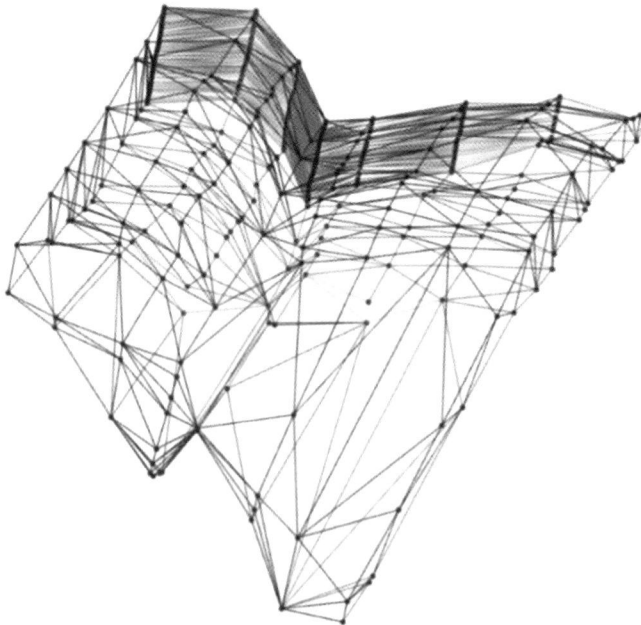

图 2-28　三角网顶点

（2）三角面片：线框模型的基本单位，每个线框模型都是由许多单独的三角面片组成的，如图 2-29 所示。

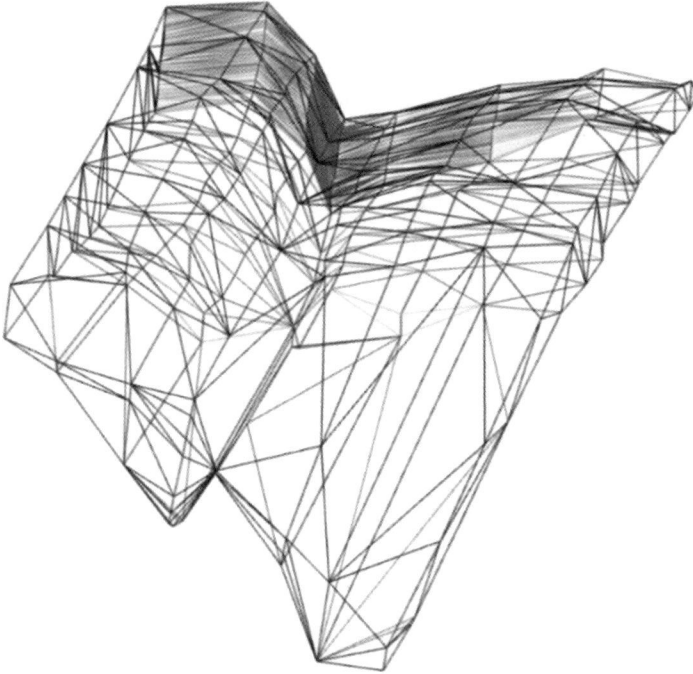

图 2-29　三角面片

（3）面：由不同的三角面片组成的单个线框，面既可以是数字地形模型，也可以是实体线框，如图 2-30 所示。

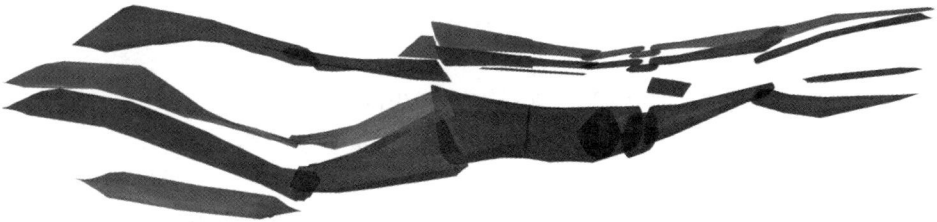

图 2-30　矿体数字地形模型

（4）实体模型：由一个或多个具有相同或不同面标识符的线框组合而成的线框模型，是由一组根据空间位置，在不同平面内的线相互连接而成的。

（5）属性：线框模型所附载的信息，如矿化带标识、矿体编号、矿石类型等。线框的属性既可继承被连线的属性，也可直接对线框添加新的属性。

矿（化）体线框模型可以直观地显示矿（化）体的空间赋存位置、形态和产状。一旦建立了矿体的线框模型，就可按任意方向进行矿体的剖切和矿体轮廓的显示，为采矿工程的合理布置提供论据,如图 2-31 所示。

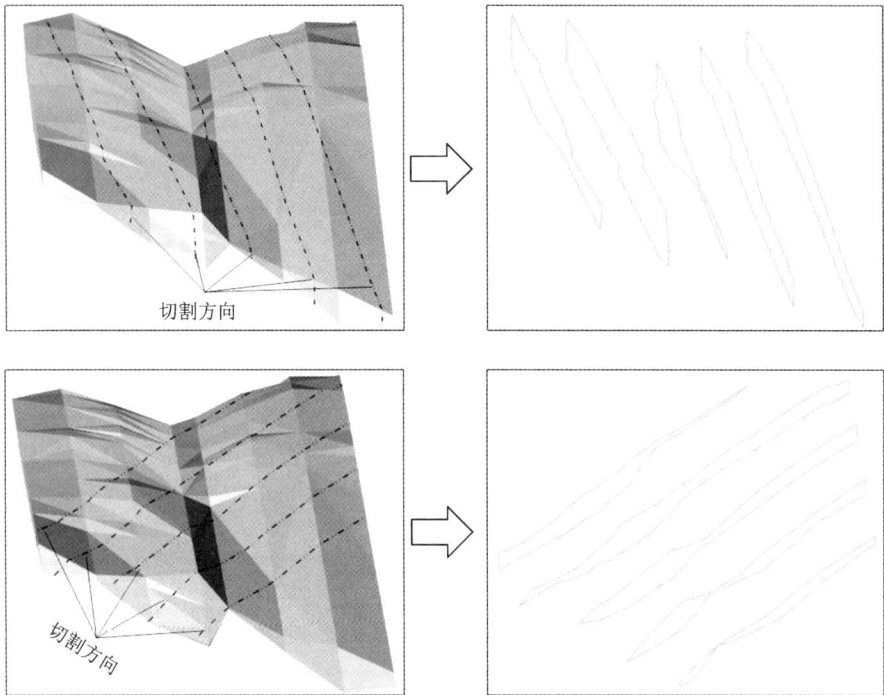

图 2-31 矿(化)体线框模型任意方向剖面

3.三维建模方法

三维建模技术的核心是根据研究对象的三维空间信息构造其立体模型尤其是几何模型,并利用相关建模软件或编程语言生成该模型的图形显示,然后对其进行各种操作和处理。为得到研究对象的三维空间信息,采用适当的算法,并通过计算机程序建立三维空间特征点(或某一空间域的所有点)的空间位置与二维图像对应点的坐标间的定量关系,最后确定出研究对象表面任意点的坐标值。

三维矿体的建模方法按参与建模的资料类型分为剖面法、平面法、交叉剖面法;根据建模资料的特点分为隐式建模、顶底板等高线法建模、等值线法建模等。

1)剖面法

剖面法建模中地质数据的获取都是通过钻探得到,逐个绘制相互平行的各勘探线剖面图,如图 2-32 所示,通过一系列剖面上的轮廓线将剖面连接起来,建立矿体轮廓三角网,这是实体建模的重点算法。

剖面建模是使用矿体剖面解译线,利用线框建模相应算法,按照矿体编号、空间位置等进行模型的创建。

三维建模技术的核心是根据研究对象的三维空间信息,利用相关建模软件,采用适当的算法,构建几何模型。线框的连接方式一般有最小面积连接、最小周长连接、等角度连接和等长连接。在连接矿(化)体时应根据矿(化)体的实际特点来选择,例如要连接两条长度及形态相似的线时,采用等长连接的效果更好。

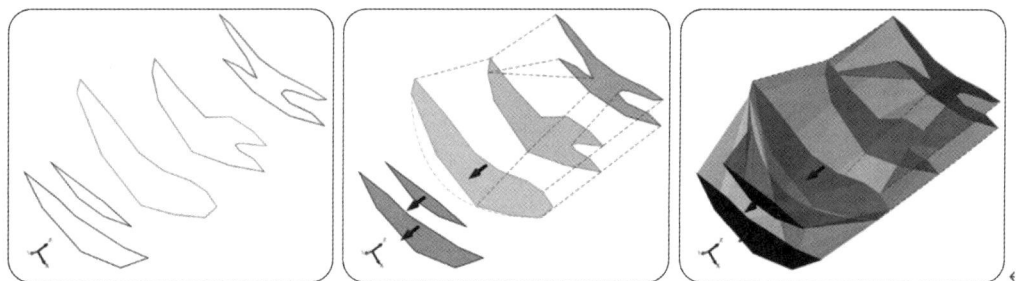

图 2-32　剖面法建模示意图

其中体积最大法以重建表面包围体的体积最大为目标函数求取最佳逼近；表面积最小法以重建表面的表面积最小作为目标函数求取最佳逼近；最短对角线法以最短对角线为优化目标的局部优化方法。

控制线：在剖面线框建模时，有时需对两条线上对应的点强制连接才能符合地质体的实际要求，这时就要在对应的两点间人为添加连接控制线，按照控制线方向形成线框模型。

分枝：当剖面上的一条轮廓线与相邻剖面的多条轮廓线对应时，分枝问题就变成生成这些轮廓线之间的多个分枝表面；当存在分枝时，三角网的镶嵌问题更为复杂，需要再对轮廓线进行划分，如图 2-33 所示。

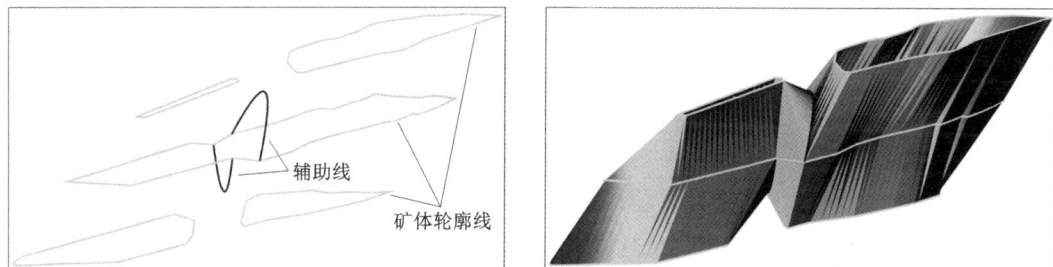

图 2-33　分枝建立模型

对于非层状矿床，一般按一定的工业指标，利用探矿工程取样分析数据，首先取得矿（化）体与围岩的分界点，然后设置一定的剖面前后投影距离，逐个剖面将投影距离范围内探矿工程所确定的矿（化）体与围岩的空间分界点连接而成闭合或不闭合的矿（化）体三维边界线，最后依次将相邻剖面所对应的矿（化）体边界线连接，形成实体，即可创建矿（化）体的几何模型——线框模型，如图 2-34 所示。

矿体外推方式有平推、尖推、楔推三种模式。针对单个剖面上的见矿工程外推方式及矿体走向端部的外推方式，地质工程师根据矿种类型、勘探工程类型、勘探间距、矿体形态等选择确定矿体外推方式、外推大小及外推距离，如图 2-35 所示。

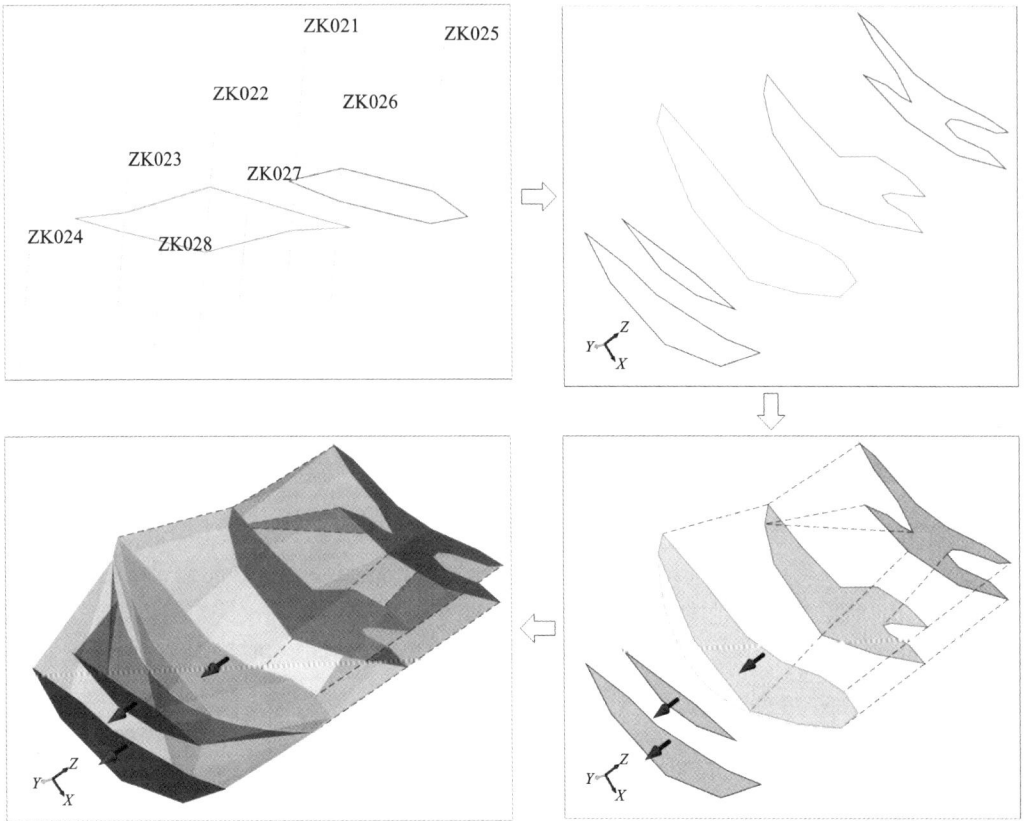

图 2-34 某矿床主矿体线框模型建立过程

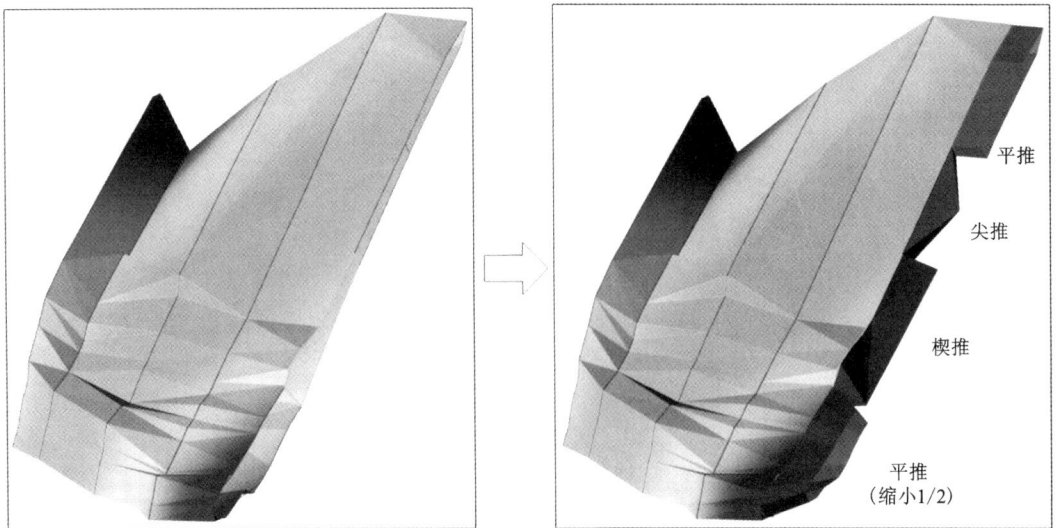

图 2-35 矿体外推

2）平面法

平面建模与剖面建模的方法类似，只是建模采用的数据是平面矿体轮廓线。该方法适用于生产时期分层间距较小且分层矿体界线已确定的局部矿体模型的构建。平面建模如图2-36 所示。

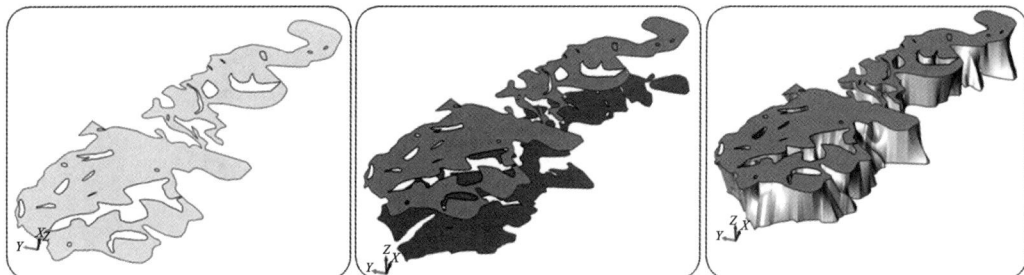

图 2-36　平面建模

3）交叉剖面法

交叉剖面建模又叫网格法建模，其使用平面矿体界线和剖面轮廓线相结合的方式建模。这样建立的模型因为有平面控制，所以与实际情况比较吻合。

交叉剖面建模思想：首先进行平、剖面的一致性处理，以保证所有平、剖面对应，这样在空间中形成一系列的单元网格（每个单元网格由 2 个平、剖面的部分线组成）；然后对每一个单元网格分别进行模型构建；最后合并所有单元网格内的模型，形成最终地质模型。交叉剖面建模技术如图 2-37 所示。

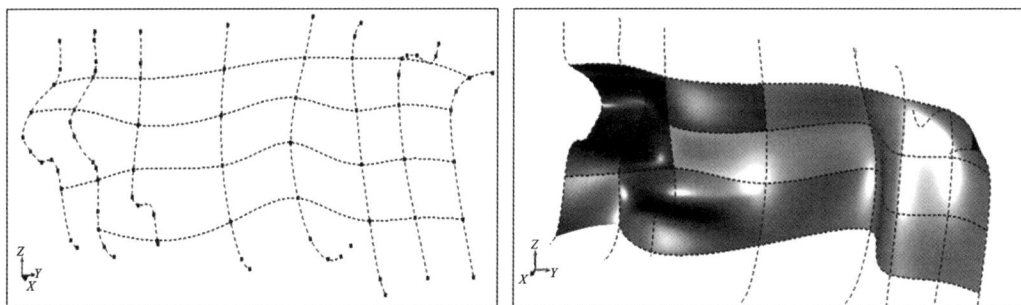

图 2-37　交叉剖面建模技术

交叉剖面建模适用于矿区内生产勘探已结束的中段，将建立好的勘探线剖面矿体解译线、中段平面矿体解译线在三维软件中打开，按照勘探线剖面进行视图限制，查看交叉剖面结合处两线是否对应，由于平面矿体线（生产勘探数据）精确程度高于剖面矿体线（地质勘探），所以拖动剖面线，可使其与平面线相交，即利用平面修改剖面，但注意不能修改钻孔控制点对应数据。

交叉剖面线调整好后，开始进行模型的创建，步骤大致为：

（1）构建单元网格内地质界面。

基于每个单元网格形成的地质界面构建地质体模型，其中地质界面的构建是构建地质体模型的核心及难点所在。

（2）生成单元网格线框模型。

单元网格内地质界面是由三角网组成的空间曲面。根据空间曲面生成线框模型，常见经典网格建模如图2-38所示。有些软件还提供了自动建立线框模型功能，如图2-39所示。

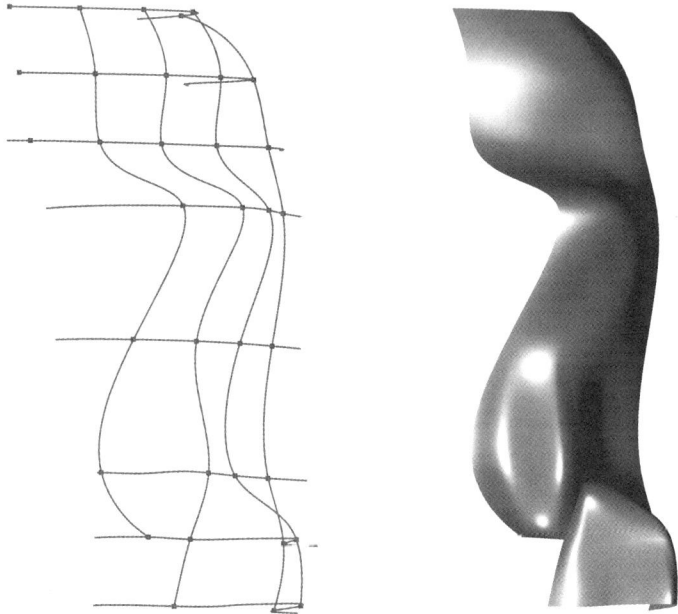

图 2-38　常见经典网格建模

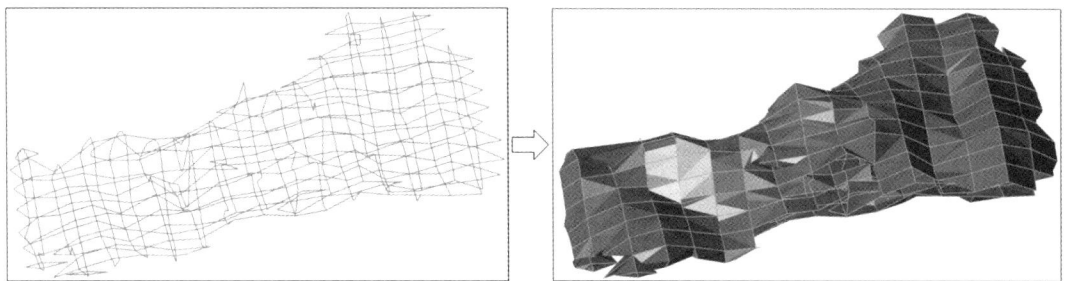

图 2-39　交叉剖面自动生成模型

4）隐式建模

矿体隐式建模又称为品位动态壳自动建模，如图2-40和图2-41所示。针对钻探成果中的化验分析数据，动态输入品位约束条件，设置空间插值参数（如网格密度），选取空间插值方法（克立格法、径向基法、离散光滑插值法等）和各向异性参数，软件根据钻孔分析数据，自动建立空间矿体模型；地质工程师能够动态调整参数，对比产生的空间矿体模型，简化传统建模过程，在三维空间内更加清楚地认识矿床矿体，估算矿产资源量，提高地质认识。

在地质体数据不足的情况下，利用空间插值方法实现数据的网格化，推断并预测未知区域及研究较少区域的地质体信息的分布趋势；利用三维曲面重建算法与三维可视化技术相结合的方式，能有效对不规则勘查数据自动实现地质要素的三维形态模拟。

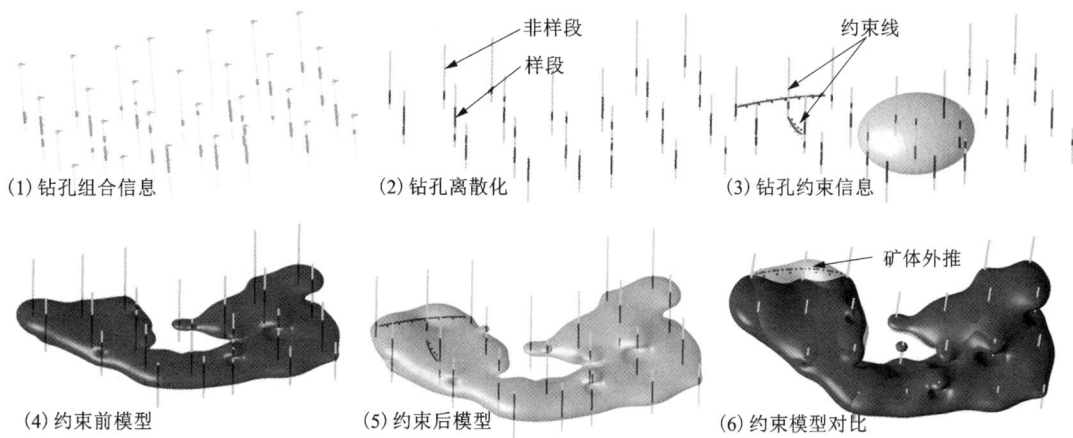

(1) 钻孔组合信息　　(2) 钻孔离散化　　(3) 钻孔约束信息
(4) 约束前模型　　　(5) 约束后模型　　(6) 约束模型对比

图 2-40　矿体钻孔隐式建模流程

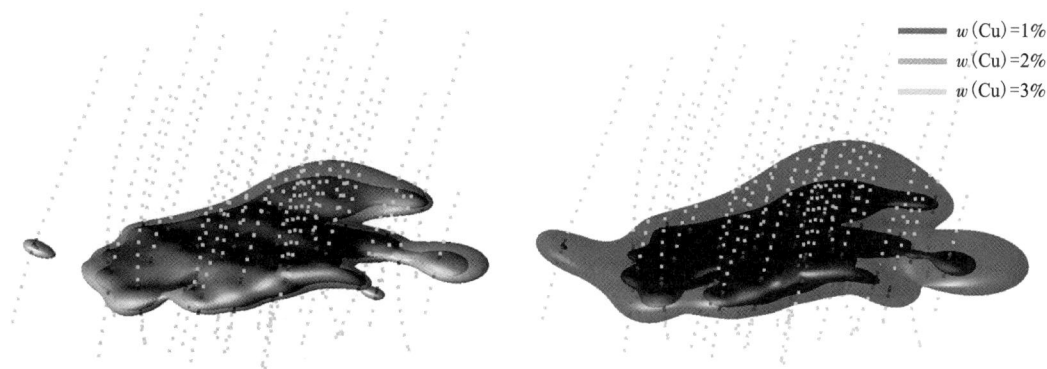

图 2-41　矿体模型品位动态壳

5) 顶底板等高线法建模

对沉积型矿床建模时,可先提取矿体顶底板点来生成顶底板面,然后对这些点进行插值加密(插值方法有距离幂次反比法和克立格法),最后利用底板等高线、钻孔的顶底板点等综合信息来生成矿体模型。

提取顶底板点,产生顶底板面的方法有:

(1)直接利用钻孔数据,提取顶底板点的坐标来生成顶底板面。

这种方法比较简单快捷,特别适合于沉积型矿床的建模。但在层状模型中,虽然矿体的整体起伏相对较小,但大多数在倾向或走向上的倾角较大,还会存在多层矿层现象,矿层间还有矿脉交叉复合。对这样的矿体,直接用软件生成矿体的顶底板面建立的模型和地质勘探报告相比,在矿区边缘地段存在较大的差别,如图 2-42 所示。

(2)用矿体剖面线上的顶底板线来生成顶底板面。

在沉积型矿床中,不需要对剖面线进行手工连接生成矿体模型,而是直接利用剖面线上的顶板线生成顶板面文件,利用底板线生成底板面文件,利用顶底板面来约束就可以生成体文件(图 2-43)。这样减少了手工连接的工作量,建立的模型也比较符合沉积型矿床的特点。因为顶底板线和剖面线包含了地质部门对矿体赋存情况专业细致的分析,其中蕴含了丰富的信息，特别是在矿层的分叉合并和边缘信息的处理方面。只有依据地质部门的推断做出来的东西才是有依据的，也是矿体建模所应遵循的原则。

使用这种方法建立的模型有很大的改善，不需要增加虚拟孔就能够实现对矿体形态和储量的控制。

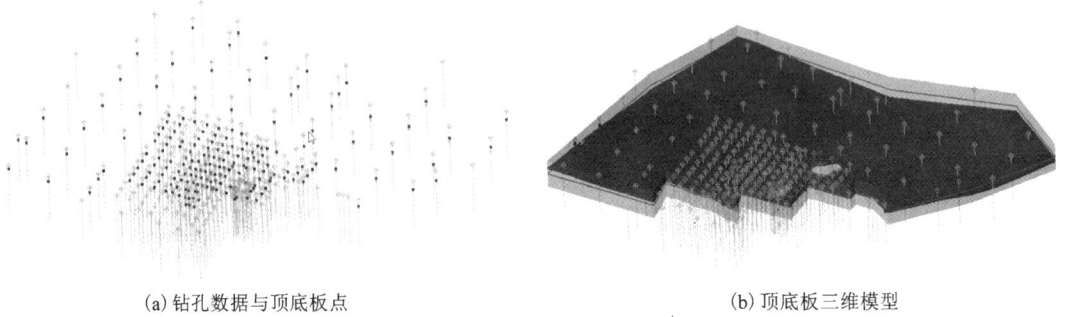

(a) 钻孔数据与顶底板点　　　　　　　　(b) 顶底板三维模型

图 2-42　利用钻孔数据建立顶底板模型

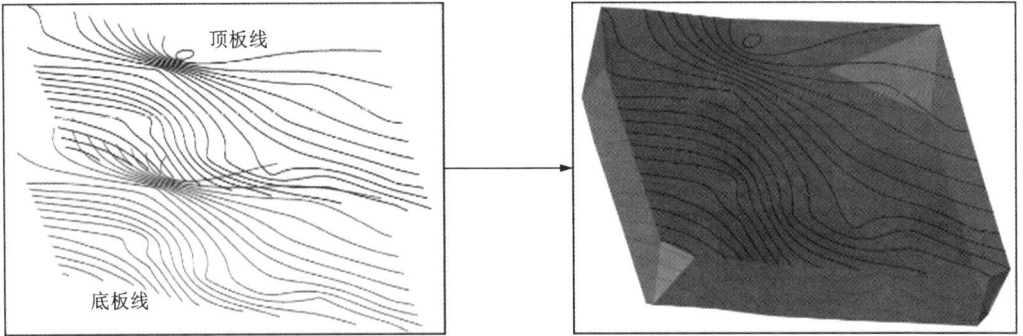

图 2-43　用顶底板线进行顶底板建模

(3) 综合利用底板等高线、地质剖面图上的剖面线和钻孔的顶底板点等信息来构建矿体模型。

方法(2)具有较好的建模效果，但沉积型矿床在形态上具有流线性，剖面线连接矿体法既没有直接利用不在剖面上的钻孔信息，也没有利用顶底板等高线的信息来控制剖面间矿体的形态。因此综合采用钻孔顶底板点、地质剖面线和顶底板等高线等信息分别生成顶底板面应该是更好的方法(图 2-44)。

6) 等值线法建模

对于某些成因类型的矿床，如层状矿床(铝土矿、红土型镍矿等)、部分斑岩型矿床、品位渐变类矿床等，既不一定要按上述方法建立线框模型，也不一定要建立矿(化)体的几何模型，只要确定不同的层位或划分出不同的矿化范围即可，如图 2-45 所示。

4. 模型有效性检测

在对线框进行合并、切分等操作以及计算线框体积之前，需要对线框模型进行校验。校验线框模型可完成对线框模型的大量检查工作，主要有：检查线框的面有无空洞、检查有无相交三角形、检查在同一个面或不同面之间有无跨接、检查有无重复点、检查有无多余边等。

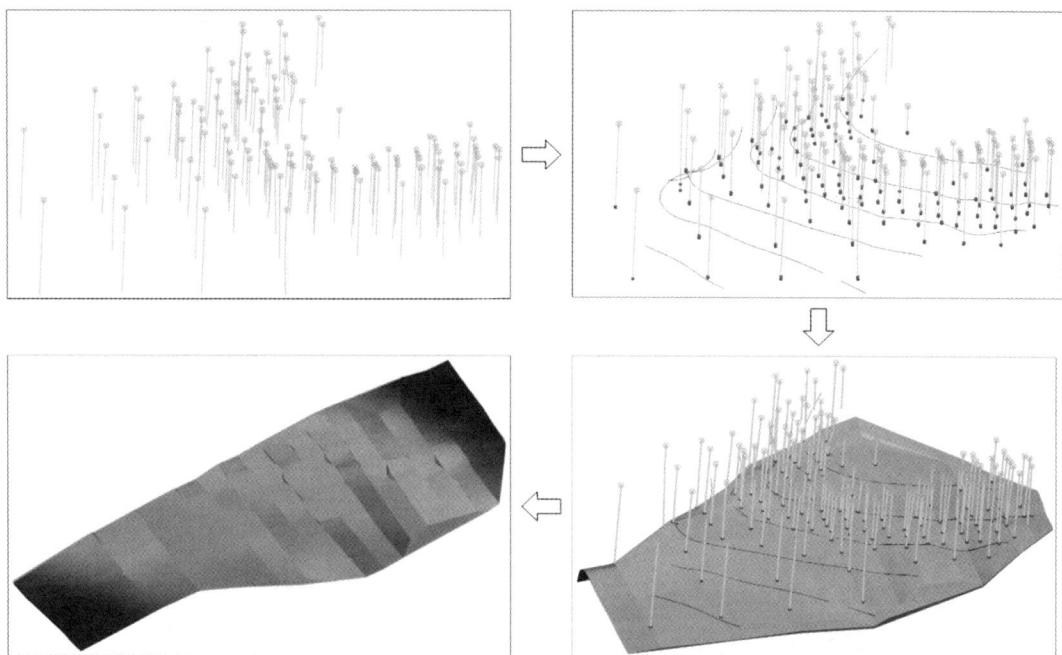

图 2-44　等高线、钻孔信息结合建立模型

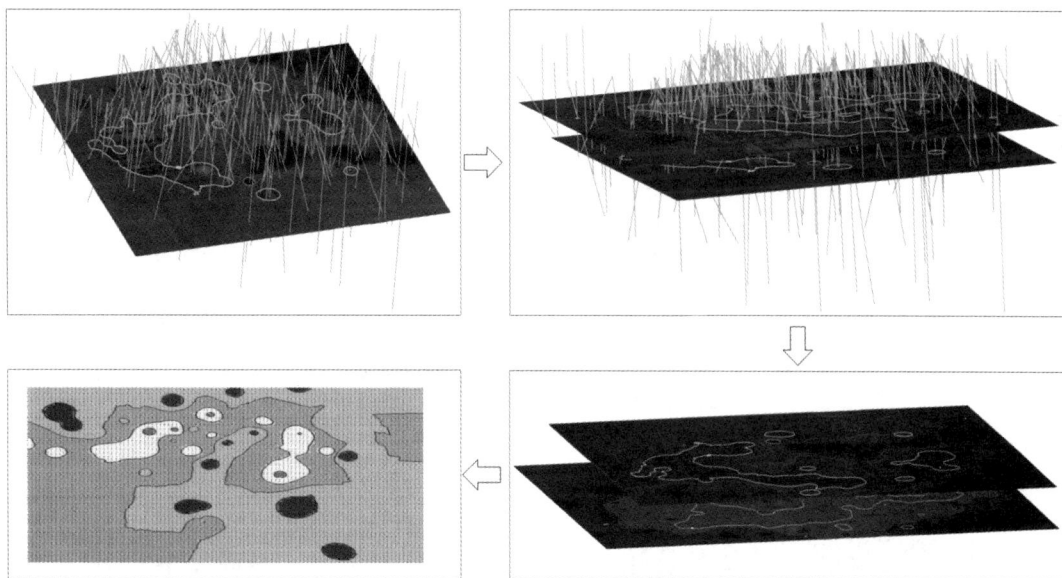

图 2-45　划分不同矿化范围

5.线框模型的操作

对于某些复杂矿床或有特殊要求的矿床，需要对线框模型进行处理。对线框模型的处理主要有模型的合并、分割、交切以及布尔运算等。线框模型合并与分割操作的典型应用有露天坑与地表模型的结合、用断层切割矿体、模型间的布尔运算等，如图 2-46～图 2-48 所示。

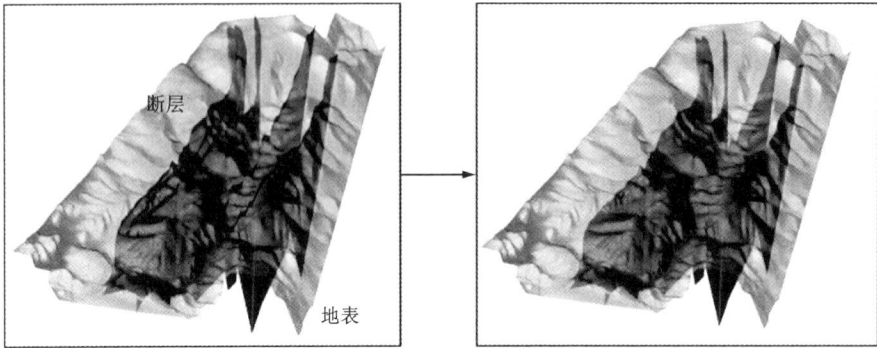

图 2-46 地表模型与断层模型的布尔运算

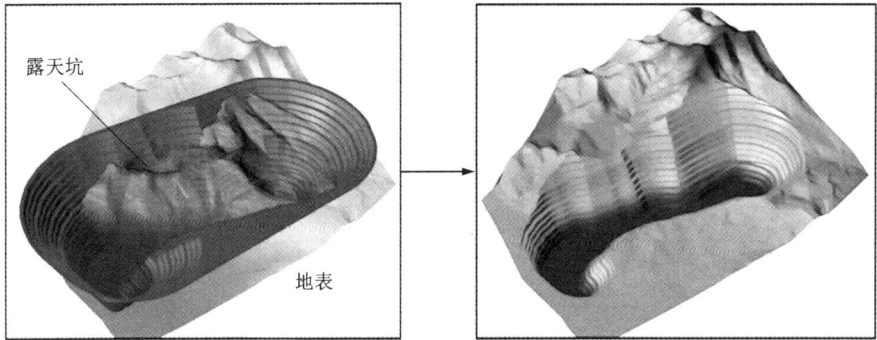

图 2-47 露天坑模型与地表模型的布尔运算

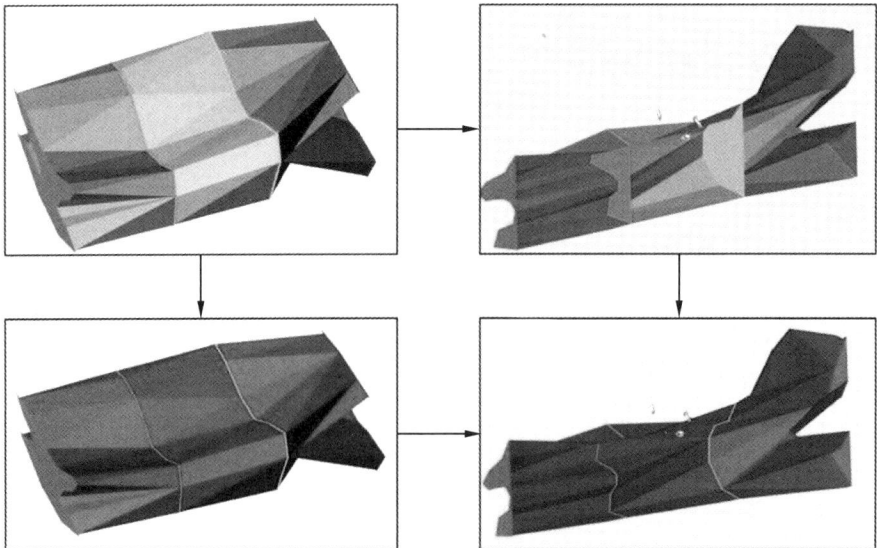

图 2-48 矿体模型的合并

6. 复杂矿体建模成果

图 2-49 是复杂矿体建模成果展示。

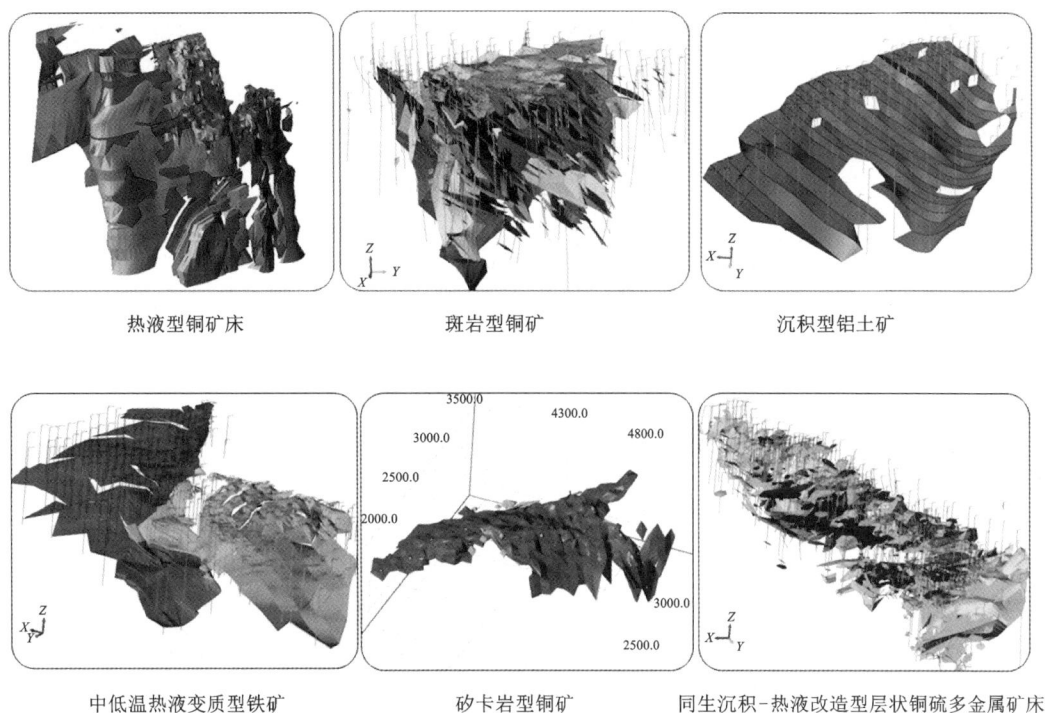

| 热液型铜矿床 | 斑岩型铜矿 | 沉积型铝土矿 |

| 中低温热液变质型铁矿 | 矽卡岩型铜矿 | 同生沉积-热液改造型层状铜硫多金属矿床 |

图 2-49　复杂矿体建模成果

2.4　块体模型

块体模型是矿床模型和品位估值的基本框架，也是品位等估值结果的信息载体，为矿山评估、资源估算和矿山规划(包括坑或采场优化)、矿山调度等提供基础数据。块体模型由形状规则、大小相同或不同的六面体形块体组成，这些块体是构成块体模型的基本单位。块体模型应覆盖整个矿床，定义的覆盖范围应包含钻孔数据库，且往往大于矿体模型和露天矿的规划要求，块体模型应包括最终境界。绝大多数矿产资源信息依据块体模型估计得到。区别在于没有使用计算机建模技术的早期勘探阶段在进行初步量估计时，通常在纸张上绘制平、剖面钻孔和边界范围，然后投影，对于每一个区域，按照面积的大小和设定的比例通过算术加权平均来手动估算获得各部分的矿石量和品位。

块体模型的几何特征取决于矿床地质特征以及矿山规划的要求，如采用的操作设备的尺寸和类型。块体的几何大小也是资源建模中重要的决策因素。

2.4.1　构成要素

虽然不同软件建立的块体模型结构不尽相同，但所有块体模型都由以下几个基本要素组成：

（1）模型原点坐标：指块体模型所定义立方空间 X、Y、Z 坐标的下限值。

（2）延伸长度：指通过模型原点坐标往三个坐标轴方向延伸，确定块体模型的大小。

（3）旋转角度：指块体模型的方位、倾角、倾伏角，用来确定空间形态。

（4）块体中心点的坐标：指每个单独块体中心点的坐标，是块体的空间定位数据。

（5）基础块体尺寸：指组成块体模型的基础块体在三维空间不同方向的大小，块体尺寸决定了每个块体的体积，块体体积与块体尺寸对应的密度相乘即可得到块体所代表的矿、岩量。

（6）块体数：指块体模型在三维空间不同方向的块体数，一般由块体模型所定义立方空间 X、Y、Z 坐标的上限值，模型原点坐标，块体大小来确定，运算关系式为：

$$块体数 = (坐标上限值 - 坐标下限值)/块体大小$$

（7）块体所载信息。载入信息是建立块体模型的主要目的之一，所载信息有品位估值结果、矿岩石类型、矿岩石密度、矿石氧化程度、资源储量级别、岩石力学信息、其他类型信息编号等。

块体模型的基本构成要素如图 2-50 所示。

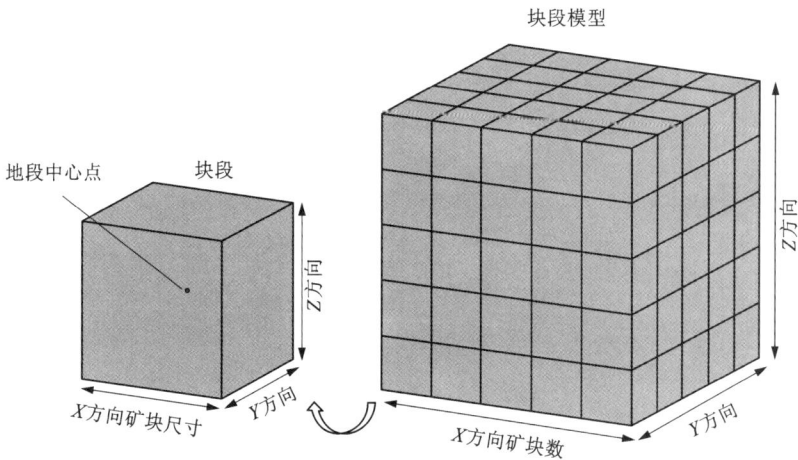

图 2-50　块体模型的基本构成要素

2.4.2　块体尺寸

在创建块体模型之前，首先应确定模型的基本参数，即基本要素，其中最主要的是确定块体尺寸。块体尺寸应根据地质统计学特征、探矿工程间隔、采矿约束、地质因素、地形以及计算机的处理能力等条件综合确定，如对于品位骤变的薄层状矿床，块体尺寸应尽可能小一些，而对于特厚品位渐变矿床，块体尺寸则可以大一些。考虑采矿工程，块体大小应尽可能与矿床尺寸、露天开采台阶高度等成倍数关系，并使块体中心点的高程值与开采台阶标高成倍数关系。一般情况下，最大块体尺寸不应大于最小探矿工程间距的 1/4。另外，需要注意的是较大的块体比较小的块体更容易估计，且块体预测的等级更接近实际等级。然而，过大的块体不利于矿井规划和矿坑优化。矿山规划设计依据的基础就是这些块体，块体尺寸大小可能会影响一些相关资源的估计，做开采计划和开采单元的计算时经常需要使用，因此块体应选择合适的尺寸。这涉及选择最小开采单元(SMU)的概念。SMU 定义为开采的最小体积，可以选择性地开采矿石或废石。SMU 的大小部分是主观的，是基于生产经验的挖掘实体，它为生产的质量控制提供决策数据的载体。因此，该块的高度通常与采掘方法有关，即与露天矿台阶高度或采矿机械高度吻合。

在品位变化较大的薄脉状矿床中，为使块体与地质体的边界拟合得更好，使品位估值更加精细，还可以将地质体边界处的大块细分为更小一级的块体，有些软件已具备此项功能，有些软件则采用"含矿系数"来表示，即在块体中建立一个字段，其值表示地质界线对块体的切分比例。如果次级块体过多，会增大块体模型文件大小，降低品位估值及块体模型操作速度，在满足地质边界更好拟合的前提下，还需要尽可能地将部分小的次级块体合并成更大的次级矿或父块，此即为块体优化。

在资源开发的不同阶段，应用地质统计学方法进行资源储量估算，块体尺寸的选择依据也不同。在地质勘探阶段，存在理论最优块体尺寸值，但是该数值一般较大，块体尺寸主要受边界次级块体拟合精度限制。建议在边界次级块体拟合精度允许的条件下，适当选择较大的块体尺寸。在矿山生产阶段，块体尺寸应该与选别开采单元一致。该尺寸的确定需要从地质因素、技术因素和经济因素 3 个方面综合进行考虑。

图 2-51 所示为某中段平面块体尺寸。

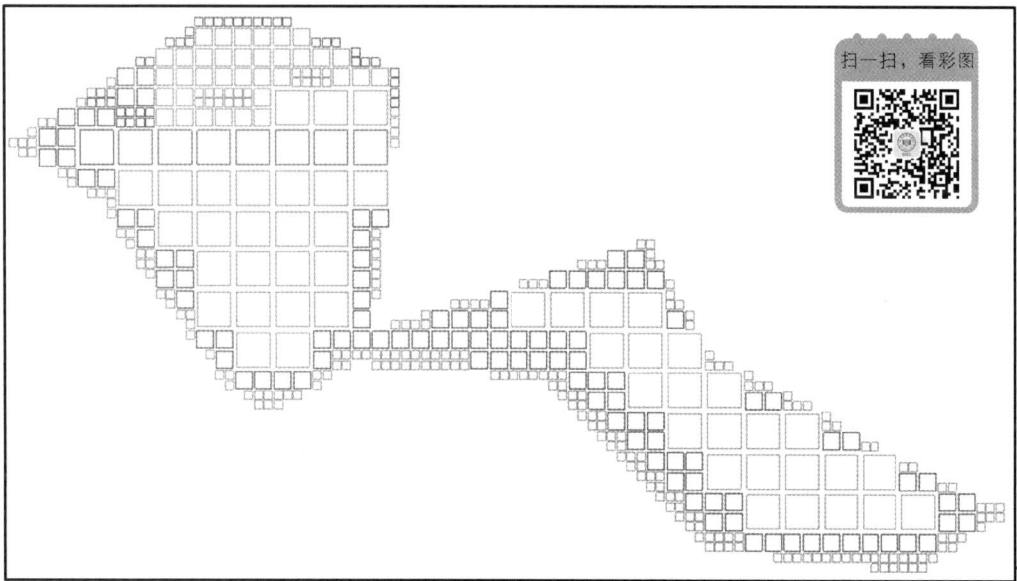

内部 20 m×20 m×10 m，边界 10 m×10 m×5 m，颜色代表不同的品位级别。

图 2-51 某中段平面块体尺寸图

2.4.3 旋转块体模型

地质因素复杂多变，矿(化)体形态千差万别。对于某些矿床，采用非正交块体模型会优于正交模型，这就需要对块体模型进行旋转，建立旋转块体模型。在某种情况下，旋转模型能够有效减少块体数，同时使块体与地质边界更加吻合，对品位估值也会有小的改进。

如图 2-52 所示，对于正交模型，为使块体与矿体边界更加吻合，可以通过减小块体 X 方向尺寸的方法来实现[图 2-52(a)、(b)]，但这样一来，块体数会明显增加。在不减小块体尺寸的条件下，如果将块体的方向旋转成与矿床产状一致的方向，块体就会与矿体边界非常吻合[图 2-52(c)]。图 2-52(d) 为矿体与围岩的正交模型，在模型正交的情况下，矿体边界线内有一部分围岩块体，在估算矿体资源储量时，这部分围岩会参与估算，边界矿石品位势必贫化，如果采用旋转模型，使矿体与围岩边界更加吻合，则会明显较少围岩进入矿体的机会。

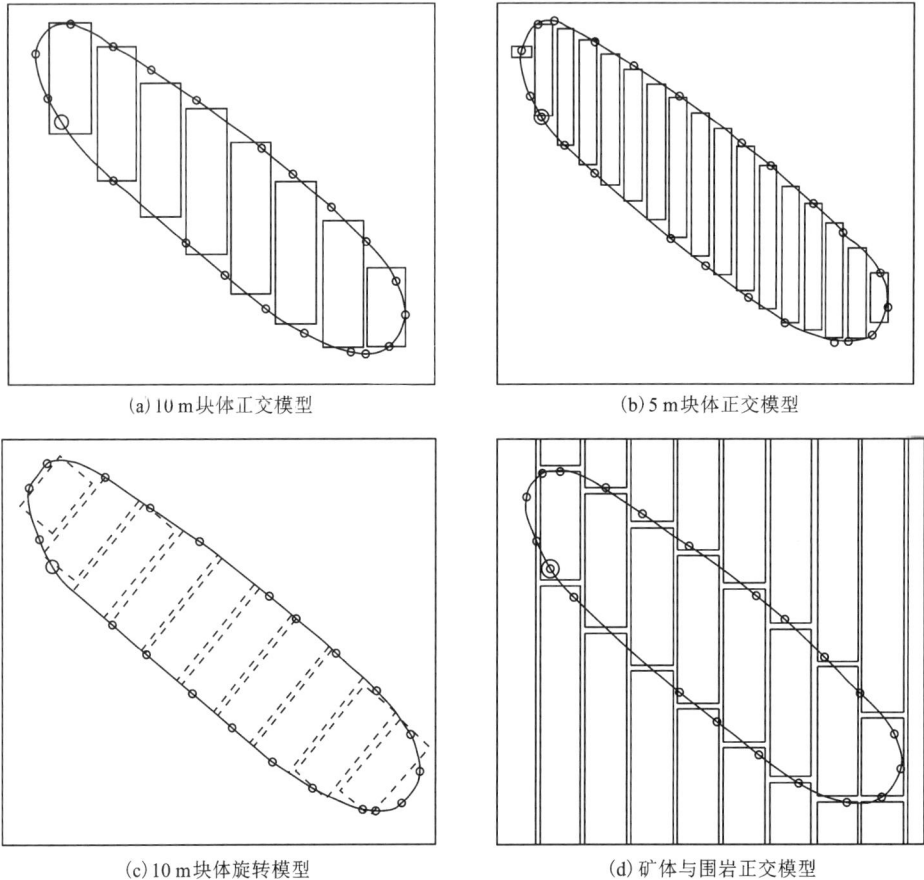

(a) 10 m 块体正交模型

(b) 5 m 块体正交模型

(c) 10 m 块体旋转模型

(d) 矿体与围岩正交模型

图 2-52 正交模型与旋转模型

2.5 变异函数及结构分析

地质统计学是在经典统计学的基础上，充分考虑地质变量的空间变化特征——相关性和随机性，并以反映地质现象区域化的随机函数——变异函数作为工具，来研究地质和采矿工作中的各种问题。变量区域化的结构分析是地质统计学的基本问题，其目的是构造一个变异函数模型，以对全部有效结构信息作定量化概括来表征区域化的主要特征。因此，变异函数和结构分析是地质统计学中不完全依赖计算的两个重要研究领域，具有重要的应用价值。

2.5.1 变异函数

为表征矿床金属品位等特征量的变化，经典统计学通常采用均值、方差等参数，这些统计量只能概括该矿床中金属品位等特征量的总体特征，却无法反映局部范围和特定方向上地质特征的变化。地质统计学引入变异函数这一工具，它能够反映区域化变量的空间变化特征——相关性和随机性，特别是透过随机性反映区域化变量的结构性，故变异函数又称结构函数。

一个矿床可以看成一个二维空间中的域 V，如图 2-53 所示，域 V 中的值则可以看成 V 内一个点至另一个点的变量值，在图 2-53 所示的域 V 内的 u 方向上，有两个被距离 h 所分割的点 x 和 $x+h$，两点处金属品位分别为 $Z(x)$ 和 $Z(x+h)$，两者的差值 $[Z(x)-Z(x+h)]$ 就是一个有明确物理意义的结构信息，它可以看作沿 u 方向距离为 h 的点 x 和点 $x+h$ 品位差异的测量值，这一差值同样是一个变量。

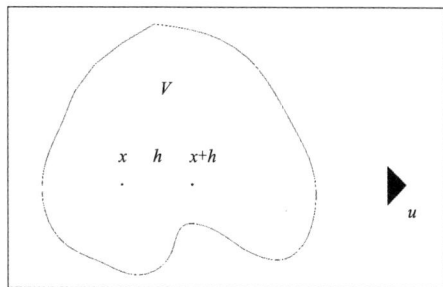

图 2-53 域 V 内的变量值

将区域化变量 $Z(x)$ 在空间相距 h 的任意两点 x 和 $x+h$ 处的值 $Z(x)$ 与 $Z(x+h)$ 之差的方差的一半定义为区域化变量 $Z(x)$ 的变异函数，记为 $\gamma(x, h)$，具体公式如下：

$$\gamma(x, h) = \frac{1}{2}\mathrm{Var}[Z(x)-Z(x+h)]$$

$$= \frac{1}{2}E[Z(x)-Z(x+h)]^2 - \frac{1}{2}\{E[Z(x)]-E[Z(x+h)]\}^2 \tag{2-3}$$

由式(2-3)可以看出，$\gamma(x, h)$ 是依赖于 x 和 h 两个自变量的，其与位置 x 无关，而只依赖于分隔两个样品点之间的距离 h 时，则可把变异函数 $\gamma(x, h)$ 写为 $\gamma(h)$：

$$\gamma(h) = \frac{1}{2}E[Z(x)-Z(x+h)]^2 \tag{2-4}$$

在实践中，样品的数目总是有限的，把有限实测样品值构成的变异函数称为实验变异函数，记为 $\gamma^*(h)$：

$$\gamma^*(h) = \frac{1}{2N(h)}\sum_{i=1}^{N(h)}[Z(x_i) - Z(x_i + h)]^2 \tag{2-5}$$

需要注意的是：有时把 $2\gamma(x, h)$ 定义为变异函数，则 $\gamma(x, h)$ 为半变异函数。

2.5.2 变异函数的理论模型

变异函数的理论模型，亦称为理论变异函数，是指以空间两点间距离为自变量的，具有解析表达式的函数。变异函数理论模型可以分为有基台值和无基台值两大类。有基台值模型包括球状模型、高斯模型、指数模型、线性有基台值模型、纯块金效应模型；无基台值模型包括线性无基台值模型、幂函数模型、对数模型；此外，还有孔穴效应模型，该模型可能有基台值，也可能没有基台值。

2.5.3 实验变异函数的计算

计算实验变异函数所用数据为数据合并后的组合样，计算的主要工作有样品搜索方法的选择及搜索参数的确定。实验变异函数的计算应以矿化区为单位，分别计算不同矿化区的变异函数。

在进行各个方向变异函数的计算分析时，一般是使分布于某个方向一定范围内的样品点参与该方向的变异函数计算。需要指定的参数包括圆锥体的容差角、容差限、滞后距，计算的最大距离。

容差：①是所规定的基准值与所规定的界限值之差；②在化学分析中，指所得数据误差的界限。例如，所容许的极差、残差的界限等都是容差。

1) 样品的搜索方法

在进行样品搜索时，为了搜索到所有样品，需要采用不同样品搜索方法来计算变异函数，每种方法有其特定的使用条件，应根据矿床特征，选择合适的样品搜索方法。样品搜索方法按搜索空间可分为二维搜索(图 2-54)与三维搜索。图 2-55 为某方向变异函数计算分析时的数据搜索范围三维示意图和一定数据搜索范围内的平面示意图。其搜索体由一个四棱

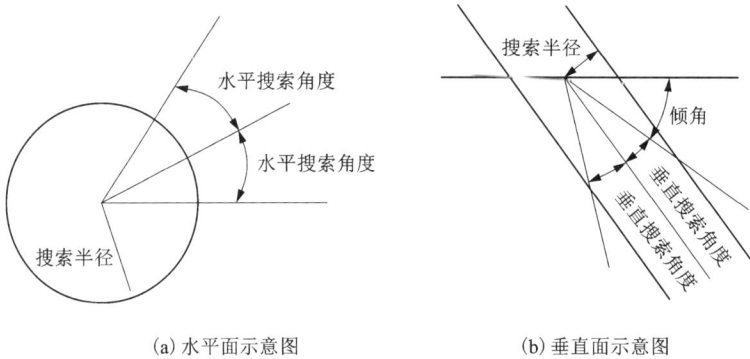

(a) 水平面示意图　　　　(b) 垂直面示意图

图 2-54　二维搜索方向示意图

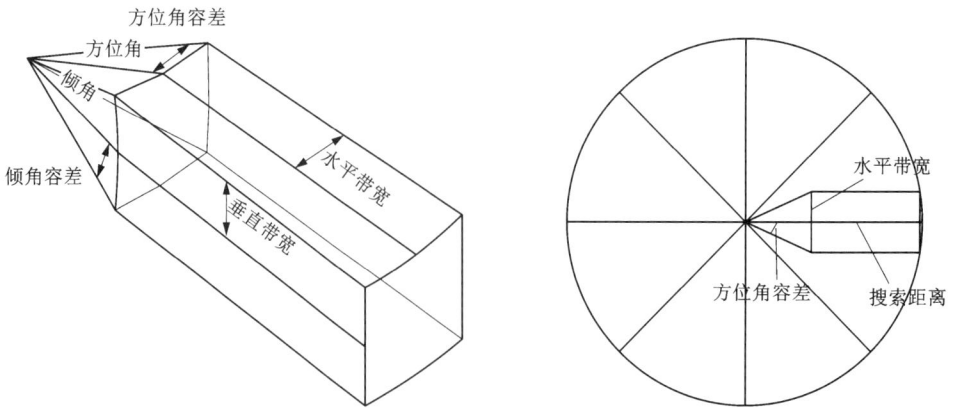

图 2-55　三维搜索方向示意图

锥和一个长方体组成，矿体的方位角和倾角决定了四棱锥在空间呈现的方位，方位角容差和倾角容差决定了四棱锥的两个顶角大小，变异函数个数(即划分的扇形区域个数)和最大搜索距离决定了水平带宽和垂直带宽。

2)样品的搜索方向

定义变异函数样品搜索方向通常是通过定义一套方位角和倾角的增量来完成，一般方位角按顺时针递增，倾角以水平面向下递增，例如起始方位角和倾角均为 0，方位角增量为 45°，而倾角增量为 30°，则变异函数样品搜索方向将是：0/0、0/30°、0/60°、0/90°、45°/0、45°/30°，…，315°/90°。多数情况下，走向上 A 方向与 A+180°方向的变异函数相同，因此实际计算结果可能只包含 0~180°范围的结果。

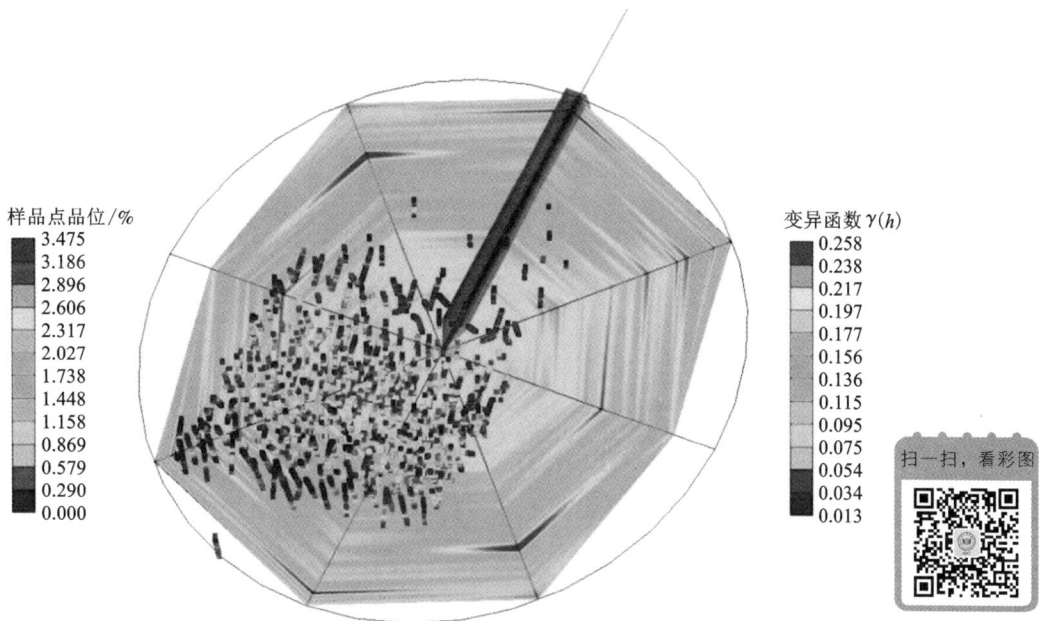

图 2-56　样品搜索示意图

按上述方法定义搜索方向后，由于矿体实际产状的差异，可能会漏掉许多样品，因此还需要定义一套与坐标旋转轴对应的旋转角度，以使旋转后的坐标系统与矿体的空间产状一致，这样在搜索样品时可以尽可能减少样品的遗漏。关于坐标旋转轴和旋转角度所采用的法则，如角度正负的定义等，可能会因所用软件的不同而有所不同，应视具体情况而定。

3)实验变异函数计算的主要参数

与样品搜索方法相对应，不同的搜索方法对应的搜索参数不同，不同变异函数计算软件的参数设置也可能不同。三维搜索法常用搜索参数如下：

步长控制：由单位滞后距或步长、步长容差、步长数等组成，若将步长细分为次级步长，则还需要每个步长细分次级步长的数量和所有次级步长的数量。

旋转坐标系统：用以定义不同方向的旋转角和旋转轴。

搜索方向：一般用六个参数来控制，分别为方位角、倾角、方位角增量、倾角增量、方位角倍增个数、倾角倍增个数。

搜索半径：柱形搜索半径。

搜索角度：有水平角度和垂直角度，用以定义锥形扫描范围。

4）实验变异函数计算参数的确定

单位滞后距的确定应综合考虑探矿工程间距与组合样长，平面上应以最小探矿工程间距为一个单位，剖面上应以一个组合样长为一个单位。

样品搜索应选择最佳矿化连续性方向和与之正交的方向作为搜索的起始方向。通常矿化连续性最好的方向为矿(化)体的走向，因此计算变异函数时方位角应以矿(化)体走向为样品的搜索基准方向，方位角增量一般以 45° 为宜，但对于具有明显矿化各向异性特征而其各向异性主轴方向尚不明确的矿床，方位角增量应尽可能地小，以发现不同方向矿化的变异特征。除了走向外，还需要计算垂直方向和矿(化)体真厚度方向的变异函数。

5）实验变异函数的拟合

块金值：也叫块金方差，反映的是最小抽样尺度以下变量的变异性及测量误差。理论上当采样点的距离为 0 时，半变异函数值应为 0，但由于存在测量误差和空间变异，两采样点非常接近时，它们的半变异函数值不为 0，即存在块金值。测量误差是仪器内在误差引起的，空间变异是自然现象在一定空间范围内的变化。它们任意一方或两者共同作用产生了块金值。块金值是由实验误差和小于实际取样尺度引起的变异，表示随机部分的空间异质性。图 2-57 所示为不同搜索方案下的变异函数。

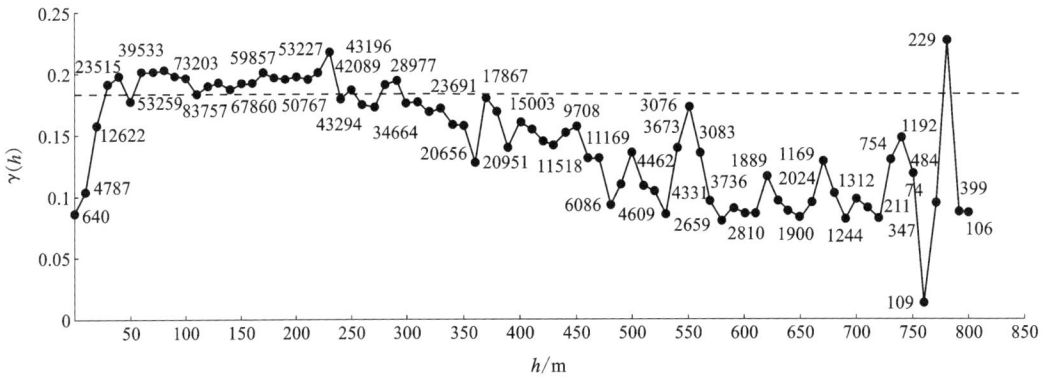

(a) 方位角30°、倾角30°、滞后距10 m下的变异函数

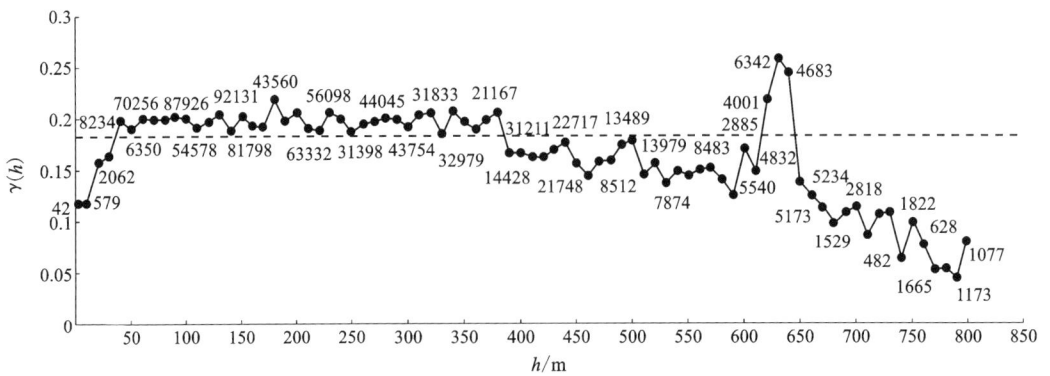

(b) 方位角340.89°、倾角20.7°、滞后距10 m下的变异函数

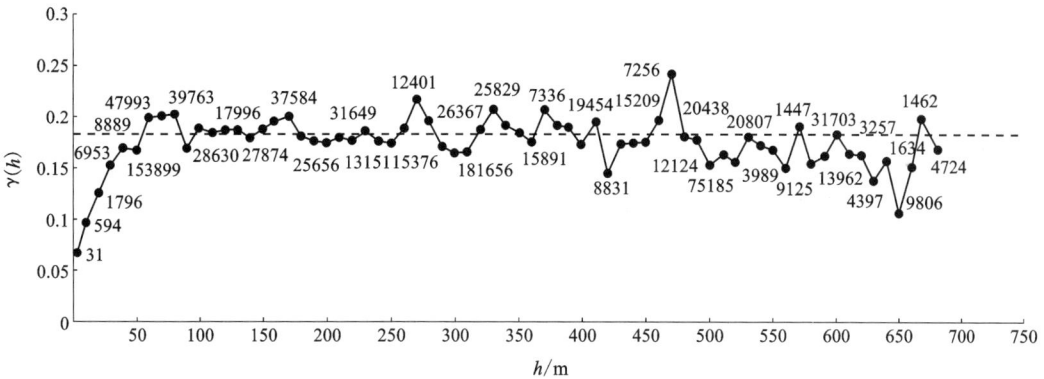

(c) 方位角300°、倾角0°、滞后距10 m下的变异函数

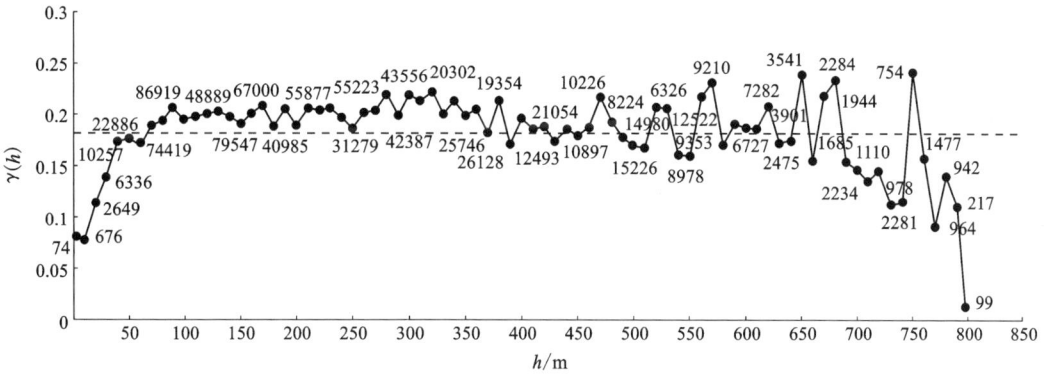

(d) 方位角259.11°、倾角−20.7°、滞后距10 m下的变异函数

图 2-57 不同搜索方案下的变异函数

实验变异函数的拟合是在经计算形成的实际曲线的基础上，以图形化的方式人工拟合（图 2-58）。目前绝大部分矿业软件具备实验变异函数的计算和拟合功能，能根据人工拟合的结果自动获得实验变异函数模型的主要参数，如块金值、基台值、模型套合类型及相应的变程等。

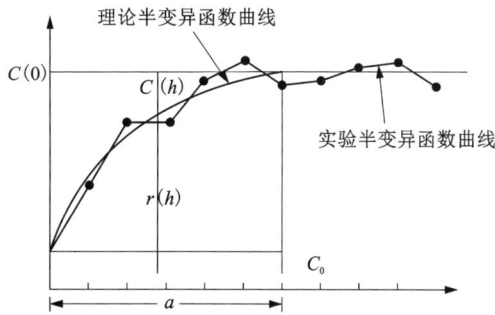

图 2-58 实验变异函数拟合示意图

图 2-59 所示为主轴、次轴、第三轴方向理论变异函数拟合整体状态。

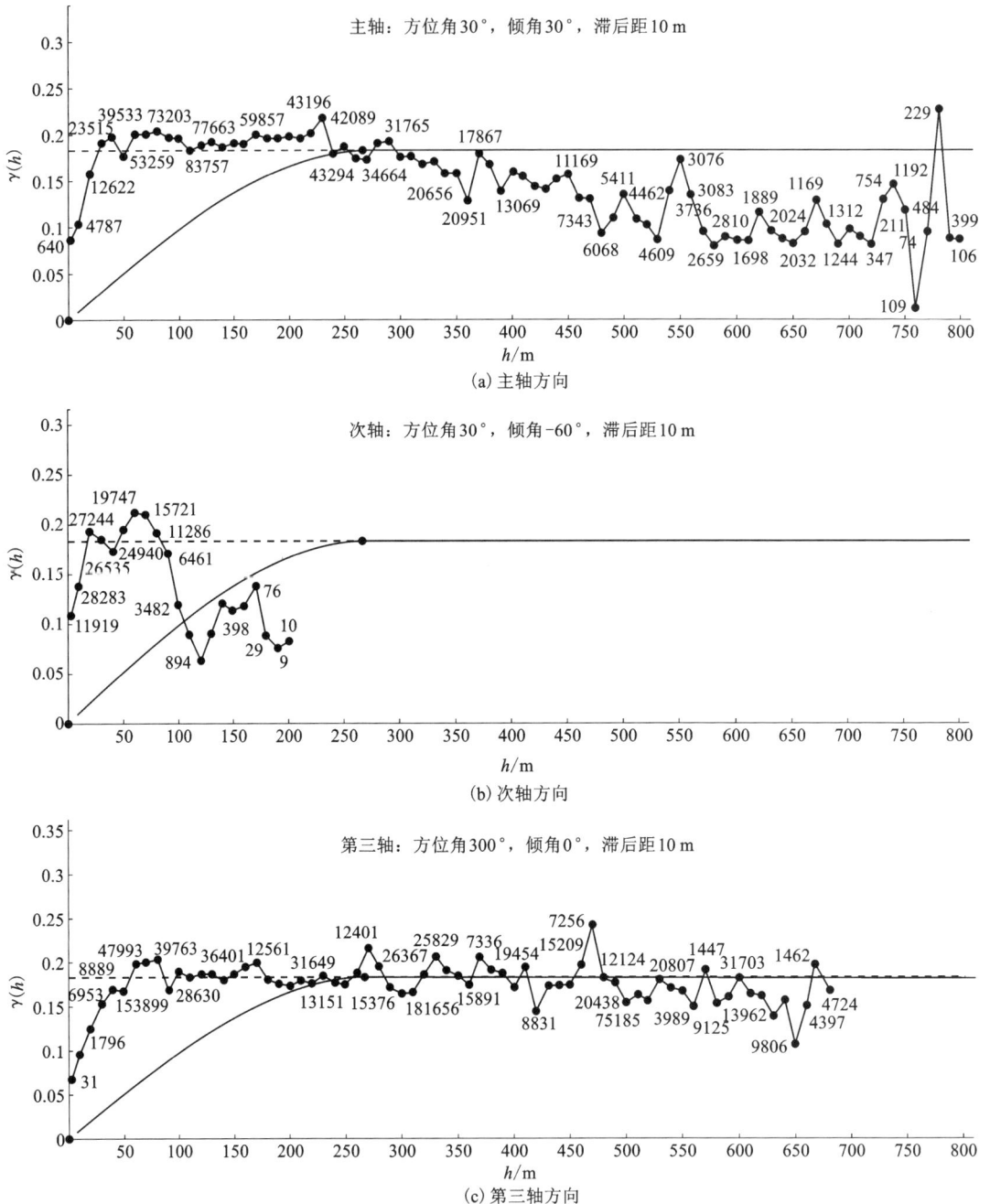

(a) 主轴方向

(b) 次轴方向

(c) 第三轴方向

图 2-59　主轴、次轴、第三轴方向理论变异函数拟合整体状态

6) 结构分析

在实际工作中区域化变量的变化很复杂,它可能在不同的方向上有不同的变化性,或者在同一方向包含着不同尺度的多层次的变化性,因此无法用一种理论模型来拟合它,为了全面地了解区域化变量的变异性,就必须进行结构分析。所谓结构分析就是构造一个变异函数模型,对全部有效结构信息作定量化的概括,以表征区域化变量的主要特征。结构分析的主要方法是套合结构,就是把出现在不同距离和不同方向上同时起作用的变异性组合起来。套合结构可以表示为多个变异函数之和,每一个变异函数代表一种特定尺度上的变异性,其表达式为:

$$\gamma(h)=\gamma_0(h)+\gamma_1(h)+\cdots+\gamma_n(h) \tag{2-6}$$

在几个方向上研究区域化变量,当一个矿化现象在各个方向上性质相同时称各向同性,反之称各向异性,它表现为变异函数在不同方向上的差异。各向同性是相对的,各向异性是绝对的,各向异性的产生主要是由于地质体在生成时就存在优先方向。

2.5.4 最优化检验

获得理论变异函数的最终目的是将其提供给克立格法计算用。为使计算结果更可靠,当找到了理论变异函数后,还应对理论模型进行最优化检验。一方面检验拟合情况,另一方面分析克立格法计算的效果。

1)观察法

即将理论模型与实验变异函数的图形进行比较,看两图形是否接近,越接近则拟合程度越高,若不理想,则需重新拟合。

2)交叉验证法

应用变异函数进行克立格估值,查看估计值与真实值的误差的平方和是否最小。做法是在每个实测点,用其周围点上的值对该点进行克立格估值。若有 N 个点,则有 N 个实测值和 N 个克立格估计值,求其误差平方的均值 $\overline{(Z^*-Z)^2}$,该值越小,拟合的函数越理想。

3)估计方差法

利用变异函数进行克立格估计,算出克立格估计的标准差 S^*,计算 $\overline{(Z^*-Z)^2}$ 与 $(S^*)^2$ 的比值,越接近 1,则拟合效果越好。

4)综合指标法

$$I=k_1 \cdot \left[p \cdot \left| 1-\frac{1}{k_2} \right| +(1-p) \right] \tag{2-7}$$

式中: $k_1=\overline{(Z^*-Z)^2}$, $k_2=\overline{[(Z^*-Z)^2/S^*]^2}$, $p=\begin{cases} 0.1, & 0 \leqslant k_1 < 100 \\ 0.2, & k_1 > 100 \end{cases}$

I 越小,则变异函数确定得越好。

2.6 块体模型估值

2.6.1 估值方法简介

目前常用的品位估值方法有最近点法(nearest neighbor)、条件模拟法(conditional simulation)、克立格法(Kriging)、西切尔法(Sicheli's Estimator)以及距离幂次反比法(inverse power of distance)等,其中克立格法又分为普通克立格(ordinary Kriging)、简单克立格(simple

Kriging)、对数克立格(lognormal Kriging)、指示克立格(indicator Kriging)、泛克立格(universal Kriging)、协同克立格(co-Kriging)等。

1. 最近点法

最近点法又称为最近距离法,即将距离某一待估单元块最近的样品品位作为该单元块的品位估计值。"最近"指的是转换距离或考虑了品位空间分布特性的各向异性距离。当没有样品落入影响范围时,待估单元块的品位是未知的。一般情况下,未知单元块的品位取 0,当废石处理。

2. 条件模拟法

条件模拟法实际上是一种不确定因素的量化分析与风险因素的分析方法,与其他模拟法不同,条件模拟的估算结果不是诸如平均品位等具体信息,而是一种变量的变异性。

目前条件模拟的应用已不局限于评价可采矿石与局部评价问题,对工程位置部署提供指导将是其应用的一个方向,从模拟矿体到模拟采矿过程,再到模拟矿山开发后各个阶段可采储量的特征变化,可用于评价可采矿石量与品位的局部变化。条件模拟还可用于矿山和选矿厂的管理,并在煤田、石油地质勘探与开发领域应用。目前条件模拟方法主要有 G. 马特隆的"转向带法"和 A. G. 儒尔奈耳的"非高斯分布快速模拟法"等。

3. 距离幂次反比法

距离幂次反比法是一种与空间距离有关的插值方法,在计算插值点取值时,按距离越近权重值越大的原则,用若干邻近点的线性加权来拟合估计点的值。该法用于插值的基本公式为:

$$Z^*(x) = \sum_{i=1}^{n} Z(x_i)\lambda_i \tag{2-8}$$

式中: $Z^*(x)$ 为待估点的属性值; $Z(x_i)$ 为已知样品点的属性值; λ_i 为已知点的权重。

各样品与待估点的距离不同,其品位对待估点的影响程度也不同,显然,距离待估点越近的样品,其品位对待估点的影响越大。因而在计算中,离待估点近的样品的权重值应比离待估点远的样品的权重值大。确定权重 λ_i 的方法为:

$$\lambda_i = \left(\frac{1}{d_i^k}\right) \Bigg/ \sum_{i=1}^{n} \left(\frac{1}{d_i^k}\right) \tag{2-9}$$

式中: d_i 为待估点与已知点之间的距离; k 为 d_i 的幂指数,其取值根据估值的元素种类确定,幂次取值一般≥2。

距离幂次反比法的估值流程如下:

(1)以被估单元块中心为圆点,以搜索椭球体的范围确定影响范围;

(2)计算落入影响范围内的每一样品与被估单元块中心的距离;

(3)利用距离幂次公式计算单元块的品位。

本估值方法的核心是对影响距离进行权重处理,因此适合多数矿床的品位估值。本方法具有简便易行的优点;可为变量值变化很大的数据集提供一个合理的插值结果;不会出现无意义的插值结果而无法解释。但也存在不足,如没有考虑矿化的方向。

4. 克立格法

克立格法又称为空间局部插值法,从统计意义上说,它是从变量相关性和变异性出发,在有限区域内对区域化变量的取值进行无偏、最优估计的一种方法;从插值角度讲,它是对空间分布的数据求线性最优、无偏内插估计的一种方法。克立格法的适用条件是区域化变量存在空间相关性。

　　假设 x 是研究区域内任一点，$Z(x)$ 是该点的测量值，在研究区域内总共有 n 个实测点，即 x_1，x_2，$\cdots$，x_n，那么，对于任意待估点或待估块体模型 V 的实测值 $Z_V(x)$，其估计值 $Z_V^*(x)$ 是通过该待估点或待估块体模型影响范围内的 n 个有效样品值 $Z_V(x_i)$ 的线性组合得到的，称为克立格估计量，即

$$Z_V^*(x) = \sum_{i=1}^n \lambda_i Z(x_i) \tag{2-10}$$

式中：x_i 为研究区内任一点的位置；λ_i 为权重系数，表示各样品在估计值为 $Z_V^*(x)$ 时的影响大小，而估计值 $Z_V^*(x)$ 的好坏主要取决于怎样计算或选择权重系数。

　　克立格法最重要的工作有两项：第一，列出并求解克立格方程组，以便求出克立格权重系数；第二，求出这种估计的最小估计方差——克立格方差。

　　克立格法分为普通克立格法、简单克立格法、对数克立格法、析取克立格法、指示克立格法、泛克立格法、协同克立格法等。

　　1）普通克立格法

　　普通克立格法是满足二阶平稳假设的区域化变量的线性估计，它假设数据变化呈正态分布，认为区域化变量 Z 的期望值是未知的。插值过程类似于加权滑动平均，只是权重值不是来自确定性空间函数，而是来自空间数据分析。

　　2）简单克立格法

　　简单克立格法是在区域化变量 $Z(x)$ 的数学期望已知的情况下建立的克立格法。简单克立格法的估计量为：

$$Z_k^* = m + Y_k^* = m + \sum \lambda_i \lambda_j = \sum \lambda_i Z_i + m(1 - \sum \lambda_i) \tag{2-11}$$

　　3）泛克立格法

　　泛克立格法是一种线性非平稳的地质统计学方法，主要针对某些区域化变量的非平稳特性所提出的一种方法。主要针对两种情况：

　　①区域化变量整体有变化趋势，但局部可看作平稳。

　　②区域化变量整体平稳，而局部有变化。此时区域化变量的数学期望不是常数而是空间位置的函数，即 $E[Z(x)] = m(x)$。

　　它是在漂移 $E[Z(x)] = m(x)$ 和非平稳随机函数 $Z(x)$ 的协方差 $C(h)[$ 或 $\gamma(h)]$ 已知的条件下，考虑了有漂移的无偏线性估计量的地质统计学方法，也称 K 阶无偏克立格法、带趋势的克立格法。

　　一组具有漂移的数据 $Z(x)$，可以分解为两个部分：

$$Z(x) = m(x) + R(x) \tag{2-12}$$

　　$R(x)$ 为涨落（也称为波动），涨落 $R(x)$ 的数学期望不随空间位置的变化而变化，是平稳的区域化变量；偏移 $m(x)$ 随空间位置的不同而变化，是非平稳的区域化变量。

　　4）对数克立格法

　　当原始数据呈对数正态分布时，可用对数克立格法。对数克立格法是对普通克立格法和简单克立格法的对数操作。对于普通克立格法和简单克立格法，权重是作用于样品的品位值，而对数克立格法则将权重作用于样品品位的对数，然后再进行反对数变换。

5)析取克立格法

这是非线性地质统计学方法，如果已知任意两变量(Z_i, Z_j)和(Z_0, Z_j)的全部二维概率分布，则可采用析取克立格法对某一点(域)进行估计，即$Z^*_{Dk} = \sum_{i=1}^{n} f_i(z_i)$。它是介于线性地质统计学与条件数据期望之间的切实可行的一种中间估计值。

6)协同克立格法

协同克立格法是用一个或多个次要变量对所感兴趣的变量进行插值估算，这些次要变量与主要变量都有相关关系，并且假设变量之间的相关关系能用于提高主要预测值的精度。协同克立格法把区域化变量的最佳估值方法从单一属性发展到两个以上的协同区域化属性。协同克立格法插值的计算公式为：

$$Z^*(x_0) = \sum_{i=1}^{n} a_i Z_1(x_i) + \sum_{j=1}^{n} b_j Z_2(x_j) \tag{2-13}$$

式中：a_i、b_j为权重系统，分别表示各空间样本点x_i、x_j处的观测值$Z_1(x_i)$、$Z_2(x_j)$对估计值$Z^*(x_0)$的贡献程度。

7)指示克立格法

实际研究中常常会需要获取研究区内研究对象大于某一给定阈值的概率分布，即要获知研究区内任一点x处随机变量$Z(x)$的概率分布。还会碰到采样数据中存在特异值的问题，特异值是指那些比全部数值的均值或中位数高得多的数值，其既非分析误差所致，也非采样方法等人为误差引起，而是实际存在于所研究的总体之中。

指示克立格法就是为解决上述问题而发展起来的一种非参数地质统计学方法。它是在不必去掉重要而实际存在的高值数据的条件下来处理不同的现象，而且给出在一定风险概率条件下未知量$Z(x)$的估计值及空间分布。

指示克立格法的步骤如下：

(1)确定一阈值，根据指示函数将原始数据转换为0或1；

(2)利用转换的数据计算指示变异函数，并进行拟合；

(3)建立指示克立格方程组，计算待估点值。若把指示函数看作一普通区域化变量，也可直接用简单或普通克立格方法来计算待估点的值；

(4)若选择多个阈值，则需重复以上步骤。

指示克立格法是根据一系列的临界值，例如边界品位z，先对原始数据$Z(x)$进行如下公式转换

$$i(x, z) = \begin{cases} 1, & Z(x) \leqslant z \\ 0, & Z(x) > z \end{cases} \tag{2-14}$$

然后对转换后的数值求变异函数、进行克立格估值。

指示克立格法的优点：①解决存在离群值和未知分布的样本，对数据的要求不高；②结果以概率的形式出现，可应用于决策分析。

指示克立格法的缺点：由于利用了指示函数进行克立格估值，因此丢失了信息。

5.特殊矿床品位估值方法

对褶曲构造矿床而言，多数矿化形成于褶曲构造产生之前，如果直接使用距离幂次反比法或克立格法进行估值，得到的整体品位模型凝聚性不佳，在各块体模型域边界位置存在明显的

不连续现象。针对此类矿床,常用的估值方式有两种,即褶曲断层还原估值和动态椭球体估值。

1)褶曲断层还原估值

褶曲构造中两点间的距离实际上应为褶曲形成前空间两点的直线距离,图 2-60 中表示背斜两翼的两个样品点,若使用标准的 XYZ 坐标系统,则 A 和 B 之间的几何距离是一条直线。但从地质角度来说,这两点的距离应是一条沿着背斜构造线延伸的曲线,即图中的虚线,这才是褶皱前两个样品间的真实距离。

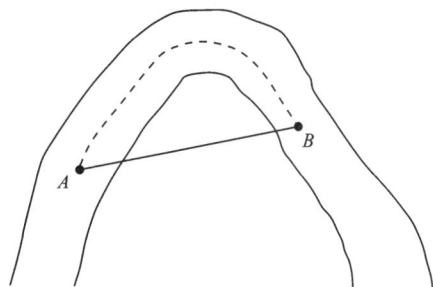

图 2-60　两点间的几何距离和地层内距离

对此类矿床,在进行品位估值之前,应将空间样品点还原成未褶皱的状态,等估值完成后再转换成褶皱后的实际空间位置,即褶曲还原。褶曲还原需要对钻孔数据库、矿体模型、块体模型等估值所采用的相关资料进行坐标转换操作,还原到褶曲前的坐标系统状态。转换后还需要重新计算样品分析数据的样品长度、方位角、倾角,然后计算变异函数,进行品位估值。

2)动态椭球体估值

通过矿体模型三角网文件以及平剖面指示线,计算得到一系列包含方位角和倾角的点,将方位角和倾角作为估值元素进行估值,使块体模型的每一个单元块都包含方位角和倾角两个属性,在品位估值时,椭球体会调用单元块中的方位角和倾角,因此,称之为动态椭球体。如图 2-61 所示,上面是固定方位角和倾角的椭球体,下面是利用了块体模型中的方位角和倾角的动态椭球体。

对估值后块体模型进行剖面输出,如图 2-62 所示,上面使用水平搜索椭球体估值,下面使用动态的各向异性椭球体估值。动态各向异性的效果是显而易见的,矿体上下盘的矿体估值拟合更趋于合理化。

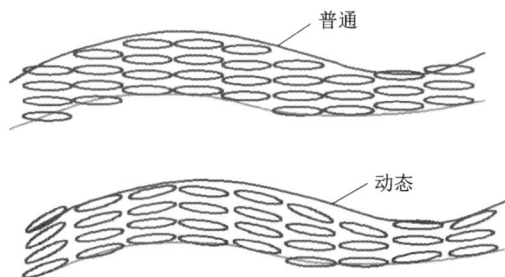

图 2-61　动态椭球体和普通椭球体

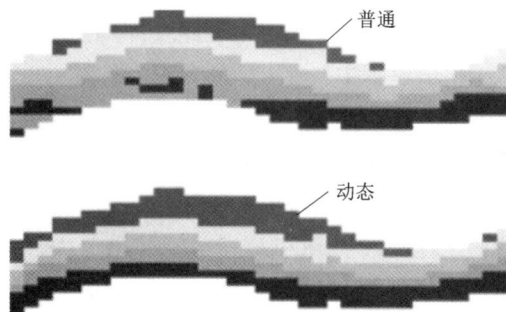

图 2-62　普通椭球体和动态椭球体估值结果

2.6.2　估值方法的选择

品位估值的方法有多种,在选择某种方法之前应对其原理有充分的认识,掌握每种方法的适用条件和使用方法,同时应认识到不同方法估值所产生结果的可靠性。选择适合于某一矿床的品位估值方法,要以矿床地质特征为主,综合考虑矿化类型、蚀变种类、构造特征、不同岩性对矿化的影响等因素。其中,矿床品位的空间分布特征对估值方法的选择具有重要意义。

在上述估值方法中，最常用的是距离幂次反比法和克立格法。距离幂次反比法具有原理简单、计算效率高和程序实现方便等优点，因而，被广泛使用到估值中，但这种方法没有考虑矿化的方向，且估值结果的可信度难以评估。克立格法考虑了矿床矿化各向异性的实际情况，更能真实反映矿床的矿化特征，其估算结果更接近于矿床的真实品位，但估值过程比较复杂。

在克立格估值方法中，应用最广泛的是普通克立格法。当样本数据服从正态分布时，区域化变量满足二阶平稳(或内蕴)假设，待估点的值在邻域内存在数学期望，若数学期望为未知常数，可用普通克立格法；若数学期望为已知常数，可用简单克立格法。若区域化变量是非平稳的，可用泛克立格法。当区域化变量服从对数正态分布时，可用对数正态克立格法；当样品数据中存在特异值，且这些特异值比所有数据的平均值高得多或者低得多，虽然只占全部数据的极小部分，但对估值结果有很大的影响时，可用指示克立格法；对于有多个变量的协同区域化现象，可用协同克立格法。

2.6.3 估值参数选取

1. 样品搜索椭球体

搜索椭球体为估值提供了重要的参数，如样品搜索半径、搜索方向和样品个数等。

在正交情况下，椭球体三个轴与 x、y、z 坐标轴一致，而在实际估值过程中，其三轴应分别与矿体走向、倾斜方向和真厚度方向一致，因此，大多数情况下需要将椭球体的三个轴按一定的角度和对应的旋转轴进行旋转。

搜索椭球体应该是一个动态的椭球体，其半径根据估值所要求的样品数而动态缩放。如图 2-63(a) 所示，当待估块体周围的样品数多于设定的最大样品数时，椭球体自动收缩，直至满足最大样品数的要求；当待估块体周围的样品数少于设定的最小样品数时，椭球体自动按设定的放大系数扩大搜索半径，以满足最小样品数的要求，此时所估块体的资源储量的地质可靠程度也将相应地降低一级；当搜索半径扩大至最大倍数后，待估块周围的样品数仍然少于设定的最小样品数时，此块体将视为空块。

估值过程中，由于样品数据点往往并非均匀分布在被估块体的周围，而是成群地聚在某一方向，若使用上述椭球体搜索方法，很可能导致某单一方向的样品过多，从而对块体品位估值产生影响。实际操作中可将搜索空间分成 8 个象限，使得估值所用样品分别来自不同的象限，这样就可以避免上述问题。如图 2-63(b) 所示，搜索椭球体在 xy 平面内包含 16 个样品，分别用○、#、×和＊表示。如果最大样品数大于或等于 16，则所有 16 个样品都将被选中，如果最大样品数定为 8，则用×和※所表示的 8 个样品将被选中，这样，块体估值结果将明显偏向搜索体第二轴正方向的那些样品值。如果采用了八分象限限制，并把每个象限中的最大样品数定为 2，则每个象限中离待估块中心最近的两个样品被选中，这样样品用○和×表示。这种方法应比 8 个样品都来自同一方向的估值结果更加合理。

搜索椭球体各参数设置：椭球半径长半轴一般与最小探矿工程网度一致，取样品所在勘探线间距的 1~1.2 倍；次半轴长度＝长半轴长度×(延伸长度/矿体走向长度)；短半轴长度＝长半轴长度×(厚度/矿体走向长度)，但至少大于组合样长的 2~4 倍，确保在厚度方向有 2~4 个样品参与估值。椭球体的方位角、倾伏角、倾角参照矿体的产状，以确保椭球体的产状与矿体产状一致。

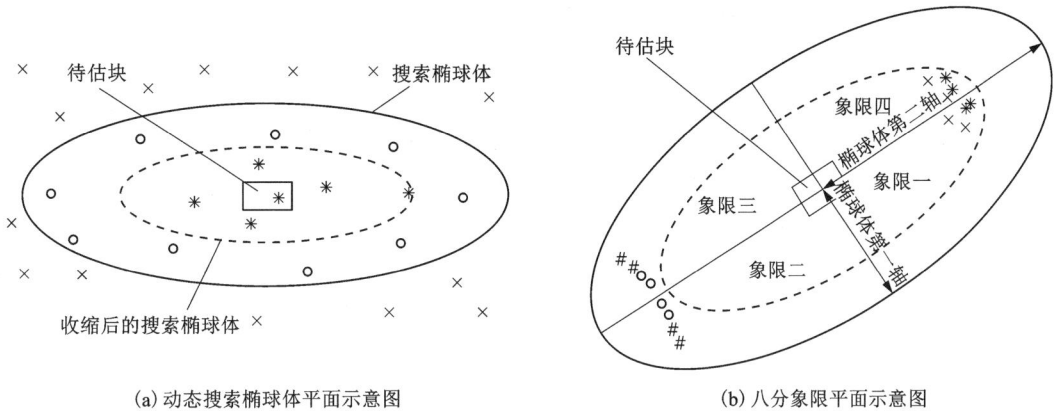

(a)动态搜索椭球体平面示意图　　　　　　(b)八分象限平面示意图

图 2-63　样品搜索示意图

2.离散点设置

块体模型所包含的每个单元块体都是通过单元块中心点的三维坐标来定位其空间位置的，因此，对于距离幂次反比这一类估值法而言，只使用单元块中心点的坐标，使得被估品位成为单元块中心到每个样品距离的函数。这意味着估值时完全忽略了单元块的尺寸，只对单元块中心点进行了估值，而没有估计整个块体的平均品位。在这种情况下，应设置离散点，以完整地估算块体的品位。

离散点的设置可以通过设置点数和点距的方法来完成。如图 2-64 所示，对某一 $X=20$、$Y=12$ 的块体，在平面上，如果设置了 X 方向的点数为 4，Y 方向的点数为 3，则此块体内的离散点数为 12，这样对应 X 方向的离散点距为 5，Y 方向的离散点距为 4[如图 2-64(a) 所示]；如果首先设置了 X 方向的离散点距为 5，Y 方向的离散点距为 4，则此块体内的离散点数将为 9[如图 2-64(b) 所示]，其离散点数少于图 2-64(a) 所示块体。

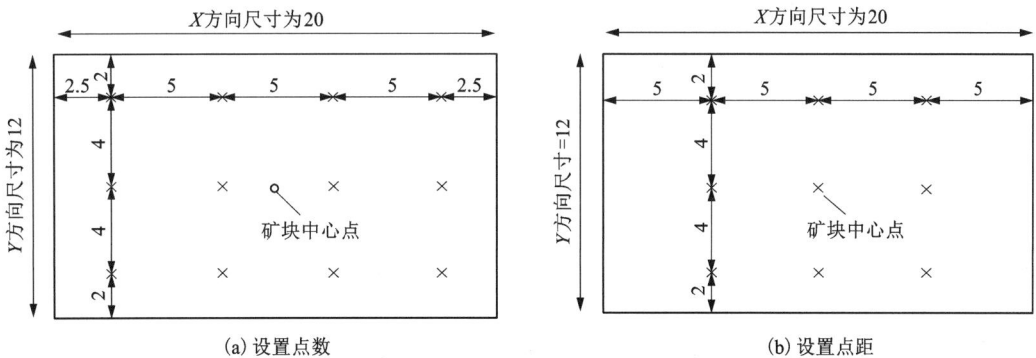

(a)设置点数　　　　　　　　　　　(b)设置点距

图 2-64　离散点的设置

设置离散点数的优点是在相同尺寸的所有块中都能得到同样数目的离散点，不足之处是在某一方向上点的间距比另一方向上点的间距大，这取决于块体边长的相对比例。

设置离散点距的优点是块体内所有离散点的间距都相等，实现了离散点在块体内的均匀分布。其缺点是对于小尺寸块体，块体内的点数会很少，甚至可能只有一个离散点。这对采用克立格法估值而言，是一个很大的缺点，因为克立格法估值要求一个块内至少有两个离散点。因此，采用克立格法进行估值时，应设置离散点数，采用距离幂次反比法估值时，应设置离散点距。

3. 矿化带控制(约束)

矿化带的控制很重要。在进行样品搜索时，必须确保估值所用样品与待估块体属于同一矿化带，如属于同一岩性、同一矿化类型或同一矿体，否则为无效估值。为做到这一点，可以在样品原始数据输入时增加不同矿体、不同岩性、不同矿化类型等矿化带的识别标识，在创建块体模型时将此标识赋予与之对应的块体，在进行品位估值时按此标识进行样品的搜索。

目前软件常用的方法是通过给钻孔数据库样段赋字段，并通过对字段进行条件过滤的方式来对与之对应的约束块体模型进行赋值。

4. 其他

1) 幂次。距离幂次一般取 $\geqslant 2$，根据估值的元素种类确定不同的值。一般而言，对于贵重金属 Au、Ag 等，幂次设为 3；对于其他金属，如 Cu、Fe 等，幂次设为 2。

2) 样品参与数。设置单元块估值的样品参与数的最小值 a 和最大值 b。这是为了保证搜索椭球体范围内的已知样品点大于最小值 a 时才对待估点进行估值；当搜索椭球体范围内的已知样品点数大于最大值 b 时，只选取离待估点最近的 b 个样品点进行估值。

2.6.4 块体模型估值

估值方法与估值参数确定后，大部分矿业软件均支持输入相关参数进行估值。

距离幂次反比法估值：估值时，椭球体球心遍历每个待估点，根据椭球体范围及样品取舍参数(八分圆、单块最值等)确定出每个待估点对应的已知样品点，计算各已知点与待估点的距离，应用距离幂次反比法公式计算出待估点的值。重复以上步骤。第一次估值时，未必所有的待估点都估值成功，在第二次估值时，将搜索椭球体的三轴半径扩大再进行搜索，直到所有的待估块都估值成功。

克立格法估值：估值时，同距离幂次反比法估值一样，由理论变异函数确定的椭球体的球心遍历每个待估点，然后根据椭球体范围确定待估点周边已知点，若满足单元块估值的最小值和最大值，即运用克立格公式计算待估点的值。重复以上步骤。每一次估完值后进行下一次估值时，先将椭球体的三轴半径扩大再进行估值，直到所有的待估块都估值成功。

2.6.5 属性赋值

块体模型中定义的其他属性变量也是矿山规划所必需的，它通常涉及百分比、指标，或其他辅助变量，可以用数字或字符来代表顺序、间隔、比率等，并且这些属性可以通过衍生新的属性字段进行存储。

在块体模型中，除了块坐标和块大小等反映块空间信息之外，其他变量都是反映的地质属性，如岩性、矿化类型、氧化程度、蚀变、结构信息、编号、岩石硬度等。所有这些信息都需要保存在块模型中。大的块模型中，许多变量的存储需求可能是很大的，考虑当前计算机硬件能力，块模型中单元块的个数应保持在几百万块以内。显然，这个数字将在以后工作中会继续增加。

一般情况下，赋值可分为常量赋值和变量赋值。

1. 常量赋值

常量赋值是将固定的数字、名称、编号等信息赋予块体，比如容重、编号、类型、级别等。常量赋值是对采用同一个约束条件得到的约束块体赋予一个统一的值，如用5#矿体模型约束块体模型，赋值时可将"矿体编号 = 5"赋予约束后所有的块体。再比如，矿石和岩石的比重分别为 3.0 和 2.7，赋值时可将矿体内夹石外的单元块比重赋值为 3.0，矿体外或夹石内的单元块比重赋值为 2.7。

2. 变量赋值

变量赋值主要是针对一种属性在不同的约束条件下有不同取值的情况。比如，对某些矿种，其容重是随品位变化而变化的，有时是不同的品位区间对应一个比重值，有时是直接根据一个拟合公式对比重赋值。

下面是一个讲述比重与 TFe 含量之间的关系的具体的例子。

当 $w(\mathrm{TFe}) = 0$，即为岩石时，比重 = 2.7032；

当 $0 < w(\mathrm{TFe}) < 30\%$ 时，比重 = $2.7032 + 0.0232 \cdot w(\mathrm{TFe})$；

当 $30\% \leqslant w(\mathrm{TFe}) < 50\%$ 时，比重 = $2.3769 + 0.030125 \cdot w(\mathrm{TFe})$；

当 $w(\mathrm{TFe}) \geqslant 50\%$ 时，比重 = $1.93065 + 0.03905 \cdot w(\mathrm{TFe})$。

2.7　资源储量分类

目前，国际通行的资源储量分类方案有两套，一套是由政府部门制定的，用于对资源的统计和制定资源开发相关政策的依据，但不同的国家制定的分类方案会有所不同；另一套由行业协会制定，指导企业的生产运作，一般被股票交易所认可。

由政府部门制定的分类方案有美国矿业局/美国地质调查局（USGS）1980 年制定的矿产资源储量分类原则、澳大利亚矿产资源地质地球物理局（澳大利亚地质调查机构 AGSO 的前身）1984 年制定的矿产资源分类系统、加拿大地质调查所制定的资源分类方案、英国地质调查所制定的分类方案等。

由行业协会制定的分类方案有澳大利亚的 JORC 标准、加拿大的 CIM 标准（NI43-101）、南非的 SARMREC 标准、美国的 SME 标准以及 CRIRSCO 国际标准等，此类标准对资源储量的分类基本相同。

我国于 2020 年 3 月 31 日发布了 GB/T 17766—2020《固体矿产资源储量分类》，以此替代了 GB/T 17766—1999《固体矿产资源/储量分类》，其资源量和储量分类体系由原有的 16 个类型调整为 5 个类型。

固体矿产资源类型示意图如图 2-65 所示。

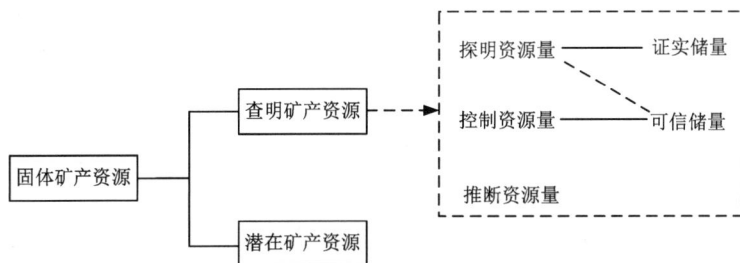

图 2-65　固体矿产资源类型示意图

2.7.1 资源储量分类方法

资源储量分类与地质可靠程度、可行性研究、经济评价有关，但可行性研究与经济评价是一个复杂的系统工程，只能将已经完成的可行性评价结果和未来矿山开采的经济评价作为附加信息应用到资源量估算结果中。从这个意义上来说，以往的资源储量分类更确切地说是对形成资源量的地质可靠程度进行分级，更精确地说是对工程控制程度进行分级，因为估算获得的资源储量给投资者信心的多少，取决于由探矿工程或矿山开拓工程所揭露矿体的情况。

我国过去的矿种勘查规范均规定了勘查类型，1999 年颁发的分类标准虽然明确取消了工程网度，但在矿种规范中仍然以参考性附录的形式列出控制资源量的网度，由此可上推探明的资源量的网度，下推推断的资源量的网度。因此，在我国当前矿产勘查活动中，过去规范规定的工程网度对确定工程间距仍然起着重要的作用。

国际通行的做法是：矿产资源储量分类标准给出了各类资源量的要求，如何判断计算对象达到哪个类型的要求，需要编写资源量报告的地质人员自己提出一套归类准则，这个准则应符合有关分类标准(如 JORC)的规定。因此，判断怎么才算达到资源分类要求，确定分类要求的准则是地质人员要做的事，而不是规范要做的事，这是国际通行规范同我国旧有规范体系的重大不同之处。

固体矿产资源储量估算方法一般分为两大类：一类是以断面法、地质块段法、开采矿段法、多边形法等为代表的几何法；另一类是以反比距离加权法、克立格法等为代表的插值法。在传统的资源储量估算方法中，工程控制程度的分类已经具备了一套完善的体系方法。统计学方法资源储量估算的核心任务是把矿体划分成大小、形状相同的小块，根据探矿工程的品位数据，应用不同的数学计算方法对所有块的品位进行空间插值。

因此，本章主要阐述利用三维矿业软件结合几何法和地质统计学法进行资源储量分类。

2.7.2 几何法分类

几何法分类如下：

1) 影响距离法

国外广泛使用多边形法(我国称为最近地区法)估算资源储量，其原理是：以钻孔为核心，确定一个影响距离，且在这个距离以内，分类属于某个类型的资源储量，如图 2-66 所示。

通常的做法是，按推断的资源量的影响半径生成多边形块段系统，再根据每个多边形块段的视影响半径进行资源储量分类。这样形成的多边形块段系统具有以下特点：在工程密集处，形成范围很小的多边形群，块段控制程度高，可达到较高的资源储量类型；在矿体边部，工程较稀疏，可能出现半弧形块段甚至孤立的圆，表明控制程度低，资源储量类型也低。

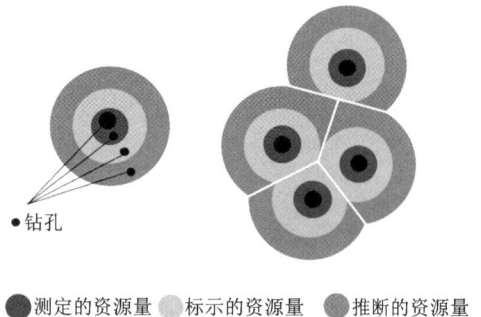

● 钻孔

● 测定的资源量　● 标示的资源量　● 推断的资源量

图 2-66 多边形资源分类原理示意图

由于多边形块段是不规则的，很难精确地确定其影响半径，只能用面积平均的方法，求得一个视影响半径 r_a，并把它作为划分资源储量类型的判别指标，其计算公式为：

$$r_a = \sqrt{\frac{S}{\pi}} \tag{2-15}$$

式中：S 为多边形面积；π 为圆周率。

例如，从钻孔处至向外 50 m 范围内的资源量为探明的资源量，50~100 m 的资源量为控制的资源量，100~200 m 的资源量为推断的资源量。

2）块体模型+级别约束模型法

这种方法适用于使用块体模型空间插值进行矿量估算的矿山案例，它是基于传统储量级别划分边界建立出各种级别的级别约束模型，然后依据级别约束模型对块体模型进行约束，之后将约束模型内的单元块赋上相应的级别属性，最后统计各级别的资源储量。

例如，某铁矿的 3#矿体经过生产勘探，资源量已提升到证实储量和可信储量的程度，为了分别统计证实储量和可信储量的矿量，可以先建立证实储量和可信储量的级别约束模型（如图 2-67 所示），然后分别用这两种级别约束模型对块体模型进行赋值，将级别信息写入块体模型的各个单元块中，最后的统计结果如表 2-5 所示。

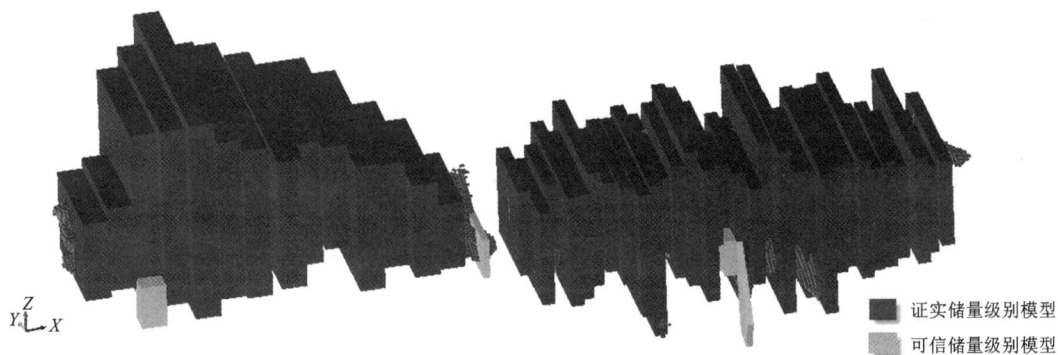

图 2-67　级别约束模型与块体模型

表 2-5　3#矿体资源储量估算统计表

矿体	储量级别	体积 /m³	密度 /(t·m⁻³)	矿石量 /t	TFe 品位 /%	TFe 金属质量 /t
3#矿体	证实储量	11905775	3.39	40350853	37.98	15325514
	可信储量	75425	3.24	244370	29.28	71550
	汇总	11981200	3.39	40595223	37.93	15397064

注：密度和 TFe 品位的汇总是计算平均值，根据体积加权平均。

当对沉积型矿床进行资源储量级别赋值时，可将各级别的界线当作级别约束模型，对块体模型进行赋值，如图 2-68 所示。

这种方法的实质还是传统的工程控制间距的分类方法，不同点在于该方法针对的不再是勘探工程之间的大块段，而是基于统计学方法的块体模型中的单元块。运用此种方法进行分类的前提是必须知道各种级别的分界线或分界范围，否则没法创建级别约束模型。

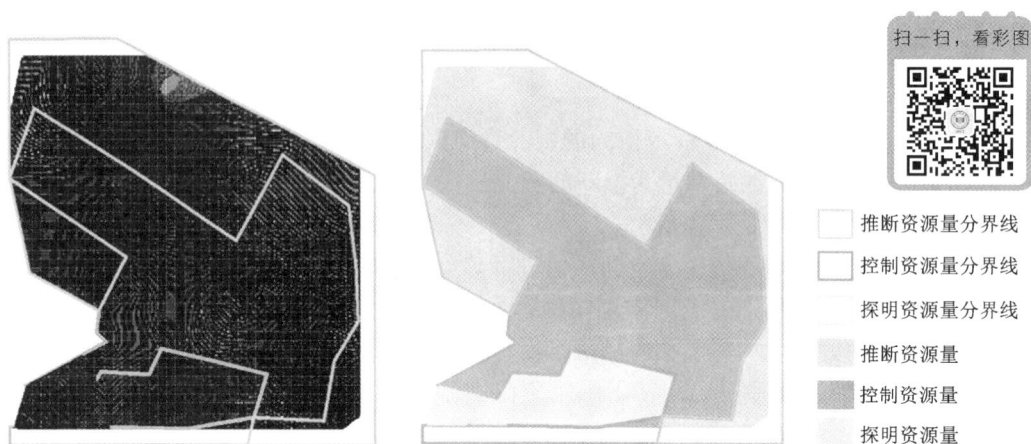

推断资源量分界线

控制资源量分界线

探明资源量分界线

推断资源量

控制资源量

探明资源量

图 2-68　竹园沟矿区 Ph21 磷矿层资源分类图

2.7.3　地质统计学法分类

用地质统计学方法定量划分储量级别二条准则：

1）经济可行性准则（economic feasibility）

欧美国家所谓经济的标准，就是在规定的投资条件下开采、提取和生产可以盈利的储量。这相当于苏联和我国的平衡表内储量，即在目前经济技术条件下可以利用的储量。这个准则集中体现在工业指标中。传统储量计算方法是先按工业指标圈定矿体，然后计算矿产储量，从工程控制程度，用类比法来确定储量级别。而地质统计学方法是先计算块体模型的平均品位和储量，然后利用可回收函数来估计达到工业指标的回收储量。两者都考虑了经济可行性准则，根据这条准则划分出矿产储量与资源界限是容易办到的。

2）地质可靠性准则（geologic assurance）

勘探网度：又称勘探间距或勘探工程密度，是指每个穿透矿体的勘探工程所控制的矿体面积，通常以工程沿矿体走向的距离与沿倾斜的距离来表示。

所谓地质可靠性是指矿石（质量、数量）存在的可靠程度，从定性角度来看，可靠性准则应是矿体地质特征、各标志值（品位、厚度、容重等）变化程度及矿床勘探程度的综合体。经典的储量计算方法是从矿体地质出发决定勘探类型，确定勘探网度和储量级别。实际上，这是一种粗略的类比，尽管也考虑了矿体的规模、形状、品位及厚度的变化系数，但由于这些变量在空间上存在相关性，用经典统计学中的误差分布特征（变异系数）来度量矿体的变化程度是有局限性的。而地质统计学是研究估计方差 σ_k^2 所表征的特点，也就是说，地质可信度主要依赖于样品信息的分布模式、矿床结构特征以及待估块体模型的大小。但是，只有估计方差，对计算置信度是毫无意义的，因此，还需知道误差的分布。G. Journel 认为，估计误差的分布即使不符合高斯分布，经典的置信区间 $\pm\sigma_E$ 包含大约误差的 95% 这个概念也仍是适用的。F. M. Wellmer 建议置信水平取 90%，因为国际上"银行认可"的可行性研究要求误差必须限制在 ±10%。现在大多数分类标准（南非、德国等）将 90% 的置信度作为地质可靠性准则指标。

运用地质统计学方法进行资源储量分类的方法主要有误差指标法、概率法、克立格方差法、"搜索半径+工程间距+工程数"法等。

1）以资源储量估算的误差指标确定资源储量类型

不同的资源储量类型，带有不同的误差，具有不同的投资风险，这是要求进行资源储量分类的根本原因。关于资源储量允许误差，国内外有许多研究，其规定的范围差别很大，近年来渐趋一致。但资源储量误差多是一个参考数据，通常并不作硬性要求。它的主要意义在于使勘查人员、矿山设计人员和矿业公司高管充分理解不同资源储量类型的精度差别。

图 2-69 所示为估算的资源储量、允许误差与置信概率的关系。x_0 表示估算的资源储量数值；δ_0 表示某个资源储量类型的相对允许误差；阴影部分表示置信概率。如果用克立格法估计的资源储量数值在 $x_0+\delta_0 x_0$ 和 $x_0-\delta_0 x_0$ 之间，则该矿块的误差符合类型要求。

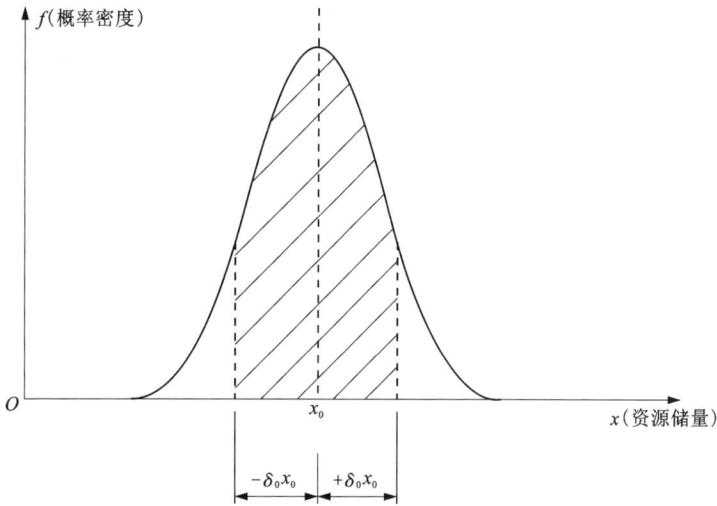

图 2-69　矿产资源储量允许误差与置信概率

2）概率法储量估算确定资源储量类型

概率法储量估算以概率论为基础，视储量参数为在一定范围内变化的随机变量，并要求参数之间相互独立。估算结果为一条储量概率分布曲线（或累计概率曲线），按规定概率值估算各类地质储量。

3）克立格方差结合误差概率分布进行资源储量分类方法

选定资源储量分类标准，确定误差限和置信概率，假定误差 ε_T 服从正态分布 $\varepsilon_T \sim N(0, \sigma_T^2)$，则可以根据置信概率计算出相对应的置信区间：

$$P\{|\varepsilon_T| \leqslant \alpha \sigma_T\} = 置信概率 \tag{2-16}$$

从正态分布表中可查找 α 值，因此可以确定各级储量的相对误差的界限值。最后根据定界矿块的相对误差的值落在哪种储量级别的范围而确定定界矿块的储量级别。

比如依据 1982 年德国分类标准，置信概率为 90%，查表得 α 值为 1.645，A 级储量与 B 级储量之间的界限值为 $\dfrac{\sigma_T}{T} = \dfrac{0.1}{\alpha} = \dfrac{0.1}{1.645} \approx 0.0608$，当定界矿块的相对误差<0.0608 时，将此

矿块划分为 A 级储量。

4)引入地质统计学标志 R_r 进行资源储量分类方法

国内在很早以前就开始研究用克立格方差进行资源储量分类的方法。侯景儒等人引入地质统计学标志 R_r 进行资源储量分类,其储量分级标准表示方法如下。

对于全矿床

$$R_r = \frac{[D^2(Z) - D^2(Z^*)]}{D^2(Z)} = \frac{\overline{\sigma_k^{*2}}}{D^2(Z)} = \frac{\overline{\sigma_k^{*2}}}{[D^2(Z^*) + \overline{\sigma_k^{*2}}]} \tag{2-17}$$

对于矿床中的单个块体模型

$$R_r = \frac{[D^2(Z) - D^2(Z^*)]}{D^2(Z)} = \frac{\sigma_k^{*2}}{D^2(Z)} = \frac{\sigma_k^{*2}}{[D^2(Z^*) + \sigma_k^{*2}]} \tag{2-18}$$

式中:R_r 为应用地质统计学方法进行储量分类而引入的地质可信度标志,应用 R_r 时必须同时说明待估块体模型的大小、边际品位值及样品有用组分的变异性特征;σ_k^{*2} 是块体模型的克立格方差;$D^2(Z)$ 为矿床 V 内等体积块体模型真值 Z 的方差;$D^2(Z^*)$ 为矿床 V 内等体积块体模型估值 Z^* 的实验方差;$\overline{\sigma_k^{*2}}$ 为所有块体模型的平均品位估值的平均克立格方差。

式(2-18)可写成:

$$\sigma_k^{*2} = R_r D^2(Z) \tag{2-19}$$

R_r 可根据具体矿床特征、有用组分经济意义等给出如 0.05、0.1、0.2 等数值,例如,从地质可信度考虑,对于全矿床而言:$\sigma_k^2 \leqslant 0.1 D^2(Z)$ 时属探明的勘查级别;$\sigma_k^2 \leqslant 0.2 D^2(Z)$ 时属控制的勘查级别,$\sigma_k^2 > 0.2 D^2(Z)$ 时属推断的勘查级别。而对于矿体中某一具体矿块而言:$\sigma_k^2 \leqslant 0.1 D^2(Z)$ 时属探明的勘查级别,$0.1 D^2(Z) < \sigma_k^2 \leqslant 0.2 D^2(Z)$ 时属于控制的勘查级别,当 $\sigma_k^2 > 0.2 D^2(Z)$ 时属推断的勘查级别。

而对于全矿体或某一矿块的最终分类,则要经过综合考虑后决定。

例如在对某矿山进行地质统计学估值时,划分级别的方法见表 2-6。

表 2-6 按 R_r 大小划分工程的勘查级别

R_r	<0.2	0.2~0.5	≥0.5
勘查级别	探明的	控制的	推断的

这种方法的优点是直接利用估值误差来判断估值结果的可靠程度,可以自动、快速、有效地进行工程控制程度的分类,但是目前在工程实际中并没有得到广泛应用。其主要原因是:①在实际应用中,影响克立格方差的因素太多,不同矿种、不同勘查阶段甚至同一矿种在不同矿区得到的克立格方差都会不同,R_r 值的大小也都不一样,难以用一个统一的 R_r 值划分勘探级别;②统计出来的资源及分布离散性较大,不同级别的块体模型相互交错,在生产中指导作用太小;③只有在应用克立格法时才能应用此方法,当用距离幂次反比法等方法估算资源储量时,无法应用克立格方差进行工程控制程度的分类。

5）根据搜索方案确定资源储量类型

国外常用搜索方案在对块体品位进行插值过程中划分资源储量类别。该方法通过设置不同的搜索半径、最小工程数、参与估值的样品数目，在对块体插值的同时，赋予该模块相应的地质可靠程度，从而对资源储量类别进行划分。

（1）距离幂次反比法可以运用搜索半径结合工程数、样品数对资源储量进行分类。

距离幂次反比法以搜索椭球体为搜索方案进行估值。搜索椭球体是以矿体的空间位置、形态为基础构建的，在为待估值块估值时所用到的数据搜索范围。在为某一块估值时，根据椭球体的三轴定位、（长轴）半径，来搜索为该块估值时所用的样品。

根据搜索椭球体分类的方法，既考虑了待估值块与样品间的距离，又考虑了估值时所用到的工程个数，这与我国传统的分类方法有相似之处，容易被理解与接受。根据搜索椭球体分类的方法关键在于构建椭球体，即如何确定椭球体的参数，包括椭球体的三轴定位、半径等。矿体产状、工程空间分布等因素，同样会对分类结果产生影响。

①三轴定位：搜索椭球体的方位角、倾伏角、倾角、方位角因子、倾角因子、厚度因子，这6个参数必须严格与矿体产状一致，如若不一致，不仅影响控制程度的分类，而且影响估值结果的准确性。对于同一矿区的不同矿体、不同产状的矿体，甚至是同一矿体不同产状的部分，都应该分别应用不同的椭球体参数进行资源储量的估算并分级，这样的结果更可靠、更合理。

②半径：椭球体的长轴半径是相应工程控制程度的工程间距，是一个重要的参数，半径设置得过大或过小，对分类结果影响很大。当椭球体半径与工程间距相等时，椭球体"相切"于两个工程之间，进行估值时就不能搜索到有效的数据，所以需要给搜索半径一个伸展系数，才能保证两个工程间的块处于同一个工程控制程度的级别。一般资源储量估算软件说明书中将半径设置为工程间距的1~1.2倍。当然，搜索半径的伸展必然带来某些块的资源储量级别被提高的问题，这就要求后续的人为调整必不可少。

③工程空间分布：工程空间分布不均，必然对分类结果产生影响。由于椭球体半径大于勘查网度，当空间中有两个相邻很近的工程存在时，这两个工程两侧的资源储量级别会被提高。当探矿工程分布均匀时，工程控制程度分类结果比较可靠。实际工作中，当局部工程间距过小时，需要人为调整分类结果。

④工程数的累计：工程数即钻孔数，在为每一块估值时，要统计为该块估值所用到的工程数。一般认为，工程数大于等于2个对应的是"控制的"或"探明的"勘查级别，工程数为1个对应的是"推断的"勘查级别。工程数的累计必须和椭球体的半径对应设置才具有实际意义。

以某金矿勘探项目为例，根据勘查规范，其"探明的"资源储量的工程间距为 40 m×40 m，"控制的"资源储量为 80 m×80 m，"推断的"资源储量为 160 m×160 m。在为块估值时，首先设置椭球体半径为 40 m、工程的最小计数为2，则估值块所用的样品品位数据来自半径为 40 m 的搜索椭球体范围，且估值时用到至少 2 个工程，那么认为该块的资源储量受到 40 m 工程间距的控制，这种工程控制程度对应的地质可靠程度为"探明的"；然后，依次进行"控制的""推断的"资源储量对应的椭球体参数设置，"控制的"资源储量对应的椭球体参数为半径 80 m、工程最小计数≥2；"推断的"资源储量对应的椭球体参数为半径 160 m、工程最小计数≥1。

（2）克立格法可以运用变异函数的变程对资源储量进行分类。

变程反映了区域化变量的影响范围，即空间上两个变量之间相关的最大距离。当两个变量间距离小于变程时，其空间上是相关的；大于变程时，其空间上是无关的。变程决定估值的可靠程度，在变程范围内，距离越小，与周围点的相关性就越大，利用变程范围内已知的分析数据参与模块估算的可靠性越高。变异函数的变程实际反映出的是最佳勘探工程间距。划分资源类别本质上是确定资源的可靠程度，因此，可以通过变程进行资源量分类。

具体做法是：将变程划分为若干个区间，分别为"一通（first pass，如设置在 1/3 倍变程处）""二通（second pass，如设置在 1/2 倍变程处）""三通（third pass，如设置在 1 倍变程处）"；然后在每个区间设置样品数，再设置资源储量类型与区间的关系。如图 2-70 和图 2-71 所示。

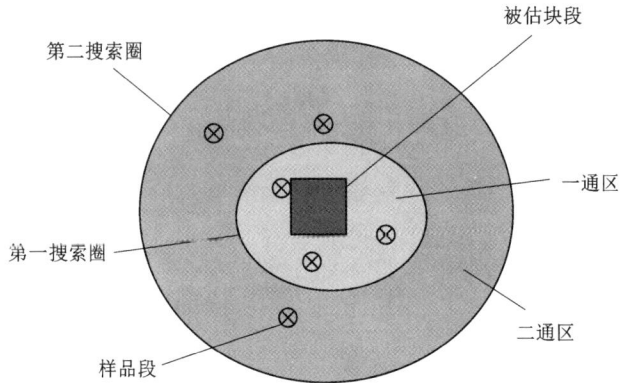

图 2-70 "N 通区间"与样品分布

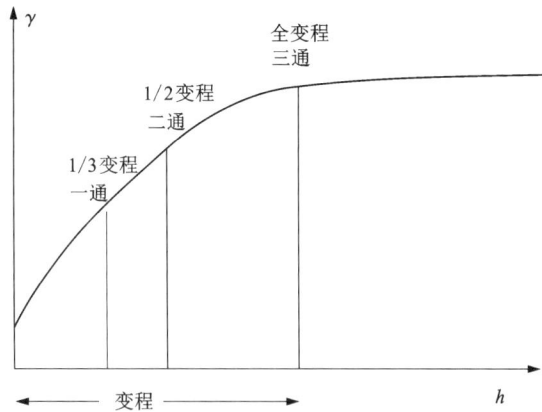

图 2-71 在变异函数图上确定"N 通区间"

判定资源储量类型的准则是：在一通范围内，超过多少样品时，将其划分为探明的资源量；在一通范围内，样品数达不到探明资源量的要求，或者在二通范围内，有一定数量样品时，将其划分为控制的资源量；对推断的资源量则设置更宽松的要求。

下面是运用变异函数的变程对资源储量进行分类的几个例子。

①哥伦比亚 Angostura 金矿一通、二通参数如表 2-7 所示(Greystar 资源公司,2006),资源量分类准则:

表 2-7 哥伦比亚 Angostura 金矿一通、二通参数

一通与二通参数取决于各矿石类型的变差函数		一通			二通		
		搜索半径/m			搜索半径/m		
		沿走向	沿倾向	沿垂向	沿走向	沿倾向	沿垂向
脉状	低品位	55	55	55	110	110	110
	高品位,主区	27.5	5	27.5	55	10	55
	高品位,Veta de Barro	15	5	15	30	10	15
堆积带	低品位	55	12.5	55	110	25	110
	高品位	27.5	2	27.5	55	4	55
浸润带	低品位	只有一个区间			55	55	55
	高品位	只有一个区间			27.5	2	27.5

探明的资源量:一通块体模型,即在一通区内搜索到足够的样品计算资源量的块体模型。

控制的资源量:二通块体模型,即在二通区内才能搜索到足够的样品计算资源量的块体模型。

②以格陵兰 Malmbjerg 钼矿床资源量分类准则(RPA 咨询公司,2005)为例:

探明的资源量:一通块体模型,且有 20 个(四象限)以上样品段归入此类。

控制的资源量:剩余的一通块体模型和全部二通块体模型归入此类。

推断的资源量:在上述两类块体模型之外的其他块体模型。

③智利 Vizcachitas 斑岩铜钼矿床资源量分类准则(GHG 资源公司,2007),使用克立格法计算资源量,对每个克立格块体模型的分类准则是:

控制的资源量:在 100 m 的搜索范围内至少有 3 个钻孔,相当于钻孔的平均间距为 175 m;

推断的资源量:不满足以上准则,但要求样品与被估块体模型的最大距离不超过 200 m。

由于参与估算的已知分析数据的样品与待估块之间的距离越大,克立格估计方差越大,估计精度越差,因此利用以变程为搜索半径和最小工程数的搜索方案划分资源储量类别,既考虑了克立格估计方差,又考虑了工程控制程度,与几何法也有联系,与克立格估计方差法有异曲同工之妙。

普遍认为分类的资源应适当均匀,在短距离空间上没有资源类别的混杂,但通常情况下在块体模型的某些区域经常可以看到不同的钻孔间距、突变的地质特征及资源类别的突然转换等情况,甚至在分类界线的两侧直接可见从低级别的资源类型越过中间级别资源类型直接跳到高级别的资源类型的情况,因此在资源分类后,一般会要求后期平滑处理产生的结果。

资源储量分类标准在其定义中使用模糊的语言,因为它难以提供一个通用的、适用于所有不同类型的矿床和资源估算实践的指导方针。所有的分类指南将地质和品位的连续性作为

分类标准的关键组成部分，有时添加修改因素，以适应当地的条件。由报告编写人决定什么样的连续性证据是可接受的，这可能部分依赖于报告编写人对这类型矿床的经验。需要注意的是，人们常用的资源分类方法为资源储量提供了可靠程度这一客观的评价指标，而事实上，分类只是报告编写人或地质工作者的个人意见表达。

地质统计学方法在储量分级方面的应用还有待今后继续深入研究。

2.7.4　几何法和地质统计学法在矿产资源储量分类中的对比

国内几何法优点：工程控制程度越高，其地质可靠程度越高，并且不同矿岩类别的分界线明显，可广泛应用于各种类型矿床。缺点：无法自动完成，人为因素影响大，并且当探矿工程量增加时，需要重新划分空间限定范围，不易动态管理，且效率低。

地质统计学法的优点：该方法不仅考虑工程控制程度，而且涉及克立格估计方差；在估值的同时划分模块的地质可靠程度更加高效，易于动态管理。缺点：不同地质可靠程度的区域分布不规则，界限不明显，各种地质可靠程度的区域相互穿插。

以地质统计学法划分资源储量类别较几何法有以下优势：

(1)对待估模块估值时所用到的工程数是地质统计学法划分资源储量类别的影响因素之一，与我国传统方法有类似之处；

(2)以变程划分资源储量类别，不仅考虑克立格方差，而且以参与模块估算的分析数据相关性来划分地质可靠程度，更加可靠可信；

(3)以参与模块估算的工程数和以变程为搜索半径的搜索椭球体在估值的同时，对模块赋予不同地质可靠程度，便于资源储量动态管理，并且结果可直接应用于矿山开采方案。

2.8　资源模型验证

矿产资源的估计是基于地质数据的人工主观决策，在估值的整个过程中，应有一套严格的检查流程来验证资源模型的准确性。资源模型的验证检查是有必要的，验证资源模型有两个基本的目标：

(1)确保资源模型的内部一致性。模型的内部一致性意味着资源模型没有缺漏、错误或其他导致模型有偏差的因素，同时意味着模型达到了预期特征，建模、估算、统计流程准确且没有严重错误。

(2)对估值模型的准确性提供预测变量。资源模型的验证为估计或模拟结果的正确性提供了保证。

资源模型的验证包括资源模型建立的合理性验证、估值过程的无偏差验证、估值统计结果的准确性验证等。资源模型验证的具体方法有模型验证、交叉验证、统计验证、图形验证。

2.8.1　资源模型建立的合理性验证

在已建立正确的三维矿床实体模型的基础上来建立估值资源模型，校验建立的资源模型是否合理的方法是对资源模型细分块与三维实体进行比较，即模型验证。通常做法：一是对比分析约束块体模型与矿床实体模型的体积；二是检查资源模型边界块与实体模型边界的吻合程度。其中有些差异是可以被接受的，最终的目标是，在各类型模型之间90%以上地质单元符合则表示符合要求，这个百分比根据地质的复杂程度而有所不同。

表 2-8 为矿床实体模型与约束块模型体积的比较，图 2-72 为实体内块模型百分比与矿体剖面边界图。通过此类方法来检查资源模型的模型块单元块尺寸和边界拟合参数选择的合理性、可靠性。

表 2-8　实体模型与块模型体积对比表

矿体	实体模型/m³	块体模型/m³	绝对差/%
1 号矿体	881.496	872.243	1.05
2 号矿体	519.064	515.215	0.74
3 号矿体	144.646	143.783	0.6
合　计	1545.206	1531.241	0.9

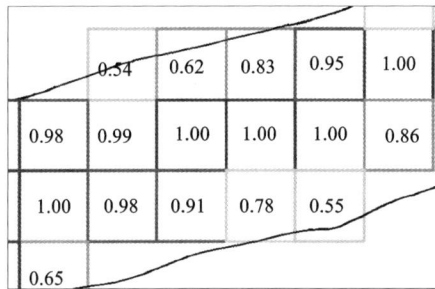

图 2-72　实体内块模型百分比与矿体剖面边界图

2.8.2　资源模型估值过程的无偏差验证

资源模型估值过程是否有偏差主要通过交叉验证、统计验证、品位吨位曲线来进行分析。

1）交叉验证

所谓交叉验证，就是将矿床某一已知品位点 A 的品位数据抽出，作为品位待估点，利用选定的估值方法和估值参数，以及其他已知点的品位值对 A 点品位进行估值，这样 A 点会有两个品位值，一个为实际值，另一个为估计值。然后将估计值与实际值进行比较，通过估计值与实际值（实验值）之间的误差统计分析，来判断均值是否无偏或方差是否等于理论方差，达到验证品位估值是否无偏的目的。验证结果的表现方式既可用散点图（如图 2-73 所示，估计值与真实值总体分布基本一致）来表示；也可用直方图（如图 2-74 所示）来表示。

一般而言，可以根据交叉验证结果进行以下几个方面的分析，判断品位推估是否符合要求：

（1）交叉验证的平均误差应趋近于 0；

（2）误差的方差应趋近于平均推估克立格方差；

（3）误差分布应属于正态分布，且 95% 置信限应位于正负两倍的标准差范围内。

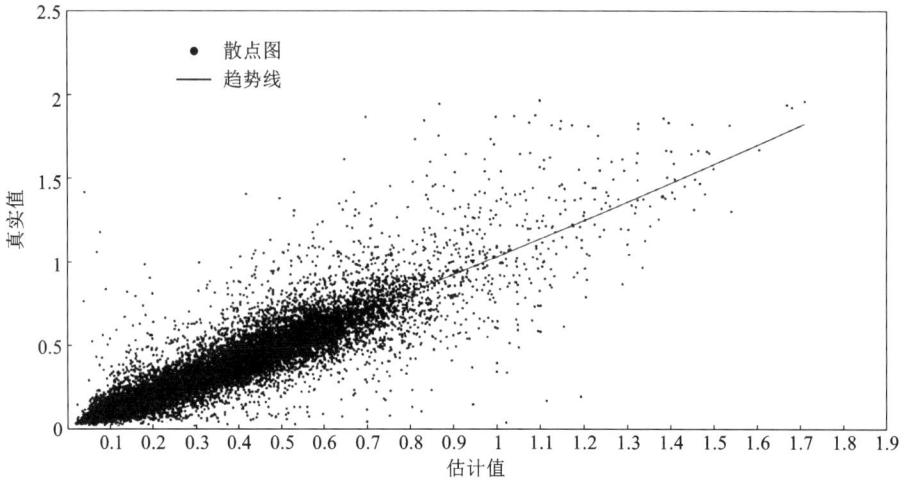

图 2-73 交叉验证结果散点图

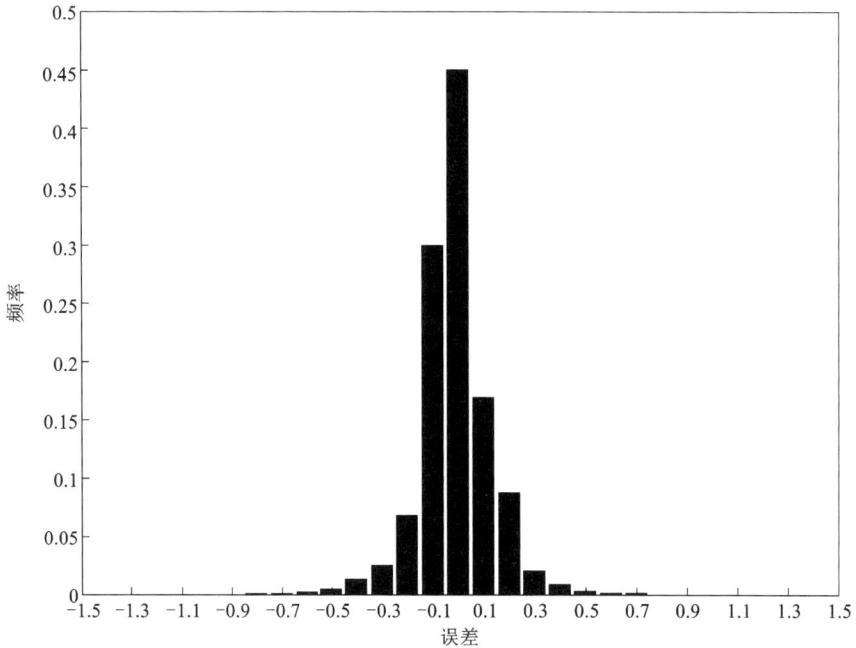

图 2-74 交叉验证结果直方图

2）统计验证

基本统计分析验证比较的是数据、模型的均值和方差，常用的统计方法为直方图统计，即通过直方图来分析统计数据，知道样品的统计值与空间分布情况，掌握矿床各元素分布规律，估计每个定义域的等级。此外，直方图的形状可以反映评估结果。直方图不只是一个方块图或者统计表，通过直方图还能很直观地看出统计的频率分布。需要注意的是，样品区间的大小将会影响直方图的形状。

验证所用的钻孔数据应与估值采用的钻孔数据相同，这是用于估计或模拟的条件，一般用每个区域有代表性的钻孔来进行统计。图 2-75 为 Au 品位直方图示例。

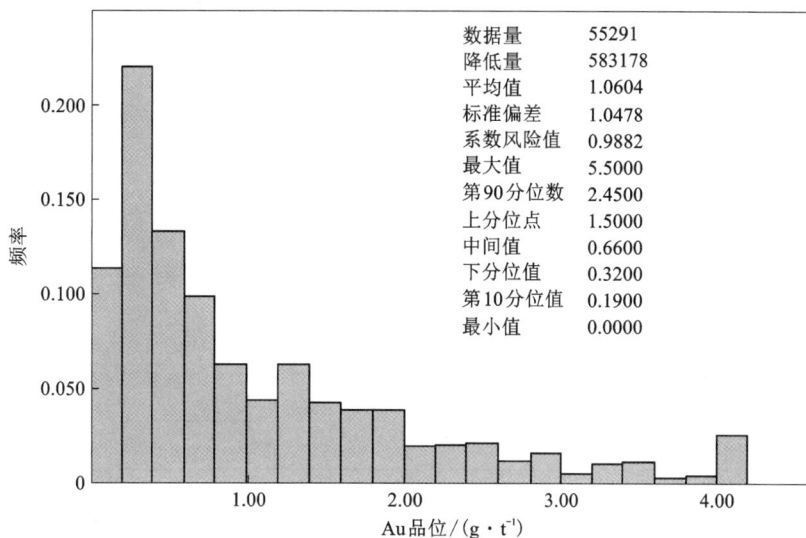

数据量	55291
降低量	583178
平均值	1.0604
标准偏差	1.0478
系数风险值	0.9882
最大值	5.5000
第90分位数	2.4500
上分位点	1.5000
中间值	0.6600
下分位值	0.3200
第10分位值	0.1900
最小值	0.0000

图 2-75　Au 品位直方图

　　另外，检查某一区域品位等级变化趋势也很重要。在模拟的情况下，可以通过在三维空间定义一个主要方向来比较分析区域内钻孔组合样与块体模型的品位空间分布情况。图 2-76 为垂直勘探线走向(近似南北)勘探线剖面的钻孔金品位与块体模型金品位分布图。从图中可以看出，两品位值波动情况基本吻合，个别差异较大的地方需要返回模型检查原因并进行说明。

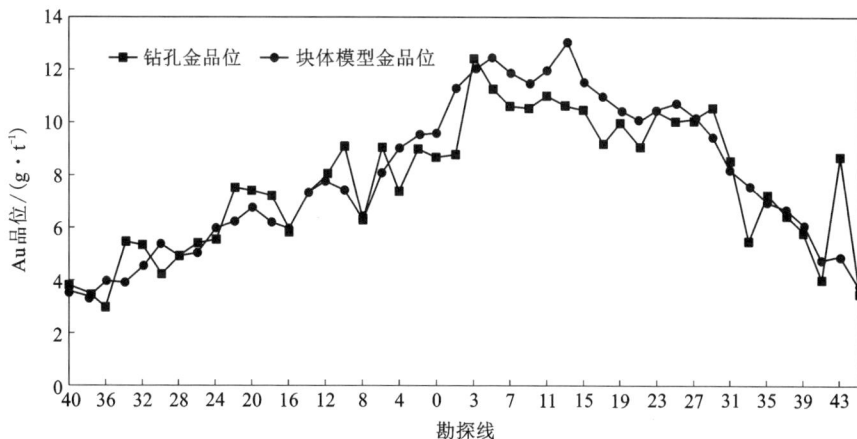

图 2-76　金品位沿矿体走向变化趋势

　　同样，可以对单独矿体进行组合样与块体模型品位的对比，即对同一模型内块体模型的平均品位与本模型内估值采用的钻孔样段平均品位进行统计比较，以此来显示单个矿体估值前、后的品位变化差异。一般情况下，品位的变动差异不应过大。表 2-9 为铜矿主要地质勘探矿体的钻孔组合样平均品位与估值后的块体模型平均品位的比较。

表 2-9　组合样平均品位与估值后的块体模型平均品位对比表

矿体号	块体模型平均品位/%	组合样平均品位/%	绝对差/%
I-1	0.65	0.66	1.5
I-2	0.97	0.98	1.0
II-1	0.56	0.55	1.8
II-2	0.66	0.65	1.5
II-3	0.68	0.67	1.5
III	0.61	0.62	1.6
IV	0.59	0.60	1.7
V	0.61	0.61	0

3)品位吨位曲线图

依据资源模型可以得到矿床的品位吨位曲线,通常会将品位定义为低品位、工业品位等几个边际值来求得对应资源量。根据品位吨位曲线的模拟,随着边际品位的提升,采出的矿石量呈下降趋势,而对应的资源品位上升。图 2-77 所示为铁矿石最近邻域法和距离幂次反比法插值结果品位吨位曲线。

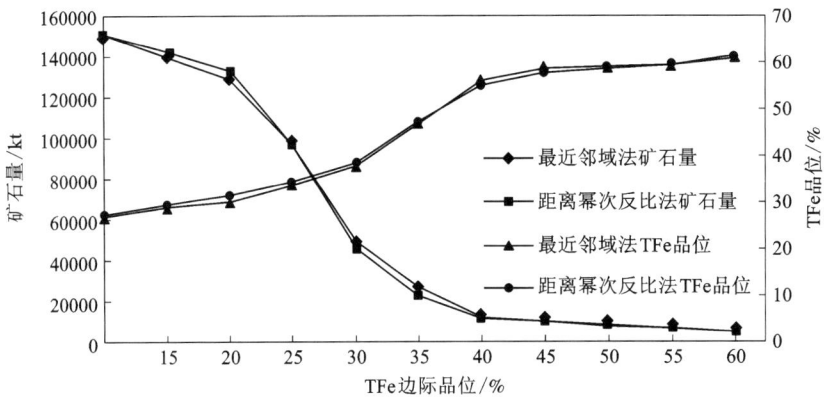

图 2-77　品位吨位曲线比较图

2.8.3　估值结果的准确性验证

1)图形验证

在三维环境下,将需要验证的数据图形化、可视化,利用原始探矿数据逐剖面、平面对矿床地质解释、矿(化)体的圈定、品位估值块等模型分界面进行检查。检查时,若钻孔显示某空间位置为灰岩,则相邻块体岩性也应为灰岩,若钻孔显示某空间位置为低品位矿化带,则相邻块体估值结果也应为低品位矿化带。对诸如矽卡岩型受地层和岩性影响较大的矿床来说,图形验证尤为重要。

可以通过对钻孔和块体模型的品位区间配色来检查剖面钻孔与块体模型颜色的对应关系，查看或估计模拟结果是否有错误，为钻孔解释、块体赋值等的详细检查提供保证。图 2-78 为钻孔与块体模型品位剖面图，其中蓝色表示 Cu 品位为 0.05%~0.2%，绿色表示 Cu 品位为 0.2%~0.4%，红色表示 Cu 品位为 0.4%以上，黑色表示 Cu 品位为 0.05%以下，青色为未取样。

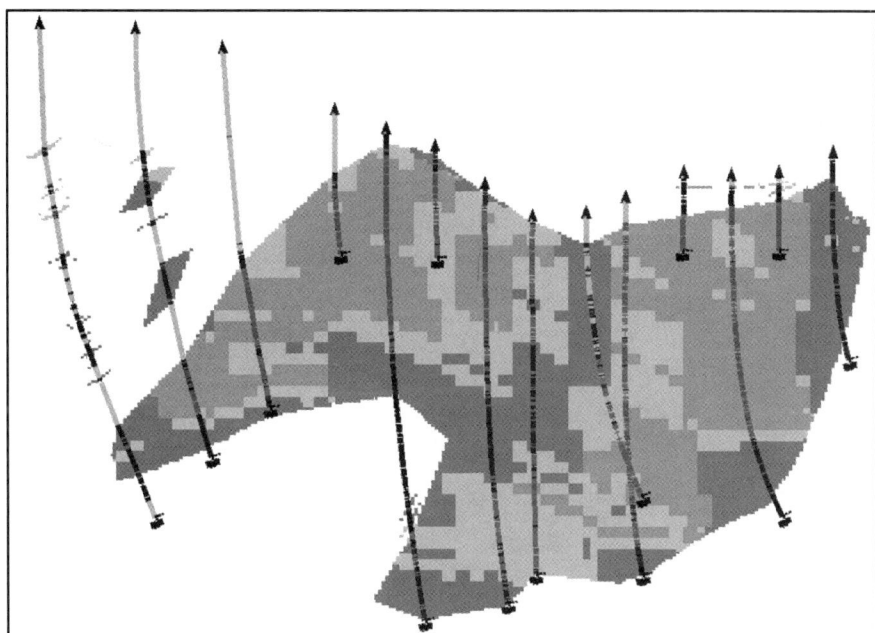

扫一扫，看彩图

图 2-78　钻孔与块体模型品位剖面图

2）不同估值方法的相互验证

选择不同估值方法对同一地质变量进行估值，然后对估值统计结果进行对比，可以起到对估值参数设置及估值结果进行检查的作用。

目前，普遍使用的估值方法有最近邻域法（多边形法）、距离幂次反比法、克立格法（包括简单克立格法、普通克立格法、对数正态克立格法等）。对两种或多种不同的估值统计结果进行比较，并通过结果来检验估值所采用的变异函数参数、估值过程以及矿床矿化规律的吻合度。表 2-10 为几种估值方法统计结果的对比验证。

表 2-10　资源储量估算结果对比表

估值方法	矿石量/百万 t	品位/%	金属量/万 t
最近邻域法	4.23	0.879	3.718
克立格法	4.27	0.882	3.766
距离幂次反比法	4.27	0.884	3.775
克立格法与距离幂次反比法相对差/%	0	0.23	0.24
克立格法与最近邻域法相对差/%	0.95	0.34	1.29

2.9　常用三维地质建模软件

2.9.1　软件简介

随着我国矿山企业向现代化方向发展,自 20 世纪 90 年代以来,国际矿业界知名度较高的矿业软件如澳大利亚 Maptek 公司的 Vulcan、美国 Mintec 公司的 MineSight、英国 MICL 公司的 Datamine、澳大利亚 Surpac Minex 等纷纷在我国进行推广和应用,矿业软件用户急剧增加。我国自然资源部储量司也先后发文认定 Datamine、MineSight、Micromine、Surpac、SD、DIMINE、3DMine 等软件可以用于我国固体矿产资源储量的估算与评价,说明我国对矿业软件的推广和应用也日益得到重视。

现阶段,我国矿山企业掌握和应用较多的国际或国内矿业软件主要有 MineSight、Datamine、DIMINE、3DMine、Surpac、Micromine 和 Vulcan 七款大型三维矿业软件。

1. MineSight/Medsystem 软件

该软件由美国 Mintec 公司开发。Mintec 公司创建于 1970 年,是世界上著名的矿业软件公司,其软件产品已遍及世界,有 300 多个矿山在使用。该软件应用于矿山规划的循环分析过程(图 2-79)。

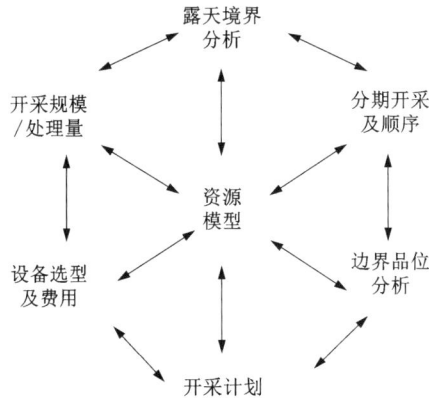

图 2-79　MineSight 软件应用于矿山规划的循环分析过程

Mintec 公司的软件系统主要由 Medsystem 和 MineSight 两部分组成。Medsystem 包含软件的大部分功能,即矿山原始数据及生产信息的管理、相关数据与统计分析、组合样的计算、地质资源模型的建立、储量的计算、开采境界的优化、长期规划的制作,以及短期生产计划的编制;而 MineSight 则是真三维图形系统,该系统的实现对 Medsystem 数据、结果的图形显示,并进行图形编制处理,其功能强大。Medsystem/MineSight 系统功能丰富,三维图形处理功能强大,系统与其他的软件(如 Datamine、Surpac 等)都有接口,在数据处理上,采用 ODBC、Text、DXF 等多种格式进行转换,兼容性极好,其软件核心模块主要包括钻孔数据库模块、地质统计分析(变异函数)模块、地质模型建立模块、矿山经济评价模块、采矿设计模块、生产安排模块。

2. Datamine 软件

Datamine 矿业软件公司于 1981 年在伦敦成立,是世界矿业领域内具有领先水平的采矿技术应用软件,在全球 53 个国家和地区有 1300 多个用户。2010 年,加拿大 CAE 公司收购英国 MICL 旗下 Datamine 相关业务,Datamine 更名为 CAE Studio。除了通用三维矿业软件关于地质勘探、储量评估、矿床模型、地下及露天开采设计的基本功能外,它的功能还延伸到生产控制和仿真、进度计划编制、结构分析、场址选择,以及环保领域等。

Datamine 软件由北京有色设计研究总院于 1997 年引进并应用于设计项目。在北京有色设计研究总院的支持下,Datamine 软件的储量计算功能于 2001 年通过了国土资源部储量评审的认证,这也是我国政府最早认证的国外矿业软件。

Datamine 软件系统拥有 Datamine 三维软件(Datamine Studio)、露天境界优化及进度计划(NPVS)、地下采掘计划(Mine2-4D)和虚拟现实(VR)四个产品。四个产品既可以独立使用,也可以合并使用,其系统工作界面如图 2-80 所示。

Datamine 软件实行模块化配置,总共由 10 大模块组成。可以根据实际工作需要来定制和选择,这不仅能极大地提高应用效率,还能节省了成本。该软件提供单机版和网络版,通过网络进行配置,将极大地提高工作效率和进行数据共享,同时降低成本。软件的主要模块为核心模块、数据输入/导出、三维浏览器、线框模型、地质统计、块体模型、露天采矿设计、地下采矿设计、矿山测量和虚拟现实模块。

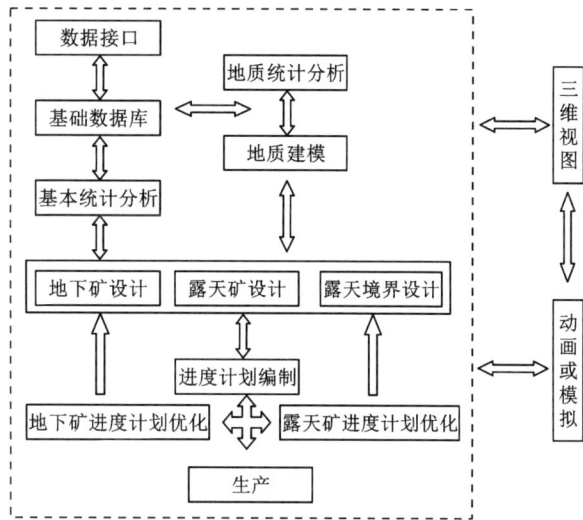

图 2-80 Datamine 系统工作及数据流程图

3. DIMINE 软件

DIMINE 矿业软件是由长沙迪迈科技股份有限公司依托中南大学数字矿山研究中心,在中南大学古德生院士及王李管教授领导下,在研究了国内外数字矿山相关软件和国内矿山企业实际需求的基础上,研究开发出的基于数字化矿山整体解决方案的矿山数字化软件系统。

DIMINE 矿业软件主要功能有三维可视化核心、地质数据库、地质统计、地质建模、地质储量估算、测量实测数据应用、地下采矿设计、露天采矿设计等。该软件基于国人使用习惯的界面设计,与 AutoCAD 具有很好的兼容性,有利于使用者快速掌握软件。

该系统主要适用于矿山企业地质、测量、采矿专业的技术人员及技术管理人员,实现了从矿床三维地质建模、储量计算与动态管理、测量验收及数据的快速成图,地下矿开拓设计、采准设计、回采爆破设计,露天矿开采境界优化、露天采场设计、采剥顺序优化与计划编制到各种工程图表的快速生成等工作的可视化、数字化与智能化,支持 Excel、AutoCAD、MapGIS、同类三维矿业软件(Surpac、Datamine、Micromine 等)数据。

4. 3DMine 软件

3DMine 软件是由北京三地曼矿业软件科技有限公司综合我国现阶段正在推广和使用的各矿业软件的设计特点，结合各矿山生产企业的自身需要，于 2006 年底开发的拥有自主知识产权、全中文操作界面的国产化矿业软件系统，为矿山企业建立"矿业 Office 系统"提供了基础数据处理平台。

3DMine 矿业软件主要功能有三维可视化核心、CAD 辅助设计与原始资料处理、勘探和炮孔数据库、矿山地质建模、地质储量估算、露天采矿设计、地下采矿设计、采掘计划编排、测量仪器接口与数据应用、打印出图等。其软件基本特点包括二维和三维界面技术的整合，结合 AutoCAD 通用技术，方便实用的右键功能，支持选择集的概念，快速编辑和提取相关信息，集成国外同类软件的功能特点，步骤更为简单，实现 Excel、Word 以及 Text 数据与图形的直接转换。

5. Surpac 软件

Geovia Surpac 软件作为 GEMCOM 国际矿业软件公司(2013 年被法国达索公司收购，现已更名为 Geovia)旗下最著名的软件之一，自 1981 年问世以来，以其强大的功能、方便快捷高效的操作方式赢得了全球 120 多个国家和地区 10000 多个授权用户，并于 1996 年进入中国市场。在进入中国的十几年里，Surpac 软件产品和服务都实现了本地化，得到了广大用户的支持和认可，并于 2004 年获得了中国国土资源部的认证。

Surpac 软件是地质、采矿、测量和生产管理的共享信息平台；能兼容多种流行的数据库和数据格式；提供简单易学、功能强大的二次开发函数库。在地质勘探领域，主要用于建立地质数据库及管理、储量资源量估算、生成地质图件等；在采矿领域，主要应用于露天境界优化、露天采矿设计、露天爆破设计、采矿生产进度计划、地下采矿设计、中深孔爆破等；在测量方面，可用于地表测量、地下测量、工程量验收等环节。该软件工作流程如图 2-81 所示。

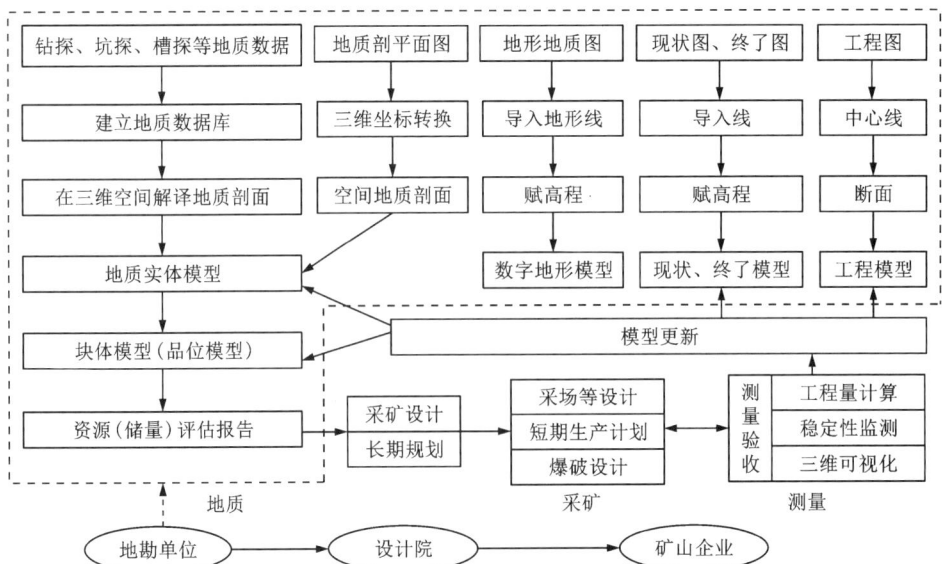

图 2-81　Surpac 软件工作流程图

6. Micromine 软件

Mciromine 软件是由澳大利亚 Micromine 公司研发，为地质勘探图件编制、三维地质建模和储量估算、采掘进度计划安排、采矿设计以及技术经济评价提供软件支持系统。经历了几十年的发展，Micromine 软件安装用户超过 2000 个，遍布全球主要矿产生产国。Micromine 软件也被认为是业界最易学的软件之一。

Micromine 软件由八个模块组成：核心模块、勘探模块、开采模块（矿山设计）、测量模块、资源评估模块、输出模块、线框模块（三维）和露天境界优化模块。全套 Micromine 是一个整体系统，不是单独子模块的集合体，这样能有效解决数据共享和兼容问题。

7. Vulcan 软件

Vulcan 软件系统是由澳大利亚 Maptek 公司开发成功的。该系统功能强大、内容丰富，主要用于地表及地下三维数据的处理，包括地质工程、环境工程、地理地形、采矿工程、水库工程、地震分析等方面的数据处理及工程设计。Vulcan 软件系统有单机版、工作站版等版本，其操作方便、适应性强、性能优越。

Vulcan 软件系统由以下三个子系统组成：

（1）Envisage 子系统：包括 First Time Users（新用户）、File（文件）、Design（设计）、View（图视）、Analyse（分析）、Block（模块）、Model（模型）、Road（道路）、Survey（测量）、Geology（地质）、Open Pit（露天开采）、Underground（地下开采）、Reservoir（水库）、Seismic（地震）等。

（2）Utilities 子系统（实用部分子系统）：包括 Borehole Graphics（图示钻孔）、Database Editor（数据库编辑器）、Query Language（查询语言）、Database Generation（创建数据库）、Drafting Editor（草图编辑）、Symbol Editor（代码编辑）、GridModelling（网格模型）、Font Edit（字体编辑）等。

（3）General 子系统（综合部分子系统）：包括 System Administration（系统管理）、Vulcan File Name（Vulcan 文件名）、Release Notes（注释）、Hamilton C Shell（C 语言外壳）、Awk Programming（Awk 程序设计）、Glossary（术语汇编）、Ore Reserve Estimation（矿石储量估算）、Getting Help（获得帮助）等。

2.9.2 软件特点分析

1. 功能设计

现阶段我国推广应用较为广泛的七大矿业软件，其功能设计上总体均适用于地质、采矿、测量等技术管理人员的日常工作，都具有较强的 3D 功能，但由于各软件针对的客户需求不一，在功能设计的侧重点上还是略有不同。

MineSight 软件的三维功能强大，数据管理简单快捷，特别是针对大型露天矿山的地质建模、采矿设计和日常生产管理。同时，其软件自带的 GRAIL 程序语言，可以使用户很方便快捷地根据自己的需求对现有功能进行扩展。

Datamine 软件强调基于基础数据后的延伸应用，如开采设计、露天境界优化和排采计划，它们都具有强大的功能模块，同时数据兼容性好。Datamine 是一个灵活而开放的系统平台，它对外开放几乎所有的命令接口和用户界面对象，用户可以通过使用 VBSCRIPT、JSSCRIPT、VB、VC 和 JAVA 等编程语言，轻松访问 Datamine 软件，定制自己所需要的特定功能。

DIMINE 软件的设计交互结合了国内矿山企业生产管理人员的经验和特点，功能与我国矿山生产实际结合紧密，能较好地实现三维地质建模、采矿境界优化和排采计划设计。主要特点在于类似 AutoCAD 的绘图技术，同时采用数据库技术管理用户数据，提高了用户数据的安全性和共享性，实现了多用户的协同工作，所采用的线性八叉树数据查询与虚拟数据存储技术，能使对巨型块体模型建模时不受计算机内存的局限，实现了 G/T 级数据的块体模型建模，而且其二维/三维数据共享设计，简化了工程图的图表制作方法，实现了三维矿业软件由几何建模到开采设计建模的跨越。

3DMine 软件是参照国外各矿业软件的模块组成，主要针对国内矿山生产技术人员日常管理工作的需要设计而成，功能设计上方便实用，与矿山常用的 AutoCAD 等软件兼容性好，在矿山设计、矿山经济评价方面略弱。

Surpac 软件具备较强的三维图形系统，能直观地生成和显示地下地质或矿体的三维构造、地面地形模型以及其他各种图形，特别是其强大的测量模块，能直观快速地反映地面和地下的空间关系，并且指导测量放线。同时，其宏命令语言是非常有效的二次开发工具，能够使用户方便地进行编程，并与其他程序相集成，实现快速化的自动成图功能。

Micromine 软件在数据采集和处理上方便快捷，特别在地质勘探的地质解译、三维建模及储量估算方面，其操作简单、快速，同时三维图形处理功能强大，并具有较好的动态管理功能。

Vulcan 软件在三维地质建模方面数据准确可靠，该软件不仅适用于矿山的地质模型、测量验收和采矿设计，还可用于水库工程、地震分析等工程的数据管理和工程设计等。

2. 操作界面

Surpac 和 Micromine 软件均实现了中英双语切换的操作界面，用户可根据软件使用地区的不同进行自由切换。

Datamine 原本为英文界面，自 2006 年与国内代理公司合作后，逐渐出现了汉化版本。

3DMine 软件在国内推广应用较多，现阶段主要为中文操作界面。

DIMINE 软件具有支持 OLE 对象插入及自动标注功能，软件系统采用 Office 及 AutoCAD 的界面风格，组织有条理，界面友好，方便掌握。新一代软件有中文版和英文版两种语言版本。

MineSight、Vulcan 由于更多的是针对国外用户，在国内用户数量相对较少，界面设计基本无汉化。

3. 实用性

MineSight 软件主要针对大型/特大型露天矿山的地质建模、矿山设计及生产管理，要求各专业人员具有较高的技术水平和管理能力。对矿体规模较小、厚度及有用组分品位变化较大的矿山以及井下开采的矿山企业来说，该软件的实用性较低。

Datamine 主要是基于三维可视化技术，完成地质数据库、矿体建模、品位分布和储量计算，并应用于地下/露天开采设计和生产控制等方面，因此具有很强的实用性。然而，该软件仅在我国一些大型的设计单位和科研机构使用较多，在各矿山企业的推广和应用一直不甚理想。

DIMINE 软件是在国内外相关软件和国内矿业地勘企业实际需求的基础上，研究开发出的一套软件系统。它与矿山生产管理实际结合较为紧密，简化了工作程序，能提高用户的工作效率，更适合中国矿业工程师使用。研究团队还从国内外矿山客户实际需求出发，针对不同客户的需求开发出了一批实用价值高和个性化程度强的定制化产品。

3DMine 软件主要是基于矿山企业的测采信息一体化数据库解决方案、矿山技术系统建立等方面为矿山企业提供的一套国产化的生产管理矿业软件。

Surpac 软件最初在国内针对井下开采的矿山企业的巷道设计、井下测量、井下采掘与回采计划的编制以及日常生产管理作为重点推广和应用的方向，后为满足不同客户需求逐步推广到露天生产企业。因此，相对于露采矿山来说，其对井下开采的矿山实用性更高。

Micromine 软件由于在完成数据采集和处理、三维建模、储量估算方面具有快速和易操作性，因此其对地勘单位来说具有很强的实用性，而在矿山设计、生产以及进度计划安排上相对于 MineSight 和 Datamine 稍弱。

Vulcan 侧重于矿业咨询服务、支持矿山企业运用矿业软件、辅助开发具有个性特点的软件系统以及软件应用解决方案，总体上来说现阶段在我国的实用性不如以上几大矿业软件。

2.9.3　应用情况

MineSight 软件在国内外有 300 家以上大型/特大型矿山应用的历史。该软件自 1998 年由江西铜业集团引进并在德兴和永平两大铜矿山进行推广和应用以来，均取得很高的评价，此后江西有色地勘局、南昌有色冶金设计研究院、贵州 117 队先后引进并应用该软件完成了永平露天开采延深扩帮研究、城门山大矿开采研究、大红山铜矿和烂泥沟金矿等矿山的地质建模及储量估算。

Datamine 在为世界各地的矿业公司提供产品和服务方面有着长久的和成功的记录，在澳大利亚、美国、加拿大、巴西、秘鲁、印度、南非建立了分支机构，也使 Datamine 软件公司成为名副其实的国际软件公司，并被权威机构（E&MJ Intertec/Primedia2002 Survey）认定为业界领导者。Datamine 在世界上的用户超过 1700 家，近两年来，在俄罗斯、哈萨克斯坦、印度及蒙古国等国家增加了大量的用户。

Surpac 软件作为 GEMCOM 公司旗下最著名的软件之一，在全球 90 多个国家中有 6000 多个授权用户，并于 1996 年进入中国市场。Surpac 软件一直致力于矿山和地质勘探等领域的应用，得到了广大中国用户的支持和认可，并于 2004 年获得了中国国土资源部的认证。Surpac 软件功能强大，产品和服务都实现了本地化，在中国的应用获得了高速增长。目前，我国露天矿山、地下矿山、矿山设计及研究院所、地质勘查单位、矿业大学等领域超过 100 家单位在使用 Surpac 软件。

DIMINE 软件是由长沙迪迈科技股份有限公司于 2008 年研发推出的一款三维矿业软件，以其操作便捷、交互友好，同时符合国内矿山企业生产管理的管理模式和操作习惯的优势，在国内获得较大范围的应用和推广。该产品在有色、冶金、黄金、化工、建材、煤炭和核工业等行业在内的 400 余家矿山企业、设计研究单位、地勘部门和大专院校应用。典型用户有西部矿业、江铜集团、中国五矿、海螺集团、中核集团、紫金矿业、中国铝业公司、中国黄金集团、云南锡业、中南大学、昆明理工大学、北京科技大学、湖南省国土资源信息中心、核工业二一六队、湖南省地质矿产勘查开发局 405 队、中国有色金属工业昆明勘察设计研究院等。近年来，DIMINE 系列产品及其服务已被推广应用到韩国、赞比亚、蒙古国、刚果、老挝、厄瓜多尔等国家。

北京三地曼矿业软件科技有限公司自 2006 年开发出 3DMine 软件以来，逐步加大了对该软件的推广和宣传，形成了以中铝集团、神华集团等为代表的大型矿山企业用户，随着系统的不断升级和完善，其在国内的推广应用前景也越来越广阔。

Micromine 软件在全球有上千家矿山企业应用，进行着地质、测量、采矿相关的设计和日常生产管理工作,在我国的云南、河北、河南等省份和许多高校以及科研单位均有固定的用户。

相对而言,Vulcan 软件在我国的推广应用较少,仅有辽宁元宝山矿务局、有色金属矿产地质调查中心等国内少数几家矿业单位引进和应用过该软件(表2-11)。

表 2-11 三维矿业软件在我国应用情况统计表

软件名称	应用单位	开采方式
MineSight	江铜集团、江西有色勘查院、江西钨业集团、大红山铜矿、孝义铝矿、南昌有色冶金设计院等江西铜业集团等	露天、井下
Datamine	中国矿业大学、中国恩菲、核工业第四设计院、象山铁矿、马钢姑山矿业、紫金山铜金矿、金川三矿、铜陵冬瓜山铜矿、鞍山矿业、北京矿冶研究总院、山东黄金等	露天、井下
DIMINE	西部矿业、江西铜业、云南玉溪大红山、铜陵冬瓜山、全椒海螺、中金乌山、普朗铜矿、大冶有色铜绿山铜铁矿、中南大学、昆明理工大学、北京科技大学等	露天、井下
3DMine	福建地矿局、昆明有色院、澳华黄金白山金矿、平朔煤矿、玉龙铜矿、玉溪矿业、中铝集团、神华集团等	露天、井下
Surpac	首钢大石河铁矿、水厂铁矿、宝钢梅山铁矿、金川二矿、山东黄金焦家金矿、南昌有色设计院、安徽地矿局、新鑫矿业、东鞍山铁矿等	露天、井下为主
Micromine	澳华蔡家营锌金矿、云南北衙金矿、自然资源部评审中心、中国黄金、灵宝黄金、河北峰峰集团、昆明理工大学、中南大学、云南狮子山铜矿、甘肃金川、江西地矿局	露天、井下
Vulcan	有色金属矿产地调中心、辽宁工程科技大学、平庄元宝山煤矿、中南大学	井下、露天

参考文献

[1] 于润沧. 采矿工程师手册[M]. 北京:冶金工业出版社,2009.

[2] MARIO E ROSSI, CLAYTON V DEUTSCH. Mineral resource estimation[M]. Dordrecht:Springer, 2014.

[3] 侯景儒,黄竞先. 地质统计学在固体矿产资源/储量分类中的应用[J]. 地质与勘探,2001,37(6):61-66.

[4] 侯景儒,黄竞先.地质统计学的理论与方法[M].北京:地质出版社,1990.

[5] 刘海英.多种克立格方法在固矿储量估算中的应用研究[D].武汉:中国地质大学,2010.

[6] 张玉衡,侯景儒,黄世乾,等. 条件概率分布法——克立格储量估算法的一个改进[J]. 地质与勘探,1978(6):49-54.

[7] 吴立新.数字矿山技术[M].长沙:中南大学出版社,2009.

[8] 蒋京名,王李管. DIMINE 矿业软件推动我国数字化矿山发展[J]. 中国矿业,2009,18(10):90-92.

[9] 刘勇强,薛传东.基于 Surpac 软件的三维地层模型研究[J].科技情报开发与经济,2008,18(17):161-162.

[10] 高航校, 任小华, 李福让, 等. 变异函数变程在矿产资源量分类中的应用研究[J]. 硅谷, 2011(14): 109, 66.

[11] 唐攀, 唐菊兴, 唐晓倩, 等. 传统方法和地质统计学在矿产资源/储量分类中的对比分析[J]. 金属矿山, 2013(11): 106-109.

[12] 古德生, 李夕兵, 等. 现代金属矿床开采科学技术[M]. 北京: 冶金工业出版社, 2006.

[13] 孙玉建. 资源储量估算中确定合理的矿体离散尺寸[J]. 中国矿业, 2011, 20(7): 14-15.

[14] 侯景儒. 地质统计学发展现状及对若干问题的讨论[J]. 黄金地质, 1996(1): 1-11.

[15] 陈伯茂. 地质统计学在矿产储量分级中的应用[J]. 地质与勘探, 1986(2): 24-30.

[16] 汪朝, 王李管, 刘晓明, 等. 基于三维环境下资源量估算及分级方法研究[J]. 现代矿业, 2011, 27(5): 6-9.

[17] 陈兴海, 贺云. 三维矿业软件应用情况调查[R]. 北京: 华刚矿业股份有限公司, 2010.

[18] 高祥, 林湘华, 陈兴海, 等. Mintec 软件中文操作手册. 江西: 江西铜业公司德兴铜矿, 2003.

[19] 3DMine 矿业工程软件系列教材. http://www.3DMine.com.cn, 2009.1.

[20] 王李管, 冯兴隆, 苏小娥, 等. DIMINE 操作手册. 湖南: 长沙迪迈信息科技有限责任公司, 2011.7.

[21] 韩永军. Surpac 软件应用培训教程. 北京: Gemcom 软件中国, 2010.

[22] Mciromine 软件培训教程. 北京: Micromine(北京)国际软件有限公司, 2010.

第 3 章

矿山开采设计数字化

数字化开采规划与设计是在数字化矿床模型的基础上,以三维矿业软件为工具、计算机模拟为手段、安全高效开采为目标,进行矿山开采系统优化设计的过程。根据矿山开采方式的不同,分为露天开采规划与设计和地下开采规划与设计。露天开采规划与设计主要包括开采境界优化、开拓运输系统设计、台阶爆破设计以及采场配矿等内容。地下开采规划与设计主要包括开采方案优化、首采区域优选、采场划分及优化、开拓系统设计、采切工程设计、爆破设计、矿井通风设计等内容。与传统设计模式相比,数字化开采规划与设计在过程、方法、效率和效果方面都将发生巨大的改变,其通常运用运筹学理论或最优化方法建立优化模型并求解,最终得到一个能够使矿床开采技术上可行以及总体经济效益最大化的方案。

3.1 露天开采设计

3.1.1 基于计算机模拟技术的开采境界优化

1.境界优化几何约束模型

1)1:5:9模型

露天开采几何约束模型是露天开采最主要的制约,其作用是保持边坡的稳定性,露天开采几何约束模型决定了价值块的开采顺序,最初的研究中边坡角约束通常是基于价值块构造的1:5、1:9或1:5:9几何约束模型,即要开采某价值块,如图3-1所示,根据1:5模型,其上一层的5个价值块必须优先开采,其向上搜索层数为1层;根据1:9模型,其上一层的9个价值块必须优先开采,其向上搜索层数同样为1层;根据1:5:9模型,其上一层的5个价值块必须优先开采,再上一层的9个价值块也必须优先开采,其向上搜索层数为2层。这些类型的几何约束模型的优点是构建方法简单、效率高,其缺点在于构造的边坡角依赖于价值块的尺寸,如价值块为立方体时,边坡角在45°到55°之间时,采用1:5模型;边坡角在35°和45°之间时,采用1:9模型;边坡角近似为45°时,采用1:5:9模型。

在露天开采几何约束模型中,为了满足特定的边坡角约束,需要在构建价值模型时设置相应的价值块尺寸,这与要求的台阶高度之间的关系不相符合,难以指导实际生产,同时还将造成品位估计的误差,对最终境界价值的可信度或置信度评估造成一定的困难。在边坡角随高程和方位变化的情况下,按1:5、1:9或1:5:9将无法构建符合实际的露天开采几何约束模型。

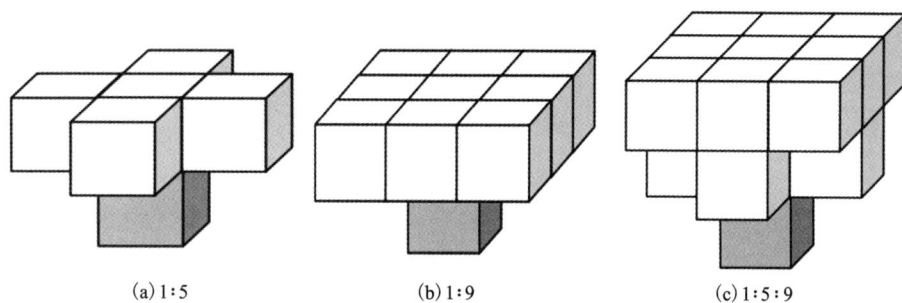

(a) 1:5　　　　　　(b) 1:9　　　　　　(c) 1:5:9

图 3-1　几何约束模型

2）椭圆弧插值拟合模型

为了解决变动边坡角的露天开采几何约束模型构建问题，研究学者提出一种多边坡角几何约束模型，该模型可以在东、南、西、北四个方位角上分别指定不同的边坡角，从而形成四个固定的方位区间，各区间内通过椭圆弧连接形成一个渐变的边坡角几何约束模型，如图3-2 所示。

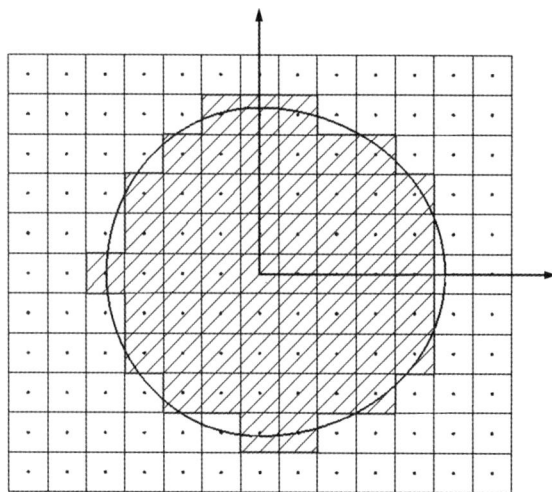

图 3-2　椭圆弧插值拟合几何约束模型

设 $\{\alpha_1, \alpha_2, \alpha_3, \alpha_4\}$ 表示方位上东、南、西、北四个方位角，相应地 $\{\beta_1, \beta_2, \beta_3, \beta_4\}$ 表示东、南、西、北四个方位角处的最大允许边坡角，则方位区间 (α_i, α_{i+1}) 中任意方位角 α_j 处椭圆弧插值得到的最大允许边坡角 β_j 为：

$$\beta_j = \operatorname{arccot}\left(\frac{\cot \beta_i \cot \beta_{i+1}}{\sqrt{\cot^2 \beta_{i+1} \cos^2 \alpha_j + \cot^2 \beta_i \sin^2 \alpha_j}}\right) \tag{3-1}$$

椭圆弧插值拟合模型只能模拟四个固定方位区间的边坡角变化情况，无法描述任意方位区间内的边坡角变化情况，难以适应矿山复杂地质情况。

3）圆弧拟合模型

圆弧拟合模型解决了任意方位区间边坡角的拟合问题，设 $\{\alpha_1, \alpha_2, \cdots, \alpha_n\}$ 表示任意 n 个方位区间，各方位区间对应的最大允许边坡角为 $\{\beta_1, \beta_2, \cdots, \beta_n\}$，各方位区间分别以对应的最大允许边坡角构建圆弧，最后相应连接各圆弧拟合出边坡角几何约束模型，如图 3-3 所示。

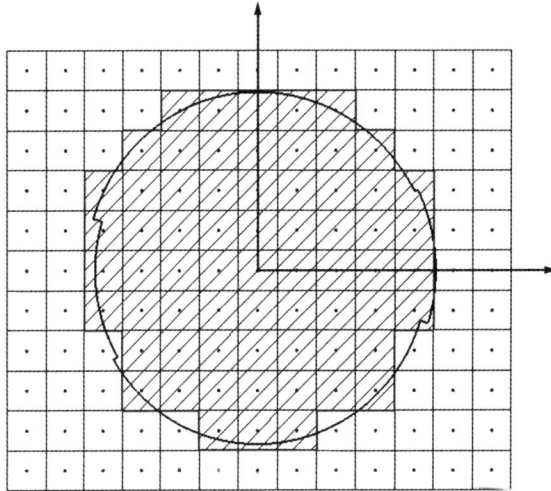

图 3-3 圆弧插值拟合几何约束模型

圆弧拟合模型最主要的问题是，相邻的方位区间在交界处，最大允许边坡角出现突变现象，无法平滑地在不同的最大允许边坡角之间过渡，与现实差异较大，难以在实际的工程中应用。

4）样条插值拟合模型

设 $\{\alpha_1, \alpha_2, \cdots, \alpha_n\}$ 表示任意 n 个方位角，各方位角处对应的最大允许边坡角为 $\{\beta_1, \beta_2, \cdots, \beta_n\}$，为了应用三次样条插值，增加一个已知的方位角及对应的最大允许边坡角信息 α_{n+1} 与 β_{n+1}，且令 $\alpha_{n+1} = \alpha_1$，$\beta_{n+1} = \beta_1$，构建三阶样条函数如下：

$$s(\alpha_j) = \begin{cases} s_1(\alpha_j), & \alpha_j \in [\alpha_1, \alpha_2] \\ s_2(\alpha_j), & \alpha_j \in [\alpha_2, \alpha_3] \\ \cdots \\ s_n(\alpha_j), & \alpha_j \in [\alpha_n, \alpha_{n+1}] \end{cases} \tag{3-2}$$

根据三次样条插值的性质，三阶样条函数需要满足如下条件：

（1）插值特性，即 $s(\alpha_i) = \beta_i$；

（2）样条连续特性，即 $s_{i-1}(\alpha_i) = s_i(\alpha_i)$；

（3）两次连续可导特性，即 $s'_{i-1}(\alpha_i) = s'_i(\alpha_i)$，$s''_{i-1}(\alpha_i) = s''_i(\alpha_i)$。

三次多项式确定曲线形状时需要四个条件，故组成 $s(\alpha_j)$ 的 n 个三次多项式需要 $4n$ 个条件才能确定最终拟合的插值模型形状。由上述分析可知，仅给出 $4n-2$ 个条件，即还有另外两个自由条件，根据不同的因素可以使用不同的条件，从而构成具有特殊含义的三次样条插值曲线,如钳位三次样条插值曲线、自然三次样条插值曲线和周期性三次样条插值曲线等。

　　露天开采几何约束模型根据构建的实际工程意义,需要在方位角 α_{n+1} 处,即 α_1 处,既均匀地过渡至方位角 α_n 处,又均匀地过渡至方位角 α_2 处,故使用周期性三次样条进行插值拟合,需相应地添加如下条件:

　　(1) $s(\alpha_1) = s(\alpha_{n+1})$;
　　(2) $s'(\alpha_1) = s'(\alpha_{n+1})$;
　　(3) $s''(\alpha_1) = s''(\alpha_{n+1})$。

　　求解上述周期性三次样条插值分段函数,从而拟合出边坡角几何约束模型,该方法在数学意义上逻辑缜密,然而从工程意义的角度分析,则具有一定的局限性,尤其当已知点数目较少时,往往产生较大的偏差,如图 3-4 所示。

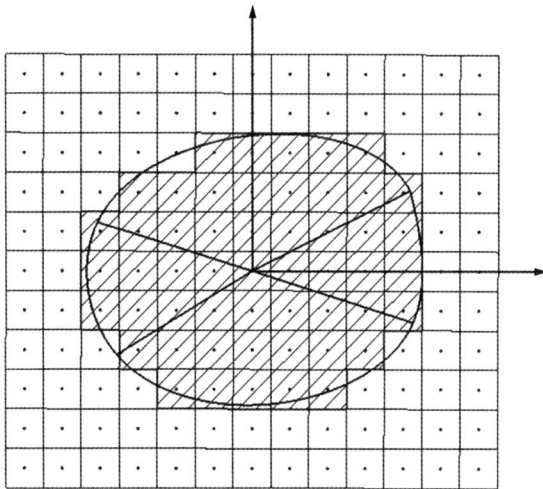

图 3-4　样条插值拟合几何约束模型

5)角度反比插值拟合模型

　　角度反比插值拟合模型是一种考虑工程实际的任意方位最大允许边坡角插值拟合,该方法主要借鉴地质统计学原理中的距离幂次反比估值方法,假定任意方位角处的最大允许边坡角主要与其所在的方位区间的两个已知的最大允许边坡角相关,且其相关性以该方位角与两个已知方位角之间的夹角的反比作为权重,从而插值得到任意方位角处的最大允许边坡角,并拟合形成一个渐变的边坡角几何约束模型,如图 3-5 所示。

　　设 $\{\alpha_1, \alpha_2, \cdots, \alpha_n\}$ 表示任意 n 个方位角,各方位角处对应的最大允许边坡角为 $\{\beta_1, \beta_2, \cdots, \beta_n\}$,则方位区间 (α_i, α_{i+1}) 中任意方位角 α_j 处角度反比插值得到的最大允许边坡角 β_j 为:

$$\beta_j = \text{arccot}\left[\frac{(\alpha_j - \alpha_i)\cot\beta_{i+1} + (\alpha_{i+1} - \alpha_j)\cot\beta_i}{\alpha_{i+1} - \alpha_i}\right] \tag{3-3}$$

　　角度反比插值拟合模型实现了变动边坡角的露天开采几何约束模型构建,同时解决了圆弧拟合与样条插值拟合在工程中不实用的问题,为露天境界优化的精确几何约束关系提供了保障,在此基础上,将详细介绍基于角度反比插值拟合模型的开采锥快速构建方法、向上最

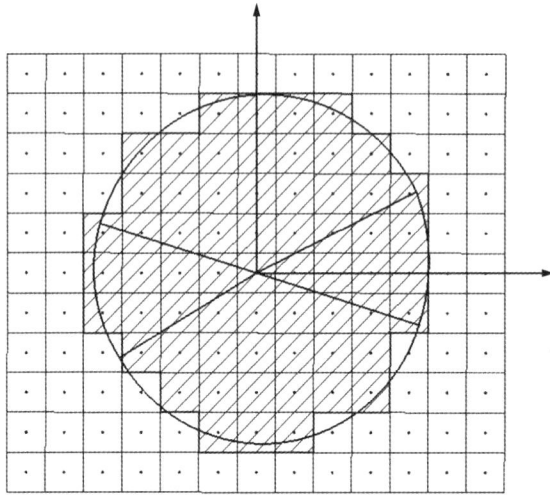

图 3-5 角度反比插值拟合几何约束模型

佳搜索层数确定方法以及开采锥之间的冗余约束去除方法。

2. 境界优化算法

确定最终开采境界是为了圈定一个使整个矿床经济效益最大化的露天采场界线,下面介绍几种常用的方法。

1)浮动圆锥法

浮动圆锥法求解最优境界时,以正价值块为顶点,根据露天开采几何约束模型构造一个开采锥,判断开采锥中的价值块全部采出是否盈利,若盈利,则该开采锥所包含的价值块在最终境界范围内,予以开采;若不盈利,则该开采锥所包含的价值块不在最终境界范围内,不予开采。之后,将开采锥顶点移动到另一个正模块,依此判断,遍历价值模型中的所有正价值块,重复上述搜索和判定过程,最终所有鉴定为予以开采的锥集合构成了最优境界。

一般情况下,开采锥内的正价值块盈利之和大于负价值块的成本之和,即符合开采条件,直至完成遍历过程形成最优开采境界,但某些特殊情况下上述方法得到的并不一定是最优境界,如若单独以 A 价值块构造开采锥,分析结果为不可采,单独以 B 价值块构造开采锥,分析结果同样为不可采,但此时若将 A 价值块和 B 价值块看作一个整体,又可以开采;另外,若先以 A 价值块构造开采锥,分析结果为不可采,但若改变开采顺序,先以 B 价值块构造开采锥,再将开采锥顶点移动至 A 价值块,此时 A 价值块可能又变为可采,因此浮动圆锥法在实际应用中存在很大的随机性和局限性。

2)LG 图论法

LG(Lerchs-Grossmann)图论法求解最优境界时,将价值模型中的价值块抽象为图中的节点,节点之间的露天开采几何约束通过弧相连。图 3-6(a)所示价值模型由 6 个价值块组成,该价值模型构成的 LG 图如图 3-6(b)所示,图 3-6(c)和 3-6(d)均是图 3-6(b)的子图,其中图 3-6(c)满足露天开采几何约束,即可构成可行开采境界;同理可得,图 3-6(d)不能构成可行开采境界。

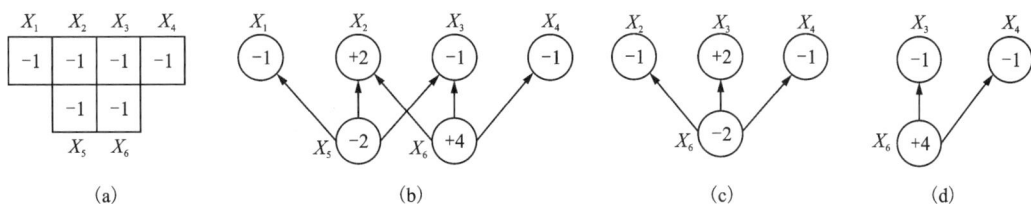

图 3-6　方块模型与图和子图

LG 图论法求解露天开采最优境界的思路为寻找图的最大可行开采境界，寻找的过程是通过对原始图迭代进行正则化和构建新的图，最大可行开采境界即最终得到的最优境界。由于 LG 图论法具有严格的数学逻辑，且开发实现复杂度相对较低，目前是各露天规划商业软件中的典型算法。

3）线性规划法

线性规划法求解最优境界时，其价值模型构建方式有所不同，其思路为在垂直方向上不再细分，仅在水平方向上进行划分，从而构建价值条柱，价值条柱开采深度与其相邻价值条柱开采深度之间应满足露天开采几何约束，其最优境界的确定即为求解各价值条柱开采的深度。

价值条柱的数目远小于其他方法中价值块的数目，故线性规划法理论上效率更优，然而，为构架基于线性规划的境界优化数学模型，需构建各价值条柱的经济净价值与开采深度的分段线性函数，对于金属矿山品位空间分布的差异性，分段线性函数构造困难且拟合精确性较差。

4）网络最大流法

网络最大流法求解最优境界时，将价值模型中的正价值块抽象为正节点集合，负价值块抽象为负节点集合，同时分别定义网络的一个虚发点和一个虚收点，使用弧将虚发点与负节点集合连接，并指向各负节点，正节点集合与虚收点连接，并指向收点；此类弧的容量等于正、负节点经济净价值的绝对值。另外，使用弧将各正节点与所有限制该节点的负节点连接，并指向该正节点，此类弧的容量为正无穷大。采用网络最大流方法求解上述构建的露天境界优化网络，网络分割后得到的所有与收点连接的节点对应的价值块，便构成了最优开采境界。

通过网络最大流法求解境界优化问题的基本思路为：将价值模型中的各价值块虚拟为网络中的节点，增加两个虚拟的节点作为发点和收点，通过露天开采几何约束模型构建各节点之间弧的关系形成网络，通过求解网络最大流的方法得到最大流，同时得到一个最小截集，该最小截集中所包含的节点对应的价值块集合即最终求得的最优境界。

（1）境界优化网络构建。

将价值模型中的价值块抽象为网络 $G=(V, A, C)$ 中的节点集合 $V=\{v_i\}$，对应的经济净价值集合为 $\{e_i\}$，同时在节点集合 V 中增加两个虚拟节点作为发点 v_s 和收点 v_t。

依据价值块经济净价值的大小将价值模型分成两部分，经济净价值小于零，即亏损的价值块记作集合 $A=\{v_i | e_i<0\}$，经济净价值大于等于零，即可以获得利润的价值块记作集合 $B=\{v_i | e_i \geq 0\}$，构建的网络图中包含三类弧，如图 3-7 所示。

①若 $v_i \in A$，对应第一类弧 (v_i, v_t)，该类弧的容量为 $|e_i|$；

②若 $v_i \in B$，对应第二类弧 (v_s, v_i)，该类弧的容量为 e_i；

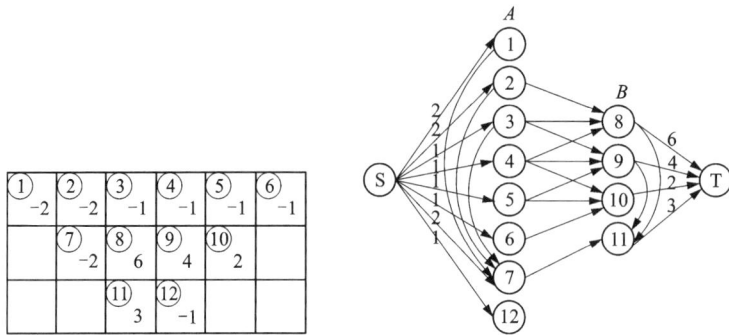

图 3-7 境界优化最大流网络图

③若 v_i 是 v_j 的前驱价值块，对应第三类弧 (v_i, v_j)，该类弧的容量为正无穷大。

即所有负价值块与发点相连，并且指向负价值块，负价值块对应的经济净价值的绝对值为该弧的容量；所有正价值块与收点相连，并且指向收点，正价值块对应的经济净价值为该弧的容量；根据露天开采几何约束模型构建价值块之间的连接关系，任意块与所有前驱开采价值块相连，并且指向该开采价值块，相应的弧的容量为无穷大。

（2）境界优化网络最大流求解。

求解网络最大流的算法主要分为两大类：增广链（augmenting path，AP）算法和推进重标号（push relabel，PR）算法。在求解大型复杂网络的最大流问题时，由于推进重标号算法复杂度较高、效率较低，且内存消耗较大，故往往无法适用，本书主要在分析增广链算法的基础上，研究一种适用于露天境界优化的网络最大流求解算法。

所有增广链算法的基础均是基于 Ford-Fulkerson 方法，各算法的区别就在于寻找增广路径的方法不同，首先，可以寻找从发点到收点的最短路径，此类算法主要包括最短增广链（shortest augmenting path，SAP）算法、Edmonds-Karp 算法和 Dinic 算法等，另外也可以寻找从发点到收点的流量最大的路径，此类算法主要包括最大容量路径（maximum capacity path，MCP）算法和容量缩放（capacity scaling，CS）算法等。

①Ford-Fulkerson 方法

给定有向网络 $G(V, E)$，以及发点 v_s 和收点 v_t，Ford-Fulkerson 方法步骤如下：

步骤 1：将各弧的流量 f_{ij} 初始化为 0；

步骤 2：在网络中寻找出一条增广链 p；

步骤 3：沿增广链 p 增广流量 f_{ij}；

步骤 4：判断网络中是否依然存在增广链，若存在，继续执行步骤 2；若不存在，算法终止。

设有向网络 $G(V, E)$ 中弧 e_{ij} 的容量为 c_{ij}，假定当前流量为 f_{ij}^*，则弧 e_{ij} 的剩余容量 $r_{ij} = c_{ij} - f_{ij}^*$，网络中所有剩余容量 $r_{ij} > 0$ 的弧构成残量网络 G_f，增广链即是残量网络 G_f 中从发点 v_s 至收点 v_t 的路径。

②SAP 算法

SAP 算法是增广链算法中每次寻找最短增广链的一类算法，SAP 算法步骤如下：

步骤 1：将各弧的流量 f_{ij} 初始化为 0；

步骤 2：判断残量网络 G_f 中是否存在增广链 p，若存在，执行下一步；若不存在，算法终止；

步骤 3：在残量网络 G_f 中寻找一条路径最短的增广链 p；

步骤 4：计算出增广链 p 中剩余容量最小的弧，对应的剩余容量为 r_{ij}；

步骤 5：沿增广链 p 增广值为 r_{ij} 的流量；

步骤 6：更新残量网络 G_f，继续执行步骤 2。

③Edmonds-Karp 算法

Edmonds-Karp 算法是指 SAP 算法在残量网络 G_f 中使用广度优先搜索（breadth first search，BFS）策略寻找最短路径的算法，算法每次用一遍 BFS 寻找从发点 v_s 到收点 v_t 的最短路径作为增广路径，然后增广流量 r_{ij} 并修改残量网络 G_f，直到不存在新的增广路径。

由于 BFS 要搜索全部小于最短距离的分支路径之后才能找到收点，因此频繁地 BFS 效率较低，Edmonds-Karp 算法的时间复杂度为 $O(VE^2)$。

④Dinic 算法

BFS 寻找收点太慢，而深度优先搜索（depth first search，DFS）又不能保证找到最短路径。Dinic 算法结合了 BFS 与 DFS 的优势，采用构造分层网络的方法可以较快找到最短增广路径。

首先定义分层网络 $AN(f)$，在分层网络中，只保留满足条件 $d(i)+1=d(j)$ 的边，在残量网络 G_f 中从发点 v_s 开始进行 BFS，于是各节点在 BFS 树中会得到一个距离发点 v_s 的函数 $d(\ )$，从发点 v_s 出发可直接到达的节点的距离为 1，从发点 v_s 出发经过某一个节点可到达的节点的距离为 2，依此类推，称所有具有相同距离的节点位于同一分层，在分层网络中的任意路径就成为到达此顶点的最短路径。

Dinic 算法每使用一遍 BFS 构建分层网络 $AN(f)$，然后在 $AN(f)$ 中使用一遍 DFS 找到所有到收点 v_t 的增广路径；之后重新构造 $AN(f)$，若收点 v_t 不在 $AN(f)$ 中，则算法结束。

⑤MCP 算法

使用 MCP 算法寻找增广路径时，并不是采用 BFS 寻找最短路径，而是采用 Dijkstra 寻找容量最大的路径，显而易见，该算法与 SAP 类算法相比，可更快逼近最大流，从而减少增广操作的次数。

BFS 的时间复杂度为 $O(E)$，而 Dijkstra 的时间复杂度为 $O(V^2)$，因此将 MCP 算法与 SAP 类算法相比，前者效率相对低下。

⑥CS 算法

CS 算法采用二分查找的思想，寻找增广路径时不必局限于寻找最大容量，而是找到一个可接受的较大值即可，一方面有效降低寻找增广路径时的复杂度，另一方面增广操作次数也不会增加太多。CS 算法时间复杂度为 $O(E^2 \lg V)$，CS 算法效率稍优于 MCP 算法，但与 SAP 类算法相比，效率依然相对低下。

（3）改进的最短增广链算法。

SAP 类算法在寻找增广路径时需先进行 BFS，其时间复杂度在最坏情况下为 $O(E)$，从而使 SAP 类算法的时间复杂度在最坏情况下达到 $O(VE^2)$。为了避免这种情况，提出了改进的 SAP 算法，即（improved shortest augmenting path，ISAP），它充分利用了距离标号的作用，在遍历的同时顺便构建了新的分层网络，节点无出弧时，当即对该节点距离进行重新标号，而非像 Dinic 算法那样到最后才进行 BFS。由于 ISAP 算法在每轮寻找增广路径时不再进行整个残量网络的 BFS 操作，故其运行效率得到了极大的提高。

与 Dinic 算法不同，ISAP 中的距离标号是每个顶点到达收点的距离。同样也不需显式构造分层网络，只要保存每个顶点的距离标号即可。算法开始时，采用一遍反向 BFS 初始化所有顶点与收点的距离标号，之后从发点开始，进行如下三种操作：

①当前节点 v_i 为收点时，沿着增广链继续增广；

②当前节点 v_i 满足 $d(i)+1=d(j)$ 的出弧，即 (v_i, v_j) 为允许弧时，前进一步；

③当前节点 v_i 无满足条件的出弧时，重新标号并回退一步。

当发点 v_s 的距离标号 $d(v_s)$ 大于分层数时，整个循环终止。对节点 v_i 的重新标号操作可概括为 $d(j) = \min\{d(i)\}+1$，其中 (v_i, v_j) 属于残量网络 G_f。具体算法步骤如下：

步骤 1：将各弧的流量 f_{ij} 初始化为 0；

步骤 2：从收点开始进行一遍反向 BFS，求得所有节点的起始距离标号 $d(v_i)$；

步骤 3：判断发点 v_s 的距离标号 $d(v_s)$ 是否小于分层数，若是，则执行下一步；若否，则算法终止；

步骤 4：判断当前节点 v_i 是否为收点，若是，则计算出增广链 p 中剩余容量最小的弧，对应的剩余容量为 r_{ij}，并沿增广链 p 增广值为 r_{ij} 的流量，同时更新残量网络 G_f；若否，则继续；

步骤 5：判断残量网络 G_f 中是否包含一条从当前节点 v_i 出发的允许弧，若存在，前进一步，当前节点更改为 v_j；若否，重新标号并回退一步；

步骤 6：返回执行步骤 3。

为进一步说明改进的最短增广链算法求解最优境界过程，以图 3-7 所示境界优化最大流网络图为例，基于 ISAP 的境界优化最大流网络求解过程如图 3-8 所示，得到的境界优化结果如图 3-9 所示。

概括地说，ISAP 算法就是不停地寻找最短增广路径，找到之后当即增广，如果遇到死路就回退，直到发现发点和收点不连通，算法结束。原图存在两种子图，一种是残量网络，另一种是允许弧组成的图。残量网络保证可增广，允许弧保证最短路径。在寻找增广链的过程中，一直是在残量网络中沿着允许弧寻找，因此，允许弧应该是属于残量网络的，而非原图的。换句话说，即沿着允许弧寻找的是残量网络中的最短路径。沿着残量网络找到一条增广链，并沿着该增广链增广后，残量网络必定会变化，因此允许弧的集合要进行相应的更新。ISAP 算法改进的地方之一就是，没有必要马上更新允许弧的集合。这是因为，去掉一条边只可能令路径变得更长，而如果增广之前的残量网络存在另一条最短路径，并且在增广后的残量网络中仍存在，那么这条路径毫无疑问是最短的。所以，ISAP 算法的做法是继续增广，直到遇到死路，才执行回退操作。

3. 嵌套境界生成

嵌套境界是指通过改变境界优化中金属价格、采矿成本、选矿成本、冶炼成本和回收率等经济参数，并分别通过境界优化算法求解所产生的一系列相互包含的露天境界，嵌套境界最重要的特性是其内侧的境界矿石综合净价值比外侧的高。

4. 境界优化案例

以某铜钼矿山实际为例，生产中的主要经济参数如表 3-1 所示。

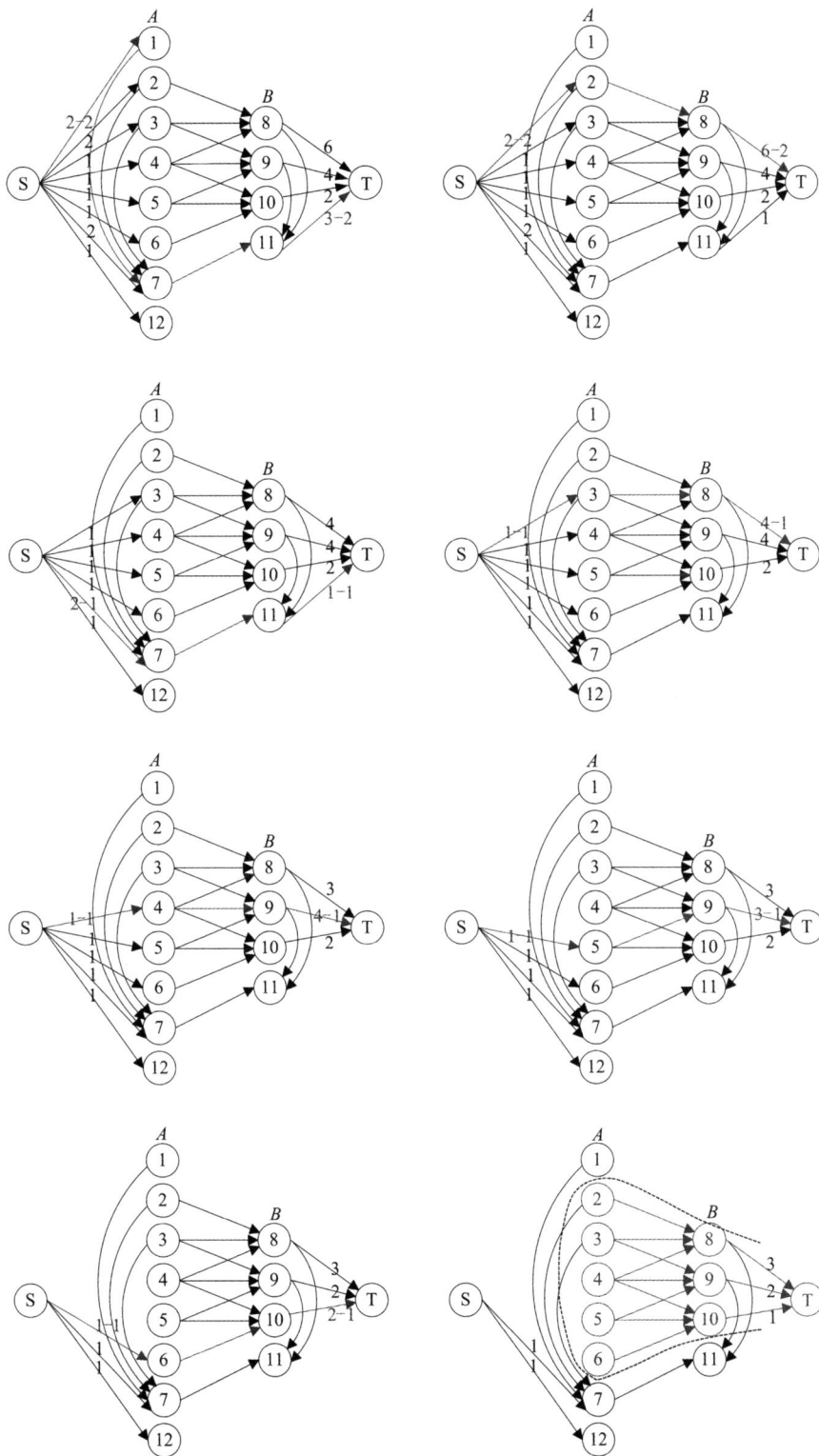

图 3-8　改进的最短增广链算法求解最优境界过程图示

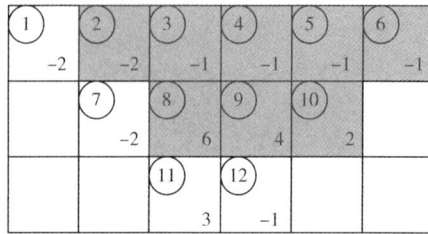

图 3-9 改进的最短增广链算法求解最优境界结果图示

表 3-1 境界优化主要经济参数

类型	金属价格 /(元·t⁻¹)	采矿回收率 /%	采矿贫化率 /%	入选品位 /%	生产综合成本 /(元·t⁻¹)	选矿回收率 /%
Cu	46000	97	3	>0	79.36	84
Mo	185000	97	3	>0	79.36	75
岩石	—	—	—	—	9.65	—

境界优化中的主要不确定因素是金属价格和选矿回收率,嵌套境界生产过程中,Cu 金属价格取值为 5.1 万元/t、4.6 万元/t、4.1 万元/t 和 3.6 万元/t,Mo 金属价格取值为 40 万元/t、30 万元/t、25 万元/t、21.5 万元/t、18.5 万元/t 和 15.5 万元/t,Cu 元素的选矿回收率取值为 86% 和 84%,Mo 元素的选矿回收率取值为 79%、70%、65%、60% 和 55%。各因素对其经济价值的影响均为正相关,对上述各参数取值排列形成如表 3-2 所示 14 套嵌套境界经济参数。

表 3-2 嵌套境界经济因子

嵌套境界	Cu 价格/(元·t⁻¹)	Mo 价格/(元·t⁻¹)	Cu 回收率/%	Mo 回收率/%
Pit 1	36000	155000	84	55
Pit 2	41000	155000	84	55
Pit 3	41000	155000	84	60
Pit 4	41000	155000	84	65
Pit 5	46000	155000	84	65
Pit 6	46000	185000	84	65
Pit 7	46000	185000	84	70
Pit 8	46000	215000	84	70
Pit 9	46000	250000	84	70
Pit 10	51000	250000	84	70

续表3-2

嵌套境界	Cu 价格/(元·t^{-1})	Mo 价格/(元·t^{-1})	Cu 回收率/%	Mo 回收率/%
Pit 11	51000	300000	84	70
Pit 12	51000	300000	84	79
Pit 13	51000	400000	84	79
Pit 14	51000	400000	86	79

以矿山资源模型建立的矿山价值模型为基础,在露天开采几何约束模型的限制下,运用 ISAP 算法求解出上述嵌套境界经济因子下的各最优境界,嵌套境界复合模型和剖面分别如图 3-10 和图 3-11 所示,各最优境界三维模型如图 3-12 所示。

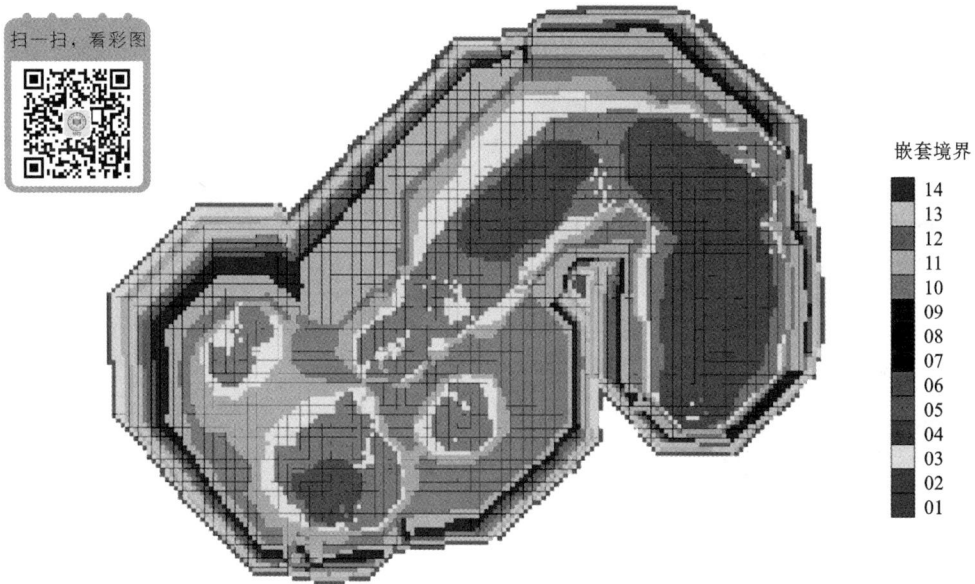

图 3-10　嵌套境界复合模型

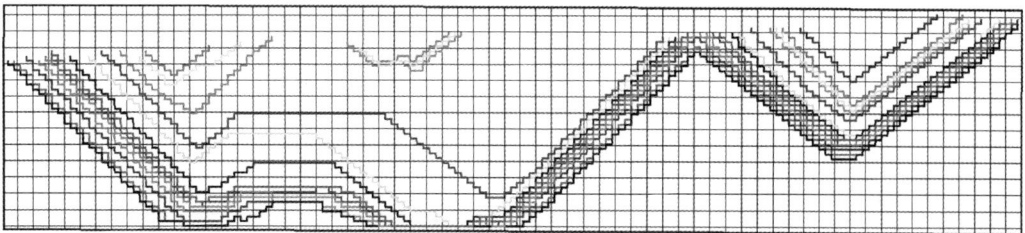

图 3-11　嵌套境界复合剖面

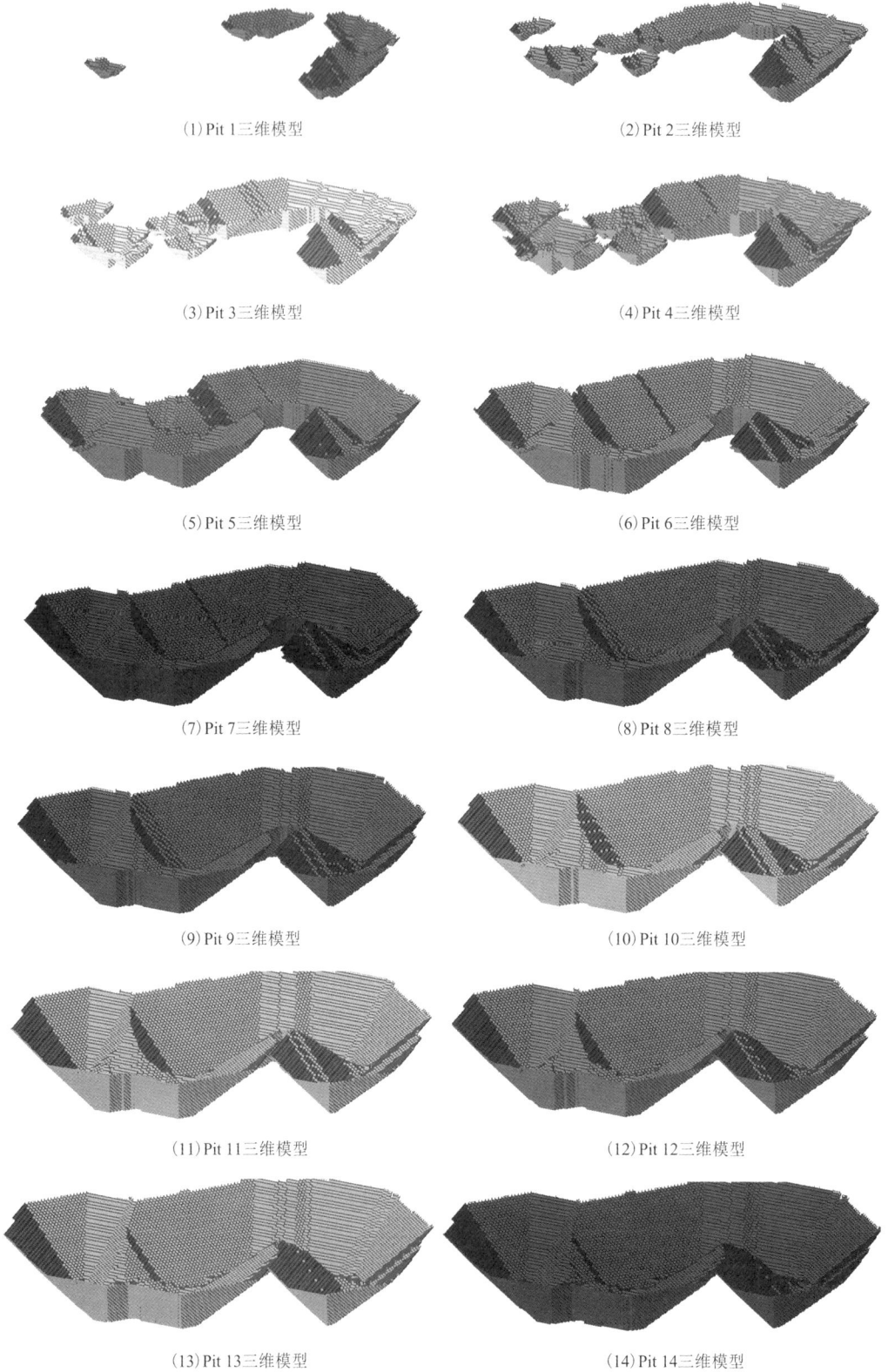

(1) Pit 1 三维模型

(2) Pit 2 三维模型

(3) Pit 3 三维模型

(4) Pit 4 三维模型

(5) Pit 5 三维模型

(6) Pit 6 三维模型

(7) Pit 7 三维模型

(8) Pit 8 三维模型

(9) Pit 9 三维模型

(10) Pit 10 三维模型

(11) Pit 11 三维模型

(12) Pit 12 三维模型

(13) Pit 13 三维模型

(14) Pit 14 三维模型

图 3-12　各最优境界三维模型

统计分析各最优境界中的矿石量、岩石量、净经济价值、Cu 元素平均品位、Mo 元素平均品位和境界剥采比等信息，如表 3-3 和图 3-13、图 3-14 所示。

表 3-3　嵌套境界对比分析

嵌套境界	矿石量 /(10^8 t)	岩石量 /(10^8 t)	净经济价值 /(10^8 元)	Cu 元素平均 品位/%	Mo 元素平均 品位/%	境界 剥采比
Pit 1	1.65	0.69	18.71	0.276	0.0352	0.42
Pit 2	3.63	1.70	62.98	0.261	0.0348	0.47
Pit 3	5.07	2.65	98.04	0.249	0.0346	0.52
Pit 4	6.62	3.73	143.99	0.245	0.0342	0.56
Pit 5	11.19	8.24	210.06	0.238	0.0337	0.74
Pit 6	14.14	13.52	297.29	0.231	0.0335	0.96
Pit 7	15.45	15.69	397.96	0.222	0.0335	1.02
Pit 8	16.42	17.90	505.34	0.219	0.0332	1.09
Pit 9 *	16.91	19.35	616.80	0.217	0.0332	1.14
Pit 10	17.30	20.51	660.78	0.203	0.0331	1.19
Pit 11	17.84	22.41	724.18	0.186	0.0330	1.26
Pit 12	18.20	23.87	750.27	0.181	0.0330	1.31
Pit 13	18.65	26.31	786.91	0.175	0.0299	1.41
Pit 14	18.80	27.28	791.94	0.169	0.0298	1.45

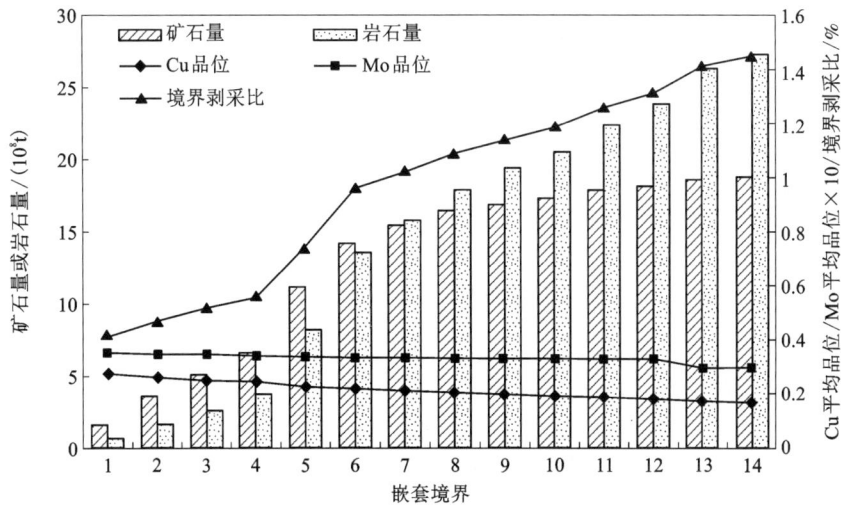

图 3-13　嵌套境界对比分析统计图

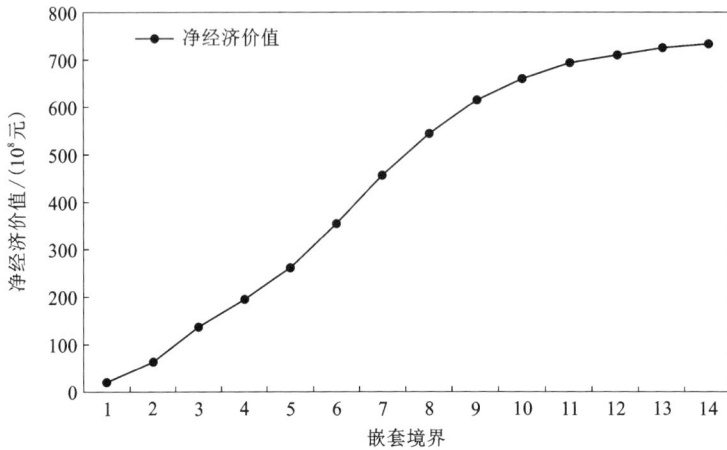

图 3-14　嵌套境界净经济价值趋势图

3.1.2　露天开拓坑线设计

虽然三维软件通过多方案优选可快速得到最优境界结果，但是由于软件无法完全实现无人工干预的境界设计，并使之符合露天开采所有规程规范以及安全的要求，因此在后期必须经过人工的处理才能得到符合要求的露天境界。例如在矿山露大境界优化过程中，出现软件无法考虑露天最小底宽，对境界内夹石剔除可能性的误判，导致境界最低开采标高过低，境界底宽太窄，境界内留下无法保留的岩墙等现象出现。因此，要得到露天终了境界，需在最优境界优化结果体的基础上，参考露天开采规程及安全要求来进行设计。

1.设计流程

(1)将最优境界优化结果块体模型按设计台阶标高切出轮廓线；

(2)根据露天采矿规程和安全要求，确定最低开采标高及最底部开采周界；

(3)从最底部开采周界开始，按台阶间连接道路的规格设计往上水平的道路，并形成上水平的初始台阶线；

(4)结合最优境界块体模型切出的轮廓线，对上水平的初始台阶线进行修改(主要是边端部的台阶线)，确定上水平最终台阶线；

(5)在此水平上，间隔道路出入口一段距离(道路连接平台)继续设计往上水平的道路及台阶线；

(6)重复(4)、(5)步，直到设计台阶线标高超出最优境界最上部轮廓或原始地表高程为止；

(7)将设计的台阶线及道路线生成 DTM 表面模型，然后与原始地表模型做布尔运算，得到终了境界模型；

(8)出图，得到终了境界平面图、分层平面图、终了境界剖面图。

2.露天开拓坑线设计案例

某露天铜矿已做了境界优化，现在根据境界优化结果体来设计台阶线及道路。境界优化结果体见图 3-15。

开拓坑线设计的基本参数见表 3-4。

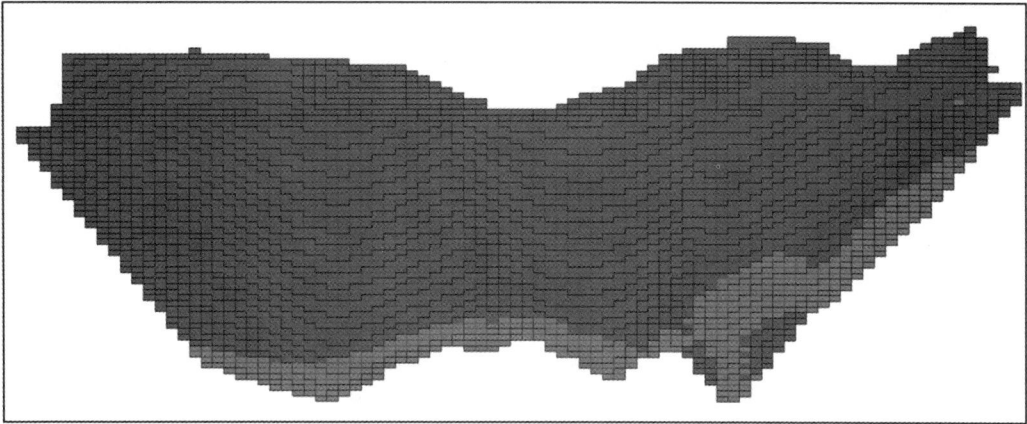

图 3-15　某铜矿境界优化结果

表 3-4　开拓坑线设计的基本参数

项目	单位	参数
台阶高度	m	12
安全平台宽度	m	4
最下工作平台宽度	m	40
道路宽度	m	8
道路坡度	%	≤8
道路坡顶缓冲段距离	m	≥15
道路连接平台距离	m	≥15

设计流程如下：

(1)将境界优化结果体，按设计台阶标高、台阶高度切制轮廓线(图 3-16)。

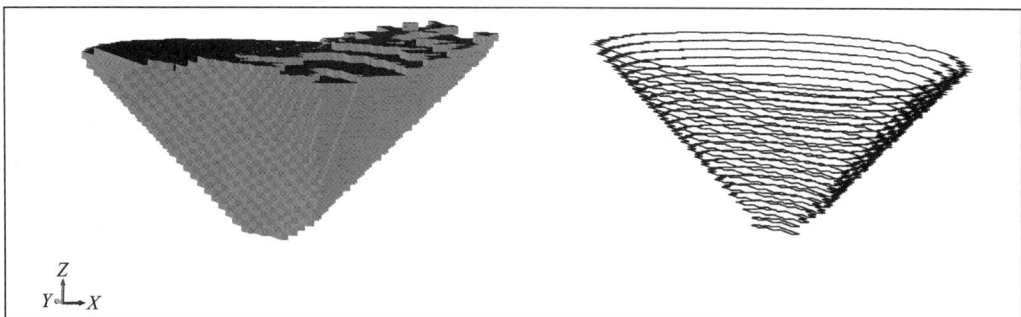

图 3-16　切制台阶轮廓线

（2）从最底部标高开始，查看最底部标高切制轮廓线是否满足最小工作平台宽度要求，若满足，则绘制台阶线；若不满足，则将设计上移一个或多个台阶高度(图 3-17)。

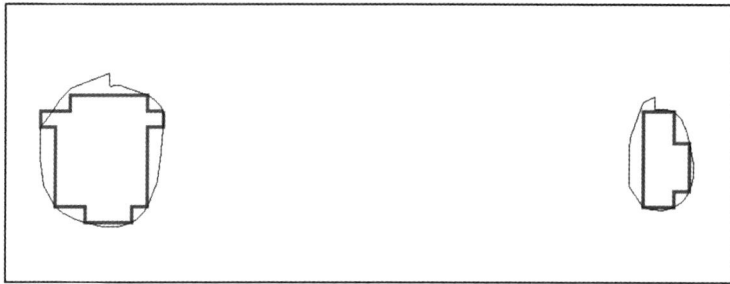

图 3-17 设计最底部标高台阶线

（3）按设计参数，选取道路开口进行道路设计，并完成台阶扩展(图 3-18)。

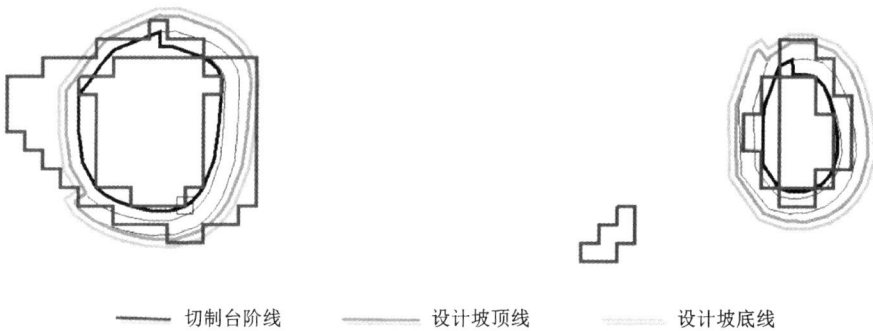

—— 切制台阶线　　　—— 设计坡顶线　　　—— 设计坡底线

图 3-18 设计道路及扩展平台

（4）根据切制台阶线，调整设计坡顶、底线，使台阶坡顶、底线尽量贴合切制台阶线(图 3-19)。

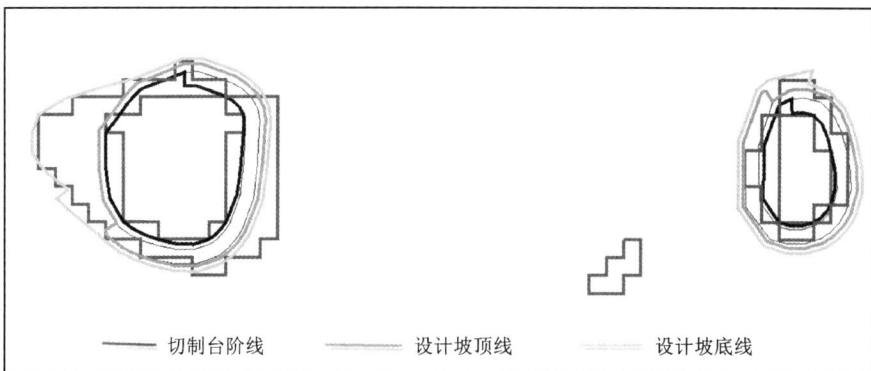

—— 切制台阶线　　　—— 设计坡顶线　　　—— 设计坡底线

图 3-19 调整设计坡顶、底线

（5）按此流程继续设计上部台阶道路及台阶线，直到设计标高达到地表模型。地表模型以下的露天坑线设计属于凹陷露天坑，需考虑矿岩从坑内到地表的道路设计（图3-20）。

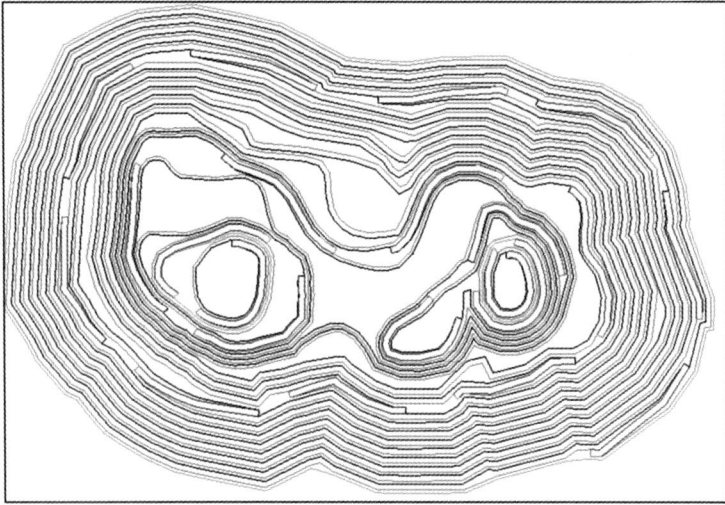

图 3-20　凹陷露天坑线设计

（6）地表以上的坑线设计属于山坡露天坑，无须进行道路设计，这是因为山坡露天台阶之间的道路可布置在境界之外的坡地上，从而减少边坡的开挖量，故只需进行台阶扩展（图3-21）。

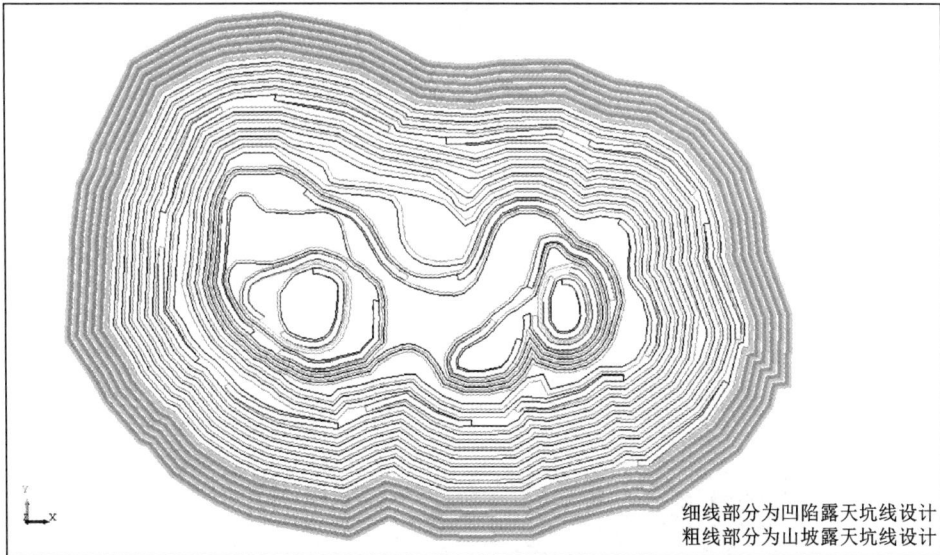

细线部分为凹陷露天坑线设计
粗线部分为山坡露天坑线设计

图 3-21　山坡露天坑线设计

（7）用设计坑线生成 DTM 表面模型（图3-22）。

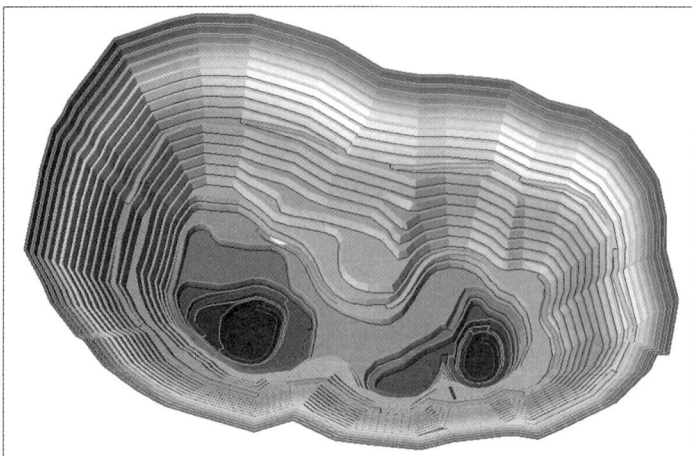

图 3-22 设计坑线 DTM 模型

（8）对设计坑线 DTM 模型与现状地表 DTM 模型进行布尔运算，得到终了境界坑模型（图 3-23、图 3-24）。

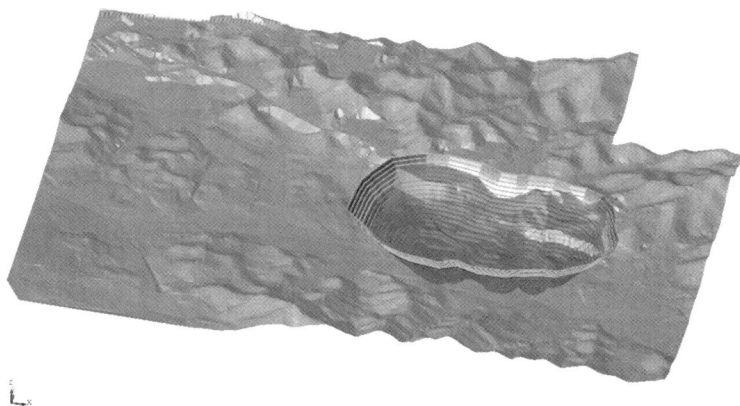

图 3-23 终了境界坑模型（布尔运算前）

图 3-24 终了境界坑模型（布尔运算后）

（9）终了境界平面图出图（图 3-25）。

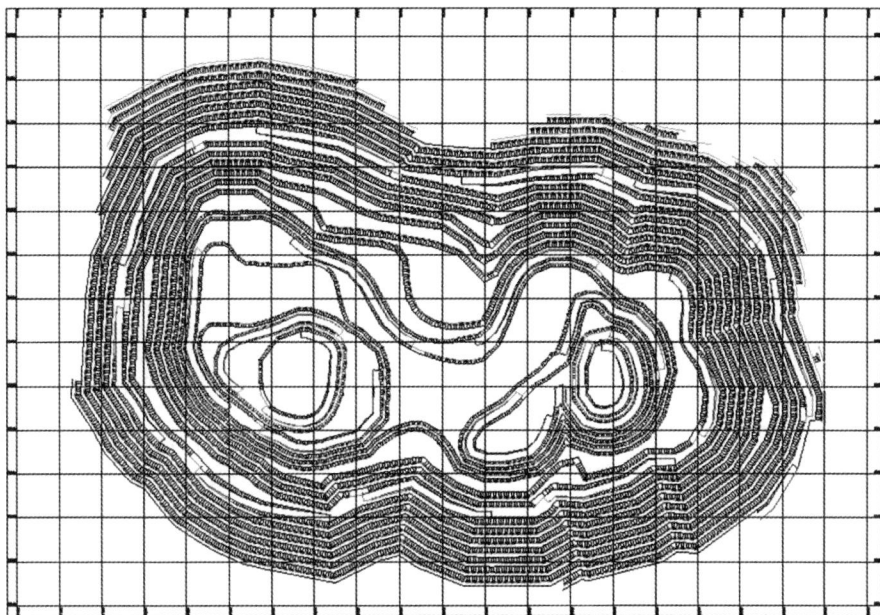

图 3-25　终了境界平面图

3.1.3　排土场设计

排土场方案的正确选择是一个重大而复杂的决策过程，对矿山的主要经济技术指标具有深远的影响，而且涉及排土场的稳定性、矿山生产安全稳定、排土场占地以及环境保护等诸多问题。

排土场的设计环节包括排土场选址、排土场要素的选取以及排土工艺的选择等。其中排土场选址是需要首要确定的，对此国家有许多的规范，如排土场的容量应能容纳矿山服务年限内所排弃的全部岩土；排土场应充分利用沟谷、洼地、荒坡和劣地，不占良田，少占耕地，应避开城镇生活区等。其中在计算排土场的容量时，由于自然地表地形的不规则性，通常采用估算法，往往耗费大量的人力和时间，为了提高设计工作效率，应在地表 DTM 模型的基础上，利用三维软件的矿山空间信息处理功能进行科学和准确的排土场轮廓设计和容积计算。

1. 设计原理

排土场的设计要素包括堆置总高度、台阶高度、岩土自然安息角和边坡角等，它们相互之间有密切的联系。这些要素均对构建设计高度和总边坡的 DEM 具有决定性作用。这些要素的确定通常还需要综合考虑排土场的稳定性要求、排弃岩土的性质、排土场基底承载力和水文地质等矿区的具体条件。对于不同的排土场，设计要求会有不同的侧重点，如占地面积小、稳定安全、经济节约和复垦情况等，因此设计的参数数值都是位于一个区间范围内。为使矿山排土场的设计最优化，需要进行多方案的比较分析。对于不同的设计参数，利用人工计算的方法来判断排土场容量是否符合条件显然工作量很大，需充分利用计算机的信息处理和计算能力。

根据排土场所处的地形条件，排土场的堆排过程可分为由下向上堆排和由上向下堆排两种方式。前者主要发生于平坦地形，须将排弃土岩在地面上逐层向上堆垒形成台阶，称为平地形排土场；后者则发生在山坡或山谷地形，须将排弃土岩由上而下顺坡堆排，称为山坡形排土场。以下分别按平地形和山坡形排土场介绍其三维设计过程。

图 3-26　排土场堆垒范围示意图

2. 排土场设计流程

1）平地形排土场设计

首先在选址场地确定排土场堆垒范围及道路开口位置，如图 3-26 所示。

以三维矿业软件为基础，将确定的排土台阶高度、平台宽度、自然安息角、排土场内道路参数相应地输入三维矿业软件排土场设计对话框。各参数取值如表 3-5 所示。

表 3-5　平地排土场堆置要素表

项目	单位	参数
台阶数	个	3
台阶高度	m	20
平台宽度	m	12
自然安息角	°	36
道路宽度	m	12
道路纵坡	%	10

按上述参数，即可由三维矿业软件生成最底部排土台阶的设计图，如图 3-27 所示。

(a) 平面图

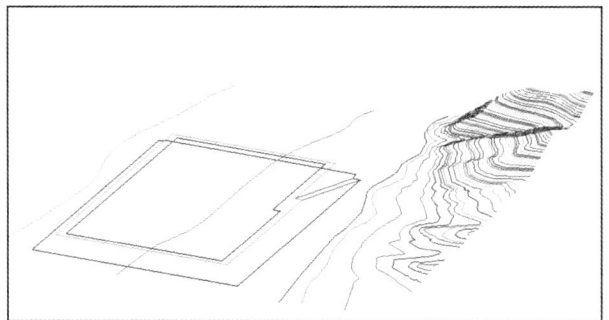

(b) 立体图

图 3-27　最底部排土台阶的设计示意图

用同样的方法，可完成整个排土场的设计及制图过程，如图 3-28、图 3-29 所示。

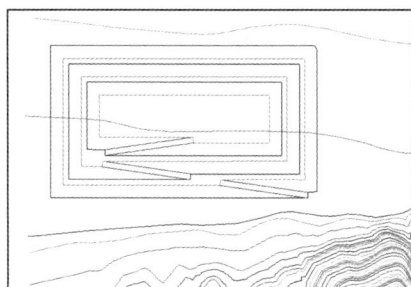

图 3-28　排土场的完整设计示意图

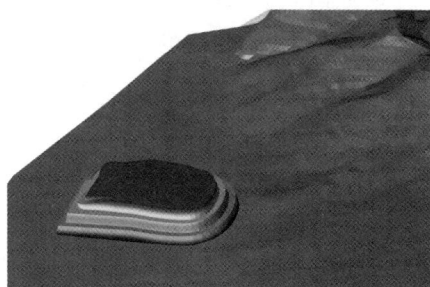

图 3-29　排土场的完整设计立体图

完成的平地排土场设计指标如表 3-6 所示。

表 3-6　平地排土场设计指标

项目	单位	参数
占地面积	万 m²	18.3
排土场容积	万 m³	652
高程范围	m	104~164
总堆置高度	m	60
总堆置边坡角	(°)	29.8

2）山坡形排土场设计

山坡形排土场一般是利用沟谷设置排土场，并利用地形高差由上向下堆排岩土。与平地排土场的设计不同，排土台阶是向下扩展的。排土台阶之间一般不设置运输道路，靠排土界线外的山坡道路进行岩土运输。

当基底工程地质条件稳定时，山坡排土场的台阶高度可随地形而定，排土平台的设置主要由露天采场相应水平的出口道路高程确定。其设计过程由以下实例说明。

（1）地形及排土范围。

某露天矿排土场选址为一山坡地形，根据露天采场道路出入口高程，可修筑 1000 m、950 m 排土公路各一条。根据地形条件，可在山谷的 1000 m 高程处排弃岩土，初步规划的排土平台范围及地形等高线如图 3-30 所示。

（2）排土堆置参数及成图。

在山坡地形条件下设计排土场，是为了通过绘图确定以自然安息角堆置的废石堆置体形态及其体积（即排土容积）。由于地形不规则，设计者只能确定自然安息角及平台的范围，然后利用三维矿业软件的向下扩展台阶功能，逐个绘制排土台阶。台阶设计参数如表 3-7 所示。

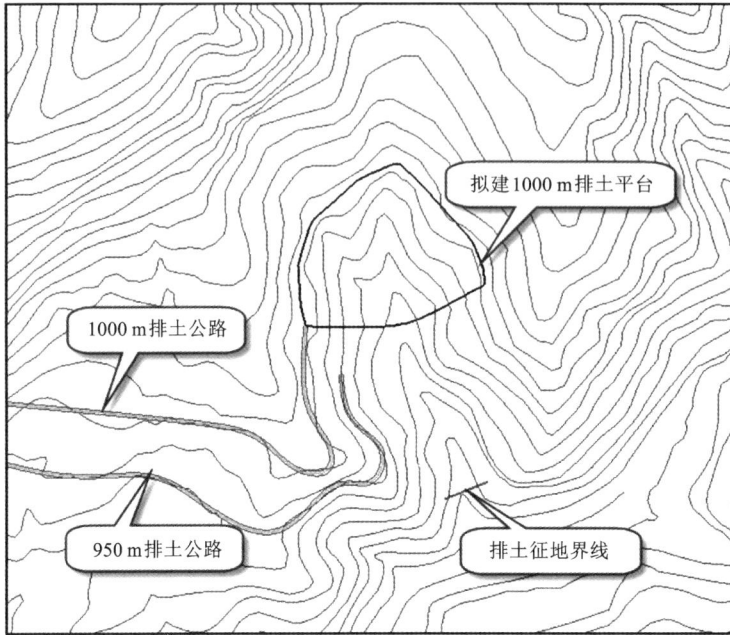

图 3-30　排土平台范围及地形等高线示意图

表 3-7　山坡排土场台阶设计参数表

项目	参数	项目	参数
顶部排土平台高程/m	1000	自然安息角/(°)	36
中部排土平台高程/m	950	中部平台宽度/m	20

按照设计参数绘制出第一个台阶的形状，如图 3-31 所示。

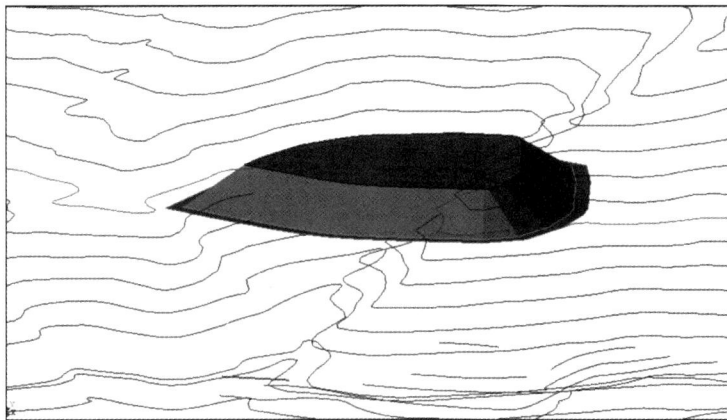

图 3-31　向下扩展的第一个台阶示意图

在此基础上继续向下扩展台阶，以完成排土场的整体形状绘制。此时需注意的是，向下扩展的台阶高度，应大于 950 m 台阶到达地表最低点的垂直高差，这样才能在地表面形成与排土坡面相交的闭合线，如图 3-32 所示。

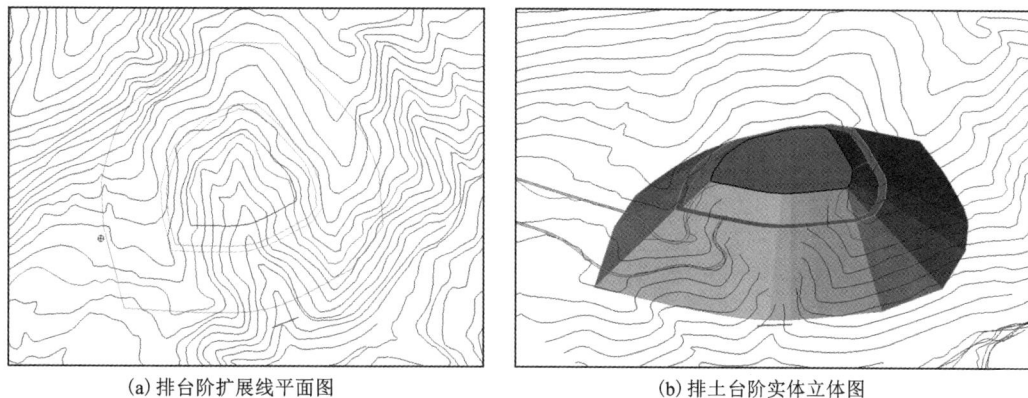

(a) 排台阶扩展线平面图   (b) 排土台阶实体立体图

图 3-32　完整排土场堆置体示意图

（3）排土场设计图及体积计算。

在上述成果基础上，与地形等高线生成的地表面求差，即可得到排土场堆置完成后的三维立体图，如图 3-33 所示。

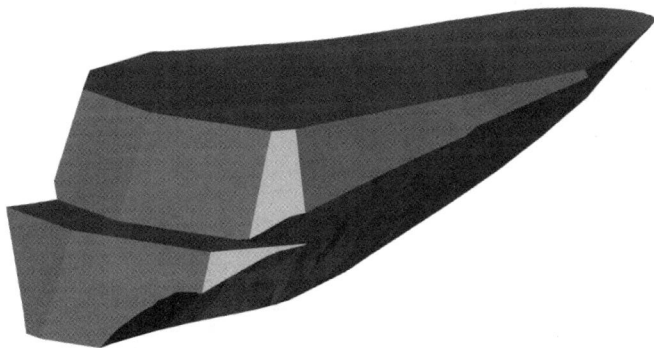

图 3-33　山坡排土场堆置三维立体图

将排土场堆置实体进行合并验证，用软件计算出排土场容量为 522 万 m³；占用山谷土地面积为 12.7 万 m²。

为便于按设计参数施工，将立体图的表面实体隐藏，最后在坡顶线、坡底线之间绘制上坡面线，即完成排土场的设计图，如图 3-34 所示。

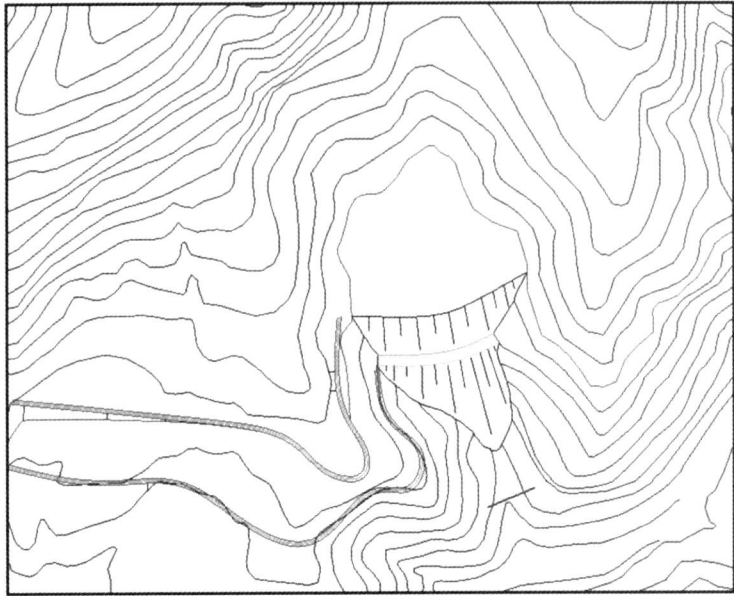

图 3-34 排土场设计平面图

3.1.4 台阶爆破设计

露天矿爆破设计是在资源模型、现状地表模型基础上开展的，是衔接矿山日常生产计划及品位控制的关键环节，爆破效果的好坏也会直接影响矿山安全生产、经济效益。随着高精度电子数码雷管及逐孔起爆技术在露天矿、采石场等的推广与应用，传统爆破设计手段越来越显现出局限性，而集三维可视化、模拟、分析与优化等技术于一体的数字化爆破软件可以满足爆破工程师三维精确爆破设计、分析与优化爆破设计的要求。

经过多年发展，目前国内外已经开发出相应爆破设计软件，包括 Shotplus 软件、i-blast 软件、DIMINE 软件、Vulcan 软件等。

露天台阶爆破设计流程见图 3-35。

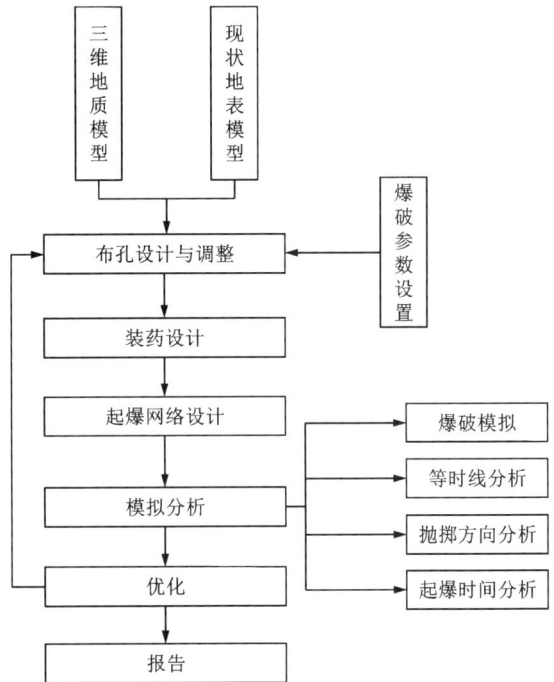

图 3-35 露天台阶爆破设计流程图

1. 设计

现状地表是爆破设计的地形基础，也是确定抵抗线的基础。数据来源可以是用实测测点数据生成的现状 DTM 模型，也可以用无人机航拍点云数据等。三维地质模型主要为已进行矿岩类型赋值的块体模型，主要用于矿岩分穿分爆设计及后期技术经济指标的计算。

（1）布孔参数设置。参数化爆破设计在设计前，需要根据炮孔类型、爆破方式、炸药类型等特点定义好孔网参数（孔距、排距、数目）、台阶参数（台阶高度、坡面角）、布孔参数（孔径、孔深、超深等）、布孔类型（矩形、梅花形）。考虑实际生产需要，可以通过约束条件（如 DTM 上下面、爆破范围、指定孔深）进行炮孔布置。图 3-36 为台阶爆破参数示意图。

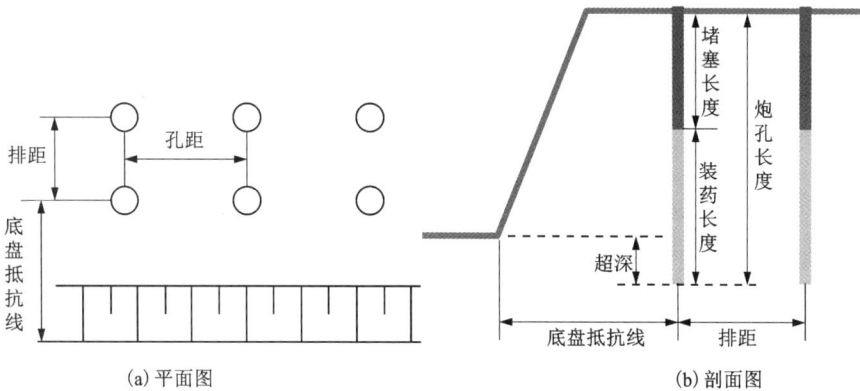

(a) 平面图　　　　(b) 剖面图

图 3-36　台阶爆破参数示意图

（2）布孔设计与调整。

① 指定爆破区域内的自动布孔。如图 3-37 所示，给定爆破区域，选择布孔范围后，自动识别爆破区域的前排、侧排和后排（支持手动调整），根据安全缓冲距离的约束，自动完成给定爆破区域的布孔，前排不规整时自动补孔，后排不规整时以沿线方式布置最后一排，倒数第二排自动补孔。

② 局部补孔。如图 3-38 所示，在自动布孔后，根据需要进行局部补孔，同时动态显示该孔与坡顶线之间的距离，保证前排至坡顶线的安全距离。

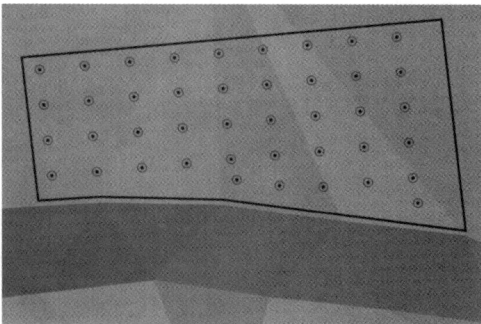

图 3-37　自动布孔示意图

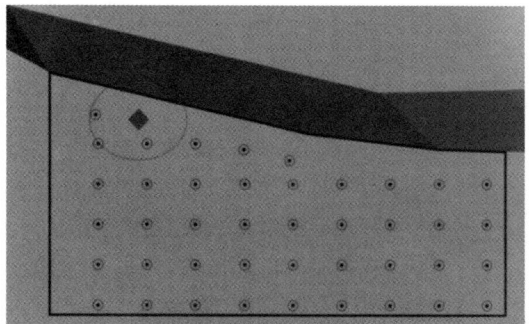

图 3-38　补充单孔示意图

生成的炮孔布置示意图见图 3-39。

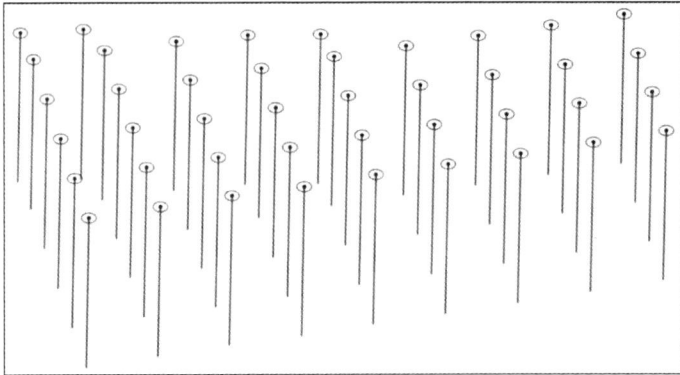

图 3-39 炮孔布置示意图

(3)装药设计。露天台阶爆破装药按装药结构分为连续装药和间隔装药,现在大多数爆破软件能提供装药结构配置,并保存成相应的模板,方便后期调用。各炮孔按照选定的装药结构依据预装药炮孔的实际孔深进行装药。

根据孔距、排距、台阶高度、孔径、炸药单耗等参数自动计算出单孔药量和装药长度,最后在技术经济指标表中汇总统计。

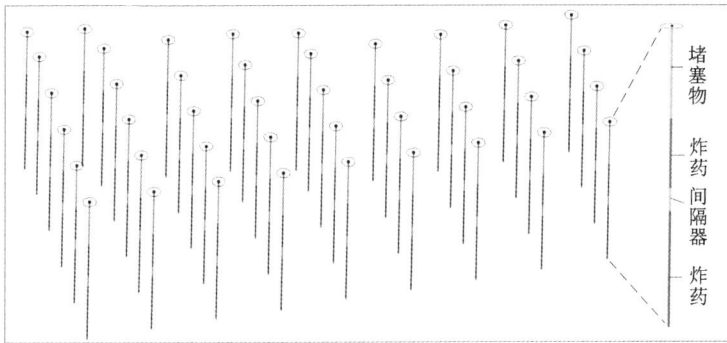

图 3-40 炮孔装药示意图

(4)起爆网络设计

炮孔布置完成后,根据起爆类型(V形起爆、梯形起爆、逐排起爆),定义起爆点,以起爆点、炮孔、虚拟孔等为载体,以自动或人工交互模式完成起爆网络连接(图 3-41)。

网络连接过程中碰到不能跨线的情况时,需要以虚拟孔进行网络设计。

2.模拟分析

爆破网络设计的优劣,往往需要通过模拟技术、图形技术进行辅助分析,以便在点火前突出问题区域,方便检查设计,调整爆破顺序、装药、布孔、延迟时间等,呈现最优设计结果。分析模拟一般包括爆破顺序动画模拟、等时线分析、抛掷方向分析、起爆时间分析等。

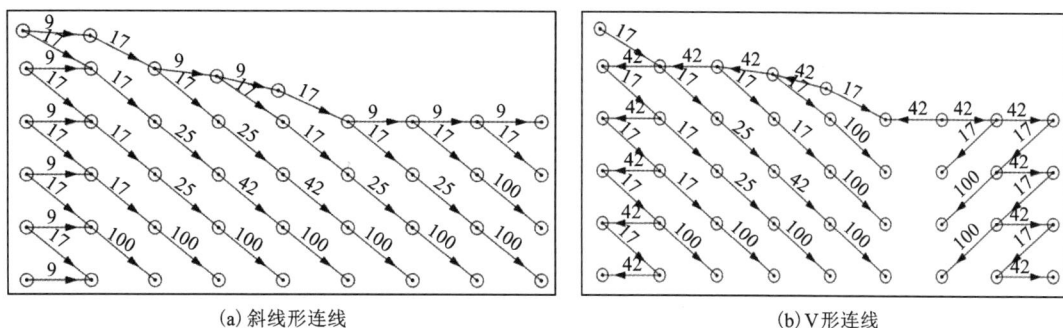

(a) 斜线形连线　　　　　　　　　　　　(b) V 形连线

图 3-41　自动连线效果图

（1）爆破顺序动画模拟。

"爆破模拟"功能以动画形式精确模拟爆破过程（图 3-42）。

起爆点

图 3-42　爆破模拟示意图

（2）等时线分析。

使用"等时线分析"功能进行连线合理性分析及查看任意时刻起爆位置，检查等时线是否均匀，是否相互平行，如图 3-43 所示。

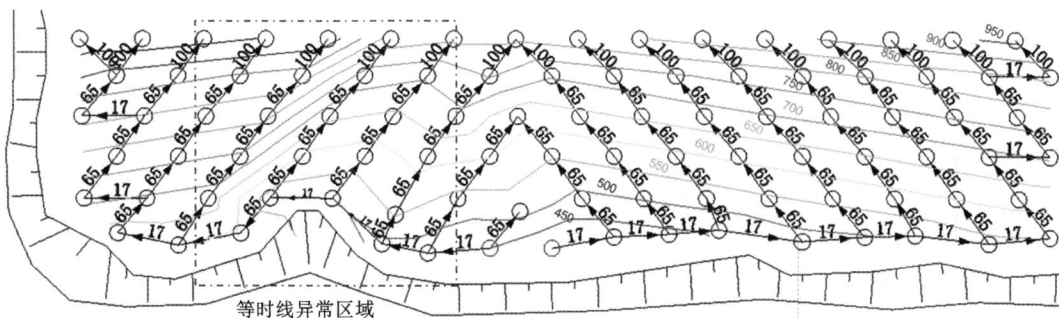

等时线异常区域

图 3-43　等时线分析示意图

111

（3）抛掷方向分析。

使用"抛掷方向分析"功能模拟起爆后爆堆抛掷信息，检查是否杂乱及是否与预期一致，如图 3-44 所示。

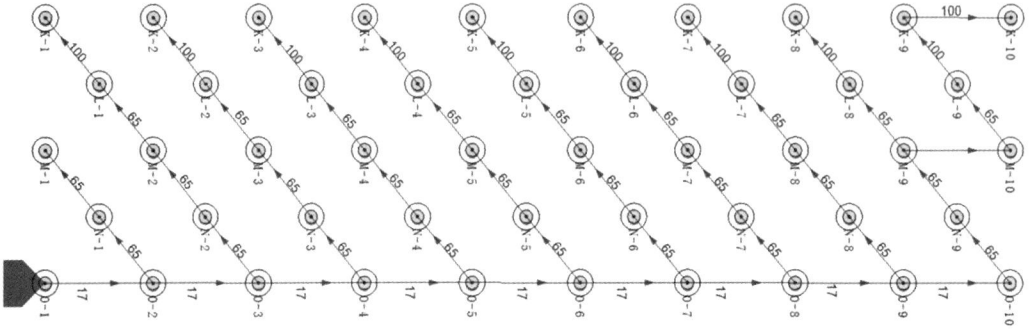

图 3-44　抛掷方向分析示意图

（4）起爆时间分析。

使用"起爆时间分析"功能查看任意时间段内同时起爆的炮孔个数，如图 3-45 所示。

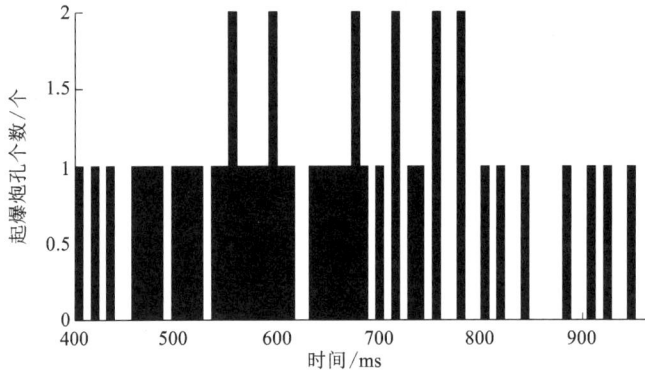

图 3-45　8 ms 内同时起爆炮孔个数分析示意图

3. 优化

根据爆破模拟效果，对爆破参数进行修正，可能需要优化的参数有孔间距（排距或孔距）、装药顺序、布孔方式、延迟时间、起爆顺序等。

（1）不同的布孔参数及布孔方式可能导致不同的爆破效果。图 3-46 所示为方形布孔方式与梅花形布孔方式。

从图 3-46 可看出，方形布孔设计了 42 个孔，梅花形布孔也是设计了 42 个炮孔，具体哪种方式效果更好，应根据实验效果判定。

（2）同样的布孔方式，但不同的网络连线也会导致不同的爆破顺序、爆破振动、爆破抛掷方向。

(a) 方形布孔　　　　　　　　　　　(b) 梅花形布孔

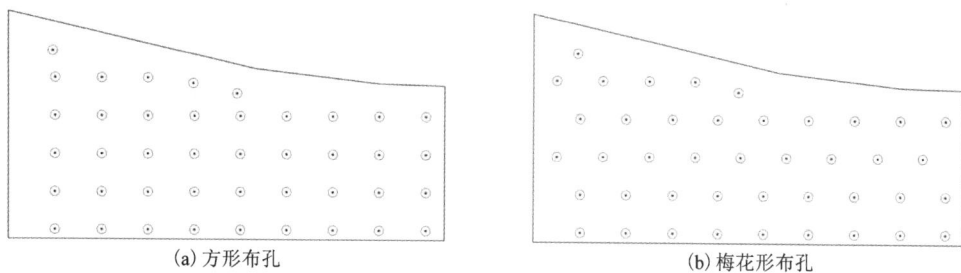

图 3-46　方形及梅花形布孔方式

图 3-47 表示的是同样的布孔方式下，一种是斜线起爆，一种是 V 形起爆。斜线起爆的爆堆往一个方向抛掷，而 V 形起爆导致两侧的爆堆相对挤压爆破，在某些时候能起到减小爆破块度、使爆堆集中的效果。

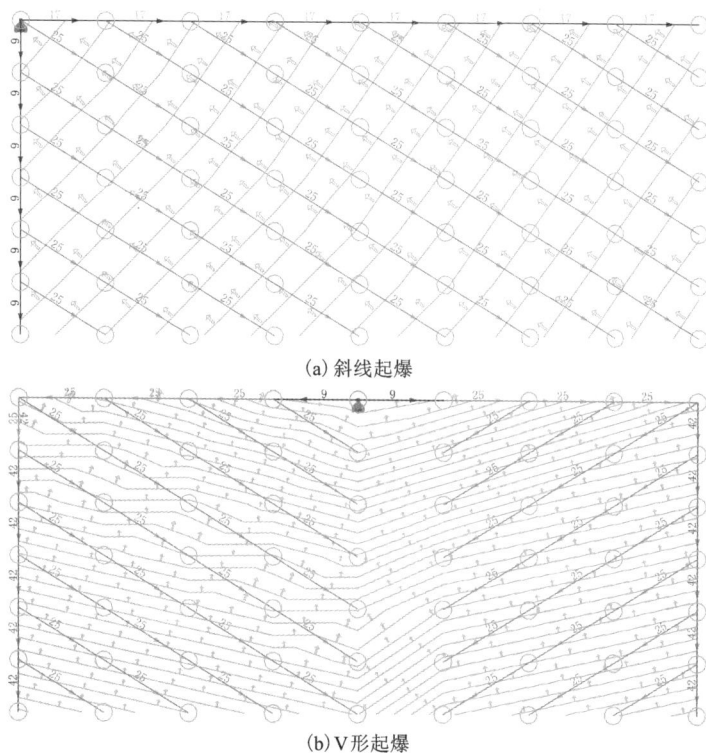

(a) 斜线起爆

(b) V 形起爆

图 3-47　不同的连线方式对比

4. 报告

爆破设计成果文件可以通过自定义报告模板进行输出，内容包括爆破设计、模拟以及监测/结果等。其中爆破设计报告一般包括炸药清单、装药结构、雷管号码、连线方式以及起爆时间、累积孔/重叠分析等；监测/结果报告包括地震波事件、峰值水平和考虑区域。

目前已有软件可以在设计完成后自动生成爆破设计成果信息表及各类图件(炮孔布置连线图、装药结构图、剖面图等)。

表 3-8 爆破设计成果

编号	爆区	孔口坐标			孔深 /m	孔径 /mm	方位角 /(°)	倾角 /(°)	装药质量 /kg	装药长度 /m
		X	Y	Z						
A-03	795-140	588028.64	3117129.34	765	1.70	220	0	-90	13.53	1.10
A-04	795-140	588023.64	3117129.34	765	1.70	220	0	-90	13.53	1.10
A-05	795-140	588018.64	3117129.34	765	1.70	220	0	-90	13.53	1.10
A-06	795-140	588013.64	3117129.34	765	1.70	220	0	-90	13.53	1.10
A-07	795-140	588008.64	3117129.34	765	1.70	220	0	-90	13.53	1.10
A-08	795-140	588003.64	3117129.34	765	1.70	220	0	-90	13.53	1.10
A-09	795-140	587998.64	3117129.34	765	1.70	220	0	-90	13.53	1.10
A-10	795-140	587993.64	3117129.34	765	1.70	220	0	-90	13.53	1.10
B-03	795-140	588028.64	3117126.34	765	1.50	220	0	-90	11.07	0.90
B-04	795-140	588023.64	3117126.34	765	1.50	220	0	-90	11.07	0.90
B-05	795-140	588018.64	3117126.34	765	1.50	220	0	-90	11.07	0.90
B-06	795-140	588013.64	3117126.34	765	1.50	220	0	-90	11.07	0.90
B-07	795-140	588008.64	3117126.34	765	1.50	220	0	-90	11.07	0.90
B-08	795-140	588003.64	3117126.34	765	1.50	220	0	-90	11.07	0.90
B-09	795-140	587998.64	3117126.34	765	1.50	220	0	-90	11.07	0.90
B-10	795-140	587993.64	3117126.34	765	1.50	220	0	-90	11.07	0.90
C-03	795-140	588028.64	3117123.34	765	1.50	220	0	-90	11.07	0.90
C-04	795-140	588023.64	3117123.34	765	1.50	220	0	-90	11.07	0.90
C-05	795-140	588018.64	3117123.34	765	1.50	220	0	-90	11.07	0.90
C-06	795-140	588013.64	3117123.34	765	1.50	220	0	-90	11.07	0.90
C-07	795-140	588008.64	3117123.34	765	1.50	220	0	-90	11.07	0.90
C-08	795-140	588003.64	3117123.34	765	1.50	220	0	-90	11.07	0.90
C-09	795-140	587998.64	3117123.34	765	1.50	220	0	-90	11.07	0.90
C-10	795-140	587993.64	3117123.34	765	1.50	220	0	-90	11.07	0.90
D-03	795-140	588028.64	3117120.34	765	1.50	220	0	-90	11.07	0.90
D-04	795-140	588023.64	3117120.34	765	1.50	220	0	-90	11.07	0.90
D-05	795-140	588018.64	3117120.34	765	1.50	220	0	-90	11.07	0.90
D-06	795-140	588013.64	3117120.34	765	1.50	220	0	-90	11.07	0.90
D-07	795-140	588008.64	3117120.34	765	1.50	220	0	-90	11.07	0.90
D-08	795-140	588003.64	3117120.34	765	1.50	220	0	-90	11.07	0.90

续表3-8

编号	爆区	孔口坐标			孔深 /m	孔径 /mm	方位角 /(°)	倾角 /(°)	装药质量 /kg	装药长度 /m
		X	Y	Z						
D-09	795-140	587998.64	3117120.34	765	1.50	220	0	-90	11.07	0.90
D-10	795-140	587993.64	3117120.34	765	1.50	220	0	-90	11.07	0.90
E-03	795-140	588028.64	3117117.34	765	1.50	220	0	-90	11.07	0.90
E-04	795-140	588023.64	3117117.34	765	1.50	220	0	-90	11.07	0.90
E-05	795-140	588018.64	3117117.34	765	1.50	220	0	-90	11.07	0.90
E-06	795-140	588013.64	3117117.34	765	1.50	220	0	-90	11.07	0.90
E-07	795-140	588008.64	3117117.34	765	1.50	220	0	-90	11.07	0.90
E-08	795-140	588003.64	3117117.34	765	1.50	220	0	-90	11.07	0.90
E-09	795-140	587998.64	3117117.34	765	1.50	220	0	-90	11.07	0.90
E-10	795-140	587993.64	3117117.34	765	1.50	220	0	-90	11.07	0.90

3.2 地下开采设计

矿山开采规划与设计是矿山生产与组织施工的重要前提与依据,其对整个矿床的开采效益有重大影响,如开采顺序与生产能力的确定、边界品位的选择等,必须通过优化才能实现决策科学化和效益最大化。采矿设计通常经过方案设计、初步设计和施工设计几个阶段。每个阶段都有其设计目标,通常后面的设计阶段是对前面设计方案的进一步深入和具体化。

数字化开采规划与设计是利用计算机图形学及多媒体仿真技术,为采矿工作者提供一个非常逼真的矿山虚拟环境和矿体赋存信息平台,利用人机交互技术,在这个平台上完成图纸的获取、采矿工程布置、生产设计、井巷设计和采矿方法的初步验证等工作,进而获得所设计工程的工程量、工程投资、采矿效率等技术经济指标,从而实现不同采矿方法、开拓工程优劣的对比分析,为矿山企业提供最佳选择。

3.2.1 开采方案优化

地下开采设计中,一般需要将矿体划分为不同的开采单元,通常的做法是对矿体在水平上划分不同的盘区,然后在盘区里设置不同的开采单元,即矿房和矿柱。对于规模比较小的矿体,也可不划分盘区,直接划分采场。

矿山开采生产单元布置的合理性直接关系着各采场回采方案、开拓采准工程布置等一系列问题,对矿山生产组织、生产规模、生产效益产生影响。所以在矿山设计阶段、基建阶段非常有必要对首采中段(采场)的确定、盘区布置、采场划分进行论证与优化分析。矿井开采的矿体赋存状况多种多样,使矿井开采方案具有截然不同的特点,所以在进行矿井开采方案优化时,往往需要根据矿体模型、品位模型等的特征,制作通用的矿井开采设计方案的优化模型。

优化方法主要为移动步距法,通过设置一定的步距值,形成不同的开采布置方案。

1.指标统计分析

三维矿业软件为各中段、盘区进行指标统计分析提供了快速实现的方式,主要步骤为将实体模型划分为各中段、盘区,而后调用已估值块体模型,从而快速报出矿量、品位指标,最后将所有统计值通过柱状图或折线图进行分析。

本节以岔路口钼铅锌多金属矿为例进行介绍。

1)中段划分与分析

岔路口钼矿体总体呈北东向拉长穹隆状,主体隐伏,地表仅于 5~14 线(相当于穹顶部)出露为带状低品位矿体。矿体在垂向上总体分为三种类型:上部层状工业矿体,主要为薄层状工业矿体及薄层状低品位矿体;中部为较厚大工业矿体,呈透镜状或层状,且夹石较多,与低品位矿体互层;底部为富厚工业矿体厚大、连续性好、品位高,仅局部发育有后期脉岩,为无矿夹石。

根据地质模型和矿体特征,结合可行性研究报告内容将采矿中段高度设为 60 m,将矿体模型分割为 24 个中段,如图 3-48 所示。

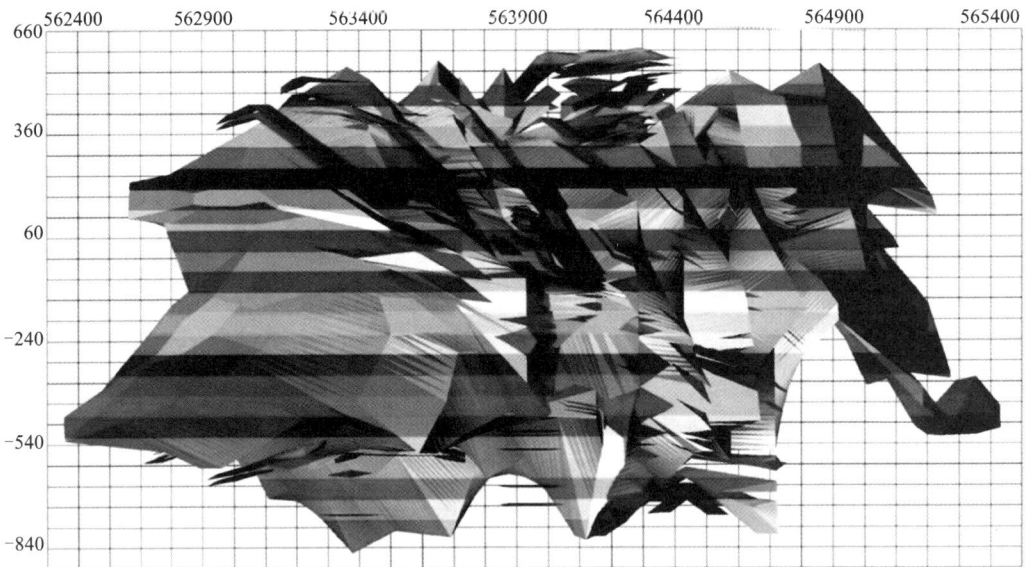

图 3-48 按中段划分矿体模型

(1)中段储量统计分析。

划分的中段矿体受勘探程度和空间形态的影响,其表现为各个中段矿量、品位的差异,通过计算划分的中段矿体资源储量,可得出各中段在边界品位下的矿量、金属量及品位信息,如图 3-49 所示。

从图 3-49 可知,矿床矿量主要在矿床中部,且往上、下两端递减,-460 m 到 -340 m 几个中段平均品位高,金属量大。

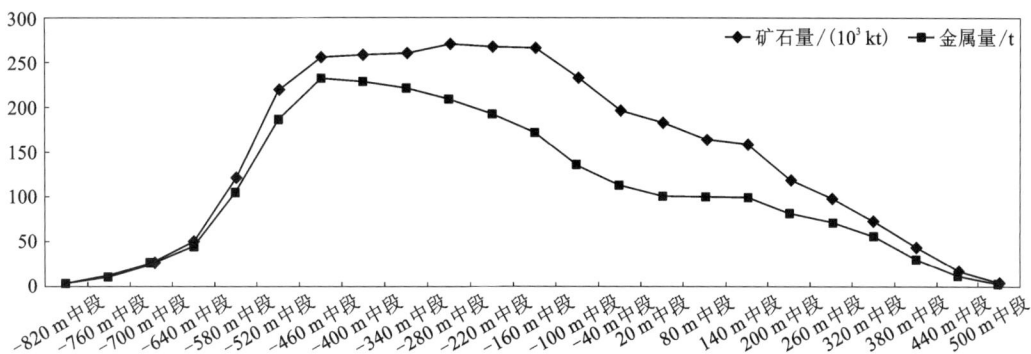

图 3-49　各中段资源储量统计图

（2）吨位品位分析。

通过计算各中段在不同边界品位时品位与矿石量/金属量之间的关系，深入分析各中段矿量、品位的变化关系。该矿 Mo 边界品位为 0.03%，储量计算时分别统计了各中段 Mo 边界品位为 0.03%、0.04%、0.05%、0.06%、0.07%、0.08%、0.09%、0.1%、0.11%、0.12% 时的矿石量和金属量，其结果分别如图 3-50、图 3-51 所示。

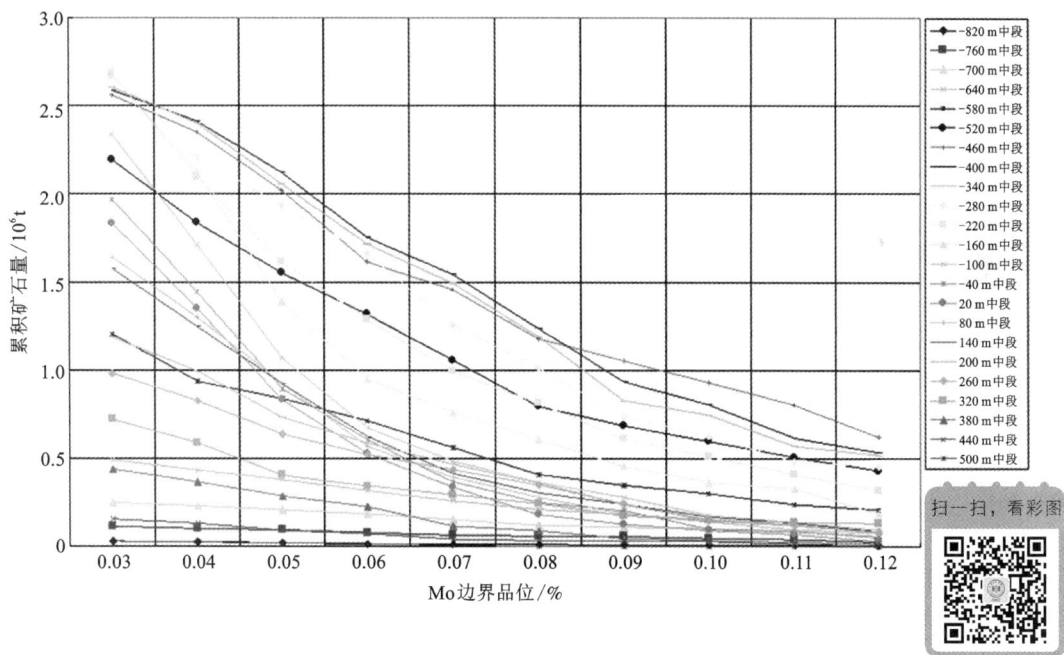

图 3-50　各中段矿石 Mo 边界品位与累积矿石量关系图

2）盘区划分及分析

开采设计将中段矿体划分为盘区，以盘区为回采单元组织生产。根据盘区结构和参数，对中段矿体进行盘区划分，在划分完盘区的基础上计算盘区的技术指标。

（1）盘区划分

岔路口钼铅锌矿开采设计将矿体划分为盘区，以盘区为回采单元组织生产。盘区垂直走向布置，盘区尺寸为 249 m×100 m。盘区由采场组成，采场平面布置采用扁长形结构，盘区

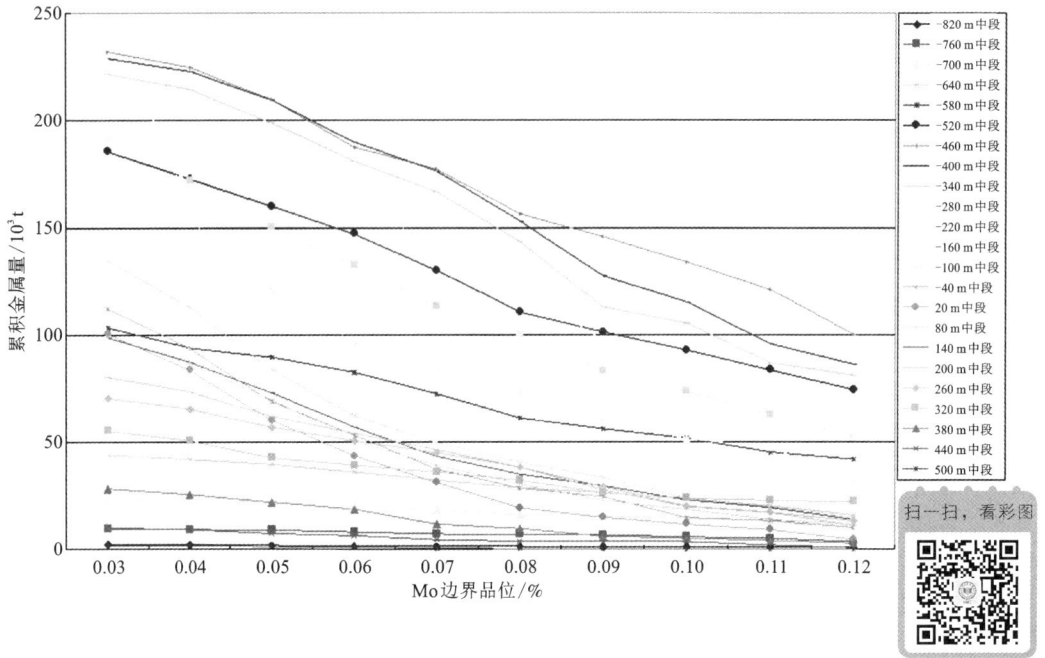

图 3-51　各中段矿石 Mo 边界品位与累积金属量关系图

分两步回采,第一步矿房回采采用胶结充填,第二步回采矿柱采用非胶结充填,采场尺寸暂定为:采场长 85 m,矿房宽为 15 m,矿柱高为 18 m。在节理发育、岩体质量中等以下的矿段,可以减小采场长度,分为两个采场进行回采。

根据岔路口矿体分布特征及盘区划分参数,沿着矿体走向,以 23 勘探线为起始,从西到东划分矿体,共 A、B、C、D、E、F、G、H 八列;垂直矿体走向上,以矿体西北部见矿段开始,自北向南进行划分,共计盘区 1348 个,见图 3-52。

(2)盘区指标计算

对各中段盘区分别进行储量统计,统计指标包括各中段盘区数目、平均品位、矿石量、金属量等。

表 3-9　各中段盘区信息表

中段名称	盘区数量	盘区矿石量/10^6 t	盘区金属量/10^3 t
−820 m 中段	10	3.54	2.02
−760 m 中段	17	5.51	4.21
−700 m 中段	25	10.96	8.21
…	…	…	…
500 m 中段	16	1.88	0.94
560 m 中段	6	0.92	0.43

从图 3-53 中可以看出,各个中段每一个指标都是在不断变化,不同的中段盘区对应不同的经济效益,并且在一些中段局部波动较为明显,直接经济效益差异较大,这也证明了方

图 3-52　盘区划分图

案优化研究的必要性和实用性。例如，-400 m 中段可布置 78 个盘区，总的矿石量与金属量分别为 1.837 亿 t、15.183 万 t，为矿体较富集中段。

（3）盘区品位配色显示

为直观地显示各盘区的平均品位，对各盘区、采场矿体模型进行品位属性区间配色。图 3-54 所示为-400 m 中段各盘区按照平均品位进行配色处理后的效果，盘区、采场品位的高低一目了然。

综合考虑经中段划分后各中段及其划分盘区数、资源储量、品位吨位信息，选取基建期相对较小、勘探程度足够、生产能力能够满足近几年生产要求的中段作为首采中段。根据前面的统计分析结果，建议选取-400 m 中段作为首采中段，C15 或 C16 作为首采盘区。

2. 盘区布置方案优化与分析

盘区位置的合理确定，直接影响着各采场回采方案、开拓采准工程布置等，并对矿山生产组织、生产规模、生产效益产生影响。在三维软件中，可利用矿体三维模型和块体模型，

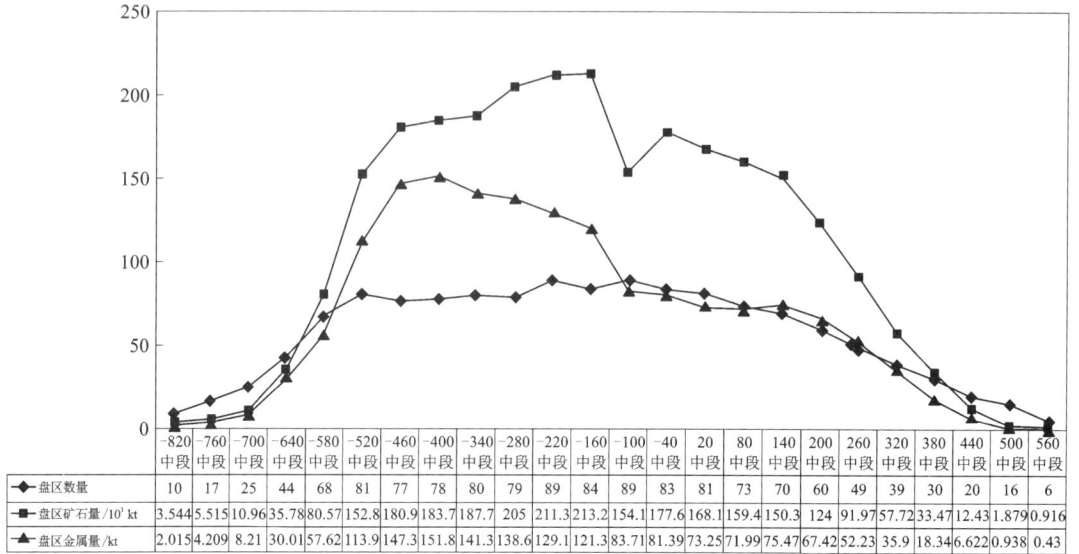

	−820中段	−760中段	−700中段	−640中段	−580中段	−520中段	−460中段	−400中段	−340中段	−280中段	−220中段	−160中段	−100中段	−40中段	20中段	80中段	140中段	200中段	260中段	320中段	380中段	440中段	500中段	560中段
◆ 盘区数量	10	17	25	44	68	81	77	78	80	79	89	84	89	83	81	73	70	60	49	39	30	20	16	6
■ 盘区矿石量 /10³ kt	3.544	5.515	10.96	35.78	80.57	152.8	180.9	183.7	187.7	205	211.3	213.2	154.1	177.6	168.1	159.4	150.3	124	91.97	57.72	33.47	12.43	1.879	0.916
▲ 盘区金属量 /kt	2.015	4.209	8.21	30.01	57.62	113.9	147.3	151.8	141.3	138.6	129.1	121.3	83.71	81.39	73.25	71.99	75.47	67.42	52.23	35.9	18.34	6.622	0.938	0.43

图 3-53　各中段盘区信息图

图 3-54　−400 m 中段盘区按平均品位显示图

完成各盘区布置方案模型的划分与每个采场、矿柱、隔离矿柱的划分及矿量、品位、工程量等指标计算。对不同方案的指标结果进行分析，从中选取最优方案。

下面以沙溪铜矿凤台山矿段为例介绍盘区方案优化与分析流程。

沙溪铜矿凤台山矿段以一步骤回采方案进行回采，即只采矿房，留永久矿柱（盘区间柱和采区间柱），全尾砂或废石嗣后充填采场。其隔离矿柱（盘区间柱）沿走向布置，隔离矿柱之间的距离为 100 m；阶段高度为 120 m；采场长度为 80 m；永久矿柱宽度为 14 m，不予回采；回采矿房宽度为 40 m。采场系统长轴布置与勘探线方向一致，使采场长轴方向与最大主应力方向呈小角度相交，让采场处于较好的受力状态，以利于控制地压。

以设计院初步设计方案（图 3-55）为基础进行盘区（矿房、矿柱等）模型的建立并命名；同时通过设置不同的偏移距离得到 7 个方案，分别是：盘区向副井方向偏移 5 m、10 m、20 m、30 m、40 m，盘区向进风井方向偏移 5 m、10 m。图 3-56 和图 3-57 分别为往进风井方向偏移 10 m 布置方案和往副井方向偏移 40 m 布置方案。

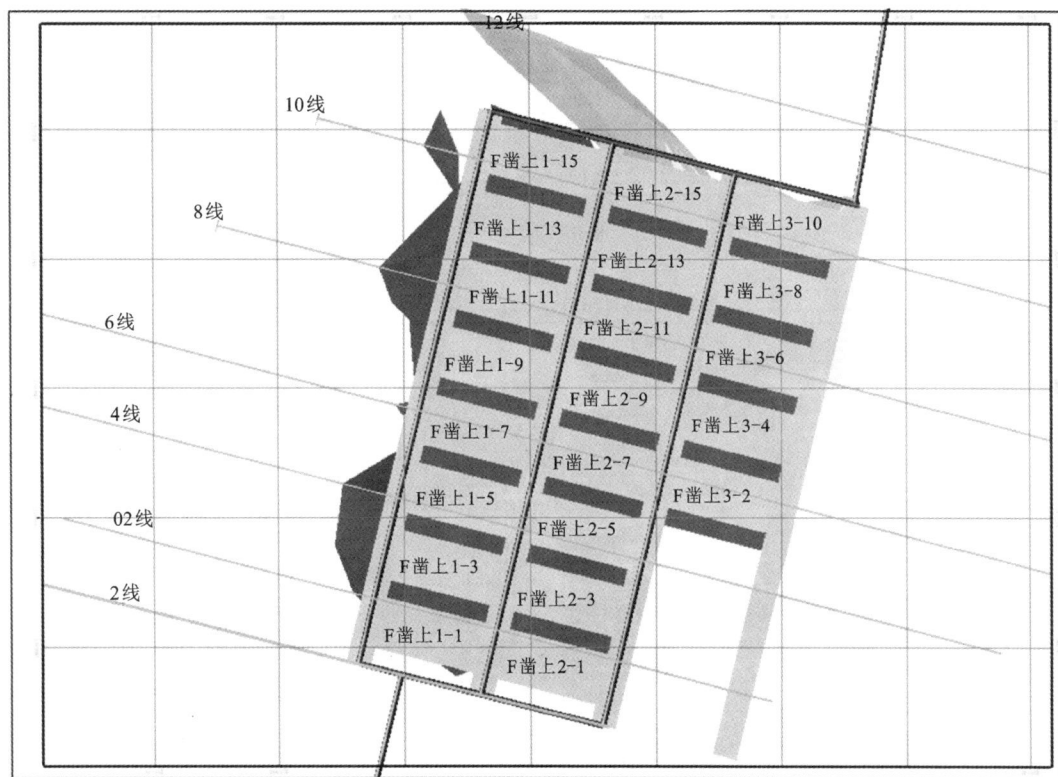

图 3-55　设计院盘区与采场布置方案

1）各盘区布置方案指标计算

根据矿块模型，完成各盘区布置方案中每个采场、矿柱、隔离矿柱的矿量、品位等指标计算。表 3-10～表 3-16 列取了部分计算结果。

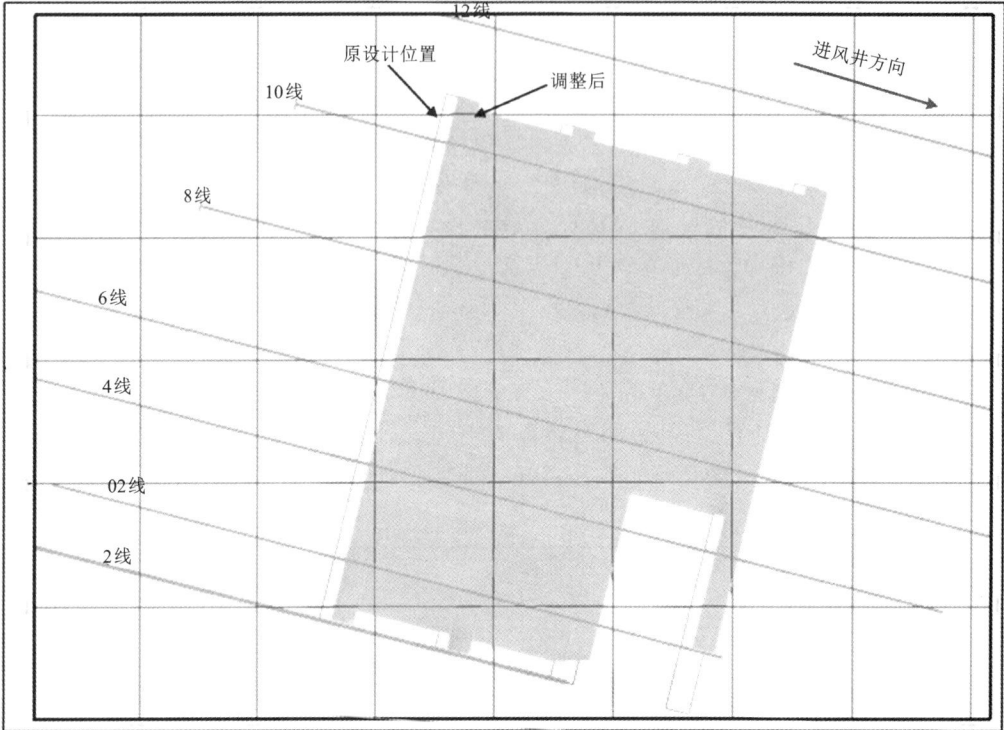

图 3-56　往进风井方向偏移 **10 m** 布置方案

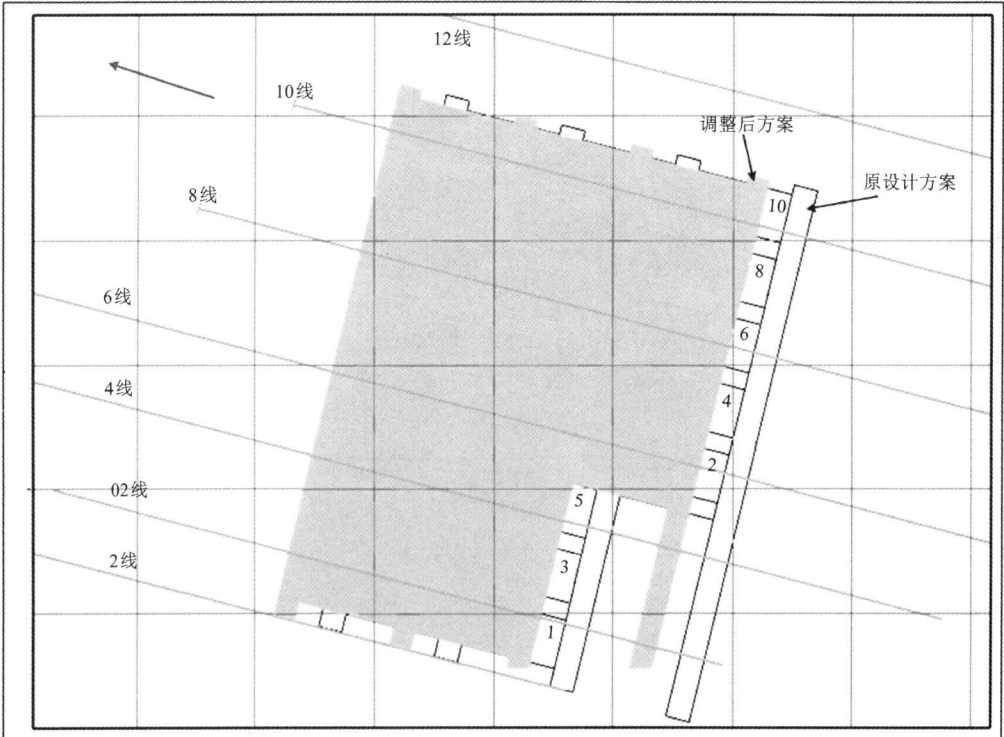

图 3-57　往副井方向偏移 **40 m** 布置方案

表 3-10 设计院方案各采场指标

单元名称	体积/m³	矿石量/t	Cu 品位/%	Cu 金属量/t
F 凿上 1-12	71680	194112	0.28	537.18
F 凿上 1-13	179200	485210	0.28	1353.59
F 凿上 1-7	179200	484918	0.28	1369.66
F 凿上 1-6	53760	145489	0.29	419.31
F 凿上 1-8	71680	193983	0.29	563.99
F 凿上 1-11	179200	485294	0.29	1431.61
…	…	…	…	…

表 3-11 往副井方向偏移 5 m 方案各采场指标

单元名称	体积/m³	矿石量/t	Cu 品位/%	Cu 金属量/t
F 凿上 3-8	179200	485280	0.30	1474.02
F 凿下 2-11	204800	554715	0.31	1695.12
F 凿下 1-6	61440	166409	0.32	538.48
…	…	…	…	…

表 3-12 往副井方向偏移 10 m 方案各采矿单元指标

单元名称	体积/m³	矿石量/t	Cu 品位/%	Cu 金属量/t
F 凿上 3-8	179200	485286	0.30	1460.21
F 凿下 2-11	204800	554715	0.30	1675.55
F 凿下 2-8	81920	221789	0.31	685.51
F 凿下 1-6	61440	166411	0.33	541.14
…	…	…	…	…

表 3-13 往副井方向偏移 20 m 方案各采矿单元指标

单元名称	体积/m³	矿石量/t	Cu 品位/%	Cu 金属量/t
F 凿下 1-6	61440	166390	0.31	521.45
F 凿下 2-9	204800	554586	0.31	1745.72
F 凿上 2-11	179200	485389	0.32	1545.49
…	…	…	…	…

表 3-14 往副井方向偏移 40 m 方案各采矿单元指标

单元名称	体积/m³	矿石量/t	Cu 品位/%	Cu 金属量/t
F 凿上 2-10	53760	145610	0.30	443.46
F 凿上 2-3	179200	485109	0.31	1486.48
F 凿下 1-3	204800	554298	0.31	1705.44
F 凿下 2-10	61440	166389	0.31	521.01
…	…	…	…	…

表 3-15　往进风井方向偏移 5 m 方案各采矿单元指标

单元名称	体积/m³	矿石量/t	Cu 品位/%	Cu 金属量/t
F 凿上 2-7	179200	485337	0.49	2376.89
F 凿上 2-6	53760	145492	0.34	493.91
F 凿上 2-8	71680	194170	0.49	958.24
F 凿上 3-8	179200	485223	0.31	1499.26
…	…	…	…	…

表 3-16　往进风井方向偏移 10 m 方案各采矿单元指标

单元名称	体积/m³	矿石量/t	Cu 品位/%	Cu 金属量/t
F 凿上 1-13	179200	485317	0.30	1465.71
F 凿上 3-8	179200	485194	0.31	1490.48
F 凿下 2-11	204800	554713	0.31	1705.35
…	…	…	…	…

4）盘区优化结果分析

根据各方案计算结果，选取满足 0.35% 及以上出矿品位的矿房和矿柱的数据，对金属量、出矿平均品位、矿石量、隔离矿柱损失量及采场个数五个参数进行比较分析，如表 3-17 所示。

表 3-17　凤台山矿段各盘区布置方案指标

方案	设计	副 5 m	副 10 m	副 20 m	副 30 m	副 40 m	进 5 m	进 10 m
采场数	14	13	10	11	11	11	13	14
品位/%	0.42	0.43	0.45	0.45	0.48	0.48	0.49	0.41
金属量/t	20168	18123	15535	17518	17131	17404	19436	20058
矿柱损失/t	16201	16326	16382	16382	15423	14893	16169	16143
矿石量/t	4853562	4222865	3446386	3931207	3591809	3591921	3979824	4853514

各方案指标分析折线图如图 3-58 所示。

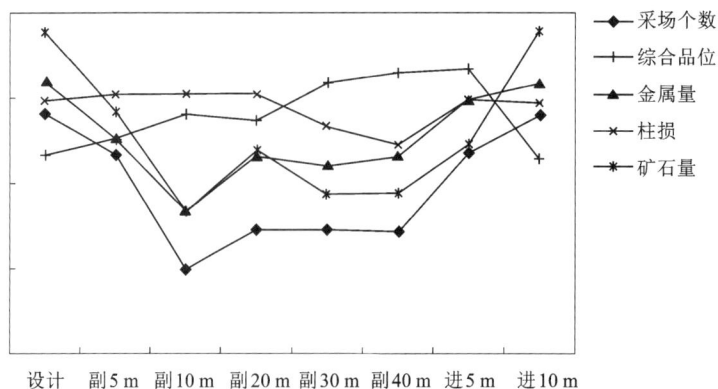

图 3-58　各方案指标分析折线图

对方案设计与计算指标数据综合分析如下：

（1）方案设计中暂以原设计布置的 3 个盘区进行分析，方案副 20 m、副 30 m、副 40 m 均可以再新增一个盘区回采 2 号矿高品位部分。

（2）基于上述原因，7 个方案结果中，将出矿品位、柱损作为盘区优化最重要的衡量指标，通过对比，柱损金属量较少的 2 个方案分别为副 30 m（Cu 金属量 15423 t）、副 40 m（Cu 金属量 14893 t）。而这两个方案出矿品位接近。

（3）最终选定凤台山矿段盘区向副井方向移动 40 m 的布置方案为最优方案。此方案将 6 线高品位矿体布置在采场范围内，整体出矿平均品位较高，隔离矿柱损失量最少。

（4）副 40 m 方案与原设计方案相比较，隔离矿柱可以减少 1308 t 金属量损失。同时，相应开拓工程也有减少，一个中段可减少约 80 m，3 个中段节省工程量约 240 m。

3.采场划分方案优化与分析

从具体指导生产、提高对各盘区内矿体资源回收利用角度出发，以各个盘区内资源为对象，在盘区优化的基础上，通过动态步距单元模型与指标计算分析，对采场布置的合理范围进行研究，确定出合理的采场布置方案，对有些采矿单元价值大但因采场结构参数限制无法回采的，对采场结构参数进行了适当调整，并在此基础上完成采场边界优化。

1）采场划分

由于后期采切设计、爆破设计和指导生产时是以盘区或采场模型为基础，所以需对三维矿体模型进行必要的划分。采场划分有两种方式：一种是"实体切割+裁剪"，另一种是"双线法+布尔运算"。

（1）实体切割+裁剪。

①中段模型划分。由于构建的三维矿体模型是整个矿区模型，因而在划分盘区或采场模型之前需划分中段模型。中段模型的划分可用三维矿业软件中的实体分割功能切出各中段实体（图 3-59）。

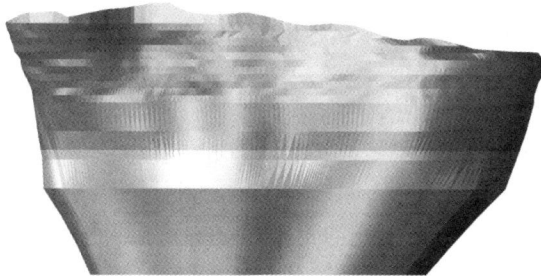

图 3-59　中段切割

②盘区或采场模型划分。在划分中段模型的基础上，用采场范围线在中段模型基础上进行切割或裁剪（图 3-60），得到盘区或采场模型。

（2）双线法+布尔运算。

首先采用双线法创建盘区间柱网格模型，然后用此模型与划分出的中段模型进行布尔运算（图 3-61）。布尔运算，指采用实体求差 A-B 得到采场模型（A 为矿体，B 为间柱网格模型），以及采用实体求交得到矿柱模型。

图3-60　采场切割

图3-61　"双线法+布尔运算"划分采场方法

2）采场优化设计与分析

（1）采场布置优化的原则。

回采采场的布置设计一般通过位置移动进行优化，实现矿房内矿体资源回采最大化。一步骤回采时，尽量将高品位矿放到矿房中；二步骤回采时，需根据采矿单元出矿品位重新确定采场边界。

采场最优化准则取多项评价指标时，评价指标可有：

①采场生产费用低；

②采场生产能力强；

③采场巷道掘进工程量小；

④采场准备时间短；

⑤资源损失少，采出率高；

⑥有利于采场接替和生产稳定，采场服务年限长；

⑦采场生产系统安全可靠。

（2）采场动态步距单元模型的生成。

开采动态步距单元的提出，主要是针对盘区、采场等采矿单元内地质体的不规则性，需深入分析盘区采界与采场采界，并从空间多个维度对开采对象进行动态分析，即分析各步距单元内的矿岩范围、矿岩比例、品位等指标以及这些指标的变化规律，然后从技术可行、经济合理的角度分析，最终确定采界以及采场范围。

下面以沙溪铜矿凤台山矿段-705～-650 m中段为例介绍采场方案的优化，该中段盘区布置如图3-62所示。

矿块模型中包含了矿岩分区、容重、品位、矿石类型等属性，以及利用软件的动态步距对单元模型进行自动划分与指标计算，可以完成矿段-705～-650 m中段各个盘区动态步距（2 m）单元模型的自动划分和指标计算；通过对步距单元体赋地质属性，可实现对单元体地质指标（包括矿石量、岩石量、地质品位、出矿品位、矿岩比例等信息）的自动计算。相关地质指标计算后，可进行图形化分析研究。该方法不仅技术手段简单方便，而且统计结果的精确性大大提高。此外，由于都以单元为对象，单元动态实体模型（图3-63）构建后，资源的利用更加科学。

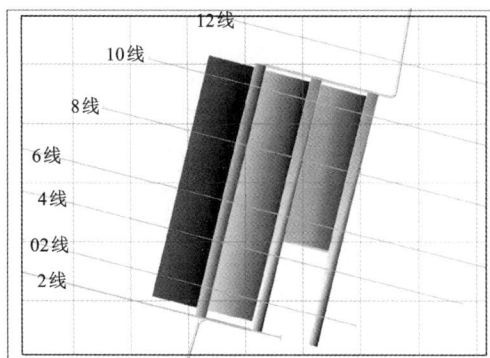

图 3-62　凤台山矿段-705~-650 m 盘区布置

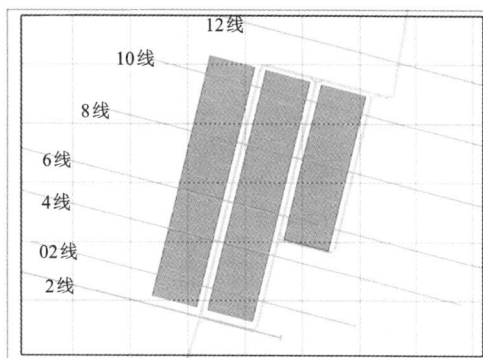

图 3-63　凤台山矿段-705~-650 m
盘区动态步距单元模型

（3）采场布置优化分析。

通过三维矿业软件对采矿单元布置进行多方案设计，设置矿体沿某一方向进行 2 m 动态步距创建偏移单元模型，得到不同偏移量下的盘区布置，同时对不同布置方案进行指标计算以及结果输出，最后选出矿体资源回收最优化的方案。采矿单元布置方案设计是以整体布局为主，不考虑矿体边部形态，统一计算各方案的地质矿量、地质金属量、岩石量和岩石金属量，并计算出各方案的损失率、贫化率和矿房平均品位。凤台山矿段-705~-650 m 盘区动态步距单元模型品位显示如图 3-64 所示。

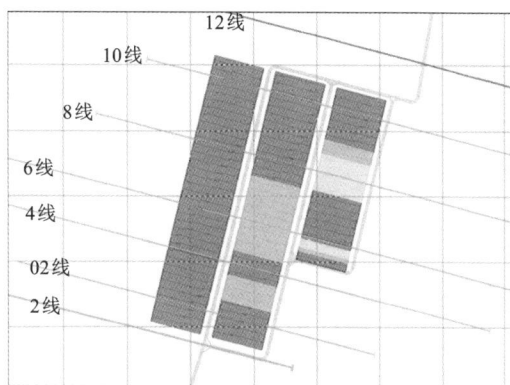

图 3-64　凤台山矿段-705~-650 m
盘区动态步距单元模型品位显示

采矿单元布置最优化方案的筛选主要考虑影响矿山资源合理利用、矿石经济效益的几个关键指标，包括采场平均地质品位、回采矿石量、金属量、贫化率等。通过三维矿业软件采矿单元布置优化功能快速生成多套方案数据，图 3-65 中通过将各方案的关键指标（如出矿品位、金属量、矿石量、贫化率以及出矿量等）生成折线图，直观地显示出各指标随着布置初始位置不同而发生变化的情况。

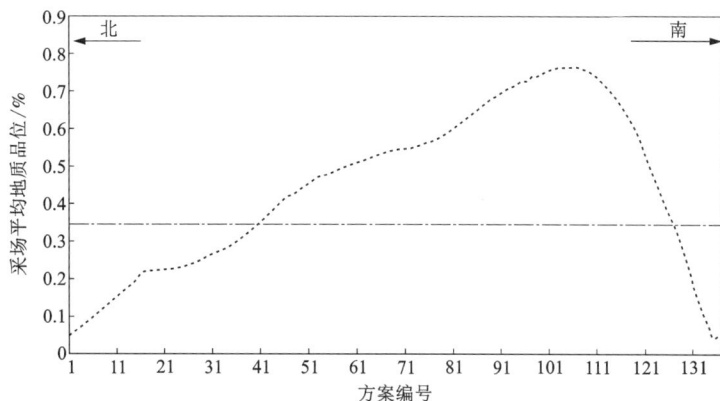

图 3-65　凤台山矿段 650 m-3 盘区动态步距单元模型品位变化图

127

从图 3-65 可以看出,在多套方案中,单元模型品位是变化的,也就是不同的盘区布置会产生不同的采矿效益。通过图形和数据综合分析,凤台山 650 m-3 号盘区出矿品位 Cu 大于 0.3% 的范围为 182 m。考虑了从南到北品位下降趋势,布置采场时,南部矿房边界以区间边界为起始,按采场参数(矿房 40 m、矿柱 14 m)进行采场布置。优化后布置完成的采场如图 3-66 所示。

同时,考虑 650 m-3 盘区高品位区有些布置在矿柱中,且凤台山主要以一步骤进行回采(只采矿房不采矿柱),所以势必造成高品位资源的浪费。为了更好地回收高品位资源,对 650 m-3 盘区采场结构参数进行适当调整,将位于高品位区的矿柱尺寸由 14 m 扩至 20 m。采场结构参数调整后,矿柱就可考虑回采,较调整之前,此矿柱的回采可回收高品位矿石量为 24 万 t,Cu 品位为 0.77%。

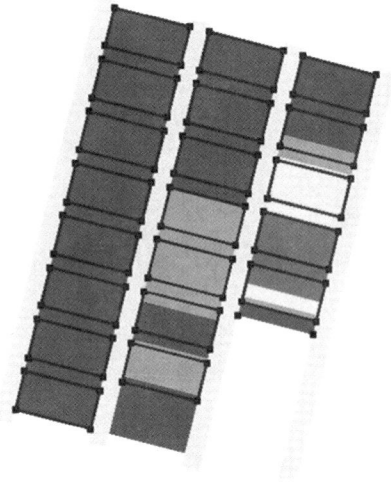

图 3-66 凤台山矿段 -705~-650 m 盘区采场重新布置

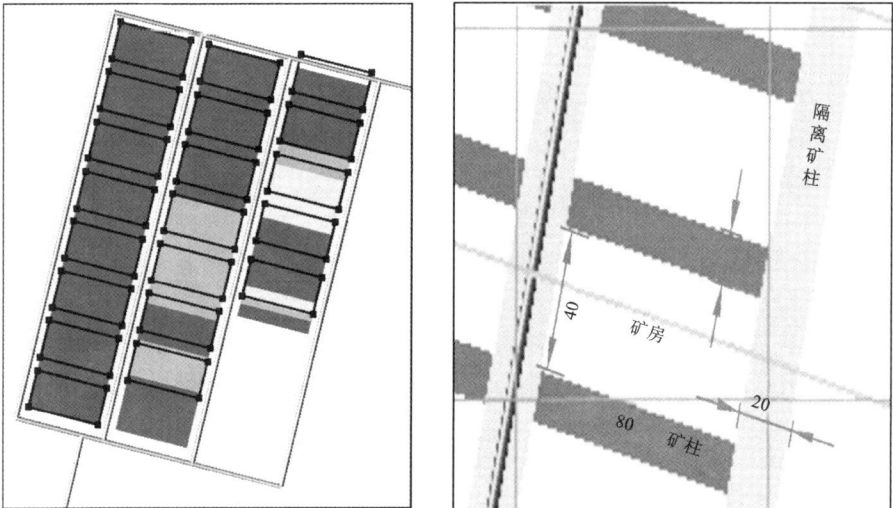

图 3-67 凤台山矿段 650 m-3 盘区采场结构参数调整

采矿单元布置多方案优化方法不仅能为矿山快速提供多套方案,而且可快速计算多方案的经济技术指标,极大地提高矿山设计工作的效率;另外,由此产生的多种优化布置方案为进一步的方案组优选分析研究提供数据支撑,为最终选出最经济的采矿单元布置方案提供有力的科学依据。

3.2.2 开拓系统设计

1. 数据准备

以三维数字采矿软件为平台,运用数据库技术、三维实体建模技术、三维表面建模技术、图形运算技术等，构建矿山地质数据库、矿床模型、构造模型、地表模型和工程模型，并采用地质统计学原理和方法对构建的矿床块体模型进行品位推估，形成三维模型及资源模型的数据仓库，从而在此基础上开展三维开拓设计。

2. 工程布置

1）井巷中心线设计

由于不同矿山矿体赋存条件各不相同，进行开拓巷道布置时，大体上可将其分为两大类。

（1）平面布置

对于急倾斜或者矿体走向变化小的矿体，一般采用平面布置方法进行巷道中心线的布置。它是以本中段和相邻中段矿体轮廓线以及设计中段的矿体模型为设计依据，沿着矿体走向，以与矿体之间的安全距离为前提进行巷道的布置。

（2）剖面布置

对于缓倾斜或者矿体走向变化较大的矿体，一般采用剖面布置方法进行巷道中心线的布置。采用此方法进行巷道工程布置前，需要对矿体进行切割，产生工作面剖切文件，然后在剖面上，考虑其与矿体的安全距离，再进行巷道的摆布，待所有剖面巷道位置确定后，再综合考虑减少弯道数量与降低后续采准工程量等原则进行设计中心线的调整。

2）坡度设置

巷道中心线平面位置设计完成后，需要对中心线进行坡度调整，一般以设计分段最低点为起始点，对整条线进行设计坡度的调整，以满足排水的要求，这也是对设计拐点标高值的调整。

3）井巷中心线命名与属性设置

利用软件快速标注功能对设计井巷工程中心线进行井巷命名和属性添加（巷道断面尺寸、支护等）。

4）模型生成

根据确定的断面，沿巷道底板中线（圆形巷道则沿巷道中线）生成巷道实体。

5）设计指标计算

待设计完成后，根据需要统计设计工程量，并输出平、剖面图；同时利用地质统计学方法，实现回采资源量的统计。

3. 三维开拓设计案例

本节主要讲述如何用 DIMINE 进行开拓设计。

进行开拓设计前需准备地表模型、矿体模型、已有的工程资料等，本节以新建矿山为例，无现有工程，所以只需准备地表模型与矿体模型。

在地表和矿体模型的基础上进行开拓设计，开拓方式为竖井开拓；通风方式为单翼对角式、抽出式通风，进风井布置在矿体南侧，回风井布置在矿体北侧，副井辅助进风；井底车场为环形卧式结构；运输巷设置在底板岩石中，沿脉布置，−100 m、−200 m 水平为运输水平，采用环形运输结构，共分 4 个中段：−180 m、−160 m、−140 m、−120 m。

主副井考虑了地表构筑物的位置以及使地下矿岩的运输功最小，布置在矿体中间附近位置，风井布置在两端，安全要求较高，位置至少在岩石移动角外 20 m，并且在露天境界外。斜坡道坡度为 20%。

1）主井井筒设计

（1）根据矿体发育形态以及地表起伏状态，确定主井井筒位置及标高。井筒底部考虑矿体底部标高为-360 m，故主井井筒下部高程应在-360 m 以下，取-400 m。

（2）在地表文件上只显示等高线文件，找到地表上比较平坦的区域，结合矿体模型的产状，考虑采矿时下盘岩移范围，确定主井井筒位置（图 3-68）。在井筒中心位置创建一个点。

（3）主井井筒取圆形断面，半径为 4 m，在井筒中心点绘制半径为 4 m 的圆。将圆转换为多段线，然后显示 DTM 表面实体，采用"线附着"命令将圆附着到地表，查看线高程是否一致，若高程是变化的，则以就近的地表点高程作为线高程。

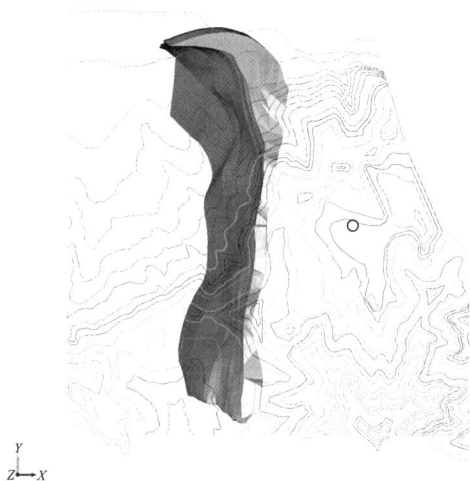

图 3-68　设置井筒位置

（4）将井筒轮廓线（图 3-69）向垂直方向复制一份，然后将复制的线圈高程调整为-400 m。采用连线框的方式将上、下井筒的轮廓线连成井筒实体（图 3-70）。

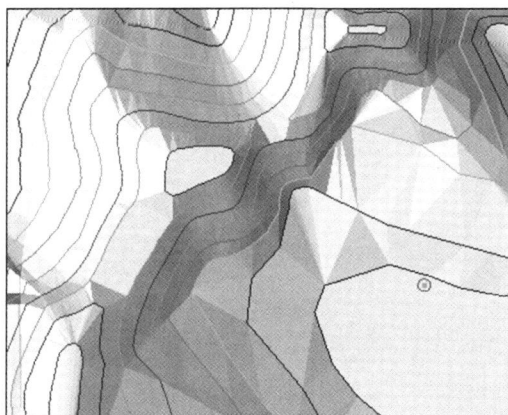

图 3-69　井筒轮廓线设计

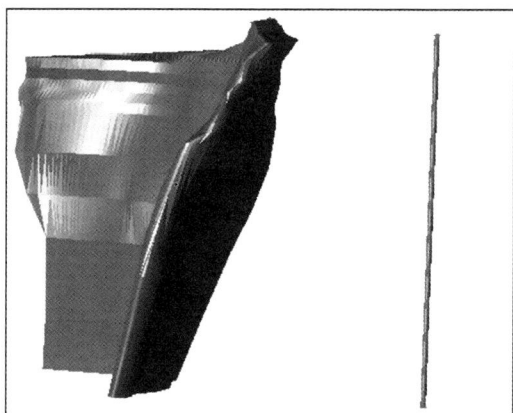

图 3-70　生成实体

（5）其他副井、风井等天井都按此种方式生成。将生成的井筒存放到"开拓设计"下的"井筒"图层中，并将各井筒的名称在属性表中进行备注，设计结果展示如图 3-71 所示。

图 3-71　设计结果展示

2)中段运输巷道设计

中段运输巷道包括沿脉巷道与穿脉巷道。以−200 m 中段设计为例,穿脉间距取 100 m。

(1)打开矿体模型及井筒文件,切出 200 m 标高的矿体及井筒的轮廓线,如图 3−72 所示。

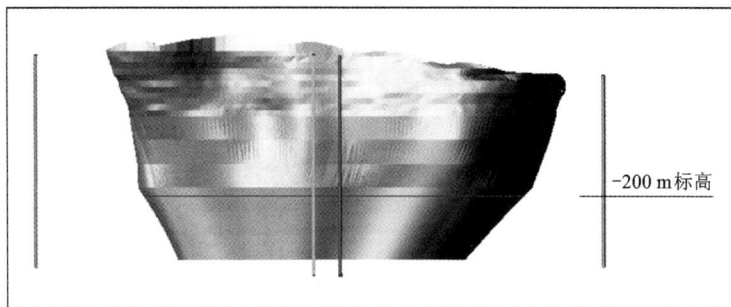

−200 m 标高

图 3−72　模型切片

(2)设计出沿脉巷中心线。主井与副井通过环形车场相连,通过沿脉巷道将主副井与风井连通。设计下盘沿脉巷时,考虑沿脉巷与下盘矿体的距离要满足安全距离,可将矿体轮廓线向外偏移一个安全距离,设计时参考此偏移线进行设计,如图 3−73 所示。

(3)绘制穿脉,穿脉设计沿勘探线方向。打开勘探线平面文件,将勘探线复制到 "−200 m 水平"图层,关闭勘探线平面文件,然后通过"延长至线""修剪"等功能得到穿脉中心线,如图 3−74 所示,同时创建上盘沿脉。

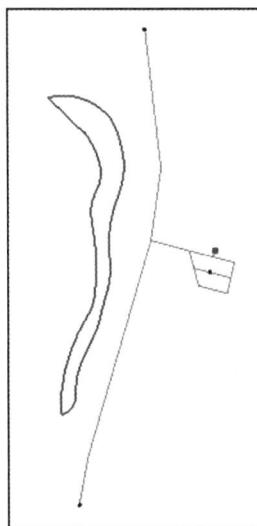

图 3−73　沿脉巷中心线设计

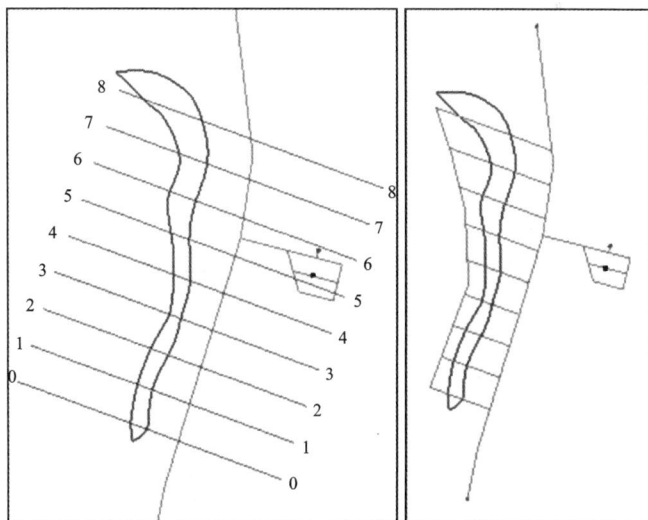

图 3−74　−200 m 开拓巷道中心线

(4)在连接的拐点处进行弯道处理。如图 3−75 所示,通过弯道功能,设置转弯半径 12 m,生成弯道,删掉多余的线段。

(5)以沿脉巷道中心线为基准,通过"导线赋高程"功能对各穿脉赋高程。运用坡度调整功能调整线的坡度。以主副井为最低点，坡度为 0.3%，进行调整。

（6）中心线命名。对上、下盘沿脉、弯道、主井联络道、副井联络道、环形车场等命名时，选择中心线，单击右键选择属性，在属性窗口中输入巷道名称。

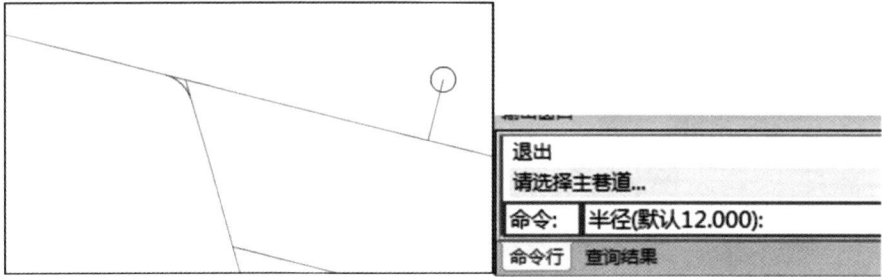

图 3-75 弯道设计

（7）断面设置。框选所有中心线，单击右键选择属性，在弹出的属性窗口中选择断面号和支护类型，如图 3-76 所示。

图 3-76 设置巷道断面和支护类型

注意：对于下盘沿脉、溜井、风井和泄水井联络道，巷道规格是不一样的，需要重新进行断面号的设置。

（8）生成实体。

（9）建立水仓。

①在副井处建立变电硐室和水泵房硐室。点击"井巷工程"—"中心线设计"—"巷道"功能，找到合适的硐室位置，作巷道中心线。

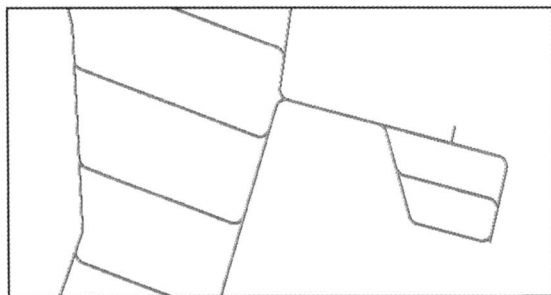

图 3-77 生成巷道模型

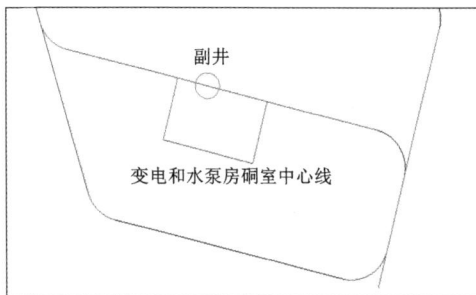

图 3-78 硐室中心线设计

②水仓和配水巷道的设计。运用"中心线设计"—"巷道"功能，在适当高程绘制出水仓和配水巷道中心线，如图 3-79 所示。

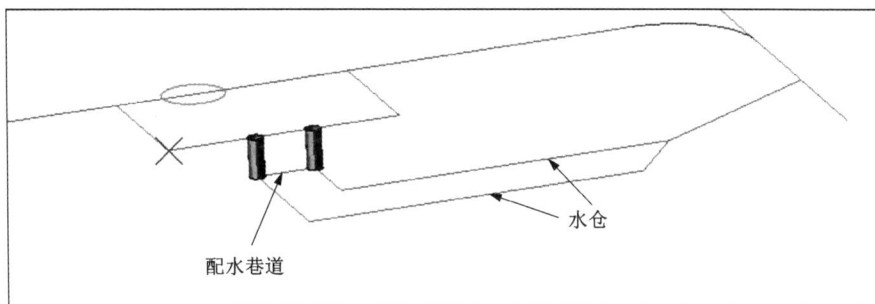

图 3-79 水仓和配水巷道的设计

③设置配电室、水泵房和水仓的断面和支护类型，点击"井巷工程"—"井巷实体"—"联通巷道"功能，生成工程模型，如图 3-80 所示。

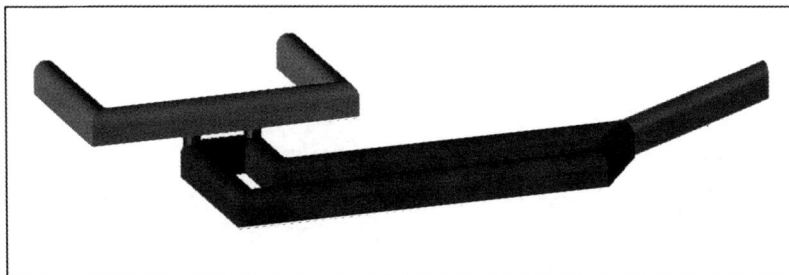

图 3-80 生成硐室和水仓实体

（10）施工图表输出。

将设计好的开拓设计方案输出，用于指导施工。

①有效性检测。

设计的所有巷道必须有实体名称、断面号及支护类型，在为巷道中心线赋属性过程中，数据量大时难免有遗漏，此功能可以检测出没有赋属性的巷道中心线，同时以高亮状态显示，为赋属性提供方便。

②标注。

在进行井巷中心线标注时，为了使编号能满足要求，可以一条线一条线进行选择标注，编号顺序与线的方向有关。不改变参数时，编号根据图形区已有编号自动累加，也可输入本次编号的起始值，重新编号。图 3-81 为标注参数设置界面，标注结果如图 3-82 所示。

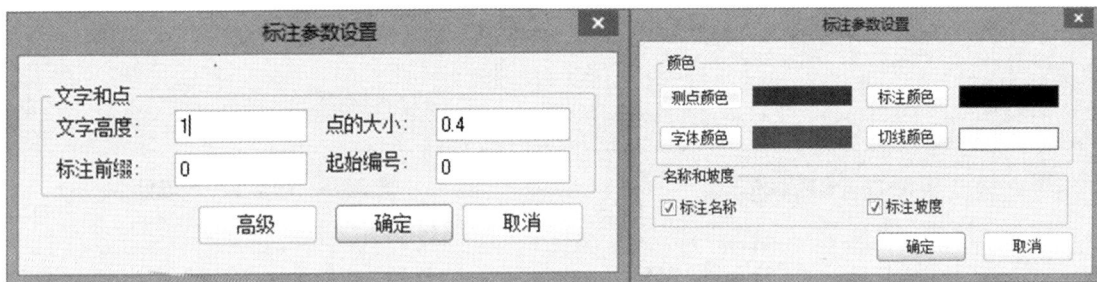

图 3-81　标注参数设置

产生测点和标注图层文件后，将测点及标注图层移到"-200 m 中段开拓设计"图层的下级图层中。

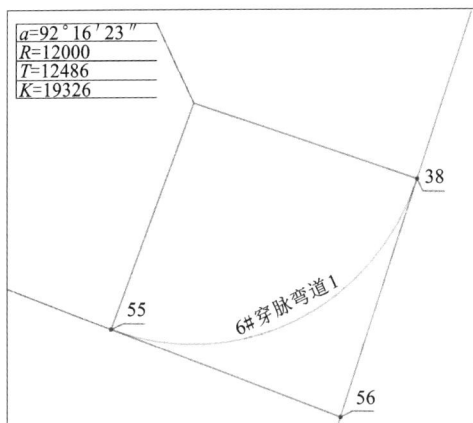

图 3-82　标注结果

③生成巷道帮线

点击"井巷工程"—"施工图"—"双线"，框选所有中心线，右键确认，结果如图 3-83 所示。

④施工图表输出

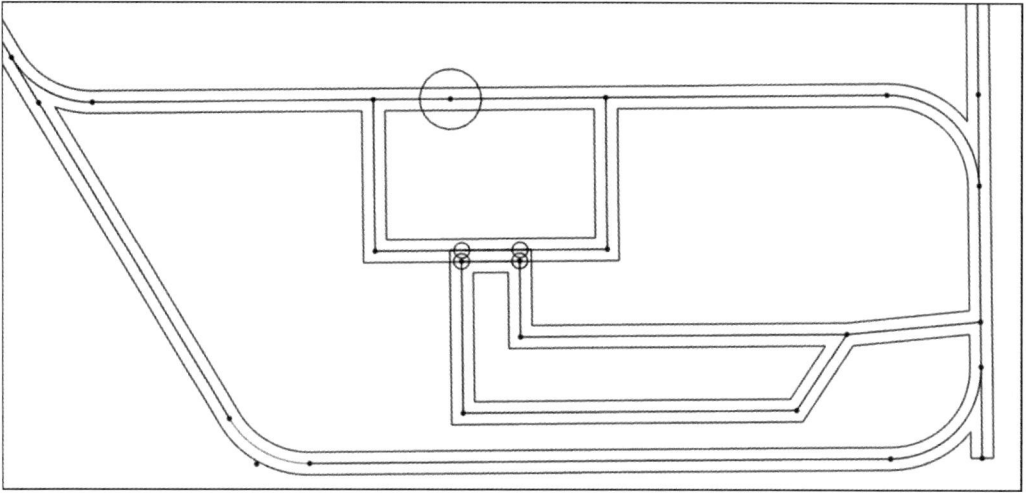

图 3-83　生成双线

选择"井巷工程"—"施工图"—"图表"，框选巷道中心线及其标注，确认 X-Y 是否互换以及网格大小后，点击右键确定。系统自动生成二维施工图（图 3-84）。可以使用"工程出图"中的功能进行编辑和打印。

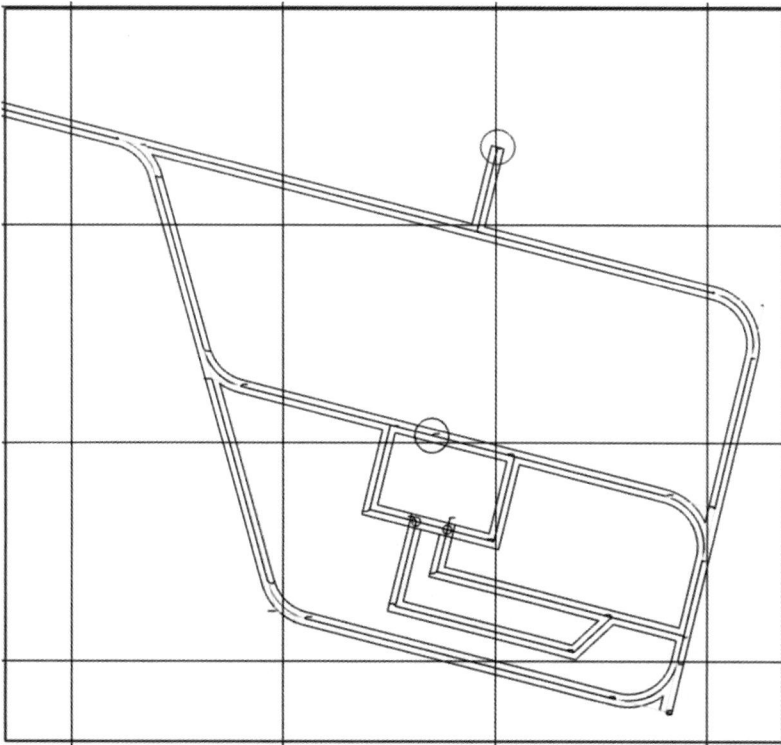

图 3-84　施工图

表 3-18 井巷施工表

名称	支护		断面			长度 /m	开凿量 /m³	支护量		
	形式	厚度 /m	规格 /(m×m)	净 /m²	掘 /m²			混凝土 /m³	木材 /m³	钢材 /kg
副井石门	锚喷	0.20	3.00×4.00	11.01	13.23	257.07	3400.93	376	—	25706
环形车场1	锚喷	0.20	3.00×4.00	11.01	13.23	153.87	2035.61	225	—	15387
环形车场2	锚喷	0.20	3.00×4.00	11.01	13.23	75.71	1001.60	111	—	7571
环形车场3	锚喷	0.20	3.00×4.00	11.01	13.23	96.85	1281.29	142	—	9685
环形车场弯1	锚喷	0.20	3.00×4.00	11.01	13.23	18.84	249.28	28	—	1884
环形车场弯2	锚喷	0.20	3.00×4.00	11.01	13.23	18.84	249.28	28	—	1884
环形车场弯3	锚喷	0.20	3.00×4.00	11.01	13.23	18.84	249.25	28	—	1884
环形车场弯4	锚喷	0.20	3.00×4.00	11.01	13.23	12.56	166.22	18	—	1256
环形车场弯5	锚喷	0.20	3.00×4.00	11.01	13.23	12.56	166.22	18	—	1256
环形车场弯6	锚喷	0.20	3.00×4.00	11.01	13.23	12.56	166.22	18	—	1256

3）中段斜坡道设计

中段之间的人员、无轨设备往往通过中段斜坡道进行联通，所以在中段之间有时需开拓斜坡道。

斜坡道的布置方式有直线式、折返式和螺旋式。螺旋式斜坡道又分为圆柱螺旋式与圆锥螺旋式。

本节以在-100 m 中段与-200 m 中段之间南沿建一坡度为 20% 的折返式斜坡道为例进行讲解。

（1）如图 3-85 所示，在-200 m 中段南沿上找一处绘制一条巷道，作为斜坡道联络道，然后以其为起点，沿斜坡道的扩展方向绘制一条直线。将此线偏移 20 m，作为折返之后的斜坡道中心线。

（2）如图 3-86 所示，以斜坡道联络道端点为基点，坡度 20% 调整中心线。然后绘制一条标高为-180 m 的辅助线，将斜坡道多余的线截断。

（3）如图 3-87 所示，将折返的线调整到标高为-180 m，然后以折返端为基点，按坡度 20% 进行调整，此处折返段按垂直高度上升 40 m，到达-140 m 标高进行设计。同理，设计-140 m 至-100 m 折返段。

（4）设计折返弧段。如图 3-88 所示，用两点圆弧功能，生成两端的折返段，折返圆弧段的标高一致。

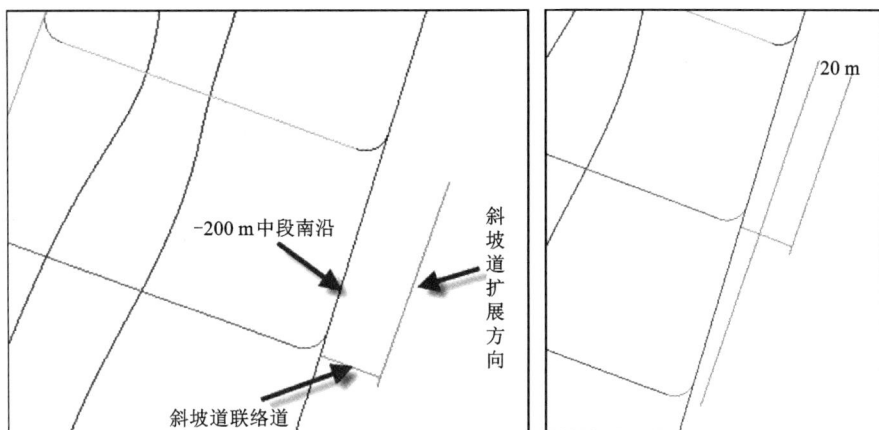

图 3-85　−200~−180 m 中段斜坡道中心线设计

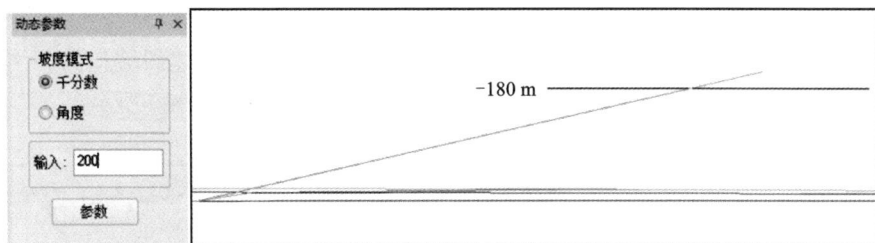

图 3-86　中心线调整

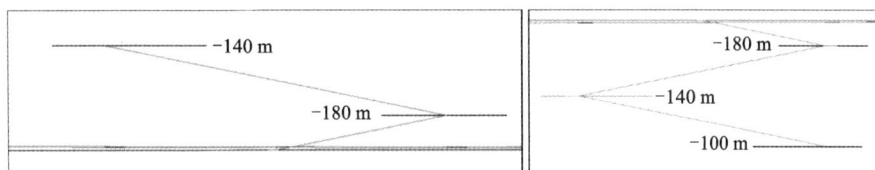

图 3-87　−180~−140 m 中段斜坡道中心线设计

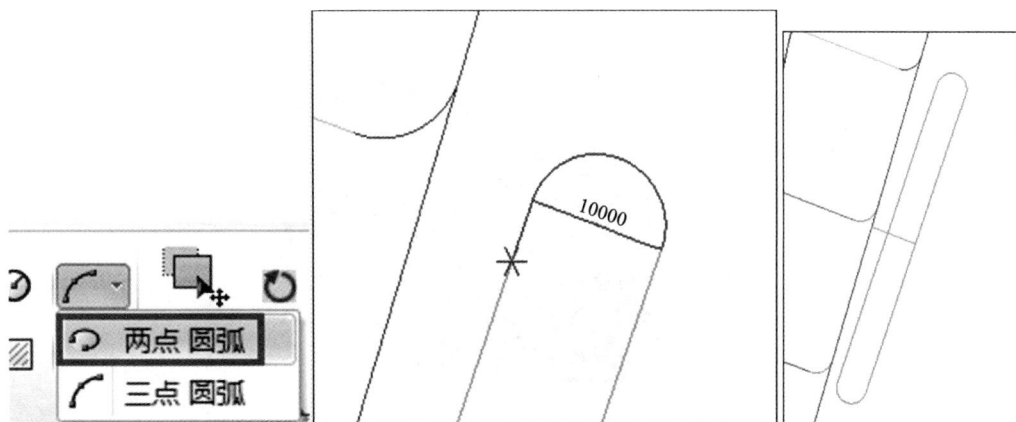

图 3-88　折返处设计

（5）最后生成的效果如图 3-89 所示。

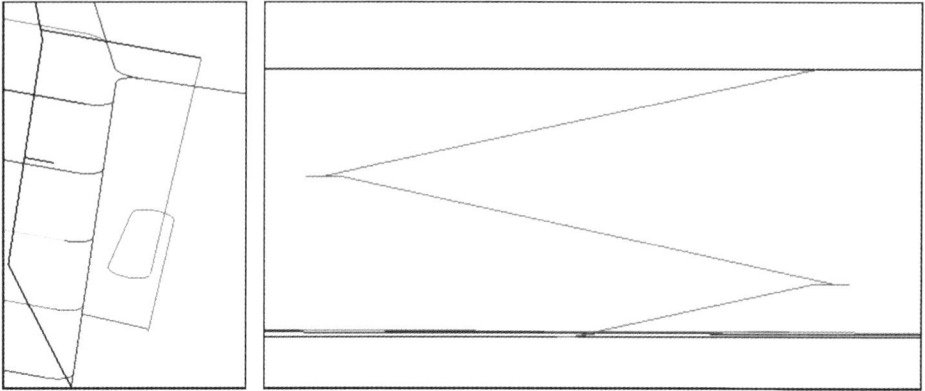

图 3-89　斜坡道中心线设计结果

（6）分别在 -180 m、-160 m、-140 m、-120 m、-100 m 中段创建斜坡道的联络道，并设置巷道中心线的名称及断面、支护信息，然后生成实体模型，如图 3-90 所示。

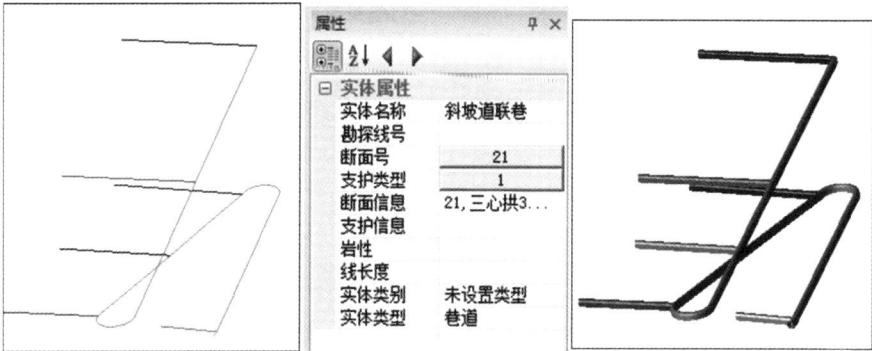

图 3-90　生成实体

最终开拓系统设计整体效果如图 3-91 所示。

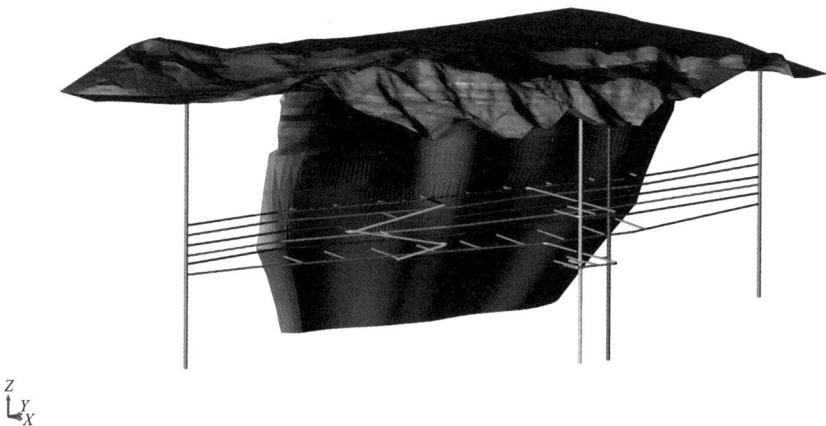

图 3-91　开拓系统设计整体效果图

3.2.3　采切工程设计

　　数字化采切工程设计是借助于数字化技术对矿山开采的采切工程进行真三维设计。在矿山采矿方法设计中,应用可视化真三维技术不仅十分必要,而且完全可行,它突破传统的设计模式和方法,极大地提高了采矿方法设计的工作效率,使采矿方法的设计更加直观、形象、容易理解,其应用前景必将越来越广泛。

　　本节阐述在构建三维模型的基础上,进行采场采切工程设计,计算出采准切割工程量、采切比、矿石量、损失和贫化率等一系列参数,同时输出施工图纸。采切工程设计资料也为后期的采矿生产计划编制和生产过程控制提供了可靠的依据。

　　1. 数据准备

　　采矿方法设计资料准备工作是一项十分重要的工作,它是进行采矿单体设计的基础,包括矿体、地表和开拓系统的三维实体模型,需要计算储量的矿块模型,以及根据矿体的形态选择合适的采矿方法且确定出采矿方法中的各个技术参数。

　　1)采矿方法的确定

　　三维模型为采矿方法的选择提供了较为直观的依据,包括矿体倾角、方位角、厚度、储量、矿体周围情况等。采矿方法的选择需要依据矿体最终形态及矿岩各参数等共同确定,之后确定所选采矿方法的各个技术参数(如矿房、矿柱的尺寸、采准和切割工程的形式和规格、爆破技术参数等)。

　　2)实测巷道建模

　　依据实测数据建立巷道模型,模型主要包括中段巷道、阶段运输巷、穿脉、凿岩巷道、切割天井、溜井、漏斗等工程。

　　3)采场的划分

　　在确定矿山开采顺序和阶段高度等参数后,借助裁剪分割实体功能对矿体模型进行中(分)段切割,在确定阶段矿体的基础上,即可对阶段矿体进行切割,从而形成矿块来划分采场范围。图 3-92 为采场划分示意图。

　　2. 工程布置与优化

　　1)设计模型切分

　　将设计中段模型从整体模型中切分出来,并提取设计中段与上中段矿体轮廓线。

　　2)井巷中心线设计

　　采场建设的采切工程主要由阶段运输平巷、穿脉、人行天井、电耙道、分段凿岩巷道、溜井、漏斗等工程组成。由于采切工程建模的本质为巷道建模,因而应采用中线加断面的形式来生成实体,继而创建此设计工程实体模型(图 3-93)。

　　设计井巷工程首先是设计井巷中心线,在考虑三维采区整体和采场构成的情况下,定义平面工作面,在工作面中进行中心线的设计。其中对于巷道弯度、道岔等位置的设计,目前软件都已提供了弯道和道岔的参数化设计;天井设计可直接在空间中定义上、下井口位置,然后连线形成天井中心线。

　　3)坡度设置

　　以井巷中心线的一个端点为起点,对巷道设计中心线按照设计坡度进行调整。

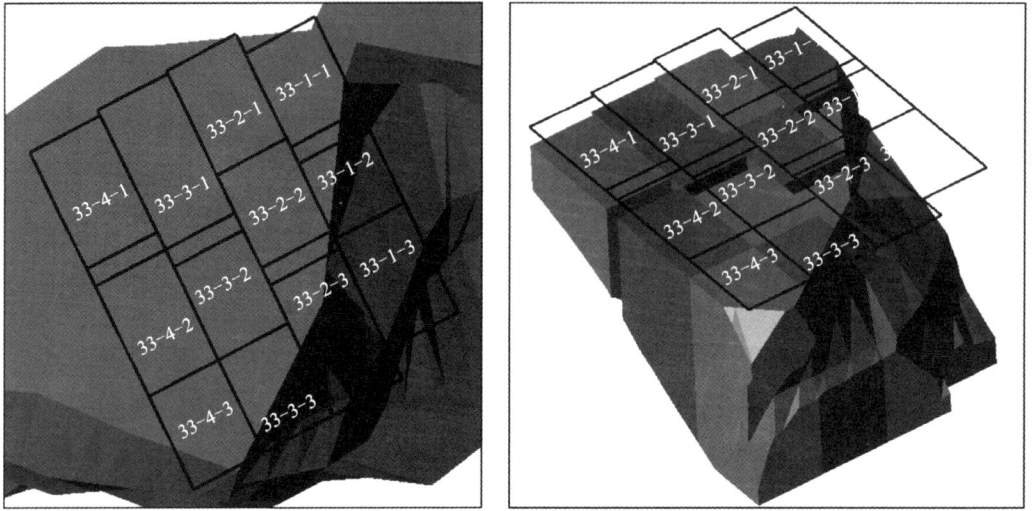

图 3-92 采场划分示意图

4）井巷中心线命名与属性设置

利用软件快速标注功能对设计井巷工程中心线进行井巷命名和属性添加，属性添加信息包含巷道断面尺寸、支护信息等。

5）模型生成

根据确定的断面沿巷道底板中线（圆形巷道则沿巷道中线）生成巷道实体。

3. 设计指标计算

1）标注

利用软件快速对设计工程中心线进行标注，包括名称、坡度、拐弯半径、拐点坐标等。

图 3-93 采切工程设计模型

2）施工图输出

在真三维模型基础之上设计的采切工程，与传统设计相比更加直观化、形象化、真实化，对从本质上了解各个采准切割工程的空间结构、采准顺序等起到了不可替代的作用。此外，根据真三维矿块及内部实体工程模型，可截取任意位置、方向、比例的平面图和剖面图。

在平面与剖面图纸的基础上进行施工指导、生产进度计划编制，同时为矿山的生产调度及其控制提供空间定位和基础模型，并最终服务于整个生产过程。

3）采切工程量计算

采切工程设计完成后，输出设计成果，包括采切工程设计的平面与剖面图以及采切工程量，如图 3-94、图 3-95、表 3-19 所示。

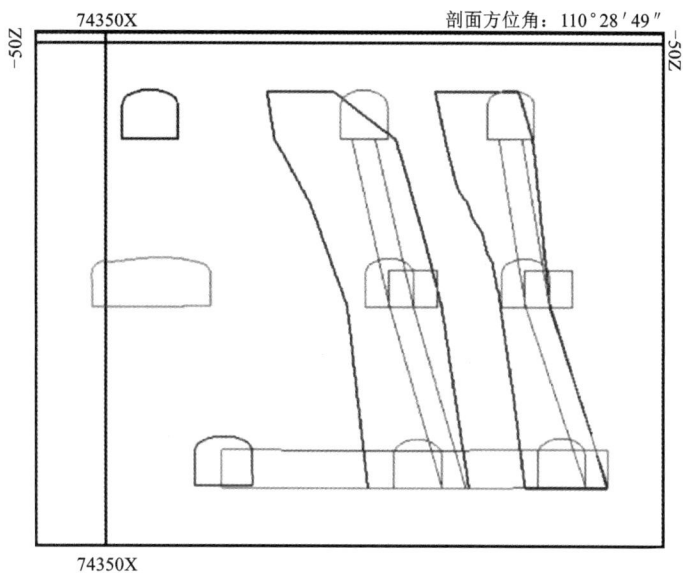

图 3-94　剖面图的输出

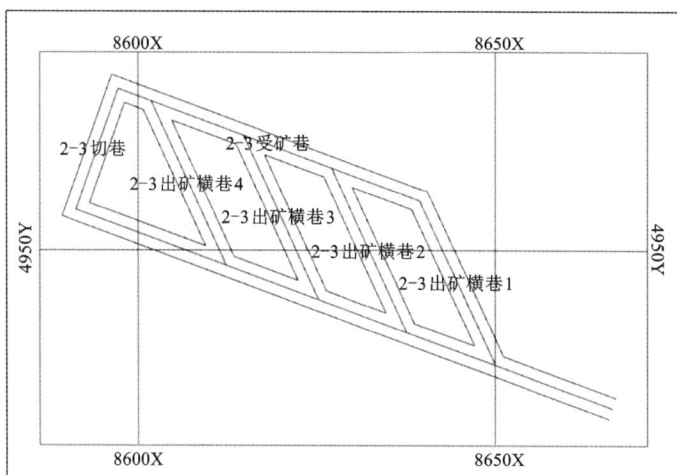

图 3-95　平面图

表 3-19　工程量输出

序号	名称	支护		断面			长度 /m	开凿量 /m³	支护量		
		形式	厚度 /m	规格 /(m×m)	净 /m²	掘 /m²			混凝土 /m³	木材 /m³	钢材 /kg
1	2-3 出矿横巷 1	锚喷	0.20	3.00×4.00	11.01	13.23	24.75	327.41	36	—	2475
2	2-3 出矿横巷 2	锚喷	0.20	3.00×4.00	11.01	13.23	24.75	327.41	36	—	2475
3	2-3 出矿横巷 3	锚喷	0.20	3.00×4.00	11.01	13.23	24.75	327.41	36	—	2475

续表3-19

序号	名称	支护		断面			长度/m	开凿量/m³	支护量		
		形式	厚度/m	规格/(m×m)	净/m²	掘/m²			混凝土/m³	木材/m³	钢材/kg
4	2-3 出矿横巷 4	锚喷	0.20	3.00×4.00	11.01	13.23	24.75	327.41	117	—	2475
5	2-3 出矿巷	锚喷	0.20	3.00×4.00	11.01	13.23	79.97	1057.92	26	—	7997
6	2-3 切巷	锚喷	0.20	3.00×4.00	11.01	13.23	17.50	231.51	66	—	1750
7	2-3 受矿巷	锚喷	0.20	3.00×4.00	11.01	13.23	44.95	594.59	66	—	4494

4. 损失贫化计算

根据损失贫化概念及传统计算原理和方法,利用地质体模型、矿块模型、井巷模型、采空区模型等来计算损失贫化。

1) 模型数据准备

(1) 采空区模型。

本设计采场的预计采空区模型,可根据爆破设计实体模型或爆破边界线建立的实体模型创建(图 3-96)。

(2) 矿房模型(采场矿体单元模型)。

设计采场的矿房模型(图 3-97)。

图 3-96 预计采空区模型

图 3-97 设计采场矿房模型

(3) 采空区模型与矿房模型经布尔运算求交的实体为采下矿石模型(图 3-98)。

(4) 对矿房模型与空区模型进行布尔运算,矿房模型外部的差集为损失矿石模型(图 3-99)。

图 3-98 采下矿石模型

图 3-99 损失矿石模型

（5）对矿房模型与空区模型进行布尔运算，空区模型外部的差集为采下废石模型（图 3-100）。

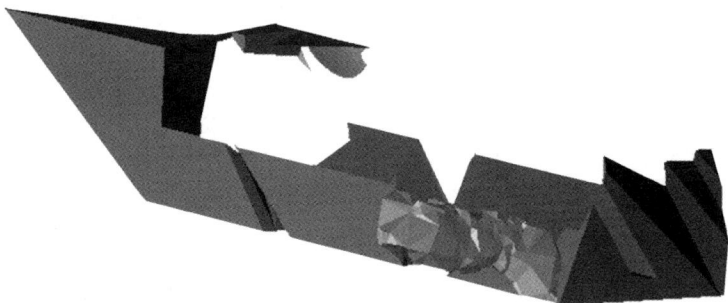

图 3-100　采下废石模型

另外也可只做（1）和（2）模型，（3）、（4）、（5）模型可利用（1）、（2）模型的约束条件通过块体模型储量计算得出需要的数据，不需要再做模型。

2）贫损计算

采矿损失率（P）通过损失矿石量与矿房模型矿量的百分比求出：

$$P = \frac{损失矿石量}{矿房模型矿量} \times 100\%$$

贫化率（r）通过采下废石量与采下矿岩总量百分比求出：

$$r = \frac{采下废石量}{采下矿岩总量} \times 100\%$$

5. 采切工程设计案例

采切工程设计受采矿方法制约，不同的采矿方法，其采切工程布置不同。下面利用 DIMINE 软件在图 3-91 所示模型的基础上进行无底柱分段崩落法、分段凿岩阶段出矿嗣后充填法、VCR 法采切设计。

1）无底柱分段崩落法采切设计

无底柱分段崩落法是使凿岩巷道在不同分段错开布置，凿岩、崩矿和出矿等工作均在回采巷道中分段进行。凿岩巷道（进路）间距 20 m，分段高度 20 m。

（1）切制 -180 m、-160 m、-140 m、-120 m 标高的矿体轮廓线（图 3-101）。

（2）将 -200 m 水平的 4#、5# 穿脉中心线复制到 -180 m 图层，并设置为 -180 m 标高，

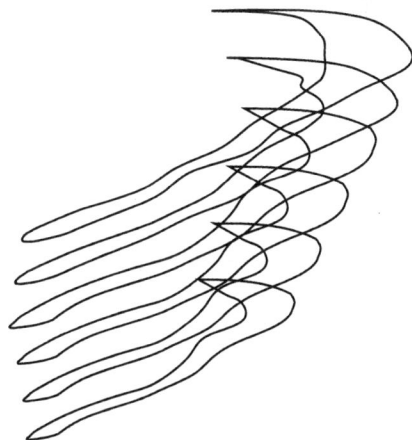

图 3-101　矿体轮廓线

将 4# 穿脉先偏移 10 m，然后多次偏移 20 m，直到超出 5# 穿脉。根据矿体边界修剪线的长度，打开上水平的 -160 m 矿体界线，对比两分段的矿体界线，从而确定切割巷中心线位置，如图 3-102 所示。

（3）设置新增进路的名称为 4-1 凿岩巷，4-2 凿岩巷，…，4-5 凿岩巷；同时，设置断面，生成非联通实体，如图 3-103 所示。在切割巷断面设置一个切割天井，断面为 2 m×2 m 的矩形，切割天井的高度与分段高度相同，为 20 m。

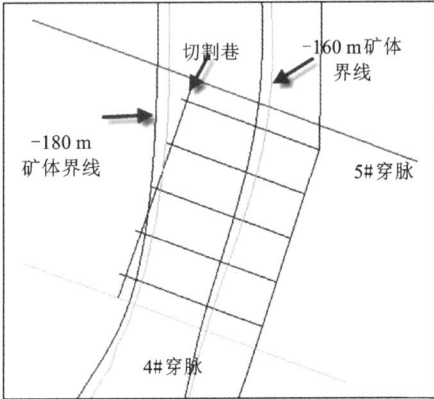

图 3-102 切割巷位置

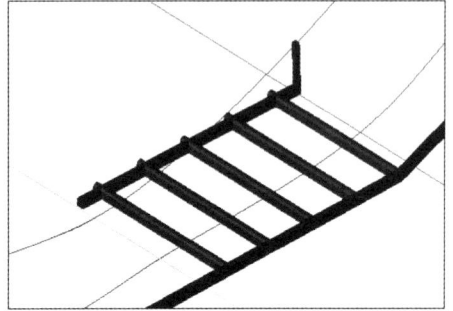

图 3-103 -180 m 采切巷道实体

（4）同上设置-160 m 分段采切工程。进行进路设计时，将 4#穿脉多次偏移 20 m，直到 5#穿脉位置停止，如图 3-104 所示。

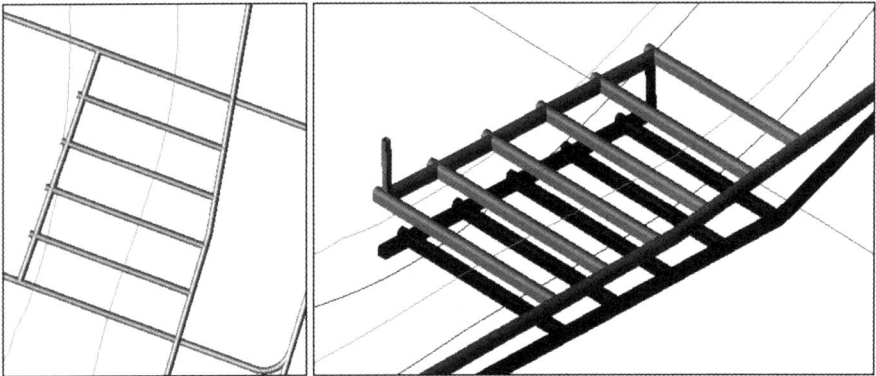

图 3-104 -160 m 水平采切设计

（5）按-180 m 分段方式设置-140 m 分段的采切工程，按-160 m 分段的方式设置-120 m 分段的采切工程。整体布置效果如图 3-105 所示。

（6）布置溜井。在靠近 4#穿脉一侧布置一条直径为 4 m 的圆溜井与各分段相连，分段与溜井采用联络道相连，如图 3-106 所示。

2）分段凿岩阶段出矿嗣后充填采切设计

该方法在各个分段巷道凿岩，在阶段的最下分段巷道出矿，分段高度 20 m，凿岩巷道间距 20 m。

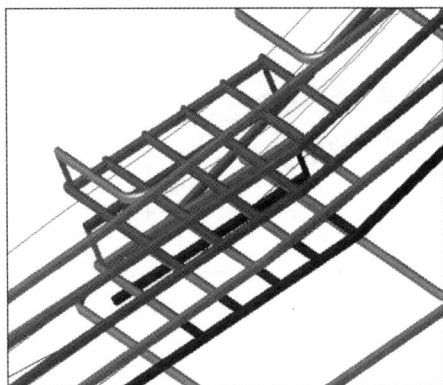

图 3-105　-140 m 水平采切工程布置效果

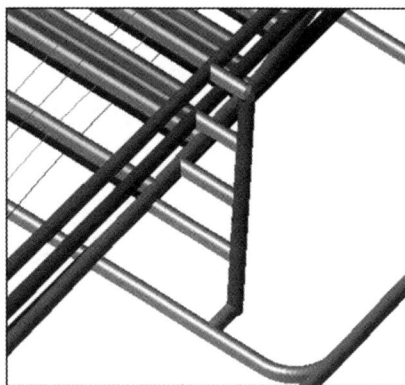

图 3-106　溜井设计

（1）将"-200 m 水平"的 2#、3#穿脉中心线复制到-180 m 图层。将 2#与 3#穿脉间的区域设为 5 个 20 m 宽的矿房（图 3-107）和矿柱。将 2#穿脉多次偏移 20 m，得到每个矿房矿柱区域。将各线高程调整至与-180 m 沿脉中心线一致。下面以一号矿房为例进行采切设计。

（2）根据矿体边界修改线的长度，并通过坡度调整功能，将出矿巷坡度调整为 3‰。将出矿巷偏移 17.5 m，作为凿岩巷，如图 3-108 所示。

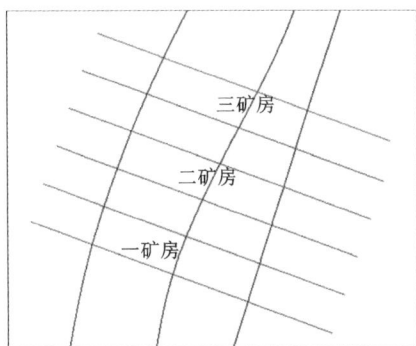

图 3-107　矿房划分

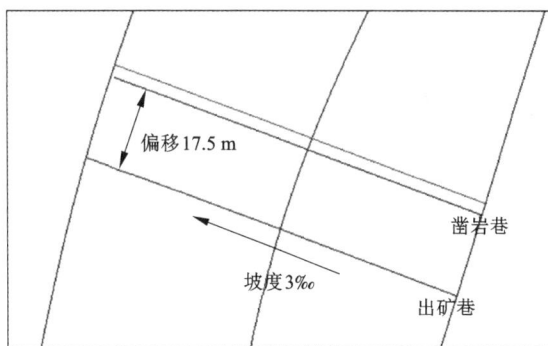

图 3-108　凿岩巷

（3）布置出矿进路。从出矿巷向凿岩巷作 45°间隔 8.5 m 的出矿进路，如图 3-109 所示。

（4）在凿岩巷端部设置一条切割天井，断面为 2 m×2 m 矩形，高 20 m。设置断面及支护形态，生成实体模型，如图 3-110 所示。

（5）设计-160 m 分段凿岩巷与切割巷。将一号矿房的边界线复制到"-160 m 水平"，调整好线高程，在两边界线中央设立凿岩巷中心线。根据矿体界线确定切割巷。在切割巷端部设置切割天井，设置断面及支护方式，生成实体模型，如图 3-111 所示。

6）-140 m 分段、-120 m 分段同-160 m 分段一样建立凿岩巷与切割巷。最后建立一个中段溜井与各分段联通，溜井与分段之间采用溜井联道连接。采切设计结果如图 3-112 所示。

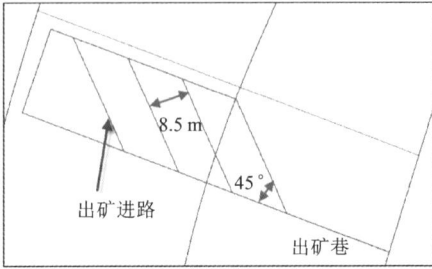

图 3-109 出矿巷

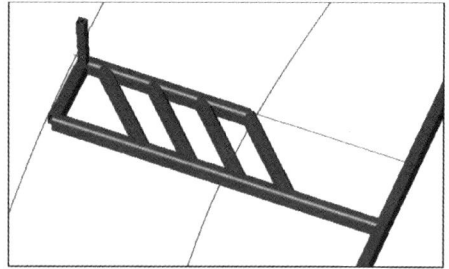

图 3-110 切割天井设计

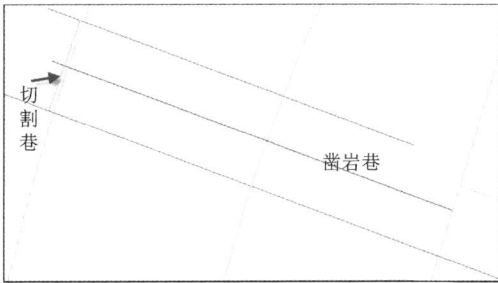

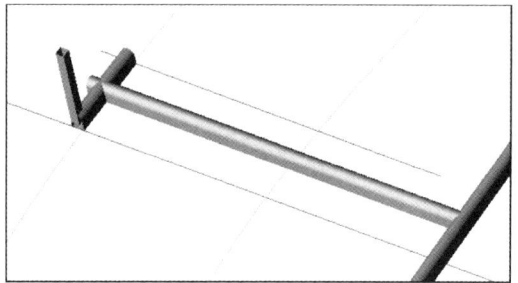

图 3-111 -160 m 中段采切设计

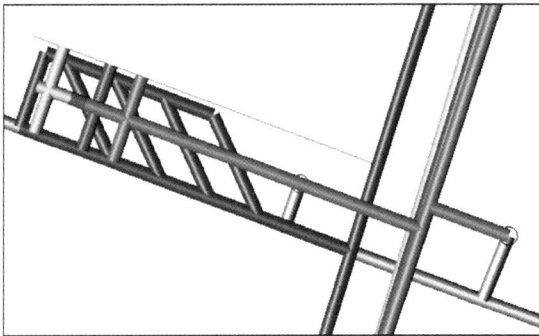

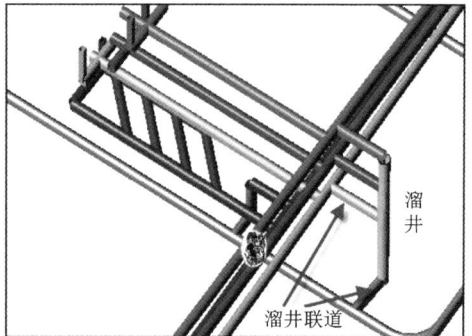

图 3-112 采切设计结果

3) VCR 法采切设计

该方法是高分段凿岩爆破,在阶段的最下分段巷道出矿,阶段高从-100 m 至-180 m,阶段高度 80 m,在-180 m 分段设置出矿巷道及堑沟,分别在-140 m 分段及-100 m 分段设置两层凿岩硐室,凿岩硐室宽 6 m,朝下打大直径深孔(平行孔或斜孔)。

(1)将"-200 m 水平"的 7#、8#穿脉中心线复制到-180 m 图层。将 7#穿脉多次偏移 20 m,得到多个矿房矿柱区域。将各线高程调整至与-180 m 沿脉中心线一致。下面将以一号矿房为例进行设计。

(2)-180 m 出矿水平设计。-180 m 水平的凿岩巷主要是为了开凿堑沟,切割天井也是为堑沟服务的,切割天井的高度与堑沟设计高度相同,如图 3-113 所示。

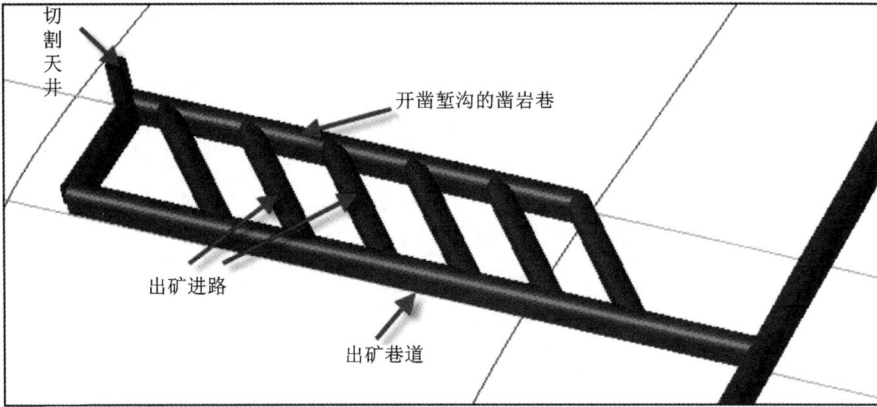

图 3-113　矿房底部结构

（3）-140 m 分段凿岩硐室设计。将矿房控制线复制到-140 m 高程，将控制线向内偏移 3 m，形成凿岩硐室的中心线。凿岩硐室端部与-180 m 出矿水平端部对齐。有时为增强爆破效果，在凿岩硐室中部增加一条凿岩横巷，如图 3-114 所示。

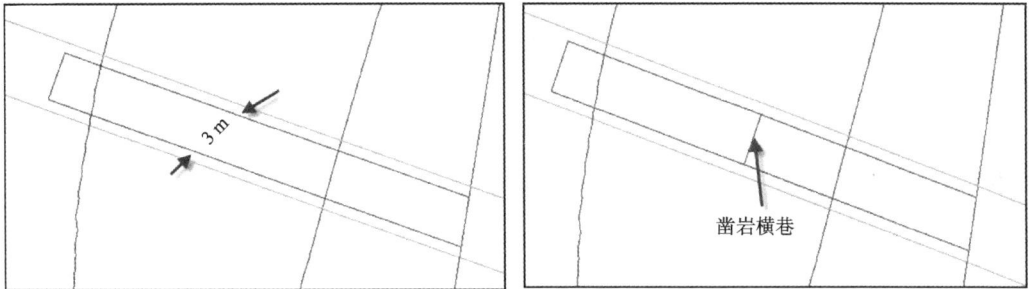

图 3-114　凿岩硐室设计

（4）设置中心线断面及支护信息，生成实体，如图 3-115 所示。

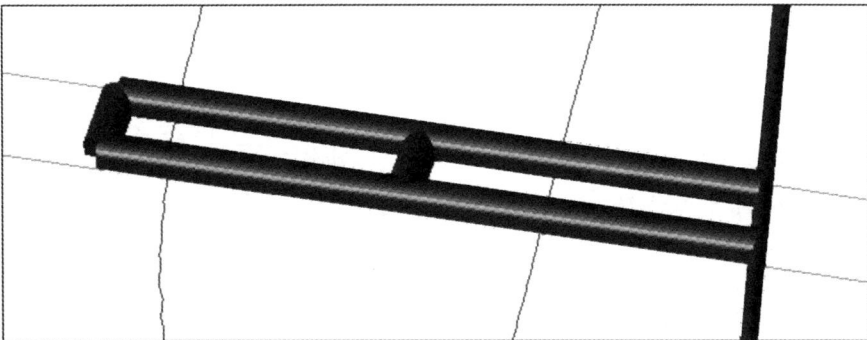

图 3-115　凿岩硐室实体

147

（5）–100 m 分段凿岩硐室设计参照–140 m 分段。最终采切设计结果如图 3–116 所示。

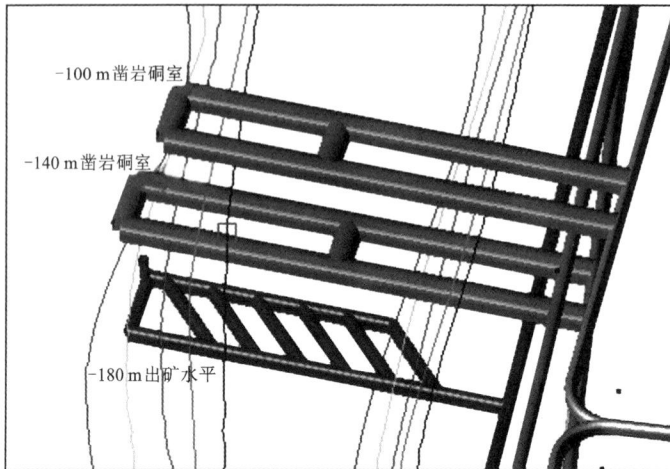

图 **3–116** 采切设计结果

4）工程量计算及出图

采切设计做完后，需对设计工程进行图表输出。以 VCR 采切设计成果（图 3–117）为例，输出工程量图表。

（1）显示设计中心线（图 3–118），对中心线进行标注（图 3–119）。标注后中心线如图 3–120 所示。

图 **3–117** VCR 采切设计成果

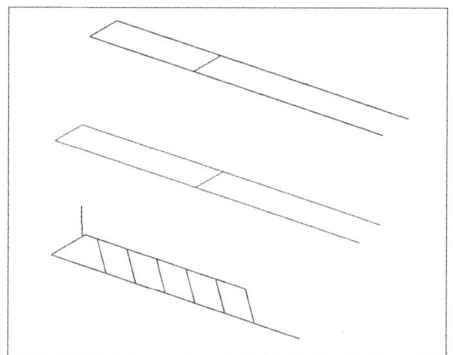

图 **3–118** 设计中心线

（2）由于采切工程分为多层，在标注时建立分组标识，在出图表时便于区分。

（3）双线生成。依据中心线及各中心线的断面生成巷道帮线（图 3–121）。

（4）图表输出。一键输出工程图及工程量表等，见图 3–122 和表 3–19。

图 **3–119** 标注设置

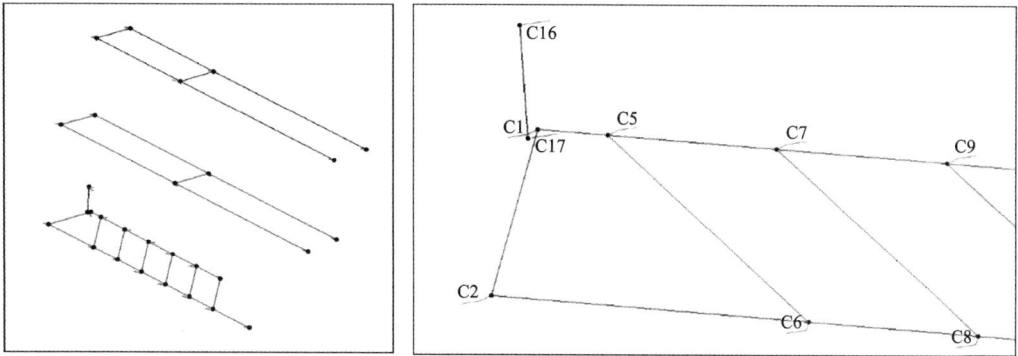

图 3-120　标注后中心线

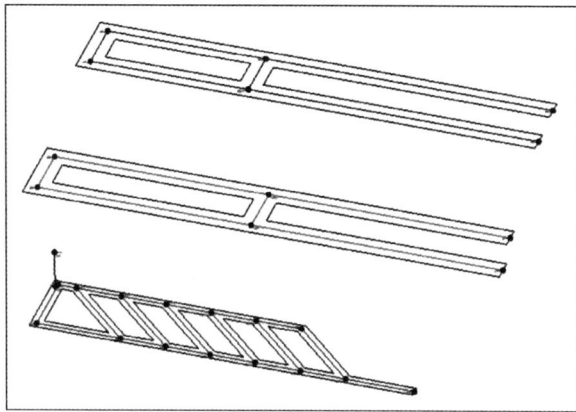

图 3-121　生成巷道帮线

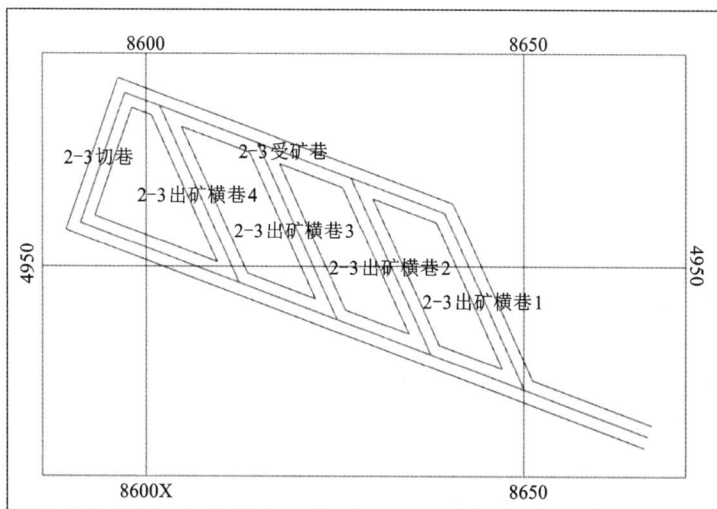

图 3-122　图表输出

3.2.4　回采爆破设计

1. 扇形深孔爆破设计

扇形深孔爆破在地下矿山三维爆破设计中占有很大的比重。其设计流程是：先依据三维矿体模型、井巷工程模型、空区模型等来确定采场边界范围，在此基础上，依据孔底距、钻机参数等自动生成各炮排炮孔；根据装药算法自动进行装药设计；可以对自动生成的炮孔参数(长度、角度、装药长度等)进行交互式修改和编辑，最终生成爆破实体、爆破施工卡片以及中深孔设计施工图。

利用软件平台可以在三维立体空间中更准确、直观地进行采场爆破相关设计，这不仅增强了空间概念，有利于准确地指导生产，快速地进行各种图件的生成和各类经济技术指标的计算，还大大提高设计精度和设计人员的效率。

1) 流程

地下矿爆破设计流程如图 3-123 所示。

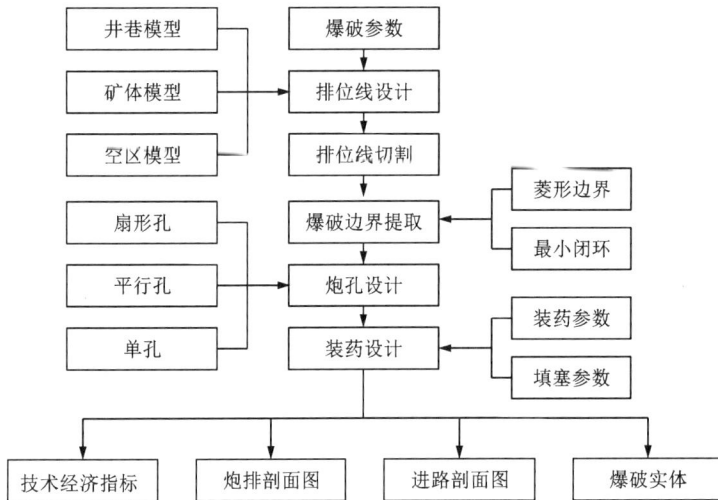

图 3-123　地下矿爆破设计流程图

(1) 爆破参数设置。

①炮孔参数设置是否合理直接决定了爆破效果，包括孔底距、孔底距容差、最小孔口距、边界容差与最大孔深。其中：

孔底距是指相邻两个炮孔孔底间的垂直距离；

孔底距容差是指爆破设计时，难以调整每个孔的孔底距刚好相等，这时候可允许在相应的偏差范围内对孔底距进行调节，此偏差范围即为容差(如孔底距为 2 m，容差为 0.1 m，则设计的炮孔允许孔底距范围为 1.9~2.1 m)；

最小孔口距是指在进行炮孔施工时，相邻炮孔孔口的最小距离；

边界容差是指炮孔到采场边界的距离，距离为正表示穿过采场，距离为负表示在采场内部，-0.5 代表在爆破边界内，距离边界线 0.5 m；

最大孔深是指对炮孔按照最大孔深值进行布置，如果超过边界，则根据边界容差值进行截断。

②钻机参数。

钻机参数包括钻机支高、钻机机身高度与宽度、钻孔直径。其中钻机支高是指布置炮孔时实时显示的钻机支柱的高度；钻机机身高度与宽度是指布置炮孔时实时显示的钻机高度、宽度；钻孔直径是指钻孔施工的孔直径。

（2）工程模型创建。

工程模型的创建包括矿体模型、井巷工程模型与空区模型的创建。其中矿体模型是地下矿爆破设计的对象，可以通过采场切割划分来确定爆破边界；实测/设计井巷工程模型用于确定钻机的摆布位置与钻机中心点；空区模型是针对二步骤回采确定相邻采场的爆破边界。

（3）排位设计。

排位设计时需考虑排位间距、排位左右控制宽度、排位控制高度、排位角度与倾角等因素。其中排位间距是指每一炮排的间距，可以按照排间距或者排数来定义炮排；排位左右控制宽度是指炮排左、右侧控制线与巷道中心线的左、右侧距离，一般为采场控制线距离的一半；排位控制高度是指炮排垂直方向控制高度，一般超过分层（段）设计高度；排位角度、倾角分别指炮孔排面与巷道中心线及其水平面的角度，如图 3-124 所示。

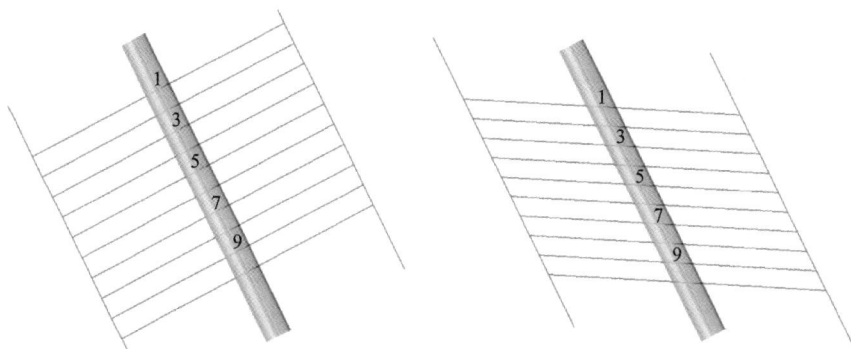

图 3-124　排线与巷道呈垂直、60°夹角示意

（4）排位切割。

根据设计好的炮排对爆破实体（巷道、矿体、空区等实体模型）进行切割，并生成炮排的切片文件。

（5）爆破控制边界提取。

爆破边界由矿体模型、巷道模型、空区模型等切割线及边孔角角度来进行控制，可以通过提取多线条的最小闭环区域或创建菱形边界来进行爆破边界的提取。

其中边孔角是扇形炮孔的一个重要参数。边孔角过大，会增大下一分段炮排中部炮孔的深度及凿岩难度，致使爆破后所形成的"V"形槽角度过小，从而不利于散体的流动；边孔角过小，则会使边部炮孔进入散体挤压带范围之内，无法保证炮孔爆破有足够的碎胀空间，从而使爆破时容易出现药壶效应，不能有效地崩落矿岩，容易形成大块矿石产生区。

①最小闭环。

选择封闭区域，在选择的控制线内生成最小的闭合爆破边界，如图 3-125 所示。

②菱形边界。

在每个切片文件上依据设置的边孔角参数及选中数据自动绘出菱形的爆破边界,如图 3-126 所示。

③钻机中心点。

根据钻机中心数可以分为"上单下单""上单下双"或是"上双下单""上双下双"等几种情况。这里的单双指的是钻机点的数目,该数目需根据实际钻孔的情况来选择。例如,本水平只有一个钻机工作,而上水平有两个钻机工作,则该钻孔称为上双下单,其他钻机的布置形式以此类推。

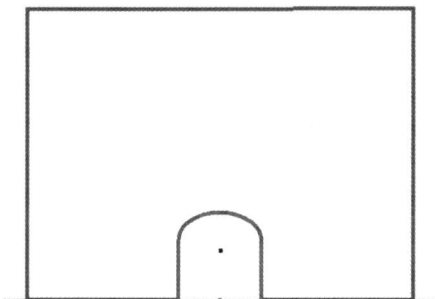

图 3-125　最小闭环边界

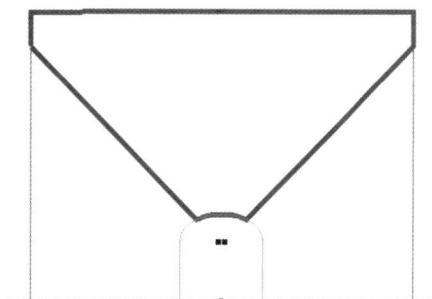

图 3-126　菱形边界与双钻机中心

④边界收缩。

对于采场周边已经采空的位置、周边巷道等,炮孔不能击穿,或采场需要保留一定的安全边界间距时,炮孔需要收缩边界。

(6)炮孔设计。

在每一炮排剖面爆破边界线的基础上进行炮排炮孔的设计。根据炮孔参数进行炮孔设计,对设计后的炮孔还可以进行命名、调整位置等。扇形炮孔设计如图 3-127 所示。

(7)装药设计。

装药设计就是在设计的炮孔基础上进行炸药的布置,确定装药的长度和填塞的长度,为爆破做准备。

①装药影响半径。

装药影响半径分为采用实际孔底距的一半和输入给定值两种方式。炮孔的孔底距过大,超出了炸药的临界半径时,是不合理的,所以需给定一个临界半径值。

炸药比重为在指定孔径的情况下的每米炸药的质量。

②填塞参数。

连续装药:以指定的首孔和其填塞长度为基础,根据输入的装药影响半径来确定邻近炮孔的装药长度。

如图 3-128 所示,首孔填塞长度 2 m,首孔的装药影响半径线与相邻孔的交点就是相邻炮孔的装药与填塞分界点,从该分界点到孔底的距离为装药长度,从该分界点到孔口的距离为堵塞长度。

交错装药:按照指定的首孔填塞长度、设置填塞长度和最小填塞长度在装药影响半径的影响下依次交错装药。

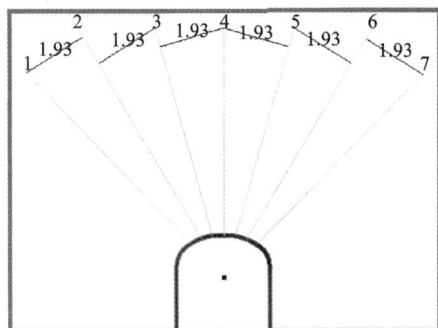

图 3-127　扇形炮孔设计示意图

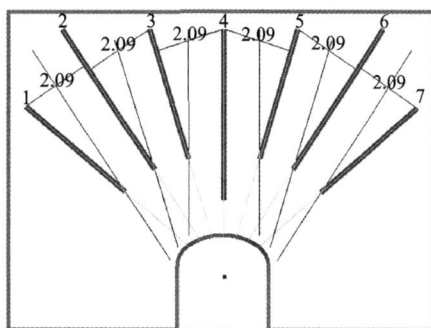

图 3-128　连续装药

如图 3-129 所示，4#首孔填塞长度 2 m，3#和 5#受装药影响半径影响，2#、6#设置填塞长度 1 m，以此影响 1#和 7#填塞长度，保证最小填塞长度在 1 m。

参数装药：按照首孔填塞长度和设置填塞长度一次性交错装药。

如图 3-130 所示，首孔填塞长度 2 m，设置填塞长度 1 m。

装药后可以修改编辑填塞长度。

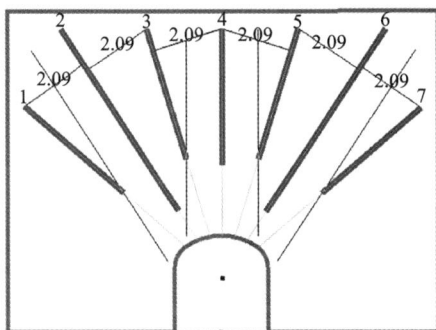

图 3-129　交错装药

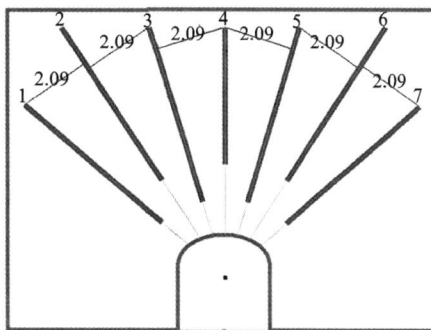

图 3-130　参数装药

（8）成果输出。

将设计炮孔信息、装药信息、爆破技术指标和矿岩详细信息等成果信息通过图件、Excel 表等方式输出。

①炮排剖面图。

自动在对应的炮孔文件下生成炮排剖面图（图 3-131）。输出每一炮排边界、炮孔、装药设计图，输出炮排剖面表，如表 3-20、表 3-21 所示，剖面参数包含钻孔方位角、倾角、孔深、装药长度、装药量等，指导钻孔装药施工。

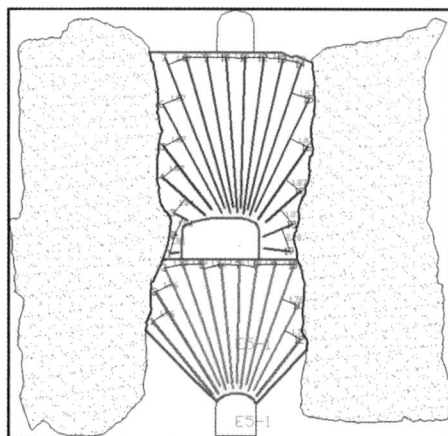

图 3-131　炮排剖面图

153

表 3-20 70 分段第 11 排炮排剖面表

凿岩巷道	排号	凿岩中心	孔号	方位/(°) 设计	实际	倾角/(°) 设计	实际	孔深/m 设计	实际	装药长度/m 设计	实际	装药质量/kg	圆心距/m
E5-1	11	单	1	300.1		-5.7		1.1		0.8		1.8	5.6
E5-1	11	单	2	300.1		9.8		0.7		0.2		0.5	5.7
E5-1	11	单	3	300.1		26.4		2.1		1.5		3.4	2.1
E5-1	11	单	4	300.1		41.4		6.0		5.5		12.3	4.0
E5-1	11	单	5	300.1		52.2		8.6		7.6		17.0	3.4
E5-1	11	单	6	300.1		61.2		12.4		11.9		26.7	3.1
E5-1	11	单	7	300.1		68.2		16.4		15.4		34.8	2.9
E5-1	11	单	8	300.1		73.9		15.9		15.4		34.6	2.8
E5 1	11	单	9	300.1		79.8		15.5		14.5		32.7	2.8
E5-1	11	单	10	300.1		85.7		15.3		14.8		33.3	2.7
E5-1	11	单	11	120.1		88.3		15.3		14.3		32.2	2.7
E5-1	11	单	12	120.1		82.3		15.5		15.0		33.7	2.7
E5-1	11	单	13	120.1		76.4		15.8		14.8		33.2	2.7
E5-1	11	单	14	120.1		70.6		15.8		15.3		34.5	2.7
E5-1	11	单	15	120.1		63.7		13.0		12.0		27.0	2.7
E5-1	11	单	16	120.1		54.4		8.9		8.4		18.9	2.7
E5-1	11	单	17	120.1		41.0		5.5		4.5		10.2	2.5
E5-1	11	单	18	120.1		21.8		3.6		3.1		7.0	2.1
E5-1	11	单	19	120.1		-5.0		3.1		2.6		5.8	1.9
总计								190.5		177.6		399.6	

表 3-21　E5-1-87 分段第 11 排炮排剖面表

凿岩巷道	排号	凿岩中心	孔号	方位/(°)		倾角/(°)		孔深/m		装药长度/m		装药质量/kg	圆心距/m
				设计	实际	设计	实际	设计	实际	设计	实际		
E5-1	11	单	1	300.1		50.0		9.8		9.1		20.4	2.8
E5-1	11	单	2	300.1		58.0		11.9		11.4		25.6	2.8
E5-1	11	单	3	300.1		64.8		13.5		12.5		28.2	2.8
E5-1	11	单	4	300.1		71.1		13.1		12.6		28.4	2.8
E5-1	11	单	5	300.1		77.6		12.6		11.6		26.1	2.8
E5-1	11	单	6	300.1		84.3		12.3		11.8		26.6	2.8
E5-1	11	单	7	120.1		89.0		12.3		11.3		25.4	2.8
E5-1	11	单	8	120.1		82.4		12.4		11.9		26.8	2.8
E5-1	11	单	9	120.1		75.8		12.7		11.7		26.4	2.8
E5-1	11	单	10	120.1		69.3		13.3		12.8		28.8	2.8
E5-1	11	单	11	120.1		61.4		9.9		9.2		20.6	2.8
E5-1	11	单	12	120.1		51.5		7.4		6.9		15.5	2.8
合计								141.2		132.8		298.8	

②技术经济指标。

技术经济指标是评价爆破效果好坏的参数，一般包括损失率、贫化率、每米崩矿量以及炸药单耗。

损失率=爆破边界之外的矿量/(爆破边界之外的矿量+爆破边界之内的矿量)×100%=损失矿量/(损失矿量+崩落矿量)×100%；

其中，"爆破边界之外的矿量"由用户在"计算量"的时候指定区域计算；

贫化率=爆破边界之内的岩量/爆破边界之内的所有量(即"岩量+矿量")×100%=崩落岩量/崩落毛矿量×100%；

每米崩矿量=每排爆破边界之内的所有量/每排炮孔米数=每排崩落毛矿量/每排炮孔米数；

炸药单耗=每排爆破边界之内的所有量/每排炸药质量=每排崩落毛矿量/每排炸药质量，其中崩落毛矿量=崩落岩量+崩落矿量。

表3-22 炮排经济技术指标表

排号/个	孔数/个	设计米数/m	设计装药米数/m	火工材料消耗 炸药/kg	火工材料消耗 非电管/发	火工材料消耗 导爆索/m	崩落地质矿量/t	崩落地质品位/%	崩落平均品位/%	上接矿量/t	上接地质品位/%	上接平均品位/%	崩落矿量/t	崩落岩量/t	崩落毛矿量/t	左下转矿量/t	左下转地质品位/%	左下转平均品位/%	左下转矿量/t
1	4	13	10	48.59	—	—	86.95	47.85	47.85	0.00	0.00	0.00	86.95	0.00	86.95	162.63	46.04	46.04	169.48
2	4	7	0	0.00	—	—	42.96	46.49	43.37	0.00	0.00	0.00	42.96	3.09	46.05	104.13	45.70	45.46	122.07
8	5	30	23	114.43	—	—	62.85	41.81	13.17	0.00	0.00	0.00	62.85	136.72	199.57	191.05	41.24	32.70	130.18
9	9	128	84	421.59	—	—	488.22	48.87	29.33	0.00	0.00	0.00	488.22	325.30	813.52	1257.76	42.46	42.19	220.04
10	10	173	114	571.05	—	—	980.85	51.27	44.89	0.00	0.00	0.00	980.85	139.49	1120.34	259.86	43.49	43.49	258.92
13	11	201	126	628.94	—	—	734.72	51.57	51.57	459.26	53.84	48.94	1193.98	45.95	1239.93	158.42	43.19	43.19	158.42
13	11	203	128	637.53	—	—	735.89	52.17	52.17	518.86	52.10	52.10	1254.74	0.00	1254.74	170.20	42.87	42.87	170.38
13	11	203	128	637.53	—	—	735.89	51.74	51.74	518.87	51.61	51.61	1254.75	0.00	1254.75	259.40	42.26	42.26	259.40
14	11	203	128	637.53	—	—	735.89	51.74	51.74	518.88	51.61	51.61	1254.76	0.00	1254.76	259.40	42.26	42.26	259.40
15	11	203	128	637.53	—	—	735.89	51.39	51.39	518.89	51.67	51.67	1254.77	0.00	1254.77	259.40	41.95	41.95	259.40
16	11	203	128	637.53	—	—	735.89	51.26	51.26	518.89	51.52	51.52	1254.77	0.00	1254.77	259.40	41.70	41.70	259.40
17	11	203	128	637.53	—	—	735.89	50.95	50.95	518.89	51.26	51.26	1254.78	0.00	1254.78	259.40	43.32	43.32	259.40
18	11	203	128	637.53	—	—	735.89	50.61	50.61	518.90	50.33	50.33	1254.78	0.00	1254.78	259.40	45.83	45.83	259.40
19	11	203	128	637.53	—	—	735.89	50.52	50.52	518.90	49.45	49.45	1254.79	0.00	1254.79	259.40	47.68	47.68	259.40
20	11	203	128	637.53	—	—	735.89	50.61	50.61	518.84	49.16	49.16	1254.72	0.00	1254.72	259.40	49.14	49.14	250.75
21	11	203	128	637.53	—	—	735.89	50.75	50.75	518.59	49.23	49.23	1254.27	0.00	1254.27	259.39	49.90	49.90	196.87
22	11	203	128	637.53	—	—	735.89	50.59	50.59	518.80	49.33	49.33	1254.69	0.00	1254.69	259.40	50.11	50.11	113.49
23	11	203	128	637.53	—	—	735.89	50.48	47.97	504.68	49.32	47.98	1203.91	50.78	1254.69	256.95	50.02	49.54	33.51
24	11	203	128	637.53	—	—	735.89	50.72	33.30	389.24	49.41	37.07	872.42	382.26	1254.69	223.93	49.23	42.49	0.00

③爆破实体。

各炮排间相连生成爆破实体(图 3-132),首排炮按照输入的首排炮孔爆破控制距离生成爆破实体。

2)扇形深孔案例

(1)设计区域模型裁剪,如图 3-133 所示。

采场规格:16 m×12.5 m×9 m;

切割天井尺寸:2.7 m×2.2 m;

穿脉、切割巷尺寸:2.7 m×2.7 m。

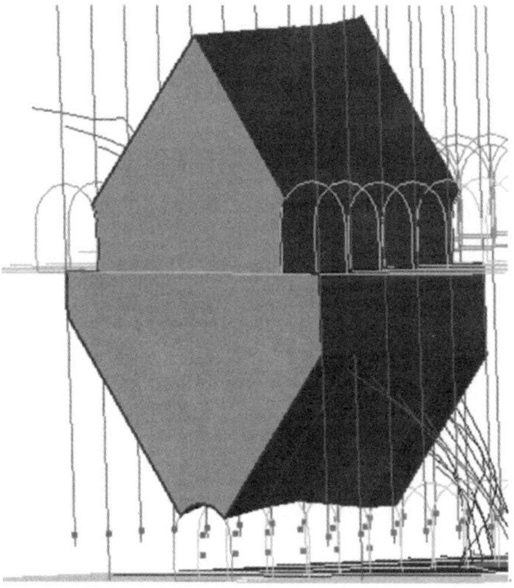

图 3-132　炮排三维实体

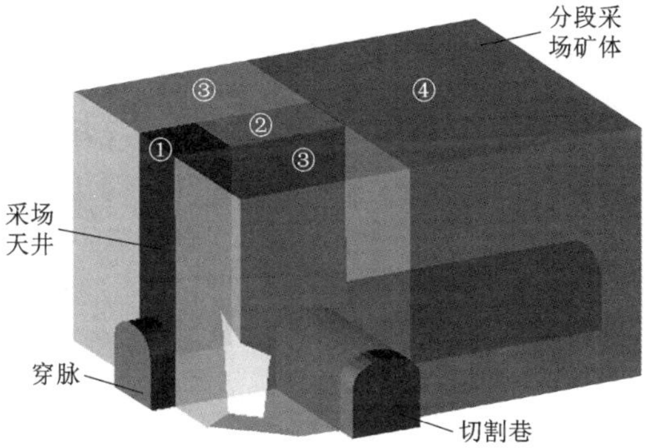

图 3-133　基础数据准备

爆破顺序:①采场天井;②天井进路纵向自由面;③天井两边切割槽;④分段采场矿体。

(2)排位线设计。

(3)排线切割。

打开炮排对应的井巷、矿体等模型,对模型进行排线切割,切出排线轮廓线(图 3-134)。

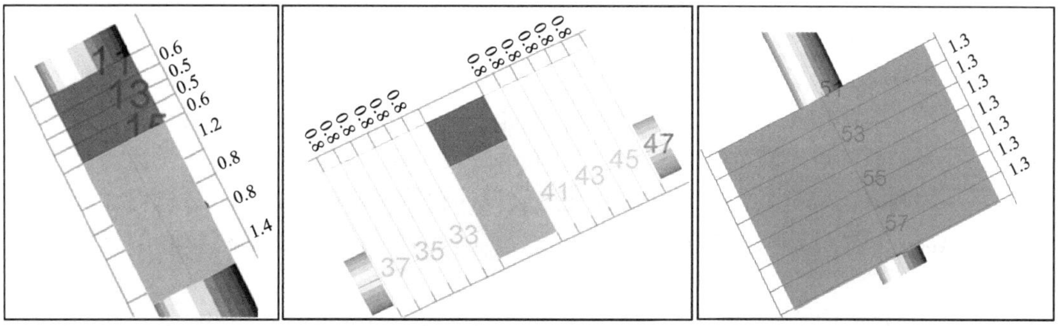

(a)天井与纵排炮排　　　　(b)切割炮排　　　　(c)采场炮排

图 3-134　炮排布置及炮排间距

(4)爆破边界提取。

利用菱形边界设置边孔角来提取本水平爆破边界(图3-135)。应注意上下中段爆破边界保留 0.3 m 的安全距离。

(5)炮孔设计如图3-136所示。

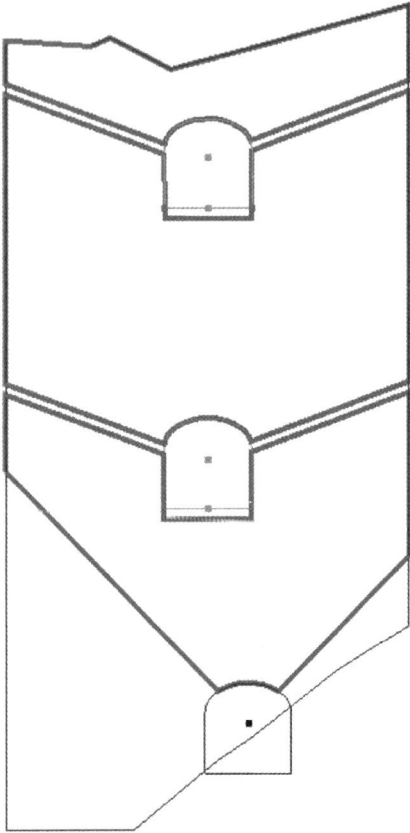

图 3-135　采场炮排爆破边界

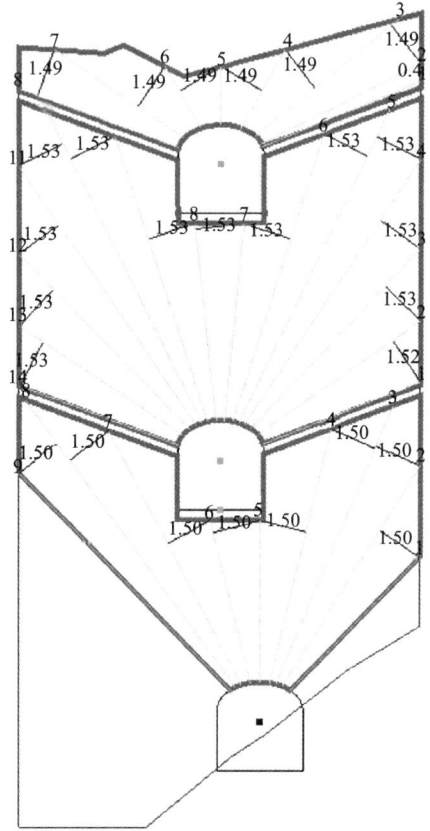

图 3-136　采场炮排炮孔设计

2. 大直径平行深孔爆破设计

20 世纪 70 年代后发展起来的地下大直径深孔回采落矿法,在提高硬岩矿地下开采的矿山生产能力、作业效率、降低成本、改善作业环境等方面都具有突出的优点,受到采矿界的普遍重视。地下矿采场深孔爆破设计是在资源模型、现状井巷工程模型的基础上开展的,爆破效果的好坏也会直接影响矿山安全生产、经济效益。而集三维可视化、模拟、分析与优化等技术于一体的数字化爆破软件可以满足爆破工程师三维精确爆破设计、分析与优化爆破设计要求。

目前,国内外已经开发出的地下矿深孔爆破设计软件主要包括 Datamine 国际矿业软件公司推出的 Aegis 爆破设计与分析软件(以下简称 Aegis 软件)与长沙迪迈科技股份有限公司的 DIMINE 软件。

(1)Aegis 软件分为爆破设计和爆破分析两部分模块,主要适用于小断面凿岩巷的扇形深孔设计。它可通过自定义炮孔设计参数、钻机参数、装药参数,一次性生成全采场的炮孔,提供交互式修改炮孔的长度、角度、孔底距等参数以及装药长度参数的功能。其爆破设计示意图及输出图件如图 3-137 和图 3-138 所示。

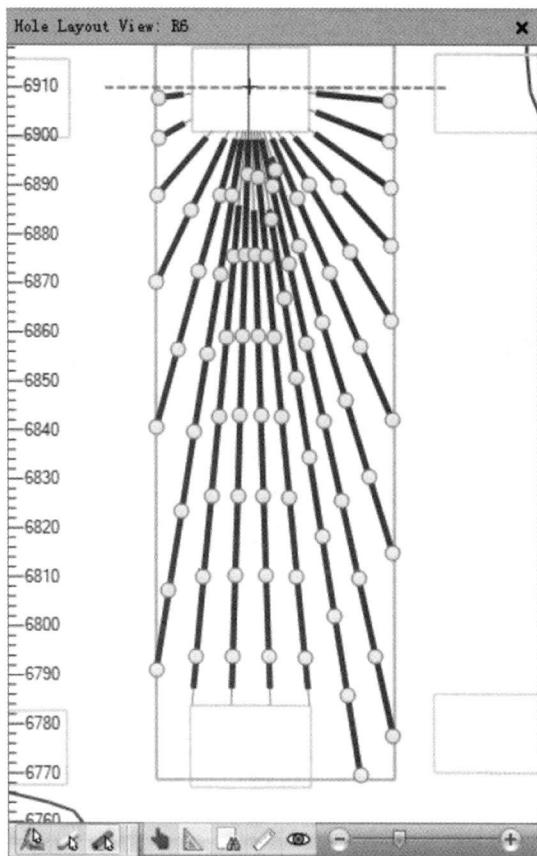

图 3-137　Aegis 软件爆破设计示意图

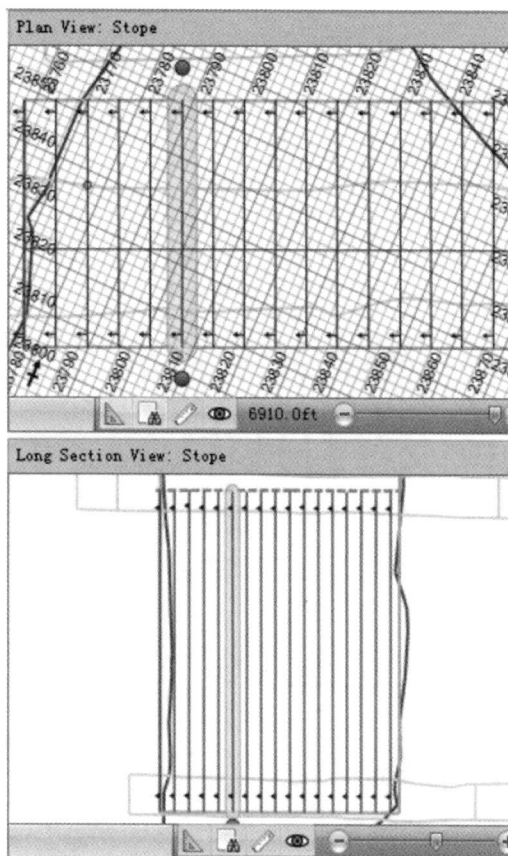

图 3-138　Aegis 软件爆破设计及出图显示

　　Aegis 软件分析模块提供 Klein、Holmberg-Persson、Liu-Katsabanis 等 3 种爆炸能量算法估算和校准爆破轮廓(图 3-139),计算爆破量、废石量、矿量、贫化率、损失率等指标,以及对实测爆破轮廓与预测爆破轮廓的数据进行对比分析(图 3-140)。

　　(2)长沙迪迈科技股份有限公司开发的 DIMINE 软件的深孔设计功能针对地下矿大直径深孔采矿作业提供了系统的解决方案。

　　功能涵盖:孔网参数定义,自定义掏槽与拉槽设计,凿岩硐室范围、空区范围、设备运行等多约束条件下炮孔自动布置与交互编辑,多类型装药设计,自定义爆破分组,分组技术经济指标计算,设计图件自动输出等。DIMINE 软件深孔爆破功能流程见图 3-141。

　　1)平行深孔爆破设计流程

　　平行深孔爆破设计是回采工艺中的重要环节,它直接影响崩矿质量、作业安全、回采成本、损失贫化和材料消耗等。合理的平行深孔爆破设计应是:

　　(1)炮孔能有效地控制矿体边界,尽可能使回采过程中的矿石损失率、贫化率低;

　　(2)炮孔布置均匀,有合理的密度和深度,使爆下矿石的大块率低;

　　(3)炮孔的爆破效率要高;

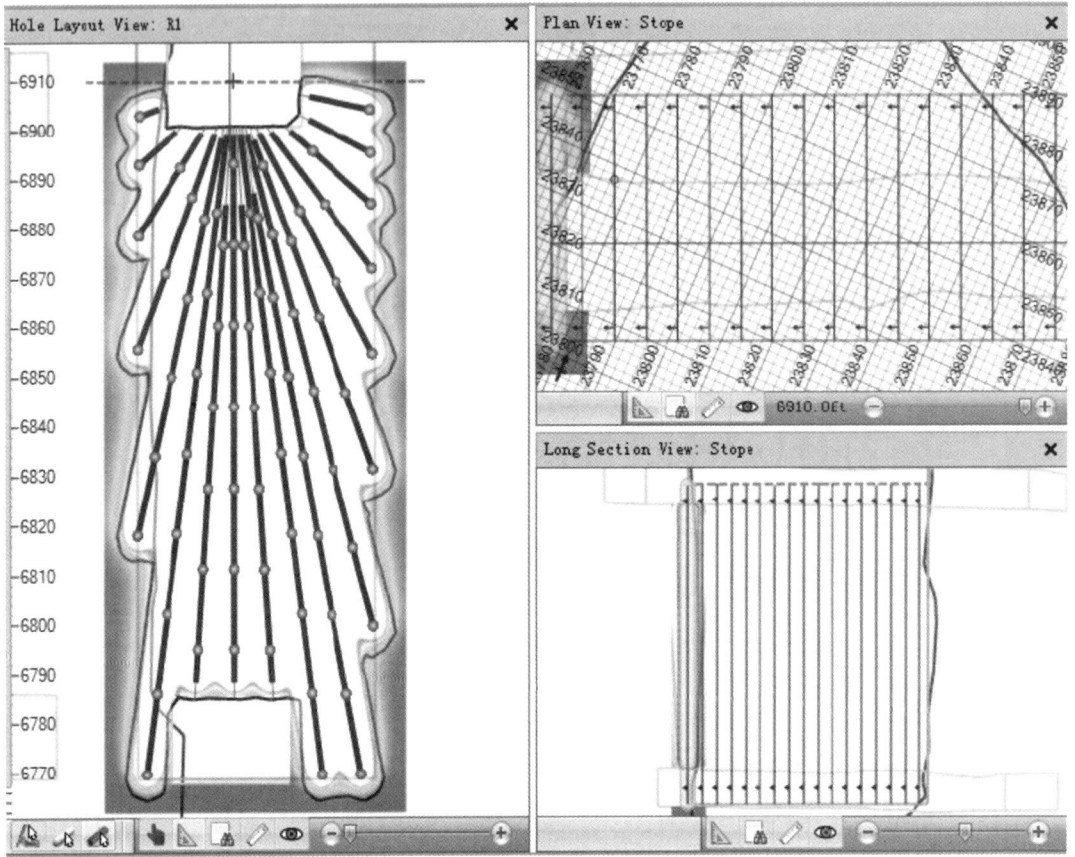

图 3-139　Aegis 软件爆破轮廓预测

图 3-140　Aegis 软件实测爆破轮廓与预测爆破轮廓的数据对比分析

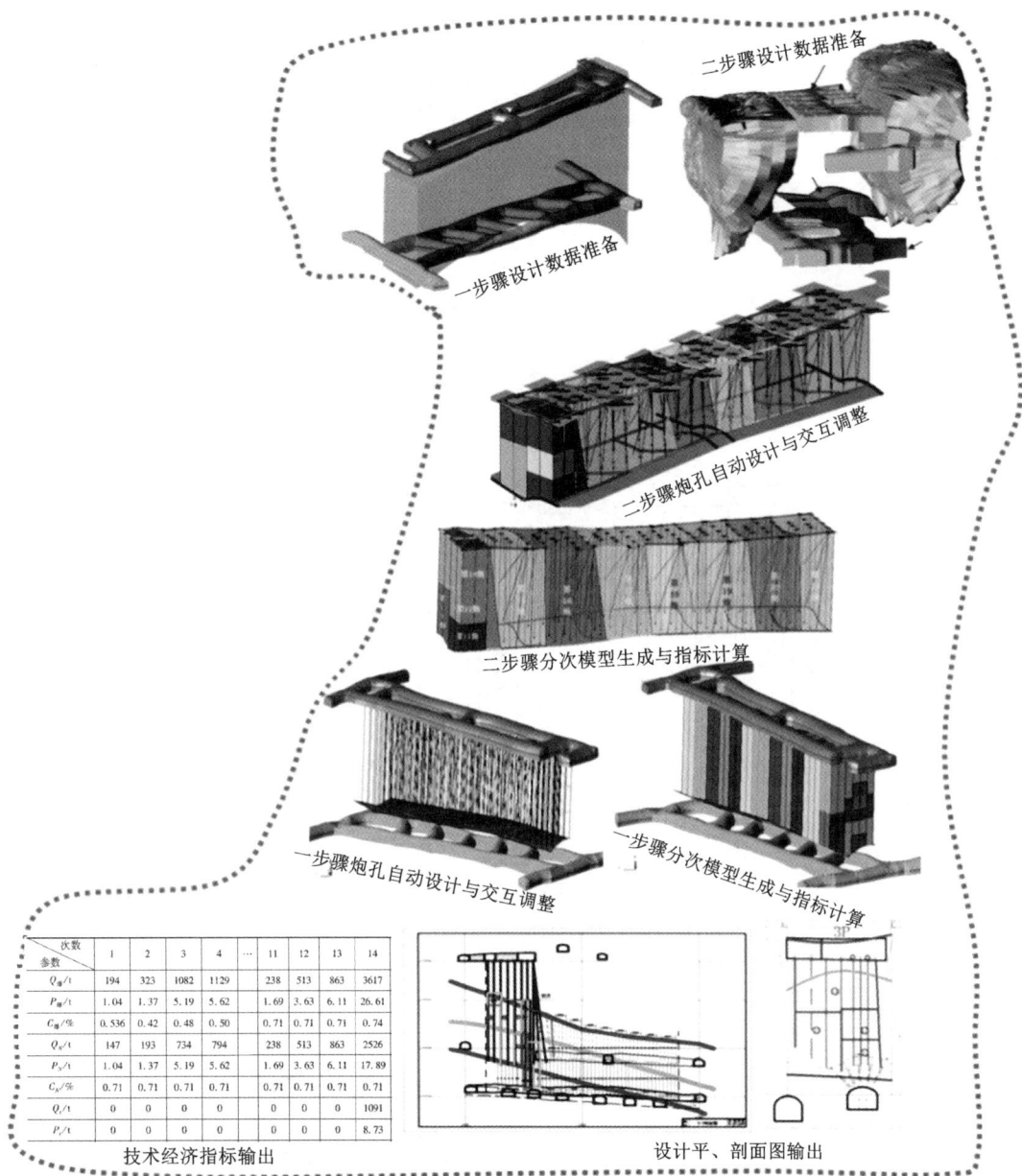

次数 参数	1	2	3	4	…	11	12	13	14
$Q_{\text{量}}$/t	194	323	1082	1129		238	513	863	3617
$P_{\text{量}}$/t	1.04	1.37	5.19	5.62		1.69	3.63	6.11	26.61
$C_{\text{量}}$/%	0.536	0.42	0.48	0.50		0.71	0.71	0.71	0.74
Q_N/t	147	193	734	794		238	513	863	2526
P_N/t	1.04	1.37	5.19	5.62		1.69	3.63	6.11	17.89
C_N/%	0.71	0.71	0.71	0.71		0.71	0.71	0.71	0.71
Q_t/t	0	0	0	0		0	0	0	1091
P_t/t	0	0	0	0		0	0	0	8.73

图 3-141　DIMINE 软件深孔爆破功能流程示意图

（4）材料消耗少；

（5）施工方便，作业安全。

平行深孔爆破设计流程为：约束条件设置→布孔参数设置→炮孔布置与调整→装药设计→爆破区域划分→爆破分组实体生成→雷管段位连线设计→指标输出（爆破参数统计、技术经济指标计算），如图 3-142 所示。

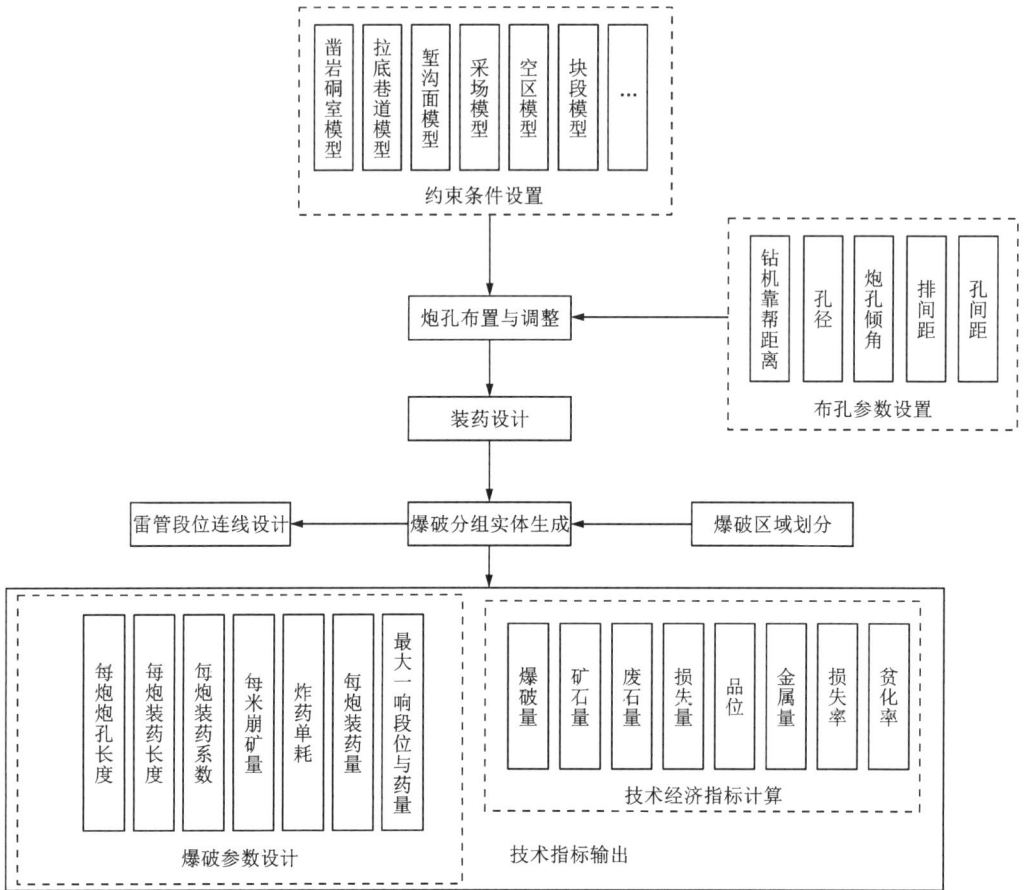

图 3-142 大直径平行深孔爆破设计流程图

2）约束条件设置

进行深孔爆破设计前需准备基础数据（图 3-143），将基础数据汇总形成约束文件。这些数据包括设计采场周边的实测工程模型、凿岩硐室模型、拉底巷道模型、堑沟面模型、采场模型、空区模型、块体模型等。根据现场的实际情况，可增加或减少相应的数据。

（1）设计采场周边的实测工程模型，主要为了体现凿岩巷道或硐室的相对位置、采场的规格尺寸、补偿空间的大小和位置、原拟定的爆破顺序和相邻采场的情况。

（2）凿岩硐室是为凿岩设备作业而

图 3-143 深孔爆破设计基础数据

准备的工作场地，凿岩硐室模型可根据巷道实测模型的构建方法构建。

（3）采场模型是根据采矿范围线圈定的范围切割矿体模型而得到的，是进行深孔设计的基础。而空区模型是相邻采场采完后的轮廓模型，主要作用是确定边部炮孔的孔深、倾角等参数，模型可通过三维激光扫描仪的点云数据进行创建。

（4）当采场采矿采用的是下部堑沟与上部深孔爆破相结合的方式时，基础数据中要增加拉底巷道模型及堑沟面模型。拉底巷道模型是为了做堑沟孔设计，堑沟面模型是根据生成的堑沟设计的顶面构建的，主要作用是控制上部深孔的孔底位置。

（5）块体模型则是为后期的技术经济指标计算以及工程量统计服务的。块体模型可以是整个矿区的，也可以是采场范围内的单独块体的。块体模型中的容重和元素字段需赋值，若矿石种类或工艺复杂，需将矿种及难选、易选矿石分开，则块体模型中还需增加"矿石种类"和"矿石类型"，以便在输出技术经济指标时，得到相关的数据指标。

3）布孔设计

在布孔设计前，需对矿岩凿爆性质及现有的凿岩机具、型号、性能等进行了解，从而确定最小抵抗线、炮孔排间距、孔间距、孔径、最大孔深等参数。平行深孔爆破炮排分为拉槽区和侧爆区，炮孔分为拉槽孔、排炮孔，大部分都是竖直孔，少部分为排面斜孔或斜排孔。

（1）炮孔布置（图 3-144）。

深孔爆破设计前，可先设计拉槽区和侧爆区的排炮孔。

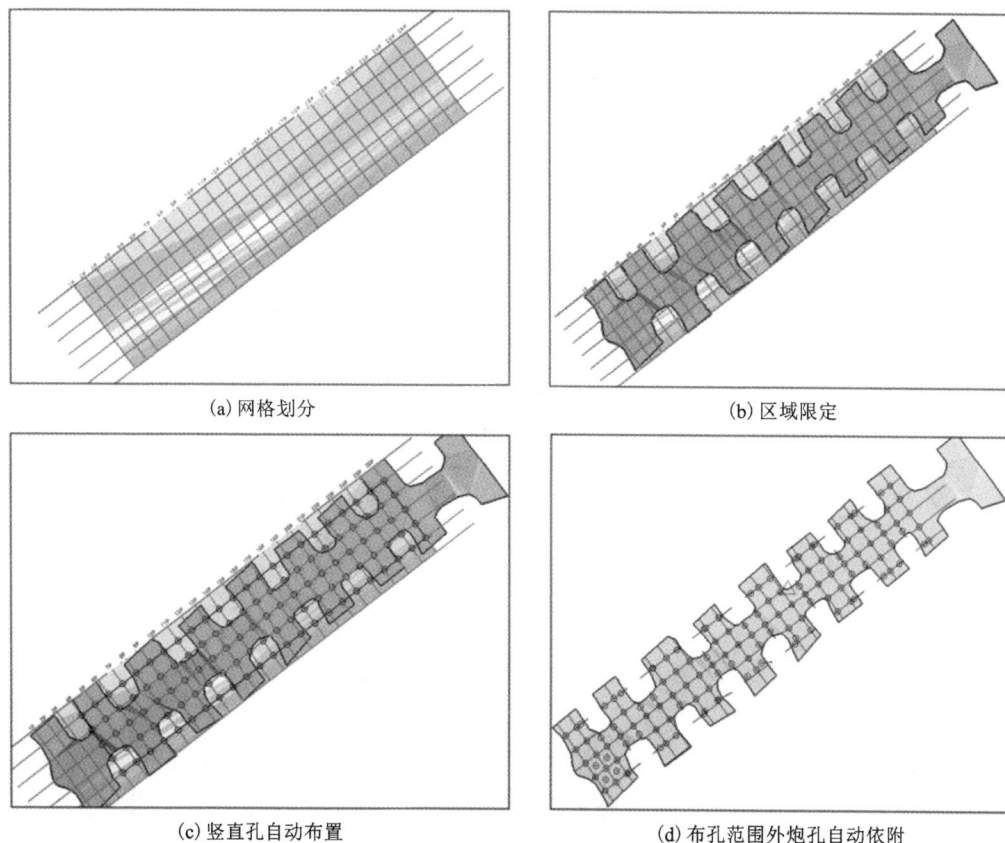

(a) 网格划分　　　　　　　　　　　(b) 区域限定

(c) 竖直孔自动布置　　　　　　(d) 布孔范围外炮孔自动依附

图 3-144　炮孔布置流程

参数化爆破设计前,需要定义好孔网参数(孔间距、排间距、布孔方位)、布孔参数(孔径、孔深、超深等)。对于不等间距的炮孔设计,可事先自定义孔网布置线,并赋上孔网的排号、列号属性,然后通过软件自动读取孔网线,在孔网线的交点处生成炮孔。考虑实际生产需要,可以通过约束条件(如凿岩硐室下表面、堑沟上表面、爆破范围)进行炮孔布置。

布置炮孔时,炮孔孔口自动附着在上约束面,孔底自动附着在周围或底部约束面。布孔点位置计算采用 KD 树自动搜索技术,按孔网参数、钻机靠帮距离、布孔范围进行布孔位置点的计算。

生成炮孔的过程中会创建一个以 Z 轴为法向量,以设置的孔网线为标高的工作面,将凿岩硐室底板面投影至工作面上,依据边界距离限制以及孔间距、排间距或者拾取的孔网线交点,在工作面上重新绘制孔网线,并生成炮孔。

布孔原则:

①能施工竖直孔,按照位置点布置竖直孔;

②布孔范围外(凿岩硐室中的矿柱限定),孔底依旧在孔底面约束上的布孔点位置,孔口则自动依附到邻近的孔口面布孔点上。

③在矿柱影响区域,为了最大限度地回收矿柱下方的矿石,有时需根据孔底距布置一定深度和倾角的斜孔。斜孔分为两种,一种是在排面上的斜孔,一种是属于此排但不在此排面上的斜孔。

图 3-145 中 7P-2#孔由于遇见矿柱,孔口向 3#孔方向移动;6P-1#、6P-2#孔由于遇见矿柱(或离矿柱过近),则孔口偏移;7P-1_1#、7P-2_1#孔的孔口向第 8 排靠近,孔底则是根据最小孔底距及最大限度地回收矿柱下方矿石的原则进行设计。布置斜孔时应该向爆破方向反方向倾斜,否则,在爆破时会破坏后排炮孔。

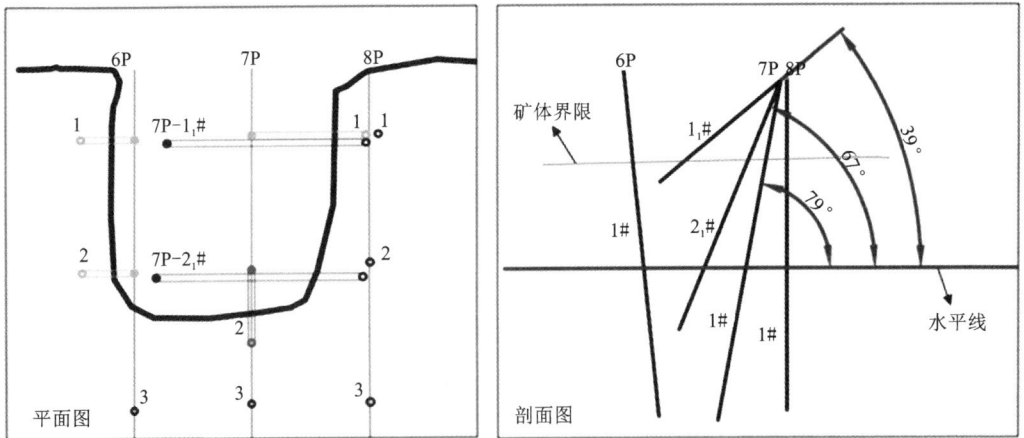

图 3-145　某种斜插孔平剖面示意图

④爆破区域内,考虑每个孔的影响范围,当有大片区域没有影响炮孔时,则需考虑补孔。斜插孔孔口依附到与爆破方向一致的最近布孔点上,斜插孔布孔方向、角度、爆破方向有关。

软件自动布置的炮孔示意图如图 3-146 所示。

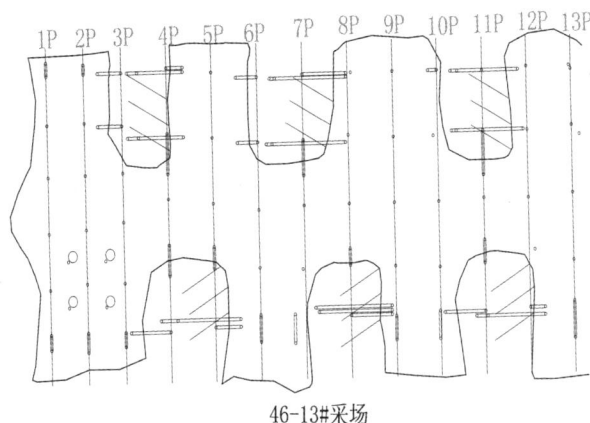

图 3-146 软件自动布置的炮孔示意图

（2）拉槽孔布置。

拉槽区有两种拉槽孔布置方式，一种是将预先人工开凿的天井作为自由面，在天井周围布置竖直孔进行拉槽；一种是利用不装药的空孔作为补偿空间，通过筒形掏槽，毫秒微差起爆形成拉槽区。

①天井拉槽

选定位置设计天井，设置好天井直径，拉槽孔距天井边部一定距离布设成一圈，根据孔距再设计第二圈拉槽孔。

②空孔拉槽

空孔拉槽一般由几个孔组成束状孔，以多个大直径空孔作为自由面与补偿空间，利用向下压矿的方式生成。

进行拉槽孔设计时，可以根据前后炮孔之间的相互关系按照规定距离生成拉槽孔，也可以在事先确定的每个拉槽孔位处点击生成拉槽孔，生成的炮孔自带拉槽孔属性。

由于矿山常用的拉槽方式比较固定，参数也比较固定，故生成的拉槽孔具有规律性，可以将设计的拉槽孔复制用于其他采场的设计。复制过来的拉槽孔自动读取新区域的上下表面，自动匹配炮孔的孔深，其他参数如孔号、孔径、方位角、倾角等不变，若有参数需要改变，则局部进行修改。

（3）炮孔调整修改。

在斜孔布置区，通常为了使炮孔分布均匀、崩落矿石块度均匀，需对炮孔的各项参数进行调整，因此软件应允许交互式修改炮孔的长度、方位角、倾角等参数。这样可以立即查看调整后的效果，不满意再接着调整。

（4）装药设计。

装药形式分为连续装药和间隔装药，间隔装药根据层位的不同又分为两层间隔、三层间隔、多层间隔等类型，间隔填塞物有毛竹、河沙、水泥塞等。

装药设计前，先定义装药参数模板。装药参数模板中包含炸药数据库、起爆方式、装药模板、模板内容、显示样式几方面内容。

①炸药数据库能进行炸药种类、炸药容重及单价的编辑,包括新增和删除等操作;

②起爆有电雷管和非电雷管两种方式;

③装药模板、模板内容和显示样式是联动的,当选择某种装药模板时,模板内容和显示样式随之变化。

定义好装药参数模板后,再进行装药设计,可以选择装药形式。

连续装药:利用连续装药装置进行装药。

间隔装药:是在保证矿岩充分破碎的前提下进行的,采用孔底空气间隔装药可有效降低爆破振动的峰值质点振速、降低大块率。

选择连续装药时,可以通过设置线装药密度进行装药;

选择间隔装药时,由于每个炮孔的装药间隔只能大致估算,故可用装药系数来计算装药量。表 3-23 所示为某矿爆破 5 m 高度时的各类型炮孔的装药系数。

表 3-23　装药系数表

类型	炮孔类型	装药结构	装药系数/%	备注
二步骤	边孔	1 个毛竹,1 卷药包	25	1×0.5/(1×0.5+1.5)×100%=25%
	中间孔	1 个毛竹,2 卷药包	40	2×0.5/(2×0.5+1.5)×100%=40%
	中间孔	1 个毛竹,3 卷药包	50	3×0.5/(3×0.5+1.5)×100%=50%
一步	边孔	1 个毛竹,2 卷药包	40	
	中间孔	1 个毛竹,3 卷药包	50	
预裂孔	边孔	1 卷药包,1 个毛竹	—	1.5 m 孔距,药包 ϕ120 mm
	边孔	2 卷药包,1 个毛竹	—	2 m 孔距,药包 ϕ120 mm

(5)爆破分组。

一般采场的炮孔都是一次布置完成的,但是考虑爆破安全、施工条件、补偿空间、爆破量等因素,需对炮孔进行爆破分组,分成多次爆破。考虑补偿空间,有的炮孔在高度方向上可能分成 2~4 次爆破,因此在爆破分组时需按高程划分。在侧崩区,考虑一次爆破炸药量不能超过一个限值,因此在侧崩区方向上也要分几次进行爆破。

①根据爆破安全、施工条件、爆破量等因素对炮孔进行爆破分组;

②分组圈定后,根据约束条件优化产生每分组炮孔边界;

③每分组边界内,考虑炮孔孔口、孔底标高点约束,选定要进行分次爆破的炮孔,进行分次爆破实体模型的自动生成(图 3-147),并根据分次模型内包含的炮孔长度、设置的装药系数、堵塞长度,动态交互式完成装药长度、装药量计算,并对分次模型相关爆破参数进行统计。

(6)雷管段位连线设计。

在平行深孔爆破中,使用最广泛的是非电力起爆法(一般采用导爆管起爆与导爆索辅爆

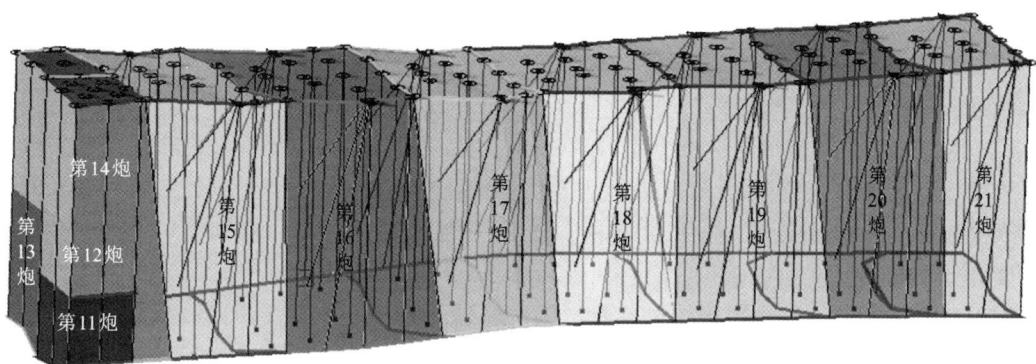

图 3-147　分次爆破实体模型

的复式起爆法）。为了改善爆破效果，必须合理地选取起爆顺序，即需进行雷管段位设计，使炮孔合理起爆，达到预期的爆破效果。

①起爆顺序影响因素。

（a）回采工艺的影响。

为解决后续爆破的补偿空间不足的问题，大多数矿山是先进行拉槽区的爆破，且拉槽区在空间高度上分几次爆破。然后以拉槽区为自由面对侧崩区进行分次爆破。

（b）自由面条件的影响。

由于爆破方向总是指向自由面，故自由面的位置和数目对起爆顺序有很大的影响。当采用垂直深孔崩矿、以切割立槽或已爆碎的矿石为补偿空间时，应自切割立槽往后依次逐排爆破。

（c）布孔形式的影响。

水平、垂直或倾斜布置的深孔，应取单排或数排为同段雷管，逐段爆破。束状深孔或交叉布置的深孔，则宜采取同段雷管起爆。

②雷管段位设计原则。

为了减少爆破冲击波的破坏作用，应适当增加起爆雷管的段数，降低每段的装药量，并力求分段的装药量均匀。

雷管段别的安排是由起爆顺序决定的，先爆的深孔安排低段雷管，后爆的深孔安排高段雷管。一般在平面上，拉槽孔的雷管段位从内侧向外侧逐渐增大，侧崩区中间炮孔较两边边孔的段位低；在炮排剖面上，不管是拉槽孔还是侧崩区的炮孔，从下往上雷管段位都是增大的。

为了起爆顺序的准确可靠，在生产中不用一段管而是从二段管开始，例如起爆顺序是 1、2、3，安排雷管的段别是 2 段、3 段、4 段等。为保证不因雷管质量而产生跳段，一般采用 3 段、5 段、7 段等形式。

③雷管段位设计。

根据前述原则，对每个炮孔的每段装药进行雷管段位设计。雷管段位设计可在前面装药模板中添加，也可以在后期进行炮孔编辑时，将雷管段位的属性写入到炮孔的属性中。

④连线网络设计。

有时由于同组起爆的炮孔较多，需将其分成几组进行连线起爆，连线网络设计即根据爆破方向选取合适的炮孔进行分组，分组时考虑每个炮孔的延迟时间，最后各组用搭桥雷管与起爆雷管相连。

(7)指标输出。

在分次区域划分与属性定义完成后，根据处理好的爆破模型，自动统计每个爆破模型内的相关装药参数。调用块体模型来计算相应技术经济指标。

①爆破范围统计。

统计的参数包括：整个采场爆破次数、每次爆破的排号、每次爆破的孔数、每次爆破的总孔深。

②爆破参数统计。

统计的参数包括：每次爆破的装药量、每次爆破的雷管分段情况、最大一响的段别和药量、补偿空间、装药系数、每米崩矿量、炸药单耗等，如表 3-24 所示。

表 3-24　爆破参数统计表

参数	1 次	2 次	3 次	4 次	…	11 次	12 次	13 次	14 次	…	中孔	大孔	合计
装药量	158	353	483	451		805	936	400	2144		—	—	—
雷管分段	2″~6″ 共 4 响	2″~9″ 共 8 响	2″~8″ 共 6 响	2″~8″ 共 6 响		2″~9″ 共 5 响	2″~9″ 共 5 响	2″~10″ 共 9 响	2″~15″ 共 11 响		—	—	—
最大一响	3d: 50 kg	3d: 50 kg	2d: 168 kg	2d: 160 kg		9d: 272 kg	9d: 288 kg	2d: 90 kg	9d: 486 kg		—	—	—
补偿空间	>30%	>30%	>30%	>30%		>30%	>30%	>30%	>30%		—	—	—
装药系数	80.4%	88.4%	81.2%	80.1%		69.6%	72.7%	30.0%	53.9%		—	—	—
每米崩矿量	3.80	3.12	7.02	7.74		3.71	7.17	11.66	16.37		—	—	—
炸药单耗	0.81	1.09	0.45	0.40		3.38	1.82	0.46	0.59		—	—	—

③技术经济指标。

统计的参数包括爆破量($Q_{爆}$)、金属量($P_{爆}$)、品位($C_{爆}$)，崩落矿石量(Q_N)、崩落金属量(P_N)、崩落品位(C_N)，损失矿量($Q_{损}$)，崩落废石量($Q_{废}$)，损失率，贫化率等，具体数据如表 3-25 所示。

各参数计算方法如下：

各种矿量是通过调用已赋值的块体模型，根据爆破实体模型约束而得到的。

品位：地质品位已知，爆破量的品位根据金属量除以爆破量计算。

表 3-25 技术经济指标表

参数	1次	2次	3次	4次	...	11次	12次	13次	14次	...	中孔	大孔	合计
$Q_{爆}$/t	194	323	1082	1129		238	513	863	3617		—	—	—
$P_{爆}$/t	1.04	1.37	5.19	5.62		1.69	3.63	6.11	26.61		—	—	—
$C_{爆}$/%	0.536	0.42	0.48	0.50		0.71	0.71	0.71	0.74		—	—	—
Q_{N}/t	147	193	734	794		238	513	863	2526		—	—	—
P_{N}/t	1.04	1.37	5.19	5.62		1.69	3.63	6.11	17.89		—	—	—
C_{N}/%	0.71	0.71	0.71	0.71		0.71	0.71	0.71	0.71		—	—	—
Q_{r}/t	0	0	0	0		0	0	0	1091		—	—	—
P_{r}/t	0	0	0	0		0	0	0	8.73		—	—	—
C_{r}/%	0	0	0	0		0	0	0	0.80		—	—	—
$Q_{损}$/t	48	155	417	457		0	0	485	0		—	—	—
$Q_{废}$/t	47	130	348	335		0	0	0	0		—	—	—
贫化率/%	24.23	40.22	32.19	29.68		0	0	0	0		—	—	—
损失率/%	24.62	44.44	36.23	36.50		0	0	35.96	0		—	—	—

④安全技术参数。

由于一次爆炸的炸药量很大，地下深孔爆破会产生强烈的空气冲击波和地震波，空气冲击波和地震震动会引起地下坑道、线路、管道、支护和设备的破坏或损伤，甚至危及地面建筑物和构筑物。因此在深孔爆破设计时，必须估算其危害的范围，如表 3-26 所示。

统计的参数包括：地震波传播范围、冲击波范围、人受到影响的范围。

各参数计算方法如下：

$$R_1 = 7 \times \sqrt[3]{Q_1} \qquad (3-4)$$

$$R_2 = \sqrt{Q_2} \qquad (3-5)$$

$$R_3 = 4 \times R_1 \qquad (3-6)$$

其中：R_1 为地震波传播范围；Q_1 为单次爆破最大段炸药量；R_2 为冲击波范围；Q_2 为单次爆破总装药量；R_3 为人受到影响的范围。

表 3-26 爆破影响范围计算结果

范围	1次	2次	3次	4次	...	11次	12次	13次	14次	...
R_1/m	26	26	39	38		45	46	31	55	
R_2/m	13	19	22	21		28	31	20	46	
R_3/m	52	76	88	84		112	124	80	184	

⑤汇总表。

最后输出大孔的地质矿量、可采矿量、损失矿量、采出矿量、废石混入量、每米崩矿量、损失率、贫化率。

地质矿量：指由地质勘探部门根据地质和成矿理论及相应调查方法所预测的矿产储量。

品位：块体模型根据爆破实体模型计算。

技术经济汇总表如表 3-27 所示。

表 3-27　技术经济汇总表

项目		地质矿量			可采矿量			损失矿量			采出矿量			崩落矿量 /(t·m⁻¹)	损失率 /%
		Q/t	C/%	P/t	Q/t	C/%	P/t	Q/t	C/%	P/t	Q/t	C/%	P/t		
46-13# 采场大孔布孔	其中易选矿量	13402	0.80	107.22	13402	0.80	107.22				13402	0.80	107.22	23.67	11.40
	其中难选矿量	60207	0.71	426.26	51817	0.71	366.86	8390	0.71	59.40	51817	0.71	366.86		
	合计	73609	0.73	533.48	65219	0.73	474.08	8390	0.71	59.40	65219	0.73	474.08		

⑥炮孔信息表。

统计的参数包括：排号、孔号、孔深、孔倾角。

(8)设计出图。

设计完成后，可以对平行深孔进行图件输出。主要输出的图件包括平面图和剖面图，其中剖面图分为炮排剖面图和进路剖面图。

①炮孔布置平面图。

炮孔布置平面图主要为各凿岩硐室标高上的炮孔布置图。图中主要元素包括凿岩硐室及周边巷道的投影轮廓、邻近的采场布置、炮孔的孔口及孔底投影位置、炮孔孔号及倾角、雷管段位的标注、爆破分组界线等，如图 3-148 所示。

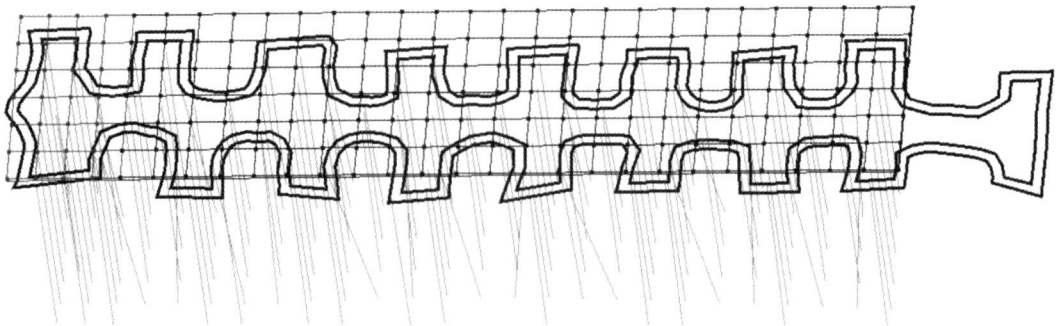

图 3-148　深孔炮孔布置平面图

②炮排剖面图。

炮排剖面图是将炮孔按排号显示在剖面上,如图 3-149 所示。出图前可人为设置一个出图范围,将排面上的炮孔投影到剖面上,炮孔分组轮廓投影到剖面,至于采场边界线、矿体界线、邻近工程轮廓线则由剖面切割相应实体模型得到,图上应标注排号、炮孔号、爆破分组号、标高等信息。

③进路剖面图。

进路剖面图是沿着凿岩硐室方向绘制的一系列的体现排间炮孔相对位置的剖面图,如图 3-150 所示。出图前,先设置出图的剖面位置,然后将离剖面最近的炮孔投影至该剖面,炮孔分组轮廓也投影到该剖面,用剖面切割凿岩硐室模型、矿体模型、实测工程模型等得到上下部硐室轮廓线、矿体界线,最后标注炮孔排号、分组号、标高等信息。

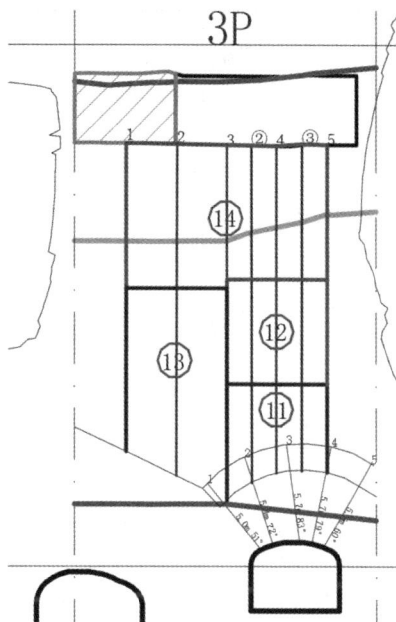

图 3-149　深孔炮排剖面图

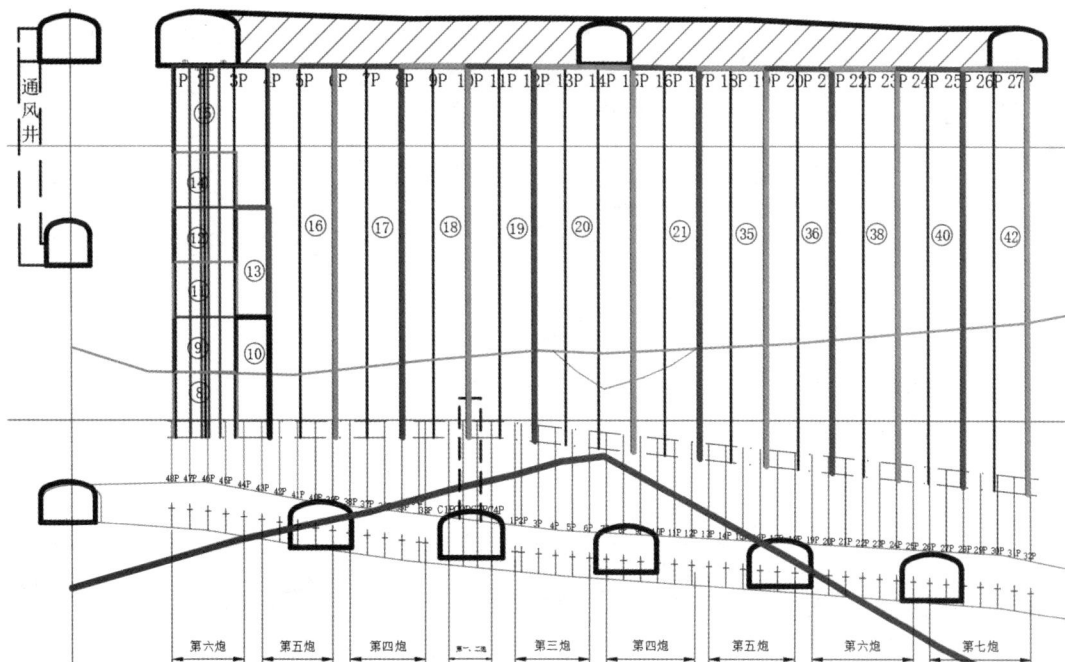

图 3-150　进路剖面图

(9)案例:用 DIMINE 软件完成铜陵冬瓜山铜矿某采场大直径深孔回采爆破设计。

冬瓜山铜矿采用以大直径深孔爆破为主要工艺特点的空场采矿嗣后充填法。该法是在矿块的上部水平开挖供凿岩作业用的凿岩硐室(巷道),在硐室内钻凿下向深孔,直至矿块下部的拉底水平,然后用球形药包爆破落矿,采场底部采用扇形深孔爆破进行拉底,形成堑沟结构,崩落的矿石从下部出矿巷道运出。

①采场结构。

冬瓜山采区分三步骤回采,采场间隔布置,一步骤采场参数:长 82 m,宽 18 m;二步骤采场参数:长 78 m,宽 18 m;各采场厚度视矿体厚度而定,三步骤为矿柱的最后回收。各步骤采场布置结构如图 3-151 所示。

②采切工程。

采场上部为凿岩硐室,用于钻凿大孔,下部为拉底巷道,用于钻凿形成堑沟的深孔,拉底巷道连接出矿横巷,出矿横巷连接穿脉如图 3-152 所示。

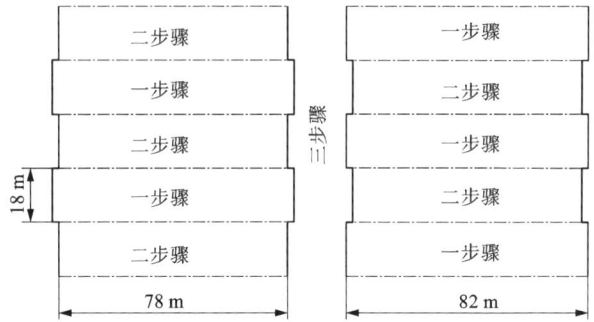

图 3-151 冬瓜山采场布置示意图

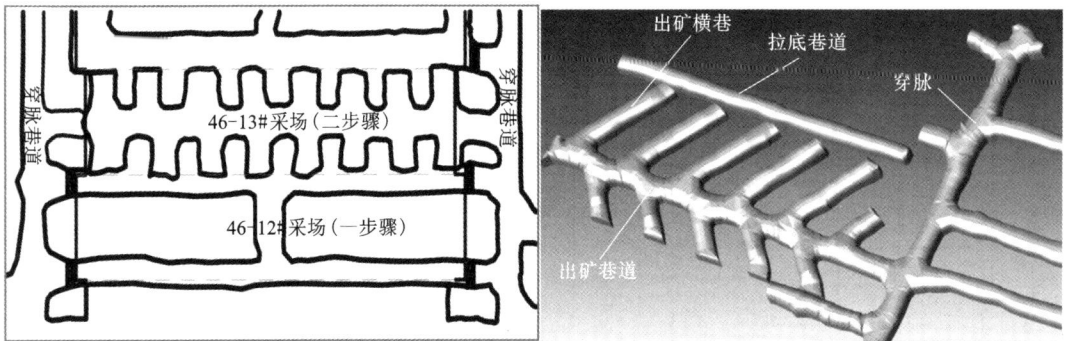

图 3-152 凿岩硐室与拉底结构

③爆破设计。

(a)布孔参数。

孔网参数如表 3-28 所示。

表 3-28 冬瓜山深孔孔网参数表

类型	排距	孔距	每排	炮孔距边帮	孔底位置	备注
一步骤	3 m 左右	2.6~2.8 m	7 孔	0.8 m 左右	超堑沟面 1.5 m 左右	
二步骤	3 m 左右	3~3.5 m	6 孔	0.8 m 左右	超堑沟面 1.5 m 左右	炮孔离充填体 2 m

考虑了现场场地的实际情况,事先自定义炮孔位置的网格线,如图 3-153 所示。

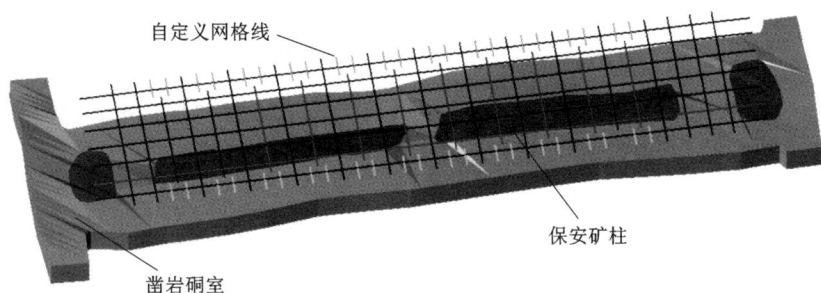

图 3-153　自定义炮孔位置网格线

（b）布置排炮孔。

打开约束文件，布置排炮孔，如图 3-154 所示。

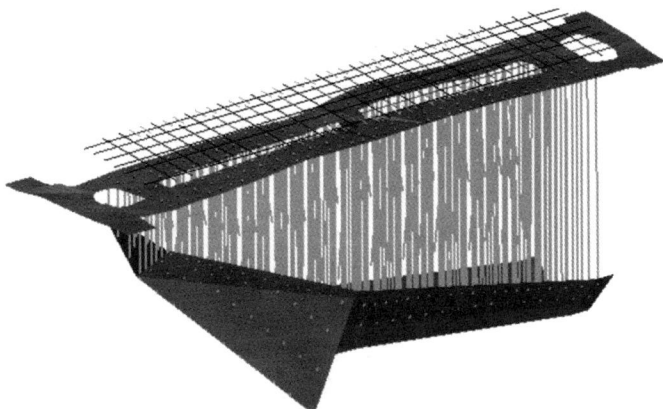

图 3-154　生成炮孔

（c）布置拉槽孔。

冬瓜山深孔拉槽布孔方式如图 3-155 所示。

图 3-155 中，（1）号孔在 2P-3 与 3P-4 连线的中点处，（2）、（3）、（4）号孔类似，（5）、（7）号孔连线与 3P-4 号孔的距离为 1.1 m，（6）、（8）号孔与 3P-5 号孔的距离为 1.1 m。深孔拉槽孔在爆破高度不高（小于 30 m）时，有时会采用如下方式布置：先形成拉槽井，拉槽井的布孔方式以原有的一个炮孔为中心点，在其周围布置四个炮孔以形成四边形和 5 个拉槽孔，四边形边长 2~2.5 m。

根据拉槽孔的规格，按照顺序及距离点选相应位置生成拉槽孔（图 3-156）。

④装药设计。

拉槽孔分层崩落，一次崩落 5 m，孔底堵孔 1.5~2 m，剩余 3 m 采用 ϕ140 mm 药卷连续不耦合装药，药卷上方用充填沙充填 2~3 m，直至拉槽完成。目前矿山常用的深孔装药的装药结构及对应装药系数如表 3-29 所示。

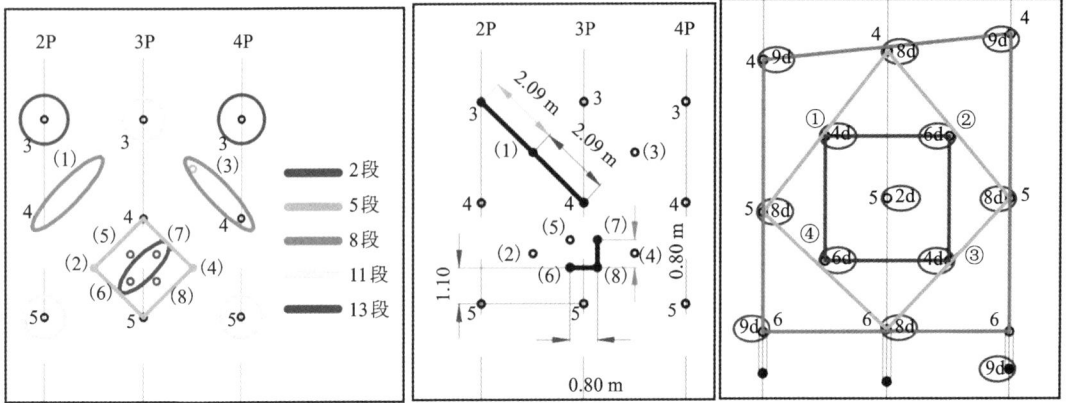

图 3-155　深孔拉槽布孔

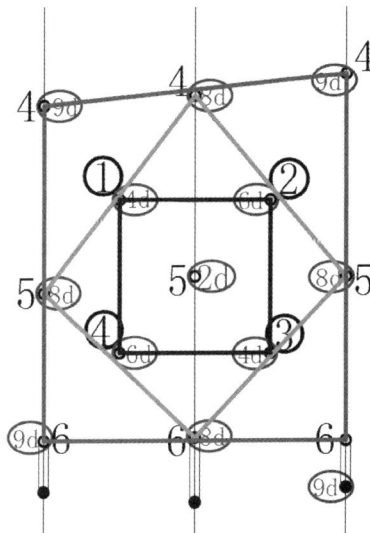

扫一扫，看彩图

图 3-156　生成拉槽孔

表 3-29　装药系数表

类型	炮孔类型	装药结构	装药系数/%	备注
二步骤	边孔	1 个毛竹，1 卷药包	25	$1×0.5/(1×0.5+1.5)=25\%$
	中间孔	1 个毛竹，2 卷药包	40	$2×0.5/(2×0.5+1.5)=40\%$
	中间孔	1 个毛竹，3 卷药包	50	$3×0.5/(3×0.5+1.5)=50\%$
一步骤	边孔	1 个毛竹，2 卷药包	40	$2×0.5/(2×0.5+1.5)=40\%$
	中间孔	1 个毛竹，3 卷药包	50	$3×0.5/(3×0.5+1.5)=50\%$
预裂孔	边孔	1 卷药包，1 个毛竹		1.5 m 孔距，药包 $\phi120$ mm
	边孔	2 卷药包，1 个毛竹		2 m 孔距，药包 $\phi120$ mm

不耦合装药：炸药直径小于炮孔直径，炸药与炮孔壁之间留有间隙。

根据装药系数表，自定义每排炮孔中每个炮孔的装药系数，完成装药。

⑤爆破分组。

根据补偿空间需求及最大装药量控制对炮孔进行分组爆破。拉槽区按深度方向分成几组，侧崩区按采场走向分成几组，如图 3-157 所示。

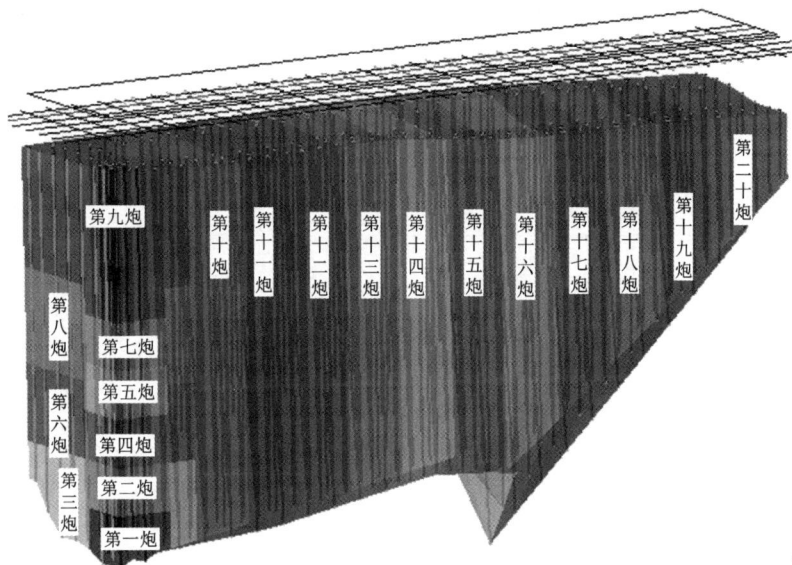

图 3-157　爆破分组示意图

⑥雷管段位标定。

由"中间向两边，前排向后排"段别逐渐增大；深孔雷管 1~18 段别，1 段用于起爆，侧崩区中间炮孔较两帮炮孔段位低，如图 3-158 所示。

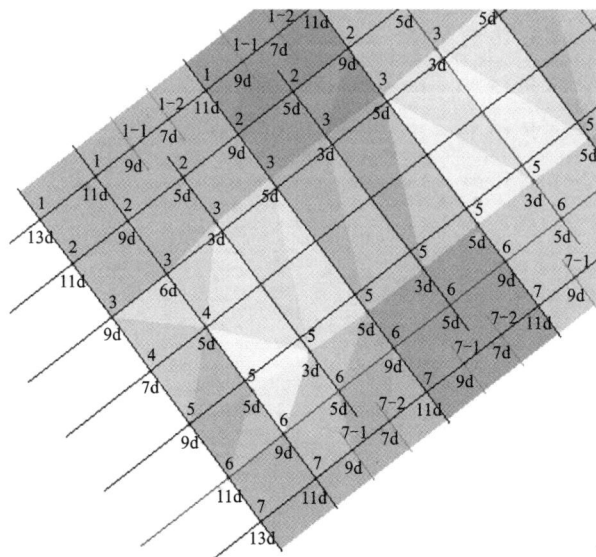

图 3-158　雷管段位设计图

⑦指标计算。

（a）爆破范围表，统计信息如表 3-30 所示。

表 3-30 爆破范围统计信息

次数	排号	孔数	孔深/m
7	大孔 25P~27P	17	79.4
8	大孔 25P~27P	17	85.6
9	大孔 25P~27P	19	132.7
10	大孔 25P~27P	17	85.1
11	大孔 25P~27P	17	84.9
12	大孔 25P~27P	19	152.1
13	大孔 25P~27P	17	85
14	大孔 25P~27P	17	85.1
15	大孔 25P~27P	19	190.1
16	大孔 25P~27P	36	414.7

（b）爆破参数统计表，如表 3-31 所示。

表 3-31 爆破参数统计信息

组号	装药量	雷管分段	最大一响	补偿空间/%	装药系数/%	崩矿量 /(t·m^{-1})	炸药单耗 /(kg·t^{-1})
7	432.37	9″~18″共 10 响	18d：174 kg	>30	30.25	8.44	0.65
8	468.02	9″~18″共 10 响	18d：180 kg	>30	30.36	9.15	0.6
9	1206.54	9″~21″共 13 响	18d：295 kg	>30	37.47	24.27	0.37
10	464.27	9″~18″共 10 响	18d：180 kg	>30	30.29	9.21	0.59
11	462.91	9″~18″共 10 响	18d：180 kg	>30	30.29	9.31	0.59
12	1253.47	9″~21″共 13 响	18d：267 kg	>30	36.25	25.5	0.32
13	463.63	9″~18″共 10 响	18d：180 kg	>30	30.28	9.29	0.59
14	463.89	9″~18″共 10 响	18d：180 kg	>30	30.30	8.72	0.63
15	1566.52	9″~21″共 13 响	18d：333 kg	>30	36.25	25.91	0.32
16	2509.37	9″~21″共 13 响	18d：462 kg	>30	33.62	17.84	0.34

（c）技术经济指标，计算结果如表 3-32 所示。

表 3-32 技术经济指标计算结果

组号	爆破量/t	Cu 爆破 金属量/t	Cu 爆破 金属品位/%	S 爆破 金属量/t	S 爆破 金属品位/%	难选 矿石量/t
7	669.80	16.96	2.60	117.47	17.99	386.44
8	783.66	19.88	2.60	137.67	17.99	43.91
9	3220.09	78.02	2.63	534.82	18.02	2447.97
10	783.80	19.88	2.60	137.72	17.99	0.00
11	790.23	20.11	2.60	139.23	17.99	0.00
12	3878.89	101.56	2.63	698.08	18.08	891.19
13	789.93	20.15	2.60	139.50	17.99	0.00
14	741.74	19.07	2.61	131.53	17.99	0.00
15	4924.93	128.95	2.63	886.71	18.08	0.00
16	7397.77	192.91	2.62	1327.76	18.07	0.00

（d）安全技术参数表，如表 3-33 所示。

表 3-33 安全技术参数表

次数	R_1/m	R_2/m	R_3/m
7	18	21	84
8	18	22	88
9	22	35	140
10	18	22	88
11	18	22	88
12	21	35	140
13	18	22	88
14	18	22	88
15	22	40	160
16	25	50	200

（e）炮孔信息表，如表3-34所示。

表3-34 炮孔信息表

排号	孔号	孔深/m	角度/(°)	孔号	孔深/m	角度/(°)	排号	孔号	孔深/m	角度/(°)	孔号	孔深/m	角度/(°)
拉槽	①	40	90	②	40.1	90	14P	1	32.7	89	2	35.2	90
	③	39.7	90	④	39.8	90		3	36.1	90	4	35.8	90
	⑤	40.7	90	⑥	41.4	90		5	36.4	90	6	31.7	90
	⑦	39.8	90	⑧	40.1	90		7	27.7	90			
1P	1	6.9	90	2	8.9	90	15P	1_1	33.3	89	1_2	33.9	90
	3	11.3	90	4	14.3	90		2	36.1	90	3	36.6	89
	5	12	90	6	9.8	90		4	36.5	86	5	36.9	89
	7	7.9	90					6	32.1	90	7_1	27.9	90
2P	1	9.4	90	2	11.4	90		7_2	28.2	90			
	3	13.9	90	4	17.2	90	16P	1	34.5	90	2	36.9	90
	5	21.2	88	6	11.3	90		3	37	88	4	37.4	84
	7	10.6	90					5	37.3	89	6	32.6	90
3P	1_1	11.1	90	1_2	12.8	90		7	28.4	90			
	2	13.9	90	3	16.4	88	17P	1_1	35	90	1_2	35.2	90
	4	21.2	80	6	13.1	90		2	37.5	90	3	37.3	88
	7_1	10.6	90	7_2	11.6	90		4	37.5	84	5	37.5	89
4P	1	14.5	90	2	16.5	90		6	32.9	90	7_1	28.7	90
	3	18.9	88	4	24.3	81		7_2	29.1	90			
	5	17.1	87	6	14.7	90	18P	1	35.5	90	2	37.9	90
	7	12.8	90					3	37.5	88	4	37.7	84
5P	1_1	16.2	90	1_2	17.9	90		5	37.7	89	6	33.2	90
	2	19	90	3	21.7	89		7	29.5	89			
	4	27.4	82	5	19.7	87	19P	1_1	35.8	90	1_2	36.1	90
	6	16.4	90	7_1	13.9	90		2	38.3	90	3	37.6	88
	7_2	15	90					4	37.9	84	5	37.9	89
6P	1	19.5	90	2	21.5	90		6	33.4	90	7_1	29.8	89
	3	24.6	89	4	30.4	83		7_2	30.2	89			
	5	22.8	88	6	18.1	90	20	1	36.4	90	2	38.7	90
	7	16.1	90					3	37.7	88	4	38.1	84

⑧设计出图，如图 3-159 和图 3-160 所示。

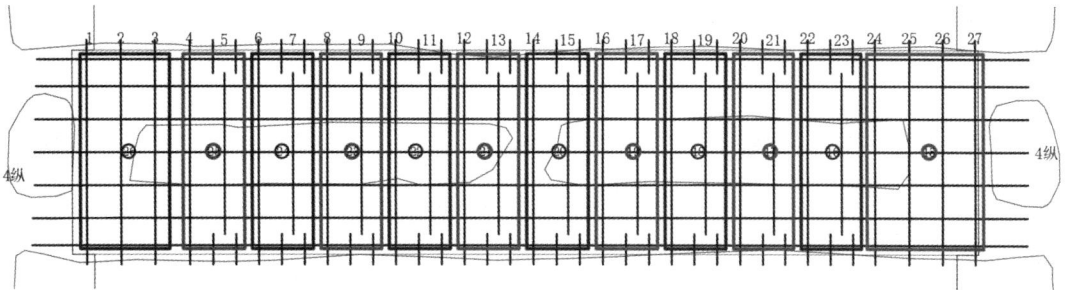

图 3-159　炮孔平面布置图

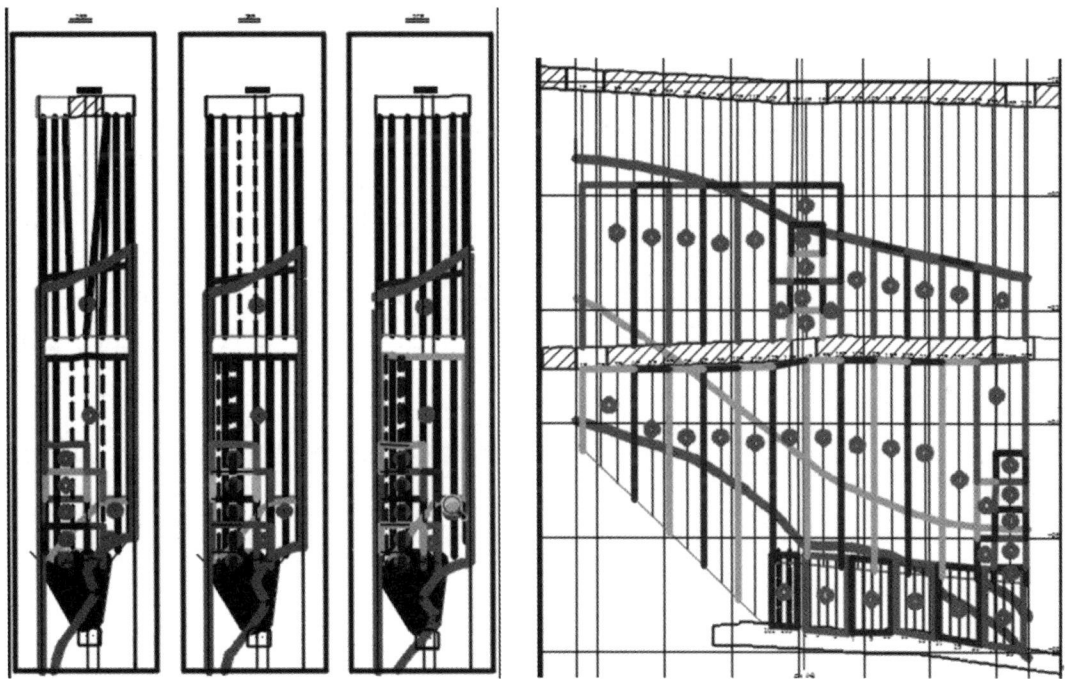

图 3-160　炮排剖面图及进路剖面图

3.2.5　矿井通风设计

1）概述

矿井通风设计数字化是以传统的矿井通风理论为基础，借助图论、最优化理论、计算机技术等理论与技术，对整个井下通风系统进行优化设计，包括风网构建、风网检查、风机数值模拟与优选、风网解算、风网调节优化等内容，以实现井下按需通风，降低通风能耗。

（1）数字化矿井通风的任务。

为实现井下按需通风以及通风优化，降低整个矿井的通风能耗，矿井通风设计数字化的任务主要包括：

①研究矿井通风网络解算基础参数的自动准确获取、检验与校正；

②研究矿井通风网络实时解算技术，以保证其能实时计算任意复杂矿井通风网络的风量分配；

③研究复杂矿井通风网络问题的自动分析与诊断；

④研究矿井通风网络调控技术，以实现井下按需通风；

⑤研究矿井通风优化技术，包括风量分配优化技术、风量调控优化技术，使整个矿井通风能耗最小化；

（2）常用三维通风仿真软件。

随着数字化矿井通风技术的发展，以国际上流行的 MVS 系列、VentGraph、风丸和 Ventsim 软件和国内新开发的 MVSS、VentAnaly、3Dvent、iVent 等软件为代表，如表 3-35 所示，基于三维可视化平台适应新时期复杂系统多因素分析的矿井通风软件开始发展起来。大部分通风软件的解算算法都是基于回路风量法的 Scott-Hinsley 迭代法，包括简单的巷道编辑、网络构建、数据分析、数据检查、风机管理和网络解算等功能。国际上比较流行的 Ventsim 软件则可以进行风温、柴油机尾气、瓦斯和火灾烟气浓度等模拟。

表 3-35　国内外主要通风软件对比表

软件	国家	主要功能
MVS 系列	美国	编辑；解算；调节；火灾、热、污染物等的模拟仿真；预测井巷气流的热力学和湿度特性；通风管道系统的模拟；DPM 研究、产品与服务
VentGraph	波兰	编辑；稳态下解算与调节；非稳态下的火灾仿真与采空区气体扩散仿真；实时监控；逃生路线管理
风丸	日本	编辑；解算；火灾模拟
Ventsim	澳大利亚	编辑；解算；热力学模拟；可压缩气体模拟；风机曲线自动校正；污染物模拟；炮烟扩散模拟和清空时间预测；通风相关成本分析；实时监测；火灾模拟
MVSS	中国 （辽宁工业大学）	编辑；解算；调节：通路法风流调节仿真、回路法风流调节；反风模拟；平衡图；矿井能耗分析；火灾模拟仿真
VentAnaly	中国 （煤炭科学研究总院）	编辑；解算；通路法调节
3Dvent	中国 （北京三地曼矿业软件科技有限公司）	编辑；风机优选；解算；回路法调节；一键输出报告；污染物行走路径模拟
iVent	中国 （长沙迪迈科技股份有限公司）	编辑；解算；调节：回路法与通路法调节；一键输出报告；循环风检测、节点压力计算、最大阻力路线、需风量计算；通风阻力测量；污染物行走路径模拟

2）数字化矿井通风设计

（1）通风网络构建。

①通风网络构建。

由三维井巷模型或者 CAD 平面图通风巷道提取其中心线，导入三维通风软件，构建通风网络。

②通风网络编辑。

通风网络编辑主要是对构建的通风网络进行通风巷道的添加、删除、合并、移动等操作，具体包括添加巷道、添加风机、添加构筑物、巷道反向、巷道合并、移动节点、移动复制巷道、点打断、相交打断、属性、属性刷以及删除等功能。

③通风网络检查。

通风网络有效性分析是矿井通风网络解算、调控以及优化等的基础。越来越复杂的矿井通风系统不仅对风网解算提出了更高的要求，对构建的通风网络进行风网检查也变得极其重要。风网有效性检查的核心问题是如何通过对网络结构进行检查，使通过检查的网络均能收敛，且在人工适当调整的情况下使风网快速收敛。为保证通风网络成功地解算，首先需要保证通风网络准确，具体包括数据的合法性、网络的连通性以及网络结构的准确性。

A. 数据检查。

为了进行通风网络解算，首先必须保证通风网络数据的有效性。无效的通风网络数据往往导致解算失败或解算异常，甚至产生假收敛、陷入死循环等严重问题。因此，在进行通风网络解算之前，必须先检查解算数据的合理性。

通风网络数据的检查包括：缺少数据；数据异常，如无法获取数据或节点数、分支数不符；巷道断面面积、周长、摩擦阻力系数不得小于等于零，对巷道设置的固定风量、局部阻力不得小于零，装机风量不得小于等于零；同时，对于设置过大的数据进行检查，使其不会较大地偏离实际数据的上限值，以免因人为疏忽导致解算发散。

数据冲突主要是指缺少必要限制措施导致的数据设置矛盾，比如在固定风量分支上设置风机、重复设置通风构筑物等，以及违反一般规定，如在封闭巷道或独头巷道设置固定风流或风机等。

B. 风网检查。

风网检查主要是指对通风网络图的有效性检查，风网检查主要包括：通风网络图的连通性(通风网络图是否为一连通不分离的网络图)、网络结构检查、网络拓扑关系检查，其中网络拓扑关系检查包括固定风量设置的有效性、固定风量与装机巷道设置的逻辑性检查等。固定风量回路中不允许有风机分支，否则无法优选风机，固定风量与装机巷道出现逻辑错误。

C. 风网检查的常见类型处理。

(a)巷道不连通：即通风分支与通风网络不相连或者通风网络之间不相连。处理办法：直接将不在网络中的巷道删除。

(b)巷道不在回路中或者独头巷道处理办法：如果不是独头巷道，只是未打断，则相交打断即可；如果是独头巷道，在属性框中将其巷道位置设置为独头封闭巷道。

(c)重叠巷道与并列巷道：重叠巷道与并列巷道检查时有一定的检查精度，所以存在可能是重叠巷道的被当作并列巷道而检查出来的情况。

(d)固定风量设置错误：同一个节点，流入分支与流出分支全部设为固定风量分支，则会检查出固定风量设置错误。

(e)进回风巷道未设置：即通风网络未设置进回风巷道。

(2)通风参数输入。

通风参数是保证通风解算结果准确性的重要基础数据，包括摩擦风阻参数、局部风阻参数、风机参数、构筑物参数等，其具体内容见表3-36。通风参数是直接在三维通风仿真软件构建的通风巷道属性中输入。

表 3-36 通风参数内容

通风参数	内容
摩擦风阻参数	摩擦阻力系数、巷道长度、巷道断面面积、巷道断面周长(其中摩擦阻力系数可参考摩擦阻力系数经验值表)
局部风阻参数	局部阻力系数、空气密度、巷道断面面积(其中局部阻力系数可参考局部阻力系数经验值表)
风机参数	风机的安装位置、风机型号、安装角度以及风机特性曲线等
构筑物参数	风窗位置及其开口面积;风门的安装位置;风墙的安装位置

(3)通风网络解算。

现有的三维通风仿真软件基本都实现了"一键式"的通风网络解算。这里主要介绍通风网络解算方法的分类以及两种常见解算方法的原理。

①通风网络解算方法分类。

通风网络解算作为矿井通风网络最核心的理论,一直受到通风研究工作者的普遍关注。目前通风网络解算方法多达几十种,其中以模拟法、试算法、解析法、图解法、等效法和渐近法(数值法)等为代表。渐近法是数值模拟方法中最重要的通风网络解算方法之一。通风网络解算方法分类如图 3-161 所示。

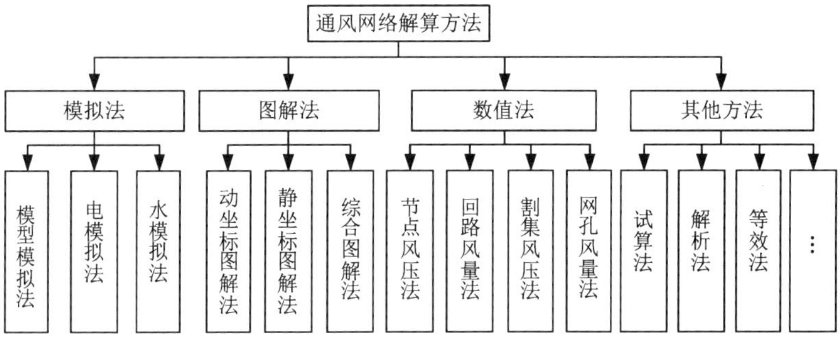

图 3-161 网络解算方法分类

各种通风网络解算方法之间既有联系,又有区别,其中数值解算法分类的主要依据是选取的基本未知量和迭代计算方法。根据选取基本未知量的不同,解算方法分为风量解法和风压解法,它们分别将相应的独立风量变量或独立风压变量作为求解对象。其原始求解方法是以 N 个分支风量和 N 个分支风压为未知量。演化的风量法中,回路风量法以 $M=N-J+1$ 个回路风量为未知量;而网孔风量法以 $M=N-J+1$ 个网孔风量为未知量。演化的风压法中,割集风压法以 $J-1$ 个割集风压为未知量;而节点风压法以 $J-1$ 个节点风压为未知量。具体如图 3-162 所示。

目前国内外采用数值法比较多，尤其是 Hardy-Cross(Scott-Hinsley)法、牛顿法、节点风压法、线性代换法、平均风量逼近法等，它们又可归纳为三类：迭代法、斜量法和直接代入法。其中 Scott-Hinsley 法属于迭代法；拟牛顿法是近似的牛顿法，即采用一阶导数来近似牛顿法的二阶导数，属于斜量法；平均风量逼近法则属于直接代入法。

②回路风量法与节点风压法的基本原理及步骤。

如图 3-162 和图 3-163 所示，根据矿井通风网络解算方法的分类，国内外矿井通风网络数值解算法主要有节点风压法、回路风量法、割集风压法与网孔风量法等，其中节点风压法与割集风压法又可归结为风压法，回路风量法与网孔风量法又可归结为风量法。下面简要介绍下回路风量法与节点风压法的基本理论思想。

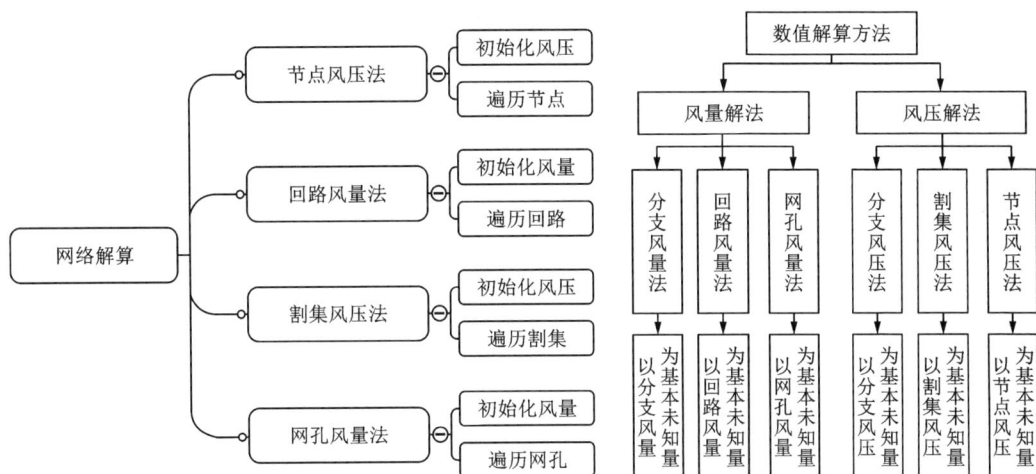

图 3-162 通风网络解算基本数值解算法

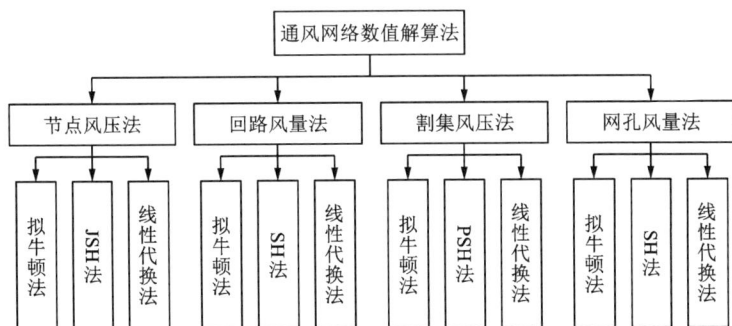

图 3-163 通风网络数值解算方法分类

A. 回路风量法。

回路风量法是通过赋初始风量值，由阻力定律、风量平衡定律和风压平衡定律推导出回路风量修正值，逐个对风量进行修正，直到满足迭代精度为止。回路风量法中 Scott-Hinsley 法(SH 法)、平松法、牛顿法应用较多，特别是 SH 法具有算法简单、易于理解和易在计算上实现等优点，目前在国内外应用最为广泛。

SH 法的基本思想是先给通风网络各分支赋初值,再求出各回路的修正值,修正各回路,直到风量逼近真值。

B. 节点风压法。

节点风压法是国内学者于 20 世纪 80 年代开始研究的,该算法的基本原理已相当成熟。其基本思想是以未知的节点风压值来建立方程组,计算出各节点的风压修正值,并对各节点风压值进行修正,直到最大的修正值满足设定的精度。

(4) 风机优选。

风机优选主要用于矿井通风设计时风机选型、生产矿井风机的增加或者更换等。

风机优选的基本思想是以通风网络解算为核心,依据装机风量,确定风机的工况风压,再从风机库中优选出最佳风机。其中风机库以及装机风量的确定是风机优选的基础,也是优选出最佳风机的重要保证。

风机优选的基本步骤如下:

①确定风机的安装位置与装机风量;

②通风网络解算,计算风机的装机风压与装机风量;

③依据装机风量与装机风压,在满足装机风量与装机风压的前提下,从风机库中优选出效率尽可能高、功率尽可能低的最佳风机。

(5) 通风网络诊断与分析。

通风网络诊断与分析是指利用三维通风仿真软件,诊断与分析通风网络中存在的问题,包括风速过高、过低预警,是否存在循环风,搜索通风网络中的最大阻力路线,计算节点压力以分析整个矿井的压能分布情况以及进行污风扩散模拟等。

①解算预警是对风速、风量、风压的阈值与变化量,以及风流反向等进行预警,如图 3-164 所示。

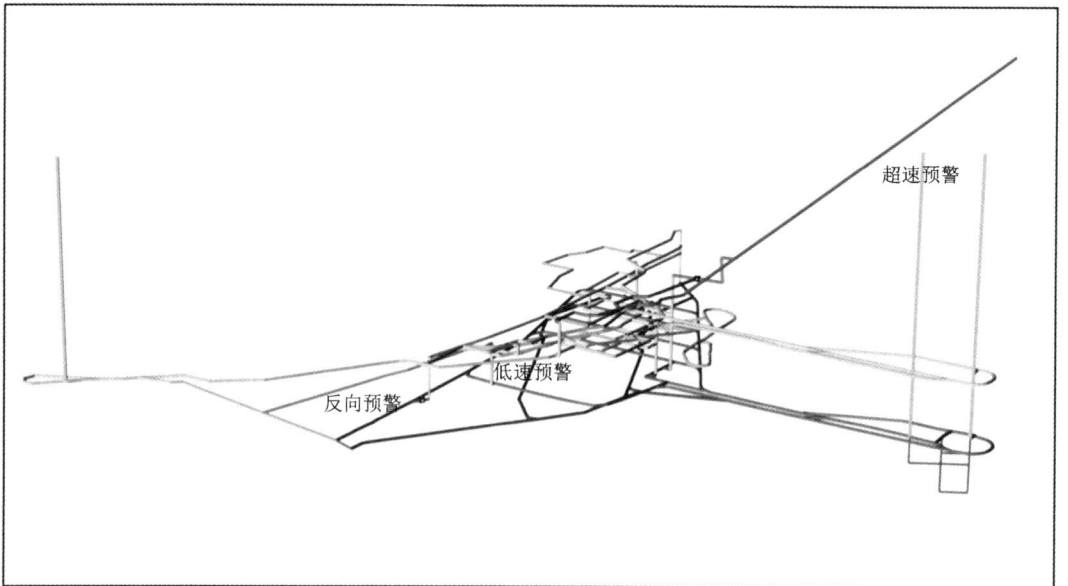

图 3-164 解算预警效果图

②循环风检测是指检测井下是否存在循环风流，并快速提取其循环风量大小，如图 3-165 所示。

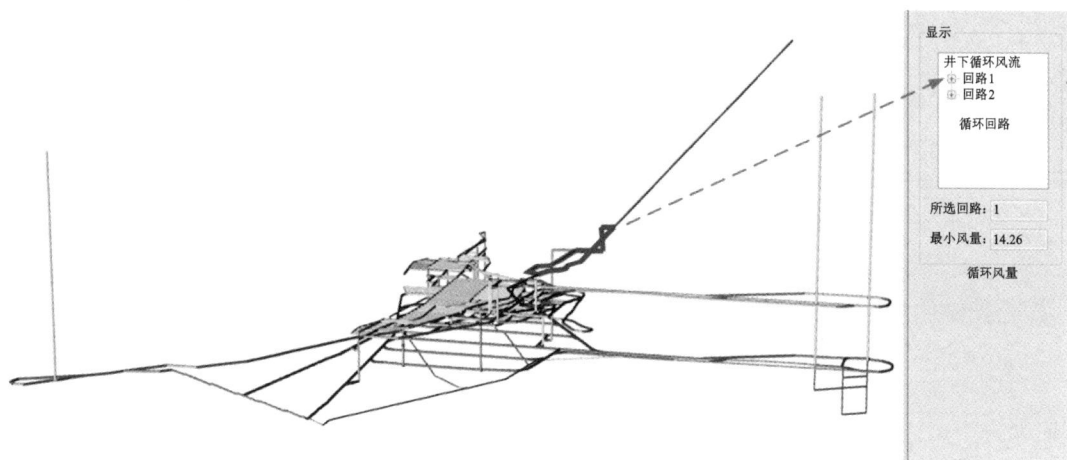

图 3-165　通风网络循环风检测结果

③节点压力计算是指计算通风网络中各节点的压力大小，以及分析整个矿井压能分布情况，如图 3-166 所示。

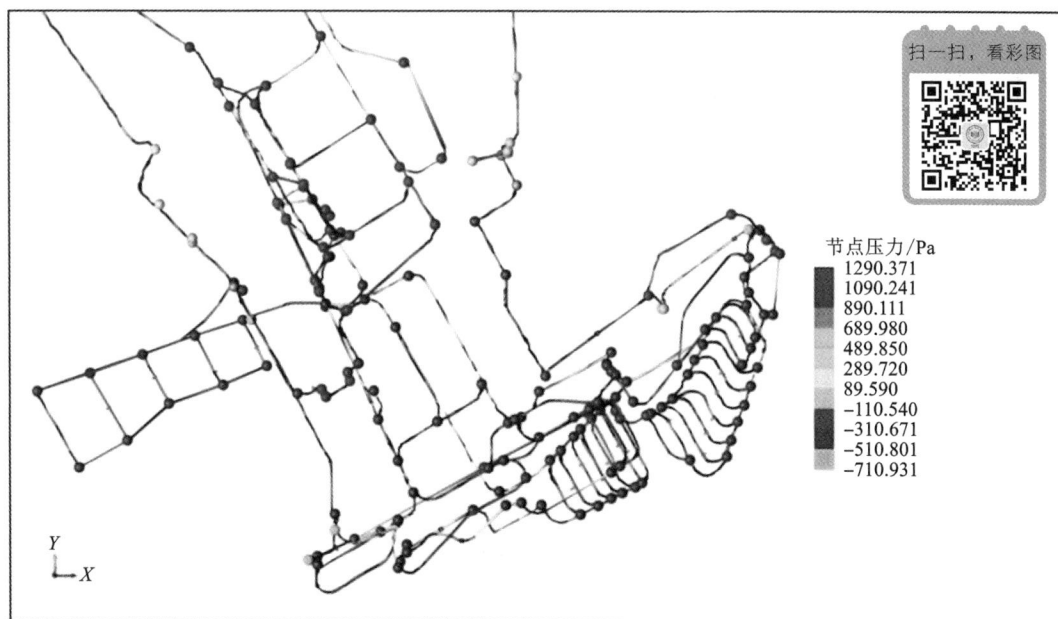

图 3-166　节点压力计算

④污风扩散模拟，即动态模拟井下污风扩散路径(图 3-167)，直观快速指导井下人员安全避险，对矿井应急预案的制定具有一定的指导意义。

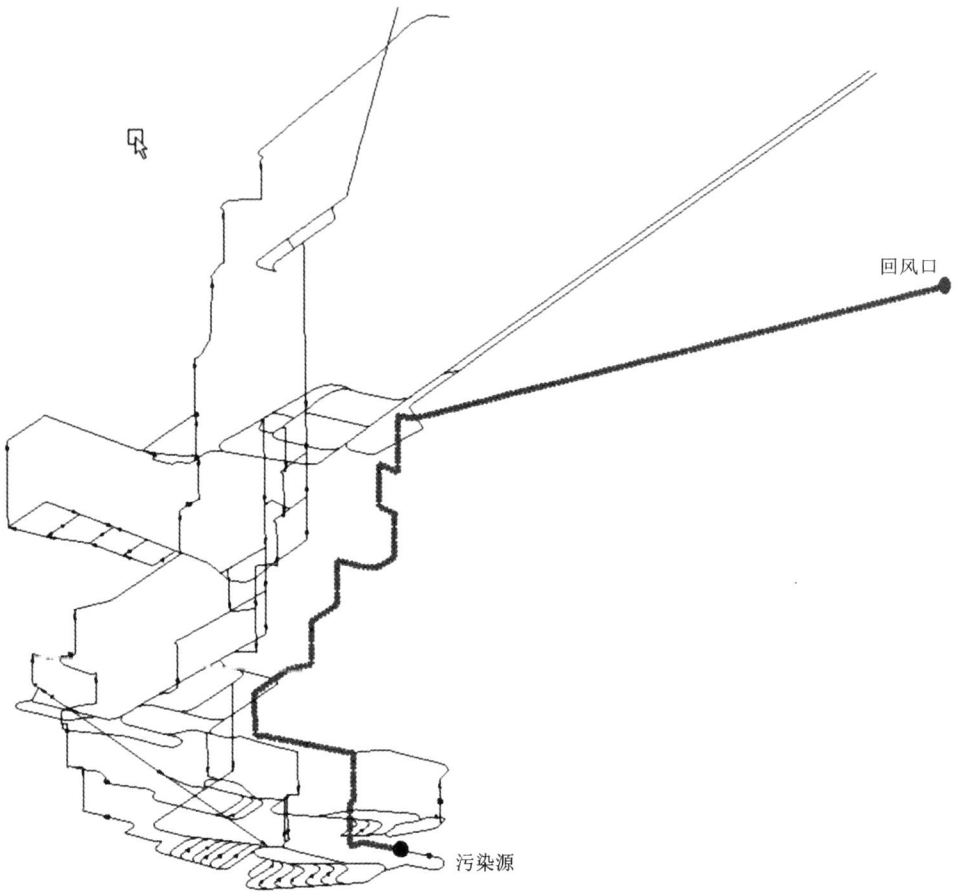

图 3-167 污风扩散路径模拟效果

⑤最大阻力线路是指通过提取最大通风阻力路线(图 3-168),分析矿井通风阻力分布情况,为降阻提供依据。

⑥需风量计算,主要是计算全矿、各中段、各分段以及各工作面等的需风量,并与现有的风量分配情况进行对比,从而找出风量分配不合理之处。

(6)通风网络调节。

经过通风网络诊断与分析,得出通风网络中存在的不合理问题,如风量分配不合理、井下含有循环风以及污风串联等。为解决这些问题,需对通风网络进行必要的调节。通风网络调节的方法包括定流法、通路法、风机变频、风机安装角度调整以及直接添加风门或风墙等。

定流法调节与通路法调节的前提是在风量不满足要求的通风巷道设置固定风量,进行强制解算,形成不平衡压降,为让其不平衡压降为 0,需采用增阻、增压或者降阻等调节手段,从而使风量满足通风要求。而风机变频与风机安装角度的调整是从整体上提高或降低风机风压与风量,使全矿或某局部地区的总风量增加或减少,从而使其风量满足通风要求。

①定流法:即在定流巷道上进行的增能、降阻或增阻调节,包括优选辅扇、扩刷断面以及添加风窗。

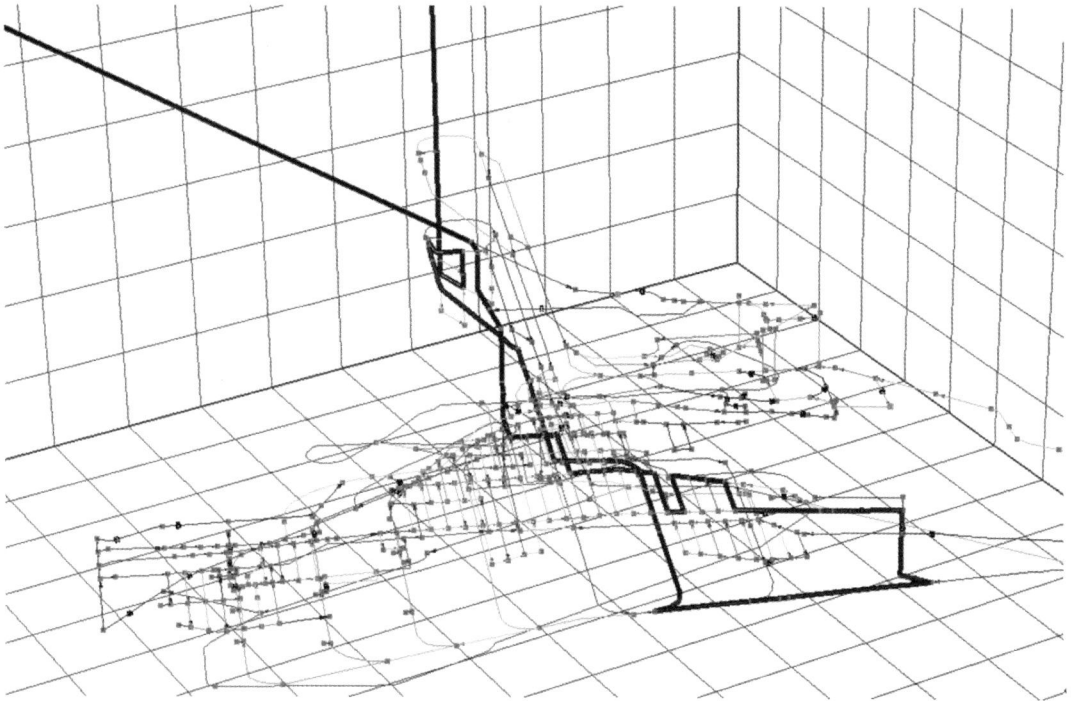

图 3-168　最大阻力线路

②通路法：即通过调节定流巷道或调节定流巷道的相邻或相近巷道，实现井下按需分风。通路法不仅解决了定流法调节位置与调节范围的局限性问题，而且避免了因增阻调节设置不合理造成风机能耗增大的问题。

③风机变频与风机安装角度的调整：通过调节风机频率(图 3-169)以及叶片安装角度来改变风机工况，满足通风网络中风量的要求。

④阻力调节优化：可以增加、删除、扩刷井巷，同时增加、删除风窗、风墙等通风构筑物，随时查看其对通风系统的影响变化，保证每个需风地点的用风量。阻力调节示意图如图 3-170 所示。

3)实例

以北洺河铁矿通风系统为例，使用的三维通风仿真软件为长沙迪迈科技股份有限公司的 iVent 矿井通风系统。

(1)通风系统简介。

北洺河铁矿采用对角抽出式多级机站通风方式，副井、西风井进风，主回风斜井(东风井)回风。矿井通风系统目前有 3 个机站，6 台风机：-50 m 机站并联安装两台型号为 DK40-8-№26/2×185 的轴流对旋风机，电机采用变频技术，频率 40 Hz；-230 m 水平东部机站安装两台型号为 K40-6-№18/90 的轴流对旋风机；-230 m 水平西部机站也安装两台型号为 K40-6-№18/90 的轴流对旋风机。Ⅰ级机站布置在矿体的两翼(-230 m 水平东、西部机站)。Ⅳ级机站布置在矿体下盘中间部位(-50 m 水平回风井联巷)。各机站位置及主要构筑物见图 3-171。

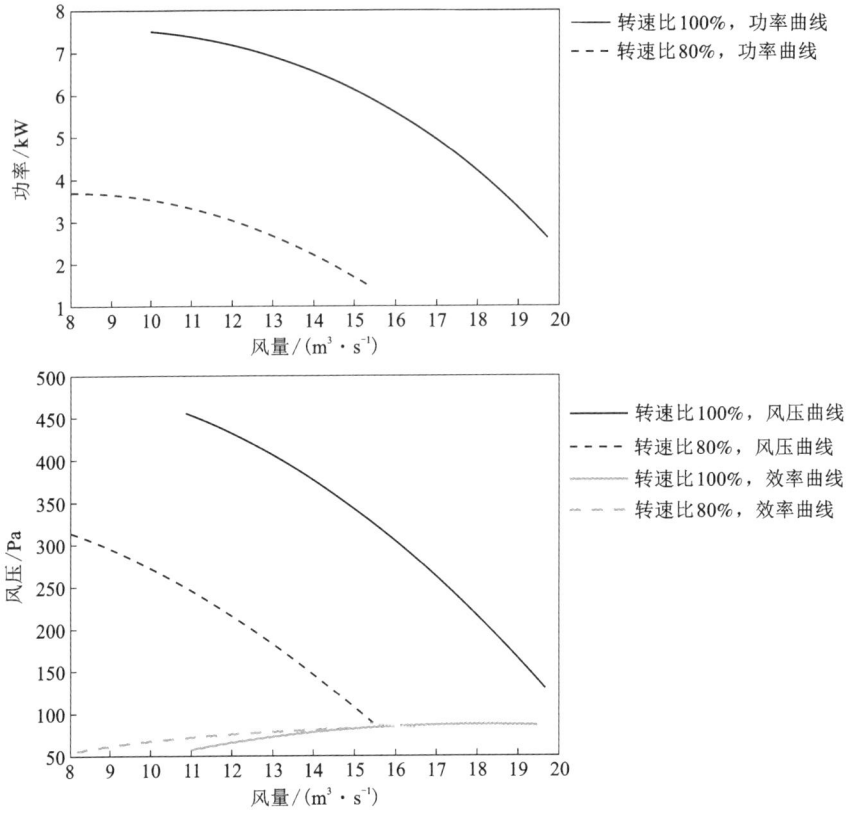

图 3-169 风机变频调节

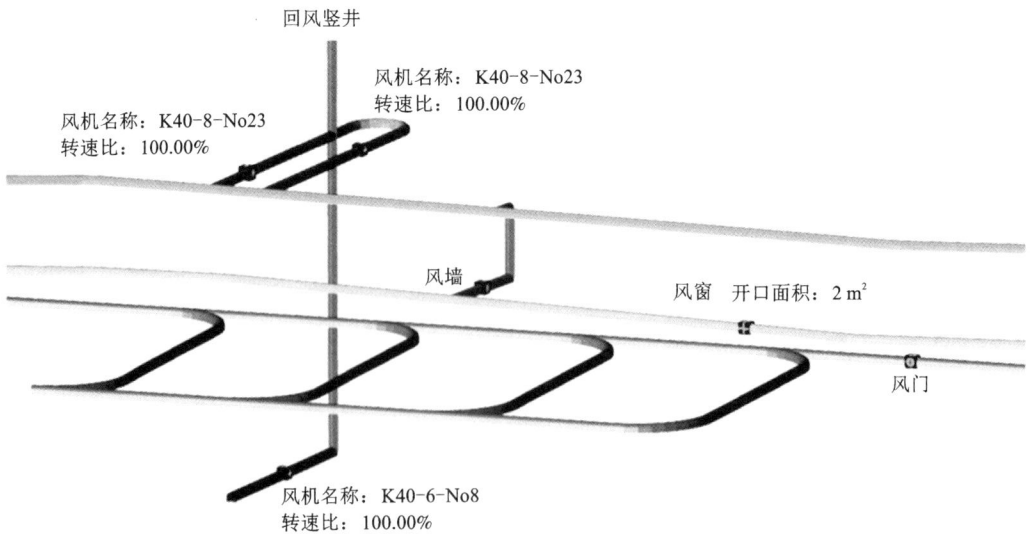

图 3-170 阻力调节示意图

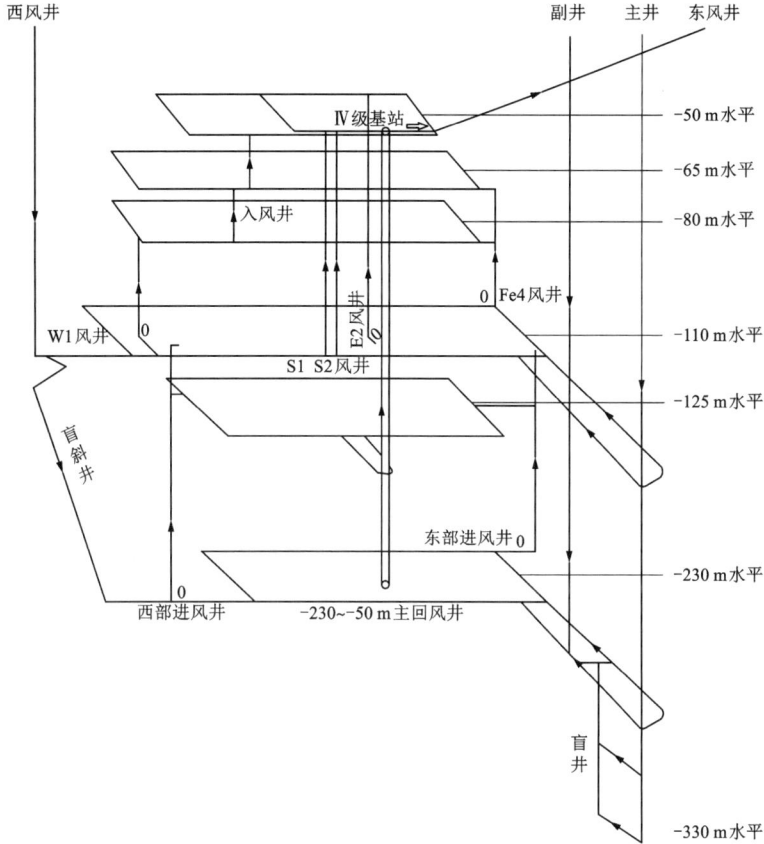

图 3-171　北洺河铁矿通风系统示意图

（2）通风网络构建。

将提取好的北洺河铁矿通风巷道中心线导入 iVent 矿井通风系统中，自动构建通风网络，并进行通风网络检查，以此得到正确的通风网络模型，如图 3-172 所示。

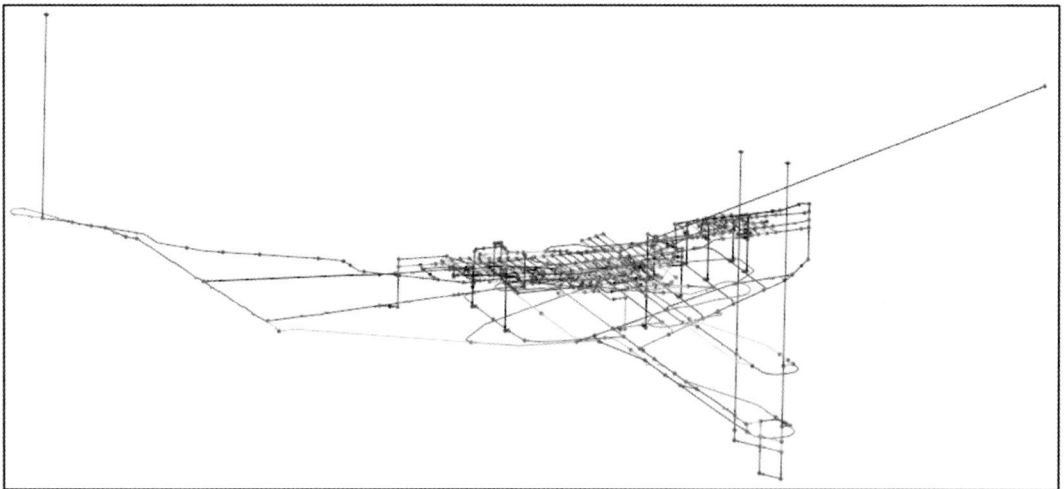

图 3-172　北洺河铁矿通风网络模型

（3）通风参数输入。

①摩擦风阻参数。

北洺河铁矿主要通风巷道的断面形状与断面规格见表3-37，通风系统摩擦阻力系数见表3-38。

表 3-37 通风巷道断面形状与断面规格

巷道名称	断面形状	断面规格/（mm×mm）
回风通道	三心拱	3800×3700
主巷道	三心拱	5300×4300
-110 m下盘	三心拱	3900×3300
-230 m上、下盘	三心拱	3700×3100
东部进风井联巷	三心拱	4300×4500
回风井联巷	三心拱	4500×3900
采场进路	三心拱	4200×3900
东风井	三心拱	4800×3900
斜坡道	三心拱	4500×4300
副井	圆形	净直径6.5 m
主井	圆形	净直径5 m
西风井	圆形	净直径5 m
-230~-50 m回风井	圆形	净直径4.5 m

表 3-38 北洺河通风系统摩擦阻力系数

巷道类别	支护方式	摩擦阻力系数/（N·s^2·m^{-4}）
进路	不支护	0.00784
联巷、运输巷	喷砂浆	0.0081
溜井	混凝土支护	0.00686
硐室、主要风道	锚喷	0.0103
风井	不支护	0.00784
主井、副井	混凝土支护	0.00686
-110 m 水平下盘 5#穿脉以西	U 形钢支护	0.0181
未知巷道	喷砂浆	0.0081

②局部风阻参数。

局部阻力是由于井巷断面、方向变化以及分岔或汇合等，均匀风流在局部地区受到影响而破坏，从而引起风流速度场分布变化和产生涡流等，造成风流的能量损失。

按照局部阻力产生的类型，选取合理的局部阻力系数，计算局部风阻，见表3-39。

表 3-39　部分通风巷道的局部风阻值

巷道名称	局部阻力系数 /($N \cdot s^2 \cdot m^{-4}$)	密度 /($kg \cdot m^{-3}$)	面积 /m^2	局部风阻 /($N \cdot s^2 \cdot m^{-8}$)
电梯井联道	1.50	1.20	19.70	0.00232
东风井联巷	1.50	1.20	23.29	0.00166
5 m 回风井联巷	2.00	1.20	19.70	0.00309
-230~-50 m 回风井联巷	1.40	1.20	19.70	0.00216
下盘运输巷	1.50	1.20	11.40	0.00693
电梯井联巷	1.40	1.20	11.60	0.00624
空车石门巷	1.50	1.20	15.12	0.00394
电梯井联巷	1.50	1.20	15.12	0.00394
-230~-50 m 联巷	1.50	1.20	15.12	0.00394
重车石门	1.50	1.20	7.86	0.01457
铲修硐室	1.50	1.20	13.31	0.00508
空压机	1.50	1.20	10.00	0.00900
斜坡道联巷	1.50	1.20	13.52	0.00492
火药库通道	1.50	1.20	8.83	0.01154
上盘运输巷	1.50	1.20	11.40	0.00693
东部进风井	1.40	1.20	12.57	0.00532
西风井	1.40	1.20	19.63	0.00218
4-1 溜井	1.40	1.20	12.57	0.00532
斜井联巷	1.50	1.20	13.46	0.00497

③风机参数。

iVent 风机库功能中提供相当全的金属非金属矿山常用风机(机型包括 K40、K45、DK40、DK45)以及煤矿常用风机(机型包括 FBCZ、FBCDZ),若风机库没有该矿的风机,则需要在风机库中添加该风机的风量、风压、效率等特性曲线数据。

④构筑物参数。

构筑物参数主要是针对生产矿井中已安装的风窗、风墙、风门等。iVent 提供风窗、风门与风墙等构筑物参数的直接输入功能。

(4)通风网络解算。

iVent 矿井通风系统实现了"一键式"解算,其算法是基于改进的 Hardy-Cross 算法进行迭代计算,内置独特的网孔圈划算法,迭代收敛速度快且稳定,千条风路单次解算时间在 3 s 内,支持多风机多级机站通风网络解算,支持自动模拟风机特性曲线下的虚拟风机运行解算,支持自然分风解算与强制解算,支持自然风压解算。北洺河铁矿矿井通风系统的部分解算风量与实测风量结果如表 3-40 所示。

表 3-40　部分解算风量与实测风量对比表

水平/m	进出风巷道	实测风量 /(m³·s⁻¹)	解算风量 /(m³·s⁻¹)	误差/%
-50	-50 m 斜坡道联巷	10.185	13.66	—
	-50 m 东部回风井	245.09	235.19	4.20
-110	-110 m 重车石门	50.53	21.27	12.70
	-110 m 空车石门		22.81	
	-110 m 西部进风井联巷	19.26	18.3	6.70
	-110 m 西风井	64.28	59.42	8.10
	-110 m 盲斜井	36.98	41.12	10
	-110~-50 m 电梯井联巷	0	0	—
-125	-140~-120 m 东部斜坡道	13.2	15	12
	-125 m 水平 3-1 溜井联巷	9.06	9	—
	-125 m 水平 11#联巷	19.1	17.2	—
	-125 m 水平 6-1 溜井联巷	2.69	2.7	—
-140	-140 m 东部进风井联巷	47.55	42.6	10
	-140 m 水平 6-1 溜井联巷	2.33	5.2	—
	-140 m 西部进风井联巷	55.26	46.02	16
	-140 m 回风井联巷	71.92	74.91	4
-155	-155 m 西部进风井联巷	21.7	25.29	—
	-155 m 东部进风井联巷	38.18	41.2	7
	-155 m 水平 6-1 溜井联巷	2.43	2.5	—
	-155 m 回风井联巷	77.28	65.23	15
	-155 m 水平 8-1 溜井联巷	0	0	—
-170	-170 m 西部进风井联巷	9.89	14.44	—
	-170 m 东部进风井联巷	4.05	5	—
	-170 m 回风井联巷	10.13	7.9	—
-230	-230 m 和-245 m 盲斜井	40.5	41.12	1.50
	-230 m 空车石门	105.8	61.32	0.80
	-230 m 重车石门		44.54	
	-230 m 风机硐室	85	85.76	0.80

风网解算与实测结果分析表明，大部分巷道误差在 10% 以内，东风井总回风实测风量为 245 m³/s，解算风量为 235 m³/s，相对误差仅为 4.2%。同时，由各水平实测解算风量对比可以看出，通风解算模型保证了各个中段主要进出巷道与实测巷道之间的差别在合理范围内。

(5)通风网络诊断与分析。

使用 iVent 对该通风系统状态进行分析与诊断,该通风系统已经具备了完善的独立通风功能,然而在局部通风区域,仍存在如下问题:

①-50 m 至 5 m 回风井风速 20.9 m³/s,超过规程 15 m/s,且此处局部阻力过大;

②-50 m 水平东部风井处循环风问题(图 3-173);

③-230 m 中段各分段之间风量分配不合理,出现有些分段风量过剩,而有些分段风量不足的情况:-125 m 水平、-140 m 水平以及-155 m 水平风量过剩;而-170 m 水平风量严重不足。

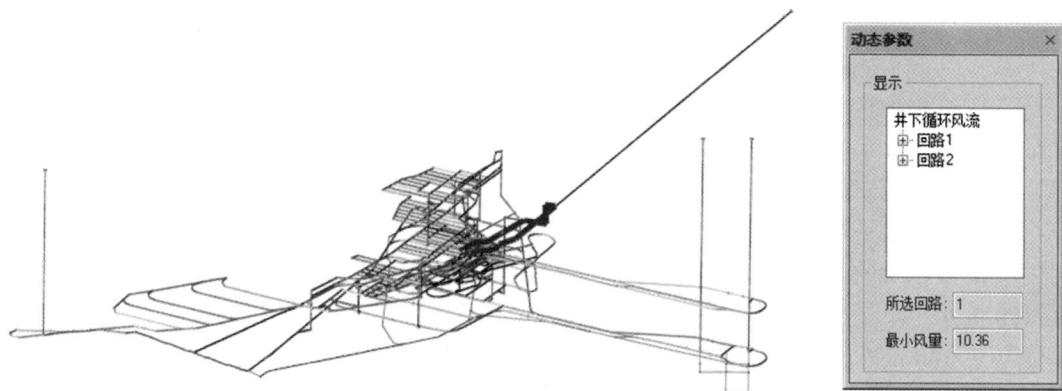

图 3-173　-50 m 水平东部风井处循环风

各水平实测风量分配状态分析表如表 3-41 所示。

表 3-41　各水平实测风量分配状态分析表

水平/m	需风量 /(m³·s⁻¹)	东部进风 /(m³·s⁻¹)	西部进风 /(m³·s⁻¹)	主副井进风 /(m³·s⁻¹)	总进风量 /(m³·s⁻¹)
-110	10.5	—	11.81	50.53	62.34
-125	8.5	37.4	—	—	37.4
-140	36	47.55	55.26	—	102.81
-155	55	38.19	21.7	—	59.89
-170	50	4.05	9.89	—	13.94
-230	15	—	—	105.8	105.8

(6)通风网络调节。

针对上述问题,采取逐个优化调节措施,即下一个优化调节措施是在上一个优化调节措施的基础上改进的,按叠加处理的方式解决存在的通风问题,具体措施如下:

①-50 m 至 5 m 回风井刷帮。

-50 m 至 5 m 回风井的风速为 20.9 m/s,超过《金属非金属地下矿山通风技术规范　通风系统》规定的"专用风井,专用总进、回风道,最高风速为 15 m/s"。

为使-50 m 至 5 m 回风井的风速不超过 15 m/s，需对其进行刷帮处理。-50 m 至 5 m 回风井原有的断面周长为 13.02 m，断面面积为 11.75 m²；若风量不变（即 246 m³/s），断面面积为 16.3 m²。但考虑后期深部开采时，随着需风量的增加，其风速仍不满足需要，因此，本方案将-50 m 至 5 m 回风井断面刷帮至与 5 m 回风井联巷以及-50 m 回风措施工程面积（19.7 m²）相近，即将-50 m 至 5 m 回风井的直径刷帮至 5 m，其面积为 19.625 m²。

②-50 m 水平风门关严。

针对-50 m 水平的循环风（风量 10.5 m³/s）较大的问题，需对该处的两道风门加以关严，使其风量控制在 5 m³/s 以下。本方案将风门的开口面积降至 0.1 m²，解算后其风量为 3.2 m³/s。

③-125 m 水平东部进风井联巷安装风窗。

-125 m 水平东部进风井进风量为 37.4 m³/s，而-125 m 水平的实际需风量为 8.5 m³/s，因而出现-125 m 水平风量过剩的情况，故需在-125 m 水平东部进风井联巷处安装一调节风窗。经计算，风窗的开口面积为 0.502 m²。

④-140 m 水平东西部进风井联巷安装风窗。

-140 m 水平的需风量为 36 m³/s，而-140 m 水平的总进风量为 97.4 m³/s，故风量过剩，而-170 m 水平风量严重不足，因此，需对其风量进行调节。

为使-140 m 水平的需风量达到需风要求，需分别在东部进风井联巷与西部进风井联巷安装一风窗。计算得东部进风井联巷处的风窗面积为 1 m²，西部进风井联巷处的风窗面积为 1.2 m²。

⑤-155 m 水平西部进风井联巷安装风窗。

因-155 m 水平风量过剩，而-170 m 水平风量不足，需对-155 m 水平安装风窗进行调节，使-155 m 水平的部分风分配给-170 m 水平。

调节措施：直接在-155 m 水平西部进风井联巷安装风窗。计算得-155 m 水平西部进风井联巷处的风窗面积为 1.7 m²。

安装风窗后，经解算，各水平进风量分配及对比结果见表 3-42。可知经调节后，-155 m 水平与-170 m 水平的需风量满足需风要求。

表 3-42　调节后各水平风量分配及对比结果

水平/m	需风量 /(m³·s⁻¹)	需风量（备用系数） /(m³·s⁻¹)	东部进风 /(m³·s⁻¹)	西部进风 /(m³·s⁻¹)	改造前总进风量 /(m³·s⁻¹)	改造后总进风量 /(m³·s⁻¹)
-125	8.5	9.35	10.363	--	12.16	10.363
-140	36	39.6	24	24.38	53	48.38
-155	55	60.5	39.3	30.6	82.7	69.9
-170	50	55	20.1	37.7	26.6	57.8

根据解算结果，主要进回风巷道风量和主要风机风量改造前后对比结果分别见表 3-43 与表 3-44。

表 3-43　主要进回风巷道风量对比

巷道名称	改造前风量/(m³·s⁻¹)	改造后风量/(m³·s⁻¹)	变化量/(m³·s⁻¹)	变化率/%
东风井	246.4	248.4	2	0.8
西风井	56.3	54.4	1.9	3.4
主副井	76.1+115.5	77+115.1	0.5	0.3

表 3-44　主要风机风量对比

机站名称	风机风量/(m³·s⁻¹)		变化量/(m³·s⁻¹)	变化率/%
	改造前	改造后		
-50 m 水平机站	250	251.5	1.5	0.6
-230 m 水平西部机站	87.5	103.1	15.6	17.8
-230 m 水平东部机站	87.5	83.5	4	4.6

参考文献

[1] 于润沧. 采矿工程师手册[M]. 北京：冶金工业出版社，2009.

[2] 吴立新. 数字矿山技术[M]. 长沙：中南大学出版社，2009.

[3] 蒋京名，王李管. DIMINE 矿业软件推动我国数字化矿山发展[J]. 中国矿业，2009，18(10)：90-92.

[4] 王李管，冯兴隆，苏小娥，等. DIMINE 操作手册. 湖南：长沙迪迈信息科技有限责任公司，2011.

[5] 刘佳，王李管，朱利晴. 金属矿山采矿单元布置多方案优化设计[J]. 黄金科学技术，2016，24(2)：14-20.

[6] 吴丽春，王李管，彭平安，等. 露天矿配矿优化方法研究[J]. 矿冶工程，2012，32(4)：8-12.

[7] 张锦章. 品位控制模型与经济效益分析[C]. 中国地质学会矿山地质学术交流会，2015.

[8] 毕林. 数字采矿软件平台关键技术研究[D]. 长沙：中南大学，2010.

[9] 孙玉建. 资源储量估算中确定合理的矿体离散尺寸[J]. 中国矿业，2011，20(7)：14-15.

[10] 刘德民，解联库，杨志强，等. 基于 Dimine 的辅助矿柱回采爆破设计优化[J]. 金属矿山，2011(5)：9-11.

[11] 董子良，王李管，毕林. 基于 DIMINE 的无底柱采矿回采设计[J]. 矿冶工程，2011，31(3)：26-29，34.

[12] 肖英才，王李管，朱明海，等. 基于 DIMINE 软件的爆破设计[J]. 现代矿业，2011(1)：26-29.

[13] 房智恒，王李管，冯兴隆，等. 基于 DIMINE 软件的采矿方法真三维设计研究与实现[J]. 中国钼业，2008，32(6)：28-31.

[14] 袁睿栋，谭期仁，杨福波. 沙溪铜矿开采盘区布置优化研究[J]. 采矿技术，2017，17(6)：10-13.

[15] 林大泽. 降低地下矿深孔爆破落矿大块率的技术措施[J]. 中国安全科学学报，2007，17(1)：86-90.

[16] 王辉林，张成珍，朱明海. 地下矿山三维爆破设计[J]. 中国矿山工程，2012，41(3)：5-7.

[17] 王宁，韩志型. 有色金属矿山深井采矿技术研究[J]. 采矿技术，2003，3(2)：38-95.

[18] 孙国庆，施木俊，雷永红，等. 三维工程地质模型与可视化研究[J]. 工程勘察，2001，29(5)：8-10，37.

[19] 曹代勇, 王占刚. 三维地质模型可视化中直接三维交互的实现[J]. 中国矿业大学学报, 2004, 33(4): 384-387.

[20] 吴超. 矿井通风与空气调节[M]. 长沙: 中南大学出版社, 2008.

[21] 胡汉华. 矿井通风系统设计——原理、方法与实例[M]. 北京: 化学工业出版社, 2010.

[22] 段永祥. 大红山铁矿II₁矿组中深部400万吨/年开采的高效低耗通风技术研究[D]. 昆明: 昆明理工大学, 2007.

[23] 王英敏. 矿井通风与防尘[M]. 北京: 冶金工业出版社, 1993.

[24] 王晋森. 复杂矿井通风网络自动调控及其应用研究[D]. 长沙: 中南大学, 2015.

[25] 张昕. 三维可视化矿井通风系统仿真关键技术研究[D]. 长沙: 中南大学, 2015.

[26] 钟德云. 复杂矿井通风网络多因素实时优化解算研究[D]. 长沙: 中南大学, 2016.

[27] 文永胜. 矿井通风技术的新发展[J]. 世界有色金属, 2008(12): 32-34.

[28] 赵梓成, 谢贤平. 矿井通风理论与技术进展评述[J]. 云南冶金. 2002, 31(3): 23-31.

[29] 赵梓成, 谢贤平. 矿井通风优化理论与技术进步[C]. 中国有色金属学会第三届学术会议, 北京, 1997.

[30] 谢贤平, 冯长根, 郭新亚. 矿井通风系统监测点的优化布局[C]//材料科学与工程技术——中国科协第三届青年学术年会论文集, 北京, 1998.

[31] WEI L J, ZHOU F B, CHENG J W, et al. Classification of structural complexity for mine ventilation networks [J]. Complexity, 2015, 21(1): 21-34.

[32] ACUÑA E I, LOWNDES I S. A review of primary mine ventilation system optimization[J]. Interfaces, 2014, 44(2): 163-175.

[33] HU Y N, KOROLEVA O I, KRSTIĆM. Nonlinear control of mine ventilation network[J]. Systems & Control Letters. 2003, 49(4): 239-254.

[34] NYAABA W, FRIMPONG S, EL-NAGDY K A. Optimisation of mine ventilation networks using the Lagrangian algorithm for equality constraints[J]. International Journal of Mining, Reclamation and Environment, 2015, 29(3): 201-212.

[35] SHEN Y, WANG H. Study and Application on Simulation and Optimization System for the Mine Ventilation Network[J]. Procedia Engineering. 2011, 26: 236-242.

[36] 王惠宾. 矿井通风网络理论与算法[M]. 徐州: 中国矿业大学出版社, 1996.

[37] 刘剑. 流体网络理论[M]. 北京: 煤炭工业出版社, 2002.

[38] 赵梓成. 矿井通风计算及程序设计[M]. 昆明: 云南科技出版社, 1992.

[39] 李恕和, 王义章. 矿井通风网络图论[M]. 北京: 煤炭工业出版社, 1984.

[40] 徐竹云. 矿井通风系统优化原理与设计计算方法[M]. 北京: 冶金工业出版社, 1996.

[41] 张惠忱. 计算机在矿井通风中的应用[M]. 徐州: 中国矿业大学出版社, 1992.

[42] 黄元平. 矿井通风[M]. 徐州: 中国矿业大学出版社, 1990.

[43] 钟德云, 王李管, 毕林, 等. 复杂矿井通风网络解算风网有效性分析[J]. 中国安全生产科学技术, 2014(11): 10-14.

[44] 王金贵, 张苏, 熊庄, 等. 复杂通风网络简化方法研究[J]. 煤炭工程, 2012, 44(4): 104-106.

[45] 汶伟. 矿井通风网络图简化及应用分析的研究[D]. 西安: 西安科技大学, 2009.

[46] 赵千里, 刘剑. 金川矿井通风网络自动简化数学模型与简化技术[J]. 中国安全科学学报, 2001, 11(6): 69-72.

[47] 李晓峰, 魏连江, 刘云岗. 通风网络解算的改进研究及实现[J]. 矿业工程, 2008, 6(6): 56-59.

[48] 孙志伟, 鹿爱莉, 张建华. 露天开采境界边界品位的合理确定[J]. 中国钼业, 2006, 30(6): 11-14.

第 4 章

数字化开采计划编制

4.1 概述

数字化开采计划优化编制是综合利用地质体模型、工程模型以及矿块模型，通过设定矿石量、品位等关键指标以及在三维可视化环境下定义生产约束，并以计算机技术、三维可视化技术以及运筹学等理论、方法与技术为手段，快速生成开采计划优化方案。相对于矿山手工编制开采计划，数字化开采计划优化编制可以合理规划矿山工程在空间与时间上的顺序和采剥（掘）设备作业顺序，降低采矿成本，提高生产效率，最终实现开采总体经济效益最大化的目标。

数字化开采计划包括露天矿采剥计划和地下矿采掘计划。

露天矿采剥计划编制的总体目标是确定一个技术上可行、矿床开采总体经济效益最大、贯穿整个矿山开采生命周期的矿岩采剥顺序。所谓总体经济效益最大，是指在矿床开采过程中所实现的总净现值最大；而技术上可行，是指采剥计划必须满足一系列技术上的约束条件，主要有：

(1) 每个计划期内为选厂提供较为稳定的矿石量和入选品位；

(2) 每个计划期的矿岩采剥量应与可利用的采剥设备生产能力相适应；

(3) 各台阶水平的推进必须满足正常生产要求的时空发展关系，即最小工作平盘宽度、安全平台宽度、工作台阶的超前关系、采场延深与台阶水平推进的速度关系等。

地下矿采掘计划编制是一个复杂的系统工程。采掘计划是根据各采场回采顺序的合理超前关系、矿块生产能力和新水平的准备时间等条件进行编制的，在编制时应按时间和工程划分层次，最合理地安排各开采项目（矿体、阶段、分段、矿块、矿房、矿柱、盘区、进路等）中各类采掘工程（生产勘探、开拓、采准、切割、回采矿柱和处理空区等）的工作量、工期、施工顺序和设备、人力、资源的安排。

4.2 露天矿采剥计划

4.2.1 中长期采剥计划编制

露天矿长期及中长期采剥计划的主要任务是确定露天矿基建工程量、基建时间、投产和达产时间、均衡生产剥采比、矿岩生产能力、逐年工作线推进位置，以及各个时期所需的设备、人员和材料等。长期及中长期计划基本确定了矿山的整体生产目标与开采顺序，并为编制短期计划提供指导。缺少长期及中长期计划的指导，短期计划就会没有"远见"，出现所谓的"短期行为"，损害矿山的总体经济效益。

露天矿采剥计划编制的内容主要有：

（1）采剥进度计划表，列出各年度的矿岩采出量、出入沟和开段沟工程量、挖掘机的位置和调动情况等；

（2）具有年末位置线的分层平面图，标出逐年矿岩量、作业挖掘机数目和台号、出入沟和开段沟的位置、矿岩分界线、开采境界、年末工作线位置；

（3）露天采矿场年末综合平面图，绘制各水平的工作线位置、出入沟和开段沟位置、挖掘机配置、矿岩分界线、开采境界和公路运输时连接平台的位置；

（4）产量逐年发展图表，编制到计划年后 3~5 年。

4.2.1.1　采剥计划计算机辅助编制

编制中长期计划需要的主要基础资料有：

（1）1∶2000 或 1∶5000 的地质地形图。

（2）1∶1000 或 1∶2000 的分层平面图。图上绘有每一分层的地质界线（包括矿岩界线）、最终境界线与出入沟。

（3）分层矿岩量计量表。表中列出每一分层在最终境界线内的矿石和岩石量。

（4）露天矿开拓运输系统图、改扩建矿山开采现状图。

（5）开采要素。包括台阶高度、采掘带宽度、采区长度和最小工作平盘宽度、运输道路要素（宽度和坡度）、工作线推进方式、采场延深方式、掘沟几何要素及新水平准备时间等。

（6）矿石回收率、废石混入率。

（7）穿孔、采装、运输设备型号、数量及其生产能力。

（8）露天矿开始基建时间，要求投达产日期及标准。

（9）选厂生产能力、入选品位及其他。

根据挖掘机年生产能力，从露天矿上部第一个水平分层平面图开始，逐层在图纸上画出年末工作线的位置，计算出挖掘机在所涉及的台阶上的采掘量、本年度的矿岩采剥量及矿石平均品位，然后检验是否满足各种约束条件，若不满足，则需对年末推进线位置做相应调整，重新计算，直到找到一个满足所有约束条件的可行方案，其中最主要的步骤就是逐层确定年末工作线位置。

露天矿中长期采剥计划手工编制流程如图 4-1 所示。

目前基于计算机的较成熟的方法为模拟法，即对手工编制计划进行计算机模拟，其中除基础资料需人工选取输入之外，其他过程都由计算机自动完成，相关图表的输出可以通过已有的模板进行，也可以通过用户自定义的方式统计与查询，能够节省大量人工编制计划时间，所需要的主要基础资料有：

（1）三维地质块体模型，即在资源评价体系中采用一定估值方法建立的矿床模型，它能提供矿石品位、密度、岩性等各种属性的空间分布，以供查询与统计。

（2）开采现状图，即当前露天矿开采的现状图或新矿山的地形图。

（3）最终境界文件，即通过境界优化得出的设计最终境界。

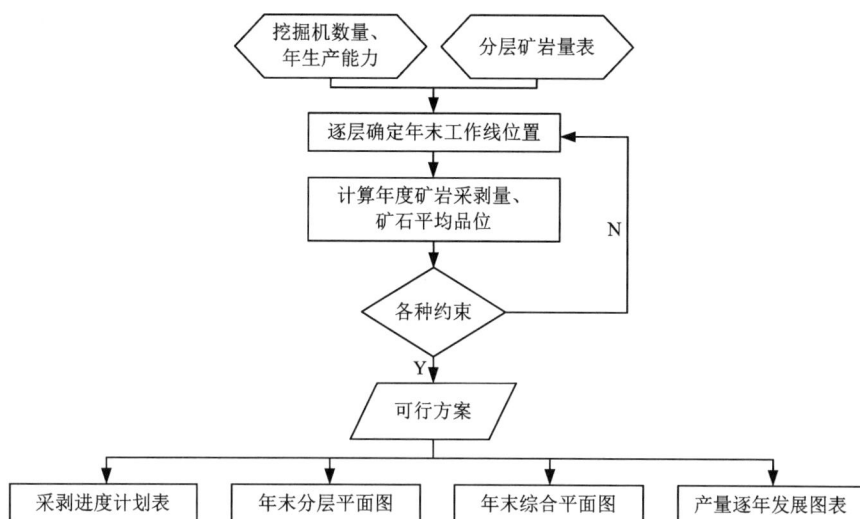

图 4-1　露天矿中长期采剥计划手工编制流程图

（4）矿体模型，即通过地质解译圈出的开采矿体模型，也是矿岩分界面模型，用来区分块体模型中的岩石与矿石。

（5）已知数据与约束条件文件，即编制采掘计划需要考虑的所有约束条件和用到的所有数据，如查询块体模型的参数、设计时设定的工作边坡角、台阶高度、最小底宽、同时工作台阶数、最大采选能力、矿石量波动允许范围、矿石与废石采出成本、贫化率、损失率、选厂品位允许变化范围、选矿成本、金属价格、金属销售成本、选矿回收率、边界品位、最小工作平盘宽度、道路要素等。计算机模拟法编制流程如图 4-2 所示。

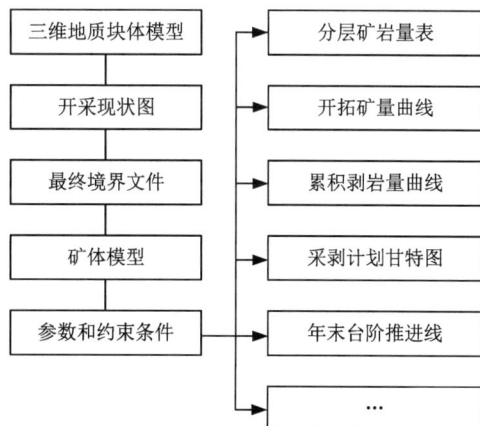

图 4-2　露天矿中长期采剥计划计算机模拟法编制流程图

计算机模拟法得到的仅仅是一个可行的采剥计划，为了找到较好的采剥计划，需要拟定多个计划方案（如在不同时期采用不同的剥岩速度、不同的超前时间等），进行经济比较后从中选出最佳方案。然而由于拟定的计划方案数有限，很难包容最优方案，因此需要借助优化算法对采剥计划进行数学优化。

生产计划编制是以矿山精细化地质模型为基础，通过人机交互的方式在三维环境下编制矿山生产计划，模拟计划开采过程，如图4-3所示。

1）计划数据准备

计划编制的准备数据有：最新的采场品位模型、现状地表模型、采矿计划指标要求（矿量、岩量、品位）、境界设计模型。数据准备完成后，结合地质资源模型按照一定的出矿品位要求，编制年度、季度、月度开采计划，给出矿山开采方案。

2）计划方案圈定

圈定计划方案是结合开采范围和年度的加密勘探与生产勘探数据，在更新品位模型的基础上，按照设定计划类型（年计划、季度计划、月计划）、起始时间、时间单位（年、季度、月）、计划长度、最小计划量和最大计划量、最小工作平台宽度（与后期二级矿量的备采矿量有关）、同时开采台阶数、同时约束块数进行计划编制。支持任意圈定范围计算矿量和品位，通过便捷的交互方式扩大或减小圈定的范围，相关的矿量和品位自动联动变化。

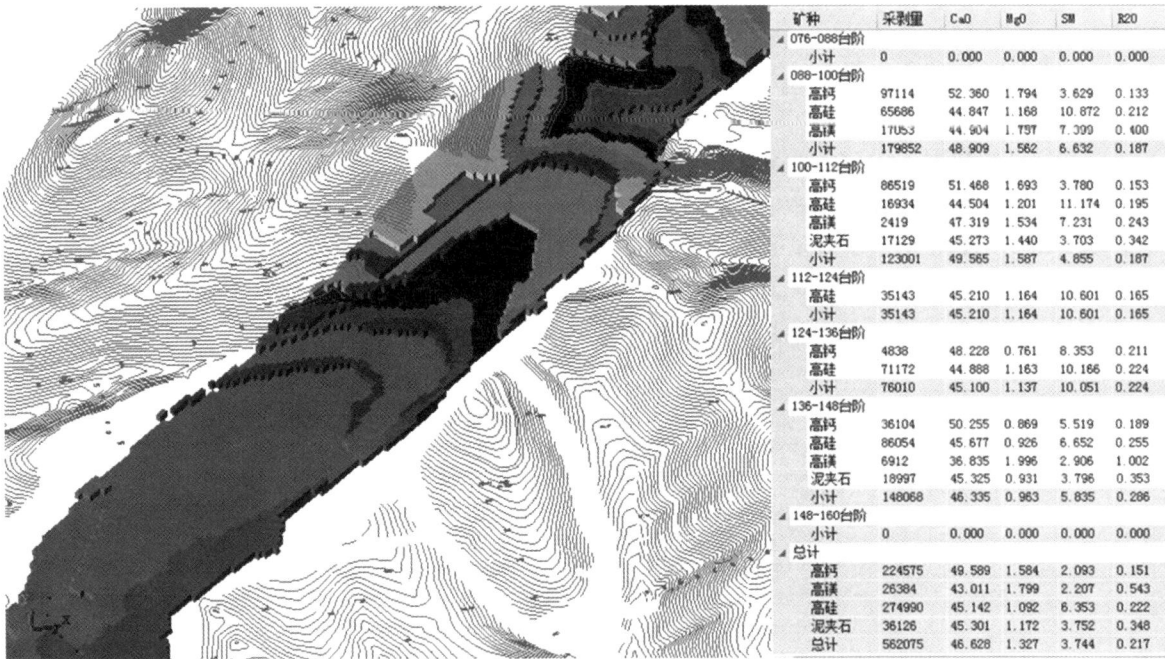

矿种	采剥量	CaO	MgO	SM	R2O
076-088台阶					
小计	0	0.000	0.000	0.000	0.000
088-100台阶					
高钙	97114	52.360	1.794	3.629	0.133
高硅	65686	44.847	1.168	10.872	0.212
高镁	17053	44.904	1.757	7.399	0.400
小计	179852	48.909	1.562	6.632	0.187
100-112台阶					
高钙	86519	51.468	1.693	3.780	0.153
高硅	16934	44.504	1.201	11.174	0.195
高镁	2419	47.319	1.534	7.231	0.243
泥夹石	17129	45.273	1.440	3.703	0.342
小计	123001	49.565	1.587	4.855	0.187
112-124台阶					
高硅	35143	45.210	1.164	10.601	0.165
小计	35143	45.210	1.164	10.601	0.165
124-136台阶					
高钙	4838	48.228	0.761	8.353	0.211
高硅	71172	44.888	1.163	10.166	0.224
小计	76010	45.100	1.137	10.051	0.224
136-148台阶					
高钙	36104	50.255	0.869	5.519	0.189
高硅	86054	45.677	0.926	6.652	0.255
高镁	6912	36.835	1.996	2.906	1.002
泥夹石	18997	45.325	0.931	3.796	0.353
小计	148068	46.335	0.963	5.835	0.286
148-160台阶					
小计	0	0.000	0.000	0.000	0.000
总计					
高钙	224575	49.589	1.584	2.093	0.151
高镁	26384	43.011	1.799	2.207	0.543
高硅	274990	45.142	1.092	6.353	0.222
泥夹石	36126	45.301	1.172	3.752	0.348
总计	562075	46.628	1.327	3.744	0.217

图4-3　三维环境下生产计划编制

3）动画和报表输出

开采进度计划编制完成后，能够生成计划报表和进行开采计划模拟。

（1）对计划编制结果模型利用动画模拟开采过程。

（2）计划结果表格输出，包括采掘进度计划表、开采计划表，用于计划审批和计划执行率跟踪。

（3）将计划编制成果存储到数据中心，三维可视化管控平台能够获取计划开采范围模型。

表 4-1　开采计划质量平衡表

岩层		下料量/10^3 t	SiO$_2$		Al$_2$O$_3$		Fe$_2$O$_3$		CaO	
			质量分数/%	总含量/10^3 t	质量分数/%	总含量/10^3 t	质量分数/%	总含量/10^3 t	质量分数/%	总含量/10^3 t
矿石	O_1S^5-88-100	5.00	7.02	0.35	1.29	0.06	0.36	0.02	51.05	2.55
	O_1S^5-100-112	34.00	5.43	1.85	0.88	0.30	0.37	0.13	51.53	17.52
	O_1S^5-112-125	10.00	6.35	0.64	1.16	0.12	0.33	0.03	49.47	4.95
	O_1S^5-125-138	10.00	5.35	0.54	1.51	0.15	0.31	0.03	48.14	4.81
	O_1S^5-138-150	8.00	9.66	0.77	1.44	0.12	0.61	0.05	47.17	3.77
夹石及断层带	O_1S^5-88-100	6.00	13.25	0.80	2.41	0.14	1.03	0.06	42.31	2.54
	O_1S^5-100-112	22.00	13.69	3.01	2.73	0.60	0.82	0.18	43.78	9.63
	O_1S^5-112-125	4.00	16.16	0.65	2.76	0.11	0.91	0.04	40.63	1.63
	O_1S^5-125-138	9.00	14.20	1.28	2.44	0.22	0.67	0.06	42.59	3.83
	O_1S^5-138-150	23.00	15.33	3.53	2.73	0.63	0.61	0.14	41.47	9.54
合计		131.00		13.40		2.45		0.74		60.77
加权平均			10.23		1.87		0.56		46.39	

4.2.1.2　采剥计划计算机智能编制

计算机技术的发展，促使矿业工作者逐渐用计算机来解决露天矿生产计划编制问题（OMPSP），首先将矿床划分为有限个尺寸相等的长方体(包括开采的矿石和剥离的废石)，每个块体形成的离散模型称为矿床块体模型，同时采用矿体解译、地质资料分析等方法，通过估值使块体模型中每一块的净价值变为已知，估值后的块体模型称为价值模型。针对露天矿中长期采剥计划编制，最初有学者提出利用 LG 图论法或浮动圆锥法调整矿山价值模型，通过试算法求出一系列嵌套分期境界作为各计划期的期末图，但这种方法无法满足采掘进度计划的技术约束条件，而且该算法调整价值模型的工作量非常大。之后相继出现了 KOROBOV 算法、参数化算法、动态规划法、混合整数规划法。其中混合整数规划法能够充分考虑露天矿生产计划编制问题的一系列技术约束条件，为解决实际的大规模 OMPSP 问题提供了一种很好的解决途径。

基于计算机的露天矿生产计划优化编制流程如图 4-4 所示。

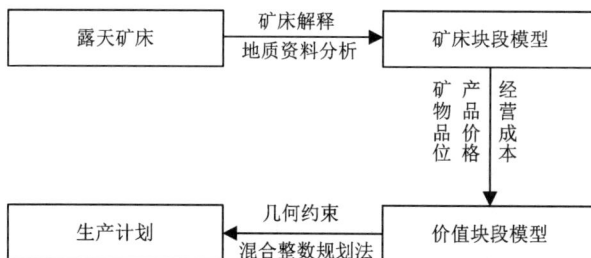

图 4-4　露天矿生产计划优化编制流程图

块段净价值是根据块中所含可利用矿物的品位、经营成本及产品价格计算的。由于矿床所含矿物的多样性及矿山企业经营体制和成本管理制度的差异，计算净价值时用到的参数并不固定。

净价值计算方法如图4-5所示。其中每个块体的值表示开采该块体的净利润，剥离的废石为负值。

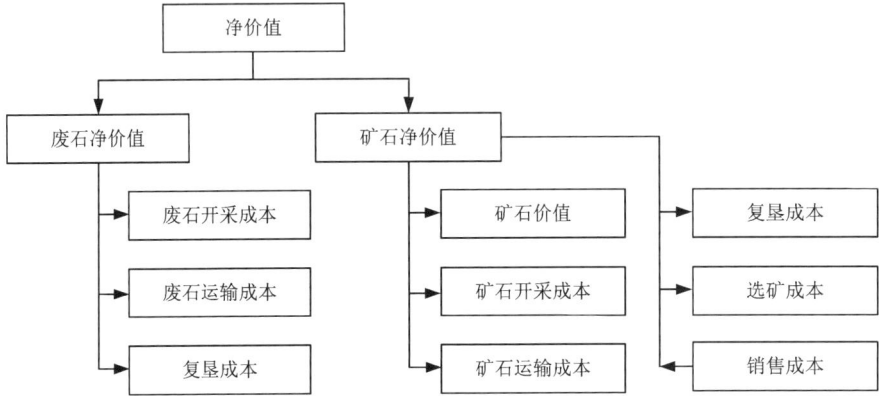

图 4-5 矿床价值模型净价值计算方法

实际露天矿矿床块体模型的块数通常在 10^6 数量级以上，构建混合整数规划计算模型时，为了充分考虑露天矿生产计划约束条件，必须为每一个块建立一个整数变量，其中 0 表示不开采，1 表示开采。

1) 构建线性规划模型目标函数

对于一个给定的矿床块体模型，在其最终开采境界内的所有负价值节点的价值代数总和为定值，即总开采成本为定值，则其成本流之和也为一定值。为力求早投产、快达产、缩短基建期、减少基建投资，应从最先能开采到正价值块处开始开采，从而达到尽快回收成本的目的。这样，就应该使成本流尽量流向价值更大的开采锥，构建的线性规划模型目标函数为

$$\max \sum_{b \in B} \sum_{t \in T} v_{bt} y_{bt} \tag{4-1}$$

其中：$b \in B$，表示所有矿块的集合；$t \in T$，表示计划期内的时间；v_{bt} 为在 t 时期矿块 b 的经济价值；y_{bt} 表示矿块 b 在 t 时期时开采值为 1，否则为 0；

2) 构建线性规划模型约束条件

$$\sum_{t \in T} y_{bt} \leqslant 1, \ \forall b \tag{4-2}$$

$$\underline{C} \leqslant \sum_{b \in B} y_{bt} c_b \leqslant \overline{C}, \ \forall t \tag{4-3}$$

$$y_{bt} \leqslant \sum_{\tau = 1}^{t} y_{b'\tau}, \ \forall b, \ b' \in B_{b, t} \tag{4-4}$$

$$y_{bt} \in \{0, 1\}, \ \forall t, b \tag{4-5}$$

其中：c_b 为矿块 b 的开采的矿量，t；$\underline{C}$ 为每一时期所需的最小矿石边界；$\overline{C}$ 为每一时期所需的最大矿石边界；$y_{b't}$ 为与 y_{bt} 有约束关系的块。

混合整数规划模型算法实现流程如图 4-6 所示。

矿山采剥计划编制对企业总体经济效益具有深远
的影响,手动编制方法不仅耗时长、强度大,而且编制
的计划准确性差、修改难度大,究其原因,主要是在编
制露天矿采剥计划过程中,需要综合考虑各生产工序
与采场在时间、空间上的制约性及其连续性,同时还
应尽可能地使企业经济效益最大化。因此,为提高计
划编制的准确性和合理性,将计划编制所需遵循的原
则转化为数学模型中的约束条件,并综合考虑各种逻
辑约束,借助计算机的运算能力实现快速编制计划。
数学规划法是一种通过建立抽象数学模型来求解目标
函数,进而得到矿山采剥进度计划的方法。矿山的生
产开采是一个系统性工程,露天采剥计划有其固有的
特殊性和复杂性,单一地考虑开采顺序最优,难以保
证矿山开采方案满足实际开采需求,导致计划失去实
际指导,从而影响进度计划的实施。因此,以出矿品
位波动最小为目标函数为例,建立了基于目标规划的

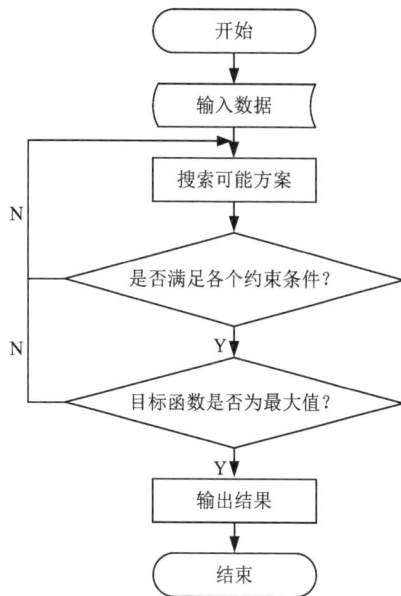

图 4-6　混合整数规划模型算法实现流程

露天矿采剥计划优化数学模型,模型中包含了生产开采的全过程,可有效保证露天计划各工
序的合理衔接。露天矿采剥计划优化方案的实施,具有以下优点:

(1)根据露天矿的开采特点分析矿山露天开采采场现阶段开采情况,包括矿山实际开采
计划量分析、开采品位目标分析、矿岩类型分析等。

(2)根据露天矿开采情况制定计划目标,根据矿山现状,制定各矿岩类型计划量目标、
矿石品位目标、台阶目标、方向目标等。

(3)根据采场计划目标,按位置、方向、采掘宽度及自定比例以椭圆或平行方式构建层
状采场开采模型,然后通过出矿量将层状椭圆或平行区域模型块构建为出矿决策块,如图
4-7 所示。

图 4-7　沿椭圆形采掘带放射状构建层状采场开采模型

（4）根据矿山开采现状及计划目标，确定矿岩开采量、台阶开采时间及同时开采的台阶的制约关系。根据采场在空间上的位置关系及上下层台阶宽度目标，确定采场开采方向及上下层台阶存在的制约关系。其中计划量制约关系，指每次计划编制开采矿岩量必须满足计划目标要求；同时开采台阶约束，指每次只能在多少个台阶同时出矿；上下台阶宽度约束，指上下台阶开采时需满足预留台阶宽度制约关系，如图 4-8 所示；逻辑约束，指数据基本逻辑制约关系；其他约束，包含时间约束，指台阶能开采时间的制约关系；上下台阶约束，即只能从上层台阶往下层开采的制约关系。

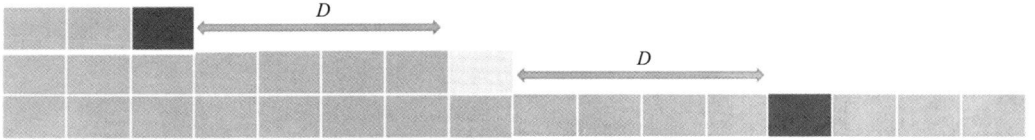

图 4-8 上下台阶宽度制约关系示例

在此基础上，建立基于目标规划的露天矿采剥计划优化数学模型。

集合：

P：通过开采建模生成决策集合。

B：台阶集合。

F：建模生成层的集合。

E：矿石元素种类集合。

M：决策块 p 的矿量集合。

索引：

p：决策（$p=1, 2, \cdots, P$）。

b：台阶（$b=1, 2, \cdots, B$）。

f：层（$f=1, 2, \cdots, F$）。

e：矿石元素（$e=1, 2, \cdots, E$）。

参数：

$M_e^{\max}$、$M_e^{\min}$：不同矿石元素的最大、最小采矿能力。

$m_{p, e}$：决策块 p 的矿石 e 质量。

$B^{\max}$：最大同时开采台阶数。

W_e：矿石元素 e 的品位权重。

$L_{P_{1, b}, P_{2, b+1}}$：上下台阶两个决策 p_1 和 p_2 的距离。

L_b：b 台阶所需预留宽度。

$g_{b, p, e}^+$、$g_{b, p, e}^-$：b 台阶 p 决策块矿石元素 e 品位的最大、最小偏差量。

决策变量：

$y_{b, f, p}=0, 1$：台阶 b 中 f 层决策 p 开采为 1，否则为 0。

$y_{b, p}=0, 1$：台阶 b 中决策 p 开采为 1，否则为 0。

$y_b=0, 1$：台阶 b 开采为 1，否则为 0。

目标函数：

$$\text{Min} \sum_{b \in B} \sum_{p \in P} \sum_{e \in E} (g_{b, p, e}^- + g_{b, p, e}^+) \cdot y_{b, p} \cdot W_e$$

约束：

(1) 开采约束

$$\sum_{p=1}^{P} y_{b,p} \leqslant 1, \ \forall p \in P, \ \forall b \in B$$

(2) 计划量约束

$$M_e^{\min} \leqslant \sum_{b=1}^{B} \sum_{p=1}^{P} y_{b,p} \cdot m_{p,e} \leqslant M_e^{\max}, \ \forall p \in P, \ \forall b \in B, \ \forall e \in E$$

(3) 同时开采台阶约束

$$\sum_{b=1}^{B} y_b <= B^{\max}, \ \forall b \in B$$

(4) 开采推进约束

$$y_{b,f,p1} \leqslant y_{b,f-1,p2}, \ \forall b \in B, \ \forall f>1, \ \forall f \in F, \ \forall p1, p2 \in P$$

(5) 上下台阶宽度约束

$$y_{b,p1} \leqslant y_{b+1,p2}, \ \forall b \in B, \ L_{P_{p1,b},\, P_{p2,b+1}} < L_b, \ \forall p1, p2 \in P,$$

(6) 逻辑约束

$$g_q^+, g_q^- \geqslant 0$$

$$y_b \leqslant y_{b,p}, \ \forall b \in B, \ \forall p \in P$$

(7) 上下台阶约束 (可选约束)

$$y_b = 0, \ \forall b \in B, \ \forall b > B^{\max}$$

(8) 严格上下台阶约束 (可选约束)

$$y_{b-1} <= y_b, \ \forall b>1, \ \forall b \in B$$

3) 求解数学模型，得到露天矿采剥计划优化方案。

计算机优化编制法综合考虑露天矿山现阶段开采情况及实际开采的特点，充分把握生产开采的全过程，将各工序间的相互关系融入模型中，最后通过求解模型得到矿山的采剥计划。图 4-9 所示为露天地表及露天坑三维模型。由于模型充分考虑了开采生产过程中的各个工序，因此可有效避免实际开采难以满足开采要求的问题，使编制出来的采剥计划可执行性更强，且优化的采剥计划可以利用计算机在很短的时间内输出结果。当需要变更计划时，只需更改相应的参数值即可。因此，手动计划中存在的编制周期长、劳动强度大、计划编制准确性差以及修改难度大的问题在该优化方法中得到了很好的解决。

4.2.1.3 基于计算机模拟法的手工计划编制实例

以国内某露天矿山为例，在计算机上利用数字采矿软件 Dimine 编制露天矿的中长期采剥计划，流程如下：

1) 用软件整理基础数据，包括矿块模型、现状图和最终境界，它们分别用来提供矿石品位、密度、岩性等各种属性的空间分布、露天矿的开采现状和通过优化的最终开采边界。表 4-2 为采剥计划基本信息分析示例。

2) 根据矿山实际依次输入矿石开采成本、废石开采成本、贫化率、回采率。之后根据矿体类型输入选矿成本、金属的价格、金属的销售成本、选矿回收率、边际品位等，最后用软件自动排出露天矿的中长期计划。图 4-10 为中长期计划年末状态图。

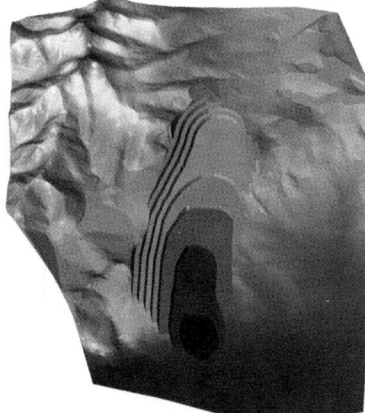

图 4-9 露天地表及露天坑三维模型

表 4-2 采剥计划基本信息分析示例

周期	开始日期	结束日期	矿量/t	岩量/t	采剥总量/t	平均品位/%	剥采比
1	2014/9/1	2015/9/1	219648	1755648	1975296	33.2	7.993
2	2015/9/1	2016/9/1	548160	3624960	4173120	32.8	6.613
3	2016/9/1	2017/9/1	524352	3545088	4069440	30.6	6.761
4	2017/9/1	2018/9/1	556578	3680650	4237228	32.8	6.613
5	2018/9/1	2019/9/1	564525	3816753	4381278	30.6	6.761
6	2019/9/1	2020/9/1	551214	3655651	4206865	31.2	6.632

(a) 2014年剩余量

(b) 2015年剩余量

(c) 2016年剩余量

(d) 2017年剩余量

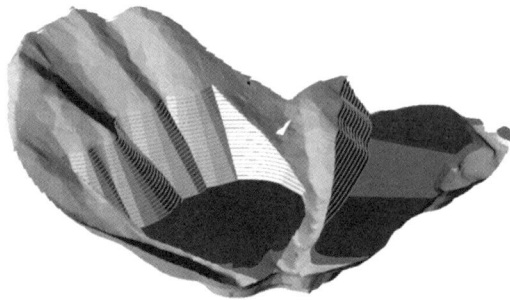

(e) 2018年剩余量

(f) 2019年剩余量

图 4-10 中长期计划年末状态图

4.2.1.4 基于计算机优化法的计划编制实例

以国内某露天矿山为例，最终境界内含 44 个台阶，贴现系数取值 8%，矿山达产后年采剥总量为 12000 万 t~16000 万 t，选矿厂处理能力为 7800 万 t~8000 万 t，矿山同时作业台阶数设为 5 个，相邻分期境界之间超前台阶数为 1~3 个。以 3 年作为采剥计划最小周期单位，根据上述条件求解采剥计划优化数学模型，得到矿山计划服务年限内的采剥计划及相关信息统计分析，如图 4-11、表 4-3 和图 4-12 所示。

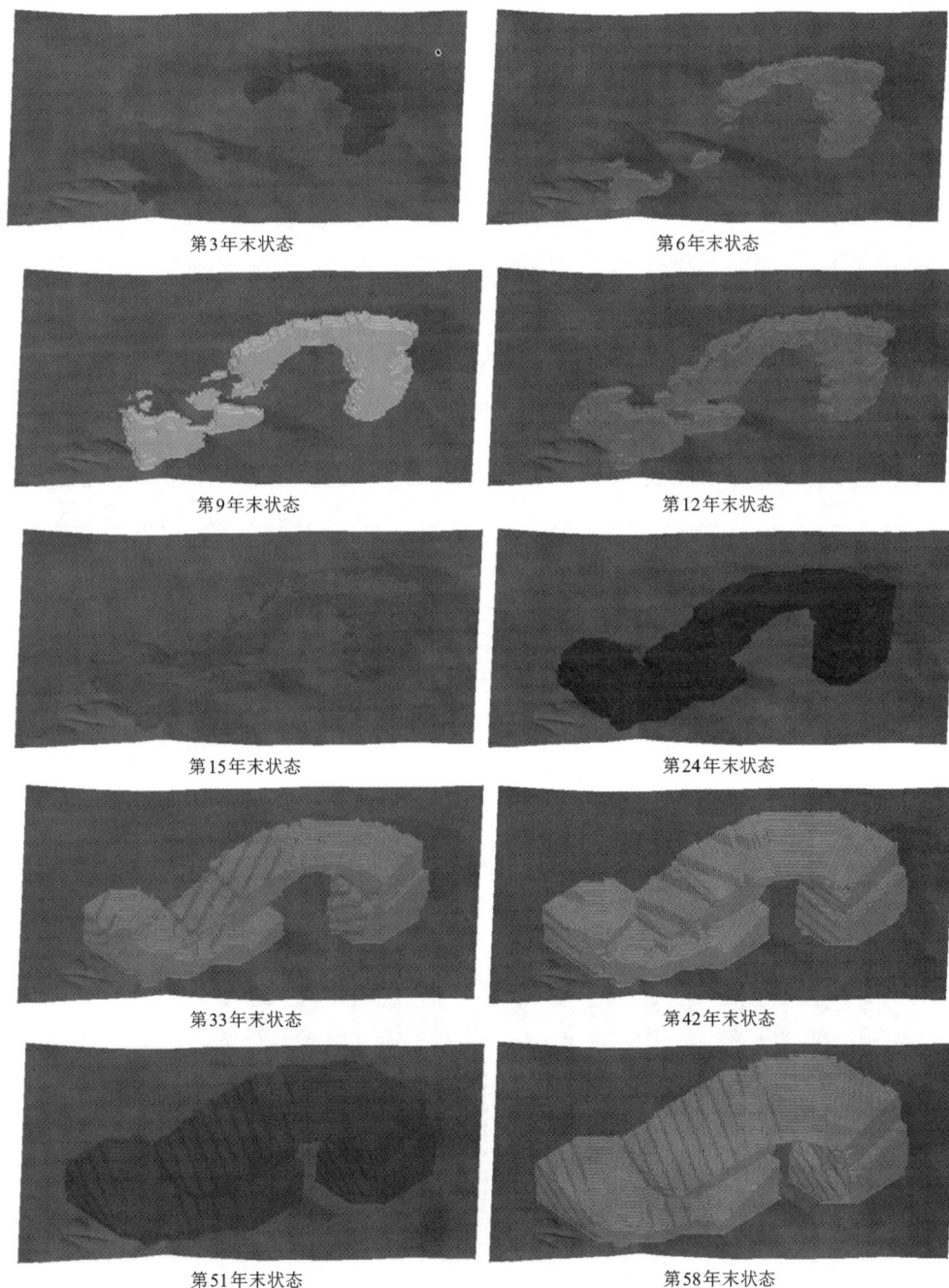

第3年末状态

第6年末状态

第9年末状态

第12年末状态

第15年末状态

第24年末状态

第33年末状态

第42年末状态

第51年末状态

第58年末状态

图 4-11 采剥计划年末状态图

表 4-3 采剥计划基本信息分析

周期	矿石量 /10^8 t	岩石量 /10^8 t	Cu 品位 /%	Mo 品位 /%	剥采比	累计净现值 /(10^8 元)
1	9233	12557	0.312	0.432	1.36	35.27
2	8784	15723	0.311	0.426	1.79	69.36
3	8683	10246	0.269	0.416	1.18	101.45
4	8924	10620	0.278	0.386	1.19	127.26
5	8820	10143	0.269	0.335	1.15	151.14
6	8351	9520	0.247	0.332	1.14	173.26
7	8437	9618	0.251	0.347	1.14	193.74
8	8541	9737	0.232	0.339	1.14	212.71
9	8679	9807	0.214	0.316	1.13	230.27
10	8731	9779	0.199	0.342	1.12	246.52
11	8250	9405	0.205	0.331	1.14	261.58
12	8217	9367	0.165	0.289	1.14	275.52
13	8214	9282	0.146	0.275	1.13	288.42
14	8115	9251	0.144	0.224	1.14	300.37
15	8225	9377	0.151	0.287	1.14	311.44
16	8252	6189	0.144	0.302	0.75	321.68
17	5739	4706	0.156	0.266	0.82	331.17
18	3263	1925	0.146	0.271	0.59	339.95
19	2581	697	0.141	0.269	0.27	348.09

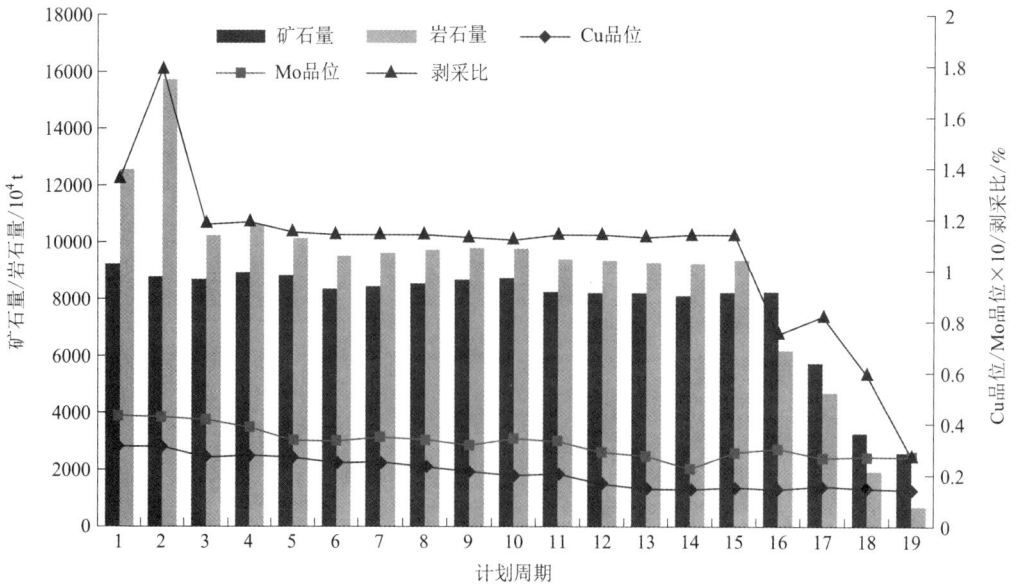

图 4-12 采剥计划基本信息统计分析图

4.2.2　短期采剥计划编制

露天矿短期采剥计划是根据矿山中长期采掘进度计划所做的内容更详细、更具体的作业计划,除考虑中长期计划中的技术约束外,还必须考虑如设备位置与移动、配矿以及运输路径等更为具体的约束条件,可以对原设计中不合理的地方进行修改与调整。根据采场现状、设备出动情况以及季节、气候等条件,在长期计划的指导下,合理确定各个季、月、旬或周的矿岩开采量,同时,还应该对各种设备的作业位置、各个平盘的采掘区间、采掘量等作出详尽的安排,是指挥和安排现场生产的依据,短期计划相对于长期计划来讲,对现场生产具有更直接的意义。计划编制原则主要有:

(1)生产成本最小;

(2)保证合适的作业空间;

(3)均衡生产剥采比;

(4)实时地揭露矿体;

(5)复垦量平衡;

(6)产量最大;

(7)满足二级矿量要求。

编制短期采剥计划的依据主要有年度生产计划、露天矿上期末采矿工程位置平面图(或上期末采场验收平面图)、详细的地质资料(包括地质剖面图、勘探线钻孔柱状图等)、各个生产环节设备出动数量、效率以及详细的设备检修计划等。根据上述资料,在进行短期生产计划的编制时,露天矿短期计划主要包含以下内容:

(1)剥采工程计划表;

(2)计划期末工程位置图(综合平面图、横断面图或分层平面图);

(3)挖掘机配置图表;

(4)各单项工程设计,包括详细施工图;

(5)生产能力的核定,主要从两个方面进行,一是按矿山工程延深速度或水平推进速度进行核定;二是按各环节设备能力进行核定。

4.2.2.1　基于计算机的短期采剥计划编制

目前,基于计算机编制计划,基本上有两种方法。

(1)"计算机优化"计划方法。该方法自动挑选矿石块,即程序由预先确定的某点开始挑选矿石块,直到满足全部约束条件为止。这一方法还不很完善,因为程序只遵循一组预先确定好的约束条件,而未考虑一些实际存在的约束条件;这些实际存在的约束条件可由有经验的工程师在编制开采计划时,用直观的方式加以处理。用这种方法编成的短期计划,不可避免地需要人工重新加工,以便适应这些实际存在的约束条件。

(2)"计算机辅助"计划方法。本方法是人工编制方法与全计算机计划编制方法之间的折中方法,它结合了两者的优点,既实际可行,又迅速高效。采用计算机辅助计划系统时,总控制权在工程师手中,允许工程师像人工编制计划时那样按自己的想法去做,又能享有计算机处理快与功能多的优点。工程师采用这种方法时,像以前一样绘制采矿平面图,但平面图显示在显像屏幕上,而不在图桌上,可以通过观察屏幕来控制开采增量,并迅速对其进行评价,从而可以在采矿平面图上作出多种选择。用这种方法,可以大大缩减编制最优短期开采计划所需的时间，由此提高开采计划的功效。

计算机辅助计划系统流程如图 4-13 所示。

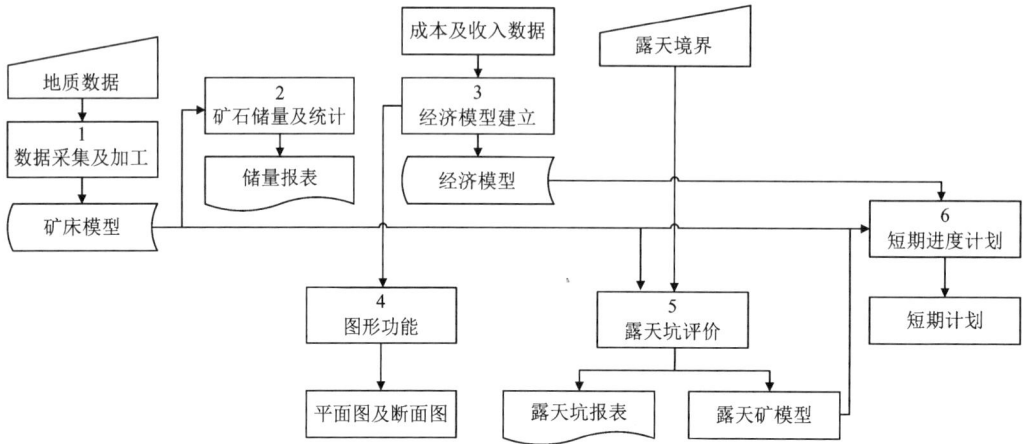

图 4-13　计算机辅助系统的程序流程

计算机辅助计划系统应用具有如下功能：

①数据采集与显示；

②矿石储量报表及统计；

③经济及成本模型；

④交互图示；

⑤露天坑评价；

⑥短期进度计划。

计算机辅助计划系统的基础是三维矿体模型。该矿体模型以模拟矿体的规则方块组成三维矩阵的形式来表达矿体，方块尺寸由用户确定，其中包含的变量有地质数据、比重及品位值。

在绘图功能中可绘制平面图与断面图，其上表明选定方块的数据、台阶轮廓线或露天坑断面。露天坑评价模块用于评价数字化的露天坑境界，评价露天坑境界时，计算圈定的矿石量、储矿堆数量及废石量。在用户规定边界品位后，还可以求出吨位、品位以及经济指数。计算机辅助计划系统还具有计算矿坑的增量及留存的储量的功能。矿坑境界评价完后，使用短期进度计划程序模块，该模块是计算机辅助系统的核心。用户可利用这个模块，通过人机对话作出进度计划，在计算机终端的屏幕上，可以有选择地显示当前露天坑中的采矿工作面及计划开采范围的图形。利用所谓"橡皮带式"生成线技术控制作业面的位置，在露天坑内模拟各种开采增量。用计算机迅速计算这些增量，可使用户对大量开采方案进行研究、比较和优化，能在设计工作帮、道路与坡道位置及水坑布置时，实现高度的精确性。利用专用功能动态地模拟开采过程与计算开采增量，既不费力，又少出错。

4.2.2.2　短期采剥计划工程实例

以国内某露天矿山为例，在计算机上利用 DIMINE 数字采矿软件编制露天矿的短期采剥计划，流程如下：

（1）以露天现状线和矿块模型为基础，根据矿山实际设定采掘带内部块段长度、台阶坡面角、台阶高度以及最小平台宽度等参数。如图 4-14 所示，通过设置矿体模型内已有且需要统计的元素字段、矿岩区分字段及容重字段，更准确地计算采剥量及相关品位，以供用户在做采剥计划时参考。

（2）圈定采掘带。在台阶坡底线一侧点击第一个点，移动鼠标，跨越台阶在坡顶线一侧圈定需要开采的范围，然后跨越台阶回到坡底线一侧，点击右键完成操作。采掘带起始点和结束点要跨越一个平台的坡顶和坡底线，图 4-15 所示为圈定采掘带时应走过的轨迹，以及生成的采掘带体。

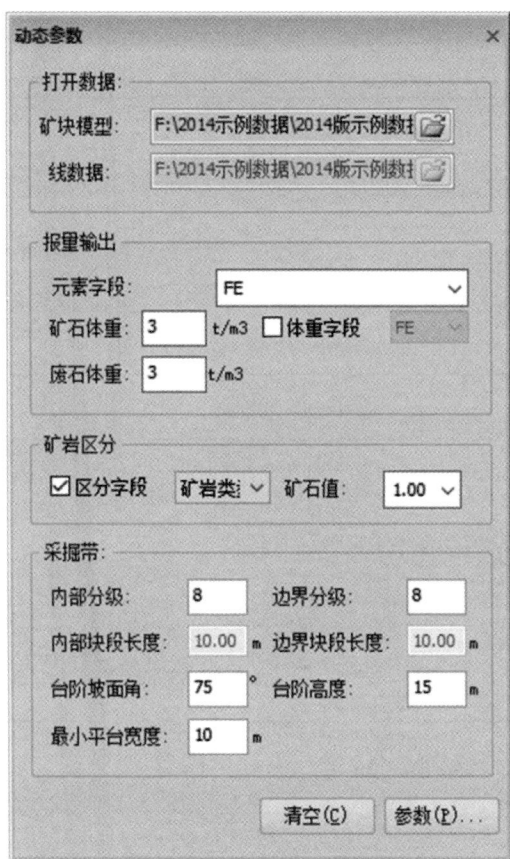

图 4-14　采掘带参数设置

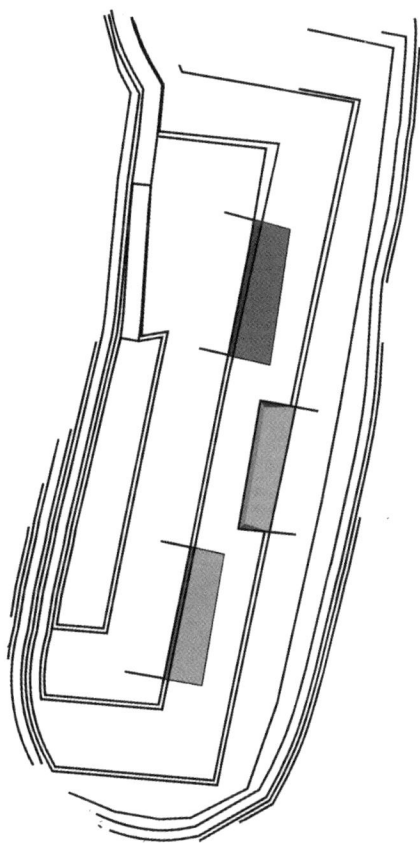

图 4-15　圈定采掘带

（3）报量输出。生成采掘实体的同时，依据块体模型输出采掘体内的矿岩量及品位等信息。将这些信息与目标矿量及品位对比，若数据相差较远，则可调整采掘带，重新报量，直到满足目标值。采掘体报量输出如图 4-16 所示。

	台阶标高	矿石体积(m3)	剥采体积(m3)	矿量(万t)	岩量(万t)	剥采总量(万t)	剥采比	FE(矿石)	FE(采掘带)	FE矿石金属量)	FE(采掘带金属量)
1	105.000-120.000	61375.000000	107500.000000	18.412500	13.837500	32.250000	0.751527	28.000000	15.986047	51555.000000	51555.000000

图 4-16　采掘体报量输出

（4）利用计算机辅助来做掘沟，包括中间沟和靠帮沟两种操作模式。设定沟面宽度和沟靠帮距离等参数（图4-17、图4-18）。

用人工交互方式即可得到掘沟。

（5）借助计算机对采掘带修图。

短期开采计划的最有效编制方法是计算机辅助方法，可由计划工程师在计划编制的过程中根据实际情况随时调整（图4-19）。有效的开采计划将使采矿企业的利润增大，计算机辅助系统是一种能使采矿工程师显著提高工作效率的工具。

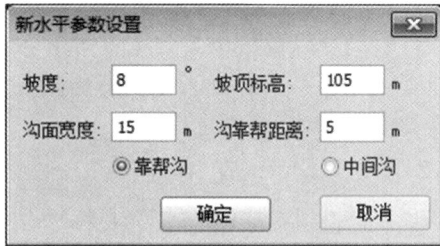

图 4-17　掘沟参数设置

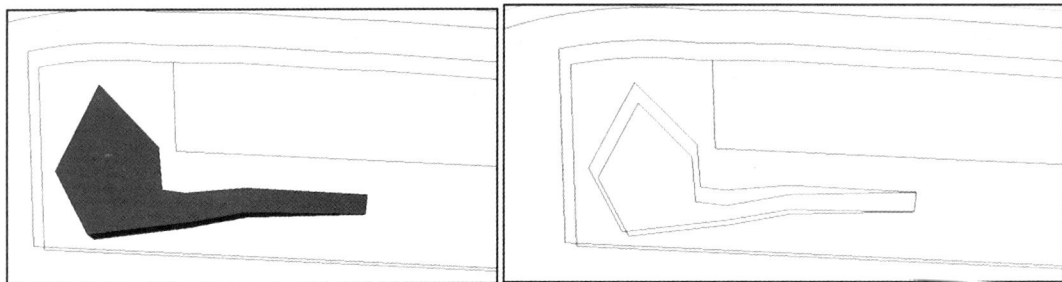

(a) 中间沟

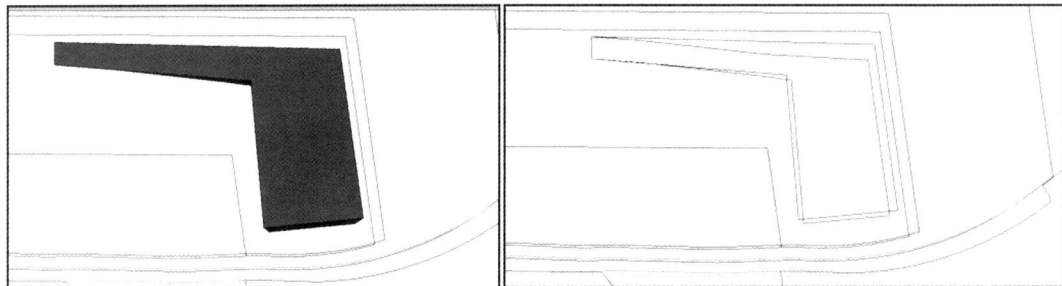

(b) 靠帮沟

图 4-18　掘沟设计

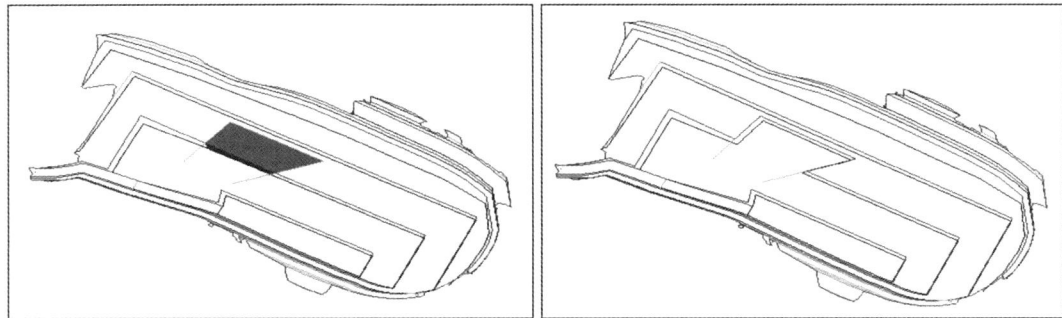

图 4-19　修图（前、后）

4.2.3 配矿计划编制

4.2.3.1 概述

露天矿开采现场配矿是矿山生产中矿石质量规划与管理的重要措施与手段,旨在提高被开采有用矿物及其加工产品质量的均匀性和稳定性,充分利用矿产资源,降低矿石质量的波动程度,从而满足对矿石产品的质量要求,提高选矿劳动生产率,提高产品质量,降低生产成本,实现矿床资源的综合利用,从而提高矿山的经济效益。

传统的配矿方式是根据爆堆估算品位,人工选择参与配矿的爆堆。对品位通常采用算术平均法估值计算,即对炮孔岩粉取样数据进行简单平均,其配矿过程烦琐、复杂、效率低下,难以达到选厂的品位要求,经常造成品位不均匀甚至大幅波动。而运用三维矿业软件进行配矿是基于地质统计学和运筹学等理论与优化方法,实现对爆堆品位的准确推估,自动圈定爆堆采掘范围,输出最优配矿方案,指导装运设备的生产过程,提高露天矿配矿效率。

4.2.3.2 基本原理

露天矿采场配矿的基本原理是在爆堆品位分布预测的基础上,利用 0-1 整数规划优化模型,以出矿量均衡为最大目标,进行爆堆的配矿工作。

1) 爆堆品位分布预测

配矿的核心目标是矿石质量均衡与控制,准确掌握爆堆元素品位分布信息是实现该目标的关键。不同品级块段的划分方法是影响爆堆品位预测结果的一个重要因素。例如,采用二维单元格划分方法,即将爆破区域划分成规则单元块,其中每个单元块的高度等于台阶高度,长度、宽度在参考露天配矿相关资料的基础上,由用户根据矿山实际情况设定。

针对国内大多数露天金属矿山采用的松动爆破方式,即爆破后破碎岩体的移动幅度不大,台阶上的爆堆品位分布与爆破前近似相同,因而可直接根据炮孔取样数据估计各单元块品位值(图 4-20),即采用距离幂次反比法。距离幂次反比法是通过周围岩粉化验数据的加权平均计算每个单元块的品位值,各估值权重系数为炮孔距该块中心距离的 k 次方的反比,即:

$$C_{\mathrm{A}} = \left(\sum_{i=1}^{n} \frac{C_i}{d_i^k} \right) \bigg/ \left(\sum_{i=1}^{n} \frac{1}{d_i^k} \right) \qquad (4\text{-}6)$$

式中: C_{A} 为待估值块段的品位; C_i 为第 i 炮孔的品位值, d_i 为第 i 炮孔与待估块段中心的距离。

2) 爆堆配矿的 0-1 整数规划模型

设共有 n 个爆堆参与配矿,令 $O_{s,i,j}$ 为决策变量,代表第 s 爆堆内第 i 列第 j 行的单元块是否被开采。若开采

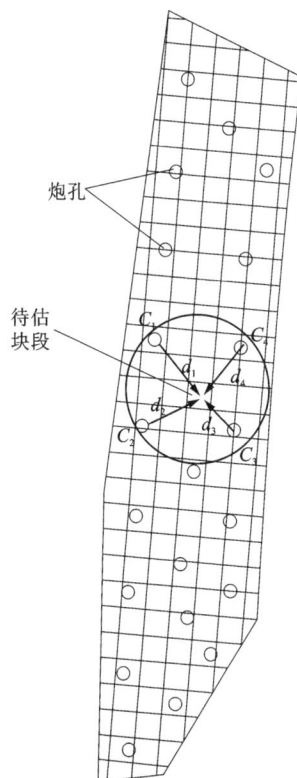

图 4-20 采用距离幂次反比法估算爆堆单元块品位

$O_{s,i,j}=1$，未开采 $O_{s,i,j}=0$。令 $x_{s,i,j}$ 为第 s 爆堆内第 i 列第 j 行的单元块所含矿石量，$y_{s,i,j}$ 为第 s 爆堆内第 i 列第 j 行的单元块所含岩石量。爆堆配矿的 0-1 整数规划模型应满足以下约束条件：

（1）爆堆条件约束。每个爆堆都必须能够出矿，并且每个爆堆的出矿量受设备能力的限制，即

$$\sum_{i=1}^{r}\sum_{j=1}^{l}O_{s,i,j}\cdot x_{s,i,j} > 0(s=1,2,\cdots,n) \tag{4-7}$$

$$\sum_{i=1}^{r}\sum_{j=1}^{l}O_{s,i,j}\cdot(x_{s,i,j}+y_{s,i,j}) \leqslant q_s(s=1,2,\cdots,n) \tag{4-8}$$

式中：q_s 为约束期内单个爆堆的最大生产能力。

（2）元素品位约束。该约束条件是配矿工作的核心问题，即有益元素的品位有下限要求，有害元素的品位有上限要求，即

$$\sum_{s=1}^{n}\sum_{i=1}^{r}\sum_{j=1}^{l}(a_{s,i,j}^{h}-A_{\max}^{h})\cdot O_{s,i,j}\cdot x_{s,i,j} \leqslant 0(h=1,2,\cdots,n) \tag{4-9}$$

$$\sum_{s=1}^{n}\sum_{i=1}^{r}\sum_{j=1}^{l}(a_{s,i,j}^{h}-A_{\min}^{h})\cdot O_{s,i,j}\cdot x_{s,i,j} \geqslant 0(h=1,2,\cdots,n) \tag{4-10}$$

式中：a^h 为参与配矿的某种元素的品位；$A_{\max}^h$ 为该元素品位的上限值；$A_{\min}^h$ 为该元素品位的下限值。

（3）几何约束。由于爆堆采装的特点，内部单元块采出的前提是其外部块均已采出，因此有必要添加一定的几何约束，避免符合开采条件的单元块因位置分散而无法应用，即

$$kO_{s,i,j}-\sum_{v=1}^{k}O_v \leqslant 0(s=1,2,\cdots,n;i=1,2,\cdots,r;j=1,2,\cdots,l) \tag{4-11}$$

式中：k 为单元块个数；O_v 表示几何约束范围内所有 k 个单元块中的第 v 块是否已被开采，若开采 $O_v=1$，未开采 $O_v=0$。

（4）出矿量约束。假定某约束期内的总出矿量必须大于某一值 $Q_{\min}$，则有：

$$\sum_{s=1}^{n}\sum_{i=1}^{r}\sum_{j=1}^{l}O_{s,i,j}\cdot x_{s,i,j} \geqslant Q_{\min} \tag{4-12}$$

（5）扩展约束。可根据用户需求添加不同约束指标，以通式表示为：

$$\sum_{s=1}^{n}\sum_{i=1}^{r}\sum_{j=1}^{l}M_{s,i,j}\cdot O_{s,i,j} \geqslant b(e\leqslant n) \tag{4-13}$$

式中：M 为多项式，由数字、单元块 (s,i,j) 的信息字段及四则运算符号组成；b 为常数；e 为爆堆编号，这 3 个参数均可在人机对话界面中由用户指定。

爆堆配矿的 0-1 整数规划模型在以上约束条件下，以出矿量均衡为最大目标，即：

$$\max f=\sum_{s=1}^{n}\sum_{i=1}^{r}\sum_{j=1}^{l}O_{s,i,j}\cdot x_{s,i,j}$$

$$\text{s.t}\quad \sum_{i=1}^{r}\sum_{j=1}^{l}O_{s,i,j}\cdot x_{s,i,j} > 0(s=1,2,\cdots,n)$$

$$\sum_{i=1}^{r}\sum_{j=1}^{l}O_{s,i,j}\cdot(x_{s,i,j}+y_{s,i,j}) \leqslant q_s(s=1,2,\cdots,n)$$

$$\sum_{s=1}^{n}\sum_{i=1}^{r}\sum_{j=1}^{l}O_{s,i,j}\cdot x_{s,i,j} \geqslant Q_{\min}(s=1,2,\cdots,n)$$

$$\sum_{s=1}^{n} \sum_{i=1}^{r} \sum_{j=1}^{l} \left(a_{s,i,j}^{h} - A_{\max}^{h} \right) \cdot O_{s,i,j} \cdot x_{s,i,j} \leqslant 0 \, (h=1,\,2,\,\cdots,\,n)$$

$$\sum_{s=1}^{n} \sum_{i=1}^{r} \sum_{j=1}^{l} \left(a_{s,i,j}^{h} - A_{\min}^{h} \right) \cdot O_{s,i,j} \cdot x_{s,i,j} \geqslant 0 \, (h=1,\,2,\,\cdots,\,n)$$

$$kO_{s,i,j} - \sum_{v=1}^{k} O_v \leqslant 0 \, (s=1,\,2,\,\cdots,\,n;\; i=1,\,2,\,\cdots,\,r;\; j=1,\,2,\,\cdots,\,l)$$

$$\sum_{s=1}^{n} \sum_{i=1}^{r} \sum_{j=1}^{l} M_{s,i,j} \cdot O_{s,i,j} \geqslant b \, (e \leqslant n)$$

$$O_{s,i,j}=0 \text{ 或 } 1 \, (s=1,\,2,\,\cdots,\,n;\; i=1,\,2,\,\cdots,\,r;\; j=1,\,2,\,\cdots,\,l)$$

4.2.3.3　配矿流程

露天采场配矿基本流程为：根据载入的爆破边界线与炮孔数据库，划分估值网格估算爆堆品位，重复上述操作，直到所有参与配矿的爆堆都估值完毕，最后载入已估值的爆破区域数据，输入配矿参数，得出结果，针对结果进行局部优化并输出报告，如图 4-21 所示。

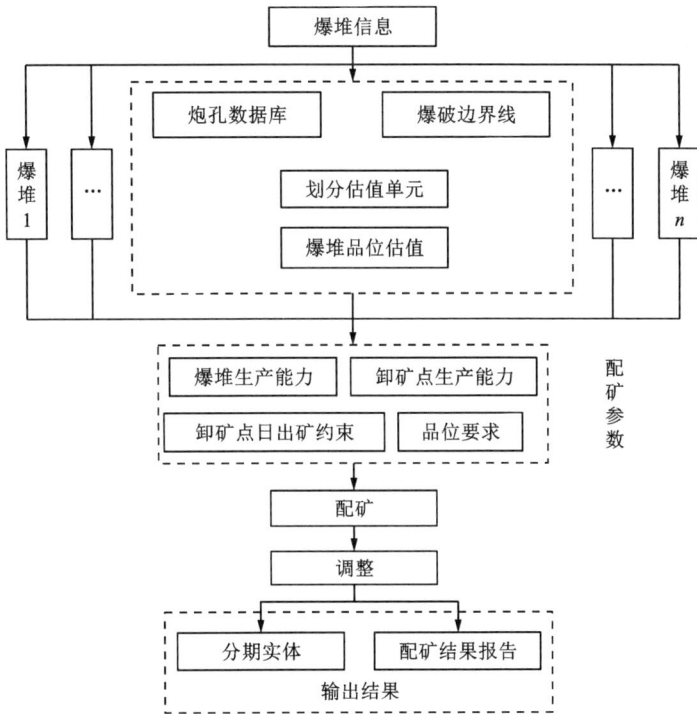

图 4-21　露天配矿流程图

4.2.3.4　露天配矿案例

下面以一个运用 DIMINE 软件进行配矿的实例来讲述配矿流程。

1）爆堆信息

（1）炮孔取样信息。

根据表 4-4 中 840 台阶某处的炮孔取样信息建立如图 4-22 所示炮孔数据库文件。

表 4-4 840 台阶炮孔取样信息表

孔编号	X	Y	Z	孔深	$w(Cu)/\%$	$w(S)/\%$
1402	96023.847	15122.393	840	12	0.08	16.56
1403	96023.423	15128.363	840	12	0.22	14.68
1404	96027.617	15125.95	840	12	0.05	8.46
1405	96030.534	15129.817	840	12	0.24	10.59
1406	96028.605	15132.699	840	12	0.12	8.5
1407	96023.79	15134.704	840	12	0.18	8.64
1408	96024.486	15140.636	840	12	0.13	16.36
1409	96028.019	15136.897	840	12	0.16	13.64
1410	96032.109	15134.808	840	12	0.11	11.27
1411	96032.11	15140.227	840	12	0.12	12.43
1412	96029.172	15144.028	840	12	0.14	12.3
1413	96024.925	15147.56	840	12	0.02	18.73
1414	96026.08	15154.347	840	12	0.13	14.7
1415	96032.429	15147.252	840	12	0.08	9.72
1416	96033.06	15153.726	840	12	0.1	10.09
1417	96026.989	15161.283	840	12	0.19	9.38
1418	96027.834	15167.402	840	12	0.09	8.86
1419	96033.383	15160.53	840	12	0.14	8.21
1420	96035.123	15167.501	840	12	0.14	9.91
1421	96032.119	15170.778	840	12	0.13	12.63
1422	96028.95	15174.587	840	12	0.08	11.04

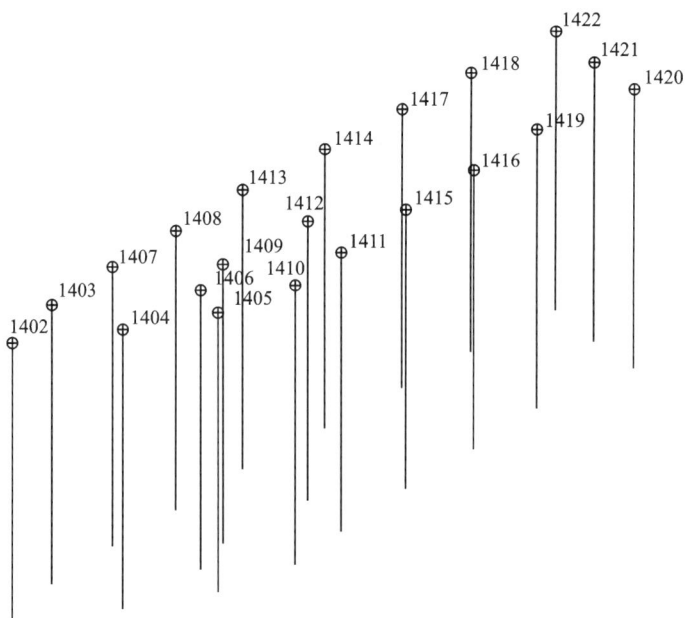

图 4-22 840 台阶炮孔数据库

（2）爆破边界线圈定。

利用软件钻孔数据库的风格显示功能，分别对 Cu、S 元素进行样品分区间颜色显示，在俯视图状态下圈定台阶爆破平面边界，如图 4-23 所示。圈定爆破边界时，可用软件根据前冲、后冲、左侧冲、右侧冲的影响半径及台阶坡面等自动生成，也可人工根据最边缘的一圈炮孔来圈定爆破边界。

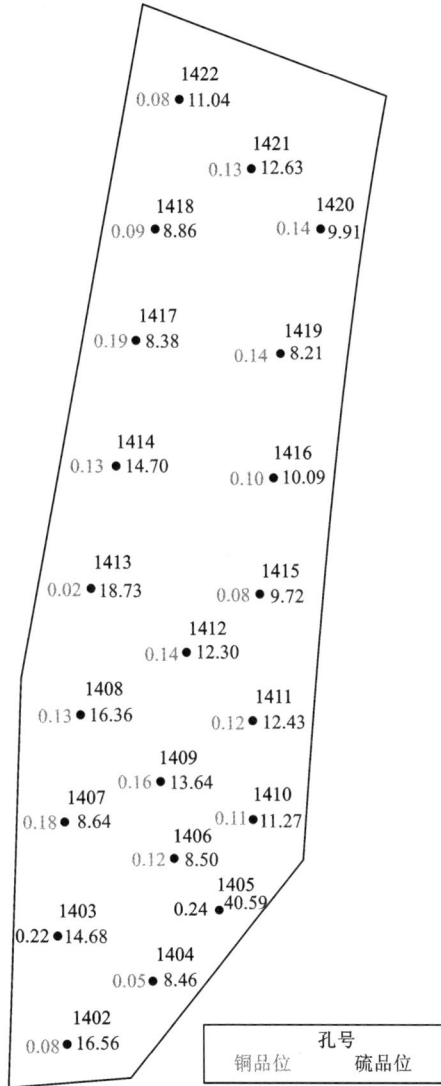

图 4-23　台阶爆破边界线圈定

（3）划分估值单元。

采用一定尺寸的单元块（单元块的高度等于台阶高度，长度、宽度在参考露天配矿相关资料的基础上，由用户根据矿山实际情况设定），将爆堆分割，然后用炮孔取样的岩粉数据对这些单元块进行估值，以这些单元块作为配矿的基础数据的最小单元，如图 4-24 所示。

估值采用距离幂次反比法，即通过周围炮孔岩粉数据的加权平均计算每个单元块的品位值，各权重系数为炮孔与该块中心距离的 n 次方的反比。

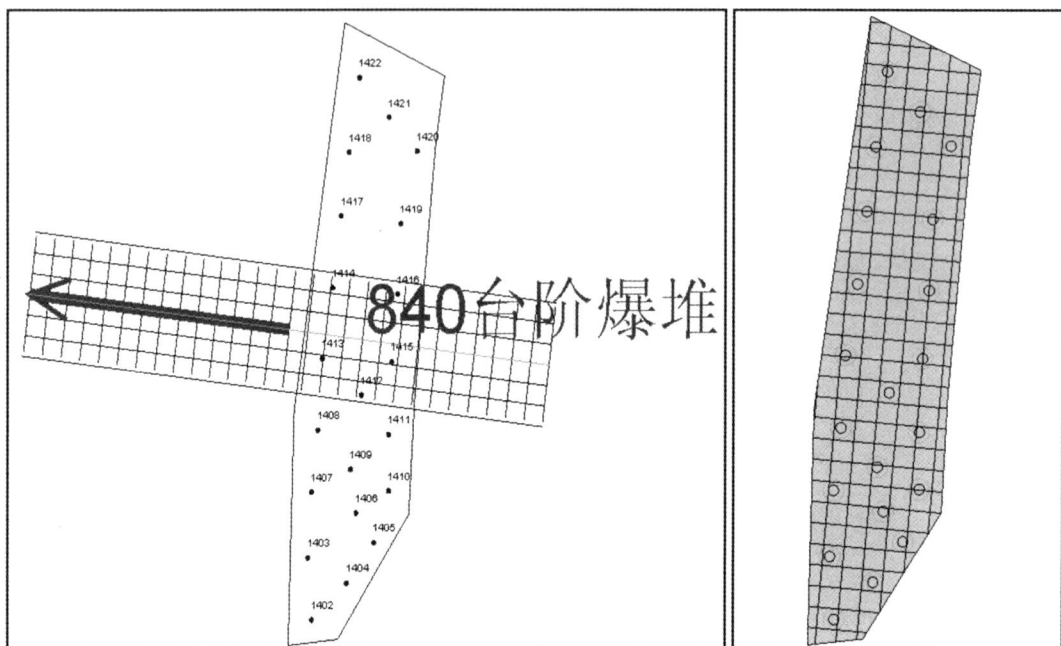

图 4-24　估值单元网格划分及采掘方向(2 m×2 m×12 m)

2）配矿参数

配矿模型的建立需要一系列的参数来约束，除了最基本的开采参数如配矿元素、容重、台阶高度、炮孔半径、卸矿点数目等，还需要爆堆、堆场的最大、最小生产能力及出矿元素品位等。

（1）最大生产能力约束。每个爆堆都必须能够出矿，并且每个爆堆的出矿量受设备能力的限制。

（2）最小生产能力约束。采矿场的开采原矿量要能保证选矿厂正常生产，即每日采出的原矿量要小于或等于所有矿堆最大存储量减去矿堆的实际存储量和日消耗量的差值之和。

（3）元素品位约束。该约束条件是配矿工作的核心问题，即有益元素的品位有下限要求，有害元素的品位有上限要求。

（4）开采方向约束。由于爆堆采装的特点，内部单元块采出的前提是其外部块均已采出，因此有必要添加一定的几何方向约束表示开采方向，同时避免符合开采条件的单元块因位置分散而无法应用。

3）自动配矿及调整

设定参数后根据范围估值结果进行自动配矿工作。

每日自动配矿完成后，当矿山实际执行时出现偏差，或者根据配矿结果需要微调时，对自动配矿计划进行调整，自动更新矿量信息，如图 4-25 所示。

4）结果报告输出

按设定的日期范围输出所有的供配矿方案。表 4-5 中供矿品位为单个配矿点的品位，当日品位为多个配矿点加权平均品位。

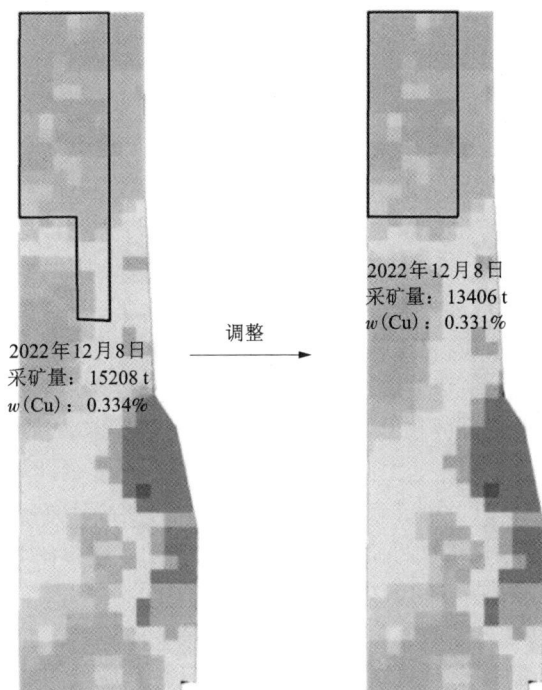

图 4-25　配矿调整及多日配矿结果

表 4-5　供配矿方案

日期	星期	卸矿位置	供矿位置	供矿品位Cu/%	供矿品位S/%	当日总供矿量/t	当日品位Cu/%	当日品位S/%	位置	面积/m²	供矿金属量Cu/t	供矿金属量S/t
2017年6月14日	星期三	卸矿点A	B	0.122	11.192	17502	0.122	11.192	黄色线圈范围内	442	21.353	1958.810
			—	—	—	17502				442	21.353	1958.810
2017年6月15日	星期四	卸矿点A	B	0.127	12.537	7958	0.127	12.537	粉红色线圈范围内	201	10.111	997.687
			—	—	—	7958				201	10.111	997.687

　　露天配矿系统能很好地对爆堆的出矿顺序进行最优规划与品位控制，提高品位控制精度；可以解决爆堆优选、备用爆堆、混合矿堆参与配矿等问题；可以选择不同推进方向、不同台阶高度、不同细分粒度、不同品位和矿量要求进行配矿；也可与三维管控系统、卡调系统无缝对接，以实现各系统数据的互联互通，提高矿山的生产效率与经济效益，保证矿山企业高质量、高效率以及可持续发展。

　　露天矿配矿也可通过两级规划配矿，弥补日配矿计划与月采剥计划之间的差距。其中两级规划配矿内容为：

　　①一次配矿针对周/月计划问题，解决选定哪些区域爆破的问题。

　　②二次配矿针对日/周生产配矿，解决选定哪些爆堆供矿的问题。

4.3 地下矿采掘计划

地下矿采掘进度计划的编制是一个复杂的系统工程,是地下矿山进行生产组织的主要依据。与一般工业生产过程相比较,地下矿采掘生产具有生产对象(矿岩体)属性的不确定性、采矿工艺方法的多样性、采矿生产过程中作业场所的动态性和生产单元间的时空制约性等基本特征。此外,矿床地质条件、采场围岩力学性能、作业人员技术素质等方面的随机与模糊因素对地下矿生产的影响亦更加显著。地下矿山的采掘计划是一个复杂的生产系统,其工艺主要有开拓、采准、切割、回采、运输、空区处理等,而这些大工艺中大多数还包括凿岩、爆破、通风、出矿等一些小工艺;更重要的是其制约条件多,主要有技术经济指标、开采区段的地质条件及其开采情况、现有人员和设备、工程类别以及劳动定额,还要输出反映各种计划量的报表及各类采掘进度计划图件等,由此可见采掘计划编制的复杂性与难度。

三维可视化技术的发展以及资源评价体系的出现,为生产计划的编制提供了很好的基础数据平台,保证了采掘计划编制时所使用的基础数据的可靠性与便利性。一方面,在统一的时空环境下,各种采剥工程在空间上的分布以及其在时间上的发展程序清晰明了;另一方面,三维资源评价体系为每一种地质属性(如品位、岩性等)以及工程与工程发展程序提供了时空分布状态,这样在编制计划时可以方便地查询并进行相应的时空统计工作。

4.3.1 采掘计划编制

4.3.1.1 采掘计划编制方法

从 20 世纪 60 年代初计算机及运筹学引入矿业领域后,人们便开始采用两种不同的思维方式去解决地下矿采掘计划中的各种问题。一种方式是利用计算机解算能力,采用优化的方法来确定矿山采掘计划;另一种是利用计算机的便捷性,模拟产生采掘计划。

1)优化法

优化法是通过将实际矿山采掘计划问题简化、抽象后建立相应的数学规划模型,再通过理论分析计算得到精确的结果,根据结果即可得到相应的采掘计划。国内外诸多研究工作者尝试了多种数学规划方法,其中最常用的数学规划方法包括线性规划、非线性规划、混合整数规划、目标规划和动态规划。

不同的研究工作者针对不同的矿山、不同的情况建立了不同的数学规划模型,总体都是围绕着矿山的空间约束、业务约束、业务逻辑约束进行的,可谓大同小异。地下采掘计划编制的数学规划模型已较为成熟。而在模型的求解中,如何快速有效地获得模型结果与该方法息息相关,尤其对于较大的、复杂的模型的求解还存在一定问题。对此,相应的研究又分为三个方向,一种是依赖于数学规划模型求解的理论方法方面的突破以及计算机自身求解能力的提高;一种是从简化模型的角度降低求解复杂度;最后一种是依靠人工智能寻求模型的近优解。其中第一种依赖于数学领域的重大突破,这一点较难实现,并且尽管近年来模型和求解技术都有所改善,计算机软硬件水平也一直在提高,但依然难以满足采掘计划复杂程度的需要;第二种则需要计划编制人员对矿山业务及数学模型了解得相当透彻;第三种依靠人工智能算法,但目前还不是很稳定,有待进一步研究。

2)模拟法

模拟法相较于优化法有着更加灵活、处理更加复杂问题的能力。模拟法充分发挥计划编制人员的主观能动性,充分利用了计算机运算速度快的特点,可以在短时间内形成多套方案供技术人员选择。其模型主要有数学模拟模型和交互式模型两种。模拟法一般采用排队论、关键路径法、网络计划技术、三维可视化等技术进行。

模拟法中应用较为广泛的为交互式模拟法。虽然它不涉及自动编排采掘计划中的各项顺序,且依赖于矿山技术人员的经验,但正因为此,它具有很大的灵活性和自由性,能满足矿山采掘计划系统中的复杂要求。同时,良好的支持环境、方便的操作界面,也为采掘计划的编制提供了很大的便利,不少研究工作者都据此开发了相应的交互式系统。因此,良好的交互需求慢慢成为采掘系统中不可缺少的一环。

4.3.1.2　采掘计划工程拓扑网络

1)拓扑网络图论基础

图 $G=(V, E)$ 由两个集组成,有限集 V 中的元素称为顶点,有限集 E 中的元素称为边,每条边在一对顶点之间。若图 G 的边是在有序顶点对之间,则称 G 为有向图或定向图。采掘计划的拓扑网络都是按一定方向进行推进的,因此采掘计划的网络图实际是一个有向图。

如果希望计算机对图进行处理和操作,则必须将图存储在计算机的内存中。其中常用的方法是邻接表法(图 4-26)和邻接矩阵法(图 4-27)。

邻接矩阵存储方式是用两个数组来表示图。一个一维数组存储图中顶点信息,一个二维数组(邻接矩阵)存储图中的边或弧的信息。

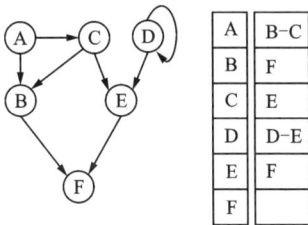

图 4-26　某有向图邻接表表示法

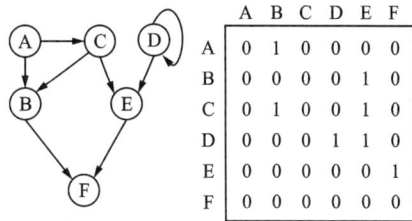

图 4-27　某有向图邻接矩阵表示法

邻接矩阵法和邻接表法在描述图时各有优缺点,如表 4-6 所示,应根据所针对的问题选择合适的表示方法。在采掘计划编制网络当中,节点的度数大多数为 2 或者 3,很少有大于 4 的节点。所以,采掘计划编制的网络实际上是一个稀疏图,因此采用邻接表法来表示较为合理。

表 4-6　邻接矩阵与邻接表法对比

表示方法	优缺点		
	时间复杂度	空间复杂度	适用类型
邻接表法	遍历各个顶点的所有出边邻接表只需要 $O(V+E)$ 时间	$O(V+E)$	稀疏图 (E 远小于 V^2)
邻接矩阵法	遍历各个顶点的所有出边(如广度优先搜索)需要 $O(V^2)$ 时间;边的插入和删除是常量时间	$O(V^2)$	稠密图 (E 接近于 V^2)

2) 拓扑网络构建

拓扑网络构建主要是指节点和分支之间关系的构建，常用的遍历算法有深度优先搜索（DFS）算法和广度优先搜索（BFS）算法。

深度优先搜索算法：它沿着树的深度遍历树的节点，尽可能深地搜索树的分支。当节点 v 的所有边都已被探寻过，搜索将回溯到发现节点 v 的那条边的起始节点。这一过程一直进行到已发现从源节点可达的所有节点为止。如果还存在未被发现的节点，则选择其中一个作为源节点并重复以上过程，整个进程反复进行直到所有节点都被访问为止。DFS 属于盲目搜索。

深度优先搜索是图论中的经典算法，利用深度优先搜索算法可以产生目标图的相应拓扑排序表，利用拓扑排序表可以方便地解决很多相关的图论问题。一般用堆数据结构来辅助实现 DFS 算法。

广度优先搜索算法：是一种图形搜索算法。广度优先搜索算法是从根节点开始，沿着树（图）的宽度遍历树（图）的节点。如果所有节点均被访问，则算法终止。BFS 同样属于盲目搜索。一般用队列数据结构来辅助实现 BFS 算法。

4.3.1.3 采掘计划编制准备

地下矿采掘计划编制的基础技术主要包括三维可视化建模与储量估值技术、生产任务分解与任务单元生成技术、任务单元排序技术、多目标自动优化技术、自定义图表生成技术以及三维动态模拟技术等。

三维可视化建模与储量估值技术是采掘计划编制的基础，主要内容有地质数据库建立、矿体及掘进实体建模、块体模型创建与资源储量估算及三维设计图形环境设计等。

生产任务分解与任务单元生成技术：指根据计划编制的基本内容，把生产场所分解成独立的任务单元，并为任务单元添加属性，如断面轮廓、生产能力、完成时间等。

任务单元排序技术：指根据设置的自动规则，自动搜索任务单元之间的空间关系或逻辑关系，形成对任务单元的自动排序。

多目标自动优化技术：指根据设定好的优化目标，如产量、净现值、开采成本，设置好的约束条件、决策变量，求解优化模型，最终达成采掘计划目标。

自定义图表生成技术：指根据施工方案，产生与日期相对应的进度计划报表及图形，如甘特图、资源统计图。在初步计划工作完成后，还可以根据工程量的平衡关系，对施工顺序进行调整与修改，并更新计划数据库中的相应数据。

三维动态模拟技术：就是根据工作时间规划按照周期安排自动在三维环境下动态模拟计划编制过程，以便人们直观查看计划周期内生产过程。

1) 地下矿采掘计划工程设计

工程设计对象实际上是由一系列的设计线以不同的方式而形成的实体。根据形成方式，具体可以分为三类，分别是固定横断面类型、轮廓线类型（不规则形状类型）、复杂实体类型（采场）。虽然它们都是用线来表示的，但又有差别。固定横断面类型的设计线为测线，然后分别为每条设计线指定横断面，从而形成实体；轮廓线类型的设计线为一闭合线，然后指定投影方式来形成实体；复杂实体类型是由两条或多条闭合线所夹的空间，所以它的设计线每组必须是两条或两条以上。

（1）固定横断面类型。

固定横断面类型通常是指掘进工程，它有固定的断面（宽度、高度和形状）并由设计线的长度来设置。断面可以为任意形状,设计线为测线,它可以位于掘进断面内的任意点。

(2)轮廓线类型。

轮廓是一个抽象的概念。之所以称为轮廓是因为它既不属于掘进,也不属于采场类型。每个轮廓是一个单条的闭合线,它通过延伸一个给定垂直距离来形成三维实体开挖。

在急倾斜矿体情况下,轮廓可能是掘进的一部分,它可能是地质接触面,所以形状很不规则。在缓倾斜矿体情况下,轮廓可能是采场的轮廓线。

(3)复杂实体类型。

复杂实体类型通常是指采场设计线,包括两条或多条闭合线,用其表示空间形体不规则的采场。一个采场表示采矿中的一个生产区域。

2)计划任务单元的分解与生成

一个任务单元在存储表格中是一条记录,而在空间上是一个点。一个任务单元必须有一个名字和一个分段名。对于每一个任务单元,这两者必须是唯一的。分段名是系统自动生成的。而名字可以通过系统命名约定工具来定义。可以为每个任务单元指定一个速度,则可得到其延续时间,或指定一个固定的延续时间(即速度驱动与延时驱动任务)。一个任务单元可以有许多的属性,如品位、吨位、分派的人力设备资源、编码(此任务是矿石区还是废石区等)、日历(不同的任务对应不同的日历)。

4.3.1.4　采掘计划编制

1)采掘计划目标

根据矿山实际情况,目标一般为净现值、品位、金属量。因此,选定这三个因素作为目标,在有限的资源条件下,使得总的偏离目标值的偏差最小。

目标数学形式如下:

$$\min Z = \omega_1^- g^- + \omega_1^+ g^+ + \omega_2^- m^- + \omega_2^+ m^+ + \omega_3^- n^- + \omega_3^+ n^+ \tag{4-14}$$

式中:g^+ 和 g^- 分别为品位的上偏差和下偏差;m^+ 和 m^- 分别为金属量的上偏差和下偏差;n^+ 和 n^- 分别为净现值的上偏差和下偏差。

权系数根据矿山实际要求处理,其中净现值的权系数应特别注意。为实现净现值最大,应将下偏差的权系数加大,将上偏差的权系数减小,从而使之更贴合实际情况。

由于各个目标的单位不同,所以每个目标的权重均除以各自的目标值,做归一化处理,即

$$\omega = \frac{\dot{\omega}}{Q} \tag{4-15}$$

式中:$\dot{\omega}$ 为各目标的权重;Q 为各目标的目标值。

2)采掘计划约束

根据地下矿的实际情况建立混合整数规划模型,决策变量地下矿的数学模型的约束可以分为三类:逻辑约束、业务约束、空间约束。

逻辑约束是优化模型固有的约束以及生产工艺所固有的约束。模型固有的约束不会发生变化。当矿山的采矿方法确定下来时,生产工艺也就确定下来,相关的工作链就会形成,生产活动将顺着工作链进行作业,即工作链内部的约束也不会发生变化。

业务约束是矿山实际生产管理中所要求增加的约束,可以随着生产调度的需求而改变。例如,为方便管理,同一水平的设备数量不能过多,否则会引起管理上的混乱;同时开采的

水平数不能过多,否则导致生产线过长,造成生产环境不稳固等。

空间约束与矿山自身的空间形态及采矿方法有关,此类约束是随着矿山不断的开采需要进行维护的约束。例如,不同的采矿方法对采场的回采顺序有着不同的要求,崩落法的特点要求各个采场的回采不能相差过大,而空场法则没有这一要求。这种由采矿方法引起的采场间回采顺序的不同要求就属于空间约束。

(1)逻辑约束。

①在计划模型中,定义场所在 t 时期是否开始某活动为决策变量,并规定当场所 s 在 t 时期开始 i 活动时取值为 1,否则为 0。

$$x_{sti} = \begin{cases} 1 & \text{假如场所 } s \text{ 在 } t \text{ 时期开始 } i \text{ 活动;} \\ 0 & \text{其他} \end{cases}$$

②为保证连续性,每个场所只能开始一次某活动,即一旦场所开始某活动,必须继续该活动直到该任务结束。

$$\sum_{t \in T} x_{sti} \leq 1 \quad \forall s \in S \tag{4-16}$$

式中:S 为所有场所的集合,场所包括采场、巷道等。

③场所内部工序之间的逻辑约束,即在某一活动结束后,下一活动才能开始

$$x_{sti} \leq \sum_{\substack{t' \in T \\ t' \leq t - Ts_j}} x_{st'j} \quad \forall s \in S, t \in T \tag{4-17}$$

式中:j 为 i 活动之前活动的索引;T_{sj} 为 s 场所 j 活动的持续时间;T 为计划的总周期。

(a)出矿品位约束

$$\frac{\sum_{s \in S} \sum_{\substack{t' \in T \\ t - T_s + 1 \leq t' \leq t}} \gamma g_s x_{st'}}{P} + g^- - g^+ = g \quad \forall s \in S, t \in T \tag{4-18}$$

式中:T_s 为 s 场所回采活动的持续时间;P 为每个时期 t 内采下的矿石总量;γ 为场所 s 每个时期 t 内采下的矿石;g_s 为 s 场所的品位。

(b)金属量约束。

$$\sum_{s \in S} \sum_{\substack{t' \in T \\ t - T_s + 1 \leq t' \leq t}} \gamma g_s x_{st'} + m^- - m^+ = M \quad \forall s \in S, t \in T \tag{4-19}$$

式中:M 为目标金属量。

(c)净现值约束。

$$\sum_{s \in S} \sum_{\substack{t' \in T \\ t - T_s + 1 \leq t' \leq t}} \gamma g_s x_{st'} r_t + n^- - n^+ = N \quad \forall s \in S, t \in T \tag{4-20}$$

式中:r_t 为 t 时刻转换为当前时间的贴现率;N 为目标净现值。

(2)业务约束。

①某活动的设备限制:

$$\sum_{s \in S} \sum_{\substack{t' \in T \\ t - T_{si} + 1 \leq t' \leq t}} x_{st'i} = N_i \quad \forall t \in T \tag{4-21}$$

式中:N_i 为 i 活动的设备总数量。

②同时进行某活动的分段数量限制：

$$x_{sti} \leqslant \sum_{\substack{t' \in T \\ t' \leqslant t - T_{s'i}}} x_{s't'i} \quad \forall\, t \in T,\, s \in S_{(v+m)},\, s' \in S_v \tag{4-22}$$

式中：v 为分段的索引；m 为同时进行 i 活动的最多分段数量。

③每个分段进行某活动的设备数量限制：

$$\sum_{s \in S_v} \sum_{\substack{t' \in T \\ t - T_{ai} + 1 \leqslant t' \leqslant t}} x_{st'i} \leqslant N_{vt} \quad \forall\, v \in V,\, t \in T \tag{4-23}$$

式中：V 为分段 v 的集合；S_v 为分段 v 内场所 s 的集合；N_{vt} 为分段 v 在 t 时期最多能容纳的 i 活动的设备数量。

（3）空间约束。

在进行某个场所的活动前，必须在其他场所的某活动结束后才能开始。此类约束包括分段内的水平约束、分段间的垂直约束等：

$$x_{sti} \leqslant \sum_{\substack{t' \in T \\ t' \leqslant t - T_{s'k}}} x_{s't'k} \quad \forall\, s,\, s' \in S,\, t \in T \tag{4-24}$$

式中：k 为 s' 场所约束 s 场所 i 活动的活动索引。

3）计划出矿品位控制

在编制矿山采掘计划时，出矿品位的控制是一项重要的内容。出矿品位的控制不仅关系到出矿品位波动幅度的大小、影响选矿的回收率，而且从长远来看还会对矿山的可持续发展造成重大影响。

（1）长期计划出矿品位控制。

矿山长期计划编制的意义在于从一个长远的角度去把握和控制矿山企业的发展状况，其核心内容就是通过兼顾富矿和贫矿的开采以确保每年计划开采的矿石的出矿品位在一定的范围内波动，防止因过度开采富矿造成矿山后期的无利润开采，从而达到维持矿山企业可持续生产发展的目的。

然而实际矿山在手动编制长期计划时，依然是直接给定一个目标品位，进而在此基础上编制矿山的长期计划，其结果往往造成长期计划对矿山的指导有限，甚至会危害矿山的可持续发展。图 4-28 为某矿山 2016—2019 年手动编制计划与混合整数规划（MIP）模型编制的计划出矿品位波动图。由图 4-28 可知，手动编制计划在前两年的出矿品位都要高于入选品位，特别是在第二年内远远高于入选品位，但第三年则出现了全年开采无效益的状况，这主要是在前两年未能很好地控制出矿品位，导致富矿被严重地超挖，造成后续只能开采贫矿，矿山出现了不可持续的发展。

利用混合整数规划法编制矿山的长期计划时，出矿品位的控制是通过约束条件完成的，如式（4-25）所示。混合整数规划模型中并不会直接给定一个计划出矿品位进行采掘计划的编制，而是给定一个出矿品位的区间值（$\bar{g}$ 和 $\underline{g}$）。这样设计的好处是可以在兼顾矿山高、低品位矿石的均衡开采的同时，确保对计划出矿品位的约束不至于过紧。此外，区间值（$\bar{g}$ 和 $\underline{g}$）的存在更有利于促进计划编制的结果适应外界市场环境的变化，如当矿产品的市场价格增高时，可以适当地减小出矿品位的下界 $\underline{g}$，以增加低品位矿石的开采量；而当矿产品的市场价格降低时，可以适当地增大出矿品位的上界 $\bar{g}$，以增加高品位矿石的开采量。由图 4-28 可

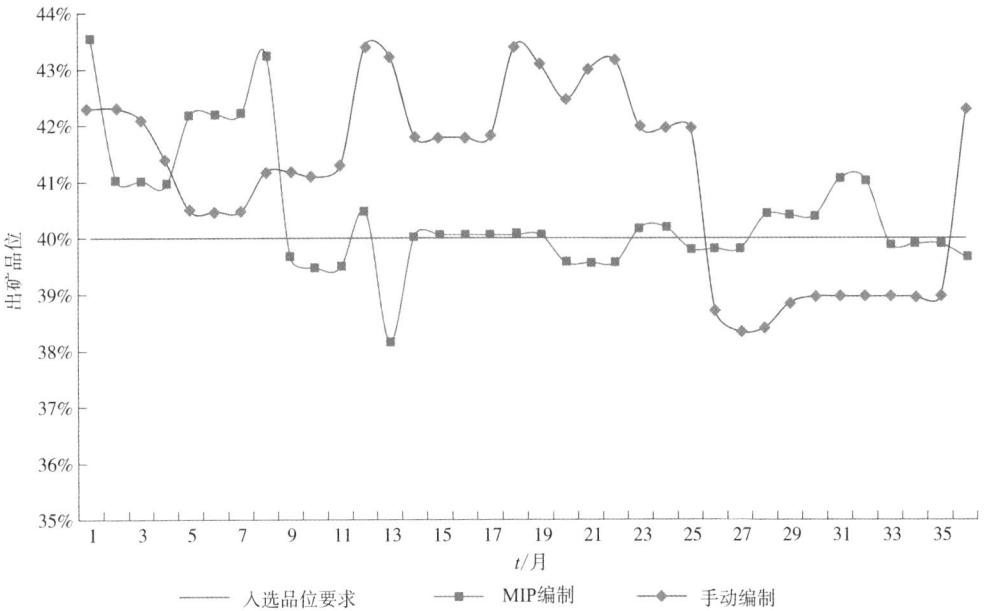

图 4-28　某矿山 2016—2019 年计划出矿品位波动

知，利用混合整数规划模型编制的采掘计划，除前期 7 个月品位偏差较大外，后期基本稳定在了入选品位 0.40 上下小范围波动，出现品位偏差较大的原因主要与 2016 年底备采矿量有关，因备采矿量品位固定，且须优先回采后才能回采新生成的备采采场，而且从前期回采持续时间来看，7 个月时长也能很好地与该矿山备采储量保有期相对应。

$$g \leqslant \sum_{a \in A} \sum_{\substack{t' \in T \\ t-H_a+1 \leqslant t' \leqslant t}} \gamma g_a H_{at'}/P \leqslant \overline{g} \quad \forall a \in A, t \in T \tag{4-25}$$

式中：H_{at} 为回采决策变量，定义当采场 a 在 t 时期开始回采时取值为 1，否则为 0；$\overline{g}$ 和 g 分别为长期计划中出矿品位的上界和下界；A 为采场 a 的集合；T 为计划时间 t 的集合；H_a 为采场 a 回采持续时间的集合；γ 为回采设备的月生产能力（t/月）；g_a 为采场 a 的矿石平均品位；P 为回采设备每月回采矿石总量。

（2）短期计划出矿品位控制。

矿山短期计划编制的目的是在保证开采产量的前提下，尽可能地使出矿品位均衡，以便在减少配矿工作量的同时满足选厂的选矿要求。虽然传统的手动编制技术和混合整数规划法都是在给定的入选品位指标下进行采掘计划的编制，但是混合整数规划法具有计划优化的思想，会自动挑选出使计划出矿品位最均衡的一种方案，且混合整数规划法属于计算机计划编制技术，因此在计划求解速度和求解精度上远远优于手动编制技术。

4）计划初始场地确定

传统的手动计划编制方法在编制矿山的采掘计划时，无须进行计划初始场地的确定，可直接根据上一计划末期回采设备所停留的位置，由计划编制人员快速地确定初始场地。然而利用混合整数规划模型进行矿山采掘计划的编制时，如果不指定计划开采的初始场地，那么计划编排所得到的初始场地将完全不受回采设备停留位置的影响，而这在实际矿山中是不可行的。因此，在运用混合整数规划模型编制采掘计划时，需要事先定义回采设备的初始场地，而在此之前，还需要明确混合整数规划模型中关于矿山回采设备调度的控制。

（1）回采设备调度控制。

地下矿山回采设备的调度方向一般为自上而下，因此合理的计划方案，应该是控制回采设备从上往下调度，同时尽可能地消除或减少回采设备上向调度的出现。据此可以构建出矿山井下回采设备调度约束，如式（4-26）所示。其定义可表述为：对于第一个分段，t 时期生产采场数之和不大于 $t-1$ 时期生产采场数之和；对于第一、第二个分段，t 时期生产采场数总和不大于 $t-1$ 时期生产采场数总和；对于第一、第二、第三个分段，t 时期生产采场数总和不大于 $t-1$ 时期生产采场数总和，并以此类推，直至所有计划分段。

$$\sum_{v' \le v} \sum_{a \in A_{v'}} \sum_{\substack{t' \in T \\ t-H_a+1 \le t' \le t}} H_{at'} \le \sum_{v' \le v} \sum_{a \in A_{v'}} \sum_{\substack{t'' \in T \\ t-H_a \le t'' \le t-1}} H_{at''} \quad \forall t \in T, v \in V \tag{4-26}$$

式中：H_{at} 为回采决策变量，定义当采场 a 在 t 时期开始回采时取值为 1，否则为 0；A 为采场 a 的集合；T 为计划时间 t 的集合；H_a 为采场 a 回采持续时间的集合；V 为分段 v 的集合；A_v 为分段 v 内采场 a 的集合。

（2）初始场地的确定。

根据上述回采设备调度约束的定义，便可以进行混合整数规划模型计划初始场地的确定。定义回采设备的初始场地即 $t=0$ 时所停留的位置，那么可据此分为两种情况：一是在 $t=0$ 时某采场未回采完成，则该回采设备的初始场地为该采场；二是在 $t=0$ 时某采场正好回采完成，则该回采设备的初始场地是浮动的，在保证回采设备的调度方向符合阶段和分段采场的推进方向的前提下可任意指定。计划初始场地的确定如图 4-29 所示。

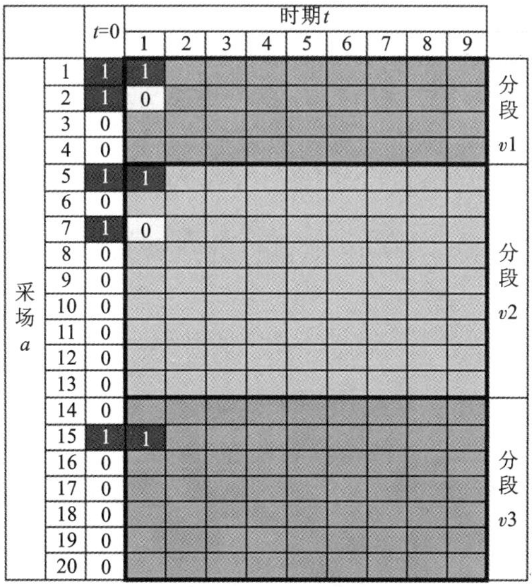

图 4-29　计划模型初始场地确定

在计划前期（即 $t=0$ 时期），假定 1、2、5、7、15 号采场处于回采状态，且 1、5、15 号采场未回采完成，2 号和 7 号采场回采完成，则在计划模型中可直接定义 $H_{1,1}=1$、$H_{5,1}=1$、$H_{15,1}=1$，而之前在 2 号和 7 号采场回采的设备由于是浮动的，可依据设备的调度约束构建不等式(4-27)，即

$$\begin{cases} N_{v1,1} \leqslant 2 \\ N_{v1,1}+N_{v2,1} \leqslant 4 \\ N_{v1,1}+N_{v2,1}+N_{v3,1} \leqslant 5 \end{cases} \tag{4-27}$$

式中：N_{vt} 为分段 v 在 t 时期能容纳的回采设备数量。

最后便可通过构建式(4-28)进行计划模型初始场地的确定。

$$\begin{cases} H_{1,1}=1 \\ H_{5,1}=1 \\ H_{15,1}=1 \\ N_{v1,1} \leqslant 2 \\ N_{v1,1}+N_{v2,1} \leqslant 4 \\ N_{v1,1}+N_{v2,1}+N_{v3,1} \leqslant 5 \end{cases} \tag{4-28}$$

5) 回采设备能力归一化处理

传统的手动计划编制技术在编制矿山采掘计划时，主要依赖的是计划人员在 Excel 或甘特图中进行回采设备和采场优先关系的调整和选定，所以当设备的开采能力不同时，并不会对采掘计划的编制造成较大的影响。

利用混合整数规划模型编制矿山的采掘计划时，其最大特点是能够为井下巷道的掘进和采场的回采提供一种最优的开采顺序。但该方法不确定某一采场的回采具体由哪一台回采设备进行，也无法事先人为指定。因此当矿山井下掘进或回采的设备工作能力不同时，会极大地影响矿山采掘计划的编制。故为避免因设备能力不一致而造成的影响，还需要进行回采设备能力归一化处理。

设备能力归一化处理的基本原理是：由于某一确定采场的矿石量是固定不变的，且回采设备在开采某一采场时是直到该采场全部回采完才转移到下一个采场，因此可以利用采场矿量守恒来归一化设备的工作能力，具体可以用式(4-29)来表示。

$$\begin{cases} A \times B = (K_A \times A) \times \left(\dfrac{1}{K_A} \times B \right) \\ C \times D = (K_C \times C) \times \left(\dfrac{1}{K_C} \times D \right) \\ (K_A \times A) = (K_C \times C) \end{cases} \tag{4-29}$$

假定存在采场 1# 和 2#，则式(4-29)可表述为：A 和 C 分别为能力不同的两台回采设备在开采 1# 和 2# 采场时的工作效率，B 和 D 为对应设备在开采 1# 和 2# 采场时所需要的回采时间，则 $A \times B$ 和 $C \times D$ 分别为 1# 和 2# 采场的矿石量。现添加系数 K_A、$\dfrac{1}{K_A}$、K_C 以及 $\dfrac{1}{K_C}$，并确保 $(K_A \times A) = (K_C \times C)$ 成立，则可重新定义设备的工作效率和采场回采持续时间，即两台回采设备的工作效率分别为 $(K_A \times A)$ 和 $(K_C \times C)$，而对应的采场回采持续时间为 $\left(\dfrac{1}{K_A} \times B \right)$ 和 $\left(\dfrac{1}{K_C} \times D \right)$。

这样就实现了不同回采设备能力的归一化处理，回采持续时间则成为一定范围内的可变值。然而，处理采场回采持续时间变化的问题则要容易得多。

当然，设备能力的归一化处理虽然可以重新为利用混合整数规划模型编制矿山的采掘计划提供条件，但是也带来了因采场回采持续时间可变而造成的计划求解而为变量的快速增加，拖慢计算机计划编制的求解速度。

6）采掘计划三级矿量控制

矿山三级矿量保有期平衡是检验计划是否合理的重要指标之一。合理的三级矿量保有期不仅能有效保证矿山持续均衡地生产，而且还能避免出现生产停顿或产量下降等现象。

三级矿量包括开拓矿量、采准矿量以及备采矿量三方面内容。其中开拓矿量是指矿山在开拓工作完成以后所圈定的矿石量，即开拓巷道水平以上所控制的矿石量；采准矿量为开拓矿量的一部分，即在已开拓的矿体范围内，按设计规定的采矿方法所需要开掘的采准巷道已开掘完毕，形成了矿块的外形尺寸，以此范围圈定的矿石量；备采矿量为采准矿量的一部分，它是做完辅助采准工作以后所圈定的矿石量，也就是切割工作全部完毕后，可以立即进行回采工作的矿石量。

传统的手动计划编制方法对矿山三级矿量的约束属于一种"事后控制"的方式，因为计划编制人员在编制矿山采掘计划时，一般是先对计划任务进行分解，在此基础上大致得到计划开采的采场位置，然后再在 Excel 或甘特图中进行采场回采顺序的确定，完成之后才会返回去检验编制计划的三级矿量保有情况，当三级矿量保有期无法满足要求时，返回修改采场的回采顺序和掘进、采切工程的位置，以促使其满足要求。因此，手动计划编制方法无法在计划过程中对矿山三级矿量的保有期进行控制，而事后反复修改计划方案也造成了计划编制时间长、劳动强度大的问题。然而，一个合理的计划编制流程，其对三级矿量保有期的控制应当是贯穿始终的，而不仅仅是作为事后衡量计划编制结果的指标。

混合整数规划法是一种针对确定性和概率性问题，利用约束条件来优化设计参数以实现目标优化的方法。因此，在混合整数规划模型中加入三级矿量约束可以有效实现计划编制全过程都受三级矿量约束的影响。现以北洺河铁矿计算机计划编制为例进行说明。北洺河铁矿为无底柱分段崩落法开采的矿山，且矿山所有的开拓工程均已全部完成，因此根据三级矿量保有期的定义，只需要对采准矿量和备采矿量的保有期进行约束，即

采准矿量约束：

$$\mathrm{PR}_{\min} \leqslant \sum_{t' \leqslant t} \sum_{a \in A} \sum_{\substack{t'' \in T \\ t'-J_a+1 \leqslant t'' \leqslant t'}} J_{at''}(H_a/J_a) - N_h \times t + N_h \times \mathrm{PR} \leqslant \mathrm{PR}_{\max} \tag{4-30}$$

式中：A 为采场 a 的集合；T 为计划时间 t 的集合；N_h 为回采设备总数；H_a 为采场 a 回采持续时间的集合；J_a 为采场 a 完成进路掘进的持续时间的集合；J_{at} 为掘进决策变量，定义当采场 a 在 t 时期开始掘进进路时取值为 1，否则为 0；$\mathrm{PR}_{\max}$ 和 $\mathrm{PR}_{\min}$ 分别为计划期内容许的采准矿量保有期的上界和下界；PR 为上一计划期末矿山采准矿量保有期。

备采矿量约束：

$$\mathrm{SR}_{\min} \leqslant \sum_{t' \leqslant t} \sum_{a \in A} \sum_{\substack{t'' \in T \\ t'-Z_a+1 \leqslant t'' \leqslant t'}} Z_{at''}(H_a/Z_a) - N_h \times t + N_h \times \mathrm{SR} \leqslant \mathrm{SR}_{\max} \tag{4-31}$$

式中：A 为采场 a 的集合；T 为计划时间 t 的集合；N_h 为回采设备总数；H_a 为采场 a 回采持续时间的集合；Z_a 为采场 a 完成钻凿中深孔的持续时间的集合；Z_{at} 为中深孔决策变量，定义当采场 a 在 t 时期开始钻凿中深孔时取值为 1，否则为 0；SR_{max} 和 SR_{min} 分别为计划期内容许的备采矿量保有期的上界和下界；SR 为上一计划期末矿山备采矿量保有期。

由式（4-30）和式（4-31）可知，约束条件中，对采准矿量和备采矿量保有期的控制采用的是一个区间值，而不是单一的某个特定值，这样的好处就是能够极大地提高模型的可求解性，同时还能提高计划结果对矿产资源市场环境的适应性。如当矿产品价格升高时，可适当提高采准矿量和备采矿量保有期的上界值和下界值，以便于在价格降低时减少矿山在开拓、掘进工程中的投入，提高企业的竞争力。

然而，计划模型在数值计算中的绝对性也会给采场矿量的升级带来困难，即采场内的矿量何时进行三级矿量的升级才合适的问题。如图 4-30 所示，假定崩落法开采中存在上、下约束关系的 1#采场和 2#采场都已完成中深孔的钻凿，那么按照优化模型的计算方法，这两个采场的矿量都可以升级为备采矿量，然而依据备采矿量的定义可知，备采矿量是可以随时进行回采的矿量。因此，2#采场即便完成了中深孔的钻凿也不能进行矿量的升级，仍然属于采准矿量。此外，崩落法中当上、下两个采场的工作面满足 20 m 的安全距离时，可以对其中部分矿量进行升级。

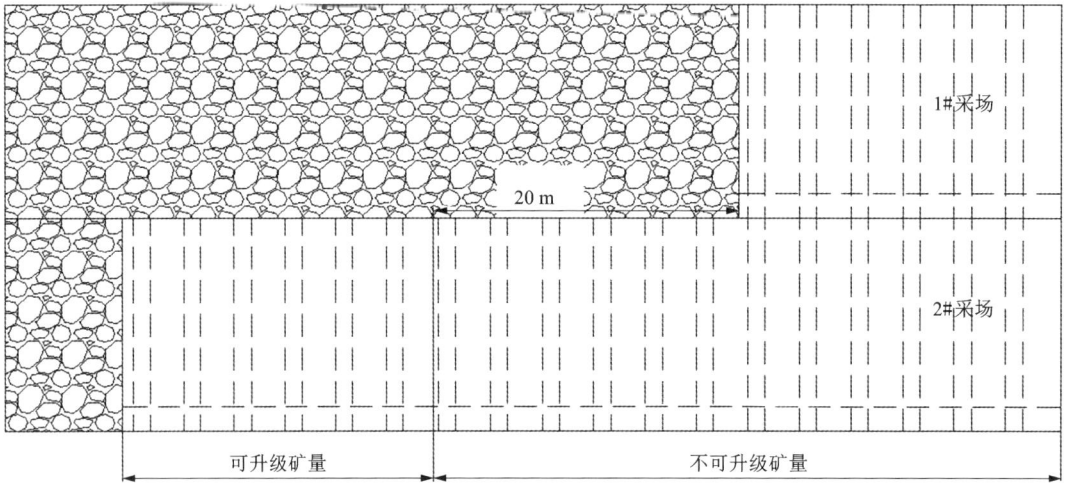

图 4-30　采场矿量的升级标准

4.3.2　采掘计划编制系统

4.3.2.1　采掘计划编制系统框架

采掘计划编制系统主要分为三层，其中最底层包括业务逻辑层、数据访问层、内存数据结构、数据库，该层主要负责数据的存储与组织；中间层为采掘计划编制系统平台，将最底层上传的、重新组织好的数据通过该平台展示在用户面前，使得数据的展示更加灵活、生动；最上层为功能区，该层用户可对数据进行操作。用户并不能直接操作底层数据库中的数据，而是需要通过系统对用户的数据进行转化后，使其进入数据库中。这样操作既避免了用户接触底层复杂的数据结构,将用户所关心的问题展示给用户,又保证了数据的简洁、安全,不会因用户的误操作造成数据的冗余。采掘计划编制系统的结构如图 4-31 所示。

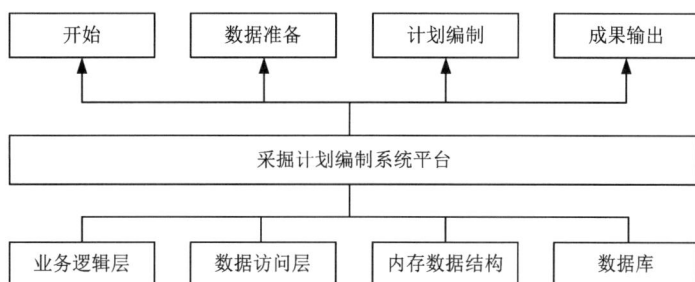

图 4-31　采掘计划编制系统结构

4.3.2.2　数据表

根据采掘计划的编制需求,为存储与采掘计划相关的数据,需要建立以下数据表:周期表、工程表、区域表、工艺表、工艺记录表、工序表、场地表、任务表、约束表、任务实体记录表、班组记录表、生产者表、日历表、生产者效能表、场地效能表、计划现状表、计划表、价值表、任务管理表、外部模型表、外部模型记录表、元素表等。

数据表汇总及各表简要介绍见表 4-7。

表 4-7　数据汇总表

表名	说明	关联要素
周期表	采掘计划的时间粒度、计划的起止日期	—
工程表	对场地按工程分类,用于统计三级矿量	—
区域表	对场地按区域进行分类	—
工艺表	管理不同的工序集合	—
工艺记录表	建立工艺与工序一对多关系	工艺、工序
工序表	所有工序	—
场地表	所有场地	工艺、区域、场地位置、断面
任务表	所有的任务(场地+工序)	场地、工序、班组、设计数据
约束表	巷道间(自动产生+人工添加)、巷道与场地间、场地间同工序、场地间不同工序	场地、工序
任务实体记录表	任务包含的实体信息	任务、点、线、面、体
班组记录表	班组所包含的生产者	任务、生产者
生产者表	矿山所有的生产者(或设备)	工序、日历、区域
日历表	生产者的假期日历	—
生产者效能表	生产者能力受到时间的影响	生产者

231

续表4-7

表名	说明	关联要素
场地效能表	场地对生产者能力的影响	生产者、场地
计划现状表	计划现状的内容	任务
计划表	计划的内容	任务
价值表	计划中所包含的品位、矿量等信息	任务、元素
任务管理表	计划任务的实际完成情况	任务
外部模型表	地表等模型，展示使用	—
外部模型记录表	外部模型所包含的实体	外部模型、点、线、面、体
元素表	矿山涉及的元素	—

1）周期表

周期表存储的是与计划周期相关的信息，通过周期表可以获得采掘计划的时间粒度、计划的起止日期。时间粒度影响后续计划编制优化中决策变量的数目，进而影响优化的时间速度，此外，时间粒度还会影响成果输出，成果输出的最小单位也取决于此周期表中的时间单位。在建立了周期表后，就可以通过周期ID与后续的计划数据表等进行关联，使与该周期相关的数据形成一个逻辑整体。

计划周期的时间一般分为年度、季度、月度、周、天。

2）工程表

工程表用于确定每一项任务的工作性质，从而自动统计三级矿量数据。工程的分类名称一般为开拓、采准、备采。

3）区域表

区域表是用来分区管理矿山的生产场所的，通过对场所进行合理的划分，可以方便地在三维可视化环境下对场所进行整体观察、分析。

4）工序表

工序表用来统计矿山的所有生产活动。工序一般有掘进、回采、充填等。

5）工艺表

工艺表用来归纳矿山具体的采矿工艺。不同的矿山拥有不同的采矿方法，每种采矿方法都有自己的特点，这些特点也影响采掘计划的编制，因为不同的特点很可能产生不同的计划编制结果。尽管矿山可能存在多种采矿方法，即多种工艺，但是工艺的属性只有两种，即巷道和采场。巷道的主要功能是为回采提供必要的路径，形成合理的通风、排水等生产环境。而采场是主要的回采工作场地，即采场是计划编制的主要对象。

6）工艺记录表

工艺记录表用来建立工艺表和工序表之间的关联。一个矿山包含多种工艺，一个场所只存在一种工艺，一种工艺又包含着多道工序。工序指计划编排的基本生产活动。正因为工艺是包含工序的，工艺和工序存在着一对多的关系，因此需要工艺记录表来建立两者之间的联系。同时，同一种工艺中，不同工序之间的顺序也是存在意义的。以无底柱分段崩落法为例，采场的工艺中包含掘进、中深孔、回采三道工序。而三者的顺序也是有严格规定的，采场不可能在尚未掘进的情况下就去实施中深孔或者回采作业。各工序之间形成一个作业链，一道工序是否可以实施依赖于上一道工序的完成情况。这些工序之间的关系也在工艺记录表里面存储着。

工艺记录表的基本任务是定义一个场所中最重要的生产者活动，在一个场所中进行的所有生产活动都是在一定目的的基础上所实施的。例如无底柱分段崩落法中的采场，掘进和中深孔工作都是为后续的回采工作提供条件。因此，采场中的回采活动即为基本任务，该场所中的其他活动则为派生任务。任务是场所与工序的结合，一个场所需要进行某项工序的活动，此时便产生了一个任务。

工艺记录表中的比例关系是用来折算任务量的，这个比例关系只有在计算派生任务工作量时才有作用。这个参数主要是为了在缺乏设计数据的情况下，根据经验值快速获得任务量，从而方便采掘计划的编制，比如万吨采掘比、每米崩矿量这些经验值。

工艺记录表中的前后延迟用来表示场所中相邻工序存在的延迟关系。这是由于在实际生产中，某一道工序完成后，下一道工序并不一定马上就能开始实施。该工序需要在前一工序结束后，再经过一段时间才能开始，这段时间即为前延迟。该工序完成后，需要再经过一段时间，下一道工序才能开始，这段时间即为后延迟。这种前、后延迟提高了计划编制的灵活性、适应性。

工艺记录表依赖于工艺表和工序表而存在。

7）场地表

场地表用来统计矿山所需要进行计划的场所的基本信息。

8）任务表

任务表用来统计采掘计划编制所需要完成的所有任务。场地和工序确定了任务的唯一性，即一个场地的一道工序构成了一个任务。任务表关联了工程表、场地表、工序表多张表。

任务表中的优先级用来确定不同任务进行的先后顺序，优先级大则表示该任务进行计划时优先完成。任务表中的任务量是一个核心数据，影响该任务的持续时间，从而影响后续的衔接关系。

任务表依赖于工程表、场地表、工序表而存在。

9）约束表

约束表用来统计任务执行过程中的逻辑关系。由于计划本身存在拓扑网络，根据拓扑关系可以自动产生相关任务的逻辑先后顺序，此部分的约束不在约束表中存储。约束表存储的是计划拓扑网络无法表达的，需要人为指定、添加的逻辑顺序。例如，采场中的回采需在相邻采场的充填工作完成之后进行，这样的约束无法在拓扑网络中表达，只有存储在约束表中进行表示。

约束表中的约束类型包含四种：巷道的基本任务之间的制约、采场基本任务之间的制约、巷道与采场任务之间的制约以及采场派生任务之间的制约。

前驱、后继的坐标点表征了约束的位置。利用坐标点可以灵活地表征任务之间的约束关系，例如，某一任务在完成 50% 后，它约束的下一任务即可进行。这样的约束就可以通过坐标点转换来实现。

约束表中的延迟体现了任务间的先后关系。例如，某采场中的回采需在相邻采场的充填工作完成一段时间之后进行，此时即可通过该约束的延迟实现。

约束表依赖于任务表而存在。

10）任务实体记录表

任务实体记录表用来记录与任务相关联的实体信息。任务实体来源于设计数据，本身是由设计产生的各种实体。在采掘计划编制中，需要将这些实体与任务相关联，从而精确地计算各项任务的量，以及形象展示成果中的动画输出效果等。

任务实体记录表依赖于任务表和实体表而存在。

11）班组记录表

班组记录表用来建立任务与生产者的对应关系。同工艺与工序一样，一个任务与生产者存在一对多的关系，即一个任务可以由一个或者多个生产者来执行。

班组记录表依赖于任务表和生产者表而存在。

12）日历表

日历表用来表示生产者的休假情况。由于实际生产中，生产者不可能一直保持工作状态，可能存在定期维修、休假等情况，这些情况会影响生产者的生产能力，从而影响计划的执行。

13）生产者表

生产者表用来统计任务实施者的情况。生产者可以是一台设备或几台设备，也可以是一个班组、一个车间等，这取决于采掘计划编排的力度。

生产者的工序 ID 用来区分不同生产者执行的不同任务。

生产者的生产能力指生产者的额定生产能力，即正常状态下的生产能力。

生产者表依赖于工序表和日历表而存在。

14）生产者效能表

生产者效能表用来表示随着时间的推移生产者的生产能力受到影响的情况。由于在实际生产中，生产者的生产能力并不是一成不变的，随着时间的推移，设备必然存在老化、折旧的问题，从而影响生产者的生产能力，进而影响采掘计划的进行。

生产者的效率与设备工况有关，通常用百分比来表示生产者生产能力的折减。

生产者效能表依赖于生产者表而存在。

15）场地效能表

场地效能表用来表示场地对生产者生产能力的影响。在实际生产中，生产者面临的生产条件是极为复杂的，生产者并不能按照理想的生产能力进行工作，必然会受到各种因素的影响。

场地效能表中的效率不同于生产者效能表中的效率，此处的效率表示的是该场地影响生产能力的程度。由于场地的复杂性，某些场地可能地质情况较好，生产者可以正常发挥甚至超常发挥固有的生产能力，而在有些场地，则会因为地质情况不好，而使生产者的生产能力降低。此处的效率就是用来描述这一情况。

场地效能表中的资源占有率用来表示同一生产者在多个场所工作时存在的能力分配问题。由于现场的复杂性，在某些情况下，需要生产者进行多场所作业，一般多场所是指多个相邻的场所。资源占有率就是用来描述这种复杂情况下生产者的工作状态。

场地效能表依赖于场地表和生产者表而存在。

16)计划现状表

计划现状表用来统计各项任务在某个周期初始条件下的完成情况。计划现状表标定了采掘计划编制的初始状态。

计划现状表依赖于周期表和任务表而存在。

17)计划表

计划表用来表示在某周期下任务的执行情况,记录了计划编制的结果。结构与计划现状表相类似。

计划表中周期阶段用来表示任务在某个阶段的完成量,阶段数取决于周期中设置的单位数。

计划表依赖于周期表和任务表而存在。

18)价值表

价值表用来统计任务执行中的元素品位情况。该表用来统计分析采掘计划的品位信息。

价值表依赖于任务表而存在。

19)任务管理表

任务管理表用来统计计划的执行情况,即采掘计划编制前完成的工作,关系到采掘计划编制的基础数据问题。

任务管理表依赖于任务表而存在。

20)外部模型表

外部模型表用来管理与生产计划编制有关但不参与计划编制的模型。外部模型包括地表、断层等。

21)外部模型记录表

外部模型记录表用来记录外部模型与实体之间的对应关系。

外部模型依赖于外部模型表及实体记录表而存在。

22)元素表

元素表用来统计矿山涉及的各种元素。

4.3.2.3 数据访问层

数据访问层的主要职责是读取数据和传递数据。

具体职责包括 CRUD 服务、查询服务、事务管理、并发处理、数据上下文等。

1)CRUD 服务

作为唯一可以与存储介质交互的中间层出现,负责业务对象的增加、修改、删除、加载。

2)查询服务

查询服务不同于 CRUD 中的 R(read),R 倾向于单个对象、元组,而这里会涉及仓储层。所谓仓储层指的是一个提供业务对象查询的类,其隐藏了数据查询的解析步骤,封装 SQL 解析逻辑。

3)事务管理

这里所说的是业务事务(工作单元 UOW),指在一个应用系统中的每一次请求都会产生多次的多数据对象的新增、修改、删除操作。如果我们每次都是依次建立数据库连接、准备数据包、操作数据库、关闭数据连接,这将会产生很多不必要的性能开销。数据库管理员经常会要求"尽量少地与数据库交互"，这也必须成为我们的开发原则。更好的操作是在内存中建立并维护一个数据仓库，在业务操作完成后，一次性提交到数据存储介质。

4）并发处理

UOW应尽量避免业务数据连接的多次提交、打开，否则可能导致数据一致性问题。在多用户的环境，对数据并发处理需要制定一个策略。一般我们会采用乐观并发处理：用户可以任意地离线修改，在修改更新时检查对象是否被修改，简单来说就是防止丢失修改。为了防止丢失修改，我们可以采用 where 加上一系列原值，或者加上修改时间戳或者版本号进行标记。

5）数据上下文

在数据访问层会有一个共同的暴露给外部的接口。我们需要一个高层次的组件，来统一提供对数据存储介质的访问操作。这种统一访问数据库 CRUD、事务、并发服务的高层次类，叫作数据上下文（context）。

4.3.2.4　业务逻辑层

业务逻辑层负责系统领域业务的处理，以及逻辑性数据的生成、处理及转换。业务逻辑层对所输入的逻辑性数据的正确性及有效性负责，但对输出的逻辑性数据及用户类数据的正确性不负责，对数据的呈现样式不负责。

业务逻辑层将数据访问层读取到的数据进行处理，并转换成业务逻辑层所需要的形式，其仅仅涉及三个实体的展示，包括巷道、采场、制约。编制采掘计划的数据可以转换为这三者中任一个的数据或者与这三者中的任一个产生关联。

具体业务逻辑层数据见表4-8～表4-10。

表4-8　巷道记录表

字段名称	名称	断面	工艺	区域	场地层级	基本任务	派生任务	工艺ID	区域ID	场地ID	几何信息
数据表位置	场地表	断面表	工艺表	区域表	场地表	无	无	场地表	场地表	场地表	场地表

巷道中基本任务和派生任务采用二进制存储是由于存在一对多的情况。通过二进制存储能够方便、灵活、全面地存储相关的信息，方便属性的各方面展示。

表4-9　采场记录表

字段名称	名称	断面	工艺	区域	场地层级	基本任务	派生任务	工艺ID	区域ID	场地ID	几何信息
数据表位置	场地表	断面表	工艺表	区域表	场地表	无	无	场地表	场地表	场地表	场地表

表 4-10　制约表

字段名称	前驱工序	后继工序	延迟	约束 ID	约束类型	前驱工序 ID	后继工序 ID
数据表位置	工序表	工序表	制约表	制约表	制约表	制约表	制约表

4.3.2.5　表现层

表现层的主要功能是向业务逻辑层传递参数，获取业务逻辑层返回的信息并显示在表现层中，从而达到和用户互动的目的。

表现层主要包括数据准备、计划编排、成果展示三大模块。数据准备模块主要有块体模型、计划周期、区域、工程、工序、断面、假期日历、工艺、生产者、基本任务、派生任务等；计划编排模块主要有掘进、采掘、回采、约束、优先级、指派生产者、优化、执行等；成果展示主要包括动画展示、掘进量报表、采矿量报表、三级矿量报表、自定义报表、三维实体等。

实体表现层与业务逻辑层的关联见表 4-11。

表 4-11　实体表现层与业务逻辑层关联

业务逻辑层类别	名称	是否可为空	所属功能
场地属性	场地类	否	基本任务
	工艺类	否	基本任务
	区域类	是	基本任务
	断面类	是	基本任务
基本任务	基本任务名称	否	基本任务
	总量	是	基本任务
	剩余量	是	基本任务
	元素类及品位	否	基本任务
	生产者	是	指派生产者
	实体 ID	是	基本任务
	工程类	是	基本任务
	优先级	是	优先级
	前后延迟	是	优先级
派生任务	派生任务名称	否	派生任务
	总量	是	派生任务
	剩余量	是	派生任务
	元素类及品位	否	派生任务
	生产者	是	指派生产者
	实体 ID	是	派生任务
	工程类	是	派生任务
	优先级	是	优先级
	前后延迟	是	优先级

业务逻辑层类别	名称	是否可为空	所属功能
制约	制约名称	是	掘进、采掘、回采、约束
	前驱工序	否	掘进、采掘、回采、约束
	后继工序	否	掘进、采掘、回采、约束
	制约类型	否	掘进、采掘、回采、约束

4.3.3　采掘计划编制软件

1）iSched

采掘计划编制系统（iSched）是由长沙迪迈科技股份有限公司研发的矿山中长期和短期进度计划编制软件，适用于地下矿山采掘。iSched 是以地质统计学理论和最优化方法为基础，结合数据库技术、软件技术、CAD 技术以及三维可视化技术，基于拓扑网络算法按照一定的目标和约束条件，包括施工顺序、计划指标、三级矿量均衡等，高效、科学编制采掘计划的软件系统。

iSched 实现采掘计划编制以生产执行反馈信息为基础，生产执行管理以采掘计划编制成果为依据；同时实现矿山不同时期、不同粒度的计划方案的统一管理和接续。该通用化、抽象化的计划编制系统，可根据矿山实际情况配置工序、工艺、假期日历和生产设备等；依据不同生产阶段和不同设计深度准备生产任务；自动构建巷道之间、巷道与采场之间的拓扑网络关系；在满足采矿工序先后关系、采场开采顺序、设备有序调度及合理分布、生产能力限制和回采安全等约束条件下，以实现矿山年精矿量为计划目标，建立基于目标规划的计划自动编制数学模型，实现采掘计划的智能化编制；采用三维环境下"所见即所得"的计划调整方式，对采掘计划进行三维模拟；根据计划编制成果自动统计计划周期内三级矿量升级、消耗和波动情况；对计划周期内各阶段的计划量进行统计分析，直观显示各部位计划量和品位分布等；将计划成果输出为三维模型，与 DIMINE、AutoCAD、Excel 之间可以实现数据的互通；支持用户自定义各类报表，一键生成计划的标准图纸等信息。

2）MineSched

MineSched 是由 Gemcom 软件公司研发的矿山长短期进度计划编制软件，适用于露天或地下开采的所有类型的矿山。MineSched 可基于不同的矿山设计软件如 Geovia Surpac、Geovia GEMS 和 Geovia Minex 等中形成的块体、网格或多边形模型编制计划。应用 MineSched 所生成的计划方案比手工编制更快捷便利。

在露天矿方面，从金属矿山到煤矿，从凹陷露天矿到山坡露天矿，MineSched 都能提供全面的长期和短期进度计划。基于块体或网格模型，MineSched 能够轻松编制露天分期开采和台阶推进计划。MineSched 的优势主要有：可基于赋有多个物料类型和矿石质量参数的块体、多边形和网格模型编制计划；添加开采方向、台阶约束、形状约束、位置约束等开采条件约束以确保进度安排可以应用于实际生产；包含从采场到储矿堆的运送、矿石的洗选处理、排土场空间模型的建立等。

在地下矿方面，从开拓到回采的各阶段，MineSched 可创建综合、实用的地下掘进和采掘计划方案。MineSched 的优势主要有：基于流程化的交互界面，有良好的用户体验；所有的掘进和回采计划等参数统一放在一个方案里面进行管理；在掘进计划和回采计划中共享设备，更方便准确；在采矿作业中，充分考虑了巷道掘进的矿石和废石的运输；可快速重新生成掘进和回采计划方案，实现快速的多方案比较；结果展示于多个图表板上，图和表可以灵活转换，方便查看分析；可以以多种形式输出计划的成果。

3）Deswik. Sched

Deswik. Sched 是澳大利亚 Deswik 公司开发的一款以甘特图为基础的计划编制系统，Deswik. Sched 需要结合该公司的 Deswik. CAD 软件才能更好地发挥作用，用户可以利用 Deswik. CAD 完成巷道工程的设计，并在 Deswik. CAD 中添加相关的属性，完成好设计后，可以直接将基础数据转存到 Deswik. Sched 中，再通过添加设备、约束完成计划的编制，也可以通过甘特图对计划进行调整，实现各类报表的自定义。

4）CAE Studio

CAE Studio 是一款矿业三维数字化解决方案软件，于 1981 年由英国矿业计算有限公司（Mineral Industries Computing Limited，MICL）开发推广（最初名为 Datamine）。其主要功能包括勘探数据分析、地质模型分析、岩石力学分析、开采方案设计、矿山生产及复垦规划等。在随后的 15 年中，该软件得到世界各国矿产开发组织的广泛使用。CAE Studio 在 1997 年由中国有色工程设计研究总院引进中国市场，并在设计项目中得到应用。自 2001 年 CAE Studio 软件中的储量计算功能通过了中国国土资源部储量评审中心认证后，该软件被中国其他相关设计研究单位、生产企业和高等院校接受并使用。

国内外常用计划编制软件对比见表 4-12。

表 4-12　国内外常用计划编制软件对比

对比项	iSched	MineSched	CAE Studio	Deswik. Sched
数据存储	数据库	单项目文件	单项目文件	数据库
拓扑网络	整体拓扑网络	巷道拓扑网络	无	无
优化	目标规划	无	无	无
计划管理	与管理软件部数据库对接维护计划管理	无	无	与 Deswik. CAD 相结合，完成设计
成果表达	①动画；②甘特图；③表格；④柱状图；⑤折线图；⑥dmf 文件	①动画；②甘特图；③表格；④柱状图；⑤折线图	①动画；②甘特图；③表格；④柱状图；⑤折线图	①动画；②甘特图；③表格；④柱状图；⑤折线图
计划执行	基于网络	仅巷道基于网络	无	无
联合作业	是	是	是	否
采矿方法	多种	单一	单一	单一
计划对象	任务+任务	图形	图形	任务

4.3.4 采掘计划编制实例

以国内某地下金属矿山为例,采用 iSched 完成计划的编制。具体流程如下:

1)整理矿山的基础数据

基础数据包括矿体三维模型、块体模型、开拓工程、设计巷道、采场、矿山中段信息、设备信息、工艺信息等基础数据。矿山采场以及巷道模型如图 4-32 所示。

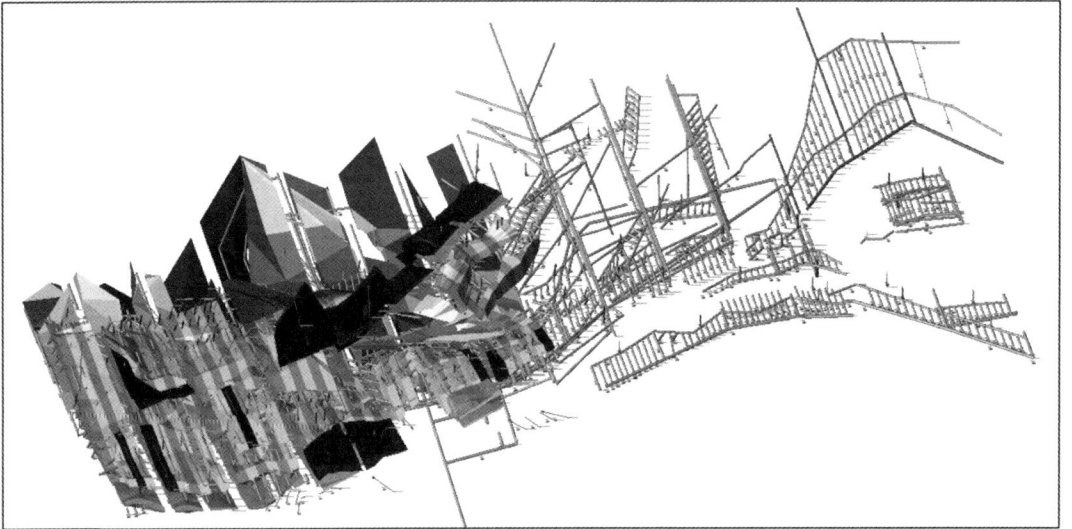

图 4-32　矿山采场以及巷道模型

2)基本信息配置

(1)定义计划周期,如图 4-33 所示。

	当前周期	周期名	开始日期	结束日期
1	✓	年计划	2020/8/1	2023/8/31

新增　　删除　　　　　确定　　取消

图 4-33　计划周期表

(2)定义作业区域,如图 4-34 所示。

	区域名称
1	630m中段（东）
2	630m中段（西）
3	653m分段（东）
4	653m分段（析）
5	668m分段（东）
6	668m分段（西）
7	3720

增加　删除　上移　下移　确定　取消

图 4-34　作业区域表

(3)定义工程表，如图 4-35 所示。

	工程名称
1	开拓工程
2	采准工程
3	切割工程
4	浅孔留矿法
5	沿走向分段空场
6	安措工程
7	基建工程
8	二步骤工程
9	垂直矿体分段空场

增加　删除　确定　取消

图 4-35　工程表

(4)定义工序，如图 4-36 所示。

	工序名称	量算单位	工序颜色
1	掘进	米	
2	回采	吨	
3	中深孔	米	
4	充填	立方米	

增加　删除　确定　取消

图 4-36　工序表

（5）定义工艺，如图4-37所示。

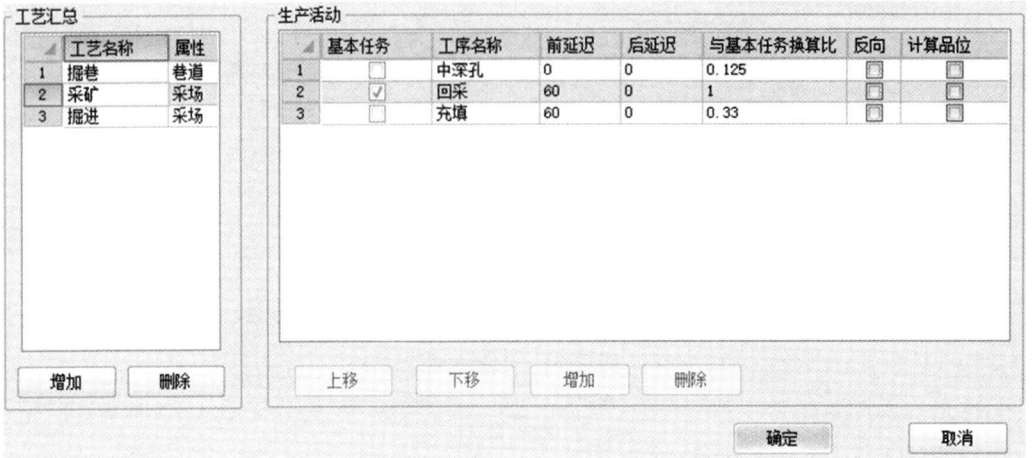

图4-37　工艺表

（6）定义生产者，如图4-38所示。

图4-38　生产者表

3）基本任务计算

矿山的基础资料录入到 iSched 后，根据设计巷道长度、采场矿量，利用基本任务功能，完成任务量的计算，如图4-39所示。

4）各类设备及约束的添加

iSched 计划编制软件中设备可以是某一台具体的设备，也可以是一个专业的施工队伍，如掘进队伍、支护队伍等。设备添加界面如图4-40所示。

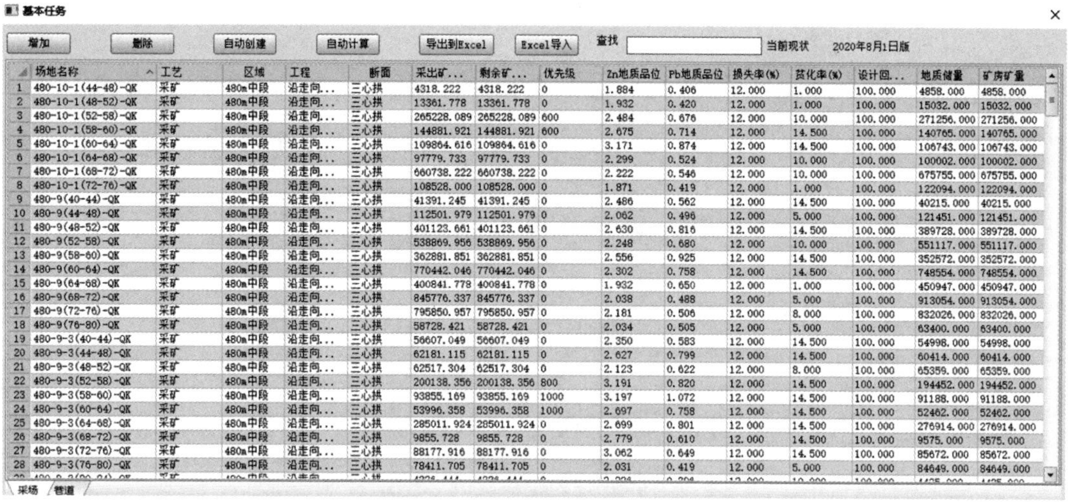

	场地名称	工艺	区域	工程	断面	采出矿...	剩余矿...	优先级	Zn地质品位	Pb地质品位	损失率(%)	贫化率(%)	设计回...	地质储量	矿房矿量
1	480-10-1(44-48)-QK	采矿	480m中段	沿走向...	三心拱	4318.222	4318.222	0	1.884	0.406	12.000	1.000	100.000	4858.000	4858.000
2	480-10-1(48-52)-QK	采矿	480m中段	沿走向...	三心拱	13361.778	13361.778	0	1.932	0.420	12.000	1.000	100.000	15032.000	15032.000
3	480-10-1(52-58)-QK	采矿	480m中段	沿走向...	三心拱	265228.089	265228.089	600	2.484	0.676	12.000	10.000	100.000	271256.000	271256.000
4	480-10-1(58-60)-QK	采矿	480m中段	沿走向...	三心拱	144881.921	144881.921	600	2.675	0.714	12.000	14.500	100.000	140765.000	140765.000
5	480-10-1(60-64)-QK	采矿	480m中段	沿走向...	三心拱	109864.616	109864.616	0	3.171	0.874	12.000	14.500	100.000	106743.000	106743.000
6	480-10-1(64-68)-QK	采矿	480m中段	沿走向...	三心拱	97779.733	97779.733	0	2.299	0.524	12.000	10.000	100.000	100002.000	100002.000
7	480-10-1(68-72)-QK	采矿	480m中段	沿走向...	三心拱	660738.222	660738.222	0	2.222	0.546	12.000	10.000	100.000	675755.000	675755.000
8	480-10-1(72-76)-QK	采矿	480m中段	沿走向...	三心拱	108528.000	108528.000	0	1.871	0.419	12.000	1.000	100.000	122094.000	122094.000
9	480-9(40-44)-QK	采矿	480m中段	沿走向...	三心拱	41391.245	41391.245	0	2.486	0.562	12.000	14.500	100.000	40215.000	40215.000
10	480-9(44-48)-QK	采矿	480m中段	沿走向...	三心拱	112501.979	112501.979	0	2.062	0.496	12.000	5.000	100.000	121451.000	121451.000
11	480-9(48-52)-QK	采矿	480m中段	沿走向...	三心拱	401123.661	401123.661	0	2.630	0.816	12.000	14.500	100.000	389728.000	389728.000
12	480-9(52-58)-QK	采矿	480m中段	沿走向...	三心拱	538869.956	538869.956	0	2.248	0.680	12.000	10.000	100.000	551117.000	551117.000
13	480-9(58-60)-QK	采矿	480m中段	沿走向...	三心拱	362881.851	362881.851	0	2.556	0.925	12.000	14.500	100.000	352572.000	352572.000
14	480-9(60-64)-QK	采矿	480m中段	沿走向...	三心拱	770442.046	770442.046	0	2.302	0.758	12.000	14.500	100.000	748554.000	748554.000
15	480-9(64-68)-QK	采矿	480m中段	沿走向...	三心拱	400841.778	400841.778	0	1.932	0.650	12.000	1.000	100.000	450947.000	450947.000
16	480-9(68-72)-QK	采矿	480m中段	沿走向...	三心拱	845776.337	845776.337	0	2.038	0.488	12.000	5.000	100.000	913054.000	913054.000
17	480-9(72-76)-QK	采矿	480m中段	沿走向...	三心拱	795850.957	795850.957	0	2.181	0.506	12.000	8.000	100.000	832026.000	832026.000
18	480-9(76-80)-QK	采矿	480m中段	沿走向...	三心拱	58728.421	58728.421	0	2.034	0.505	12.000	5.000	100.000	63400.000	63400.000
19	480-9-3(40-44)-QK	采矿	480m中段	沿走向...	三心拱	56607.049	56607.049	0	2.350	0.583	12.000	14.500	100.000	54998.000	54998.000
20	480-9-3(44-48)-QK	采矿	480m中段	沿走向...	三心拱	62181.115	62181.115	0	2.627	0.799	12.000	14.500	100.000	60414.000	60414.000
21	480-9-3(48-52)-QK	采矿	480m中段	沿走向...	三心拱	62517.304	62517.304	0	2.123	0.622	12.000	8.000	100.000	65359.000	65359.000
22	480-9-3(52-58)-QK	采矿	480m中段	沿走向...	三心拱	200138.356	200138.356	800	3.191	0.820	12.000	14.500	100.000	194452.000	194452.000
23	480-9-3(58-60)-QK	采矿	480m中段	沿走向...	三心拱	93855.169	93855.169	1000	3.197	1.072	12.000	14.500	100.000	91188.000	91188.000
24	480-9-3(60-64)-QK	采矿	480m中段	沿走向...	三心拱	53996.358	53996.358	1000	2.697	0.758	12.000	14.500	100.000	52462.000	52462.000
25	480-9-3(64-68)-QK	采矿	480m中段	沿走向...	三心拱	285011.924	285011.924	0	2.699	0.801	12.000	14.500	100.000	276914.000	276914.000
26	480-9-3(68-72)-QK	采矿	480m中段	沿走向...	三心拱	9855.728	9855.728	0	2.779	0.610	12.000	14.500	100.000	9575.000	9575.000
27	480-9-3(72-76)-QK	采矿	480m中段	沿走向...	三心拱	88177.916	88177.916	0	3.062	0.649	12.000	14.500	100.000	85672.000	85672.000
28	480-9-3(76-80)-QK	采矿	480m中段	沿走向...	三心拱	78411.705	78411.705	0	2.031	0.419	12.000	5.000	100.000	84649.000	84649.000

图 4-39　统计计算基本任务量

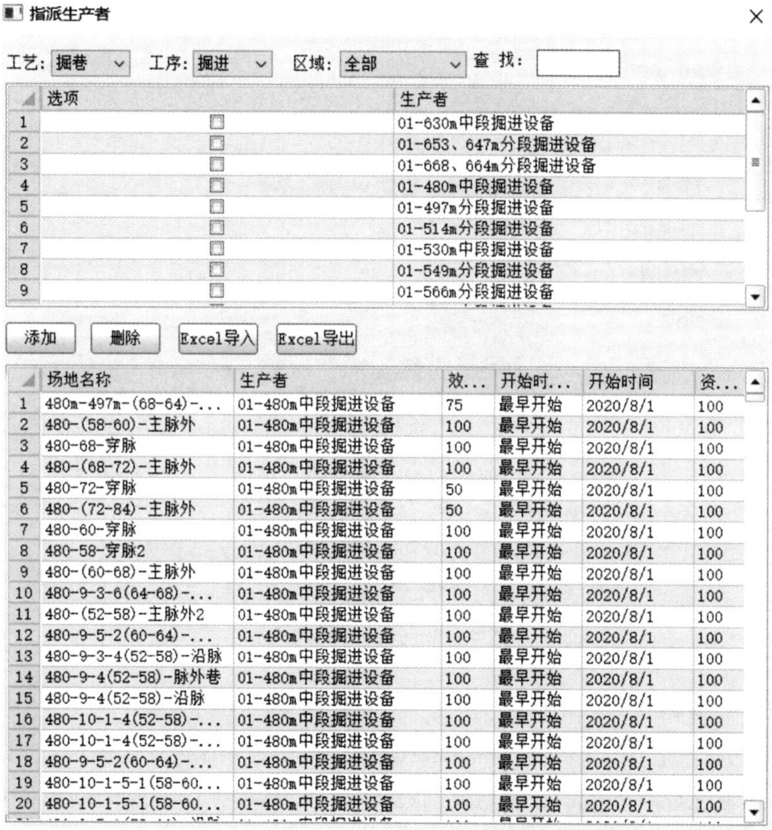

	选项	生产者
1	☐	01-630m中段掘进设备
2	☐	01-653、647m分段掘进设备
3	☐	01-668、664m分段掘进设备
4	☐	01-480m中段掘进设备
5	☐	01-497m分段掘进设备
6	☐	01-514m分段掘进设备
7	☐	01-530m中段掘进设备
8	☐	01-549m分段掘进设备
9	☐	01-566m分段掘进设备

	场地名称	生产者	效...	开始时...	开始时间	资...
1	480m-497m-(68-64)-...	01-480m中段掘进设备	75	最早开始	2020/8/1	100
2	480-(58-60)-主脉外	01-480m中段掘进设备	100	最早开始	2020/8/1	100
3	480-68-穿脉	01-480m中段掘进设备	100	最早开始	2020/8/1	100
4	480-(68-72)-主脉外	01-480m中段掘进设备	100	最早开始	2020/8/1	100
5	480-72-穿脉	01-480m中段掘进设备	50	最早开始	2020/8/1	100
6	480-(72-84)-主脉外	01-480m中段掘进设备	50	最早开始	2020/8/1	100
7	480-60-穿脉	01-480m中段掘进设备	100	最早开始	2020/8/1	100
8	480-58-穿脉2	01-480m中段掘进设备	100	最早开始	2020/8/1	100
9	480-(60-68)-主脉外	01-480m中段掘进设备	100	最早开始	2020/8/1	100
10	480-9-3-6(64-68)-...	01-480m中段掘进设备	100	最早开始	2020/8/1	100
11	480-(52-58)-主脉外2	01-480m中段掘进设备	100	最早开始	2020/8/1	100
12	480-9-5-2(60-64)-...	01-480m中段掘进设备	100	最早开始	2020/8/1	100
13	480-9-3-4(52-58)-沿脉	01-480m中段掘进设备	100	最早开始	2020/8/1	100
14	480-9-4(52-58)-脉外巷	01-480m中段掘进设备	100	最早开始	2020/8/1	100
15	480-9-4(52-58)-沿脉	01-480m中段掘进设备	100	最早开始	2020/8/1	100
16	480-10-1-4(52-58)-...	01-480m中段掘进设备	100	最早开始	2020/8/1	100
17	480-10-1-4(52-58)-...	01-480m中段掘进设备	100	最早开始	2020/8/1	100
18	480-9-5-2(60-64)-...	01-480m中段掘进设备	100	最早开始	2020/8/1	100
19	480-10-1-5-1(58-60...	01-480m中段掘进设备	100	最早开始	2020/8/1	100
20	480-10-1-5-1(58-60...	01-480m中段掘进设备	100	最早开始	2020/8/1	100

图 4-40　设备添加界面

设备添加完成后，需要设置约束统计，如优先级约束(图 4-41)、开始时间约束(图 4-42)、场地间约束等。

图 4-41 优先级约束

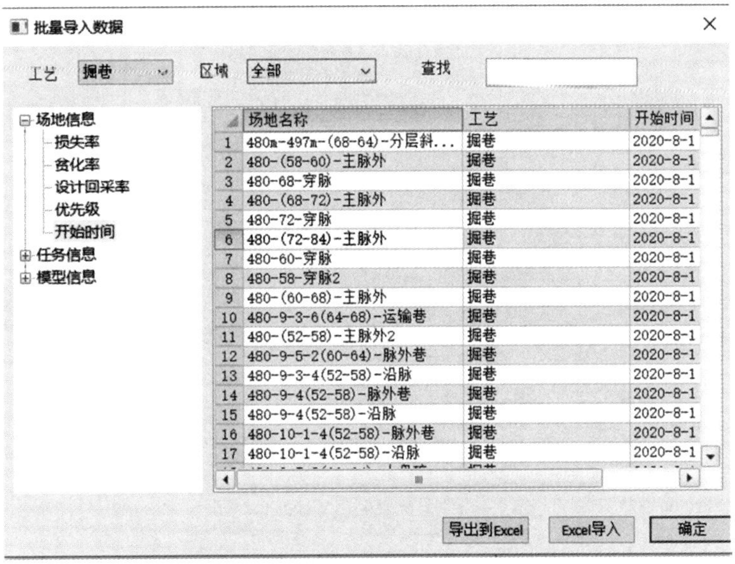

图 4-42 开始时间约束

5)计划的编制执行

针对有模型的数据,可以采用 iSched 提供的基于拓扑网络的方式进行计划的编制,通过有向图算法快速地完成计划编制,计划编制过程中,还可以考虑掘进的副产矿量以及对应的品位计算;无模型的数据可以通过甘特图完成计划的编制。

6)计划调整

计划调整是基于甘特图技术,结合已经编制好的计划,对计划进行直观的调整,如图4-43 所示。iSched 中可以通过拖动、拉伸的方式进行计划的调整,也可以通过修改表格数据的方式进行调整。

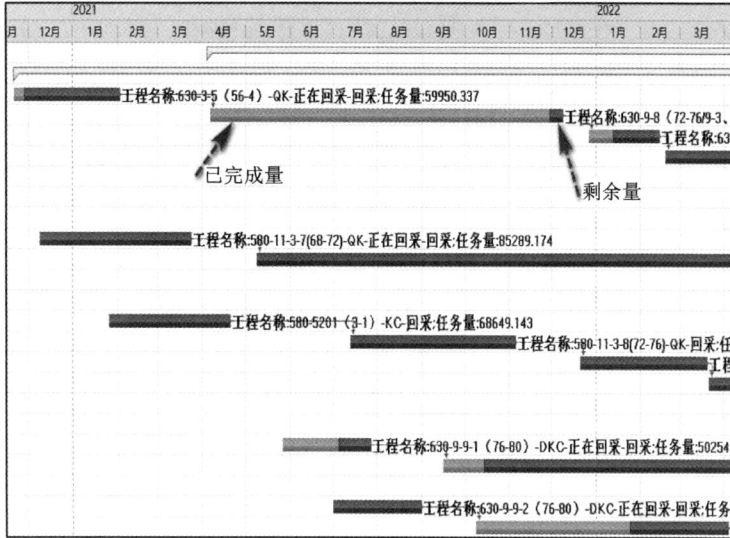

图 4-43　计划甘特图调整

7) 计划成果数据输出

iSched 支持多种形式的计划结果输出，如通过自定义报表 (表 4-13、表 4-14)、动画、图形 (图 4-44) 等多种方式。

表 4-13　掘进计划表

530 m 中段项目	实际生产效率		副产矿量					废石量		
	日掘进尺 /m	日掘进工程方量 /m³	长度 /m	方量 /m³	工程量 /t	Zn 金属量 /t	Pb 金属量 /t	长度 /m	方量 /m³	工程量 /t
530-44-主穿脉	1.50	27.36	80.49	1468.22	4404.67	112.02	36.28	103.00	1878.78	4978.77
530-48-主穿脉	1.50	27.36	18.20	331.93	995.79	14.17	2.89	121.55	2217.09	5875.29
530-52-探矿硐室	1.50	27.36	0.00	0.00	0.00	0.00	0.00	3.98	72.54	192.23
530-52-主穿脉	1.50	27.36	0.00	0.00	0.00	0.00	0.00	76.28	1391.42	3687.26
530-547 (48-52)-转层斜	1.50	27.36	0.00	0.00	0.00	0.00	0.00	128.75	2348.44	6223.36
530-547 (68-72)-转层斜	1.50	27.36	0.00	0.00	0.00	0.00	0.00	100.22	1827.94	4844.04
530-58-主穿脉	1.50	27.36	0.00	0.00	0.00	0.00	0.00	25.01	456.09	1208.64

续表4-13

530 m 中段项目	实际生产效率		副产矿量					废石量		
	日掘进尺 /m	日掘进工程方量 /m³	长度 /m	方量 /m³	工程量 /t	Zn 金属量 /t	Pb 金属量 /t	长度 /m	方量 /m³	工程量 /t
530-60-探矿硐室	1.50	27.36	0.00	0.00	0.00	0.00	0.00	5.60	102.22	270.87
530-60-主穿脉	1.50	27.36	7.61	138.77	416.32	9.60	2.28	60.61	1105.51	2929.59
530-64-探矿硐室	1.50	27.36	0.00	0.00	0.00	0.00	0.00	5.53	100.94	267.49
530-64-主穿脉	1.50	27.36	116.77	2129.83	6389.48	159.14	51.05	7.18	130.93	346.96
530-65-探矿硐室	1.50	27.36	0.00	0.00	0.00	0.00	0.00	5.09	92.91	246.22
530-68-主穿脉	1.50	27.36	45.32	826.69	2480.07	59.87	15.90	51.09	931.83	2469.34
530-72-主穿脉	1.50	27.36	255.08	4652.67	13958.01	283.31	73.92	295.05	5381.79	14261.75
530-76-主穿脉	1.50	27.36	108.79	1984.32	5952.95	122.88	31.16	196.45	3583.24	9495.60
530-80-主穿脉	1.50	27.36	7.00	127.71	383.13	8.17	1.51	307.71	5612.65	14873.53
530-(68-76)-主脉外	1.50	27.36	0.00	0.00	0.00	0.00	0.00	218.41	3983.78	10557.02
530-(76-84)-主脉外	1.50	27.36	0.00	0.00	0.00	0.00	0.00	209.20	3815.79	10111.84

表 4-14 财务汇总表

财务分类	工程类型	单位	2019 年 8 月	2019 年 9 月	2019 年 10 月	2019 年 11 月	2019 年 12 月
生产性工程 ——掘进	采准工程	m	62.00	58.78	62.00	10.78	0.00
	二步骤工程	m	—	—	—	—	—
	切割	m	0.00	0.00	0.00	0.00	0.00
	小计	m	62.00	58.78	62.00	10.78	0.00
安措工程	安措工程	m	0.00	18.00	75.76	44.32	31.49
长期待摊费用 ——开拓	开拓工程	m	108.50	121.53	96.59	183.00	224.41
资本化 ——基建工程	基建工程	m	77.50	25.79	0.00	0.00	0.00
合计	—	m	248.00	224.10	234.35	238.10	255.90

续表4-14

财务分类	工程类型	单位	2019 年 8 月	2019 年 9 月	2019 年 10 月	2019 年 11 月	2019 年 12 月
生产性工程——掘进	采准工程	m³	2996.83	2891.95	2998.22	521.06	0.00
	二步骤工程	m³					
	切割	m³	0.00	0.00	0.00	0.00	0.00
	小计	m³	2996.83	2891.95	2998.22	521.06	0.00
安措工程	安措工程	m³	0.00	870.05	3661.69	2142.40	1522.29
长期待摊费用——开拓	开拓工程	m³	5461.38	5946.45	4668.97	8905.77	11139.30
资本化——基建工程	基建工程	m³	3746.04	1246.78	0.00	0.00	0.00
合计	—	m³	12204.25	10955.23	11328.88	11569.23	12661.59

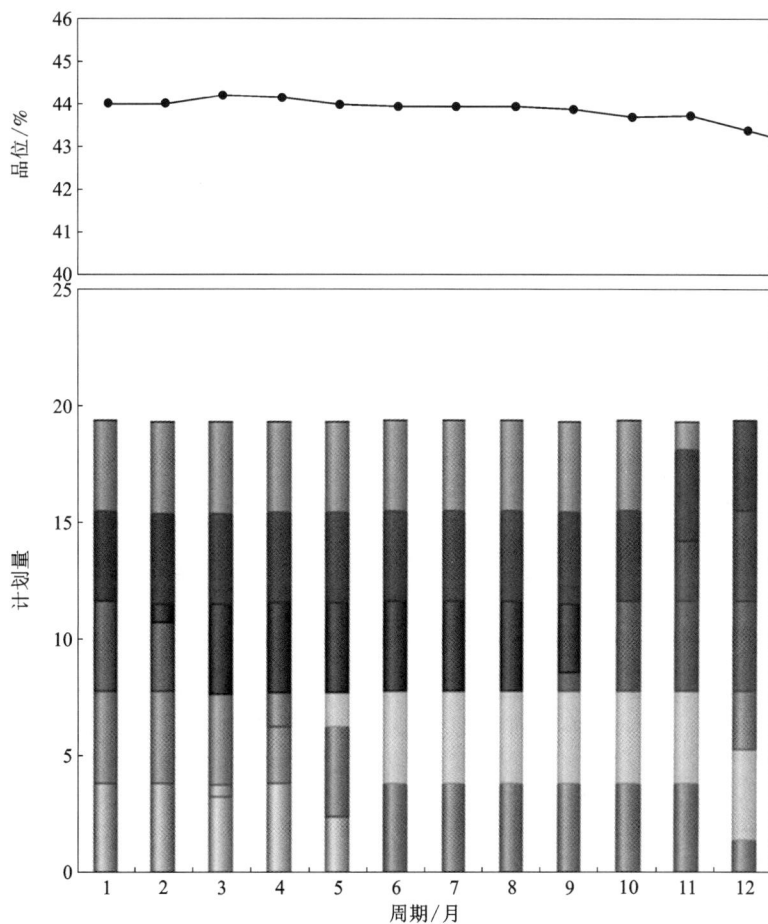

图 4-44 柱状图显示

参考文献

[1] 马从安, 任天贵. 矿山长期生产计划的编制方法[J]. 矿业研究与开发, 1998: 1-3.

[2] 肖英才, 王李管, 易丽平, 等. 基于DIMINE软件的露天采剥计划编制技术[J]. 矿业工程研究, 2010, 25: 6-9.

[3] 徐少游, 毕林, 王李管. 基于DIMINE软件的地下金属矿山生产计划编制系统[J]. 金属矿山, 2010: 51-55.

[4] 李建祥. 露天矿短期开采计划优化[D]. 沈阳: 东北大学, 2000.

[5] 谭正华. 三维可视化环境下采矿设计与生产规划关键技术研究[D]. 长沙: 中南大学, 2010.

[6] 郝全明, 樊兆存. 露天矿采掘进度计划优化编制模型的建立[J]. 黄金, 2005, 26: 17-22.

[7] 胡乃联, 李勇, 李国清, 姚旭龙. 用粒子群算法优化编制露天矿生产作业计划[J]. 北京科技大学学报, 2013, 4: 537-543.

[8] 黄俊歆, 郭小先, 王李管, 等. 一种新的用于编制露天矿生产计划开采模型[J]. 中南大学学报: 自然科学版, 2011, 42: 2819-2824.

[9] 易丽平, 王李管, 肖英才. 基于DIMINE软件的露天采剥计划编制技术研究[J]. 中国钼业, 2010, 6: 12-15.

[10] 蒋京名. DIMINE三维可视化软件在大红山铜矿生产计划编制中的应用研究[D]. 长沙: 中南大学, 2010.

[11] 刘华武, 冯兴隆, 刘关锋, 等. 基于DIMINE三维矿业软件的普朗铜矿基建采掘工程网络计划编制[J]. 湖南有色金属, 2014, 30(3): 1-5.

[12] 李英龙, 童光煦. 矿山生产计划编制方法的发展概况[J]. 金属矿山, 1994(12): 11-16.

[13] Weintraub A, Romero C, Rndal T B, et al. An Integrated Approach to the Long-Term Planning Process in the Copper Mining Industry[M]//WEINTRAUB A, ROMERO C, Rndal T B, et al. Handbook of Operations Research in Natural Resources. Springer US, 2007: 595-609.

[14] 明建, 李国清, 胡乃联. 基于市场的地下金属矿山生产计划优化[J]. 北京科技大学学报, 2013(09): 1215-1220.

[15] 赵爱丽. 基于关键链的地下矿山生产进度计划研究[D]. 青岛: 青岛理工大学, 2013.

[16] Roman R J. Mine-Mill Production Scheduling by Dynamic Programming[J]. Operational Research Quarterly (1970—1977), 1971, 22(4): 319-328.

[17] 张海波, 付兴梅, 王富宝, 等. 回采生产计划决策支持系统的产量预测模型[J]. 金属矿山, 2003(1): 8-10.

[18] 陈放, 李玉. 矿山采矿手册[M]. 北京: 冶金工业出版社, 2006.

[19] 荆永滨. 地下矿山生产计划三维可视化编制技术研究[D]. 长沙: 中南大学, 2007.

[20] 胡柳青, 王李管, 毕林. 地下矿山生产计划3D可视化编制技术[J]. 煤炭学报, 2007(09): 930-933.

[21] 曾庆田, 李德, 汪德文, 等. 地下矿生产计划三维编制技术及动态管理[J]. 矿业研究与开发, 2011(4): 62-65.

第 5 章

露天开采作业智能化

5.1 总体架构与基础设施

5.1.1 总体架构

矿山智能采矿系统主要由调度与指挥系统、通信与定位系统及设备与末端装置组成，其架构如图 5-1 所示。其中调度与指挥系统包括智能调度系统、远程遥控系统；通信与定位系统主要指基于 RTK 的高精定位系统及 4G/5G 无线通信系统；设备与末端装置主要指各种开采或辅助智能装备、车载终端及各种传感器。这些系统及子系统以智能调度系统、生产场景维护系统(路网维护系统)、车载终端、自动驾驶系统、感知装置、远程驾驶系统等为核心模块。

1)智能调度系统

根据矿山开采品位要求以及配矿结果，对铲装运设备任务调度与行驶路径进行优化，提高装运效率，使矿区生产效率最大化；实现矿卡自动驾驶至指定装、卸点，并保持合理的装、卸姿态；在有人驾驶与无人驾驶共存阶段，满足有人和无人作业协同调度、安全作业。

2)生产场景维护系统(路网维护系统)

针对动态变化的矿山路网，通过洒水车或其他具有高精度定位信息自动化或半自动生成路网及完成拓扑构建。

3)车载终端

实现调度指令的接受及执行反馈、作业请求、信息查询等，装载终端辅助矿卡装矿位置的准确定位。

4)自动驾驶系统和感知装置

自动驾驶系统通过激光雷达、毫米波雷达、视觉摄像头、超声波雷达等传感器进行融合感知，结合环境感知定位、车辆调度命令、车路协同信息，自动规划路径，再控制线控矿卡实现矿区采矿平台、剥土平台、运矿道路、破碎站、排土场以及停车场等场景下矿卡的全自动稳定可靠行驶。

5)远程驾驶系统

通过 4G/5G 无线通信以及服务器连接，将矿卡摄像头视频、车辆状态数据实时回传到远程驾驶舱,同时将驾驶员的操纵控制指令通过远程驾驶舱实时下发至矿卡,实现驾驶员远程遥控驾驶和多台矿卡的监控,解决特殊任务要求下矿卡灵活调度的难题。

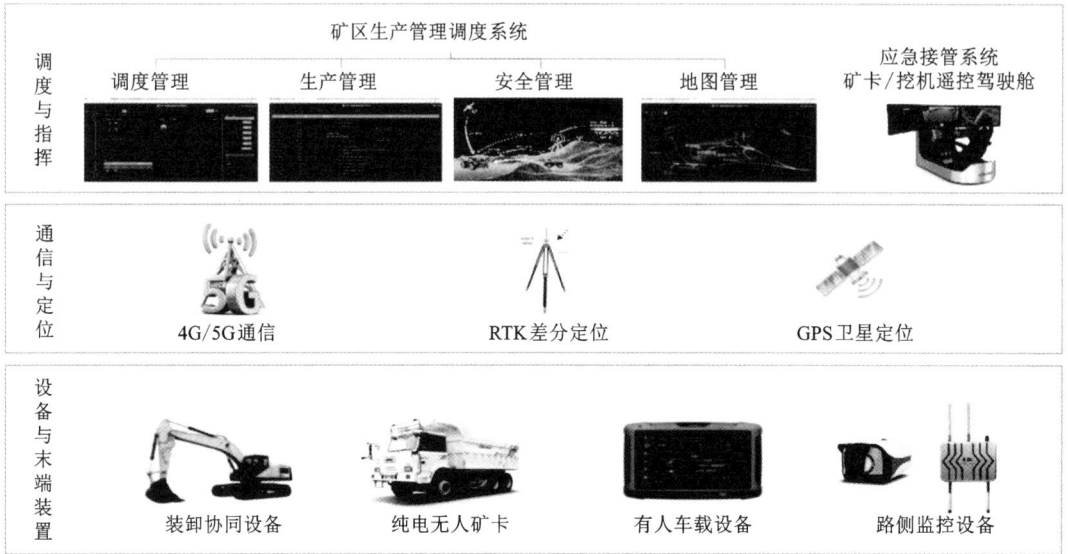

图 5-1 矿山智能采矿系统架构

5.1.2 网络设施

国内露天矿山卡车调度系统的数据传输、通信主要通过中国移动/联通/电信、自建专网两种方式实现,两种方式各有利弊,通信系统对比如表 5-1 所示。

表 5-1 通信系统对比

通信系统	优点	缺点
中国移动/联通/电信	成本相对较低、升级容易	受流量限制,尤其在视频传输过程中,信号稳定性稍差
专网	信号稳定性好	投资成本较高

无论何种通信系统,系统均需满足矿山最低生产需求,此外,还需考虑后期矿山数字化、信息化系统扩展情况。

1)系统构成

露天矿山卡车调度通信系统主要由 4G 网管服务器、4G LTE 宽带无线网络基站以及 CPE 终端组成,其中网管系统使用无线微波连接基站网络系统。无线通信系统构成如图 5-2 所示。

2)系统设计

(1)频率规划。

一般情况下,首先考虑使用国家政策允许的无线宽带专网频率资源 1.8 GHz(1785 ~ 1805 MHz)。综合考虑矿山存在山多、树多的复杂环境特点,建议采用绕射能力强的低频段,此种情况的矿山须与当地管理部门做好频率申请。

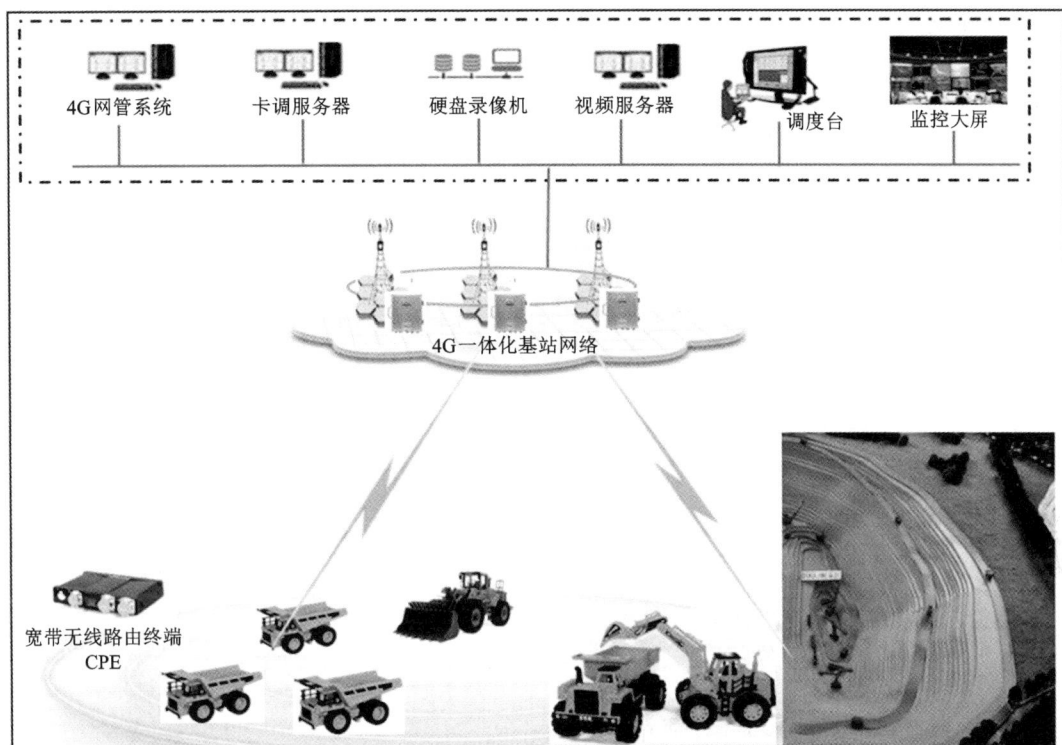

图 5-2　无线通信系统构成

（2）链路预算。

网络建议采用 1.8~1.9 GHz 无线网络设备，预测模型选择 COST231-Hata。COST-231Hata 模型是由 EURO-COST 组成的 COST 工作委员会开发的 Hata 模型的扩展版本，按 COST231-Hata 模型计算路径损耗。

（3）基站供电。

根据实施矿山现场具体情况，基站一般采用 UPS 加 AC220 V 供电。

（4）车载 CPE。

车载终端采用宽带无线路由器（CPE），采用 IP65 防护等级，具有防震、防水、防摔设计，适合在矿山卡车内安装。

CPE 对外提供 2 个网口和无线 WiFi，满足卡调终端连接使用。

（5）容量分析。

LTE 基站 20 M 带宽实测最高容量上行 28 Mbps，下行 33 Mbps。无线微波实测最高容量上行 50 Mbps，下行 50 Mbps。整个矿山总体带宽上行 28 Mbps，下行 33 Mbps，即可充分满足矿山的多媒体通信要求。

（6）抗干扰设计。

基站设计频段为 1.8~1.9 GHz，可任意选取其中 5 MHz、10 MHz、20 MHz 的带宽进行数据传输，可进行更改频点操作，避开干扰频段。

(7)远程综合网管

一般通过调度中心的综合网管系统对基站和 CPE 终端进行统一的远程维护管理,包括增减 CPE 终端、CPE 终端权限管理、基站和 CPE 实时告警、历史告警查询、操作日志查询、系统参数更改、远程重启、远程升级等。

5.1.3 定位系统

1)RTK 定位

随着卫星定位技术的快速发展,目前使用最为广泛的高精度定位技术就是 RTK 定位(实时动态定位),RTK 定位技术的关键在于使用了 GPS 的载波相位观察量,并利用了参考站和移动站之间观测误差的空间相关性,通过差分的方式去除移动站观测数据中的大部分误差,从而实现高精度定位。

通常使用单基站式 RTK 定位系统。单基站式就是只有一个连续运行站,类似于一加一的 RTK,只是基准站由一个连续运行的基准站代替。基站同时又是一个服务器,可通过软件实时查看卫星状态、存储静态数据,实时向 Internet 发送差分信息以及监控移动站作业情况。移动站通过 GPRS、CDMA 网络通信方式与基站服务器进行通信,获得差分信息。RTK 差分基站外形如图 5-3 所示。

该 RTK 差分固定基站拟建在矿山上的一个固定位置,可免去设备拆卸的问题,同时能 24 小时不间断运行,用于智能矿山建设中的测量和设备包括挖掘机、矿卡、装载机及边坡监测、采场验收等的高精定位和多种需要。差分基站建设要求如表 5-2 所示。

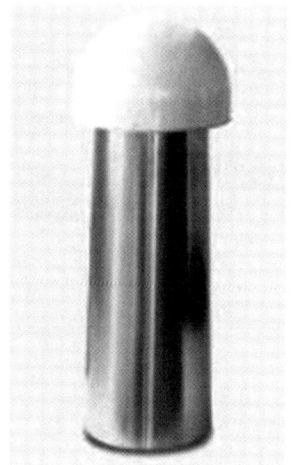

图 5-3　RTK 差分基站外形

表 5-2　差分基站建设要求

设备设施	详细要求
差分基站测量性能及精度	RTK 精度: 水平精度:10 mm+1×10⁻⁶ RMS; 垂直精度:20 mm+1×10⁻⁶ RMS。 后处理精度: 水平精度:3 mm+0.5×10⁻⁶ RMS; 垂直精度:6 mm+0.5×10⁻⁶ RMS。 置信度:99.9%保证测量结果的准确性。 GNSS 性能:可同时跟踪多颗卫星如 GNSS、GLONASS(格洛纳斯)、北斗等卫星定位系统的卫星信号。 初始化时间:3 s。 可跟踪卫星数量:可同时跟踪 60 颗卫星

2）融合定位

根据智能装备定位要求的不同，通常采用融合定位技术实现高精度实时定位。矿卡自动驾驶系统采用行业最先进的、多冗余的三重定位系统，即差分 GPS 定位（图 5-4）、激光点云匹配定位和高精度局部定位（如 IMU 等）（图 5-5）。三者互为冗余、校验，能够保证全天时、全天候提供车辆的厘米级地理坐标定位，保证自动驾驶系统的稳定运行。

图 5-4　GPS 差分定位示意图

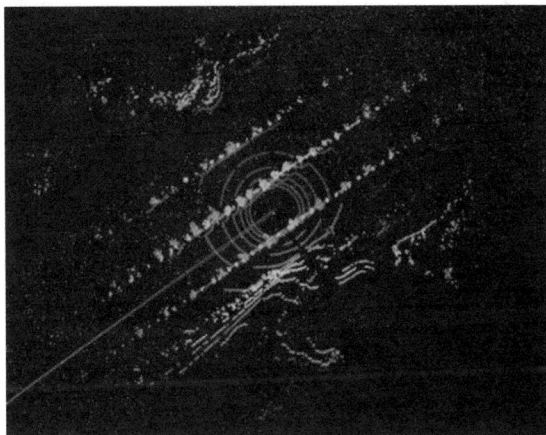

图 5-5　激光点云匹配定位和高精度局部定位示意图

5.1.4　远程遥控装置与系统

5.1.4.1　沉浸式遥控驾驶舱

沉浸式遥控驾驶舱接收车载无线设备回传的多路高清摄像头拍摄的高清现场实时图像和域控制器车身远程驾驶控制器监测到的车辆实际运行工况信息，并发送对车辆的控制信息，实现车辆的远程驾驶。

沉浸式遥控驾驶舱安装了 3 块超大液晶显示器，左、中、右显示器分别显示不同的车辆及车况信息。其中左屏显示车辆运行工况、检测到的车辆状态信息、车辆组网状态信息；中屏显示车辆前、后、左、右及驾驶室视角信息，方便驾驶控制人员实时监控车辆周围的状态；右屏显示矿区高精地图、无人卡车在地图中的位置信息以及其他会车车辆，做到矿卡周围多角度视觉环境感知，实现远程驾驶的无死角操控，以及自动驾驶的无死角监控，如图 5-6 所示。

驾驶舱还装备带力矩反馈的多功能方

图 5-6　沉浸式遥控驾驶舱

向盘、带力矩反馈的制动踏板和油门踏板。司机在控制室通过沉浸式遥控驾驶舱操作车辆时，多功能方向盘、制动踏板和油门踏板会真实反馈车辆传动产生的力矩给司机，真实模拟车辆驾驶室内司机操作车辆的感受。

5.1.4.2 远程控制服务器

远程控制服务器作为整个应急接管系统的数据和服务控制中心,能将遥控驾驶舱的控制指令发送给无线设备,同时解析远程画面并在驾驶舱进行显示,完成遥控驾驶舱对不同车辆的控制权切换和数据保存管理。远程控制服务器如图5-7所示。

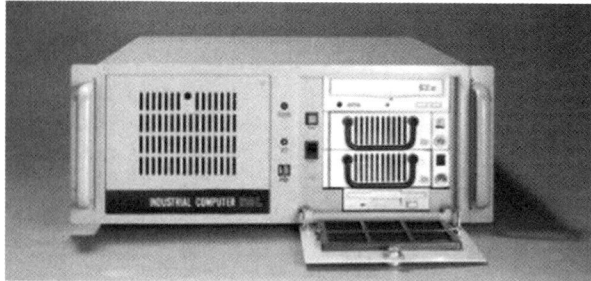

图 5-7 远程控制服务器

远程服务器是一款高性能工控机,支持宽电压 AC 100~240 V 输入。它支持 ATX 母板或多达 15 槽的 PICMG 无源底板,抗冲击磁盘驱动器托架可支持 3 个 5.25″和 1 个 3.5″磁盘驱动器,独特的固定压条设计带有橡胶垫脚,可以防止因冲击或振动造成的损坏,大大提高了服务器使用的可靠性和寿命。

5.1.4.3 远程驾驶矿卡

当无人驾驶矿卡遇到障碍无法行驶或者有其他复杂情况时,可以通过应急接管系统接管车辆,通过遥控驾驶舱实时监控车辆状态,查看环矿卡多视角视频画面,控制矿卡加速、刹车、变道、倒车行驶等,远程驾驶矿卡到达安全区域或者维修站点,从而提高了自动驾驶矿卡管理的灵活性,轻松应对各种异常情况的发生,大大提高了矿卡作业效率。

根据特殊情况下的任务调度需求,引入应急接管系统,实现对无人驾驶矿卡的控制,保证整个系统的运行安全。应急接管系统由车载远程控制系统、远程驾驶舱以及远程集群服务器组成。一般情况下,矿卡由调度系统通过无线通信网络对矿卡下发任务指令来完成相应自动驾驶运输作业。特殊情况下,由应急接管系统介入,通过远程驾驶舱以及无线通信网络来远程驾驶矿卡完成相应作业任务。地面调度系统与应急接管系统通过防火墙和交换机连接到公网核心网或者专网,再连接到矿区基站,与矿卡进行无线通信,如图5-8所示。应急接管系统既可以保持独立运行,也可与地面调度系统进行数据交互。

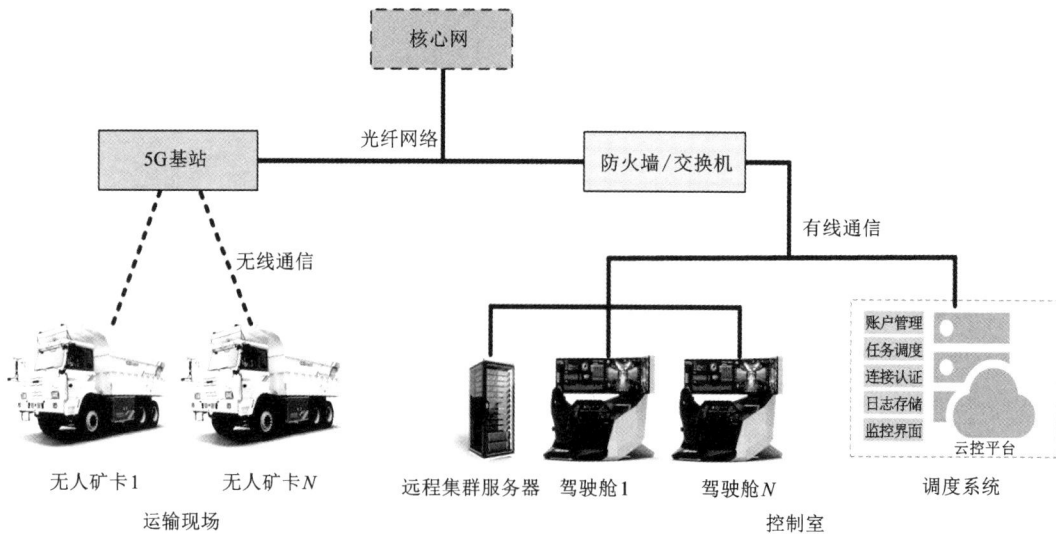

图 5-8 应急接管系统示意图

整个系统遵循人工优先安全原则,且关键硬件模块按双重冗余原则进行备份,充分保证系统的安全性及鲁棒性。

矿卡车载远程控制系统包括车载远程控制器、前/后/左/右/驾驶室监控摄像头、语音模块等,通过接入矿卡车载通信交换机以及整车控制器,将驾驶舱发送的控制命令转发给车辆底盘控制器(VCU)(或通过交换机以太网将控制命令转发给无人驾驶控制主机),从而实现远程驾驶舱对矿卡油门、刹车、转向、挡位、车灯、升降斗等的操作和状态反馈,同时,矿卡前/后/左/右/驾驶室图像视频通过车载远程控制器编码以及码流处理后,将远程驾驶视频低时延传输到驾驶舱,驾驶员在地面控制中心通过矿卡回传的视频、状态反馈以及操作驾驶舱控制命令即可实现矿卡远程驾驶作业以及语音对讲。车载远程控制系统原理如图 5-9 所示。

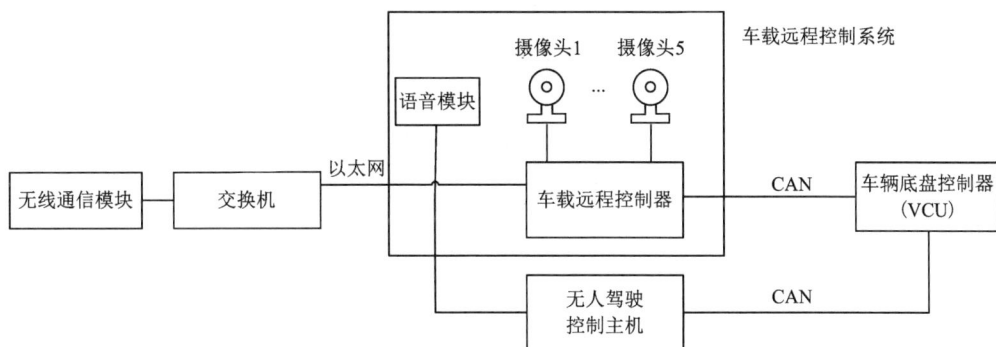

图 5-9 车载远程控制系统

5.2 智能化穿爆

5.2.1 自主寻孔与精准定位

自主炮孔钻机是近年来矿山自动化和机器人化装备又一突破性进步。澳大利亚的力拓和必和必拓两大矿业公司与 Atlas Copco、Sandvik、Caterpillar 等设备制造商起到了引领作用。自主寻孔与精准定位系统如图 5-10 所示。

1)定位

露天矿穿孔设备的精准定位通常采用差分定位。差分定位采用两台以上的接收机,将一台接收机安置在基准站上进行观测,根据基准站已知精确坐标,计算出基准站到卫星的距离改正数,并由基准站实时将这一数据发送出去。用户接收机在进行卫星观测的同时,也接收基准站发出的改正数,并对其定位结果进行改正,从而提高定位精度。

2)寻孔

在待钻平面布置好各个孔的位置(或相对于基准点的位置)后,于钻杆处(或在车体上)安装卫星信号接收机,如果是在车体上安装卫星信号接收机,则需建立运动学方程计算钻杆的位置。从爆破设计软件中获取孔网参数设计坐标,在钻机上采用高精度 RTK 定位技术对钻杆进行精确定位,按照孔网坐标进行穿孔作业,钻机司机通过钻杆定位显示器操作钻机移动,实现精准对孔。

图 5-10 自主寻孔与精准定位系统

3)系统功能

(1)智能终端系统功能。

终端硬件及软件:采集设备本身的状态、GNSS 高精度定位,根据系统指令来进行钻孔作业。

车载智能终端安装在钻机驾驶室内,使用液晶触摸显示屏幕方式操作,采用双频率 GNSS 定位系统采集位置坐标,应用无线数据传输系统与中心通信。系统要求具有抗震、防尘、抗干扰、断电保持工作等能力,工作电压一般要求为 220 V。

(2)中心差分站。

要实现钻机自动布孔,需要将智能终端 GNSS 定位精度提高到厘米级。因此,需要建立高精度中心差分站,将差分信息发送到智能终端。同时,智能终端采用三系统定位接收机。

(3)电子地图。

①设计孔位审核。

穿孔坐标数据自动读入电子地图,设计人员对设计孔位的合理性进行审核,对设计不合理或有问题的孔位进行修改,要求数据准确、科学、合理。

②穿孔实时显示。

主要内容包括:(a)钻机的运行状态,如停机、故停、其他作业等;(b)钻机作业参数,如孔深、孔网、实际标高、穿孔深度;(c)穿孔性质,如岩石孔等类型;(d)钻头记录,如是否有掉钻头等;(e)穿孔误差;(f)钻机实际地理位置等。

③孔位查询。

按钻机爆区进行孔位查询。

（4）控制管理系统。

控制管理系统主要提供与配矿系统、地质模型软件间的数据接口，完成不同坐标间数据转换，形成牙轮钻穿孔作业计划。采集牙轮钻的各种作业信息，并上传到管理系统用于统计、分析。

5.2.2　钻进控制与随钻测量

1）钻进控制

钻进控制系统利用计算机控制技术实现钻孔过程的自动化控制，钻臂和推进梁的移动及定位按照计算机设定的程序完成。钻进控制系统自动钻进功能主要包括自动开孔、防卡钎及凿岩机冲击功率的连续调节，确保凿岩作业的效率和质量。系统包含的自动集成诊断系统模块，可以协助工程人员快速确定故障来源。

配备于智能钻机上的钻进控制系统可以感知岩石赋存条件并调整冲击力和推进力，从而提升钻进速率、降低钻具损耗。

智能钻机标准配置功能包括自动开孔、回转压力自动控制推进、推进压力自动控制冲击及智能化自动二级防卡钎等。各控制回路相互独立，可确保输出最大的冲击功率。岩石自适应控制过程曲线如图 5-11 所示。

（1）自动开孔功能和自适应钻孔功能：在开孔阶段，系统根据探测到的岩石状况来无级调节冲击压力，以保证低压开孔。自动开孔功能可以确保钻孔的精度，降低开孔过程中钻具所承受的弯曲负载，确保钻孔的额定直度要求，从而大大降低钻具消耗。

（2）回转压力自动控制推进（RPCF）：根据回转压力的变化，智能控制并调整推进压力和速度，始终保持最佳的钻孔速度。回转压力控制推进功能从一定程度上确保了钎尾与钻杆、钻杆与钻杆的紧密连接，在实现能量有效传递的同时有效延长钻具寿命。

（3）推进压力自动控制冲击（RPCI）：当钻头与岩石处于合理接触位置，推进压力满足平衡要求时，冲击压力才允许上升至全冲击压力。

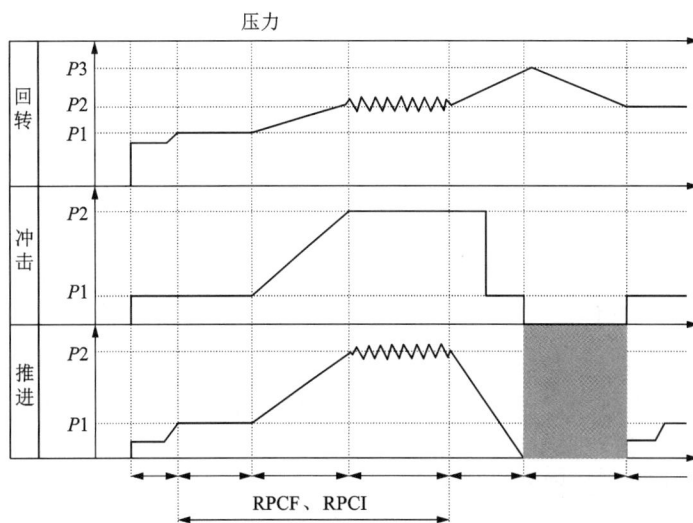

图 5-11　岩石自适应控制过程曲线图

(4)智能化自动二级防卡钎功能：当岩石条件非常差时，系统压力会持续上升，智能化系统将自动调整推进压力和回转压力，以防止卡钎。

钻臂精准控制系统是专为智能钻机选配的功能，其作用是保证炮孔能被更加精确地定位和钻进。由计算机自动控制的钻臂精准控制系统，可以保证车载电脑控制实现钻臂和推进梁的精准定位和精确调整，从而按照预先设定的布孔图自动精确完成钻孔作业。其主要功能包括：

①钻臂按照设定的钻孔顺序自动定位，开孔和钻孔由钻机自动完成。

②在多模式、重复、循环作业条件下保证钻孔定位的精准性。

③在钻臂自动移动过程中，防干扰、防碰撞探测功能可防止钻臂与其他外部物体碰撞。若出现外部或者内部干扰，系统可随时停止和恢复其自动功能。

④操作者在钻孔过程中，可随时进行手动干预。

2）随钻测量

随钻测量系统根据钻机作业参数判定岩石硬度条件，在钻进过程中以采集的参数来描述岩层机械特性。在实现数据监控与分析的基础上，剔除因操作失误或控制干扰产生的无效数据，保留岩石特征变化数据，确保岩层特征描述的真实性。

与获取岩石特征的其他方法相比，该技术确保：

(1)极高的数据分辨率，因为数据都是在所有钻孔过程中间隔几厘米的情况下提取的。

(2)极低的成本，因为在正常钻孔期间，数据的监控是自动进行的。

(3)极低的数据风险，因为在钻孔期间进行了监控，钻孔完成之后不必再插入任何仪表进行测量。

(4)对生产的干扰最小，所有的操作人员附加工作非常有限。

该系统监控的原始参数有深度、钻进速度、推进压力、冲击压力(冲击器气压或凿岩机冲击压力)、回转压力、回转速度、排渣压力、气量等，根据以上收集的参数，可以推测出岩石硬度、岩石压裂性能等参数。

5.2.3　验孔机器人

采用智能车自主导航技术，配备有高精度 RTK 卫星定位系统，实现炮孔位置自动巡航。在炮孔附近，首先通过机械臂移动摄像头，完成图像识别并自动对准孔位，然后自动测量炮孔孔深、水深、温度等参数。通过智能巡航，完成整个爆区炮孔测量，并将孔位的孔深、水深、温度等数据上传至云端服务器，为爆破设计提供精准数据。验孔流程如图 5-12 所示。

1）露天矿验孔机器人

露天矿验孔机器人主要包括孔深测定仪、六轴机械臂、差分 GPS-RTK 天线、机械臂控制柜、履带车等，如图 5-13 所示。

2）智能孔深测定仪行走路径优化

依据炮孔的位置及其布置，对智能孔深测定仪行走路径进行优化，如图 5-14 所示。

3）测定仪炮孔中心图像识别

测定仪炮孔中心图像识别如图 5-15 所示。

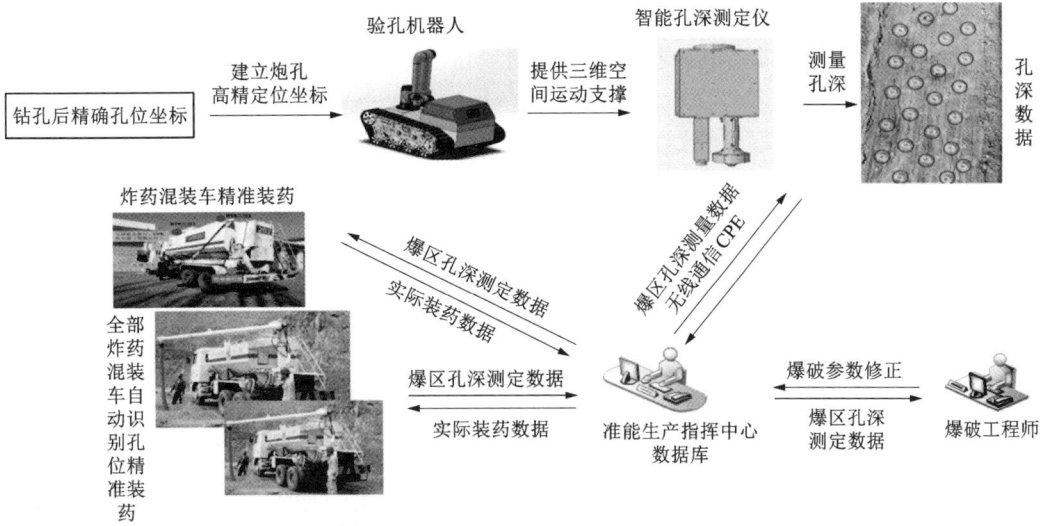

图 5-12　验孔流程图

图 5-13　露天矿验孔机器人

图 5-14　智能孔深测定仪行走优化路径

图 5-15　测定仪炮孔中心图像识别

4）孔深测量仪的功能

（1）主控板给出开始命令，电机启动，开始测量，电机转动过程中编码器记录转动的位移量，并换算成深度值。

（2）重锤里安装有水面传感器，测定重锤是否进入水中。

（3）当重锤下降到水面时，由传感器测得，并通过 RF 射频模块传出，同时记录在水中下降的距离，实时传送到球体内的 RF 接收机。

（4）自动判断到底状态，自动发出上升请求，电机反转，重锤上升，到达球体。

5.2.4 智能装药车

露天矿钻孔爆破成本占开采成本的 10%~15%，爆破结果对其他设备的作业成本将产生重大影响。钻孔自动装药面临的最大挑战是钻孔定位、钻孔直径和倾斜角测量。

自 1998 年 CSIRO 开创炮孔装药自动化可行性研究以来，很多公司都在推进这一重要技术。

2017 年 12 月自主解决方案公司（ASI）与 Sigdo Koppers 集团子公司 Enaex 合作利用 ASI 自主指挥和控制软件 Mobius 开发半自主爆破装药系统。该软件在装药方面应用提供远程操作和自主导航的装药车，包括移动炸药制备装置和炮孔堵塞处理车。Enaex 公司的 Mine-iTruck 露天装药车如图 5-16 所示。该系

图 5-16 Enaex 公司的 Mine-iTruck 露天装药车

统可根据实际钻孔数据动态制定爆破方案，以创造更好的爆破效果。Enaex 公司是拉丁美洲爆破服务的领军企业，是世界上第一家开发完整的机器人爆破方案的公司。

澳大利亚市场领先的国际炸药设备公司（IEE）也在向全球供应定制装药设备。

5.2.5 钻机远程遥控

1）基本原理

钻机远程遥控系统支持本地电台、4G/5G 网络两种通信模式。通过 5G 网络，将施工现场的高清影像、姿态数据以极低的时延传送至远程遥控舱，实现在遥控舱对装备的工作环境、位置姿态的实时监控，同时，操作手可以在遥控舱通过操作控制手柄，实现对装备的远程精准控制。钻机远程遥控主要技术参数如表 5-3 所示。

2）系统组成

钻机远程遥控系统由数字智能遥控舱和工程机械装备两个部分组成。

数字智能遥控舱包括 5G 通信智能终端、数字孪生系统、一对多遥控系统、智能屏、智能语音系统、体感系统。

工程机械装备包括 5G 通信智能终端、一对多遥控系统、低时延全景补偿影像系统、智能语音系统。

表 5-3　钻机远程遥控主要技术参数

参数名称	参数值与描述
无线通信方式	支持本地电台、4G/5G 通信模式
网络支持	支持移动/联通/电信 5G，向下兼容 4G/3G 网络
数据端到端时延	20 ms
视频端到端时延	200 ms

3）主要功能及特点

钻机远程遥控系统可用于应急救援、危险场所的施工作业，具有可靠性高、通用性强、支持低时延、大带宽通信的特点，操作手在远程遥控舱操作，利用装备上的高清影像、高精度位姿传感器、精准控制单元，实现高端装备全 5G 接入的高临场感远程控制。

5G 智能钻机亮点如下：

（1）低时延 5G 远程控制。基于 5G 网络的远程控制系统可以实现工程装备跨区域的低时延、高精准远程操作，契合高危、恶劣环境的无人化施工需求。

（2）高临场感。在旋挖钻机上部署周视系统、智能语音系统、三维姿态传感系统，将高清工况影像、三维姿态实时传送至遥控舱显示。

（3）全电控系统。5G 智能钻机的全电控液压系统，相比现在市场主流的液控先导液压系统，在节能降耗、功能扩展、自动作业方面有明显的优势。

（4）5G 通信智能终端。可实现端到端、大带宽、低时延的网络数据传输，具有跨领域的通用性。

（5）远程遥控驾驶舱。装备有高性能计算机、高清曲面屏、智能语音系统、空调系统，具有良好的舒适性、可扩展性等优点。

5.3　无人驾驶矿卡

露天智能采矿系统包括纯电线控矿卡、自动驾驶系统、应急接管系统、智能调度系统、高精定位系统以及挖机装载协同系统等。该系统通过智能调度系统将矿山生产配矿结果转化为具体调度指令发送给无人矿卡，无人矿卡自动驾驶系统根据调度指令以及超视距感知完成自动装卸运输，在特殊情况下通过应急接管系统接管矿卡远程行驶作业，实现基于矿区封闭场景内的无人驾驶矿卡智能装运。

总体而言，本系统利用现代高新技术，譬如大数据、物联网、云计算、高精度定位技术等，对矿卡、挖掘机、装载机等工艺范围内的主要设备进行实时优化调度、管理和监控，同时实现了所有生产数据的实时在网、在线查看，并实现了采运作业的实时远程自动化生产指挥和生产管理，为矿山的数字化、信息化、智能化发展奠定了坚实的基础。

5.3.1　线控底盘系统

线控底盘是车辆实现无人驾驶的基础，纯电线控矿卡如图 5-17 所示。线控底盘系统主要由线控底盘控制器、线控驱动子系统、线控转向子系统、线控制动子系统、线控挡位子系统等组成。

5.3.1.1 线控底盘控制器

线控底盘控制器是线控底盘系统主要的交互节点，其通过按钮和人机交互界面采集驾驶员的操作信息，并分析出驾驶员期望的驾驶模式后，下发驾驶员期望的驾驶模式和对应的底盘控制命令到整车控制器，同时整车控制器反馈的线控底盘的参数和状态信息也通过线控底盘控制器发送到自动驾驶系统和应急接管平台。线控底盘控制器如图5-18所示。

图 5-17 纯电线控矿卡

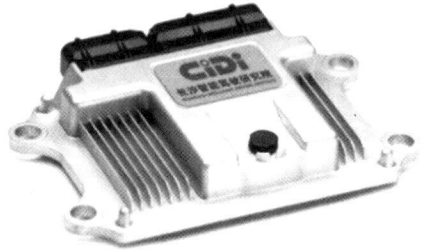

图 5-18 线控底盘控制器

线控底盘控制器满足目前电动汽车控制器的需求，可应用于量产车型。线控底盘控制器技术参数如表5-4所示。

表 5-4 线控底盘控制器技术参数

内容	描述
产品型号	F01-02 EC3600CDN001
主控芯片	AURIX TC234LP，主频/总线频率：200 MHz/200 MHz
内存	Flash/RAM：2 MB/192 kB
输入通道	10路模拟量输入、24路数字量输入、4路频率输入
输出通道	4路频率输出、12路高边驱动、10路低边驱动
安装尺寸	209.40 mm×149.2 mm×23.9 mm（长×深×高）
工作电压	6~36 V DC
运行温度	-40~85℃
通信方式	支持6路CAN接口，可扩展支持CAN FD总线

5.3.1.2 线控驱动子系统

整车的驱动子系统受整车控制器控制。在收到油门踏板的硬线信号后，整车控制器会解析出驾驶员的意图，然后将对应的驱动命令下发到驱动子系统。整车控制器也能通过总线通信接收油门踏板信号，因此，线控底盘控制器可以通过向整车控制器发送虚拟油门踏板的方式实现对线控驱动子系统的控制。

线控驱动子系统技术参数要求如表5-5所示。

表 5-5　线控驱动子系统技术参数要求

发送信息	接收信息	性能指标
提供油门开度百分比控制接口	①反馈车速信息； ②反馈发动机/电机转速、扭矩信息； ③反馈各车轮轮速信息； ④其他信息	①油门开度百分比控制响应时间不超过120 ms(指从发出无人驾驶指令到发动机/电机开始响应油门指令)； ②控制发送周期 10 ms

5.3.1.3　线控转向子系统

目前，通用的转向子系统，无论是机械式、液力助力式，还是电子助力式，都没有线控量产的解决方案，因此，需要对现有的转向子系统进行改装来实现对车辆转向系统的线控。

如图 5-19、图 5-20 所示，针对全液压转向车型，可以把原车全液压转向器替换为电控转向器。线控转向子系统技术参数要求如表 5-6 所示。

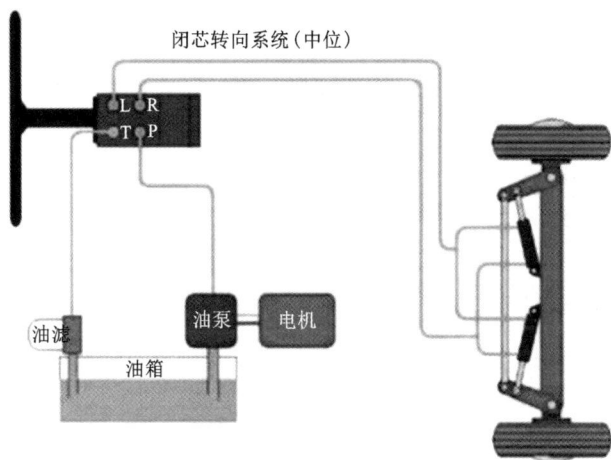

图 5-19　全液压方向机原理

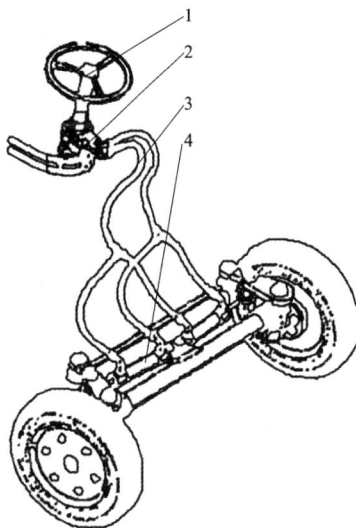

1—方向盘；2—电控转向器；
3—转向油管；4—转向油缸。

图 5-20　改装液压转向示意图

表 5-6　线控转向子系统技术参数要求

发送信息	接收信息	性能指标
提供方向盘角度和角速度控制接口	①反馈前桥转向角度信息； ②反馈方向盘角速度信息； ③反馈方向盘扭矩信息； ④反馈左右转向轮的实时角度； ⑤反馈自动驾驶还是人工驾驶的模式标志位； ⑥其他信息	①转向器精度不超过 1°； ②响应时间不超过 100 ms(指从发出无人驾驶指令到转向器开始响应转角指令)； ③线控最大轮偏角不低于 28°； ④控制发送周期 10 ms

5.3.1.4　线控制动子系统

随着消费者对车辆安全性重视程度的日益提高，车辆制动子系统也历经了数次变革和改进。从最初的皮革摩擦制动，到鼓式、盘式制动器，发展到机械式 ABS 制动系统、模拟电子 ABS 制动系统、数字式电控 ABS 制动系统等。

宽体车线控制动解决方案推荐使用威伯科 EBS，如图 5-21 所示。该系统实现了电子控制，并集成 ABS/ASR/DTC/制动管理等功能，其优势主要包括：

（1）辅助制动系统的自动控制。在装有 CAN 总线的车辆上，EBS 能够根据 CAN 总线报文自动识别车辆，并实现辅助制动（例如发动机制动、排气制动、缓速器等）。

（2）坡道起步功能（自动变速箱）。坡道起步控制通过阻止车辆在坡道上的倒滑来保证自动驾驶情况下在坡道上稳步启动车辆，EBS 系统将控制车辆在坡道上所需的制动压力。

（3）外部控制功能。在 EBS 基础上可以增加相应的外部控制功能，例如 ESC 电子稳定性控制系统、ACC 自适应巡航控制系统、CWS 防撞警告控制系统和 AEB 自动紧急制动系统。

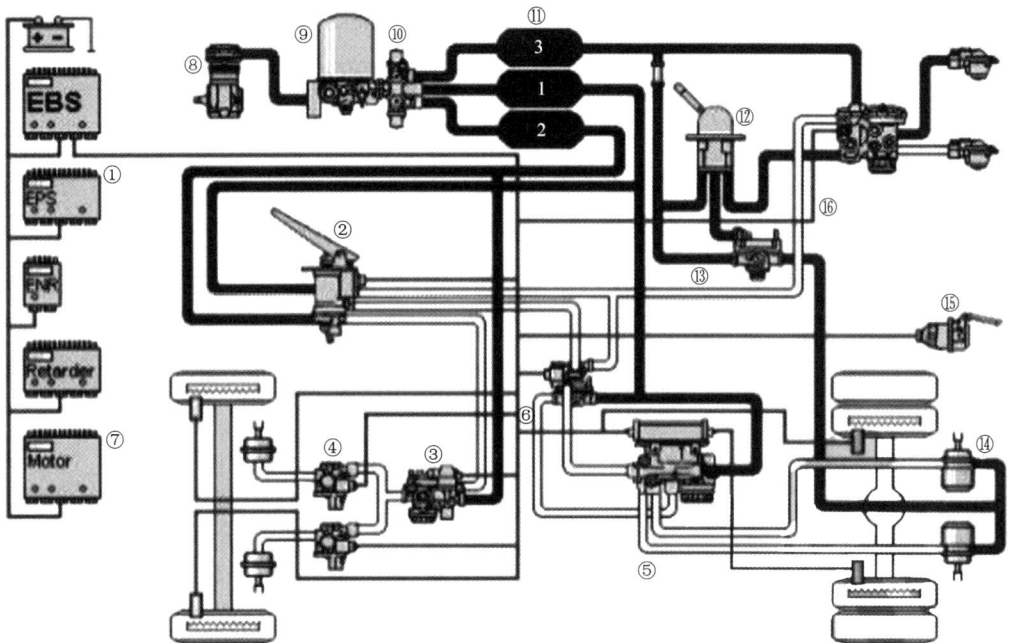

①中央 ECU；②制动信号传输器；③比例继动阀；④ABS 电磁阀；⑤桥控模块；⑥备压阀；⑦轮速传感器；⑧空气压缩机；⑨空气干燥器；⑩四回路保护阀；⑪储气筒；⑫手制动阀；⑬继动阀；⑭制动气室；⑮挂车 ABS 电源接头；⑯挂车控制阀。

图 5-21　EBS 管路布置图

线控制动子系统技术参数要求如表 5-7 所示。

表 5-7　线控制动子系统技术参数要求

发送信息	接收信息	性能指标
①提供减速控制接口； ②提供电子手刹控制接口	①反馈制动踏板开度信息； ②反馈车速、减速信息； ③反馈电子手刹状态信息； ④反馈自动驾驶还是人工驾驶的标志位； ⑤其他信息	①响应时间不超过 300 ms（指从发出无人驾驶指令到开始响应减速度指令）； ②控制发送周期 10 ms

5.3.1.5　线控挡位子系统

一般选用与驱动系统匹配的 AMT 实现。自动驾驶系统通过与 AMT 控制器通信，向 AMT 控制器发送请求的挡位，AMT 控制器综合所有的请求信号后，控制执行结构换挡。线控挡位子系统技术参数要求如表 5-8 所示。

表 5-8　线控挡位子系统技术参数要求

发送信息	接收信息	性能指标
提供 D\R\N 挡位控制接口	①反馈变速箱各挡位和当前挡位信息； ②反馈变速箱转速信息； ③其他信息	①变速箱挡位指令响应时间不超过 1.5 s［指从无人驾驶发出指令到挡位切换（N→D 或 N→R）完成］； ②控制发送周期 20 ms

5.3.2　自动驾驶系统

矿卡自动驾驶系统通过感知传感器对行驶环境、障碍物、车辆位置信息进行感知，将结果发送至车载计算单元，并结合后台调度系统下发的调度任务，由计算中心根据位置和调度指令以及车辆状态，自动生成车辆的行驶轨迹，并将行驶轨迹转化成车辆的控制指令，发送至车辆线控单元，由车辆线控单元将控制指令转化成具体的油门、制动、转向、挡位等控制指令来驱动车辆线控执行器，从而实现矿卡从起始点到目的地的自动驾驶。

5.3.2.1　系统架构

自动驾驶系统架构可以划分为硬件平台、系统软件、功能软件和应用软件这四层结构。硬件平台层包括激光雷达、毫米波雷达、摄像头、组合导航等。系统软件层包括操作系统和中间件，为上层提供调度、通信、时间同步、调试诊断等基础服务。功能软件层包括感知、决策、规划和控制等自动驾驶核心功能的算法实现。应用软件层则包括自动起步、自动循迹、自动泊车、自动跟车、调度管理、故障诊断等依据场景实现的功能。硬件平台层、系统软件层和功能软件层共同支撑应用软件层功能的实现。

5.3.2.2　硬件布置

自动驾驶系统车载硬件设备包括前向激光雷达、后向激光雷达、前向毫米波雷达、前向摄像头、车载计算单元、组合导航系统等硬件。其布置如图 5-22 所示。

5.3.2.3　自动驾驶计算平台

自动驾驶计算平台是承载车辆软件系统运行的部件，由于自动驾驶系统包含大量的传感器和基于人工智能神经网络的识别算法，同时又是车辆的实时计算控制中心，因此对算力和可靠性的要求很高。图 5-23 所示自动驾驶计算平台是华为的 MDC300 自动驾驶计算单元。

以华为的 MDC300 自动驾驶计算单元为例，自动驾驶计算平台具备以下特点：

（1）由三组核心芯片组成，鲲鹏 920 s 12 核 ARM 处理器；4 颗昇腾 310 处理器，基于达芬奇 AI 架构，八位整数精度下处理器的性能达到 64TOPS（万亿次每秒）算力；英飞凌 TC397 控制。

RTK定位系统
能够提供厘米级的高精度定位,在大多数户外场合保证车辆进行稳定的自动驾驶动作

5G通信模块
大带宽、低时延、高可靠的5G网络通信模块,防水防尘

视觉传感器
通过图像对目标进行精确的识别和分类,能有效识别行人、车辆、锥桶等目标。

毫米波雷达
通过毫米波快速获取周围物体相对距离、速度、角度、运动方向等,检测距离远,全天候、全天时工作。

激光雷达
三维激光点云测距和识别障碍物,测量精度高,全天时工作

图 5-22　自动驾驶系统硬件布置

(2)支持 6 路激光雷达、11 路摄像头、6 路毫米波雷达、12 路超声波雷达、1 路惯性导航等硬件数据处理。

(3)功能安全 D 等级认证嵌入式控制器。

(4)高可靠性、稳定性车规级产品。

5.3.2.4　感知系统

感知系统,即自动驾驶车辆对外界环境和障碍物感知的窗口,是自动驾驶系统中非常重要的组成部分。组成感知系统的设备有激光雷达、毫米波雷达、视觉传感器,如图 5-24 所示。

图 5-23　华为 MDC300 自动驾驶计算单元

(a) 激光雷达　　　　　　　(b) 毫米波雷达　　　　　　　(c) 视觉传感器

图 5-24　主要感知设备示意图

每种传感器都有其特点，根据冗余设计原则，将三种传感器融合安装，满足在任何时间段、任何天气情况下，均有一种以上的传感器能够对环境进行感知，各传感器的工作范围如图 5-25 所示。

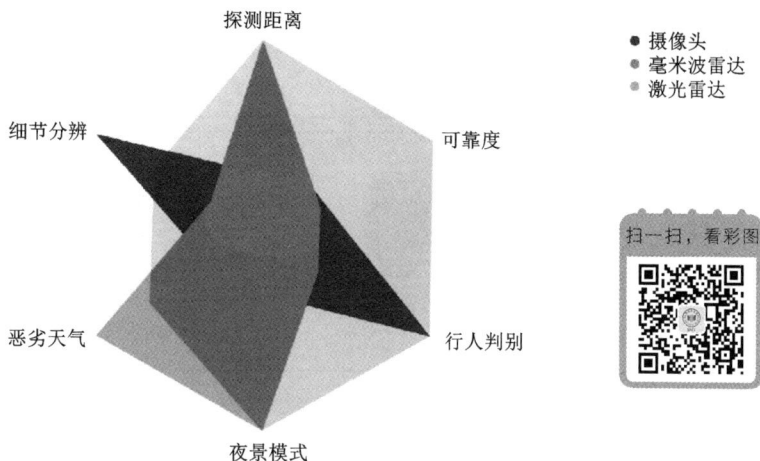

图 5-25　各种传感器的工作范围

5.3.2.5　定位系统

定位系统是自动驾驶系统进行决策、感知融合的基础，为自动驾驶系统提供车辆的精确地理坐标、朝向角、运动速度、运动方向、加速度、加速度方向等综合信息，从而确定车身所在位置。

5.3.2.6　通信系统

自动驾驶矿卡在矿山运行时，为了接受调度中心的控制指令、上传车辆的实时状态、上报各种异常情况、接受 GPS 差分信号、传输车辆视角等，需要一套可靠、冗余、抗干扰能力强的通信系统，以与后台服务中心保持通信。

5.4　装运卸协同智能

为了辅助纯电矿卡全流程无人驾驶装卸运输，需要针对装卸两端挖机和装载机引入装卸协同系统，装卸协同系统包含 4G/5G 通信、RTK 高精定位、语音对讲、摄像头监控以及车载终端等，如图 5-26 所示。

通过在挖机端加装双天线高精定位设备，根据挖机斗臂关系即可确定挖机挖斗的位姿。挖机司机在车载终端操作后，可以将挖机挖斗的实时高精受矿位姿发送给无人矿卡；当挖机装载完成后，挖机司机通过操作装载完成将触发调度系统给无人矿卡下发卸载路径，实现车铲动态交互，保障装载协同管理高效作业。同样，为了保证排土场的有序管理，位于排土场的装载机也可应用该装卸协同系统向矿卡下发合适的排土位姿。

图 5-26　装卸协同系统

5.4.1　装载协同作业

为解决矿山工作平台中末端车铲配合问题，需要将自动驾驶矿卡引导至正确的装载位姿区域，可通过人工辅助，由铲车司机指定矿卡停车区域，最终由调度系统计算规划出无人驾驶矿卡的最终装载位姿。矿卡受矿位姿确定示意图如图 5-27 所示。

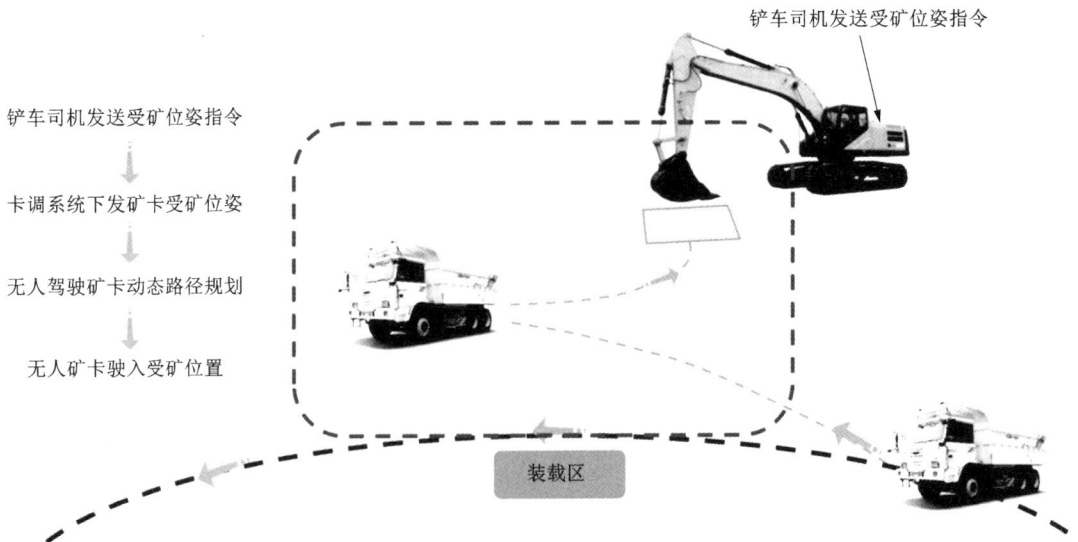

图 5-27　矿卡受矿位姿确定示意图

由铲车司机判断周围环境情况，将铲车驶入待铲矿堆附近，将铲斗转至待铲装状态。由铲车的定位系统确定此时铲车在世界坐标系下的精确位姿和回转机构的朝向。

铲车司机根据经验，结合当前铲车位姿，在铲车终端界面上点击选择下一个矿卡受矿位置区域，再点击矿卡受矿位姿确定按钮，将矿卡受矿区域信息发送到后台，后台卡调系统根据铲车受矿位姿区域，自动生成矿卡受矿位姿，并将其发给无人驾驶矿卡。

若铲车未给出装载位姿，则矿卡停留在入换点等候；若铲车已给出装载位姿，则矿卡根据装载位置进行实时路径规划，自动行驶并停留在指定的装载位置。

当铲车为矿卡装载完成后，铲车司机点击装载完成按钮，铲车装载完成信息将传输到后台调度系统，调度系统再发送给对应的矿卡。自动驾驶矿卡根据铲车装载完成命令以及矿卡位姿，自动生成最优路径，驶入路网。

5.4.2　卸载协同作业

为使矿卡在排土场规范排土，需要将自动驾驶矿卡引导至正确的卸载位姿区域，通过人工辅助，由装载车司机指定矿卡停车区域，由调度系统计算规划出无人驾驶矿卡的最终卸载位姿。破碎站卸矿示意图如图 5-28 所示。

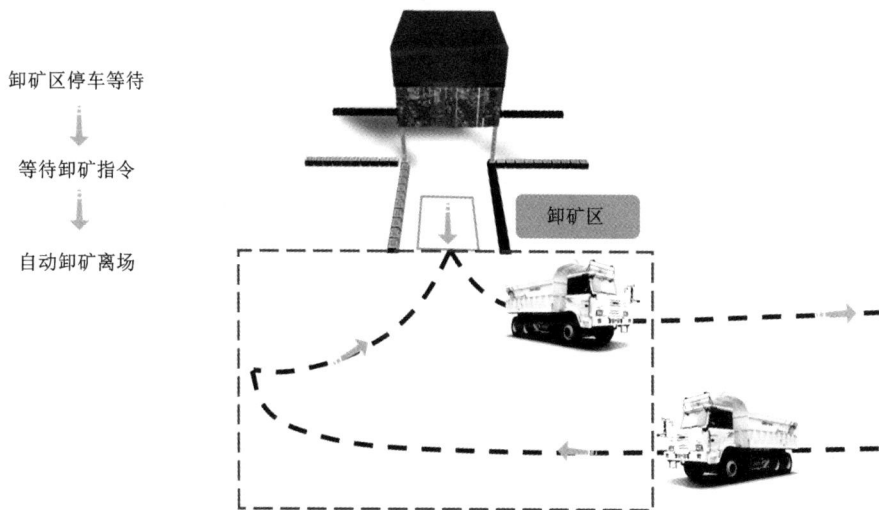

图 5-28　破碎站卸矿示意图

由装载机司机判断周围环境情况，将装载机驶入排土场挡墙附近，将铲斗转至待卸载状态。由装载机的定位系统确定此时装载机在世界坐标系下的精确位姿和车辆的朝向。

装载机司机根据经验，结合当前装载机位姿，在装载机终端界面点击选择下一个矿卡卸载位置区域，并点击矿卡卸载位姿确定按钮，将矿卡卸载区域信息发送到后台，后台卡调系统根据铲车卸载位置区域，自动生成矿卡卸载位姿，并将其发给无人驾驶矿卡。

卸载区域会设定一个电子围栏，矿卡行驶至卸载区域前，调度系统通过电子围栏自动判断是否存在卸载作业的矿卡，若存在卸载作业的矿卡，则矿卡在电子围栏外等待；若不存在矿卡，则自动驾驶矿卡驶入电子围栏内到指定的卸载点。

若装载机未给出卸载位姿，则矿卡停留在入换点等候；若装载机已给出卸载位姿，则矿卡根据卸载位置进行实时路径规划，自动行驶并停留在指定的卸载位置。

自动驾驶矿卡在卸载位置停稳后，自动升斗完成卸载作业，并请求下一个任务，自动驾驶矿卡根据当前位姿，自动生成最优路径驶离卸载区域，驶入路网。

5.4.3　车路智能协同

矿卡行驶路线是固定的，矿卡可以通过 RTK 差分定位实现固定轨迹循迹行驶。同时在装运道路上设置电子围栏，即使矿卡行驶出现偏离，当接触到电子围栏边界时，自动驾驶矿卡将减速或停车，系统后台也将及时向调度系统报警，保证矿卡的行驶安全。运矿通道自动驾驶示意图如图 5-29 所示。

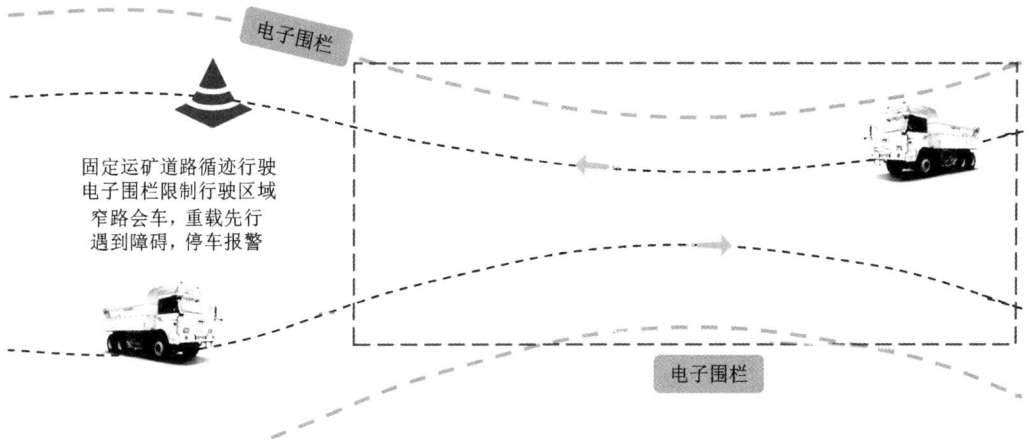

图 5-29　运矿通道自动驾驶示意图

每天矿卡运行前须由人工排查路况，及时清除大的凹坑以及石块；同时，无人矿卡运行过程中通过激光雷达感知路面的平整度，当检测到路面大的石块或者障碍后，进行停车避让或自动避障，并向调度系统发送报警提示，调度系统向最近的或闲置的清障装备发出清障指令。

5.4.3.1　车载终端

车载终端是针对矿山车辆特殊的工作环境和特点而设计的专用计算机。主机采用高度模块化设计的方式，由中央微处理机、触摸屏、显示屏、卫星定位系统、接口系统和电源系统组成。车载终端软件基于安卓系统进行优化设计，让各个模块能够高效、实时地协同运行。主体设备采用全封闭结构，外壳由全 6061-T6 铝合金材料制成，可适应矿山恶劣的工作环境，天线与相应设备固定方便、牢固，能够适应电铲、矿卡作业时产生的振动。

5.4.3.2　车载终端性能参数

车载终端是安装在铲装设备上的专用设备，是车载终端系统中的主要设备。

其性能参数如表 5-9 所示。

表 5-9　车载终端性能参数

类型	细节	整机标准配置
LCD	屏幕尺寸	7 英寸，1024 mm×600 mm，发光强度 500 cd/m^2
TP	触摸屏	7 寸，5 点触摸
扬声器	内置	内置 4 Ω/2 W
电池	类型	无电池
操作系统	操作系统版本	Android 9.0
工作环境	工作温度	−30~+70℃（湿度：0%~90%RH）
	存储温度	−30~80℃
	震动	ISO16750/MIL-STD-810G

5.4.3.3　定位功能

车载终端可通过卫星定位天线自动采集卫星定位信息，自动寻星、自动定位，确定设备在采场的具体位置。其位置更新频率为 1 s/次；捕获临界速度大于 75 km/h。

5.4.3.4　通信功能

车载终端可以将自身定位、状态数据、请求、报告数据上传至调度中心，并对调度中心的指令和回复数据进行解码，也可以将与生产相关的信息及时自动通知到所有相关装载机和矿卡。

铲装辅助设备终端可接收调度系统下发的调度指令，并以文字结合图形方式显示在屏幕上。挖掘机/装载机终端可以通过该功能及时掌握相匹配的矿卡信息，并实时显示所有匹配矿卡、正在装载的矿卡和装载完的矿卡。

5.4.3.5　信息显示

将生产信息、调度信息及设备信息实时显示到车载终端，如图 5-30 所示。

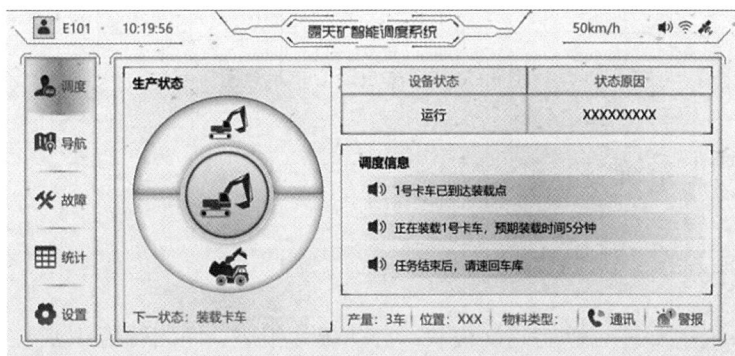

图 5-30　车载终端信息显示

具体显示信息如下：

(1)设备状态信息，如设备当前状态[运行(Ready)，停机(Down)，延迟(Delay)，空闲

271

（Standby），换班（Shiftchange）]及原因信息。

（2）生产状态信息，如装载状态信息、重车运输状态信息、卸载状态信息、空车运输状态信息、排队/入换状态信息等。

（3）产量信息，如挖掘机已卸载车数。

（4）物料信息，如装载物料类型信息。

（5）速度信息，如挖掘机移动速度信息。

（6）通信消息，如调度中心发送的通信消息。

（7）其他信息，如时间、通信信号状态，卫星定位信号状态。

5.4.4 自动泊车

当自动驾驶矿卡完成当天的作业任务并接收到作业结束指令时，判断矿卡完成卸载后，将根据该矿卡对应的停车位路径自动驶入对应停车位，实现自动泊车，并由人工控制完成熄火停车。矿卡自动泊车示意图如图 5-31 所示。

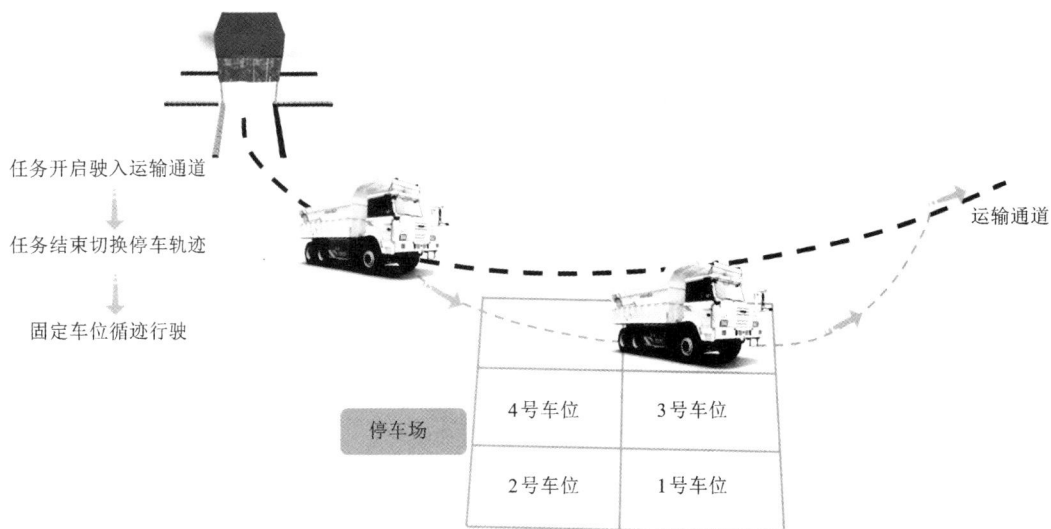

图 5-31 矿卡自动泊车示意图

5.5 智能调度系统

5.5.1 系统架构

调度终端系统主要包括智能调度模块、自动统计报表、地图智能识别、三维电子地图、调度运行监控、基础信息管理及系统接口。

智能调度平台一般采用 B/S 架构和服务相结合的混合方式，通信采用标准的中间件技术。因此，不管是在项目现场还是在集团总部，都可以很方便地通过 Web 页面进行访问，且没有并发访问限制。智能调度系统软件结构如图 5-32 所示。

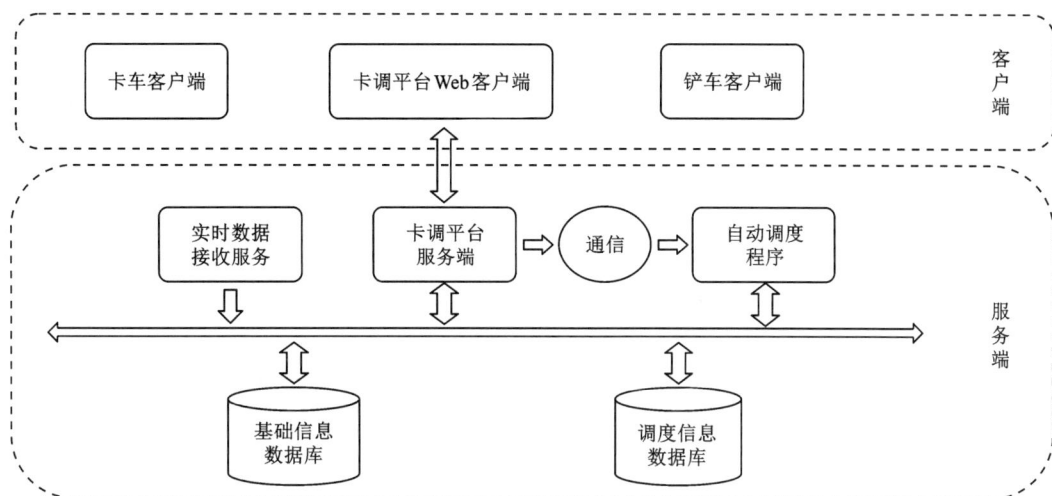

图 5-32　智能调度系统软件结构

5.5.2　系统组成

调度管理系统包括卡车车载、铲车车载、钻机车载等多个软件模块，如表 5-10 所示，各功能模块协同工作，共同完成露天卡车调度系统所有工作。智能调度系统建设要求如表 5-11 所示。

表 5-10　调度管理系统软件模块

系统	软件模块
调度管理系统	卡车车载模块
	铲车车载模块
	钻机车载模块
	通信模块
	矿山 GNSS 智能识别模块
	GNSS 车辆智能调度模块
	矿区电子地图编辑模块
	历史轨迹回放模块
	二维、三维实时监视模块
	生产管理模块
	报警处理模块
	设备管理模块
	生产调度报表模块
	配矿指令执行模块
	系统安全和权限管理模块

表 5-11　智能调度系统建设要求

系统	详细要求
智能调度系统	具备与矿山其他信息化系统(如生产执行系统、设备管理系统、采矿软件技术平台、可视化管控系统等)数据对接的接口; 保证系统软件稳定、可靠、高效,具备完善的系统日志和容错功能,满足企业级安全等级; 提供灵活、完善的授权管理机制,可根据需要自主设定各种类型的用户,并可对用户提供不同的操作权限,对操作者的操作进行跟踪并记录,形成相应的系统日志和操作记录; 系统具备抗病毒、抗攻击、防篡改以及安全审计功能; 具备与三维安全生产管控系统数据对接的接口,实现铲装设备跟踪,并能在管控平台进行三维展示

5.5.3　调度原理与方法

1)智能调度的相关因子

智能调度过程中应充分考虑路径优化因子、车流规划因子、实时调度因子等。智能调度的相关影响因子说明如表 5-12 所示。

表 5-12　相关影响因子说明

影响因子类型	详细说明
路径优化因子	时间最优、距离最优、成本最优
车流规划因子	道路网络、生产计划、设备作业计划、目标配矿计划、电铲采出矿石品位、电铲优先级别、电铲装车能力(t/h)、电铲开启或关闭、卸点开启或关闭、破碎站处理能力、车辆加入、退出、卡车类型(运输能力)
实时调度因子	道路阻塞、道路通过能力发生变化、生产计划动态调整、配矿计划调整、电铲装车能力变化、电铲出矿品位变化、破碎站卸车能力变化、破碎站控制品位调整、设备故障或调动

2)智能调度约束条件

智能调度约束条件有:给定卡车能力约束、矿石品位约束、作业点工作强度约束、车流定律约束。

3)路径优化

根据矿区道路网络,按行车路径最优及运行成本最低的方式,自动生成最佳行车路径,以达到整体最优。

4)车流规划

根据班计划及生产进行情况动态规划车流,自动实现动态车铲配比,实现各台铲单位时间产量之和最大。

5）智能调度

系统通过对采坑内控制设备位置的实时定位跟踪及生产数据的动态采集，自动统计电铲、卸车地点的装卸强度和各个运输周期数据，统筹所有电铲、卸点、重车和空车的实时运行状态，在满足生产中各种约束条件的情况下，实现各种资源的合理配置和利用，最终实现产量最大、效率最高、消耗最低的智能调度。

6）调度方式

系统应根据不同生产实际情况需要具备局部人工调度、分区域自动调度等多种调度方式。常用调度方式与使用条件如表 5-13 所示。

表 5-13　常用调度方式与使用条件

调度方式	使用条件
局部人工调度	特殊作业地点作业
分区域自动调度	根据分区原则，把需要调度的电铲分成若干个区域，对同一区域内的设备按最大负荷运行原则进行车流分配，实现该区域的自动调度
车型铲型搭配	设定固定的车型，搭配指定类型的电铲
电铲装车能力的部分锁定调度	根据电铲的装车效率，将特定的矿卡锁定在该电铲，未锁定矿车则根据电铲运行情况进行自动优化配车调度
固定配车调度	铲车指定固定数量的矿卡进行调度
人工调度	调度员作为生产的最高指挥者，可以下达指令强制车、铲等设备装车或停机
整体优化自动调度与局部分组自动优化调度	将同一个矿区的电铲和矿卡等设备划分为若干小区（小组）进行分区调度
人工调度与自动优化调度组合	调度人员参与系统，可根据现场的实际要求，调整电铲、卸点的优先派车逻辑，车铲的配比要求限制，卸点供货限制，矿卡作业限制等，系统将结合调度人员的要求，实现车辆的智能优化调度。调度人员也可以对已指派车辆的调度目标进行更改，以适应现场生产的突变情况

7）智能调度控制

调度人员可在生产指挥中心的调度系统总控界面上，实现所有采矿生产行为的实时监视和控制，并能够实时显示所有设备的实时运行状态，如产量、速度、所装载物品、目标点位、距离等多种信息，同时调度人员可以直接人为干预并进行控制，如安排指定单台设备进行指定作业、修路、保养等工作，能够对所有设备进行实时控制。

5.6 应用案例

句容台泥水泥有限公司现有一条日产5250 t水泥熟料生产线和一条日产6000 t水泥熟料生产线，熟料年产能360万t，水泥年产能400万t。为实现更高质量、更有效率、更可持续发展的目标，2019年底，公司矿山顺利进入首批国家级绿色矿山名录，同步启动智能化矿山建设，对覆盖矿山地质、采矿、选矿等全业务、全流程的技术及装备进行自动化、智能化创新与应用，开启由劳动密集型向技术密集型发展、由机械化开采向信息化、智能化科学采矿转变，走智能化、自动化、安全开采之路。

5.6.1 项目概述

1）系统作业流程

按照典型矿区生产作业流程，可以将矿卡智能装运系统行驶的区域划分为停车区域（加油站、停车场）、运输道路、采矿平台、破碎站4个场景。句容矿整体作业区域布局如图5-33所示。

矿区根据当天生产排班制定生产计划后，通过路网采集车（比如洒水车）采集或更新矿卡行驶路网，通过智能调度系统将路网、作业任务下发到每辆矿卡。无人矿卡由管理人员点火启动后，进入自动驾驶模式，自检无故障后准备就绪。智能调度系统下发启动命令，无人矿卡则按照调度任务路径由停车场自动驾驶进入运输道路、采矿平台、破碎站场景，并实时向调度系统反馈当前车辆模式、车辆运行状态等信息。

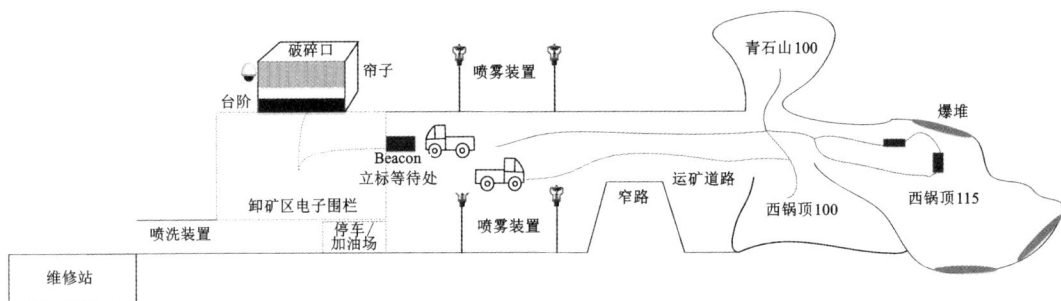

图5-33 句容矿整体作业区域布局

2）系统建设目标

通过对矿山部分矿卡进行智能化改造，研发矿卡受矿位置辅助定位系统，并对局控系统进行升级改造，实现智能矿卡的装（受矿）运卸全无人化；研发智能调度系统，实现矿山有人驾驶与无人驾驶矿卡安全、协同、高效运行。

5.6.2 系统总体框架

智能矿山无人驾驶系统建设总体分为设备端、通信端以及调度端。设备端包括无人驾驶矿卡、有人车载设备、装卸协调设备以及路侧监控设备；通信端包括4G/5G通信、RTK差分定位、GPS 定位等；调度端主要包括矿区生产管理系统以及应急接管系统，可实现矿区智能化调度、生产管理、安全管理以及地图管理，以及特殊复杂情况下的远程应急接管处理。矿山智能化系统建设框架如图 5-34 所示。

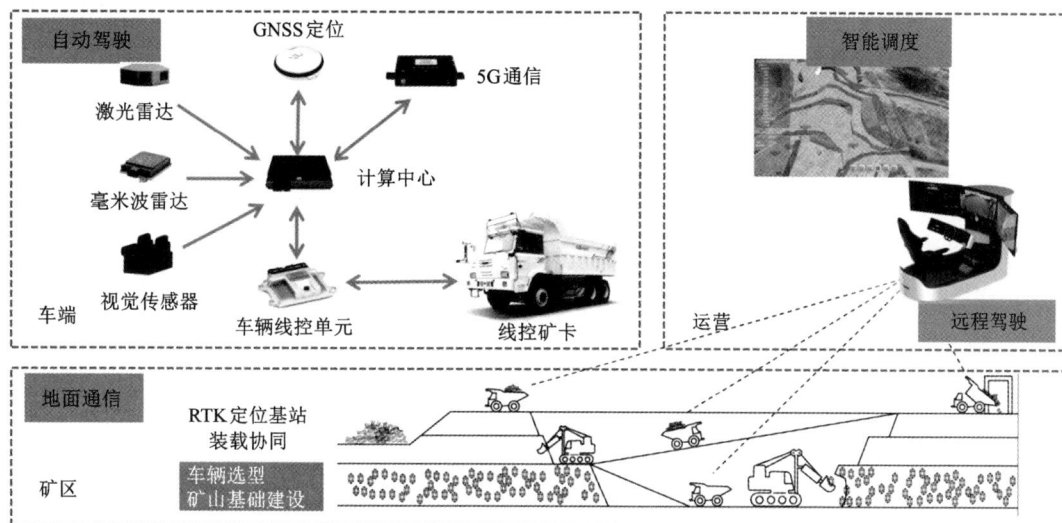

图 5-34　矿山智能化系统建设框架图

5.6.3　建设内容

矿卡智能化系统由自动驾驶系统、远程遥控驾驶系统、矿卡线控改装、智能调度系统、路网维护系统和车载终端组成。在生产配矿结果的基础上，调度系统产生动态调度指令，并通过网络通信系统将调度指令发送给车、铲端，无人驾驶矿卡全自动完成装 (受矿) 运卸流程，铲装设备和有人驾驶的矿卡司机按指令执行，并与无人驾驶矿卡协同运行。

1）智能调度系统

在矿山配矿结果数据基础上，对铲装运卸模块进行优化，除满足开采品位的要求外，还可提高装运效率；另外，在有人驾驶与无人驾驶共存阶段，满足有人和无人作业协同调度、安全作业；实现矿卡自动驾驶至指定装、卸点和保持合理的装、卸料姿势。智能调度系统软件模块如表 5-14 所示。

表 5-14　智能调度系统软件模块

应用场景	软件模块	功能说明
手机/车载工业平板	移动/车载 APP	主要实现司机的各种交互操作、地图、GPS 传感器等的对接，以及语音播报等
无人驾驶车辆	无人车载智能系统	主要实现无人系统与调度系统的对接

277

续表5-14

应用场景	软件模块	功能说明
调度中心	可视化平台	对矿山作业场景的实时动态展示(包括地图和车辆)
	管理系统	设备管理,人员/班组/排班计划等管理,各种统计报表
	系统配置	对调度系统的参数配置
	调度台	实现对调度现状的展示; 实现人工调度操作
	实时监控平台	实现对系统的整体监控; 实现对异常消息的人为处理
	智能矿山生产场景维护系统	实现对路网的编辑维护; 实现对其他矿场相关参数的配置
服务后台	调度优化服务	负责调用调度算法响应所有调度请求
	存储服务	负责存储系统运行过程中产生的所有信息
	调度管理服务	负责车辆安全预警、事件触发、维护调度运行状态、监控调度指令执行情况等
	Web API	负责向管理系统(统计报表、设备管理等)、可视化平台提供数据; 负责提供用户认证(鉴权); 负责向终端APP提供车辆运行台账、地图数据等
	消息转发服务	负责消息中转

(1)调度台。

以2D图形化界面展示矿卡运输周期相关的设备信息及生产数据,实时监视运输路线及装载点、卸载点、维修点、换班点的生产设备状态,支持拖拽操作完成人工调度。

(2)三维可视化监控。

以2D/3D矿山地图的形式展示矿山运输道路网络及实时设备位置、状态及相关生产信息,支持历史设备轨迹回放。三维矿卡调度系统实现在三维环境中的采场现状维护与更新,对接采场矿卡调度系统的实时数据,在三维环境中展示铲、装设备的位置、工况以及实时生产数据。系统可分区域、物料、设备类型、设备组、状态多种情况分别或组合进行跟踪监视,对关键区域情况进行跟踪监视,并检测关键区域的压车数量,实现报警功能。三维可视化监控能够跟踪其他生产信息;能够实时跟踪设备的生产及运行状态;能够对维修、封存、作业等状态进行实时跟踪;可为调度人员和设备操作员提供实时的反馈信息。可视化监控平台界面如图5-35所示。

(3)调度运行监控。

该功能负责对调度过程中实时产生的生产信息、调度信息、异常信息及车载终端请求信息等进行监视、记录并提供异常处理,具体可分为业务监控和异常监控。

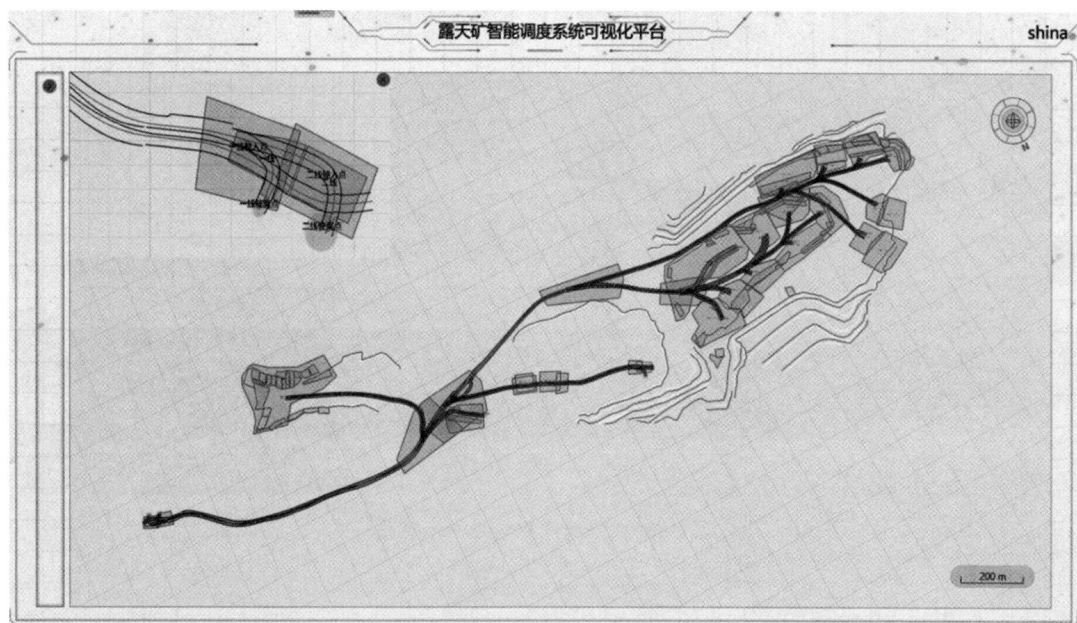

图 5-35　可视化监控平台界面

2）路网维护系统

在三维可视化环境下，提供路网及矿山地图维护与管理、道路管理、地点管理、物料管理、定位管理及限速管理等功能。

矿卡自动驾驶开始运行前需要利用有人驾驶矿卡建立矿卡自动驾驶的基础路网。对于路网中的运矿道路部分，路网内容基本保持固定，只需要通过人工驾驶矿卡采集一遍路网即可；当运矿道路发生变化时，可以再次通过人工驾驶矿卡采集一遍路网并校核，形成新的路网，不需要对路网进行日常更新。

路网数据来源于矿山车辆的定位轨迹，调度系统采集轨迹定位数据后结合矿山地表现状模型对路网进行校核，当校核存在问题时，及时结合地表现状模型进一步地更新路网，完成校核的路网将会提示调度人员完成路网维护工作。此时，调度人员再次对路网进行校核，校核通过后，调度人员会将路网信息发送给自动驾驶矿卡，为自动驾驶矿卡提供基础路径规划的数据。路网建立与维护示意图如图 5-36 所示。

3）车载终端

车载终端包括车载硬件终端及 APP，实现调度指令的接收及执行反馈、作业请求、信息查询等。移动端功能导航主界面如图 5-37 所示，包括卡车移动端、铲车移动端、爆破警戒、道路更新数据采集、加油管理。

（1）卡车移动端。

卡车移动端的技术实现内容包括卡车定位、卡车导航、信息显示、语音播报、位置识别、状态管理、信息缓存、通信交流、安全警报、生产统计和故障上报。

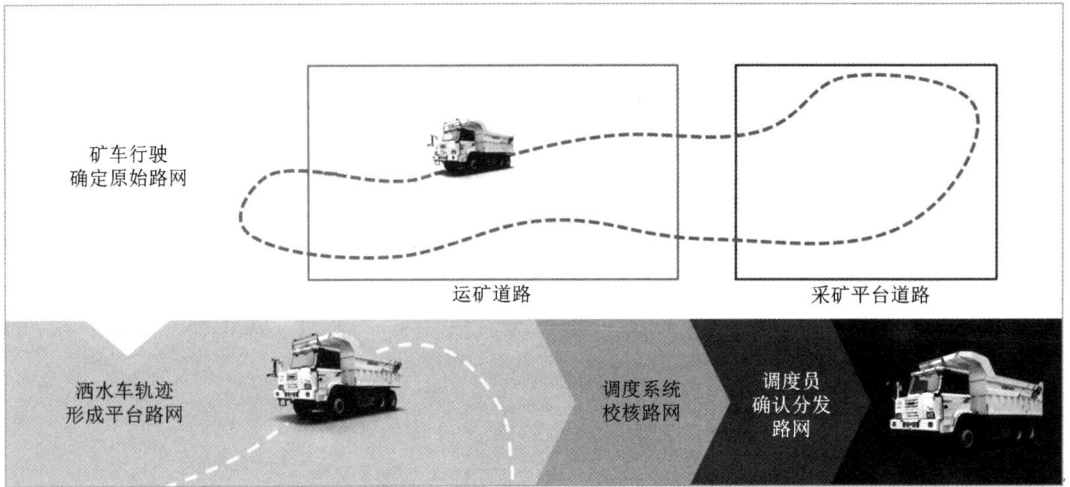

图 5-36　路网建立与维护示意图

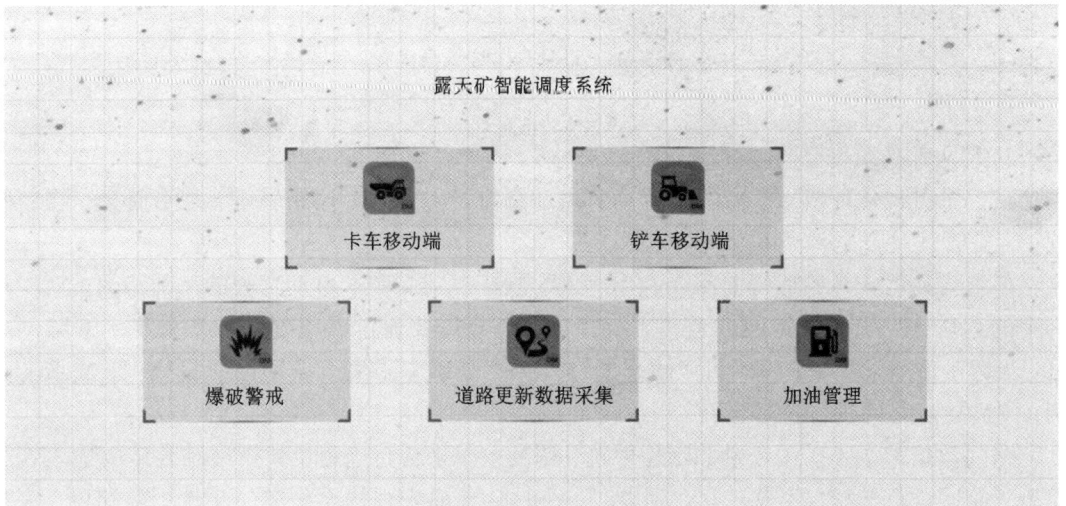

图 5-37　移动端功能导航主界面

（2）铲车移动端。

铲车移动端实现高精度定位、信息显示、状态管理、操作请求、铲装位姿确认、安全警报、故障上报等功能。

（3）爆破警戒。

现场爆破技术人员手机移动端启动爆破警戒，手机端可查看施工警戒内设备和人员，推送通知，一键拨号通知人员；系统监控非计划内爆破车辆与人员，禁止其进入警戒范围。

（4）道路更新数据采集。

移动端通过高精定位记录高精地图原始数据，包括道路中心线、出/入口（点）等定位点数据。

（5）加油管理。

加油管理分为加油车加油管理与加油站加油管理。

4）车辆线控系统改装

车辆改装主要针对中环矿卡 D32 和卡特 771D 两种型号的矿卡（图 5-38），进行线控和智能控制设备改装，实现车辆的自动驾驶装卸运输作业。车辆改装包括两部分：车辆油门、转向、制动灯线控系统改装，以及激光雷达、摄像头、毫米波雷达等车身传感器布置。其中，线控系统改装用于实现车辆线控功能，车身传感器布置用于实现车辆自动驾驶、远程驾驶、故障检测功能。

图 5-38　中环矿卡 D32（左）和卡特 771D（右）

车辆线控系统改装主要是针对原车转向系统、油门系统、制动系统、换挡系统、举升系统进行机械电气线控信号改装，用以实现车辆底盘线性控制，从而实现自动驾驶和远程驾驶。

5）矿卡自动驾驶系统

如图 5-39 所示，自动驾驶软件架构建立在车载计算单元基础上，主要由场景应用软件、环境感知模块、功能软件平台，以及规划执行模块组成。

依据句容台泥露天矿山生产实际和车辆运输活动范围，将句容台泥露天矿山采场划分为运矿、采矿、卸矿和停车（加油、维修）四大基础场景，每个基础场景中又包含了自动循迹、自动跟车、自动避障、动态规划、自动泊车、自动启停、车路协调等子场景，以及车路运行模式管理、调度管理、功能安全、故障诊断等安全管理模块，从而形成矿区不同场景自动驾驶控制策略，并保障车辆安全稳定运行。

6）远程遥控驾驶系统

矿卡远程遥控驾驶系统通过驾驶舱接收车载无线设备回传的多路高清摄像头拍摄的高清现场实时图像和 DCU 车身远程驾驶控制器监测到的车辆实际运行工况信息，并发送对车辆的控制信息，实现对车辆的远程遥控驾驶。

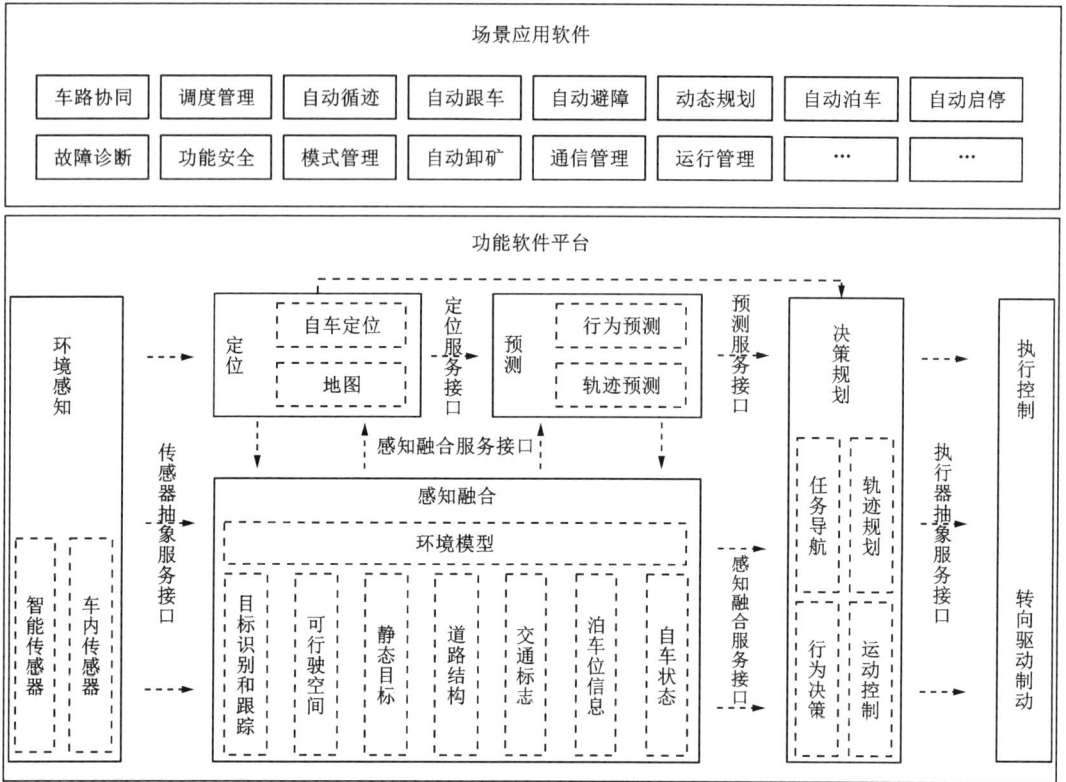

图 5-39 自动驾驶软件架构图

高沉浸的数字虚拟驾驶舱安装了 3 块超大液晶显示器，左、中、右显示器分别显示不同的车辆及车况信息。左屏显示车辆运行工况、检测到的车辆状态信息、车辆组网状态信息；中屏显示车辆前方视角信息，可随时切换车辆其他任意视角摄像头，方便驾驶控制人员实时监控车辆周围的状态；右屏显示除中屏外的车辆在其他视角下的摄像头画面，做到 360°环视矿卡周围环境，实现远程驾驶的无死角操控，以及自动驾驶的无死角监控。

远程遥控驾驶系统还安装了带力矩反馈的多功能方向盘、带力矩反馈的制动踏板和油门踏板。驾驶员在控制室通过高沉浸的数字虚拟驾驶舱操作车辆时，多功能方向盘、制动踏板和油门踏板会将车辆传动产生的力矩真实反馈给驾驶员，真实模拟车辆驾驶室内操作车辆的感受，增强驾驶员的车感。远程驾驶舱外观结构如图 5-40 所示。

图 5-40 远程驾驶舱外观结构图

5.6.4　应用效果

无人驾驶系统投入使用后，无人驾驶矿卡平均每年比人工驾驶矿卡多运营 700 个小时，生产效率比传统人工运输提升了 30%；并且无人驾驶矿卡上不需要司机，仅需要一名安全员在调度中心应急接管，大幅提高了生产效率，节省了人力投入及成本，大大降低了作业安全风险。

参考文献

[1] 刘伟芳, 吴迪. 国内外露天矿山无人驾驶技术发展现状[J]. 露天采矿技术, 2020, 35(4)：32-34, 38.

[2] 孙庆山, 张磊, 庞东君, 等. 矿用卡车无人驾驶系统实现方式及效益优势分析[J]. 露天采矿技术, 2020, 35(2)：35-38.

[3] 李东林, 路向阳, 李雷, 等. 露天矿山运输无人驾驶系统综述[J]. 机车电传动, 2019(2)：1-8.

[4] 张涛, 路向阳, 李雷, 等. 露天矿山运输无人驾驶关键技术与标准[J]. 控制与信息技术, 2019(2)：13-19.

[5] 赵浩, 毛开江, 曲业明, 等. 我国露天煤矿无人驾驶及新能源卡车发展现状与关键技术[J]. 中国煤炭, 2021, 47(4)：45-50.

[6] 潘承武. 井下无人采矿技术装备导航与控制关键技术的分析[J]. 中国设备工程, 2018(4)：177-178.

[7] 王迷军, 姜世矫. 矿井无人电机车无线通信系统设计[J]. 中国新通信, 2018, 20(24)：7-8.

[8] 韩江洪, 卫星, 陆阳, 等. 煤矿井下机车无人驾驶系统关键技术[J]. 煤炭学报, 2020, 45(6)：2104-2115.

[9] 朱峰. 面向井下无人驾驶机车系统的基站布设及切换策略研究[D]. 合肥：合肥工业大学, 2017.

[10] 周菲鑫. 煤矿井下无人驾驶电机车定位系统研究[J]. 数字化用户, 2018, 24(51)：223, 225.

[11] 谭祖香. 基于 Windows CE 的 GPS/GPRS 远程监控系统在工程机械上的应用研究[D]. 长沙：中南大学, 2006.

[12] 谢习华, 何清华, 周亮. 隧道凿岩机器人的车体定位方法[J]. 同济大学学报(自然科学版), 2001, 29(9)：1032-1035.

[13] 李智勇. 凿岩机械臂运动学误差补偿方法研究[D]. 长沙：中南大学, 2019.

[14] 高静. 凿岩机器人钻臂运动学及避障路径规划研究[D]. 长沙：中南大学, 2018.

[15] 夏建波, 邱阳. 露天矿开采技术[M]. 北京：冶金工业出版社, 2011.

[16] GU Q H, LU C W, LI F B, et al. Monitoring dispatch information system of trucks and shovels in an open pit based on GIS/GPS/GPRS[J]. Journal of China University of Mining and Technology, 2008, 18(2)：288-292.

[17] 王振军, 张幼蒂, 才庆祥. 露天矿智能运输系统的研究[J]. 化工矿物与加工, 2004, 33(3)：26-28.

[18] GU Q H, LU C W, GUO J P, et al. Dynamic management system of ore blending in an open pit mine based on GIS/GPS/GPRS[J]. Mining Science and Technology, 2010, 20(1)：132-137.

[19] 吴丽春, 王李管, 彭平安, 等. 露天矿配矿优化方法研究[J]. 矿冶工程, 2012, 32(4)：8-12.

[20] 宋子岭, 李汇致, 白润才. 露天矿卡车自动化实时调度系统及调度模型[J]. 辽宁工程技术大学学报(自然科学版), 2000(6)：561-565.

[21] HE L, LI K M. Application outlook of wireless mesh networks in open-pit communication system[J]. Metal Mine, 2012(4)：118-120, 167.

[22] 陈海华. 露天矿卡车调度中移动车载终端系统的设计与实现[D]. 成都：电子科技大学, 2011.

[23] 曹海峰. 基于 C/S+B/S 在煤矿调度安全生产信息系统的研究与开发[J]. 科学之友, 2008(36)：127-128, 130.

[24] 史海平. GNSS 卡车智能调度系统在露天矿生产中的应用[J]. 露天采矿技术, 2013, 28(1)：50-53.

[25] 张平安. 基于 WiFi 的露天矿车辆监控系统研究[J]. 网络安全技术与应用, 2016(10)：118-119.

[26] 赵琨, 卢才武. 车联网中基于 GPSONE 的露天矿车辆监控定位系统[J]. 计算机应用与软件, 2012, 29(12)：225-228.

[27] 李玲玲, 何帅, 丁文. 高精度定位技术在露天矿卡车调度系统中的应用[J]. 价值工程, 2016, 35(25)：120-122.

[28] 吴浩, 李奎, 陶婧, 等. 基于 GNSS 的露天矿牙轮钻机钻孔导航定位模型与系统研究[J]. 爆破, 2014, 31(3)：47-51.

第6章

地下矿山开采作业智能化

6.1 地下智能开采基础设施

6.1.1 网络架构

考虑地下矿山的恶劣环境对环境的可靠性要求较高,目前使用最多的有线网络组网方式是环形结构,单一的无线网络主要采用星形结构、树形结构和网格(mesh)结构。但对于整个矿山的网络,通常采用有线和无线多种方式连接的混合架构。

6.1.2 网络连接拓扑结构与常用设备

地下矿山网络拓扑图如图 6-1 所示。

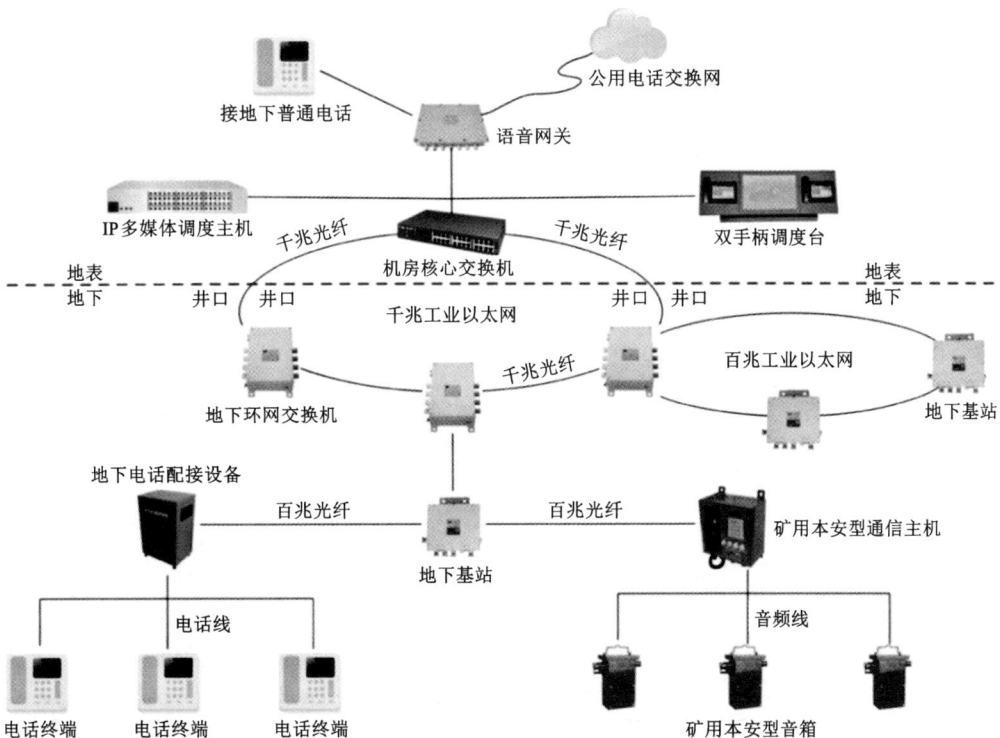

图 6-1 地下矿山网络拓扑图

矿山地下通信系统的常用设备表见表6-1。

表6-1 矿山地下通信系统的常用设备表

序号	名称	作用
1	中继器	网络的互联、放大信号、补偿信号衰减、支持远距离的通信,同时可以增加网络设备的数目
2	矿用通信分站	通信分站、集线器和网络交换机多重功能集合体,采用WiFi和ZigBee无线通信技术的全向天线,覆盖面广,无线通信传输距离远,适用于矿地下巷道及工作面;地下矿用综合通信系统包括人员定位、手机移动通信、无线视频监控等各种传感器数据传输的综合通信分站;不再使用交换机、中继器和大量减少光缆的使用
3	路由器	通过路由器连接两个以上不同地域的采场或将内部网络与外部互联网连接
4	模拟光端机	采用光纤环网时,设备模拟信号通过模拟光端机转换成光信号后才能传输
5	数字光端机	设备的数字信号需要通过模拟光端机转换成光信号的终端设备
6	模拟数字转换器	对基于模拟信号的视频监控系统、自动化设备的模拟信号,通过模拟数字转换器把模拟信号转换为数字信号
7	RS-232、RS-485转换器	RS-232与RS-485之间的双向接口的转换器,应用于主控机之间、主控机与单片机或外设之间,构成点到点、点到多点的远程多机通信网络,实现多机应答通信
8	工业本安型手机(对讲机)	在矿用本安型通信分站的无线覆盖范围内进行语音通话,可实现手机与手机通话、手机与固定电话通话
9	地下语音网关	将地下模拟电话通过网关转换为数字信号传输,适用于地下已建设环网的矿井安装使用,安装位置一般为中段马头门或地下变电所等硐室
10	调度主机	实现有线、无线及广播系统用户管理功能,包含了系统中有线、无线终端的用户名、地址信息,用于创建、修改和释放有线、无线会话进程
11	视频矩阵	主要用于各类监控场合的拼接大屏,在大屏上实现拼接显示、分割显示等功能
12	矿用综合基站	地下多网合一系统上的智能管理平台,由上层应用软件对系统中所有的设备及运行的网络进行实时监测,并可以根据监测到的故障进行智能自动管理及手动强制管理
13	人员定位基站	交换机、无线信号发射器、无线访问接入点等多种设备集成体,具有无线通信功能和精确定位功能,实现人员定位卡信息的无线定位识别
14	人员定位卡	地下人员定位管理的无线终端设备,通过特定卡号编码与监控主机中的人员姓名、手机号、身份证、工种等信息进行绑定,实时获取地下人员信息,并及时上传至服务器来计算、判别人员位置和行动状态

6.1.3 地下应用系统通信方案

6.1.3.1 地下通信联络系统

地下通信联络系统从上至下分为地表机房、综合传输平台及应用终端三个层次。其中地表部分采用共用的一体化系统设备，地下部分(综合传输平台、应用终端)在综合传输平台通过不同的接入模块实现终端接入。系统可以采用软交换体系架构，选用 IP PBX 交换机，在 VOIP 的基础上充分解决地下广播语音、数据的需要，真正实现矿井语音网、数据网的融合。通信联络系统总体网络架构如图 6-2 所示。

IP PBX 交换机以开放的工业以太网包交换技术实现专用 PBX 语音服务功能。它不仅可以使内部的数据网和话音网合一，还可以满足保持企业持续运作和蓬勃发展的全方位需求，从复杂的呼叫控制和呼叫中心能力，到集成的语音邮件和计算机/电话集成；从呼叫者身份识别到多重、多级自动值机员，到终端话机的轻松添加、移动和改变，并可同时降低相关的整体费用，使矿井企业以经济、可管理的方式获得所有功能。

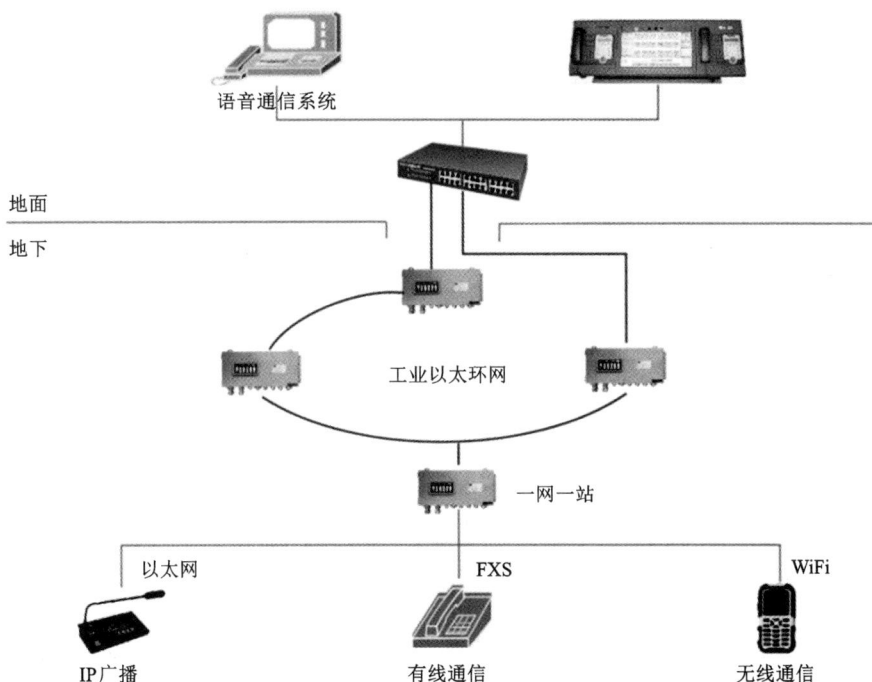

图 6-2 通信联络系统总体网络架构

地表部分主要有多媒体调度主机、调度台、数字和模拟中继网关、语音网关等设备，地下主要是传输平台、语音网关模块及电话等终端设备。

(1)多媒体调度主机：包含系统中有线、无线终端的用户名、地址信息，用于创建、修改和释放有线、无线会话进程。

(2)调度台：实现有线、无线通信管理功能。

287

（3）传输平台：实现矿井综合通信终端的接入及语音传输。

（4）数字和模拟中继网关：用来实现有线、无线终端与 PSTN 电话公网的互联。

（5）语音网关模块：语音网关模块连接电话，用以驱动电话机，提供连接电话机的插口、驱动电源和传送拨号音。

（6）电话：有线通信终端。

系统功能主要包括：

（1）实现矿用有线、无线、广播通信统一调度管理，支持手机与手机、手机与有线电话、手机与广播音箱、有线电话与广播音箱间无缝对接，支持手机、有线电话、广播音箱与公网移动电话、固定电话互联互通。

（2）系统具有如下语音调度功能：呼叫、紧急呼叫、热线呼叫、强插、呼叫锁定、呼叫前转、呼叫等待、强拆、手动录音、遇忙转移、呼叫代理、监听、自动录音、个人跟随、会议电话、紧急广播、定时广播。

（3）图形化设计，各类终端状态一目了然。全面显示呼叫状态信息，调度界面可实时显示调度中心所有终端的呼叫状态，如空闲、振铃、通话等。

（4）无线通信系统支持手机实现自动无缝漫游、越区切换、非法用户禁用、短信、无线上网等功能，短信功能支持点对点、调度群发。

（5）安全应急预案处理功能，编制灵活，记录档案信息详细，可完整保存。事故灾害通知和处理一键到位。

（6）无线信号覆盖区域可接入基于 WiFi 协议的无线摄像机、测温仪等传感器，在调度室可显示图像及温度数据。

（7）系统能针对不同用户设置不同的优先权和呼叫权限，具有紧急呼叫功能，有线电话和手机具有与调度室直通的功能。

（8）调度无人值守，手机可以和调度电话进行绑定，同时振铃。

6.1.3.2　矿山地下常用网络系统

地下开采矿山安全避险系统"多网合一"的集成方案，采用千兆光纤工业以太环网+百兆光纤工业以太环网+百兆光纤支干网络的组网方式，构造可靠、安全、高速的地下工业以太网，为矿山"六大系统"建设和未来的信息化建设提供可靠、高速、安全的网络基础设施。系统为宽带综合通信系统，包括人机定位（人员定位、移动设备定位）、通信联络、监测监控（有害有毒气体监测、风速风量监测、设备开停监测、视频监控等）、数字广播、压风自救、供水施救等应用子系统，且可在同一综合信息传输平台上集成水仓泵站、主扇风机等自动控制系统以及其他智能管理系统。所有应用子系统在一个统一的通信平台上，避免了重复建设，提高了可靠性。系统采用以工业以太网、TCP/IP 通信协议、WiFi 无线通信、ZigBee 无线通信、SIP 语音交换等先进而成熟的技术为基础的技术体制，保证了系统的稳定性、生命力和扩展性，降低了系统的全寿命周期总成本。

通信采用工业以太网，传输平台主要由千兆工业环网和地下千兆接入子网组成，千兆工业环网及接入子网从物理和逻辑上考虑环网冗余设计，系统通过光缆环网方式实现以太网连接，即骨干网上任何一点的光缆连接意外断开时，系统都能通过反向环的方式提供后备以太网链路，在保证系统可用性的同时兼顾经济性。从不同的巷道敷设光缆使其进入地下各中段环网交换机，最后通过另一巷道敷设引出，与地面环网交换机构成物理上的环形连接，形成工业以太环网；地下以太网传输平台采用环形+树形拓扑结构，全网络采用 4 芯矿用阻燃光缆建设千兆传输网络。调度指挥中心部署地下人员定位管理系统服务器一台，地下部署一体化基站，下井人员佩戴定位卡。定位管理服务器接入核心交换机；地下综合一体化基站同环网交换机组成地下工业以太网；综合一体化基站插入精确定位模块；定位卡无线接入一体化基站。图 6-3 为地下网络系统架构图。

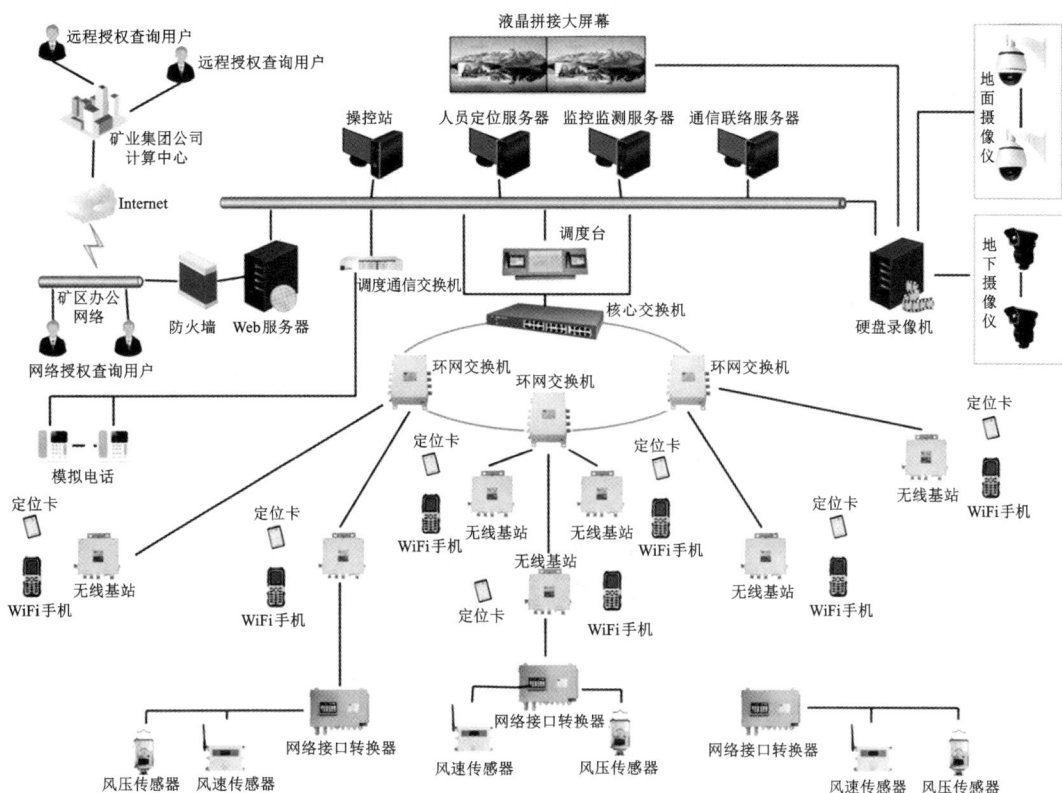

图 6-3　地下网络系统架构图

1）地下自动控制系统

地下通风、供水、压气等无人值守控制系统的通信方案一般根据工况选择矿用本安型或工业型网络交换设备，如矿用综合基站，将 PLC 信号接入基站的 WPLC 模块，通过 AD、IO 和 CPU 模块将模拟信号或开关信号转换成数字信号，经地下环网传送至地表服务器进行处理或保存，服务器处理后发送的指令又通过地下环网到综合基站，再通过 WPLC-AD 和 I/O 模块将指令转换为模拟信号发送至 PLC，实现对设备的开停控制。

如水泵自动化控制系统，在地下中央泵房的主排水系统设计中，根据矿井涌水量和相关规定，一般设置多台离心水泵，将其分别作为工作泵、备用泵和检修泵，同时敷设 2 条或 2 条以上总出水管路以备轮换使用。水泵自动化控制系统是针对地下排水系统的实际情况设计的，通过该系统可实现对水泵开停、主排水管路流量、水泵排水管压力、水仓水位等的实时监测，并实现地下水泵开停的自动/手动控制以及和监测监控系统联网运行，以及主水泵房的全面监测和控制。

水泵自动化控制系统主要由水泵综合控制系统 WPLC、电动阀门及传感器三部分组成，如图 6-4 所示。

(1)水泵综合控制柜是本系统的控制中心，由 PLC 控制模块、联网模块、继电器、控制按钮及电源模块等组成。其中，PLC 控制模块实质是一种专门用于工业控制的计算机，主要由 CPU、存储器、输入输出接口电路(I/O)及通信模块组成。

(2)电动阀门：主要控制主排水、回水管路的开闭，选型时需要注意阀门的直径。

(3)各类传感器：主要由流量监测、压力监测、水位监测、电机电压电流监测及电机温度监测等传感器组成。

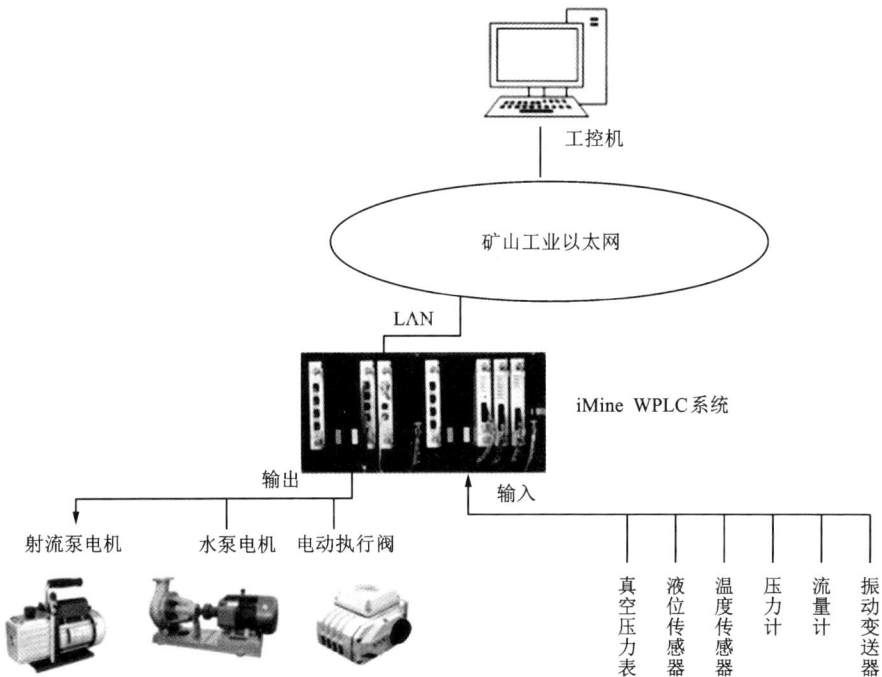

图 6-4　水泵自动化控制系统示意图

水泵自动化用 iMine 综合基站的 WPLC 系统进行控制。WPLC 输入端连接液位传感器、电流电压变送器、轴温传感器、压力计、流量计、振动变送器、电动执行阀、射流泵总成及离心泵等多台设备。WPLC 输出端连接现场继电器，在相应条件下控制相应的水泵电源上电、断电。WPLC 获取环境监测液位传感器的数据，先控制真空泵电动球阀开关，给离心泵排空引水，然后控制相应离心泵开启。根据 WPLC 软件设定，按条件启动和停止水泵，并让它们轮流工作，从而延长水泵使用寿命。WPLC 由网口输出，通过环网连接到上位机，在上位机组态软件界面上可以监控由 WPLC 传送来的数据，如现场水仓液位、水泵水压及流量、水泵电机轴温、三相电压电流、水泵启停状态、电动球阀的开关状态。

2)地下机车交通灯控制系统

地下机车交通灯控制系统可以借助地下已经建成的信息采集传输网络，在地下机车交会点合理地规划并设置地标定位仪和自动控制交通灯,实时跟踪和定位行进中的各类机动车辆,通过地面高速计算机系统进行数据处理和控制反馈,实现以感应优先、距离优先等为原则的本地化交通灯管控,以及必要时人工介入的远程网络化统一调度计划管理。地下机车交通灯控制系统网络架构及组成如图6-5所示。

系统主要由车载台遥控模块、道岔控制器及应用软件三部分组成。

车载设备分为四大部分:显示设备、网络摄像头、数据车载台(完成数据传输和道岔遥控)和语音通信模块。车载设备通过ZigBee无线通信控制岔道控制器、接收上位机机车报警信号、与RFID读卡器通信,以及与HMI及PLC等设备的通信。

岔道主控器通过ZigBee无线接口,接收并执行车载台ZigBee遥控器岔道控制命令,依照逻辑读取并控制交通灯、岔道指示器的状态。读取到的交通灯、道岔指示灯的状态由道岔光电板以光信号的方式返回上位机软件。

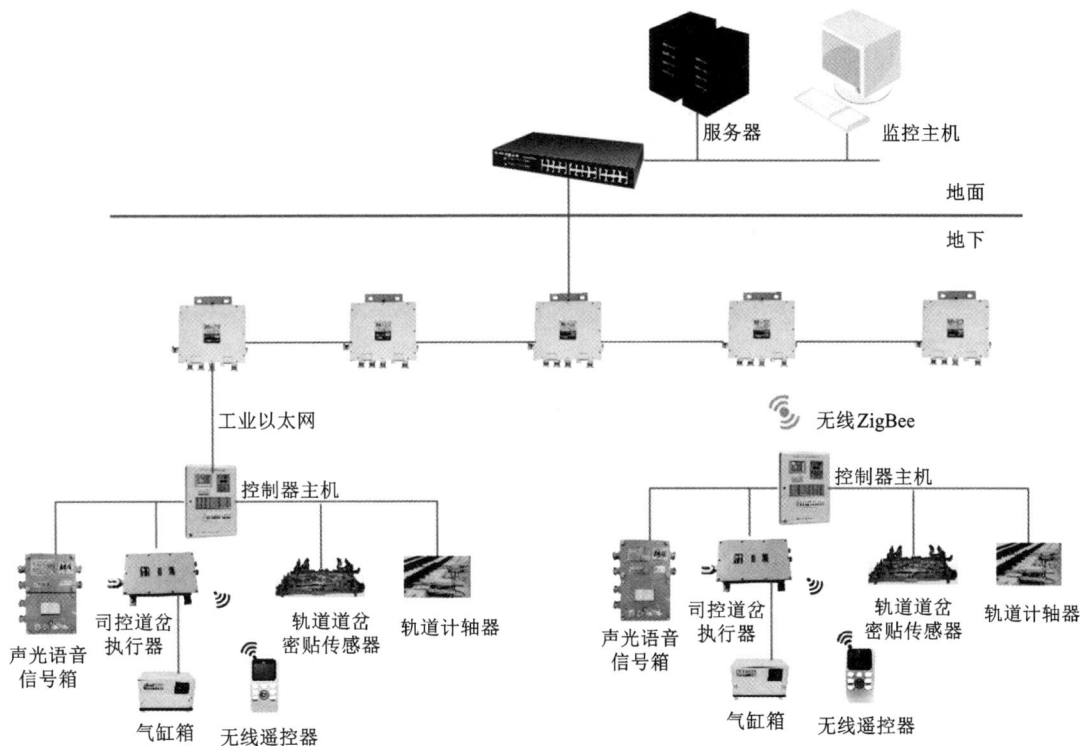

图6-5 地下机车交通灯控制系统网络架构及组成

综合分站、机车定位仪以及交通灯(LED显示屏)之间的数据通信方式如图6-6所示。

3)数字矿山无线通信系统

我国的地下矿山目前使用的无线通信系统主要有泄露通信系统、透地通信系统、感应通信系统和WiFi无线通信系统。从使用情况来看,泄露通信系统受环境因素的影响,设备电缆出现故障的概率很高,系统设备维护困难;透地通信系统比较适合地面系统;感应通信系统易受电磁波的影响,造成信号的不稳定。WiFi无线接入技术的引入为综合网络的建设提供了可行的解决方案,因而在地下矿山得到广泛的应用。

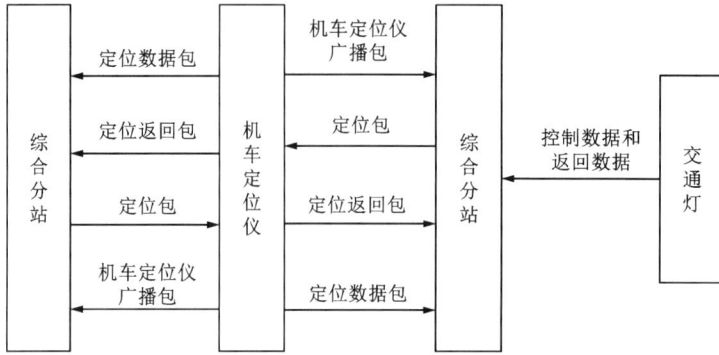

图 6-6　地下机车交通灯控制系统数据通信图

矿山通信网络系统中使用了 WiFi 技术和光纤通信技术,其拓扑结构如图 6-7 所示。它主要由地面服务器组、千兆光纤骨干网和 100 M 光纤分行网络,以及 WLAN 等设备组成。千兆光纤交换机和光电单模光纤复合电缆应用互逆的双回路网络的拓扑结构构成了一个千兆光纤骨干网。

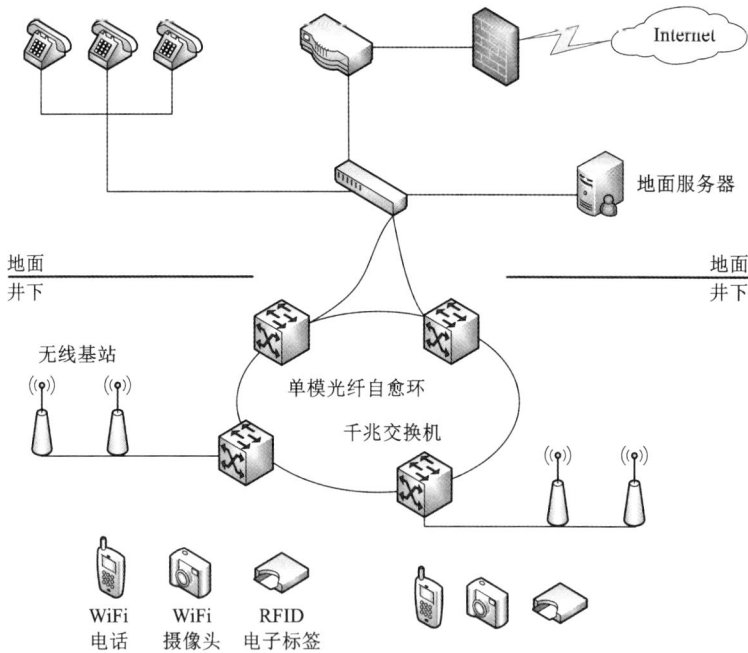

图 6-7　无线通信网络拓扑结构图

在骨干网络上,光交换机将 100 M 光纤快速分支网络连接到骨干网。100 M 光纤快速通信分支网络的分支节点是一个通过多模光纤混合电缆连接的 WiFi 基站。根据通信信号和矿井的形状特点以及系统可靠性等要求,该系统可以选择树形或者环网状结构。最后的 300 m 通信距离使用 WiFi 无线通信技术,通过 WiFi 无线基站与快速的 100 M 分支网络连接。

WiFi 无线基站的主要功能是将 WiFi 无线局域网接入该系统的分支光纤网络中，在各个分支网络中进行数据的传输，它是 100 M 快速分支网络的节点设备。无线基站结构如图 6-8 所示。

4）地下无人驾驶装备系统

矿山地下无人驾驶装备有两类：遥控式和自主式。遥控式无人驾驶装备需要操作人员根据前端发送回来的作业面现场图像或数据信息，远程发送指令控制装备的机械部分进行动作，从而完成某项工作，而自主式无人驾驶装备则可根据传感器收集到的信息，通过智能化判断来控制装备的机械部分完成动作，

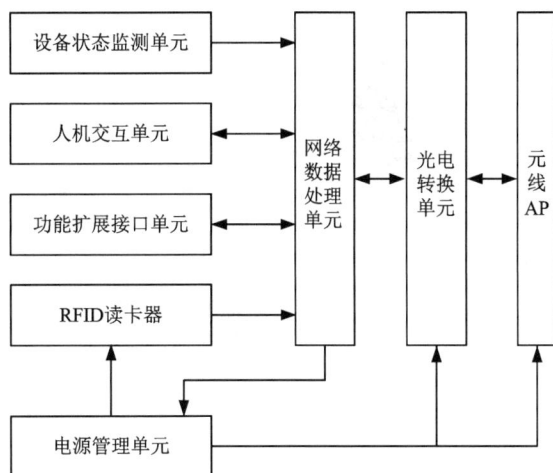

图 6-8　无线基站结构图

从而完成某项工作，正常情况下不需要人工干预。从通信层面来说，无人驾驶装备都需要通过传感器、摄像头等采集作业面的有关数据，传送到上位机，再由上位机发送指令给执行单元控制机械动作。

通信系统主要由地表的上位机、千兆光纤骨干网、100 M 光纤分行网络以及 WLAN 等设备组成，如图 6-9 所示。千兆光纤交换机和光电单模光纤复合电缆应用互逆的双回路网络拓扑结构构成一个千兆光纤骨干网。在骨干网上，光交换机将 100 M 光纤快速分支网络连接到骨干网。100M 光纤快速通信分支网络的分支节点是一个通过多模光纤混合电缆连接的无线基站。

地下无人驾驶装备目前常用的无线通信方式有 ZigBee 和 WiFi。另外，其在泄漏电缆和透地通信上也有一定的应用。

（1）ZigBee。

ZigBee 是基于 IEEE802.15.4 标准的短距离、低功耗无线通信技术，其特点是近距离、低复杂度、自组织、低功耗、低数据速率、低成本，主要适用于自动控制和远程控制领域，可以嵌入各种设备。ZigBee 网络层主要支持星形、网格和树形三种拓扑结构。利用 ZigBee 无线传感器网络，可使得数据的自动采集、分析和处理变得更加容易，并且能保证整个采集网络采集范围广、可靠性高、布置方便，克服了现有矿山监控系统中传感器接入不灵活、跟进不方便、价格昂贵等缺点。同时，ZigBee 利用无线网络节点之间相互的感应能力，可在车辆与车辆之间实现通信，避免撞车，多辆车之间也可以相互协调运输，使运输效率更高。

（2）WiFi。

无线保真（wireless fidelity，WiFi）是由 WiFi 同盟所持有的一种 WLAN 的无线连接技术，采用 IEEE8021.11 标准协议。WiFi 较同类型无线通信技术的传输速率更高、通信距离更大，并且组网更简单。WiFi 在笔记本电脑、智能手机等移动终端上已经普及，是目前无线接入的主流技术。WiFi 架设无线网络的基本配置是 AP（access point，无线访问接入点）和无线网卡，通过现有的有线架构能便捷地分享网络资源。AP 是 WLAN 与 Wired LAN 之间的桥梁，Client 端设备的无线网卡负责接收由 AP 所发射的信号。图 6-9 为地下无人驾驶装备通信系统架构图。

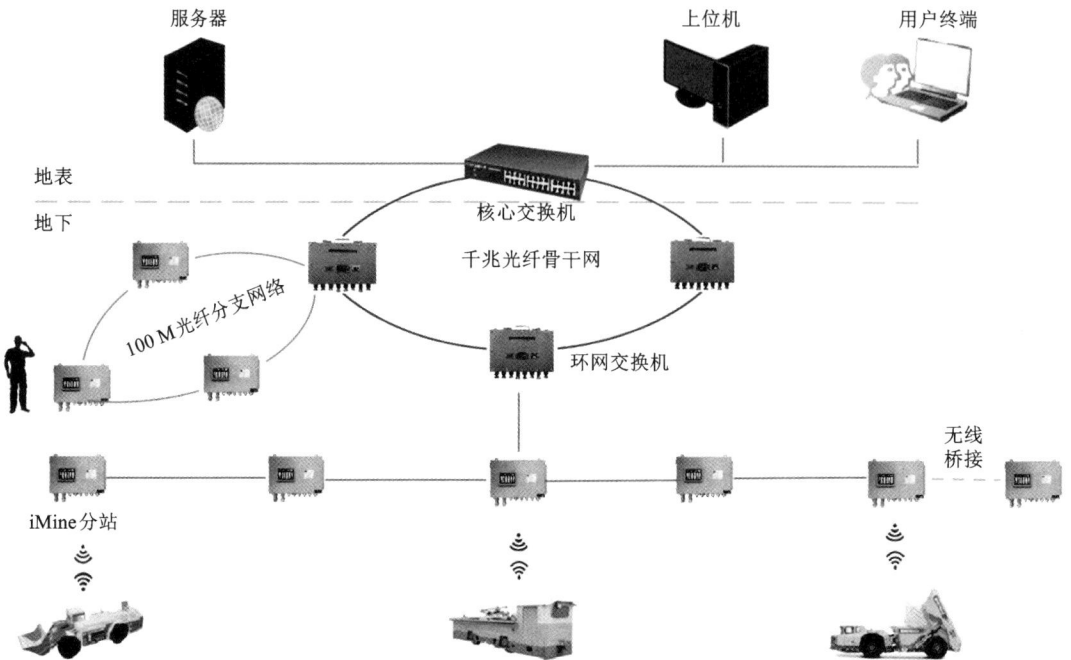

图 6-9　地下无人驾驶装备通信系统架构图

6.1.4　应用案例

国内某知名矿山拟建设一套矿山地下融合网络系统，在此系统平台上构建矿山生产调度及视频、语音、控制、数据一体化的综合信息化及自动化系统。具体来说，该系统包括工业以太网、有线通信、无线对讲、人员及车辆定位、斜坡道管控、视频监控、环境监测及山特维克无线通信网络等应用。

项目设计范围包括 4 个中段和斜坡道约 20 km 的巷道。设计内容包括由 1 台核心交换机、8 台地下环网交换机、88 台综合基站(其中 8 台由山特维克 AP 提供电源及网络接口)、11 台山特维克 AP 组成的有线和无线网络系统。

核心传输网络采用千兆工业以太环网设计，主要由地下环网交换机和地面核心交换机组成。根据采区分布情况，分别构成南采区、北采区两个独立的千兆以太环网。

主干传输网络采用"千兆工业以太环网+树形网络"设计，主要由地下环网交换机和综合一体化基站组成。核心设备是综合一体化基站，采用综合一体化思路及模块化设计，具有网络传输、通信接入和控制输出等功能。

(1)综合一体化基站与工业以太网交换机可组成千兆以太环网，承载地下所有终端设备信息数据的传输，根据矿山地下巷道的结构特征，可拓扑成环网、星形、树形或其他类型的网络结构。

(2)综合一体化基站具有多种类型通信接口，包括数字量、模拟量、以太网、有线电话、无线局域网和 ZigBee 等传输模块。

（3）综合一体化基站具有多种类型控制接口，包括开关量输出、数字量输出、模拟量输出等控制模块。

应用系统设计采用标准的物联网结构设计，建设统一的传输平台、统一的数据中心、统一的应用平台。

6.1.4.1　项目总体设计

1）综合一体化设计思路

系统建设采用"综合一体化"设计思路，所谓综合，是对各个不同的应用系统/分系统，把它们共同的部分整合到一起，以提高性能（如可靠性、维护性、可管理性等）和降低成本（如建设成本、维护成本等）。这些共同的部分包括统一的信息传输网络/平台，适配所有物联网传感器的小型且模块化的综合接入设备，以及统一格式的数据接口和用户界面等。所谓一体化，是指针对矿山综合信息化应用这种典型的物联网应用环境，在"综合一体化"的指导思想下，连接各种子/分系统传感器的节点设备，设计一台标准的，同时具有综合接入和传输能力的、模块化的通信/传输基站，并通过优化拓扑结构的标准光缆实现所有节点的连接。

如图 6-10 所示，红色虚线框内为几个典型的通信类应用子系统，蓝色虚线框内为几个典型的控制类应用子系统，所有的子系统共用同一个通信平台。

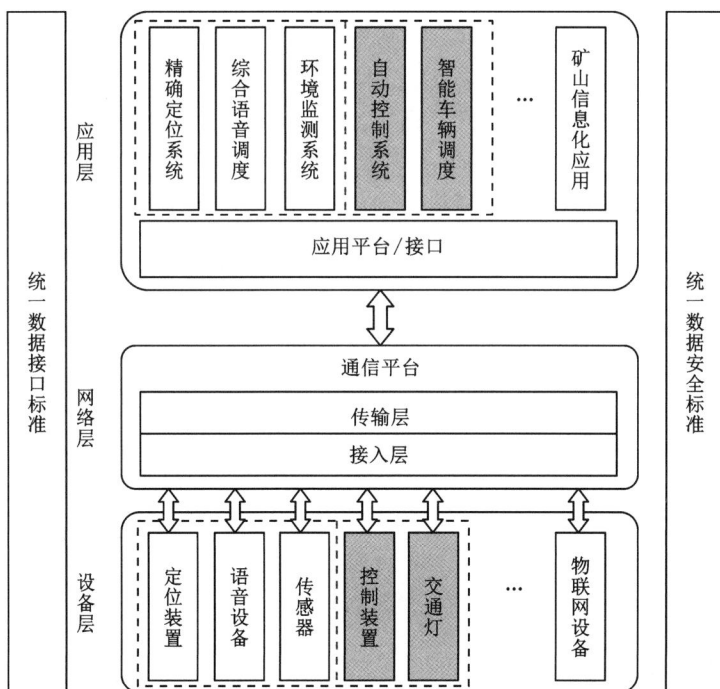

图 6-10　地下融合网络系统设计框架

"综合一体化"将原来矿山的两个应用类型（通信类及控制类）及多个独立应用子系统融合成一套综合信息及控制系统。

2)核心设备(综合一体化基站)

本次系统核心设备采用综合一体化基站,实现各子系统数据的综合接入,适配绝大多数传感器设备和物联网终端,如图 6-11 所示。同时,综合一体化基站为标准的以太网架构,兼容标准的工业以太网,可拓扑成千兆以太网环形、星形或树形结构,符合矿山地下巷道结构和系统应用特点。

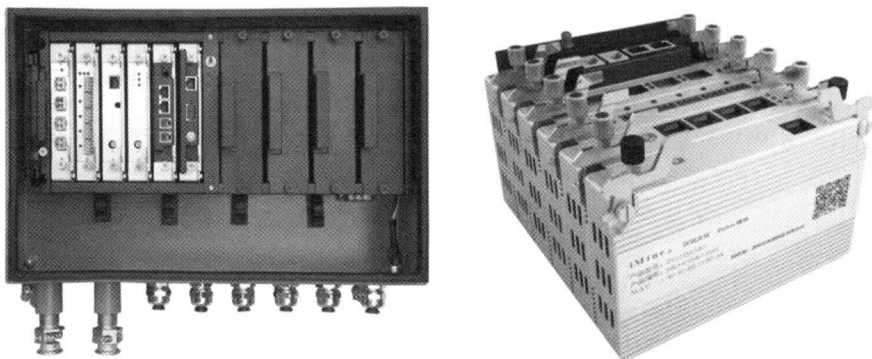

图 6-11 综合一体化基站及其模块化组件

(1)基站的核心是千兆工业以太网,即利用一根光缆实现通信连接。同时,各功能模块统一采用以太网接口与基站主通信组件进行数据交互。

(2)基站采用模块化通信组件设计,每个通信组件均采用标准的机械尺寸和物理接口,涵盖了千/百兆光/电网络模块、WiFi 通信模块、模拟信号(4~20 mA 和频率)接口模块、数字信号(RS485)接口模块及自动化控制模块等组件。

(3)每个模块组件均采用独立核心 CPU 设计,模块组件和基站设备均可实现智能管控、远程升级和二次开发。

3)传输层设计

综合一体化基站具有数据交换功能,并提供多个千/百兆光/电网络接口,是一台具有多业务功能的二层交换机。任意数量的核心交换机和基站的组合,以及其任意连接方式、任意位置分布,在逻辑关系上都等同于一台交换机。

根据矿山现有的巷道结构特点和设备分布情况,传输网络平台可拓扑成千兆以太网环形、星形或树形结构,具有智能网络管理、方便扩容和简单维护等特点。传输层设计示意图如图 6-12 所示。

4)接入层设计

接入层设计如图 6-13 所示。

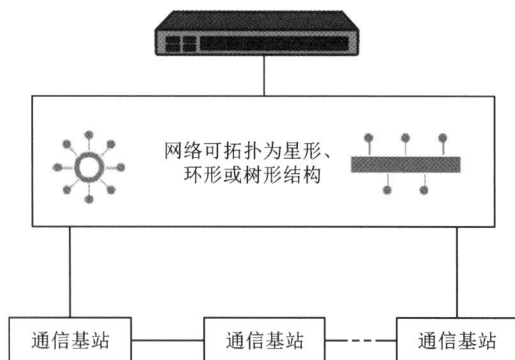

图 6-12 传输层设计示意图

（1）基站含有以太网模块，可接入摄像机及其他有线网络终端设备；

（2）基站含有 WiFi 模块，可接入 WiFi 手机、无线摄像机的数据传输应用；

（3）基站含有精确定位模块，可实现人员、车辆的精确定位应用；

（4）基站含有模拟量接口模块，可接入 CO、风速、风压、开停及其他环境参量传感器，实现矿山环境监测应用；

（5）基站含有 FXS 网关模块，可接入普通话机，实现有线通信应用；

（6）基站含有 WPLC 控制模块，采用"PLC+以太网"技术，实现生产管控的集中管理、分散控制，典型应用包括交通灯智能管控以及其他 PLC 系统。

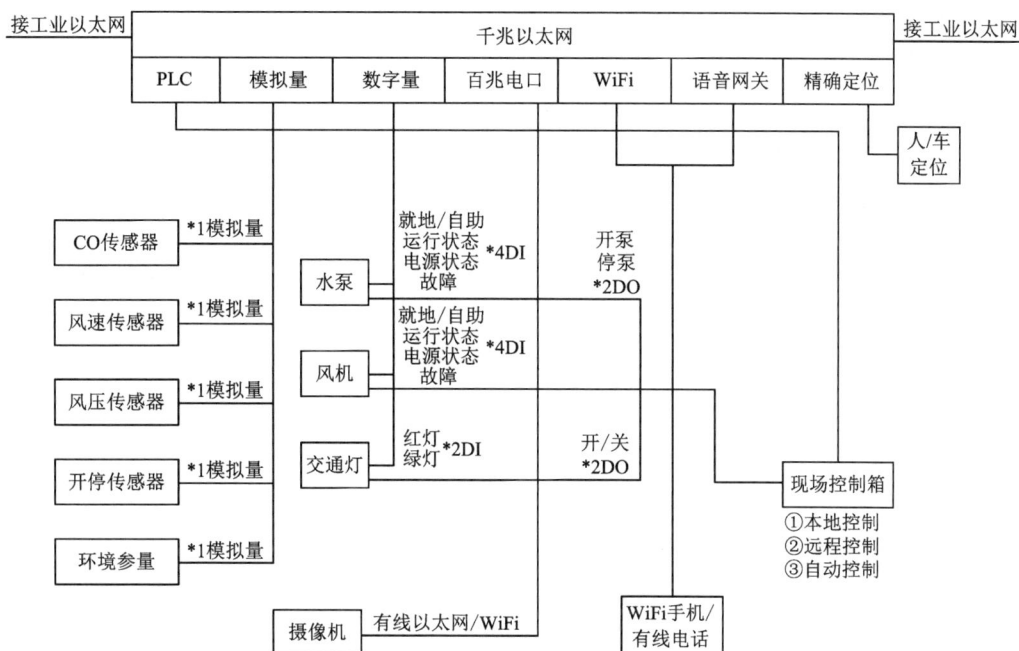

图 6-13　接入层设计示意图

6.1.4.2　工业以太网设计

工业以太网是整个系统的核心部分，它负责承载所有数据的传输和节点数据的接入。本次核心传输网络采用工业级网络交换机设备，主干传输节点设备采用模块化综合一体化基站，负责数据接入和主干网络传输。

工业网络交换机和综合一体化基站都具有环网、VLAN 及 SNMP 设备管理功能，保证了整个核心传输和主干传输网络的工作稳定性和组网的灵活性。

1）核心传输网设计

本次项目现场共有 4 个中段及 1 个斜坡道，每个中段设计 2 台环网交换机，配置 4 台工业环网交换机和 1 台核心交换机，组成千兆工业环网，实现矿山地下所有信息数据的传输及调度室服务器的接入。

两路光缆由调度中心分别从副井井筒和主井井筒敷设，将井底 4 台环网交换机连成环网拓扑方式。核心传输网拓扑图如图 6-14 所示。

297

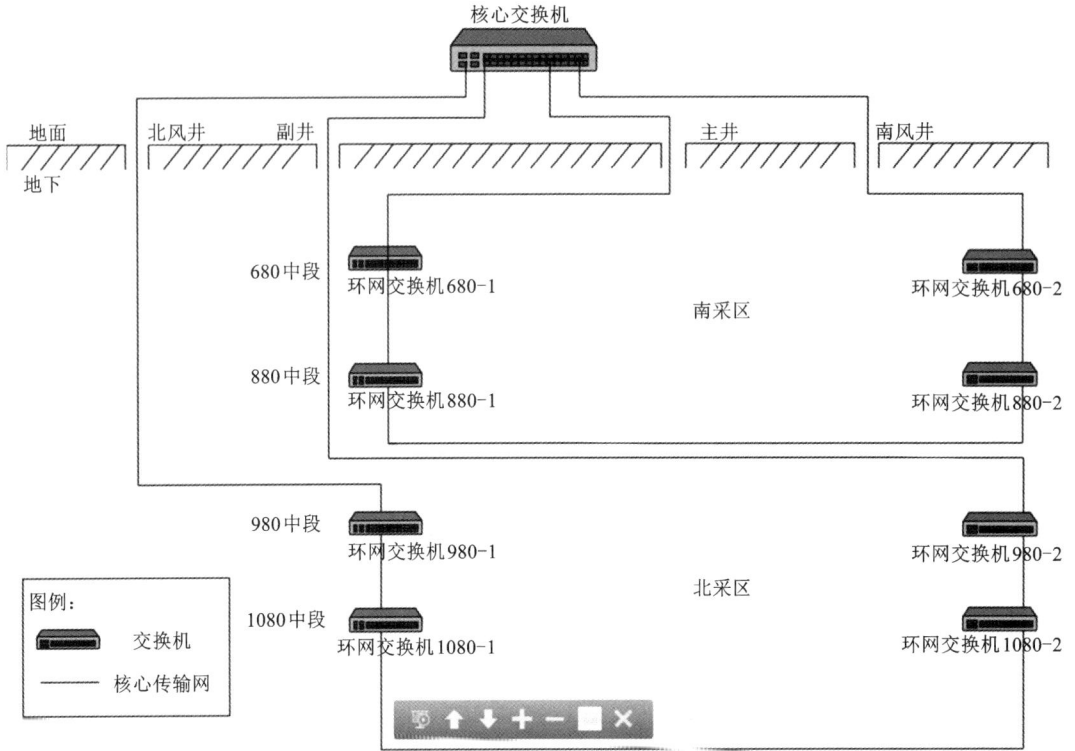

图 6-14 核心传输网拓扑图

（1）核心交换机基本参数配置。

①快速以太网：支持 4 个 100 BaseFX（SC/ST 接口）和 16 个 10/100 BaseT（X）接口。

②千兆以太网：支持 4 个 1000 BaseSFP 接口。

③支持 IEEE1588PTP，用于与网络的准确时间同步。

④支持 Turbo Ring 和 IEEE802.1D-2004 RSTP/STP 冗余协议。

⑤通用电压输入范围：24/48 VDC 或 110/220 VAC。

⑥工作温度：-40~85℃。

（2）工业环网交换机基本参数配置。

①快速以太网：支持 7 个 10/100 BaseT（X）接口。

②千兆以太网：支持 3 个 1000 BaseSFP 接口。

③支持 IEEE1588PTP，用于与网络的准确时间同步。

④支持 Turbo Ring 和 IEEE802.1D-2004 RSTP/STP 冗余协议。

⑤电压输入范围：110/220 VAC。

⑥不间断电源供电：不少于 2 h。

⑦防护等级：IP54。

⑧工作温度：-40~85℃。

2）主干传输网设计

主干传输网主要由综合一体化基站和工业环网交换机组成，以实现地下所有终端设备的有线或无线接入。

根据现场实际网络规划需要,设计成环网/树形网络拓扑结构,网络设备之间采用单模光缆连接。如图6-15所示,其中:

(1)1080中段大部分综合一体化基站同该中段环网交换机组成环网,其他基站串行连接;

(2)980中段大部分综合一体化基站同该中段环网交换机组成环网,其他基站串行连接;

(3)800中段综合一体化基站构成树形网络拓扑方式;

(4)680中段综合一体化基站同该中段环网交换机和地面核心交换机(沿斜坡道从南风井敷设)组成环网,其他基站串行连接。

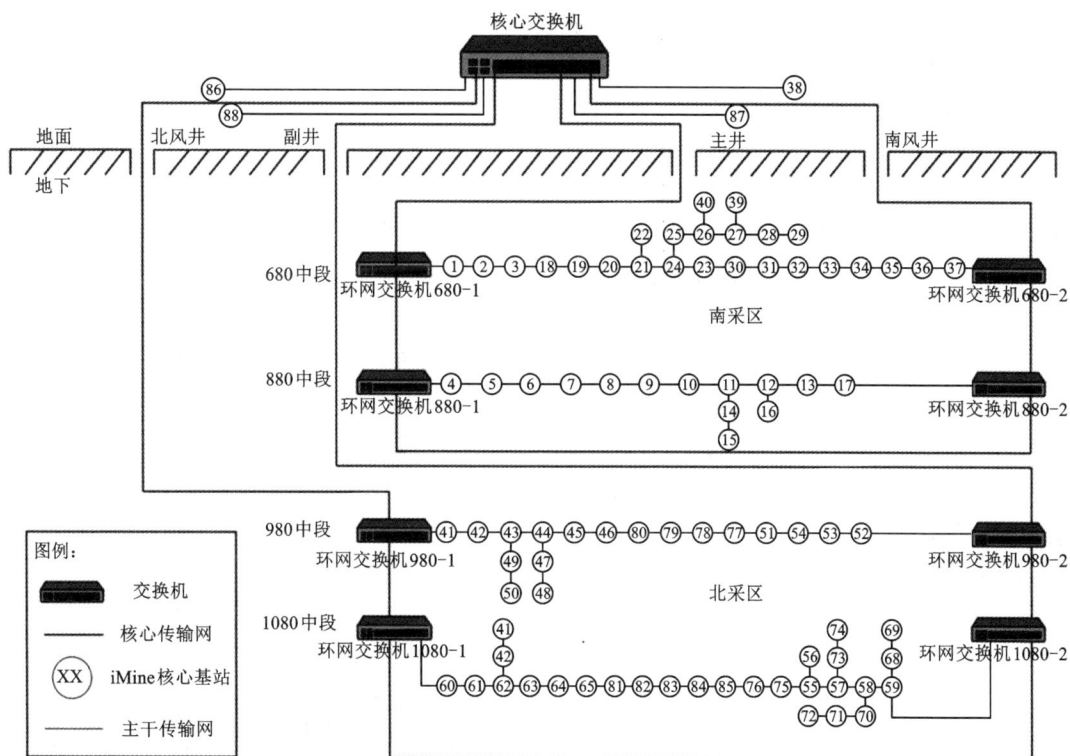

图6-15　主干传输网拓扑图

在实际工程实施过程中,可根据现场情况灵活调整网络结构。

6.1.5　5G技术

所谓5G技术,就是指第五代移动通信技术,国际电信联盟把5G称为IMT-2020,即5G标准化工作在2020年实现。与4G相比,5G技术在28 GHz的超高频段数据传送速度为1 Gbps以上,数据传输距离达到2 km。

6.1.5.1　5G专网的实现方式

专用5G网络可以通过两种方式实现。第一种是部署物理隔离的专用5G网络(5G孤岛),该网络独立于移动运营商的公共5G网络(就像在企业中建立有线局域网或无线WiFi局域网），这种网络可以由矿山企业或移动运营商来建立；第二种是通过共享移动运营商的公共 5G 网络资源来构建专用 5G 网络，这种网络需要运营商为矿山企业建立。

1）企业自建 5G 局域网

矿山企业可以在其地表和地下部署全套 5G 网络（gNB、UPF、5GC、CP、UDM、MEC），企业中的 5G 频率是本地 5G 频率，而不是移动运营商的授权频率。对于私人频率由政府分配的国家，这是一种可构建的体系结构，企业可自建私有 5G 网络，也可由包括移动网络运营商在内的第三方来帮助企业建立私有 5G 网络。

企业使用本地 5G 频率构建自己的 5G 局域网，可摆脱传统有线局域网和无线局域网存在的缺点，如有线局域网的电缆布线难、距离短，无线局域网的安全性和网络稳定性不强等。此外，5G 技术的超低延迟和超大连接可创建新的企业应用或优化现有的应用程序。

其主要优点在于：

（1）企业内部有独立的 5G 网络全套设备。

（2）隐私和安全性：专用网络与公用网络物理隔离，保证了数据安全性（从专用网络设备产生的数据流量、专用网络设备的订阅信息和操作信息，仅在企业内部存储和管理。企业内部数据不外泄）。

（3）超低延迟：由于设备和应用程序服务器之间的网络延迟在几毫秒内，因此可以实现 URLLC 应用服务。

（4）独立性：即使移动运营商的设施烧毁，该公司的 5G 专用网络也可以正常工作。

其主要缺点在于：

（1）部署成本高：普通企业，特别是小型企业要自费购买和部署全套 5G 网络并不容易。

（2）运营人员专业水平要求高：现有的专用局域网（有线以太网局域网，无线 WiFi 局域网）运营团队没有构建和运营 5G 网络的专业知识，企业需要有合适的工程师。

2）由移动运营商构建的隔离 5G 局域网

专用 5G 网络架构与企业自建 5G 局域网的方案基本相同，两者之间唯一的区别是移动运营商在企业中使用自己许可的 5G 频率构建和运行 5G 局域网。

该方案的优点在于部署成本相对独享专网要低，网络运营可以委托运营商维护；缺点是受运营商的控制和影响较大。

6.1.5.2　5G 专网的网络架构

5G 专网的网络架构如图 6-16 所示。

6.1.5.3　5G 专网组成

1）5G NR

NR 无线子系统由 gNodeB 组成。gNodeB 即 NR 的基站设备，可对一个或多个小区进行控制，同时提供无线资源管理、调度等功能。NR 系统通过 N2 接口与客户

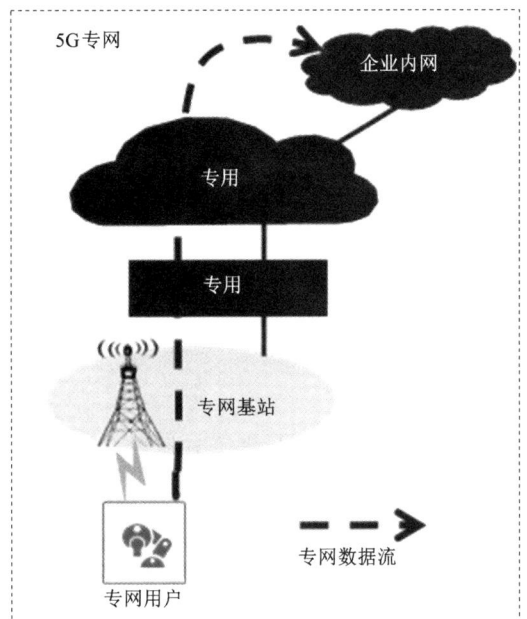

图 6-16　5G 专网的网络架构

侧部署的 AMF 进行对接，通过 N3 接口与客户侧部署的 UPF 进行对接。支持下行高达 Gbps 的用户体验速率、数十 Gbps 的用户峰值速率。支持整个区域的流量密度达到 Tbps/km^2，即便用户在以 60 km/h 的速度移动的情况下，依然满足上述需求。

2）专用 UPF（MEC）

UPF（MEC）作为移动锚点，负责分组路由、转发、包检测及策略执行、流量上报等，并负责计费报告生成。基于 MEC 网业协同平台提供边缘 CT-VAS 及 IT-VAS 功能，满足客户对于边缘网络及业务能力的需求。

3）专用 AMF、SMF

AMF 用于注册、连接、可达性及移动性管理，完成用户的接入认证和鉴权。

SMF 用于会话管理、IP 地址分配、策略执行、计费等。

6.1.5.4　5G 专网业务路由

1）接入选网

5G 独立专网模式下，无线基站对接私有化部署的核心网 AMF、UPF，专网用户规划专有切片标识。

专网用户终端在网络覆盖区域内可正常搜索到无线信号，发起接入注册流程，基站根据终端上带切片标识选择核心网 AMF，AMF 负责对用户进行接入认证和鉴权（UDM 配合），认证成功后建立会话，用户可正常进行数据业务。

外部访客用户终端在客户网络覆盖区域可正常搜索到无线信号，但在发起注册过程中，核心网无法为用户上报/签约的切片提供服务，拒绝用户接入。

2）数据转发

专网用户或专网终端注册成功后可进行数据业务，用户数据流如下：

专网 UE→专网基站→专网 UPF/MEC→企业内部应用。

6.1.5.5　5G 专网特点

1）覆盖无死角

针对矿区提供定制化勘察、无线规划、优化服务；灵活规划部署宏站、数字化室分，实现无盲区覆盖。

2）数据不出矿区

通过核心网控制面及用户面网元下沉，保障专网客户业务数据及用户行为信息不出矿区，为客户提供刚性安全保障。

3）生产不中断

企业专网与运营商的公网端到端完全隔离，不受公网故障影响，保障企业专网业务不中断。

4）上下行带宽增强

上行带宽增强：面向企业应用，提供超级上行能力，通过增强上行覆盖、优化基站上下行资源配比、TDD+FDD 的方式合力提升上行吞吐率，并缩短时延。典型配置下，单用户上行峰值速率可由 280 Mbps 提升至 560 Mbps。

下行带宽增强：通过载波聚合技术提升下行吞吐量，典型配置下，单用户下行峰值速率可由 1.5 Gbps 左右提升至 3 Gbps。

5）超低时延

通过核心网本地部署+空口预调度技术，有效提升端到端时延指标，网络端到端时延小于 15 ms，部分场景下时延小于 10 ms。

6）灵活自服务

基于专网服务管理平台，为客户提供业务策略、用户权限灵活配置的自服务能力。

6.1.5.6　5G 技术在矿山的应用场景

5G 通信技术的这些特点，使得其在现代矿山的网络通信系统中，在以下领域得以应用：

（1）地下矿山：5G 网络能使移动网络接收设备在无基站的条件下接收信号或者通过小基站的建设，使原来在地下 4G 信号无法覆盖的地域，通过 5G 实现无线组网通信。

（2）密集的物联网建设：5G 网络接入设备数量的大幅增加，可以推进矿山物联网的建设，通过密集的传感器布置，实现对采场复杂恶劣条件下的监测监控和预警。

（3）无人设备的推广：5G 网络的传输速率高、延迟短，可以远程对设备实现真正意义上的实时检测与协同控制，进而通过智能化学习和训练，最终实现无人化开采。

（4）远程调度应急指挥：5G 网络的高速无拥塞和大流量特性，使得高清视频可以实时多点传送，能有效提高远程调度应急指挥的及时性和准确性，在紧急情况下能够通过实时视频远程监测现场情况，并实时指挥。

6.1.6　未来地下矿山通信技术展望

6.1.6.1　新一代漏泄通信技术

坑道、隧道、煤矿地下等场所，一般有较多的拐弯处，内壁比较粗糙，对电磁波有隔断、反射、吸收作用，无线电信号难以传播或信号传播距离很难达到要求，对此，敷设漏泄电缆是最有效的解决方法。漏泄电缆沿坑道、隧道、地下敷设后，这些地方就充满了泄漏出来的电磁波，处在这些地方的无线电台或传呼器就可以接收到外部传来的信息。同时可以用另一条漏泄电缆向外传送信号，保证通信畅通。

漏泄通信主要是利用漏泄电缆实现高频信号的传输，矿山地下漏泄通信是以漏泄光缆为通道进行信息传输的新兴技术，而漏泄电缆作为巷道无线通信的天线，不仅可以实现矿井内外人员之间的联系，还可通过在矿井中的车辆上安装通信设备，实现车辆之间、人员与车辆之间的无线通信。

在巷道之间架设漏泄电缆时，还要设置相应的设备，包括基地台、稳压电源、功率分配器、负载盒、有线无线交换器。当无线电波传送时，其周围会形成一片无线电波的漏场，并覆盖所有切面，使电台设备接收到，再通过继电器的放大作用，将远距离传输过程中损失的能量补偿回来。

安放设备时，基地台设置在调度室中，方便对过程的控制。将地下的漏泄电缆与基地控制台相连，在中间的适当距离安放一个双向继电器，遇到巷道的分叉处就设置一些功率分配器，用来减少传输过程中的能量损失。

目前漏泄通信技术发展已经成熟，并且在矿地下被广泛使用，主要用来改善调度通信系统，具有高质量清晰通话和低噪声特点，且对基地台传呼十分便捷。但还有一定的缺点，主要是在设置设备时花费的成本过高，而且工程量浩大，系统过于庞大，不仅搬运不方便，而且占用了矿井的空间，对巷道造成了一定的影响。

图 6-17 为漏泄通信系统示意图。

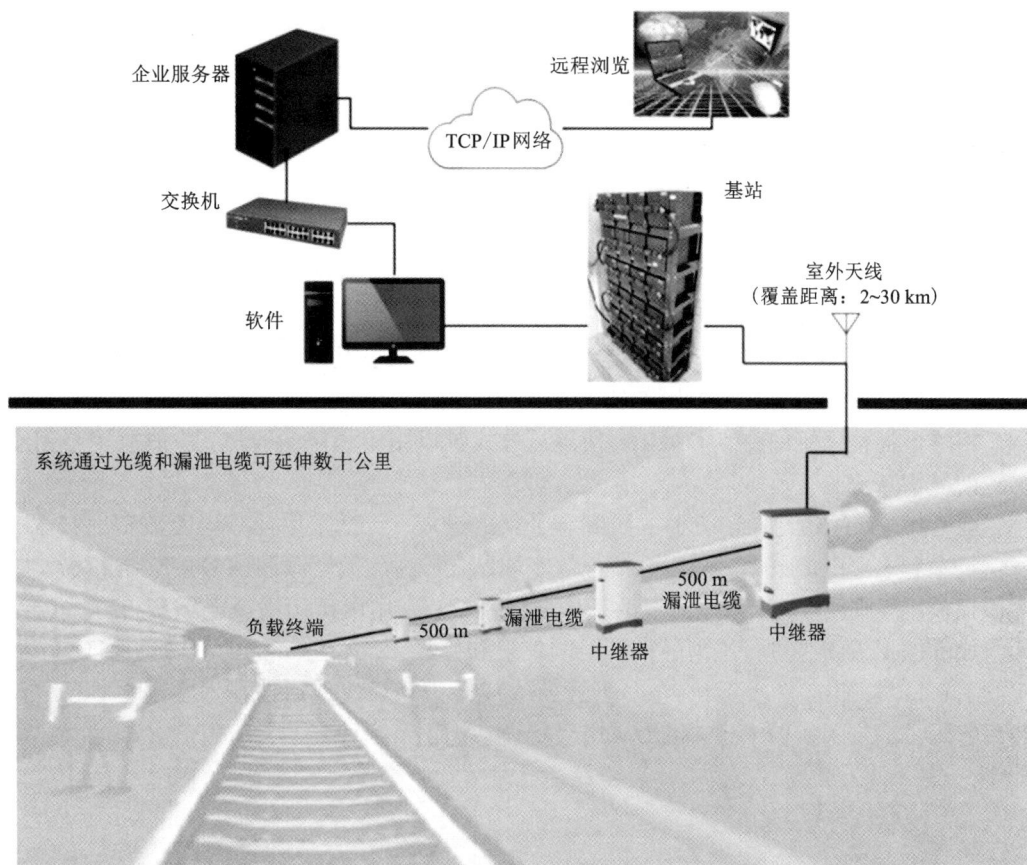

图 6-17　漏泄通信系统示意图

　　在实际应用中，漏泄通信技术主要实现的是语音通话和对讲机功能，等位间的实时通话并没有实现，真正意义上的有线无线转换还停留在研发中。总体上，漏泄通信技术还是给矿井通信系统的发展带来了便捷。

　　目前，利用漏泄同轴电缆进行无线传输的信号系统供货商主要有阿尔斯通公司和庞巴迪公司。庞巴迪公司 CITYFLO 650 已经在西班牙马德里地铁中得到成功应用，无线传输媒介采用的是基于 2.4 GHz ISM 频带的漏泄同轴电缆。

　　另有文献对地下有轨运输无人驾驶系统无线通信用漏泄电缆进行了应用研究，设计出"5 GHz 漏缆+2.4 GHz 无线 AP 定向天线"双冗余系统，其漏泄电缆系统利用西门子 RCOAX 漏泄电缆，用于实现列车与轨旁控制设备之间的数据交换。

6.1.6.2　透地通信技术

　　透地通信是以大地为电磁波传播媒质，利用电磁波穿透大地的无线通信方式。矿用透地通信系统是利用系统本身发射的低频信号穿透岩层到达地下，即靠天线发射的电磁波穿透大地岩层，通过磁导连接无线通信方式，实现数据的通信，可以组成点对点的双向通信链路，从而实现垂直方向或水平方向等不同角度的透地通信。

为了加强电磁波穿透岩层的能力，透地通信系统的工作频段一般选择波长较长的特低频频段(300~3000 Hz)。其发射天线一般长数千米，发射机的功率也较大，为数千瓦。由于系统的信息输入装置、发射机和发射天线均置于地面，地下发生灾变时，不会影响系统的正常工作，因此，该系统可靠性较高。但是，这种通信系统存在以下问题：

(1)信道容量小，只适合指令或短消息传输。

(2)单向通信：发射天线尺寸大，在地下安装困难，一般只能将发射装置安装在地表，地下接收信号，因此只能单向通信。

(3)电磁干扰大：矿山地下存在机电设备的功率较大、负载不稳定、启/停频繁、架线电机车火花等问题，造成地下电磁干扰严重，特别是 50 Hz 工频及其谐波对透地通信系统的干扰更为严重。

(4)施工难度大：大地构造、介质参数、巷道布置、支护方式、机电设备、电缆、金属管线等对透地通信系统的传输质量影响较大。

矿用透地通信系统的特点和局限，使得该方式难以用于全矿的通信，一般只用于调度和救灾辅助通信系统。

目前，有关矿用透地通信方面的研究有了新的进展，包括采用低频电磁波辐射技术、数字通信技术和本安电源技术，采用可编程数字调制器、高灵敏度微弱信号接收器和本安电源开发体积较小、质量较轻、使用方便的透地通信系统，采用由矿用阻燃电缆和拆卸式碳纤维骨架组成的框形天线来进行透地通信信号的发射和接收，实现了 50 m 的双向透地通信，通信速率约 150 bit/s，误码率小于 0.2%。上述研究成果为今后透地通信技术实现文本、语音通信和编解码等提供了实验平台，也为矿用遥控设备提供了一种新的无线通信方案。

6.2　铲装作业系统

本系统基于 5G 无线网络通信技术、基站信号切换技术、视频处理技术和自动化控制技术等最新技术，将操作人员从危险区域完全隔离出来，使人员可以在更安全的地表远程遥控操作平台，通过高带宽、低延时 5G 网络连接现场机车上的车载控制单元及安装在机车上的多路红外高清摄像头，实时观察现场，可以像在现场一样操作控制设备工作，这样既能节约人力资源，又能有效地提高矿井安全系数。

6.2.1　系统组成

以北京宸控科技有限公司 KC131-WJB 远程无线遥控系统为例，该系统主要应用于金属矿、非金属矿远程遥控环境，在该环境下，远程无线遥控系统基于当前最先进的 5G 无线通信模式，实现车辆远程遥控管理。该系统架构如图 6-18 所示。该系统主要包含以下几个单元：远程遥控操作平台、车载系统、视频系统、隔离光栅系统(选配)、5G 通信系统。

监控中心的操作平台接入 5G 专网，在设备工作区域内布置 5G 基站，设备在工作区域工作时车载 CPE 将视频、车辆状态信息发射出去，由基站接收并通过 5G 专网转发到监控中心，同理，监控中心的控制信息由 5G 专网到达设备作业面的基站，由基站发射到达车载 CPE。网络形成后远程操控人员通过显示器操控设备作业，车辆前、后装有高清红外摄像头，可将现场作业环境清晰地反馈给操作人员。图 6-19 为 KC131-WJB 远程无线遥控系统应用示意图。

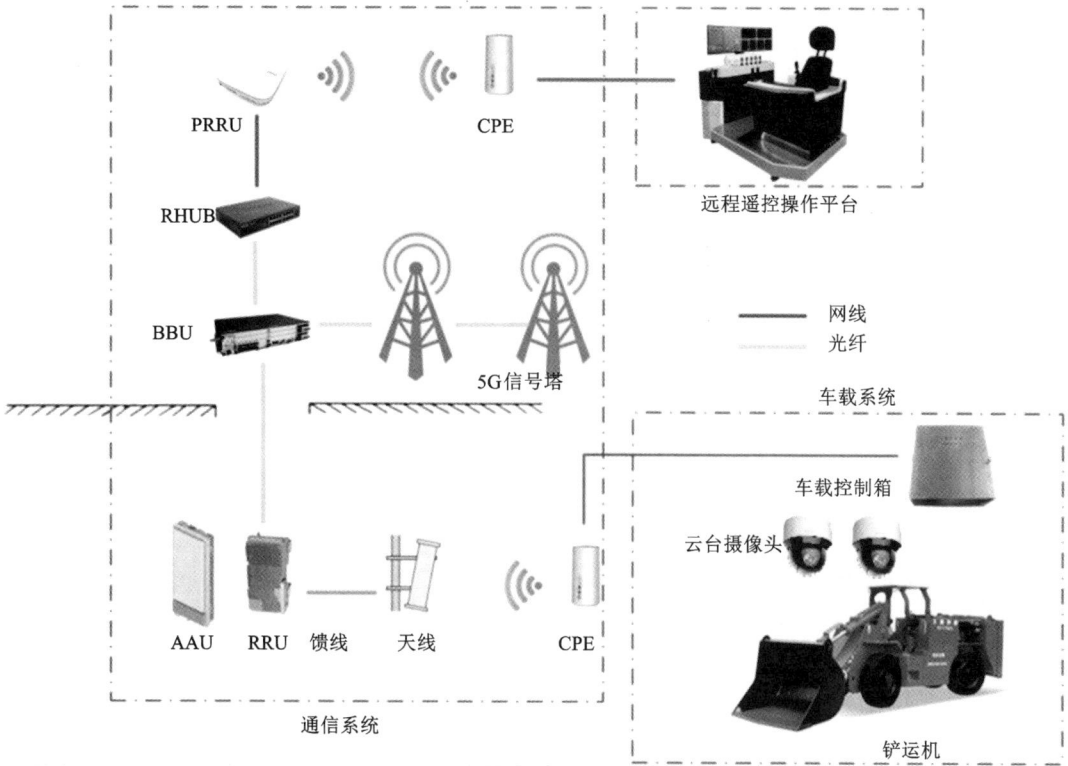

图 6-18　KC131-WJB 远程无线遥控系统架构图

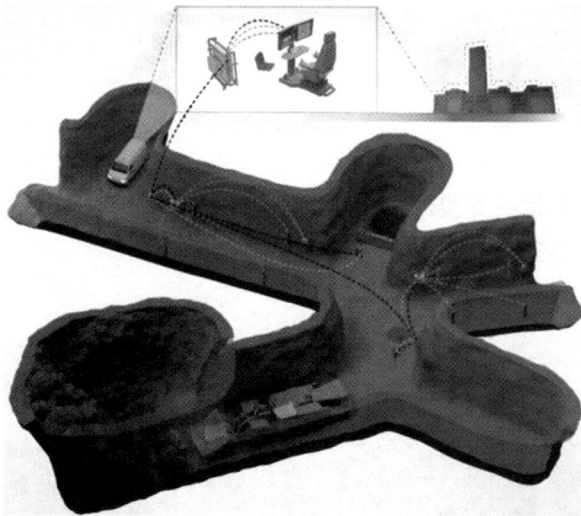

图 6-19　KC131-WJB 远程无线遥控系统应用示意图

6.2.2 系统分解

6.2.2.1 远程遥控操作平台

远程遥控操作平台即地面监控中心操作平台，如图 6-20 所示，该平台可以实现对整个系统的操作，以及查看视频和检测设备状态，是整个遥控系统的操作单元，可以实现对设备的无线遥控、视频监控、设备工作状态监测记录等功能。该平台包括操作平台、遥控座椅、大尺寸曲面液晶显示屏、视频处理显示软件、状态信息处理显示软件等。

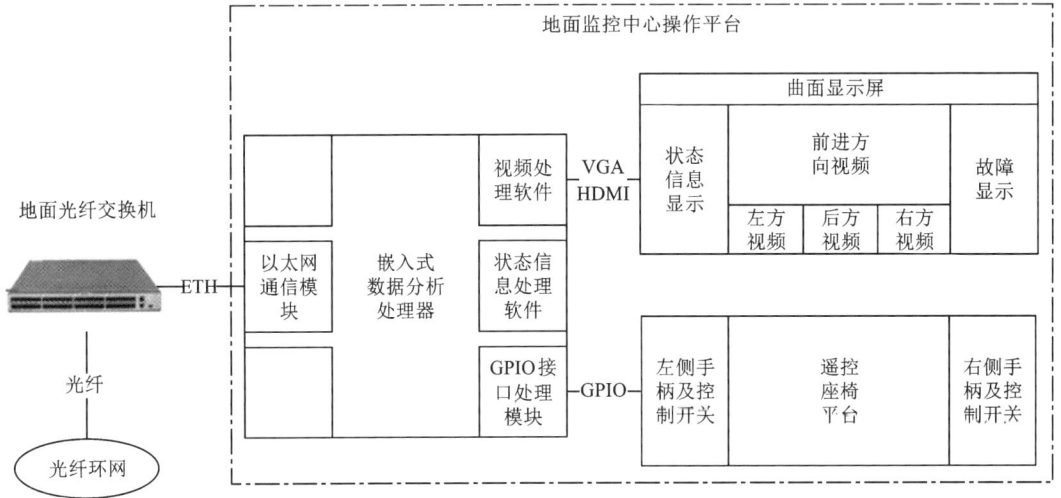

图 6-20 远程遥控操作平台框图

6.2.2.2 视频系统

车载视频系统可实现对车辆前、后两个方向视频图像的实时采集，使操作人员可以对车辆进行远程操控，由高清红外摄像头、嵌入式视频采集模块等组成。

系统设备前、后方向各安装一个高清红外摄像头（图 6-21），在设备工作时摄像头的视线不能被车身阻挡，且摄像头的安装位置应尽量高，以获得更宽广的视线。摄像头与 CPE 进行可靠的有线连接，CPE 通过无线网络把视频信号上传到遥控操作平台的视频监视器，以便操作人员进行监视和遥控操作。摄像头主要参数如表 6-2 所示。

图 6-21 摄像头及其安装示意图

表 6-2　摄像头主要参数表

型号	防爆等级	ExdIICT6
	防护等级	IP66
摄像头	成像器件	130 万/200 万像素 SONY1/3″CMOS 传感器
	最低照度	彩色 0.1Lux@F1.2，黑白 0.01L Lux@F1.2
	镜头规格	4 mm、6 mm、8 mm、12 mm、16 mm、25 mm 可选
红外	红外距离	10~100 m(可选配)
	红外开关	照度低于 0 Lux 自动开启
	红外光源	4 颗阵列式
	温度范围	−40~60℃
一般规范	相对湿度	不大于 95%(25℃)
	大气气压	80~106 kPa
	恒温系统	可选配
	供电电压	DC12 V /AC220 V/PoE 供电(可选配)
	适用环境	用于爆炸性气体及可燃性粉尘环境
	产品材质	304 不锈钢材质(化工、酸碱等强腐蚀性环境使用)

遥控座椅包括座椅、手柄、按键和一个遥控座椅控制器，如图 6-22 所示。遥控座椅控制器与遥控发射器通信将操作动作发射出去。其主要的特点是：座椅左、右两边安装遥控系统手柄，手柄各方向的功能可根据原车进行功能定制，使其操作习惯与原车一致；高靠背以及座椅缓冲设计，升、降、前、后调节方便操作，增加乘坐舒适性和可靠性；座椅左、右控制面板上安装有启动、紧急停车、驻车刹车、熄火、前后灯等控制按钮。

视频和状态曲面显示屏通过 VGA 或 HDMI 连接至嵌入式数据分析处理器，将现场车辆的视频、状态信息显示出来。

图 6-22　遥控座椅

遥控发射器通过以太网与通信系统的地面交换机连接，将遥控信号发射出去，遥控发射器安装在座椅操作箱内。由嵌入式数据分析处理器，建立通信网络以及车载单元连接，把手柄模拟信息和按键数字信息发送到车载单元，铲运车工作状态、工作参数等信息通过数据接收系统接收并在监控中心软件显示，高效地完成整个自动化逻辑处理功能，实现工作状态灯的指示。

6.2.2.3　车载系统

车载系统安装在受控车辆上，是铲运机实现远程遥控和自动化工作的执行部件，由车载接收单元、车辆监测单元、电气组装改造套件等部件组成，集中安装在车载控制箱中(图6-23)。车载接收单元主要功能包括与操作单元建立连接，接收并解析无线信息，输出 PWM 和数字信号，控制机车动作；监测机车运行工况，及时发出报警信息，实现工况监测，并反馈到中心监控显示器；利用指示灯指示系统工作状态。

系统可根据需要进行扩展数字量输出、模拟量或数字量输入等。由 4 个 LED 状态实时指示车载单元实际输入、输出的各种动作状态，方便客户进行故障诊断。系统提供发动机温度、机油压力、制动压力 3 路模拟信号检测及温度、压力、其他这 3 路(根据需要多路)开关警告检测功能接口，并可根据需要定制和扩展功能。

利用 12 路 DIN、8 路 DO、12 路 AIN、1 路 CAN、1 路 RS232/RS485 实现车辆状态采集，图 6-24 所示为车辆状态采集器。传感器数据采集(机油压力、发动机温度、水温、制动压力、发动机启停状态、燃油液位、车辆速度、行驶里程)，通过客户提供 CAN 总线通信协议、RS232/RS485 通信与接收控制器通信，为其提供控制逻辑支持。

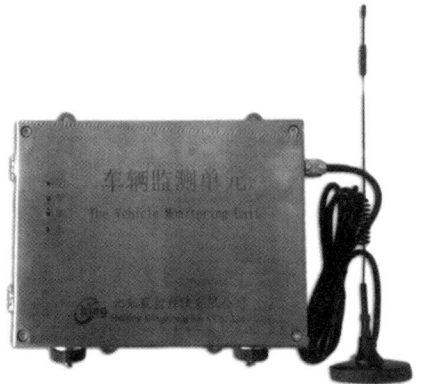

图 6-23　车载控制箱和车载接收单元　　　　图 6-24　车辆状态采集器

6.2.2.4　隔离光栅系统(可以选配)

隔离光栅系统由光幕传感器、反光板、光栅发射器、车载控制器等组成，可以把铲运机的工作区域隔离出一个相对独立的空间，避免无关车辆、人员闯入，确保工作与生产安全。一个基础隔离光栅系统包括 2 对光幕(包括 2 个激光发射器和 2 个反光板)、2 个光栅信号发射器和 1 个光栅控制器，发射器和控制器之间通过无线网络通信使闯入的铲运机自动停车熄火，如图 6-25 所示。作为扩展，1 个光栅控制器最多可同时与 4 个光栅信号发射器关联配对。

隔离光栅系统中的发射器和控制器都具有状态指示和声光报警功能，它们都可以明确指示出每一路光幕的状态。另外，发射器上还有一个急停按钮，可实现紧急停车。

发射器与光幕一起安装在受隔离的区域端，控制器安装在受控车上实现报警停车功能，同时控制器可与车辆状态监测器通信，将光栅状态上传至地面操作平台的状态监视器上并进行显示。

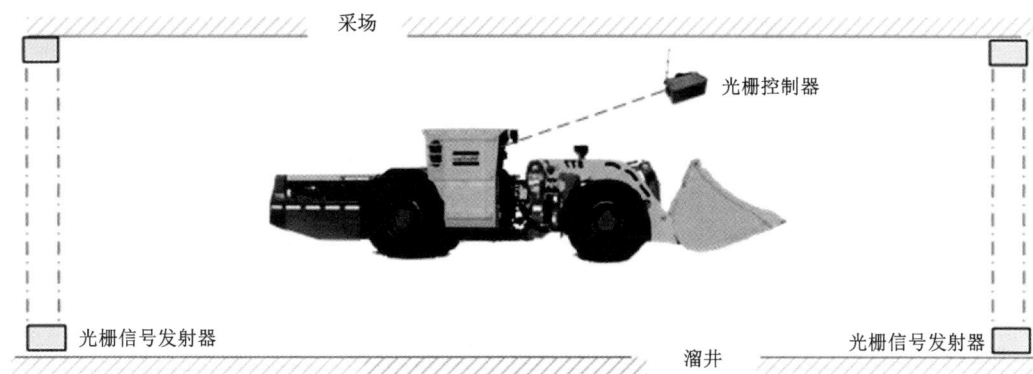

图 6-25　隔离光栅示意图

通过操作平台上的"隔离"开关可对隔离光栅进行使能和禁能的操作。隔离光栅系统将根据铲运机停车熄火的工况状态进行如下三种操作：第一，光幕受到遮挡；第二，发射器上的急停按钮被按下；第三，发射器与控制器之间的通信中断。

6.2.2.5　5G 通信系统

5G 通信系统用于确保发射系统、接收系统的视频数据控制信号实时、准确地在监控中心和工作面车辆之间传输，承担了遥控操作平台与设备之间的所有通信任务，包括操作平台对设备的控制通信、设备状态信息上传到操作平台状态监视器的通信、视频系统上传到操作平台视频监视器的通信，一般由专用 5G 基站、矿用交换机等设备组成。通信系统组成如表6-3 所示。

表 6-3　通信系统组成

组件	通信系统
无线基站	工作区域通过 5G 基站进行网络覆盖，根据工作区域的大小和形状，确定基站个数，基站要覆盖的区域与基站之间必须是可视无阻挡的
车载无线网桥	车载视频信号通过有线方式连接到车载 5G CPE 无线网桥，车辆运行过程中无线网络将视频信号输送到网络系统中，从而到达操作平台进行显示
通信天线	通信天线连接于基站之间，基站之间通过天线传输接收信号。 根据现场环境不同，可选择不同的天线。 天线种类有定向天线、全向天线

通信传输系统的功能要求：

(1)设备天线与无线基站/5G CPE 之间视线可见；

(2)设备工作区域实现 100%无线覆盖；

(3)最大网络延迟为 20 ms；

(4)视频信号最大允许延迟为 300 ms。

如 5G CPE 组网方式，搭载 5G 多模芯片——巴龙 5000，支持 5G/4G 全网通；支持 NSA和 SA 5G 双模组网，兼容 4G 组网，如图 6-26 所示。

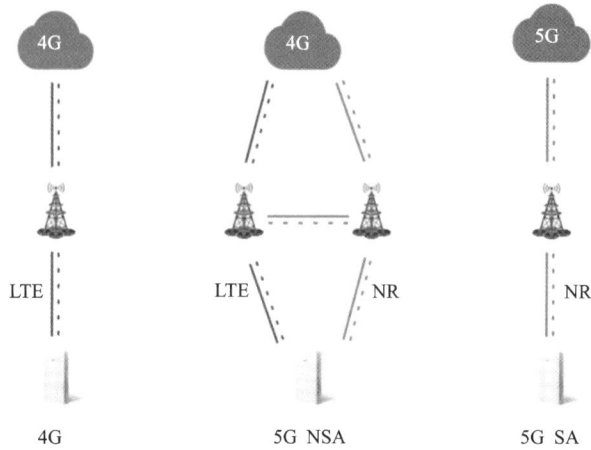

图 6-26 5G CPE 支持组网方式

6.2.3 应用案例

6.2.3.1 山东临工集团

宸控科技为山东临工集团为大型挖掘机量身定制的 5G 远程遥控系统,除了满足车辆的基本功能外,增加了一些特殊功能:在通信网络方面,具有联通光纤专线和 5G 专网两套冗余网络设计,操作平台和车载系统可以在两套网络之间快速切换,两套网络通信都达到了低延时、高稳定性的要求,且经过了长时间的应用验证;在安全性方面,增设了安全工作模式,具备多种自我保护能力;在操控性上,车辆的本地和遥控功能可以随意切换,并保证双向切换发动机不熄火,减少启动次数,延长发动机寿命;在智能运用上,远程操作平台和车载系统均具有上电自检、手柄自校准、报警检测等功能。图 6-27 为山东临工集团实际工程运行图。

图 6-27 山东临工集团实际工程运行图

6.2.3.2 安徽马钢矿业有限公司

2019 年,FL10A 智能铲运机无线遥控系统成功在马钢张庄投入使用,如图 6-28 所示。智能遥控系统的优点在于通过激光空间扫描技术和高精度设备姿态监测,帮助设备探测前方障碍物,从而避免设备碰撞墙壁,防止设备损坏,延长机器寿命。同时,利用精准算法保持设备在最优路径,实现设备导向功能,减少人为干预,从而提高效率。

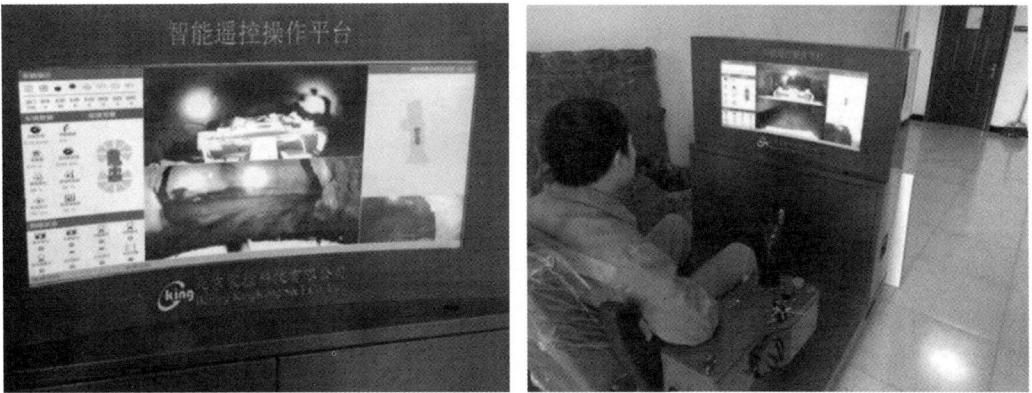

图 6-28　马钢张庄铁矿 FL10A 智能铲运机运行现场图

6.2.3.3　湖北兴发化工集团股份有限公司

湖北兴发集团树崆坪磷 KC132B 远程无线遥控系统产品如图 6-29 所示。

图 6-29　湖北兴发集团树崆坪磷 KC132B 远程无线遥控现场

6.3 全电脑凿岩台车系统

6.3.1 全电脑凿岩台车工作原理

全电脑凿岩台车集整车行走、整车定位、臂架定位、钻孔作业、轮廓扫描功能于一体，主要由底盘、驾驶室、臂架、工作吊篮、动力系统、电脑控制系统、液压系统、润滑系统、空气系统、水系统以及接杆机构等组成，全电脑凿岩台车工作基本原理如图 6-30 所示。

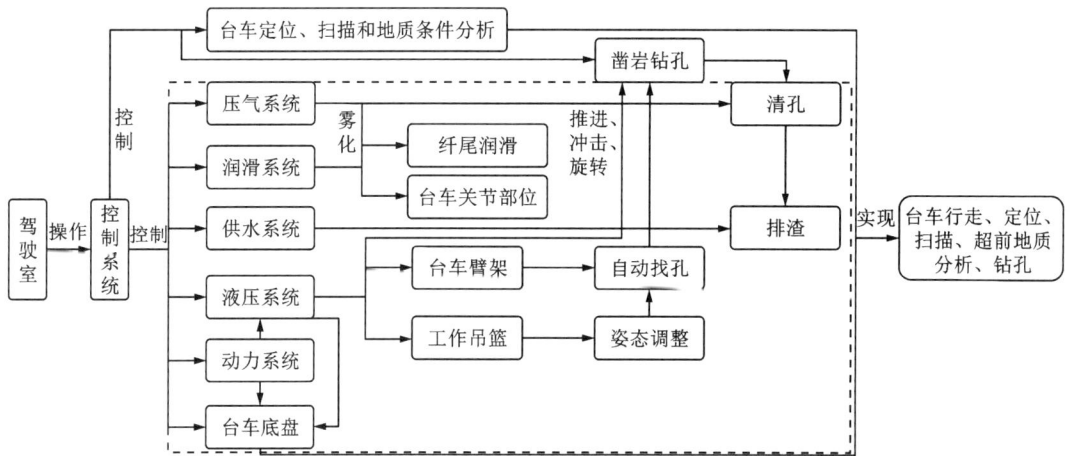

图 6-30 全电脑凿岩台车工作基本原理

动力系统一般包括发动机动力系统和电机动力系统。发动机动力系统主要为整机行走、转向以及支腿升降、电缆卷筒回转、水管卷筒回转等辅助作业提供动力，也可为臂架动作提供应急动力，以便完成突然断电或行车状态下的臂架姿态调整。电机动力系统主要为钻孔作业提供动力，有助于改善长时间钻孔时的作业环境。

底盘是整机工作的载体，一般配置驾驶室实现整机行车驾驶和钻孔操作。常见的底盘有轮式底盘、履带式底盘及轨行式底盘。臂架主要包括钻臂和吊篮臂。钻臂是支撑凿岩机的工作臂，能够执行升降、水平摆动以及旋转等动作，同时，能够实现托架（推进器）的俯仰和水平摆动、推进器的补偿运动等动作，以保证凿岩机水平钻孔及垂直岩壁钻孔时的快速定位。钻臂的尺寸、钻臂动作的灵活性和可靠性等都将影响台车适用范围以及钻孔效率。吊篮臂能够实现摆动、升降以及伸缩等动作，其工作覆盖范围与左、右钻臂的工作覆盖范围应相当，以保证整机工作范围内的装药、排险等辅助作业。

凿岩机是整机工作的核心部件，通过电脑控制系统自动控制凿岩机的防卡钎、防空打、轻打开孔等，由电机驱动液压系统实现凿岩机的冲击、推进、旋转，由高压水泵为凿岩机钻孔过程提供高压水冲渣，以完成凿岩机高效钻孔。同时润滑系统和空气系统为凿岩机提供气雾润滑，保证凿岩机长时间稳定作业。

电脑控制系统可实现钻孔作业中的自动找点及自动钻孔控制，一般可选用手动、半自动、自动等多种模式。通过配置的 3D 扫描仪或全站仪可实现凿岩台车在隧道内的整机定位，并通过 3D 扫描仪实现爆破后的超欠挖轮廓扫描。

全电脑凿岩台车可通过车载电脑预先接收由办公室电脑设计完成的炮眼施工设计图，无须在掌子面标识炮眼位置，通过自动控制系统保证炮眼施工的准确性。

6.3.2　电脑控制系统

电脑控制系统是全电脑凿岩台车的核心系统，主要由凿岩台车机载的生产管理模块、钻进作业模块、扫描应用模块和外部配套的辅助分析模块四部分组成（图 6-31）。

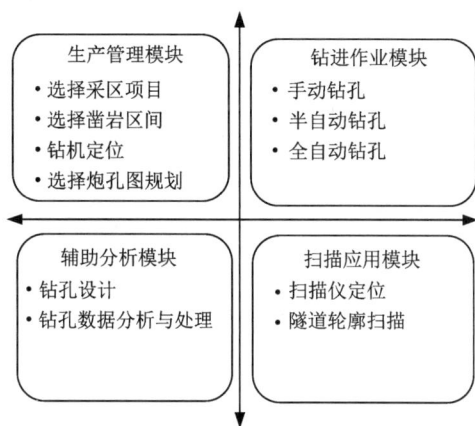

图 6-31　电脑控制系统组成图

6.3.2.1　生产管理模块

生产管理模块主要用于实现生产调度与指令管理功能，需要操作者预先将辅助作业模块中涉及的工程项目信息、工作区间信息、隧道线要素信息、隧道轮廓信息及炮眼设计图通过凿岩台车电脑控制系统的数据传输接口导入。在完整的矿山工程生产信息的支持下，操作者可通过模块操作依次实现选择采区项目、选择凿岩区间、钻机定位、选择炮孔图规划等功能。

6.3.2.2　钻进作业模块

钻进作业模块主要用于凿岩台车的钻进作业工作，主要包含 3 种作业模式，即手动钻孔、半自动钻孔、全自动钻孔。其应用需要操作者预先完成项目管理模块中的选择工程项目、选择工作区间、智能定位、选择炮眼图规划等操作。上述步骤完成后，操作者可通过模块操作进行钻进作业，电脑控制系统支持使用多种钻具对多类型爆破孔进行钻进，并实时监测钻进各个阶段中的钻孔随钻参数、钻孔深度等信息，自动生成钻孔日志；同时支持在线调整钻孔参数、视频监控现场钻进等操作。

6.3.2.3　扫描应用模块

扫描应用模块主要用于扫描仪的使用，包括扫描仪定位与隧道轮廓扫描。其应用需要操作者预先导入辅助作业模块中设计的完整隧道施工信息，并完成工程项目的选择。随后，操作者可通过模块作业实现扫描仪定位与隧道轮廓扫描功能。操作者可使用激光定位方式，采用激光与一个已知点，或与两个已知点的定位方式等进行定位，也可采用自动扫描、手动扫描、矩形扫描等方式对多类型隧道轮廓进行扫描，电脑控制系统将自动生成扫描日志，并显示轮廓的超欠挖情况。

6.3.2.4　辅助分析模块

辅助分析模块集钻孔设计、钻孔数据分析与处理功能于一体，主要用于隧道线设计、隧道轮廓设计、钻孔布置图设计、钻孔日志分析、扫描日志分析、MWD（measurement while drilling）地质分析。辅助分析模块设计的钻孔布置图可以直接导入凿岩台车，在台车定位完成之后，可以按照预先设计好的钻孔布置图进行全自动钻孔作业。台车在钻孔过程中记录各个传感器的数据并生成钻孔日志，日志支持导入辅助分析模块中的分析数据，并生成 MWD 地质云图。此外，台车在隧道轮廓扫描过程中记录扫描仪点云数据并生成扫描日志，日志支持导入辅助分析模块中详细分析后的超欠挖数据。

相比传统凿岩台车控制系统，电脑控制系统的自动化程度更高，在作业过程中，无须人工在工作面上测孔、标识，可节省大量人工测量检查工作，缩短辅助作业时间，其施工质量和效率更高。电脑控制系统的可靠性更高，通过电脑监测与控制，设备以最佳的工作参数运转，避免人工误操控，从而提高了设备工效，降低了设备故障率。

电脑控制系统可全过程准确记录数据，按照钻孔布置图精确钻孔，在钻孔和扫描完毕之后，生成日志记录文件，翔实地记录下隧道内每个孔的随钻数据、单个孔钻孔时间、钻孔总数量、钻孔总时间等信息，为实际工作中钻孔参数分析与改善钻孔提供数据支撑，从而提高工程质量，节约成本。

为了确保定位结果可靠、故障少，在选择设备时，通常选择经过长期检验的性能稳定可靠的激光扫描仪、全站仪等设备；同时，使用高精度倾斜仪检测凿岩台车倾斜角度，对定位算法进行误差补偿。

6.3.3　自动钻孔

高效的自动钻孔功能是全电脑凿岩台车作业的显著优点，满足了凿岩台车电脑控制系统"稳、准、快"的作业需求。自动钻孔包括自动运动至钻孔位置、冲击回转冲洗润滑一体化钻孔两个方面。

6.3.3.1　自动运动至钻孔位置

自动运动至钻孔位置，是指凿岩台车根据预先导入的设计数据中的钻孔布置图，基于炮眼设计数据定位，控制机械臂运动位姿并移动到相应的钻孔位置。为保证数字化凿岩台车臂架在隧道施工时的灵活性和运动空间的完整性，其臂架被设计为串联型的 8 自由度冗余机械臂。与传统多关节串联机器人相似，凿岩台车的臂架长、自由度多、结构挠度大、工况扰动强、连续作业时间长，给其运动轨迹的精确控制带来严峻挑战。依据凿岩台车的臂架结构和运动规律计算模型，实现对臂架的精确控制。

6.3.3.2　冲击回转冲洗润滑一体化钻孔

钻孔作业达到定位要求后，需要继续完成领孔、低冲、高冲、停止、回退、卡钻、冲洗等动作，同时还要防止卡钻和空打。通过钻孔预先实验，获得不同地层下推进速度、推进压力、冲击压力等参数对钻孔效率的影响规律，提出不同地层与不同工况下各参数阈值设置方法与控制逻辑。在系统频域和时域响应特性分析的基础上，找出影响系统快速响应和控制精确性的关键参数。同时，针对不同钻孔阶段与钻孔时发生的卡钻、空打问题，研究钻孔参数最优控制策略，实现能及时脱困的自适应快速钻孔。根据所导入的钻孔布置图中的钻孔类型、现场钻具类型、隧道围岩等级等信息综合判别，获取最优钻孔参数，基于凿岩机防空打和防卡钻控制逻辑，进行钻孔施工，可实现不少于 5 种钻具的 6 种钻进状态(领孔、低冲、高冲、停止、回退、卡钻)的高效工作，从而提高钻孔效率且降低凿岩机设备损耗。

6.3.4　扫描

为了实时掌握开挖动态与钻孔质量，优化钻爆方案，在钻孔前应对上一循环的轮廓进行超欠挖扫描，一是方便技术人员进行分析，二是为凿岩台车的施工做技术储备。同时，扫描也是为了对超欠挖明显不合理的情况及时进行调整。隧道轮廓超欠挖扫描原理如下：

针对隧道形貌特征与施工工况，全电脑凿岩台车选用一款高效、精准、防护等级高的三维隧道激光扫描仪。三维隧道激光扫描仪由激光测距仪与旋转平台搭建而成，其中，激光测距传感器采用一个两轴伺服系统定位，每个轴含有一个角度传感器，激光扫描仪通过自身自主发射光束，可以解决隧道光线不足的问题，适合隧道参数的测量。操作人员使用扫描仪时，可以通过安装于驾驶室内的操作手柄对扫描仪进行手动操作。与 3D 扫描仪配套使用的是安装于驾驶室右边的电脑，通过电脑中的软件和 3D 扫描仪实现智能定位与轮廓扫描。

正如前面所介绍的，设备出厂前需预先建立扫描仪和全电脑凿岩台车的空间关系。扫描仪工作时，通过两个自由度为 360° 的旋转激光束测距，可测得隧道内任意点的坐标，形成"点云"。扫描仪开始扫描之前必须先定位，才能确保扫描区间与其隧道里程信息对应。然后利用三维轮廓重建软件，基于点云数据的拼接、分割、切片等处理算法，计算获得隧道超欠挖等数据，实现扫描轮廓与设计轮廓的超欠挖比对。

6.3.5　应用案例

山特维克的 DD422i 凿岩台车在谦比西铜矿西矿体中央斜坡道进行了凿岩作业，巷道设计断面尺寸 4.5 m×4.5 m，设计炮孔 64 个，设计炮孔深 4.9 m。

6.3.5.1　作业工艺及流程

(1)采用 iSUE 智能化设计软件建立新的生产巷道项目。

(2)通过 iSUE 智能化设计软件，根据岩石条件和爆破参数自动设计炮孔，如图 6-32 所示。

(3)通过地下无线通信系统将设计图传输至 DD422i 凿岩台车或使用 USB 闪存盘拷贝至凿岩台车。

(4)在已开挖段的巷道顶端安装激光指向仪，采用激光定位方式进行凿岩台车定位，如图 6-33 所示。

(5)根据车载大臂辅助定位及炮孔设计图实现精确凿岩。

(6)根据爆破情况及随钻测量参数对设计图进行修正。

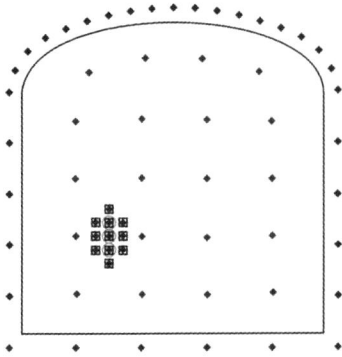

图 6-32 炮孔设计图

图 6-33 激光定位图

6.3.5.2 凿岩效果分析

统计地下 12 次凿岩循环数据(表 6-4),因统计凿岩循环较多,本书只选取其中 1 个循环的爆破后断面效果图。现场凿岩和爆破后断面轮廓见图 6-34。爆破后巷道断面较平整,轮廓也较规整,每循环平均进尺为 4.6 m,设计炮孔深度为 5.0 m,炮孔利用率接近 94%,现场效果图也可看出爆破后无残孔。

表 6-4　12 次凿岩循环数据统计

次数	凿岩工程量/m	进尺/m	纯凿岩时间/h	钻臂移动时间/h
1	280	4.5	3.0	0.5
2	249	4.3	2.6	0.5
3	312	4.7	3.2	0.6
4	310	4.7	3.2	0.6
5	305	4.6	3.2	0.5
6	296	4.6	3.2	0.6
7	276	4.5	2.8	0.5
8	285	4.6	3.1	0.6
9	287	4.6	3.2	0.6
10	270	4.4	2.8	0.5
11	297	4.7	3.2	0.5
12	279	4.5	3.0	0.5
总计	3446	54.7	36.5	6.5
平均		4.6	3.0	0.5

图 6-34　现场作业与效果图

6.4　智能装药台车系统

6.4.1　矿用智能型乳化炸药装药台车工作原理

智能装药台车装填的材料是有雷管感度的乳化炸药，通过降阻剂润滑降阻，经过泵送系统装入炮孔，不发生化学变化，基本工艺流程及管理图如图 6-35 所示。

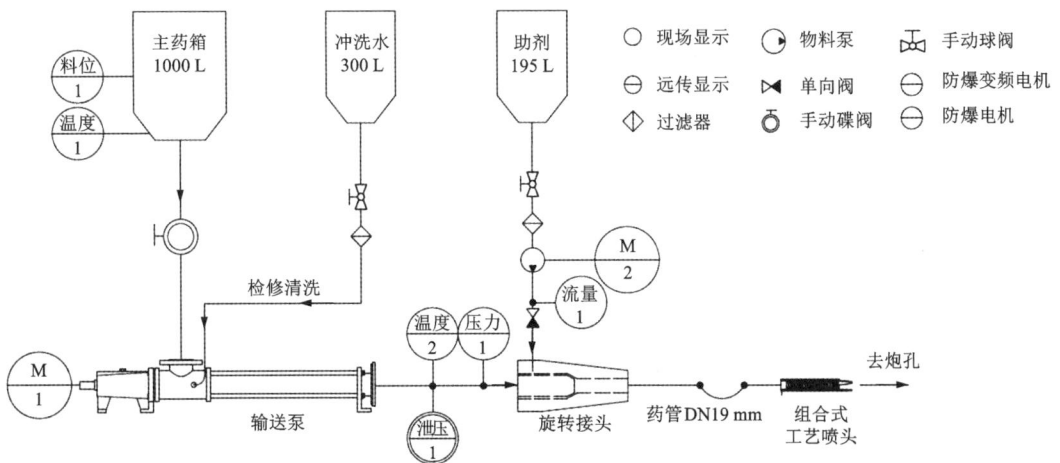

图 6-35　基本工艺流程及管路图

　　轮胎式智能装药台车和全液压式地下装药车结构分别如图 6-36 和图 6-37 所示。工作时，输送管由卷管机构放出，人工将输送管送至爆破炮孔底部，主药箱中的胶体由螺杆泵经胶体管路、助剂由单联助剂泵经助剂管路输送至卷管机构的旋转接头，分层进入输药管中，经过输药管末端的组合式工艺喷头时，物料通过变频器控制输送量充分混合注入炮孔，边装药边退回输药管，直至完成设定装药量。自动控制系统结合工艺参数控制、协调各部的动作，并实时监测运行数据。设备装有温度、压力、流量传感器，设置超压、超温、流量波动安全联锁保护；胶体管路装有压力安全泄压阀装置，对超压起到冗余保护作用。工作完成后，利用泵送系统清洗管路。

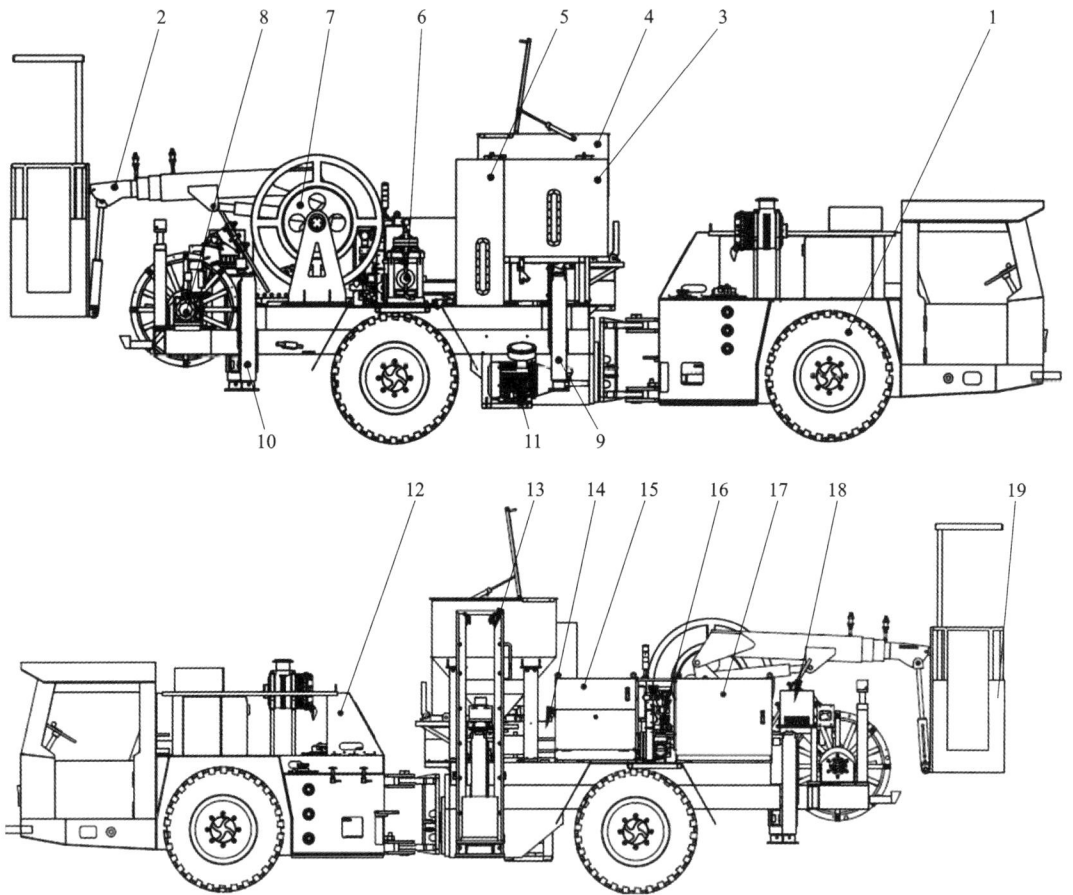

1—铰接式底盘；2—臂架系统；3—水箱；4—主药箱；5—助剂箱；6—助剂泵；7—电缆卷筒；8—卷管机构；
9—底盘前支腿(左、右各一只)；10—底盘后支腿(左、右各一只)；11—大臂防爆电机油泵；12—大臂应急下降阀；
13—物料提升装置；14—螺杆泵防爆电机组合；15—弱电控制柜；16—仪表柜；17—强电控制柜；
18—大臂操作多路阀；19—吊篮升降工作平台。

图 6-36　轮胎式智能装药台车结构图

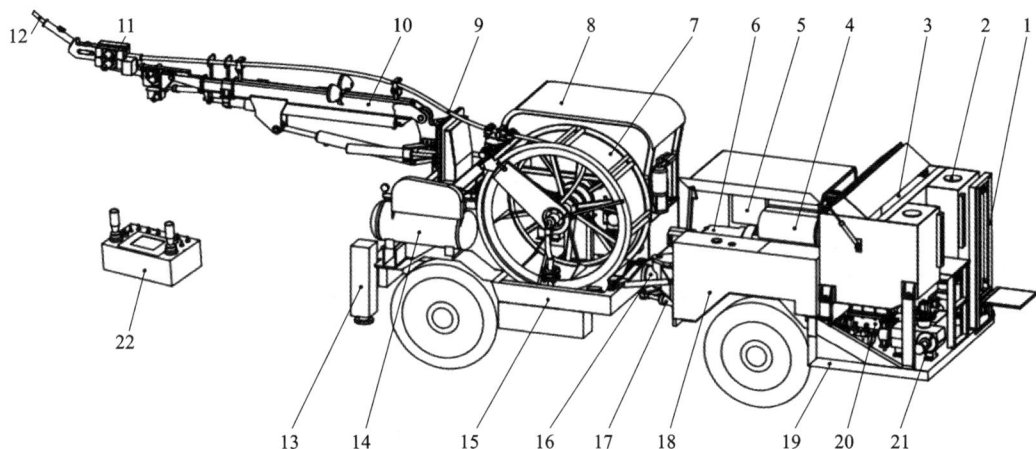

1—物料提升装置；2—敏化剂罐；3—基质储罐；4—发动机；5—液压油箱；6—行走/工作组合液压泵；
7—卷管排管器；8—驾驶台；9—输药软管；10—遥控大臂；11—送管器；12—管式混合器；13—液压支腿；
14—空压机；15—前车架；16—中央铰接体；17—轴承；18—燃油箱；19—后车架；
20—基质输送泵；21—柱塞计量泵；22—遥控操作台。

图 6-37　全液压式地下装药车(自动对孔)

6.4.2　智能操作平台

6.4.2.1　装药车电气元器件、仪器与仪表

仪器与仪表主要有带现场显示的分体式温度变送器、分体式压力变送器、电磁流量传感器、物位传感器。

6.4.2.2　安全联锁系统

由温度传感器、压力传感器、物位传感器和电磁流量传感器等与工艺联锁组成超温、超压、断料和欠流安全联锁自动保护系统，通过各类传感器组成的计量监测系统监测温度、压力、流量等实时数据，各类传感器与仪表通过实时检测数据和工艺安全设定参数实现报警、停机等联锁安全保护功能。

故障自诊断控制系统不仅在装药过程中执行安全联锁保护，还实时检查各个传感器、仪表的自身状态。当仪表损坏或连接仪表的线缆损坏时，控制系统能做出诊断，并报警提示。

四级压力安全联锁、三级温度安全联锁自动保护装置逻辑结构如图 6-38 所示。

系统的主要优势：

(1)安全性能优良：采用移动车辆专用 PLC 控制，关键参数在线实时显示控制；具有超温、超压报警停机，断流、欠流报警停机功能；采用防静电输送管。车载自动化系统具备工艺参数、安全联锁等数据自动采集、处理分析、反馈等功能，实现系统闭环控制。

(2)装填乳化炸药质量好：乳化炸药装填均匀，乳化炸药性能稳定；装填密实无空隙，与炮孔耦合性好，炮孔利用率高。

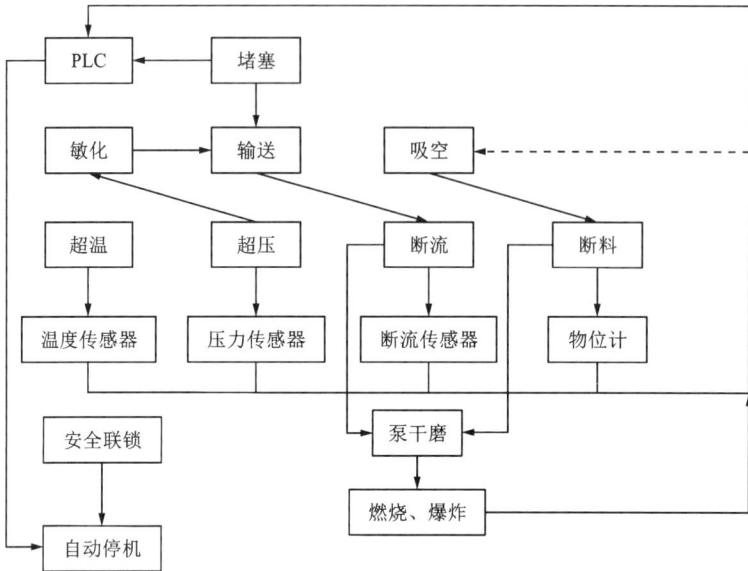

图 6-38　安全联锁自动保护装置逻辑结构图

（3）装药产能大：装药速度可调，生产能力为 30~50 kg/min。

（4）高可靠性：CAN 开放式架构，在环境温度条件恶劣、电磁辐射强、振动大的工矿环境下具有高可靠性和优良的错误检测能力。

（5）炸药密度可调，实现精准装药。

6.4.2.3　操作平台图示

操作平台有三种模式：上位机自动模式、上位机手动模式、面板旋钮操作模式。软件操作系统界面及主要功能见图 6-39。

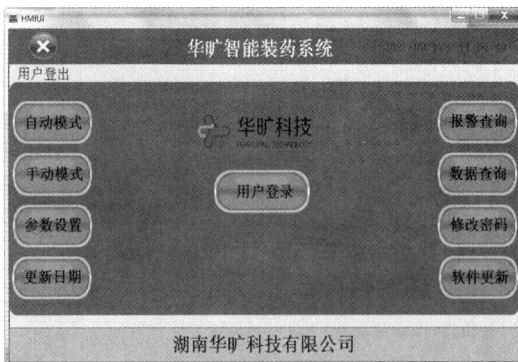

（a）装药系统界面

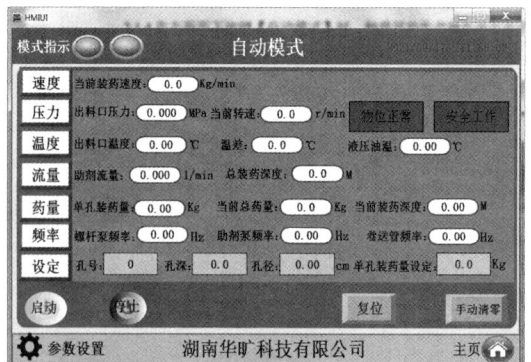

（b）自动模式界面

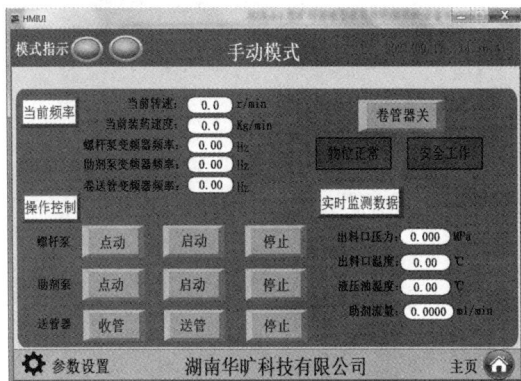

(c) 手动模式界面

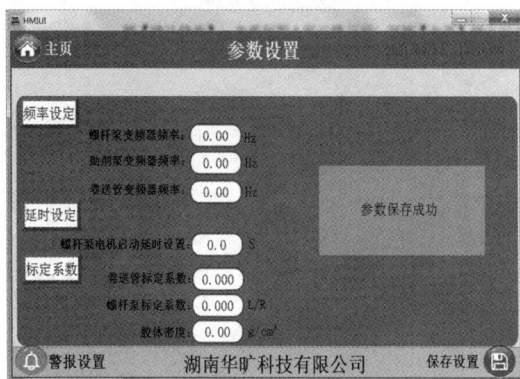

(d) 参数设置界面

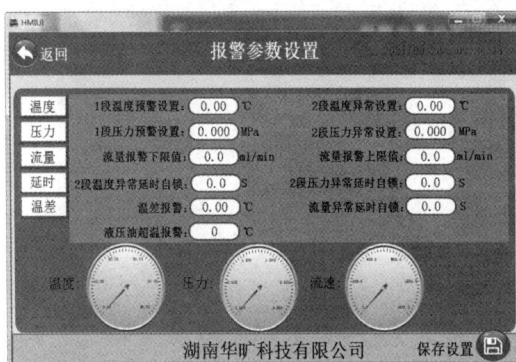

(e) 报警参数设置界面

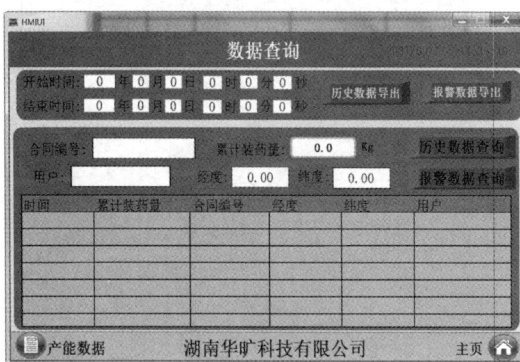

(f) 数据查询界面

图 6-39　智能装药台车的软件界面图示

(本机系统内置不可更改报警参数：当压力达到 2.4 MPa 时即停机；当温度达到 50℃ 时即停机。其他参数可自行设定。)

6.4.3　应用案例

2021 年 3 月 25 日智能装药台车系统在崇义章源钨业股份有限公司石雷钨矿成功应用，采用了江西赣州国泰特种化工有限责任公司生产的乳化炸药(胶状)。爆破的参数为上向中深孔最深 27 m，两个作业面各 3 排共 105 个孔，设计装药 6.3 t，实际装药 5.6 t，比原来传统装药单耗降低 12% 左右(尚有较大优化空间)，装药效率比传统装药方式提高 5 倍以上，爆破效果很好。

智能自动装药系统采用 PLC 中控技术和人工智能控制算法控制，可在矿井内精准、平稳地完成炸药自动装填，实现故障自动诊断和远程服务，对压力、温度、药量等参数进行实时跟踪监测与反馈，实现了安全联锁，提高了安全系数。该装备的成功运行打破了传统人工装填药作业模式，将操作人员从危险、劳累和污染的工作中解脱出来，提高了装药作业的效率与质量，有利于孔网参数的优化，由于其可装填炮孔深度达 50 m，为"高分段、大结构"采矿提供了有力支撑，对我国智慧矿山的建设具有重大的推动作用。图 6-40 为装药现场与爆破效果图。

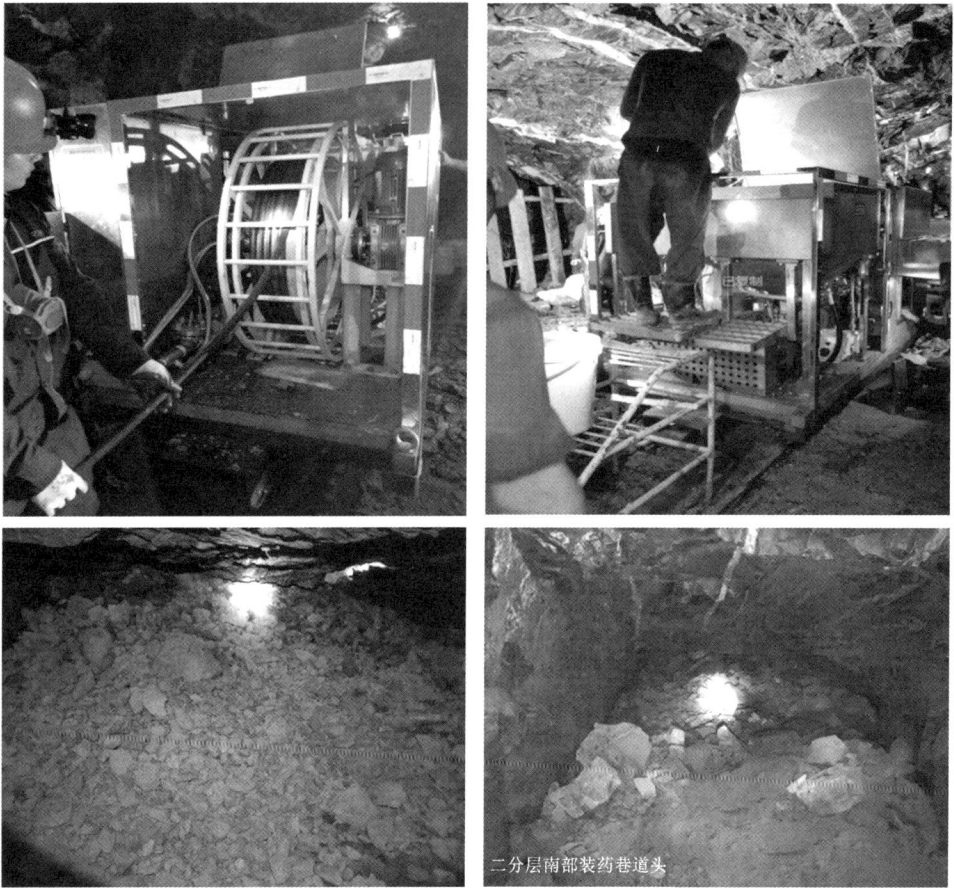

图 6-40 装药现场与爆破效果图

6.5 地下自动驾驶系统

地下自动驾驶系统通过车载的智能传感器对行驶环境、障碍物、车辆位置信息进行感知，将结果发送至车载计算单元，并结合后台调度系统下发的调度任务，在计算中心智能分析基础上根据位置和调度指令以及车辆状态，自动生成车辆的行驶轨迹，并及时将行驶轨迹转化成车辆的控制指令，发送至车辆线控单元，由车辆线控单元将控制指令转化成具体的油门、制动、转向、挡位等控制指令驱动车辆线控执行器，从而实现矿卡从起始点到目的地的自动驾驶。

6.5.1 系统架构

自动驾驶系统根据系统需求的上、下关系划分为硬件平台、系统软件、功能软件和应用软件等四层结构。硬件平台层包括激光雷达、毫米波雷达、摄像头、超声波雷达、组合导航等硬件输入；系统软件层包括操作系统和中间件，为上层提供调度、通信、时间同步、调试诊断等基础服务；功能软件层包括感知、决策、规划和控制等自动驾驶核心功能的算法；应用软件层则包含自动起步、自动循迹、自动泊车、自动跟车、调度管理、故障诊断等依据场景实现的功能。硬件平台层、系统软件层和功能软件层共同支撑应用软件层功能的实现。

6.5.2　硬件布置

自动驾驶系统车载硬件设备包括车载计算单元、前向激光雷达、后向激光雷达、前向毫米波雷达、360 激光雷达[激光(16 线)]、IMU 惯性导航等硬件(图 6-41)。

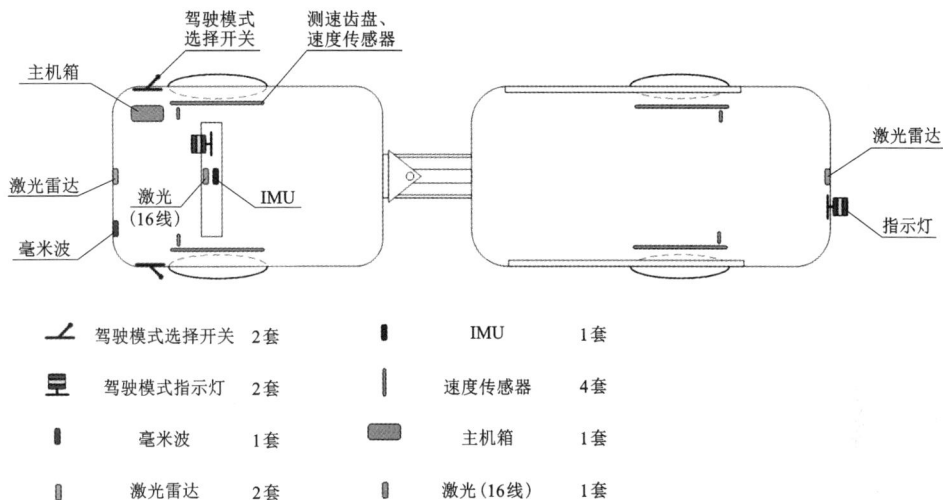

图 6-41　自动驾驶系统车载硬件布置

(1)车载计算单元,即自动驾驶计算单元(图 6-42)是承载车辆的软件系统运行部件,由于自动驾驶系统包含大量的传感器和基于人工智能神经网络的识别算法,因此车载计算单元又是车辆实时计算控制的中心。

(2)自动驾驶以激光雷达感知为主,主要包括 360 激光雷达、前后感知 32 线激光雷达(图 6-43)、前后感知半固态激光雷达等多重冗余感知,可实现以下功能:建立三维高精地图,实现厘米级激光点云定位;车辆行人等障碍物自动停车避障;巷道壁路径规划,保持与巷道壁安全距离行驶;测量溜井口距离并精准停车。

图 6-42　自动驾驶计算单元

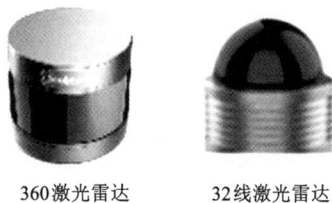

360激光雷达　　32线激光雷达

图 6-43　自动驾驶激光雷达

(3)毫米波雷达(图 6-44),主要满足长距离、中等距离和短距离三种模式,可以实现测量的距离分别为 0.2~250 m、0.20~70 m/100 m 和 0.20~20 m,其不同模式下的距离测量分辨率分别为 1.79 m、0.39 m 和 0.2 m,且可在满足 1.5~2 倍分辨率条件下对两个物体进行区分。

(4)IMU 惯性导航(图 6-45),通过整合处理陀螺仪、加速度计和磁力计等传感器数据,并根据位姿算法进行矫正和计算,最终提供高精度高稳定性的水平/垂直线性速度、加速度、倾斜角、角加速度，实现原始数据、欧拉角、四元数和线性加速度的实时输出，支持 USB、RS232、CAN 的通信接口。

图 6-44 自动驾驶毫米波雷达

图 6-45 IMU 惯性导航

6.5.3 高精定位

1）定位地图

激光雷达采集自动驾驶汽车周围环境的激光点云数据，自动驾驶计算单元对该数据进行预处理，完成激光点云识别与配准，再通过激光 SLAM 算法将激光点云拼接成定位地图。

考虑巷道变形对定位地图的影响，一方面在自动驾驶过程中，激光雷达匹配地图具有一定的允许误差，在整体结构不发生很大变形的情况下，定位基本不受影响；另一方面针对结构变形比较大的区域，自动检测算法能够自动采集数据，且将数据发往后台以更新地图。

2）激光定位

自动驾驶计算单元通过 NDT 算法对当前点云数据与高精地图点云数据进行匹配，再结合惯性导航解算和卡尔曼滤波对成功匹配结果和 IMU 数据进行融合，得到车辆当前位姿和位置，实现车辆定位，如图 6-46 所示。

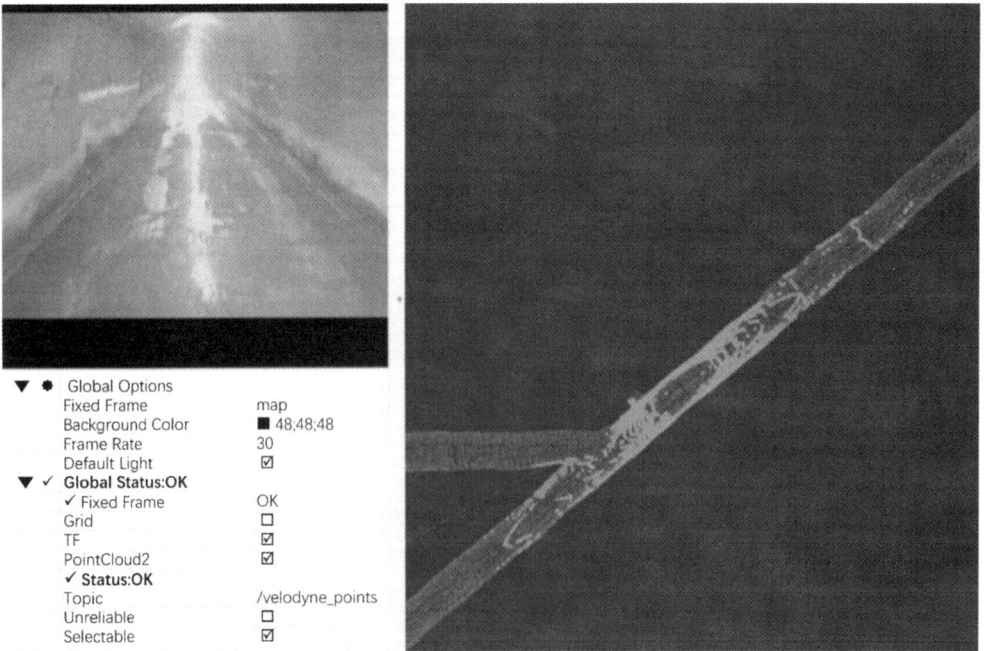

图 6-46 高精地图激光点云定位

6.5.4 感知预测

静态障碍物识别,即通过激光雷达准确获取静态障碍物的位置、宽度、长度、高度等信息。动态障碍物识别与跟踪,即通过激光雷达准确获取动态障碍物的横纵向移动速度、位置、宽度、长度、高度、类别等信息。

可行驶区域检测,即矿卡在行驶过程中感知巷道可行驶区域,包括巷道壁、分岔口、溜井、会车洞室等。轨迹预测,即自动驾驶计算单元通过动态障碍物历史轨迹、当前位置、移动速度等信息,以及周围静态障碍物信息,利用预测算法预测动态障碍物的轨迹,输出障碍物类型、方位、大小、预测轨迹。

6.5.5 决策规划

任务导航,即自动驾驶计算单元通过调度指令、车辆定位,获取车辆当前所处位置以及期望地点;并根据当前所处位置坐标和期望地点坐标,通过算法对已有地图进行全局路径搜索,得到由当前位置到期望地点的全局导航路线。

行为决策,即自动驾驶计算单元通过定位、地图、动态障碍物信息,识别车辆当前所处运动场景,利用决策算法输出避障停车、避障绕行、轨迹保持、会车停车、紧急停车、减速停车、倒车停车等行为决策。

轨迹规划,即通过车辆定位、静态障碍物识别、动态障碍物预测轨迹,利用 DWA 算法、启发式速度规划和速度平滑算法得到当前运动场景下车辆的预期运行轨迹和预期速度。

运动控制/循迹行驶,即自动驾驶计算单元通过期望运行轨迹、预期速度,利用纵向控制、横向控制算法,输出油门踏板开度、刹车踏板开度、转向角度,再由域控制器依照该指令控制线控卡车相应执行器完成轨迹跟随和速度控制。

6.5.6 无人驾驶作业流程

依据矿区生产实际和车辆运输活动范围,针对装矿点、运矿路段、卸矿点、停车点,将整个作业流程划分为远程装矿、运矿、卸矿和停车(加油、维修)四大基础场景。

6.5.6.1 起步流程

图 6-47 为车辆运行示意图。

(1)生产开班(班小组开早会排班)。

(2)点检车辆(检查车辆外观有无异常、各油位是否正常、设备功能是否正常,清理传感器表面灰尘)。

(3)启动发动机(驾驶员车辆点检无异常后,手动点火,启动发动机,自动驾驶系统上电)。

(4)矿卡准备就绪(系统自检,驾驶员确认车辆无故障、地图初始化成功)。

(5)进入自动驾驶模式(驾驶员移走三角木,松开急停、手刹按钮,挡位回到 N1 初始位置,按下模式开关系统进入自动驾驶模式后离开车辆)。

(6)调度任务下发(矿卡准备就绪状态通过 5G 通信系统传输到后台调度系统,经过调度系统确认后,下发路网、作业任务)。

(7)自动起步(矿卡接收到调度系统下发的路网、作业任务后自动规划行驶路径,自动起步行驶)。

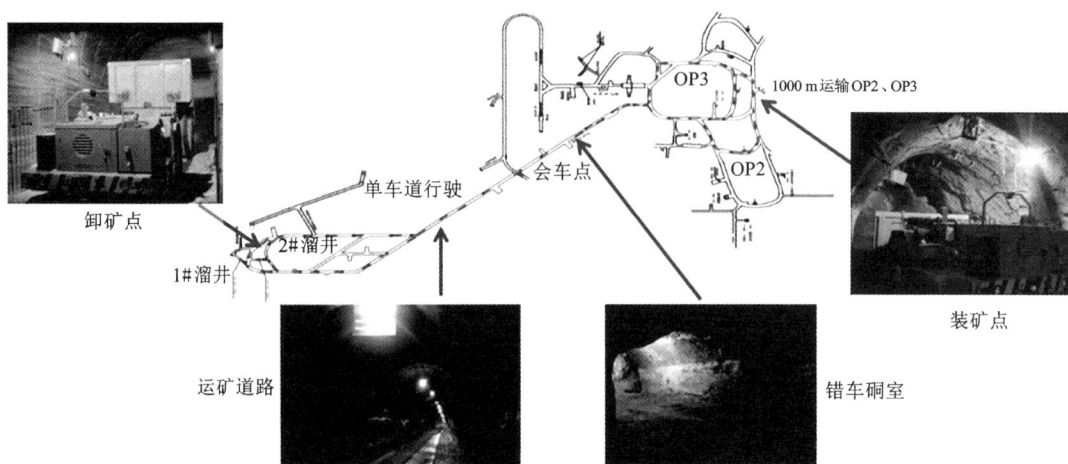

图 6-47 车辆运行示意图

6.5.6.2 装矿流程

(1)自动循迹(按照规划的轨迹自动行驶,保持安全会车距离)。

(2)自动避障(遇到大石块、车辆、行人等障碍物,则停车避障,呼叫远程接管)。

(3)自动跟车(遇到前方行驶车辆,沿着规划轨迹,保持安全距离自动跟车行驶,与前方车辆启停状态保持一致)。

(4)人工/远程接管(车端或者远程接管矿卡时,矿卡跳出自动驾驶模式,进入人工驾驶或远程驾驶模式;当安全员发现故障异常时,可以按下紧急开关,踩刹车防止车辆发生安全事故;当人工打方向盘、踩刹车或者踩油门接管车辆进入人工驾驶模式后,须通过复位模式开关清除人工介入标识,才能再次进入自动驾驶模式,模式开关是自锁开关)。

(5)调度停车(当调度系统发送停车命令时,矿卡停车等待)。

(6)调度会车(车辆按照调度系统指令,在指定位置停车会车)。

(7)调度任务变更(卸矿完成后允许调度任务变更)。

(8)故障诊断(矿卡对自身故障进行实时诊断,当出现严重故障时,停车并向调度系统发送故障报警信息)。

(9)功能安全(通过激光雷达等感知设备识别巷道边界,使车辆与巷道保持安全距离行驶,通过车速、IMU 等辅助手段进行定位,防止定位信息丢失)。

6.5.6.3 运矿流程

(1)自动循迹(按照调度任务自动生成行驶轨迹,并按照规划的轨迹自动行驶、保持安全会车距离)。

(2)自动避障(矿卡在直道行驶过程中,通过激光雷达和超声波雷达实时检测周围障碍物,遇到大石块、车辆、行人等障碍物后,停车避障,当长时间无法解除障碍物时,呼叫远程接管)。

(3)自动跟车(遇到前方行驶车辆,沿着规划轨迹,保持安全距离自动跟车行驶,与前方车辆启停状态保持一致)。

(4)人工/远程接管(到车端或者远程接管矿卡时，矿卡跳出自动驾驶模式，进入人工驾驶或远程驾驶模式；当安全员发现故障异常时，可以按下急停开关，踩刹车防止车辆发生安全事故；车端若需人工接管，则须复位模式开关)。

(5)故障诊断(矿卡对自身故障进行实时诊断并向调度系统发送故障报警信息，当出现严重故障时，紧急停车等待人工救援)。

(6)调度会车(当调度系统发送会车命令时，矿卡自动循迹驶入会车点停车等待，避让其他车辆；会车结束后，矿卡将根据下一个调度任务自动循迹行驶，若没有接收到下一个调度任务，则在会车点停车等待)。

6.5.6.4　卸矿流程

(1)停车等待(当前方溜井有车辆正在卸矿时，则按调度系统指令在固定区域停车等待)。

(2)自动泊车(当前方溜井无车辆在卸矿时，车辆自动循迹倒车驶入溜井口停车)。

(3)自动卸矿(当矿卡停在指定的溜井后，则自动举升卸矿，并判断卸矿完成后自动降斗)。

(4)调度任务更新(卸矿完成后，如果需要更新任务，则调度系统在此时发送新的任务至车辆，如果没有更新，则按之前的任务继续行驶，直到当班任务完成后，再行驶至指定停车场熄火)。

6.5.6.5　停车流程

停车区域如图6-48所示，整个区域为全封闭区域，只有一个入口和一个出口。车辆停止作业后，自动驾驶车辆从入口进来，自动泊车到最靠近出口的位置。车辆开始作业时，从最靠近出口位置的车辆依次开始出发。

(1)当班任务显示矿卡卸矿已经完成，矿卡会自动规划路径，并行驶至停车点。

(2)到达停车点后，控制车辆自动熄火并拉手刹。

(3)就地人员检查车辆，塞好三角木，关闭电源。

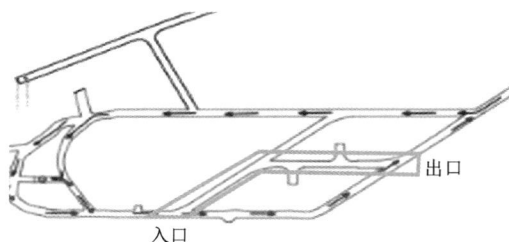

图6-48　停车区域

综上，矿卡启动就绪，在装矿、运矿、卸矿和停车四大基础场景中，无人驾驶软件执行逻辑如图6-49所示，即实现无人驾驶全流程运行。

驾驶舱	调度系统	车端智驾系统
		人工上电
		系统自检
		地图初始化 ← NO
		初始化成功?
		Yes
		进入自动驾驶模式
		等待任务
	自驾任务下发或更新	收到任务并进行路径规划
		自动驾驶
	会车、停车等临时任务下发	执行临时任务
	临时任务解除	继续执行自动驾驶
		到达装矿点,呼叫远程接管
	DCU	
收到远程接管请求,远程接管车辆,并进		车辆切到远程模式
装载完成		
退出远程接管,切回自动驾驶		车辆切到自动模式
		继续执行自动驾驶
		当前卸矿完成
		运输任务完成? NO
		YES
		自驾前往停车点
		到达停车点
		停车、熄火、驻车
		任务结束,就地人员退出无人模式,关闭电源

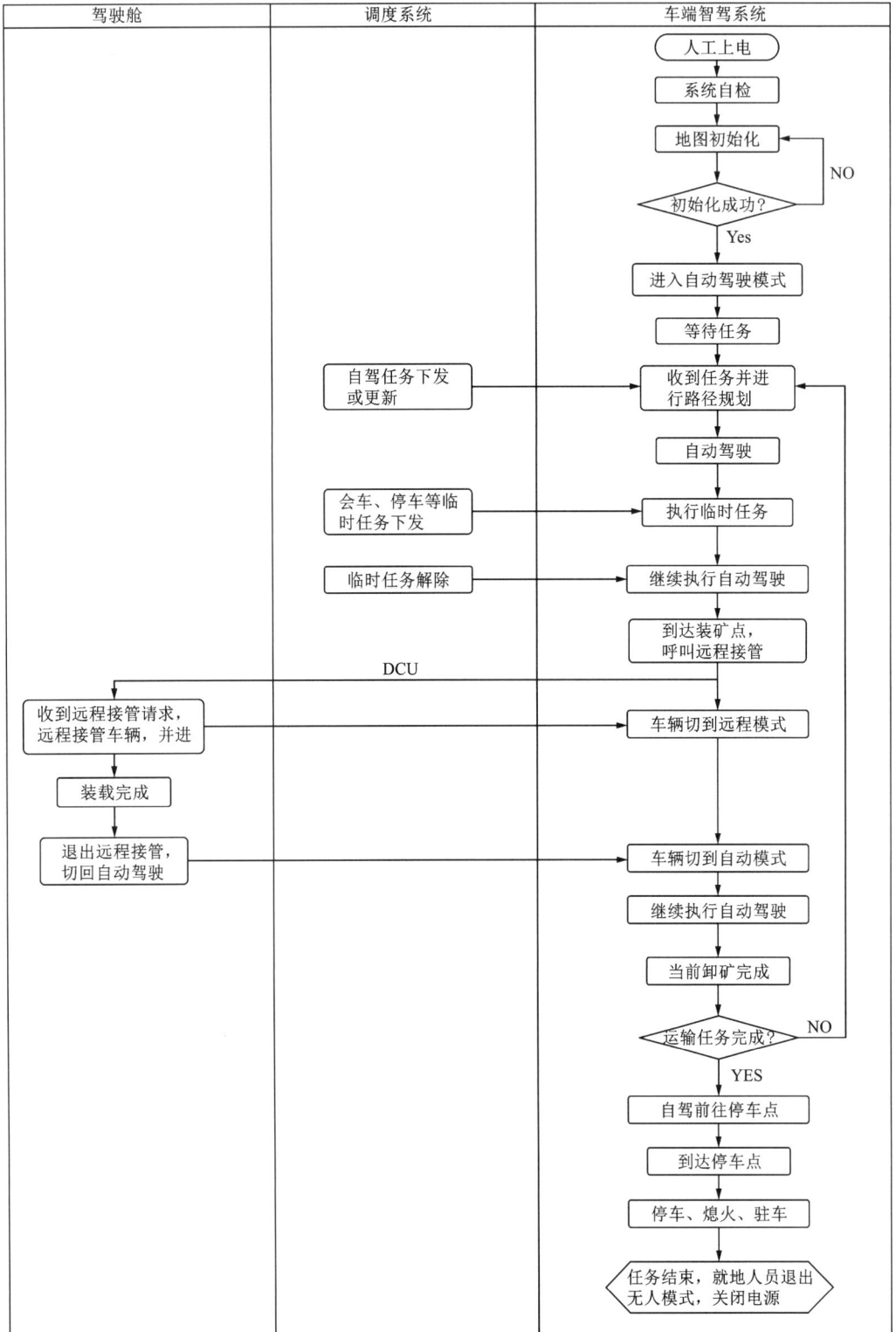

图 6-49 无人驾驶作业流程

6.5.7　安全保障

在整个系统的一期工程阶段，矿山存在两种车辆驾驶模式，一种是无人驾驶矿卡；一种是有人驾驶矿卡。两种车辆驾驶模式并存必然给矿山生产带来一定安全隐患，为此，需要从两个方面来解决此类问题：一是从无人驾驶技术自身出发，最大限度地保证无人驾驶矿卡个体安全；二是从矿山生产车辆运输管理的角度来解决矿山车辆安全运输问题。

首先，从无人驾驶技术出发，无人驾驶矿卡改装后可采取四种安全策略来保证无人驾驶矿卡的个体安全。

(1)人工驾驶优先。车辆在自动驾驶过程中，能够随时响应车辆司机或者远程控制端的停止、转向等紧急介入命令，且人工端的命令为第一优先级，使车辆在发生任何意外情况时能够由人员介入并紧急停止或转向。

(2)多重冗余感知。车辆的所有感知、定位、计算等关键模块必须具备双重冗余配置，使正在运行的传感器或定位设备以及计算设备在遇到恶劣气候无法感知、失效等因素造成无法工作的情况时，必须有备用软硬件能够即时响应并代替损坏设备，保持车辆能够继续运行，防止因单个传感器失效而造成事故。

(3)安全区域电子围栏。在矿区可行驶的区域设置电子围栏，当矿卡规划的路径超出电子围栏时，立即向后台报警，防止矿卡撞上障碍物或巷道壁。

(4)故障自动诊断系统。当矿卡部件发生故障时，矿卡自动诊断系统实时检测到故障，并通过无线通信将故障信息传输到后台系统，及时报警，并通知维护人员进行售后维修。系统界面如图 6-50 所示。

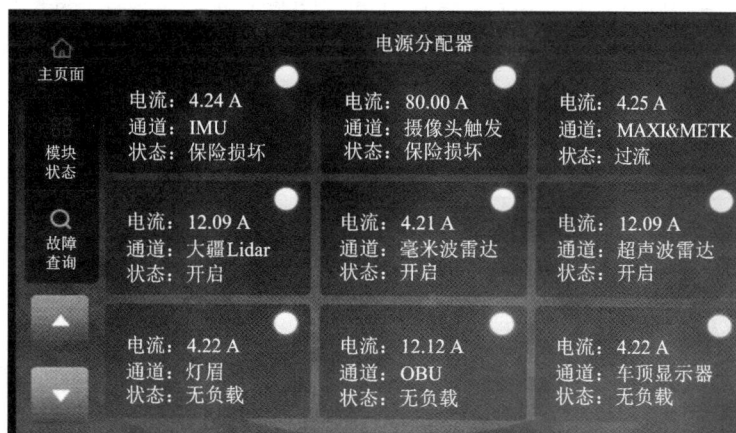

图 6-50　矿卡故障自动诊断系统

其次，从矿山生产车辆运输管理的角度出发，制定符合实际的管理制度，规范矿山车辆运输行为，保障矿卡运输安全，主要有以下几点：

(1)严格控制无人驾驶作业的时间、速度，当有异常时，驶入安全区域维修；恢复正常后，按照调度系统分配，适时加入作业。

(2)无人驾驶矿卡严格按照调度系统进行作业。

(3)加强外来车辆的管理工作,对非生产运输类车辆进行集中管控。通过在巷道口拉警戒线和安全提示牌等方式来防止外来车辆、非生产运输车辆对矿山无人驾驶造成的影响。

6.6 地下设备智能调度系统

6.6.1 系统架构

地下设备智能调度系统主要包括生产计划管理模块、无轨设备智能运行模块、电机车智能运行模块、生产设备智能调度模块、三维智能管控模块和大数据分析模块等。系统基于5G+物联网网络,实现地下矿山的安全生产和智能调度,主要功能包括发出将生产计划数据下发至装备的计划指令;装备远程遥控生产和对生产计划执行的实时监控和调度;溜井料位监测和区域安防联动控制,保障生产安全,实现矿山安全生产及时综合调度;实时在线监测与模拟仿真再现生产过程状态,实现对矿山安全生产可视化集中管控。

地下设备采用分层和组件式体系构建调度执行系统,采用多层级的B/S架构和服务相结合的混合模式构建系统,首先构建数据存储层和平台服务层,然后在数据存储层和平台服务层之间添加一个服务器,由服务器接收平台服务层的请求,调用业务逻辑组件,最后添加环境下的通用组件。通信采用标准的中间件技术,具有良好的访问性和扩展性。软件结构如图6-51所示。

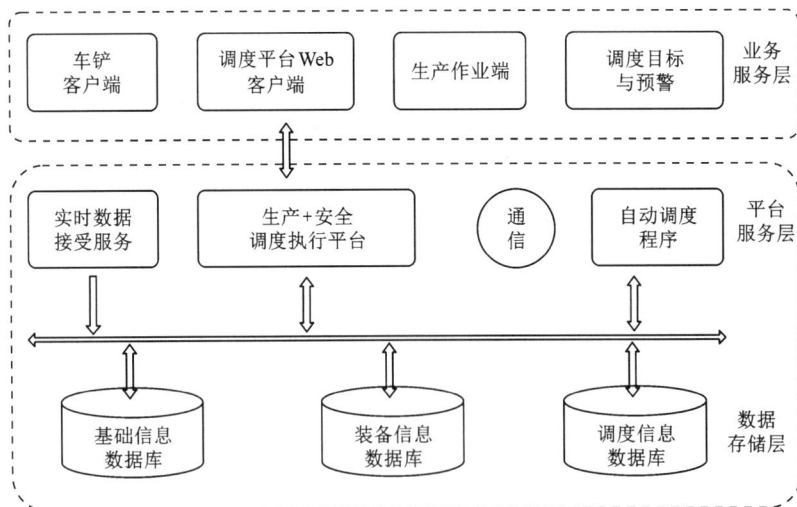

图6-51 地下设备智能调度系统软件结构

6.6.2 系统组成

地下设备智能调度系统包括车载模块、通信模块、地图与轨迹模块等多个模块(表6-5),各功能模块协同工作,共同完成地下设备智能调度系统所有工作。系统建设要求如表6-6所示。

表 6-5 地下设备智能调度系统软件模块

系统	软件模块
地下设备智能调度系统	车载模块
	通信模块
	矿山 GNSS 智能识别模块
	5G CPE 车辆智能调度模块
	井巷电子地图编辑模块
	历史轨迹回放模块
	二维、三维实时监视模块
	生产管理模块
	报警处理模块
	设备管理模块
	生产调度报表模块
	配矿指令执行模块
	系统安全和权限管理模块

表 6-6 地下设备智能调度系统建设要求

系统	详细要求
地下设备智能调度系统	具备与矿山其他信息化系统(如生产执行系统、设备管理系统、采矿软件技术平台、可视化管控系统等)数据对接接口,实现生产业务信息、调度信息、异常信息实时监控;基于溜井料位信息及生产计划动态自动调度矿卡作业。 保证系统软件稳定、可靠、高效,具备完善的系统日志和容错功能,满足企业级安全等级;提供灵活、完善的授权管理机制,可根据需要自主设定各种类型的用户,并提供不同的操作权限,以及对操作进行跟踪并记录,形成相应的系统日志和操作记录。 具备与三维场景与安全生产管控系统的数据接口,提供运输巷道(路网)维护与管理、地点管理、定位管理及限速管理功能,实现铲装设备跟踪,并能在管控平台进行三维展示

6.6.3 逻辑准则

6.6.3.1 调度基本原则

总则:将装与卸分成两个片区,分别在装、卸片区入口处设置 CP 点,启动调度决策具体的装、卸指令。

出矿溜井选择原则:运输矿量在周计划的基础上动态参考各工区对各出矿溜井的报量,根据各溜井的量报各工区的量,再根据各工区的量报全矿的量。

卸矿溜井选择原则:充分考虑溜井料位,同时根据在卸车辆及排队车辆数,依次依据以上原则选择卸矿溜井。

会车原则：包括倒车硐室、会车硐室及其他可避让巷道，遵循轻车让重车，车少的一方让车多的一方，倒车硐室或会车点在行车方向右边的车让对面左边来车的原则。

6.6.3.2　调度逻辑

卡车调度首先通过开采发送"ready"（装矿完成、卸矿完成）状态来判断车况为重车或轻车，然后通过最短路径导航到卸矿（装矿）区，再根据卸矿溜井（装矿点）选择原则选择溜井（装矿点）并规划路径，运行到该溜井（装矿点）入换点时触发"入换"请求，等待"入换"命令，接收到"入换"指令后再根据前方车况判断等待或运行、定点卸矿（装矿），完成卸矿（装矿）后发送"卸矿（装矿）完成"，调度逻辑关系如图6-52所示。

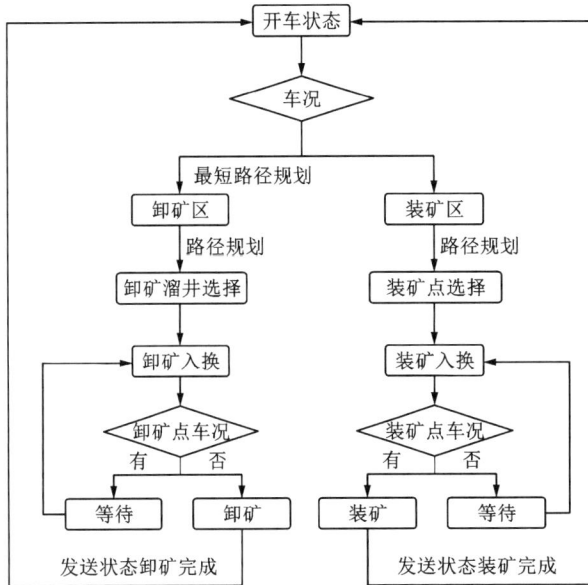

图 6-52　调度逻辑关系图

6.6.3.3　会车逻辑

会车只针对对向行驶的矿卡。通过会车点、倒车硐室及可避让硐室将运输道路（将以上三者统称为"避让点"）分为若干区段。调度过程中首先通过与区段的距离远近"争夺"该区间的独占权，而对向的矿卡根据会车原则在避让点停车或进入避让点。当独占卡车释放独占权后，对进入避让点的车发送行驶指令。

6.6.3.4　最短路径

狭窄路径中满足目的地位姿的最短路径，通过可后退式运行实现。

6.6.3.5　泊车逻辑

对泊车位进行编号，编号原则是越不影响后车停靠的泊车位编号越靠前，车辆停靠时优先选择最小编号停车位，如果已有车辆在位置上，则选择大一号的泊车位，直到找到空余的泊车位后进入停靠。

6.6.4 应用案例

金川二矿区采用智能调度系统,通过对矿卡的智能化改造,实现矿卡作业任务自动下发、执行,实现矿卡自动驾驶。

6.6.4.1 系统功能

建立无人矿卡智能调度系统,实现对地下无人矿卡的集群调度,以及矿卡运输的无人化,主要包括:①计划录入。录入矿山月、天、班生产计划,提供矿卡集群调度目标。②人工调度。调度人员可根据矿山情况,实现对地下矿卡任务、目标、路线等的实时指令下达。③自动调度。为最大效率地完成每日生产计划,根据最优化算法、整数规划等方法,动态调度矿卡任务。④会车调度。会车调度是解决多台矿卡自动驾驶过程中的关键一环,通过对地下矿山环境特殊性的分析和会车地调查,确定合适的会车调度策略,提高自动驾驶效率。⑤溜井料位自动控制。通过对溜井料位信息的掌握,动态指派去往各个溜井的车辆,从而避免出现溜井放空的情况,保障矿山溜井的安全使用。⑥矿卡定位实时监控。对接无人驾驶系统接口,获得矿卡实时定位数据,并在高精地图实时展示,可监控矿卡运输过程。⑦数据统计。根据矿卡装、卸循环过程中的数据信息,自动统计矿山生产完成量、完成比、效率、故障、矿卡油料消耗等指标。

系统的功能模块主要包括生产场景维护管理、可视化平台、实时监控、自动调度和数据报表模块。系统软件功能平台模型如图 6-53 所示。

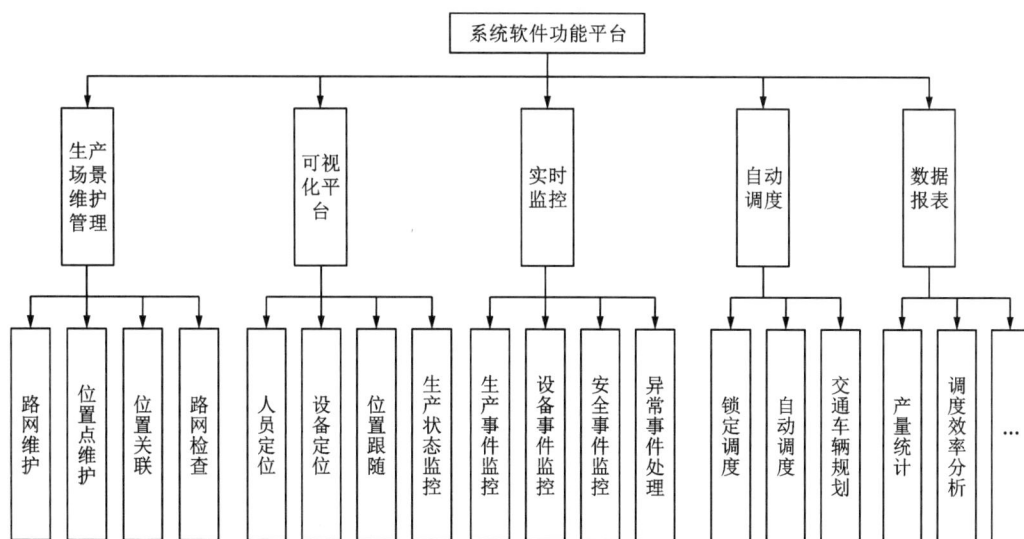

图 6-53 系统软件功能平台

(1)生产场景维护管理,提供运输巷道(路网)维护与管理、地点管理、定位管理及限速管理功能。

(2)建立可视化平台,内建工程模型,实现设备位置实时监控与跟踪、地点信息显示、条件查询显示。

（3）实时监控，实现生产业务信息、调度信息、异常信息实时监控。

（4）自动调度，基于溜井料位信息及生产计划动态自动调度矿卡作业。

（5）数据报表，系统数据统计、报告及数据共享。

6.6.4.2　会车原则

会车逻辑信息反馈图如图6-54所示，会车原则如下：

（1）轻车让重车。

（2）右车让左车（避让点在行车方向右边的车让对向来车）。

（3）避让点分区。

（4）区间独占。

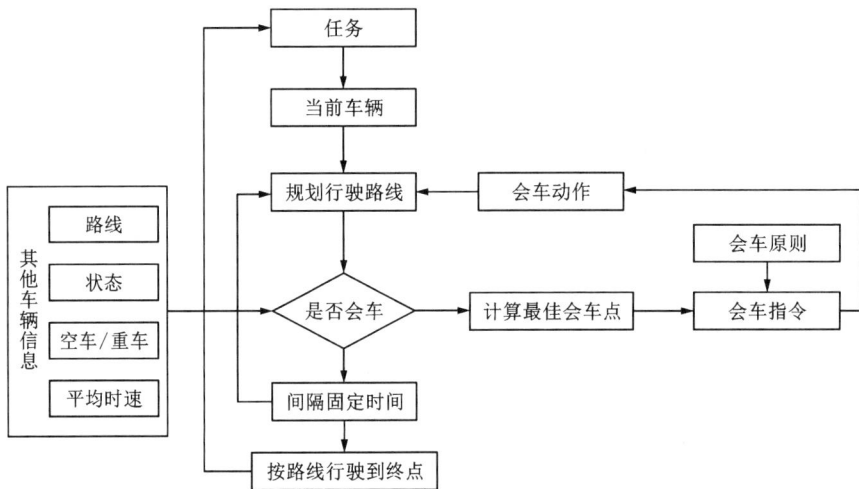

图 6-54　会车逻辑信息反馈图

6.6.4.3　效果分析

通过对现场调度车辆和场地的可视化显示，以及调度平台的统计与分析，得到系统软件显示效果。

参考文献

[1] 孙继平. 安全高效矿井通信系统技术要求[J]. 工矿自动化, 2013, 39(8)：1-5.

[2] 顾登贤. 地下矿山通讯技术分析及其应用研究[J]. 通讯世界, 2015(15)：2-3.

[3] 张毅力, 汪令辉, 黄寿元. 地下矿无人驾驶电机车运输关键技术方案研究[J]. 金属矿山, 2013(5)：117-120.

[4] 吴超. 井下电机车地面远程遥控系统研究与应用[J]. 矿业装备, 2016(7)：46-51.

[5] 张鹏. 矿井移动通信的现状与发展分析[J]. 电子世界, 2013(16)：127-128.

[6] 田西方, 李云波, 肖勇, 等. 矿用本安型无线透地通信系统设计[J]. 工矿自动化, 2016, 42(10)：44-47.

[7] 吕秀娟, 王宝中. 漏泄电缆在地下矿山无人驾驶电机车中的应用研究[J]. 矿业装备, 2015(11)：78-80.

[8] 李千杨. 漏泄通信系统在城镇综合管廊中的应用[J]. 电子技术与软件工程, 2017(13)：32-33.

[9] 孙蓓蓓. 数字矿山综合无线通信网络系统的设计[J]. 煤炭技术, 2013, 32(6)：144-146.

[10] 高宇鑫. 基于物联网形势下的5G通信技术应用分析[J]. 中国新通信, 2018, 20(10)：90.

[11] 孙继平. 现代化矿井通信技术与系统[J]. 工矿自动化, 2013, 39(3)：1-5.

[12] 曹田兵. 有线无线一体化通信系统在煤矿的应用[J]. 工矿自动化, 2012, 38(4)：67-70.

[13] 杨臣. 金属矿山中无人驾驶矿车控制系统的研究[D]. 昆明：昆明理工大学, 2012.

[14] 中国移动投资公司, 中国移动研究院. 洞见5G, 投资未来——中国5G产业发展与投资报告[EB/OL]. [2018.12.27]. http：//www.sohu.com/a/284850967_120066730.

[15] 国家安全生产监督管理总局.金属非金属地下矿山监测监控系统建设规范(AQ 2031—2011)[S].北京：煤炭工业出版社, 2011.

[16] 国家安全生产监督管理总局.金属非金属地下矿山人员定位系统建设规范(AQ 2032—2011)[S]北京：煤炭工业出版社, 2011.

[17] 国家安全生产监督管理总局.金属非金属地下矿山通信联络系统建设规范(AQ 2036—2011)[S]北京：煤炭工业出版社, 2011.

[18] 刘建东, 王邦策, 孙永茂, 等. 地下矿山铲运机智能远程遥控技术的应用[J]. 现代矿业, 2020, 36(10)：134-136, 141.

[19] 战凯, 余乐文, 张达, 等. 地下无轨采矿装备智能避障技术和方法研究[J]. 黄金, 2020, 41(9)：77-80.

[20] 姜丹, 王李管. 地下铲运机自主铲装技术现状及发展趋势[J]. 黄金科学技术, 2021, 29(1)：35-42.

[21] 吴荻. 基于立体视觉里程计的地下铲运机定位技术研究[D]. 北京：北京科技大学, 2019.

[22] 刘旭, 金枫, 吕潇, 等. 基于无线通信技术的1354凿岩台车远程遥控技术研究[J]. 中国矿业, 2018, 27(7)：168-170.

[23] 蒋先尧, 胡国斌, 李延龙, 等. 智能凿岩台车在谦比希铜矿的应用[J]. 黄金, 2018, 39(2)：43-48.

[24] 刘飞香. 隧道全电脑凿岩台车技术及应用[M]. 北京：人民交通出版社, 2019.

[25] 孙达仑, 李万鹏. 智能中深孔全液压凿岩台车CAN总线控制系统[J]. 矿业研究与开发, 2016, 36(9)：69-71.

[26] 王陈, 鲍久圣, 袁晓明, 等. 无轨胶轮车井下无人驾驶系统设计及控制策略研究[J]. 煤炭学报, 2021, 46(S1)：520-528.

[27] 孟庆勇. 5G技术在煤矿井下应用架构探讨[J]. 工矿自动化, 2020, 46(7)：28-33.

[28] 陈龙, 王晓, 杨健健, 等. 平行矿山：从数字孪生到矿山智能[J]. 自动化学报, 2021, 47(7)：1633-1645.

[29] 蔡美峰, 谭文辉, 吴星辉, 等. 金属矿山深部智能开采现状及其发展策略[J]. 中国有色金属学报, 2021, 31(11)：3409-3421.

第 7 章

生产辅助系统自动化

生产辅助系统自动化是指利用传感技术、通信技术及控制技术,对矿山的提升系统、溜破系统、运输系统、通风系统、排水系统、供配电系统以及充填系统等生产辅助系统进行自动调节与控制,实现矿山提升、运输、通风、排水等生产辅助系统的自动化,提高生产效率,保证设备安全运转,减少操作人员和改善劳动条件,以达到矿山减人增效、安全生产的目标。下面将从系统总体架构、系统功能、系统组成及其主要技术要求,以及应用案例这四个方面重点介绍溜破系统自动化、皮带运输自动化系统、电机车无人驾驶系统、按需通风系统、排水自动化系统、供配电自动化系统、充填自动化系统等生产辅助系统。

7.1 溜破系统自动化

7.1.1 系统总体架构

溜破系统总体架构如图 7-1 所示,控制系统分为上位机控制部分和下位机控制部分,上位机设置在地表主控室,下位机 PLC 控制站设置在井下被控对象附近,负责采集胶带机、给

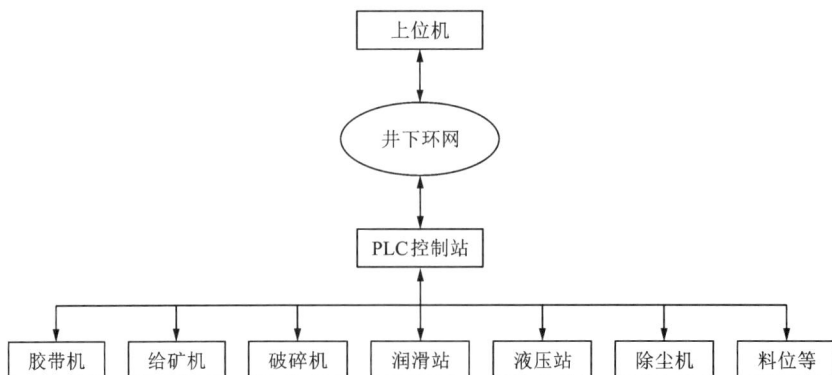

图 7-1 溜破系统总体架构

矿机、破碎机、润滑站、液压站、除尘机等设备的状态和溜井料位信息，并执行启动、停止以及传输故障报警等信号。上位机采用工业控制计算机作为上位主机，与 PLC 进行通信，把 PLC 采集的数据读入工控机并在上位界面上显示。通过上位机和 PLC 之间的通信，实现溜破控制系统的无人值守，即实现在主控室对溜破系统的自动控制。

7.1.2　系统功能

破碎机根据破碎处理能力、上部矿仓及下部矿仓料位反馈信号随时自动调整生产能力，采用画面监测和自动报警方式，破碎机、板式给料机、计量斗和主井提升箕斗根据料位反馈信息，实现全自动联锁控制。

该系统全面反映了破碎提升系统生产、设备、工艺的实时状态；可以查询主井班日提升斗数、提升量、电量消耗等信息；能够直观显示设备的运行状态，每条溜井的作业位置、空高、料位、储矿量、品位、放矿计划、放矿完成、兑现率，以及主溜井的当班配矿品位。

7.1.3　系统组成及其主要技术要求

PLC 控制主站设置在破碎变电所内，负责破碎系统的重型板式给矿机、破碎机、粉矿胶带机等设备的控制与管理，如图 7-2 所示，通过冗余的以太网与主控制（调度）系统连接，受控制主站操作指令控制。

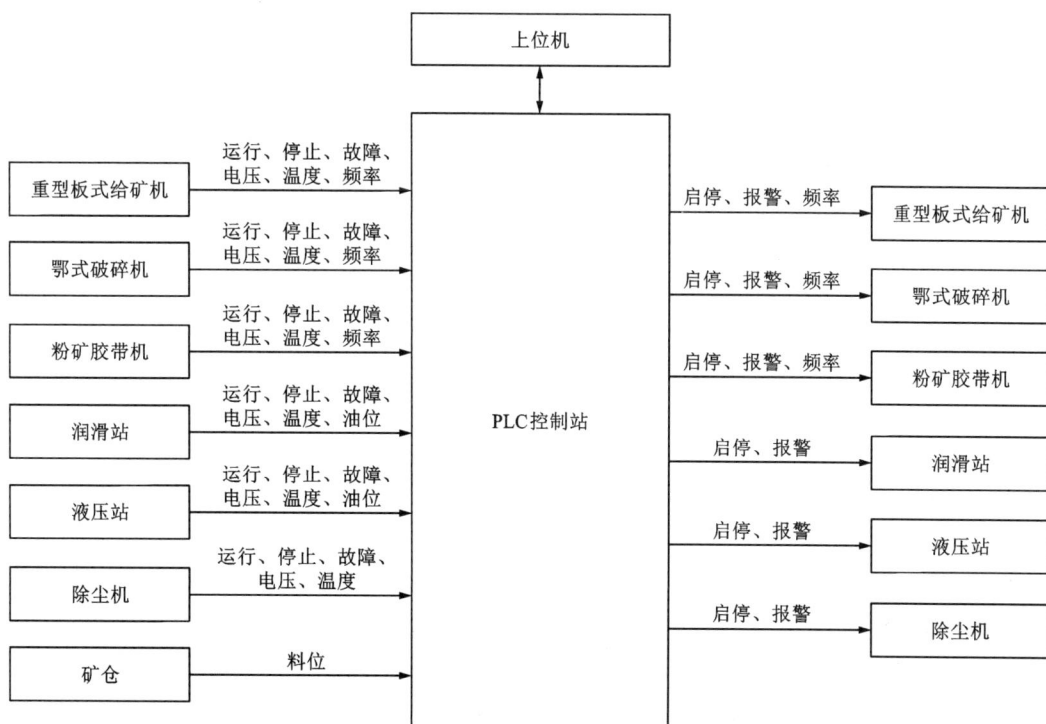

图 7-2　系统硬件构成图

该系统工艺流程如图 7-3 所示。

在井下破碎系统的主溜井和下部矿仓安装有激光和雷达料位计，实时监测记录料位，并具有报警和自动停机功能。

此外，在计量矿仓也安装有压磁式料位计，实时监控重板给矿机和仓下重板给矿机的启、停，并与主井提升系统联锁，实现全自动控制。

设备维护实现自动报警和画面监测，通过信号反馈可以快速、及时排除故障；皮带上安装防撕裂、防堵、防跑偏及事故停车拉绳等控制设施，并能够对除尘器进、出口粉尘浓度进行指示、记录；对除尘器灰仓料位进行报警，同时设置启、停预告信号，设备运行状态信号，生产联系信号及事故信号等必要的信号系统。

正常运行：系统自动监测破碎机仓下料位情况，当主溜井中料位处于上料位和下料位之间时，系统认为颚式破碎机、重板给矿机、粉矿胶带机具备开车条件，破碎机系统可以运行。

控制方式：采用 PLC 远程控制和

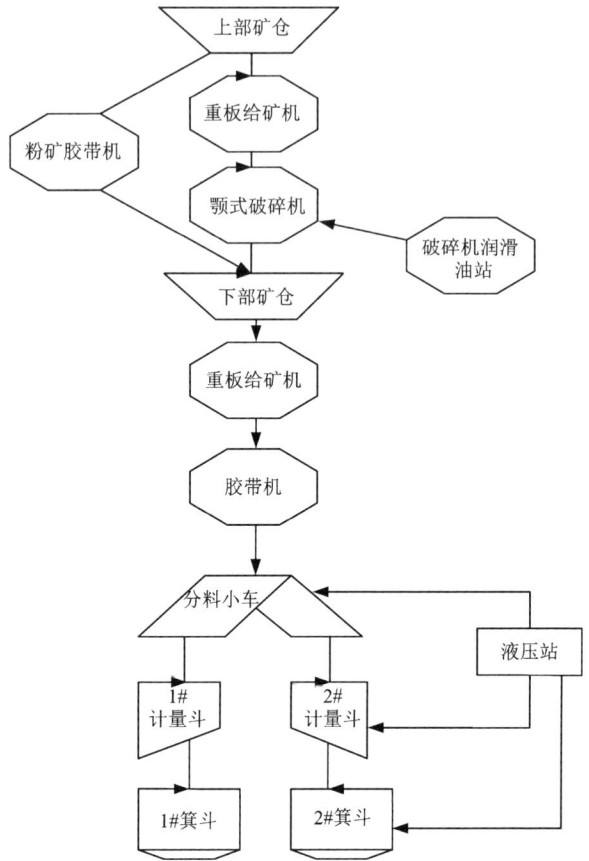

图 7-3　系统工艺流程图

机旁控制。PLC 远程控制为正常操作方式，机旁控制为检修试车服务，两种控制方式能灵活转换。PLC 远程控制时，机旁控制启动按钮失效，但机旁控制的停车按钮（或开关）依然有效。机旁控制设置必要的信号系统，如启、停预告信号（电铃），设备运行状态信号，以及事故信号（报警）等；远程控制器设置于地面主控制室内。PLC 自动化控制系统设置了三种控制方式：①联锁启动；②单体有联锁启动；③单体无联锁启动。

7.1.4　应用案例

以杏山铁矿溜破系统自动化破碎系统为例，杏山铁矿溜破系统自动化破碎系统由破碎硐室上部溜井矿仓、地下破碎机硐室、指状检修闸门硐室、板式给矿机硐室、破碎硐室下部溜井缓冲矿仓以及大件道、皮带巷及联络巷等组成。破碎硐室设在 -378 m 水平，内设 CJ815 颚式破碎机一台，另设有重型板式给矿机、指状检修闸门及转载胶带机等设备。

自动化破碎系统监控画面如图 7-4 所示。

此外，在计量矿仓也安装有压磁式料位计，实时监控 1# 重板给矿机和仓下 2# 重板给矿机的启、停，并与主井提升系统联锁，实现全自动控制。

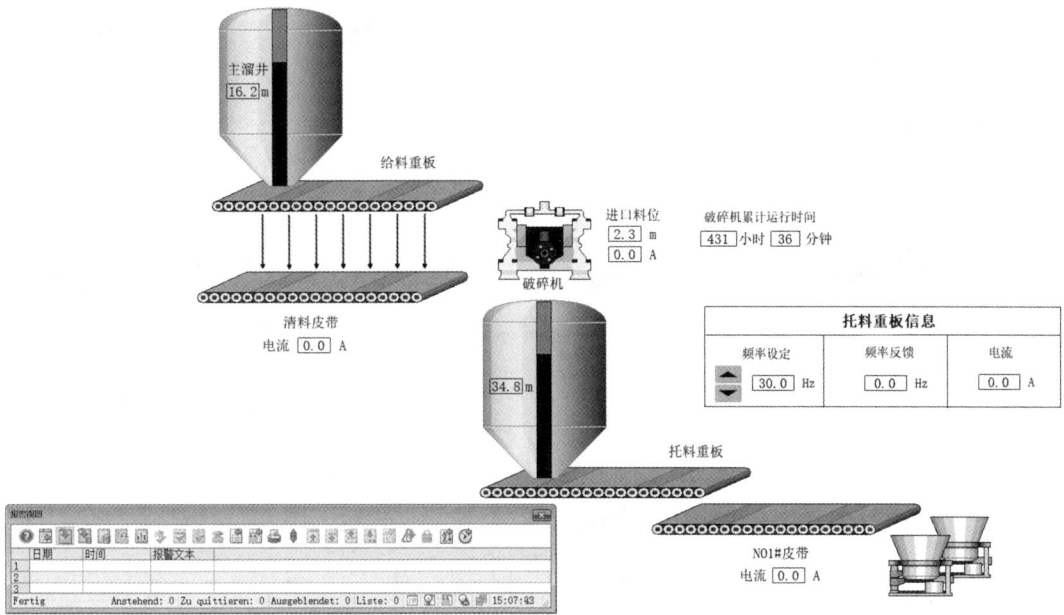

图 7-4　自动化破碎系统监控画面

杏山铁矿自动化破碎系统工艺及联锁关系如图 7-5 所示。

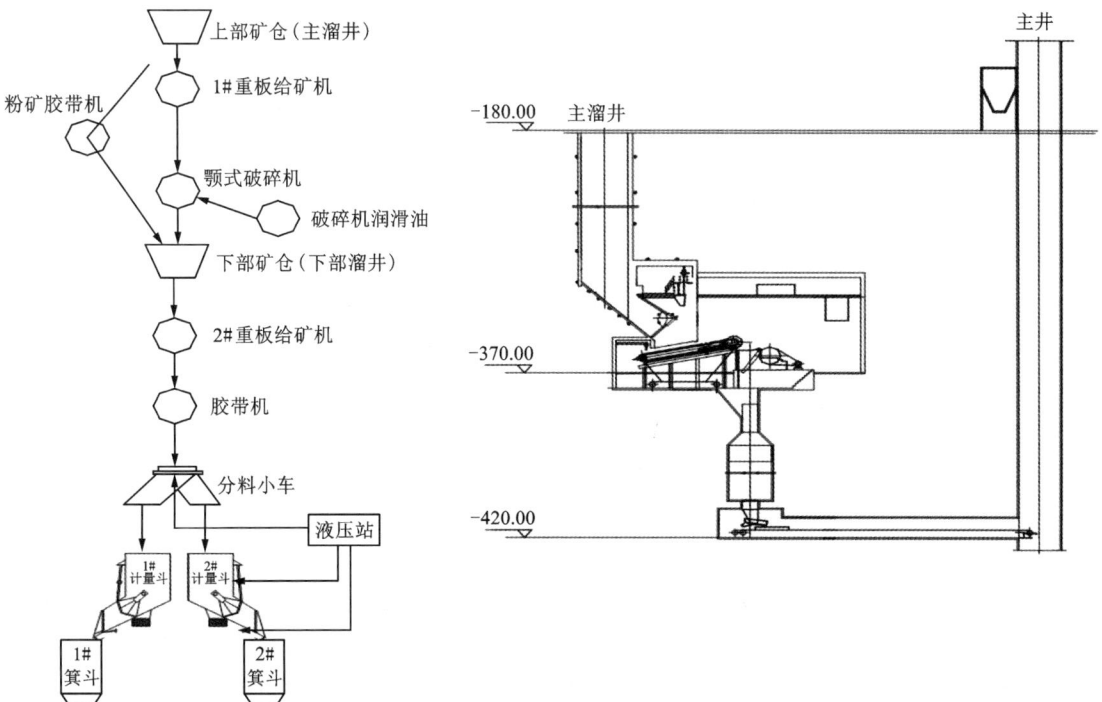

图 7-5　自动化破碎系统工艺及联锁关系图

7.2 皮带运输自动化系统

7.2.1 系统总体架构

皮带运输自动化系统架构如图 7-6 所示，系统由上位机和下位机 PLC 控制系统两部分组成。上位机放在主控室，下位机 PLC 控制系统放置在井下被控对象附近。通过上位机和上位机的通信，控制皮带输送机、各种参数检测和故障保护装置，使各种信息在上位机画面和触摸屏上进行显示。

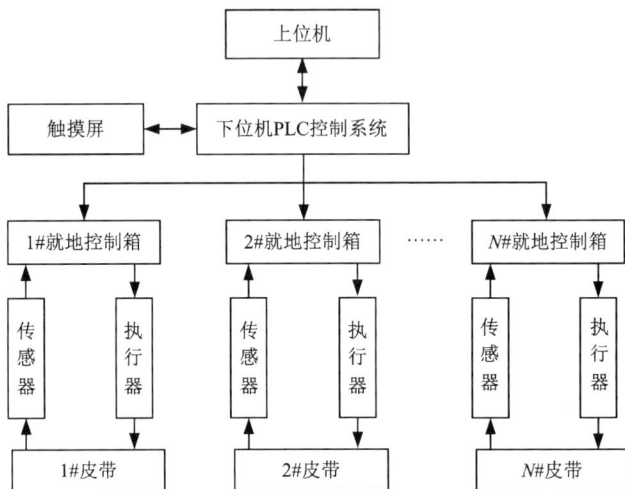

图 7-6 皮带运输自动化系统架构

7.2.2 系统功能

PLC 控制系统对皮带运输自动化系统可实现以下功能：

（1）自动控制：能自主地完成控制目标的自动控制。

（2）顺序控制：按照规定的时间或逻辑的顺序，对某一工艺系统或主要辅机的多个终端控制元件进行一系列操作的控制。

（3）监控：对装备及系统的工作状态不间断地进行实时监测，并根据反馈信息自动对系统中异常部位实施相应措施的闭合自动控制。

7.2.3 系统组成及其主要技术要求

皮带控制方式有集中自动控制、集中手动控制和就地控制三种方式。系统硬件构成如图 7-7 所示。上位机设置在主控室，下位机 PLC 控制系统设置在被控对象附近，包括控制柜、触摸屏等。皮带机的集中自动控制由上位机通过各种检测传感器和工艺联锁自动完成启停。皮带机通过操作台上对应的启、停按钮实现集中手动控制，触摸屏实时显示皮带的运行状态和故障状态集、故障位置。各皮带机的机头或机尾都设置就地控制箱（简称就地箱），在检修或特殊情况下进行现场的就地启停控制。皮带按逆工艺流程启动，按顺工艺流程停车。

胶带跑偏保护：可采用跑偏开关对皮带运输进行跑偏监测和保护，成对使用，可报警并可急停皮带（根据需要）。

旋转探测仪（速度、打滑保护）：采用速度传感器探测胶带输送机速度及加速度，实现超速打滑保护（报警并急停皮带）。

急停双向拉绳开关：控制急停的闭锁保护及故障识别，拉线急停闭锁开关，用于皮带沿线紧急闭锁保护。当闭锁开关动作时，控制机报警并发出急停命令（报警并急停皮带）。

皮带纵向撕裂保护：纵向撕裂传感器安装在皮带下方，当皮带发生纵向撕裂故障时，煤落在传感器上面,传感器动作报警并急停。

温度监测:采用非接触式温度传感器来测量皮带温度,并将它转换成电压信号,控制机根据所测量的温度与设定温度之比,来控制洒水装置灭火,同时显示报警和急停。

料流监测功能:采用接触式料流传感器,可使皮带系统在自动状态下根据物料的情况启、停皮带,为企业节省了电能。

PLC 皮带控制系统报警显示:

状态显示:在控制台上可显示各皮带机的启停状态、电源指示等。

故障指示:在控制台上可显示各皮带机跑偏、闭锁、纵撕、超温、打滑、洒水、电机故障等信号,可查询皮带保护点并显示。

通信及启动告警功能:系统配置扩音电话和启动前的语言告警装置。维修人员可通过皮带沿线设置的扩音电话与各皮带分站联系,故障保护时,系统通过沿线语音装置,进行语音报警,便于维修工查找故障点,节省故障查询时间。

自动运行时,根据 PLC 内部设定的程序自动启、停设备;还可根据需要使设备单机运行,当对设备进行检修时还可将运行方式转换到检修状态,检修人员可通过机头、机尾安放的本安就地箱启停设备。

皮带运输自动化控制系统硬件构成如图 7-7 所示。

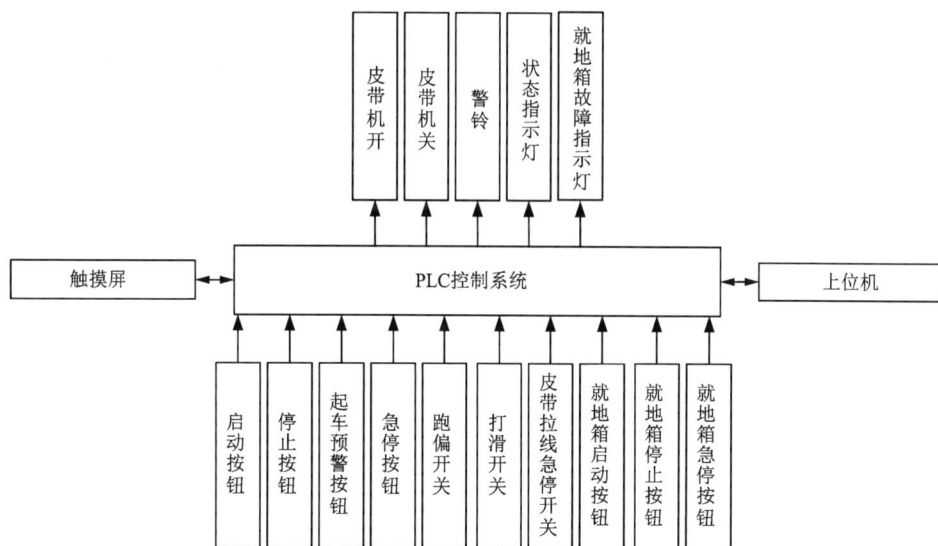

图 7-7　皮带运输自动化控制系统硬件构成图

7.2.4　应用案例

以灵露矿胶带集控系统为例,灵露矿胶带集控系统(图 7-8)由顺槽二台皮带机、顺槽一台皮带机、小强力皮带机组成。每套单机电控系统具有以下设备:主控制器、控制驱动设备、电源、速度传感器、急停闭锁、语音、跑偏、纵撕、烟雾、堆煤、红外温度、PT100 外壳温度、洒水、相关连接线缆等。主控制器采用 KXJ11-660 矿用隔爆兼本安型 PLC 控制箱。就地操作台采用 TH11 矿用本安型操作台,用以完成胶带机各个设备的启停控制和状态显示。

正常运行：煤装载到顺槽二台皮带，经由顺槽二台皮带进入顺槽一台皮带，最后经小强力皮带运出。

控制方式：有两种控制方式，即对三条皮带一键启停的联机操作和现场单机就地操作方式，联机操作时可通过上位机操作实现选定的流程内工艺设备的自动启、停（逆煤流启系统、顺煤流停系统）。在此方式下设备之间的连锁关系可以方便地设定或取消。现场每条皮带机头设置有操作台，可实现现场单机操作。联机操作是主要操作方式，现场单机就地操作方式主要用于设备的调试和维护。就地优先级大于集控。

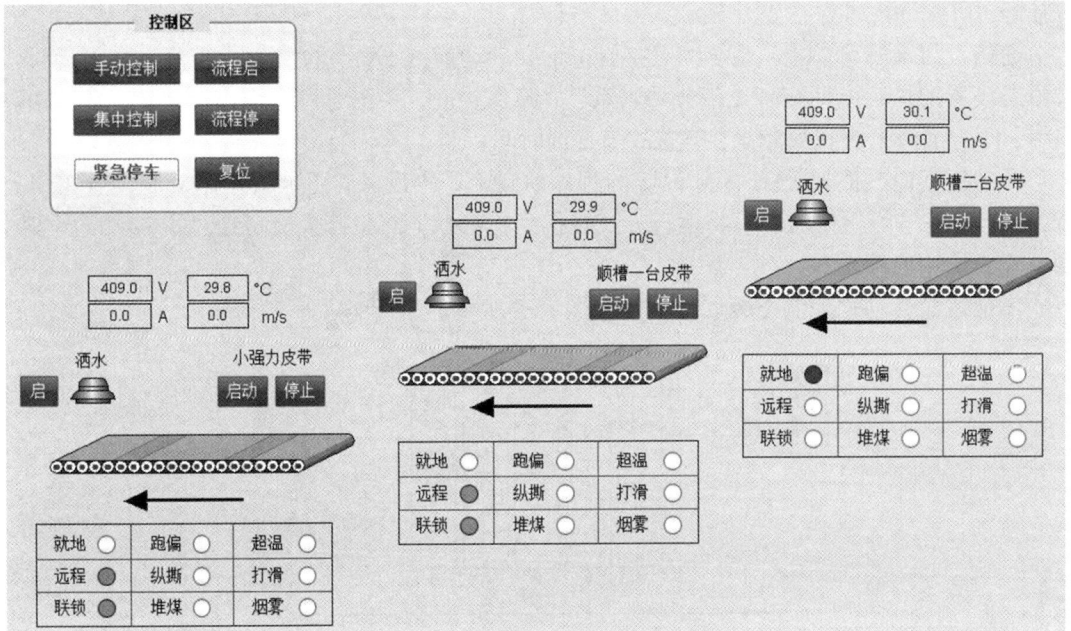

图 7-8　胶带集控系统

联机操作控制功能：

启动，在联机挡位时，按下"流程启"按钮，系统接到启动指令后，首先以语音方式发启动预警告，然后按胶带机启动工艺流程顺序启动三条皮带机。启动过程中如设备发生故障，则未启动设备不再启动，启动过程暂停。

停车，按下"流程停"按钮，系统接到停机指令后，首先停顺槽二台皮带机，待皮带上煤拉空后，再顺序停止一台皮带机及小强力皮带机。

紧急停车，PLC 接到紧急停车指令或出现停车保护故障信号后，同时停止三条皮带机。

连锁控制，三条皮带机之间启停实现互锁，保证各皮带之间在可能出现的各种情况下均能可靠安全地运行生产。

状态显示，井口集控室及现场控制站上能够动态显示集控系统中每条胶带机的运行状态（如主电机状态、CST 状态、给煤机状态、制动闸状态）和运行参数（如皮带速度、电机电流、驱动滚筒红外温度等）。

故障指示，井口集控室及现场控制站上能够实时显示各胶带机跑偏、闭锁、纵撕、超温、打滑、烟雾、堆煤、电机故障等故障信号，对沿线保护（如闭锁、跑偏）能够自动识别故障位置并实时显示。

记录和历史查询功能，井口集控室及现场控制站上具有对各类操作、胶带机开停、传感器状态、故障、开机次数统计、运行状态等数据的记录和查询功能。

7.3　电机车无人驾驶系统

7.3.1　系统总体架构

电机车无人驾驶系统架构如图 7-9 所示。系统包括上位机和下位机两部分，上位机位于地面主控室，下位机控制主站和分站分别位于井下变电所和被控对象附近，通过铺设的光纤环网实现地表和井下之间的数据通信，从而实现在地面主控室对井下电机车和设备（转辙机、变电所、装矿站、卸载站等）的远程控制，以及除装矿环节外的自动运行。

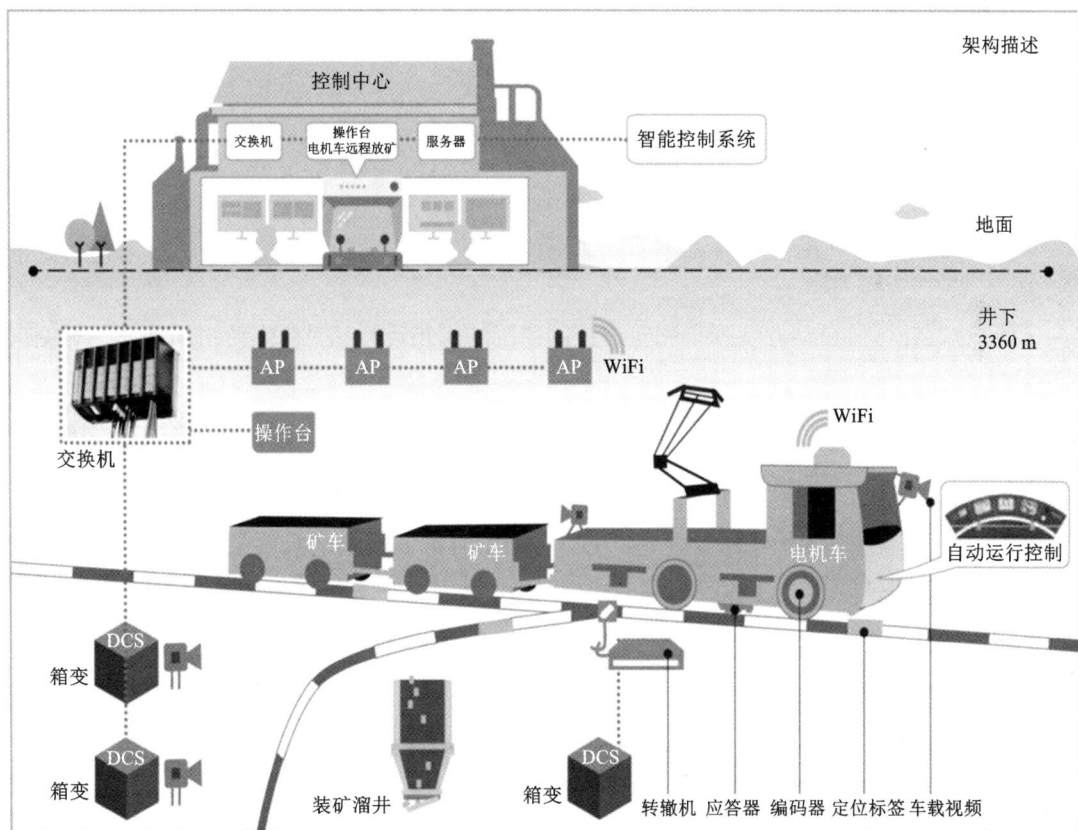

图 7-9　电机车无人驾驶系统架构示意图

7.3.2　系统功能

电机车无人驾驶系统采用先进的控制系统作为主要的操作系统，所有其他的系统都与控制系统有联系，并通过控制系统完成所有的操作和维护，控制系统和牵引力控制系统是完全整合在一起的，也就是说，不管操作员是控制列车，还是控制道岔、转辙机等，都只有一个操作环境，其统一协调指挥整个系统。系统实现的功能如下：

（1）牵引变电所内设备运行状态在线监测与视频在线监视；

（2）放矿机设备运行状态在线监测与视频在线监视；

（3）电机车无人驾驶控制（ATP／ATO）；

（4）电机车实时精准定位；

（5）溜井料位在线监测与超限报警；

（6）根据溜井料位、矿石品位优化电机车调度方案；

（7）红绿灯、转辙机交通管制控制（信集闭控制系统）；

（8）电机车卸矿自动控制；

（9）所有运输设备的运行状态及视频监控（装矿、运输、卸载、道岔、牵引变电所等）均实时在集控室显示；

（10）人性化的操作台设计，操作方便易上手，符合国内操作者的习惯。

（11）将人员的工作位置由井下移动到地面，并将多工种合并为一人操控，减少人员成本，最大程度为企业降低成本。

（12）系统能够全自动无人驾驶运行，实现控制室一人操控井下多台电机车，提高作业效率。

（13）系统能够自动记录井下运输的各项数据，并统计形成生产报表，用于对生产现场进行分析。

（14）有轨运输无人驾驶系统基于公开成熟的 TCP/IP 接口，能够与上层的自动化系统进行集成。

（15）通过计算机自动调度列车和轨道控制系统的闭锁运行，提高生产组织效率，避免机车运行事故。

（16）自动化系统实时对电机车运行状态进行监测、判断、分析，对出现的预警、故障等信息进行报警和自动保护，保证了电机车的安全高效运行。

（17）系统具备开放性，预留 MES、ERP 等信息化系统接口，在未来能够将数据实时传输至企业的信息化系统，实现数据不落地，便于领导实时掌握现场的真实生产数据。同时，系统后台自动统计电机车小时通过能力、作业率、产量等，为生产设备的检修维护提供数据支撑。

7.3.3　系统组成及其主要技术要求

如图 7-10 所示，电机车无人驾驶系统主要包含派配矿单元、机车单元、装矿单元、运行单元、卸矿单元、轨道控制单元和通信网络单元。

电机车设置手动、半自动和全自动三种操作模式，并可以自由切换模式。

7.3.3.1　派配矿单元

派配矿单元根据采场溜井矿石品位、料位情况，安排生产计划，电机车调度员通过派配矿系统软件发出运行指令，电机车根据派配矿指令自动运行到装矿溜井，交由装矿操作员进行装矿作业；装矿作业完成后，电机车调度员通过调度系统使机车自动运行至卸矿溜井，完成卸矿作业后，电机车根据派配矿指令自动运行至装矿溜井，实现作业循环。

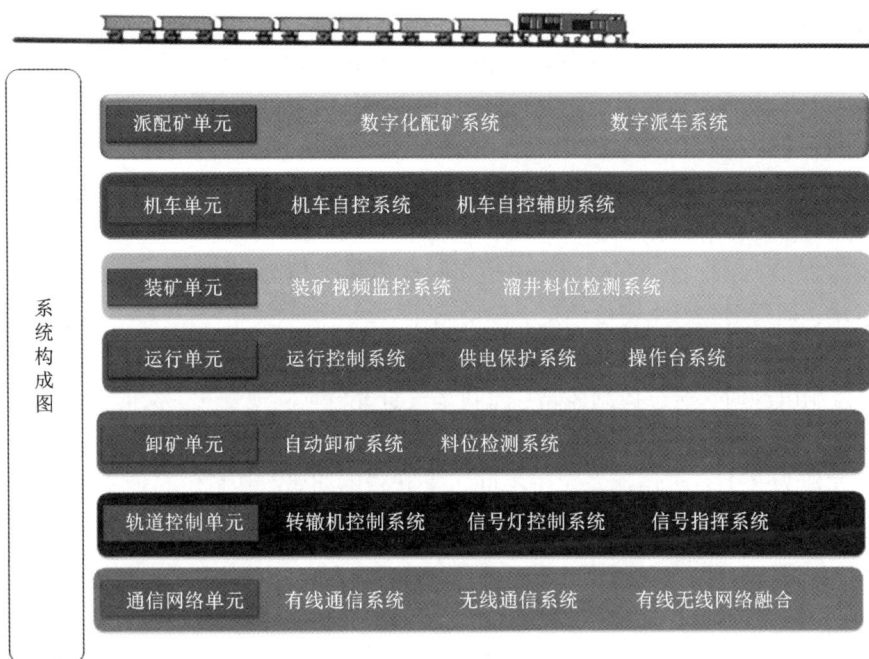

图 7-10　电机车无人驾驶系统硬件构成图

7.3.3.2　机车单元

机车单元包括电机车工作状态检测和视频信息采集，电机车工作状态包括电力电源工作状况、车速、控制器（自检功能）及变频控制器工作状态、空气管路压力、各执行器件实时状态等，这些工作状态信息通过车载控制器进行采集，并实时传输给井下控制室上位画面，车载控制器根据采集来的机车状态信息实现对机车的保护与控制功能。另外，视频信息采集功能的实现是在机车前安装一台高清网络摄像头，摄像头具有抗震、防水、防雾功能，可用来采集机车运行前方的道路信息。电机车工作状态检测结果和视频信息通过工业控制环网传至井下控制室的工控机，便于操作人员及时了解井下各种工况。

7.3.3.3　装矿单元

装矿单元包括远程操作台部分、装矿站现场控制部分、溜井视频监控部分。远程操作台部分包括遥控放矿操作台（遥控放矿操作台与遥控电机车操作台融合为一个操作台），安装于地表控制室，每套遥控操作台设置一套操作装置，在地表控制室实现远程一对多的遥控放矿、自动运行监视和自动卸矿监视，其主要实现远程遥控放矿功能。装矿站现场控制部分包括溜井以及下部振动放矿机的所有电控、自动化控制。溜井视频监控部分包含溜井处安装的网络摄像头，操作员在地面主控室操作台前通过观察溜井视频画面，达到远程遥控放矿的目的。

7.3.3.4　运行单元

运行单元由信集闭系统制定并控制运输路线及运行规则；由电机车本体控制系统与控制中心系统通信进行数据交换，获取电机车的各项参数，以及电机车运行速度、运行距离、运行状态等；在电机车的精准定位的基础上，实现电机车的防碰撞保护；通过对不同区间设定电机车最佳运行速度，最终实现电机车的自动运行。

运行单元的保护包括电机车本体的保护、电机车运行保护、电机车防碰撞保护等。其主要功能如下：

通信中断保护：操作台与被控电机车通信出现故障时操作台失去控制功能，为保证安全，电机车自动停止速度给定输出，并将受电弓降下且保持降弓状态；当通信故障时间超过10 s 时，电机车自动紧急停车。

压力不足保护：系统自动实时检测电机车气包内供气压力，在压力小于 0.35 MPa 时，电机车不能启动；运行时，停止速度给定，自动刹车。

电源异常保护：远程遥控电机车使用的控制电源是系统动力核心，当控制电源出现故障，整车无控制电源时，通过控制风路，向刹车气缸充气，实现刹车，保证安全。

7.3.3.5 卸矿单元

卸矿单元作为井下有轨运输系统中不同水平联络的纽带，其料位高低不仅影响下道工序的生产，而且对运输水平机车作业任务分配有一定的指导意义。在卸载站安装料位检测设备并实时检测，指导生产调度。

7.3.3.6 轨道控制单元

轨道控制单元统一协调指挥电机车的运行路线和可开动时间，系统根据信号联锁规则，自动控制井下转辙机和信号灯的动作，自动控制电机车运行到指定装矿或卸矿溜井。工控机能够实时显示列车在运输巷道的位置、列车序号、车速及信号灯、道岔和区间的状态，具有故障声光报警功能，并能显示故障的具体位置，回放电机车运行轨迹，以及自动记录运行过程数据，生成管理报表。

7.3.3.7 通信网络单元

通信网络单元由三层网络结构组成，即传输子系统(单模光纤接入网)、无线子系统(隧道无线接入网)及车载子系统(机车 100 M 以太网)。机车通过 150 M 无线接入隧道接入点，隧道接入点通过 1000 M Ethernet 光环网接入分站交换机，分站交换机通过 1000 M Ethernet 光环网接入控制中心核心交换机。

分站隧道沿线都铺设遵循 802.11g 标准的无线接入点(AP)，通过敷设在隧道内的光纤网，接收从控制中心发来的控制信号，机车终端依靠无线网络和光纤网通信技术接收来自机车所到位置对应 AP 发送的即时信息。同时，由于无线信息传输的双向性，其会将机车上的实时监控图像上传到控制中心。

7.3.4 应用案例

7.3.4.1 普朗铜矿井下电机车无人驾驶系统

云南迪庆有色金属有限责任公司 3660 水平普朗铜矿一期采选工程有轨运输无人驾驶系统设计、采购及施工总承包(EPC)包括轨道、电机车、矿卡、卸载站、卸载站牵引装置、电机车牵引架线网络、牵引变电所、振动放矿机变电所、地表无人驾驶控制系统、无人驾驶电机车控制部分、装矿远程遥控、运输自动化控制系统(含信集闭)、卸矿自动化控制系统、网络系统、称重、电机车连续定位、溜井料位控制、制动装置、道岔和转辙机、视频监控等的设计、施工、采购。

普朗铜矿采矿规模为 1250 万 t/a，是目前国内最大的采铜矿山。普朗铜矿井下电机车无人驾驶系统如图 7-11 所示。

(1)系统采用 20 m³ 矿卡：世界范围内，井下有轨运输中容积最大的矿卡，其底卸式卸载方式为国内首例。

(2)系统采用 65 t 电机车：世界范围内，井下有轨运输中吨位最大的电机车，速力公司与电机车制造商共同设计、研发、制造。

(3)速力公司与用户共同申请 65 t 电机车无人驾驶控制系统专利。

(4)系统引入的驱动装置为国内首次采用，保证矿卡平稳通过卸矿站。

图 7-11　普朗铜矿井下电机车无人驾驶系统图

7.3.4.2　金川龙首矿井下电机车无人驾驶系统

由金川集团龙首矿、金川集团信息与自动化工程公司、北京速力科技有限公司共同研发的龙首矿 1703 水平电机车无人驾驶系统，成功将电机车无人驾驶系统与 5G 通信技术融合，开启了"5G+电机车无人驾驶系统"的新模式，为全球首个成功案例。系统控制台具备电机车无人驾驶运行、自动放矿、双机头自动切换、定速巡航等功能，有效降低操作人员、现场环境、设备自身等因素对系统运行稳定性的干扰。同时，系统呈现诸多优于其他无人驾驶系统的技术优势：

(1)采用双机头自动切换的方式进行矿石转运；

(2)采用管理、技术双手段强化无人驾驶系统安全运行；

（3）采用定速巡航系统有效提升放矿能力；

（4）采用先进的控制系统确保机车稳定运行；

（5）采用无线 AP 装置确保机车网络环境稳定。

金川龙首矿井下电机车无人驾驶系统控制台如图 7-12 所示。

无人驾驶系统的建成与投运，有效改善了运输系统的运输能力，极大减少了现场作业人员的数量，降低了现场作业人员的安全风险，提升了矿山的安全管控水平，改善了作业人员的工作环境，增强了矿山有轨运输自动

图 7-12 金川龙首矿井下电机车无人驾驶系统控制台

化、智能化应用能力，在减员增效、成本控制、安全管理、人才培养等方面具有显著作用。

7.3.4.3 三山岛井下电机车无人驾驶系统

三山岛金矿位于山东莱州海湾，是中国前 100 家有色金属矿采选企业之一，也是目前国内唯一一家海底开采的黄金矿山。该项目建设地点为-600 m 运输大巷道，全长 1600 m。三山岛井下电机车无人驾驶系统控制台如图 7-13 所示。

该系统完成了 WiFi 网络无缝覆盖、15 个车头改造、信集闭系统设备安装、远程装矿、自动装矿、自动卸矿、视频监控、语音通信、轨道衡计量、调度大厅集控台搭建；将井下放矿工、电机车司机等人的工作位置由井下移动到地面，并将多工种合并为一人操作，最大限度减少操作人员，提高生产组织效率和安全水平，提升职业健康水平，避免职业病

图 7-13 三山岛井下电机车无人驾驶系统控制台

的发生；同时，通过定速自动运行功能，按标准控制电机车运行速度，最大限度地减少操作员的工作量，通过一人操控监视多台电机车并同时装矿，大大提高了装矿速度、电机车台时效率、电机车作业率和生产组织效率，保证安全高效完成生产任务。

该系统为井下电机车运输提供数字化派配矿、遥控装矿、自动装矿、自动调度、自动行驶、自动卸矿等功能，实现了井下电机车运输现场无人、地面远程遥控监视的新型生产作业方式。

7.3.4.4 行洛坑井下电机车无人驾驶系统

行洛坑井下电机车无人驾驶系统（系统控制台如图 7-14 所示）实现了电机车调速方式由串电阻调速至斩波调速的升级改造。改造后，电机车由分段调速升级为无级调速，保证电机车在无人驾驶的模式下，根据不同车况对速度进行精准控制。电机车为双机头往返式运输，

通过无人驾驶系统，实现了一名操作工同时控制一列车的前、后两台电机车，保证在无人驾驶模式下，车辆具备充足的牵引力和制动力。

此外，该系统对电机车的气路、电路、制动、受电弓等各个系统均进行了升级改造，取消电机车原有的司控器，通过分析各子系统的控制需求，自主设计了电机车本体司机控制台(简称司控台)，该司控台集成了控制指令给定、各用电负载的开关控制、控制模式转换及人机交互显示屏等功能。

同时，该系统对现有的振动放矿机也进行了自动装矿改造，增加了信集闭、网络通信、视频、精确定位、控制中心等自动化系统，实现道岔自动控制、装卸矿远程遥控以及电机车无人驾驶全自动运行。

图 7-14　行洛坑井下电机车无人驾驶系统控制台

该系统高度集成了视频采集系统、网络通信系统、自动化控制系统、电机车拖动系统、轨道信集闭系统等，构成了一个完整的装、运、卸矿系统。该系统运行安全、稳定，达到了设计生产指标，工段员工数量减少了三分之二，运输能力提高了 20% 以上，并极大地提高了矿山的整体自动化控制水平。

该系统投入使用后深受业主好评。业主单位在运输作业区内减员 40%，同时每天均可实现足额甚至超额完成产量计划。

7.4　按需通风系统

7.4.1　系统总体架构

按需通风系统是以矿井通风管控系统、矿井通风优化系统和需风量计算系统为核心，以井下监测传感设备为基础，对整个井下通风状况进行实时监测、控制与优化，最终实现井下按需通风和矿井实时能耗最小化。因此，按需通风系统包括矿井通风管控系统、矿井通风优化系统、需风量自动计算系统以及井下监测设备四部分，其系统架构图如图 7-15 所示。

由图 7-15 可知，当井下需风点的需氧作业设备、人员等发生变化时，需风量自动计算系统依据人员定位、设备定位等系统的监测数据计算各需风点的需风量，并将其反馈给矿井通风优化系统；矿井通风优化系统则依据需风量自动计算系统反馈的需风量数据，以及井下风速、风压、温度、湿度等通风参数传感设备的监测数据，进行风量分配优化、风量调控优化，并对风量分配优化、风量调控优化的数据与需风量自动计算系统关于各需风点的风量数据进行实时验证，验证成功后，再将风量分配优化与风量调控优化的数据反馈给矿井通风管控系统；矿井通风管控系统则依据风量分配优化与风量调控优化的数据调控主扇、辅扇、风门、风窗等通风调控设施，以使各需风点的风量满足要求，最终实现整个矿井按需通风。

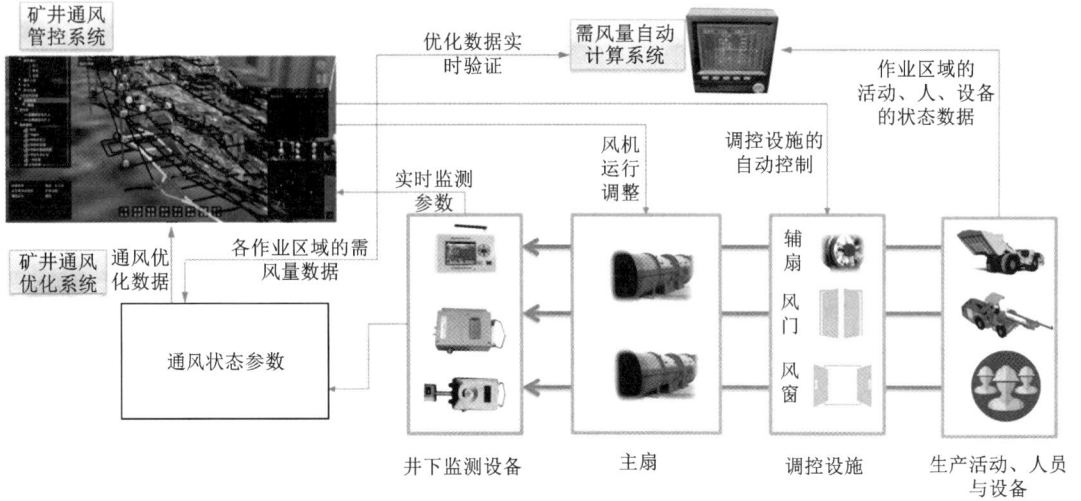

图 7-15　按需通风系统架构图

7.4.2　系统功能

按需通风系统不仅具有风量分配优化与风量调控优化的功能，还具有对井下传感器、主扇、辅扇、局扇、风门、风窗等设备的监测监控功能，以及对井下作业人员、需氧设备等的跟踪定位与需风量计算功能。具体如下：

1）矿井通风优化系统的主要功能

（1）在满足按需分风分支所需风量的前提下，使通风总功率为最小时的其他通风分支风量最佳；

（2）在满足按需分风分支所需风量的前提下，使通风总功率最小；

（3）获取井下风速、风量、风压、温度、湿度等传感监测设备的实时监测数据；

（4）获取需风量自动计算系统关于各需风点的需风量数据；

（5）为需风量自动计算系统与矿井通风管控系统提供风量优化与调控优化后的风量数据。

2）矿井通风管控系统的主要功能

（1）集成监测监控系统、MES、PLC 等第三方系统；

（2）实时动态监控矿井通风系统的所有设备，包括风速、风量、风压、温度、湿度等传感设备，主扇、辅扇、局扇等通风动力设备，风窗、风门等调控设施等；

（3）获取矿井通风优化系统关于风量分配优化与调控优化等的通风优化数据；

（4）实时显示井下各通风巷道的风速、风压、温度、湿度等通风参数，以及风机工况点、关停、变频等实时风机状态数据，且当 CO、风速、风机等出现异常时，能够及时预警提示；

（5）对风机、巷道等通风参数进行统计分析。

3）需风量自动计算系统的主要功能

（1）需风量自动计算系统能够与车辆、人员定位追踪系统相结合，定位追踪井下所有的车辆与人员；

（2）依据井下定位追踪的车辆与人员分布状况，计算井下各需风点的需风量；

（3）将各作业区的需风量数据反馈给矿井通风优化软件；

（4）对矿井通风优化软件反馈的风量数据进行实时验证。

7.4.3 系统组成及其主要技术要求

由图 7-15 的按需通风系统架构图可知，按需通风系统的核心部分由矿井通风优化系统、矿井通风管控系统以及需风量自动计算系统三部分组成，除此之外，按需通风系统还涉及通风监测监控系统、人员与设备追踪定位系统等，是一个多软件、多系统、多设备集成与融合的复杂系统，需要各软件、系统、设备之间高度协同作业。按需通风系统的架构如图 7-16 所示，各软件、系统与设备的具体技术要求以及相互之间协作关系如下：

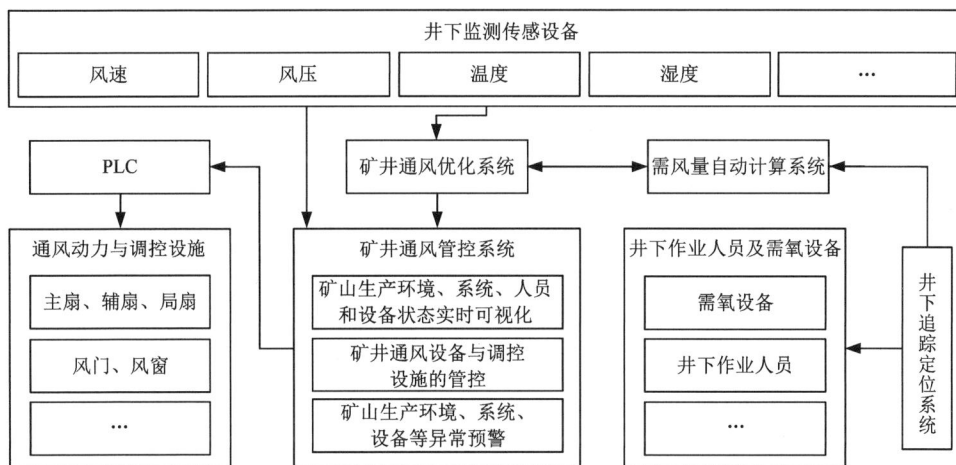

图 7-16 按需通风系统架构图

（1）矿井通风管控系统具备对矿山生产环境、系统、人员和设备状态的实时可视化、矿井通风设备与调控设施的管控，以及对矿山生产环境、系统、设备等的异常预警功能。矿井通风管控系统架构如图 7-17 所示，其中对矿山生产环境、系统、人员和设备状态的实时可视化来自井下风速、风压、温度、湿度等监测传感设备的实时数据，这些实时数据被保存至数据库；矿井通风设备与调控设施的管控主要是在井下需要点的需风量发生变化后，依据矿井通风优化系统对风量分配与调控优化后反馈的数据，通过 PLC 对井下主扇、辅扇、局扇、风门、风窗等通风动力与调控设施进行调控，使其满足实际通风需求；当矿山生产环境、设备等出现异常时，矿井通风管控系统则会进行预警报告，以提醒作业人员进行异常处理。

（2）矿井通风优化系统则具备对整个通风网络的风量分配优化与风量调控优化功能。其中风量分配优化与风量调控优化是以井下风速、风压、温度、湿度等传感设备监测的通风数据以及需风量自动计算系统反馈的风量数据为基础，以通风功率最小等为目标，对风量分配与风量调控进行优化，以实现井下各需风点按需通风。矿井通风优化系统优化后的数据分别反馈给需风量自动计算系统与矿井通风管控系统，其中需风量自动计算系统对矿井通风优化系统反馈的优化数据进行实时验证，矿井通风管控系统则依据矿井通风优化系统反馈的优化数据对井下通风动力与调控设施进行相应的调控。

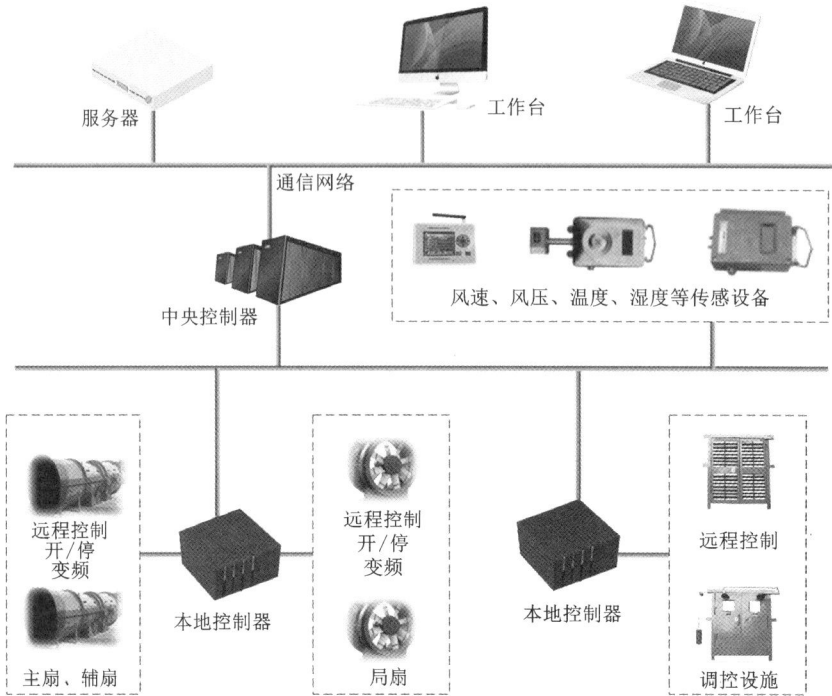

图 7-17　矿井通风管控系统架构图

（3）需风量自动计算系统是计算井下各作业区域的需风量，以及为矿井通风优化系统提供各需风点的需风量数据。需风量自动计算系统的计算依据井下人员与设备的追踪定位（图 7-18），确定各需风点的作业人员、需氧设备以及活动状态数据，从而计算各需风点的需风量。

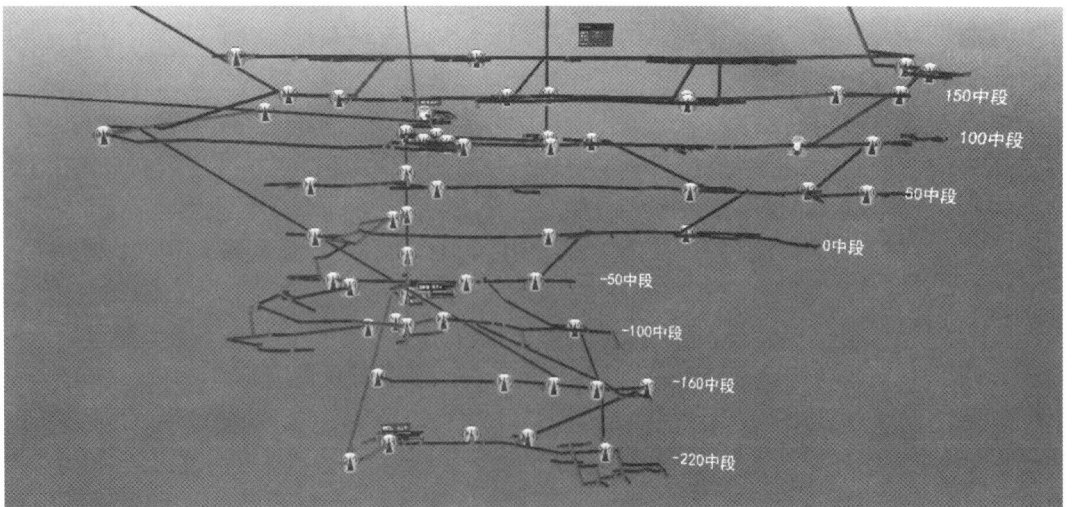

图 7-18　井下人员与设备的追踪定位

7.4.4　应用案例

由于按需通风系统目前无矿山完全实现应用,一般仅实现按需通风系统的部分子系统。因此,这里仅以杏山铁矿通风系统无人值守自动控制系统为例。

杏山铁矿通风系统全部实现地面远程自动控制,风速、风量及工况均可远程监控、预警。同时采区局扇实现远程遥控,可根据现场需求调整风机开停机。

1)控制目标

机站风机采用远程集中控制及机旁控制两种方式。风机上设有启停、正反转控制按钮,并将风压,风速,风机电机的电流、电压、功率、轴承温度、运行状态以及故障等信号经计算机系统采集反馈回主控制室,其中杏山铁矿通风系统风机机站控制界面如图7-19所示。

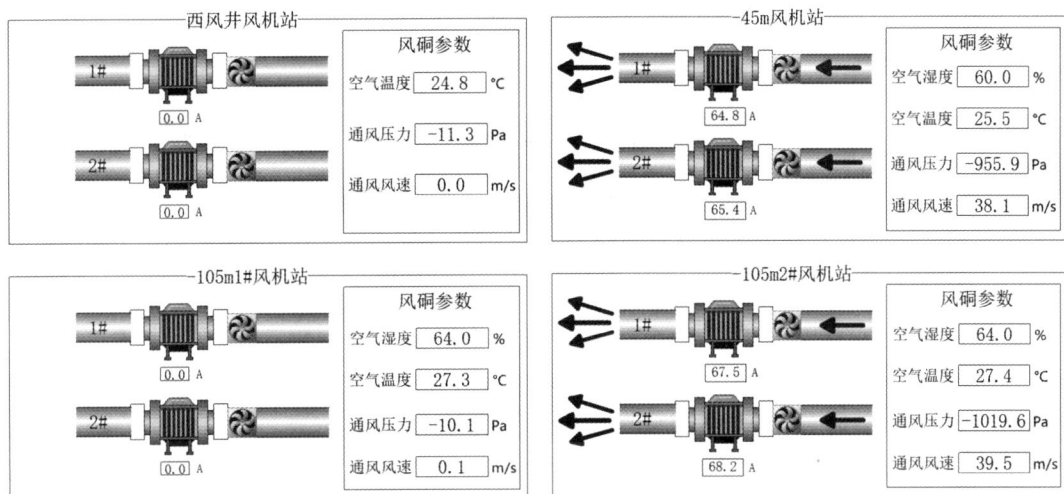

图 7-19　杏山铁矿通风系统风机机站控制界面

2)控制方案

杏山铁矿通风系统共设有 4 处风机站:西风井地表一处,-105 m 水平两处,-165 m 水平一处。在上述 4 处均建立 PLC 控制站。

控制子系统采用西门子 PLC 控制系统,系统内所有模块均可实现热插拔。各控制子系统通过冗余的以太环网与主控制(调度)系统连接,既可实现独立式分布控制,也可远程集中管理。

3)系统架构

本系统以矿井对旋轴流风机为控制对象,以工业控制计算机为核心,由下位机和上位机及数据采集系统组成。下位机采用 PLC 作为从站,采集高压系统状态,包括电压、电流、频率、有功功率、合分闸信号,以及风机的风量、风压、风速、振动信号,并送出高压系统远控合分闸信号。上位机采用工业控制计算机作为主机,人机界面作为上位机,与 PLC 进行通信,把 PLC 采集的数据读入工控机并在界面显示,通过 RS485 通信方式与电控柜综合保护器通信,采集电控系统电压、电流、频率、有功功率信号并显示,所有电机轴承温度和定子温度均通过 PT100 直接输入 PLC 模拟量模块,并在工控机上通过人机界面进行显示。同时,利用变频器控制通风机的变频运行,从而实现风机的高效节能运行。该案例系统架构如图 7-20 所示。

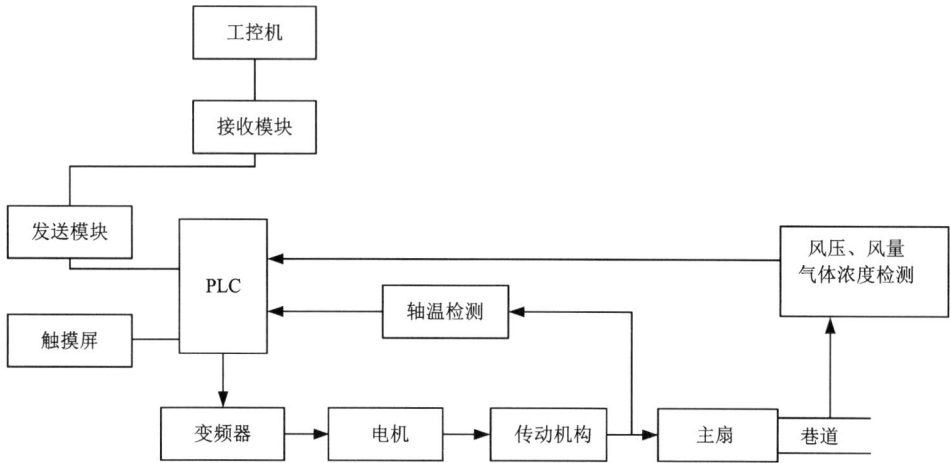

图 7-20　系统架构图

4)系统功能

矿井风机在采矿生产中有着重要的作用,因此必须保证风机自动测控系统的安全可靠。

本系统的主要监测与控制对象为井下通风系统所有风机。本系统采用"PLC 底层监控+上位机"操作,显示画面系统,可完成对风机运行状态、参数的显示,启停控制、电机保护、数据报警、记录和管理。PLC 产品需配置以太网接口,现场设置"远程/就地"转化开关。风机及辅助设备操作方式有远程集中操作和就地操作。

远程集中操作:在控制室上位机完成。在此种运行方式下,操作员在操作站的工控组态软件运行窗口,选择处于远控待命状态的风机,然后按"启动"按钮,启动此风机,按"停止"按钮,停止此风机,停机后系统禁止马上按"反转"按钮(对电机的一种保护),需经过操作人员设定的时间后,"反转"按钮方才有效,设备才可进行反转,整个启停过程由自动运行程序控制,还应有通风机运行、停车、事故停车的指示信号。

就地操作:此方式用于设备检修或设备调试时,防止风机的意外自启动,也可在紧急停止时使用。在对风机运行工况有充分了解的基础上,可以直接就地操控本台风机的设备。

系统的主要功能有:

(1)实现风机运行参数的实时监测与风机主辅设备控制的一体化。

(2)实时监测风机配用电机的电气参数:电流、电压、功率。

(3)实时监测设备的运行参数:电机和风机前后轴承温度、振动参数以及超限报警。

(4)显示当前运行机号、正反转信号、风机开停状态。

(5)实时监测通风机气动参数:负压、流量、全(静)压、全(静)压效率、轴功率。

(6)实现定子电压低于设定值报警及定子电流超过上、下限报警。

(7)上述监测参数通过通信线路传送到集控室上位机,经上位机接入矿山局域网。

5）系统组成

本系统以工业控制 PLC 为核心，主要由信号测取装置和传感（变送）器、上位机、通信装置及其他设备组成。系统的主扇风机自动化监控系统的硬件组成如图 7-21 所示。

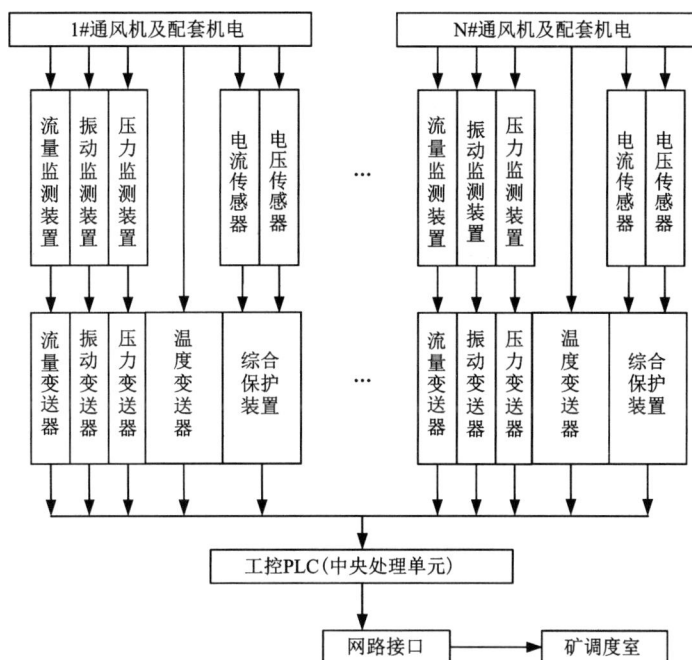

图 7-21　主扇风机自动化监控系统硬件组成

风速测量：利用热效应元件的热损耗来测量风速、风量等参数，分热线式、热球式和热敏电阻式三种方式，分别用金属丝、热电偶和热敏电阻作热效应元件。

压力测量：在风机房或硐室内，应用皮托管和压差计进行压力监测。

空气温度和相对湿度测量：对现场的温度及湿度进行监测，并将监测数据传送到 PLC 控制系统。

风机电机的电流、电压、轴承温度：通过检测风机的电流电压轴承温度来掌握电机的使用情况。

7.5　排水自动化系统

7.5.1　系统总体架构

排水自动化系统总体架构如图 7-22 所示，在井下中央变电所内设置 PLC 控制系统，负责排水设备的控制与管理，可自动检测各个水泵电流、水面液位、供水管道压力、流量等。PLC 控制系统通过冗余的以太环网与主控制（调度）系统连接，实现排水系统的远程集中控制。

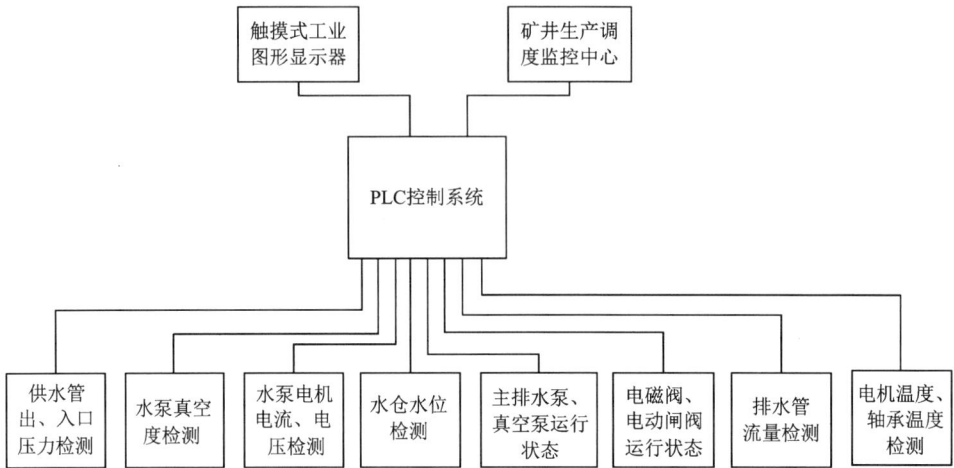

图7-22 排水自动化系统总体架构图

7.5.2 系统功能

在地面集控中心对井下水泵的启停机进行远程控制和在线监测，自动控制各泵之间的轮换工作，使各泵及管路使用均衡，实现排水自动化控制以及泵房的无人值守。若某台泵或所属阀门出现故障，则系统自动发出声光报警，并在计算机上动态闪烁显示，记录事故。

系统的主要功能与特点如下：

(1)具备生产过程监控与管理信息的综合处理和应用能力。

系统能使水泵房控制系统通过标准的数据交换方式与平台进行数据交互，并对各子系统的信息进行综合处理；系统平台也能将实时信息、历史信息及综合分析后的信息提供给系统中的用户；系统具有良好的可靠性、兼容性、扩容性。

(2)具备 Web 浏览功能。

系统平台能将各水泵房显示的各类实时动态图形(符合要求的)转换为 HTML 或 XML 格式，供用户通过 IE 浏览；同时在集控中心有组态综合实时动态图供用户浏览。

(3)具备数据系统分级管理功能。

设定不同权限，实现安全监测信息、设备运行信息及其他安全信息的分类显示。

(4)实时报警故障记录功能。

系统平台可为用户提供各类监测系统的实时报警信息，包括超限报警、开关报警、系统在线设备的故障记录。

(5)具备完整的事件记录功能。

系统能对所有涉及系统配置操作、子系统实施控制操作及一些重要的操作信息进行完整的记录，包括操作时间、操作者、操作码及描述、节点名等，从而为系统的事故追查及重演提供重要的信息。

(6)具备扩展功能。

系统平台采用统一标准的数据接口采集各监测系统的数据，可保证采集数据的准确性。

接口数据具有实时性与可扩展性，可满足实时数据的要求。当监测数据有增、减等变动时，应自动反映到系统中；同时可将各监测系统处理后的数据作为上一级信息网的信息源。此外，选用计算机和系统软件应留有备用容量和接口，可以方便地进行扩展，以满足将来全矿井的需要。

（7）系统安全性强。

系统健壮性与抗干扰能力强、容错性好，具有优良的安全验证体系；支持系统的安全性恢复，支持数据备份，保证系统安全可靠；网页的访问必须通过口令，没有授权的用户不能查看网页。

（8）权限管理机制可靠。

系统具有可靠的权限管理机制，用户只能查看其权限范围内的子系统，保障整个平台网络系统的可靠运行。

（9）具备故障报警分析统计功能。

系统可以自动统计出昨日、当日、当前的报警故障个数，并可查看相应详细信息；可以按子系统、类别、等级、日期段等条件查询和统计历史报警或故障信息。

（10）具备综合查询功能。

系统可以查询任何系统中设备的运行状况，如启停时间、次数、运行参数等；可查看累计量信息及统计图表；可查看整个系统的网络故障信息，以方便用户管理。

（11）可以查看系统总图。

通过"全矿井自动化排水系统总图"可以快捷查看设备的启停状态、故障信息，以及固有参数等。

（12）可以查看历史数据曲线。

系统可选择日期查看某测点历史数据曲线，并可在曲线的值坐标上自定义刻度。

（13）具备故障报警分析功能。

当系统出现故障和报警时会自动弹出窗口或报警条，根据用户自定义的等级严重性排序，并提供声光报警。依据其影响程度进行分类、分级，类别包括影响安全、影响生产、普通报警或故障。

（14）具备设备维修管理功能。

对设备故障处理过程进行跟踪，形成闭合管理，当其无维修处理过程时，则填报不予闭合；对设备故障处理经验进行积累，以视频、图像及文字等多种形式对事故处理过程进行存储。

（15）具备移动应用功能。

系统应用包括生产过程监控和管理等各项功能，且可以扩展到智能手机。

（16）具备能源管理功能。

系统提供管理模块，对矿井电能、排水量等能源及水的消耗进行统计、分析，包括消耗量、峰谷值、消耗区域分布、时段分布、变化趋势、历史查询、报警等。

7.5.3　系统组成及其主要技术要求

排水自动化系统硬件构成如图7-23所示，其控制系统是以PLC作为控制核心，PLC系统包括CPU模块、电源模块、输入输出模块、以太网卡等，触摸屏为显示和主要操作设备。通过PLC检测水泵设备和传感器等的信号，控制水泵、真空泵等设备，以及电动阀与电磁阀等执行器等,实现数据的自动采集与检测,以及自动轮换工作以及避峰填谷、系统保护等控制功能。

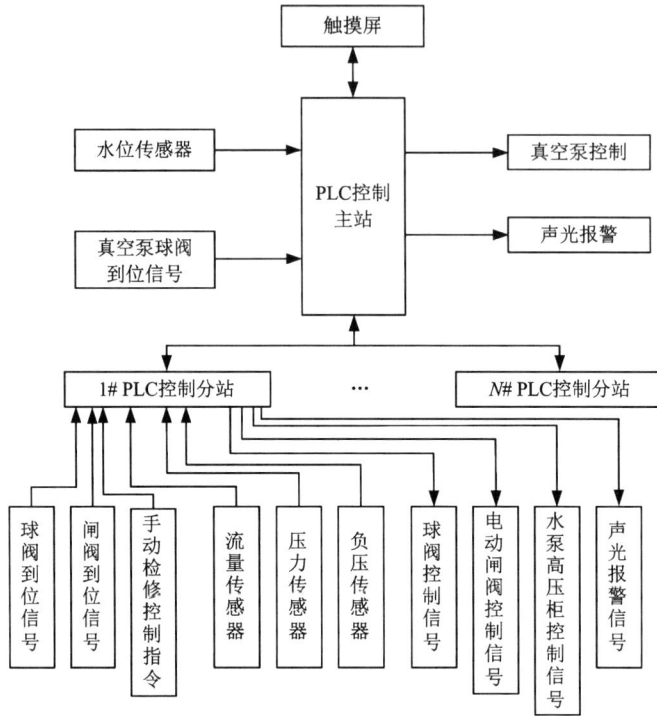

图 7-23　排水自动化系统硬件构成图

系统控制具有自动、半自动和手动检修 3 种工作方式。

(1)自动工作方式是由 PLC 控制相关传感器设备检测水位、压力及有关信号,自动操控各泵组运行,不需人工参与;

(2)半自动工作方式是由工作人员选择某台或几台泵组,PLC 自动完成已选泵组的启停和监控工作;

(3)手动检修方式是在故障检修和手动试车时使用。PLC 上设有水泵的禁止启动按钮,设备检修时,可防止其他人员误操作,保证系统安全可靠。

系统启动后,首先与 PLC 进行通信;然后运行模拟量以及 I/O 处理程序,系统自检,判断系统处于自动、半自动、手动检修三种运行方式中的哪一种,根据判断结果进行相应的操作,系统自动启动运行无故障水泵或运行次数较多的水泵,并自动累加水泵的排水时间和排水次数,实现自动轮换工作。根据"避峰填谷"的原则,通过确定开泵数量的程序以及水泵轮换工作模块,确定水泵开启数量以满足开泵条件,其中符合开泵条件的水泵进入自动开启程序,通过监测水仓水位实现离心式水泵的自动启停,同时对每台泵正常运行时的电流、电压、压力、流量、真空度、温度等参数随时间的变化进行监测。系统中设有抽真空超时、闸阀开启超时、压力异常等故障报警模块,可以对故障异常给出报警提示。

PLC 自动化控制系统根据水仓水位的高低,单位时间内的涌水量,井下用电负荷的高、低峰和供电部门所规定的平段、谷段、峰段供电电价时间段(时间段可根据实际情况随时在触摸屏上进行调整和设置)等因素,建立数学模型,合理调度水泵,自动准确发出启、停水泵的命令,控制水泵运行。

系统根据水泵运行状态的不同,将水泵运行数据的保护值开放给现场维护人员,在具有特定权限的情况下,可以进入系统的参数设置页面,对水泵运行的保护数据进行修改,防止因磨损导致排水效率发生变化从而使水泵损坏的情形出现。

系统可根据电网负荷和供电部门所规定的平段、谷段、峰段供电电价时间段,以"避峰填谷"原则确定启、停水泵时间,从而合理地利用电网信息,提高矿井的电网运行质量。

7.5.4 应用案例

以杏山铁矿水泵房无人值守控制系统为例,杏山铁矿井下中央水泵房实现了远程操控,并建立了健全的排水监控与异常报警系统以及安全评价体系。井下排水系统简略图如图7-24所示。

在井下中央变电所内设置 PLC 控制站,负责排水设备的控制与管理,以自动控制相关传感器设备检测各个水泵电流、水面液位、供水管道压力、流量等参数。PLC 自动化控制系统通过冗余的以太环网与主控制(调度)系统连接,实现远程集中控制。

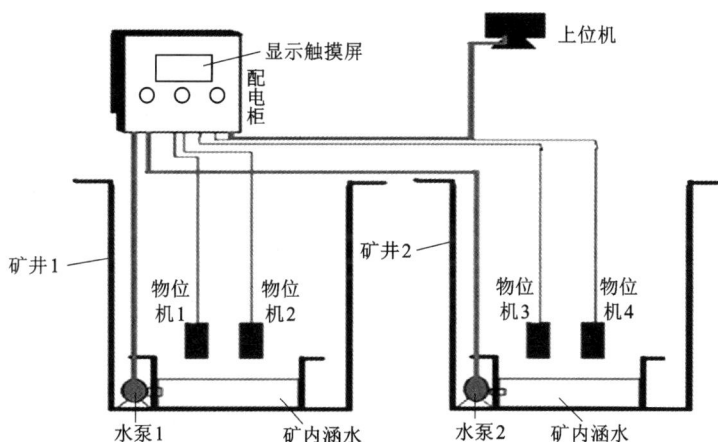

图7-24 井下排水系统简略图

(1)数据自动采集与检测

检测项目主要有:水仓水位、电机工作电流及温度、水泵轴温、排水管流量、电动阀的工作状态与启闭、真空泵工作状态、水泵吸水管真空度及水泵出水口压力等。传感器自动检测采集水仓水位数据及水泵、电机的运行状况,控制排水泵的启停。系统也具有超限报警功能,以避免水泵和电机的损坏。

(2)动态显示

其可动态模拟显示水泵、真空泵、电磁阀和电动阀的运行状态,并能进行事故报警,通过图形、趋势图、棒状图等形式实时准确地显示水仓水位、管路的瞬时流量及累计流量、电机电流和水泵瞬时负荷水泵轴温、电机温度等数据,进行超限报警,自动记录故障类型、时间等,并根据水位情况发出预警信号。

（3）通信功能

PLC 控制系统通过通信接口与主控室上位计算机进行全双工通信，操作人员可将操作指令传至 PLC，实现对井下主排水系统的遥测、遥控，控制水泵运行。系统与全矿井安全生产监控系统联网，为生产决策服务。

（4）平衡电网负荷

系统根据电网负荷和不同时间段电价，以"避峰填谷"原则确定启、停水泵时间，从而降低排水费用，实现经济运行。

（5）系统保护功能

①超温保护：当水泵轴承温度或定子温度超出允许值时，通过温度保护装置及 PLC 实现超限报警。

②电动机故障：利用 PLC 及触摸屏监视水泵电机过电流、漏电、低电压等电气故障，并参与控制。

③电动闸阀故障：由电动机综保监视闸阀电机的过载、短路、漏电、断相等故障，并参与水泵的联锁控制。

（6）系统控制

系统控制具有自动、半自动和手动检修 3 种工作方式。

水泵房监控画面、水位显示画面如图 7-25、图 7-26 所示。

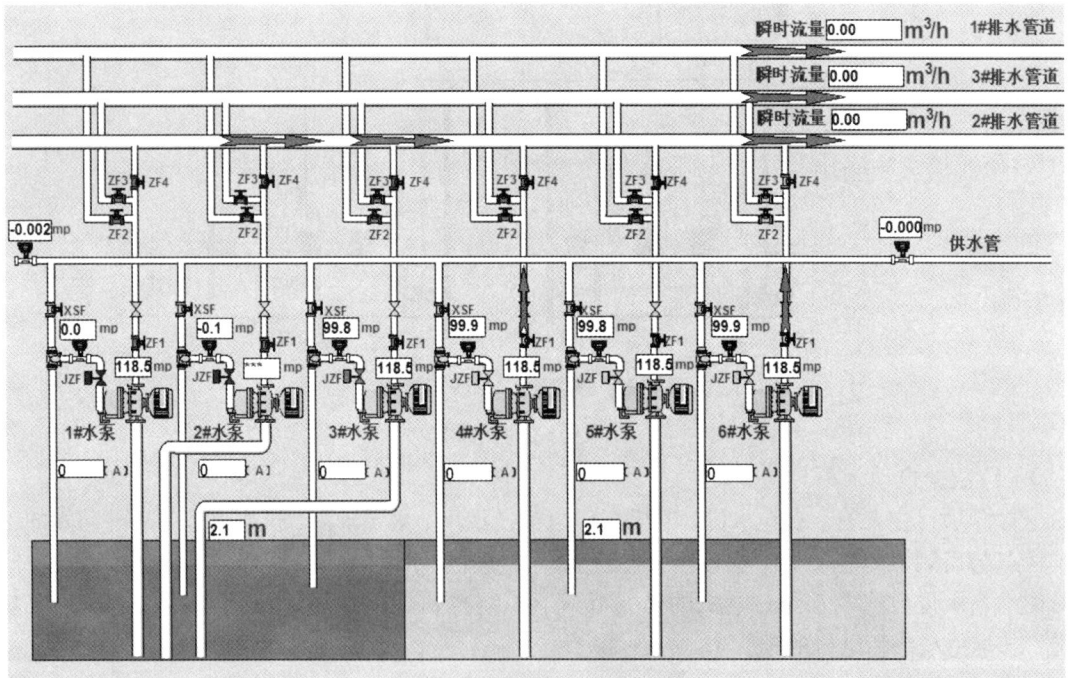

图 7-25　水泵房监控画面

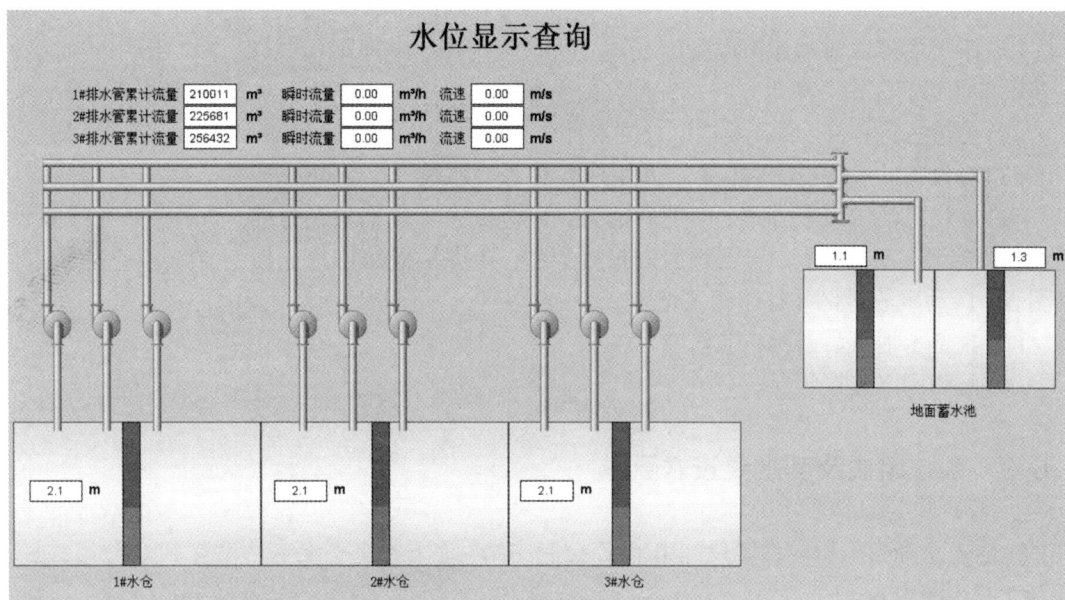

图 7-26　水位显示画面

7.6　供配电自动化系统

7.6.1　系统总体架构

供配电自动化系统网络架构如图 7-27 所示，中央变电所设变电站综合自动化控制系统主站，基本功能包括继电保护及自动装置的监控、数据采集及处理、远动及设备管理、系统通信、电源系统监控、提供人机交互界面等。综合自动化装置采用分层分布式结构，整个

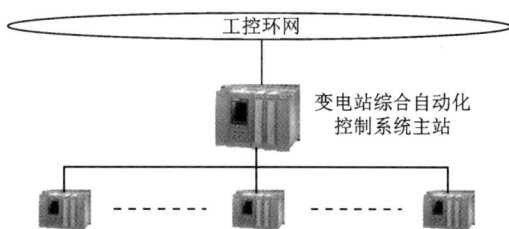

图 7-27　供配电自动化系统网络架构图

系统各功能单元装置之间采用工业信息网络通信，保证通信可靠性。在变电所设立采空区的配电监控系统，与地下采空区的各配电站实现数据通信，并通过网络上传至生产调度指挥中心。

7.6.2　系统功能

在生产调度指挥中心，设置供配电监控站。通过对各个配电站设置 PLC 控制站，与各个配电站综保系统进行通信，读取微机综保系统数据，采集各变电所主要变压器、高低压开关柜等的运行状态数据，采集多功能仪表的数据，实时监测各变电所运行状态，远程可进行高低压送电操作,提高工作效率,实现供配电系统的无人值守。

系统功能如下:

(1)系统主界面显示保护设备配置图、系统工况图、电气主接线图,并在图中实时显示主要设备的运行工况、潮流方向及各种实时参数值。

(2)可进行远程高、低压柜合、分闸操作。

(3)对设备状态进行实时监控,并生成各种趋势曲线。

(4)提供灵活的报警方式,由用户定义,告警点可产生闪动、变色、动画、声音等效果;提供超限报警、事故报警、工况报警等报警类型,各类报警均可根据设定导出相应场站或信息图表,启动事故追忆并打印相关记录。

(5)具备本地/远程转换功能。

(6)监测网络连接状况。

7.6.3　系统组成及其主要技术要求

在地表总降变电所内设置供配电 PLC 控制主站,地下各水平配电站设置 PLC 分站,主站接入工控环网内。

各配电室控制站通过通信方式采集电力综保系统、多功能电力仪表的数据,而对综保系统外的重要开关数据,则通过硬线方式进行采集。

各控制站的数据集成到地表主控室内,主控室控制计算机通过工控网络读取各变电所数据,实时监测运行数据。

7.6.4　应用案例

以杏山铁矿井下中央变电所自动化控制系统为例,杏山铁矿井下各采区变电所、通风变电所及所有车间变电所均装设多功能监测装置,将所需要的电气数据(如电流、电压、功率等)传到总控制室。井下各变电所馈出线上按规程规定装设接地保护装置,并在系统发生单相接地时,及时确定故障位置并发出报警信号。井下中央变电所监控画面和供配电监控数据分别如图 7-28 和图 7-29 所示。

杏山铁矿井下变电所自动化控制系统包括:

(1)井下中央变电所 PLC 控制站。

控制站设置在井下中央变电所控制室内,除负责井下排水泵站设备的控制与管理外,还采集中央变电所综保系统和变电所内的多功能监测装置系统的各种数据,并将电气数据(如电流、电压、功率等)传回 PLC 控制系统,通过冗余的以太环网与主控制(调度)系统连接,接收主控制室的操作指令。

(2)主运输水平 1#综合变电所 PLC 控制站。

控制站设置在主运输水平 1#综合变电所内,负责主运输水平 1#综合变电所设备的控制与管理。通过冗余的以太环网与主控制(调度)系统连接,接收主控制室操作指令。

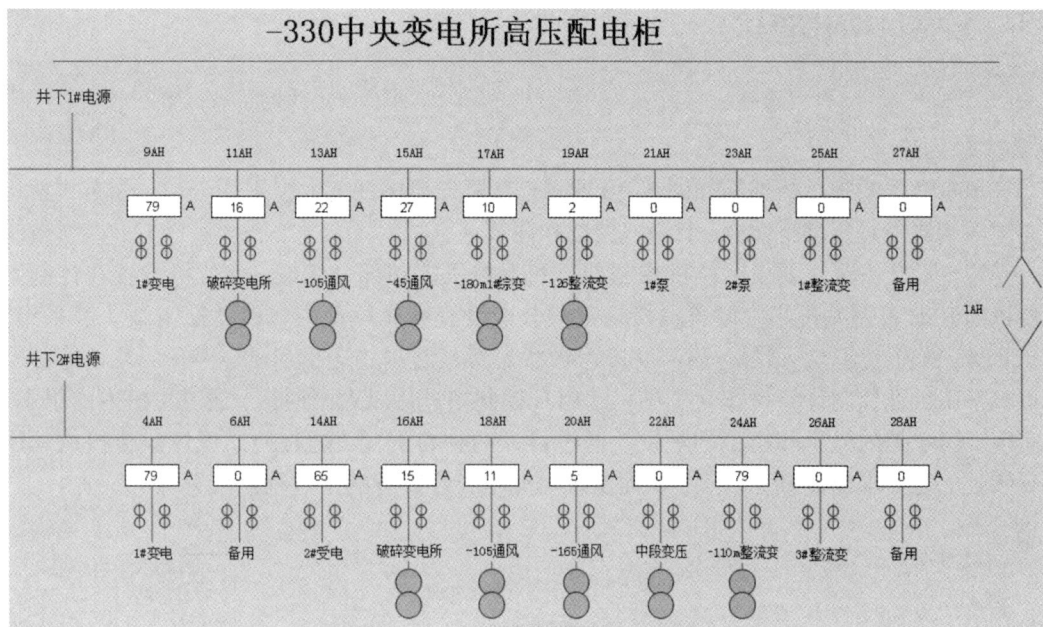

图 7-28　井下中央变电所监控画面

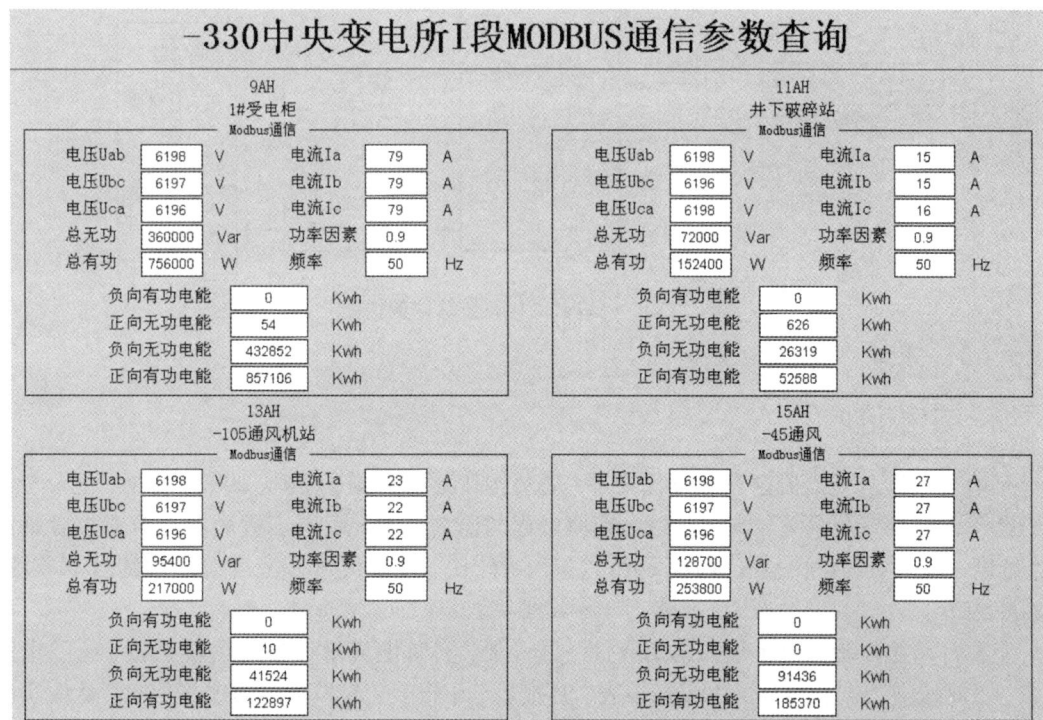

图 7-29　供配电监控数据

7.7 充填自动化系统

7.7.1 系统总体架构

充填自动化系统总体架构如图 7-30 所示，充填自动化系统大多采用分层、分布式架构，对充填料浆制备过程进行监测、计量、控制和调节。

充填自动化系统主要由上位机控制部分和下位机控制部分组成，上位机设置在控制室，下位机的 PLC 控制站可集中设置在机柜室或分散设置在充填站内。PLC 控制站一般采集流量、浓度、料位、压力、阀门开度、设备运行状态等信号，并送出启动、停止、关闭等信号。上位机采用工业控制计算机作为主机，与 PLC 控制站进行以太网通信，通过主机内的组态软件实现现场数据的显示和指令的下发。通过设计的物料配比，远程控制现场执行机构动作，得到满足工艺要求的流量和浓度，从而实现对充填料浆制备的全过程监控管理。

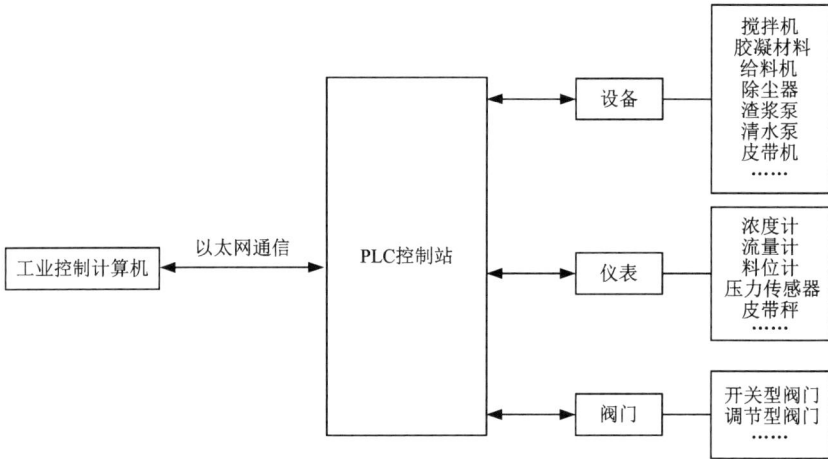

图 7-30 充填自动化系统总体架构图

7.7.2 系统功能

充填自动化系统是根据充填设计要求，通过构建覆盖检测、反馈、调节、监视、记录全流程的电气化自动控制系统，实现对整个充填过程的监视和自动记录，进而实现对充填骨料流量、浓度、胶凝材料给料量、料位、调浓水量、灰砂比、充填流量和浓度等参数的自动监测、显示和调节。

充填自动化系统通过上位机组态界面，可直观、实时地显示设备的运行状态、阀门运行状态、监测仪表数据，同时可生成日报表、月报表、年报表、充填数据曲线等信息，从而实现对充填作业的透明化管理。

7.7.3　系统组成及其主要技术参数

充填自动化系统硬件构成如图 7-31 所示。系统上位机监控操作站与下位机控制站采用工业高速以太网通信，以保证系统的实时性；下位机控制站配有以太网通信模块、模拟量 I/O 模块、数字量 I/O 模块等；现场仪表(如浓度计、流量计、螺旋电子秤、压力变送器等)和阀门开度反馈 4~20 mA 模拟信号，通过保险端子接入信号隔离器，再转接到模拟量输入模块；现场开关、状态反馈、报警、限位等数字信号直接送至数字量输入模块；输出信号控制现场阀门、电机等执行设备。

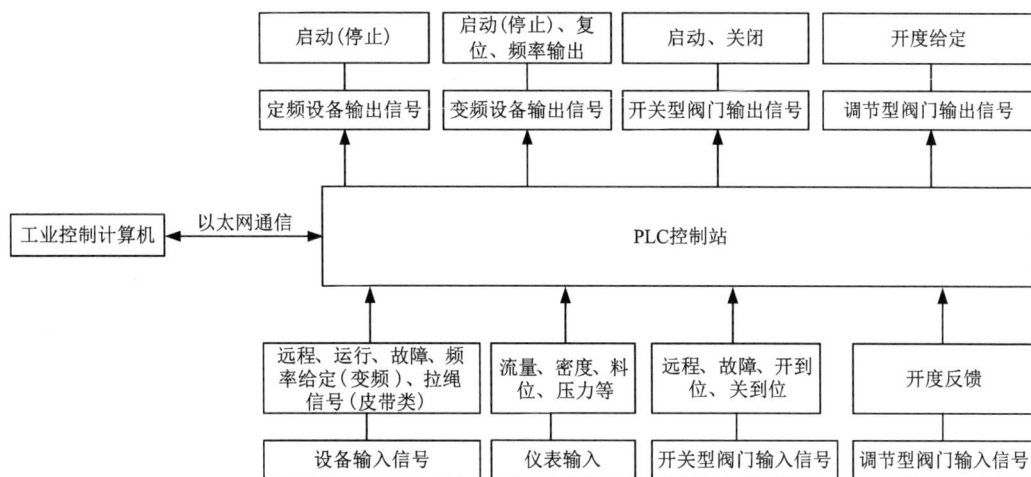

图 7-31　充填自动化系统硬件构成图

充填系统的料浆流量和浓度参数的稳定性是决定采矿工艺要求满足与否和顺利输送与否的核心参数，而尾砂、水泥的混合比例决定了充填体的强度和凝结时间。因此，需要结合充填工艺安装必要的仪表、阀门。料位监测仪表是确保整个控制系统有效、可靠运行的关键，故水泥仓料位、干骨料料位、搅拌设备采用雷达料位计，清水池料位采用雷达或超声波料位计，立式砂仓泥层高度料位采用重锤料位计，深锥浓密机泥层料位采用泥层界面仪，浆状物料的流量采用电磁流量计，干物料的流量一般采用称重传感器与速度传感器组合方式监测，压力测量一般采用压力变送器。

典型充填工艺流程如图 7-32 所示。根据充填工艺，结合阀门、仪表、设备，编写 PID 调控程序，如调节阀与电磁流量计组合可实现调浓水流量的自动调节，料位计与调节阀组合可实现搅拌液位的自动调节等，流量计、浓度计与微粉称组合可实现精确灰砂比的给定等。

系统控制方式：根据系统配置情况，一般包含以下三种控制方式：

(1)手动控制。

该控制方式优先级最高。设备控制柜上的"就地/远程"开关选择"就地"方式时，通过现场控制箱或配电柜上的按钮实现对设备的启/停操作。

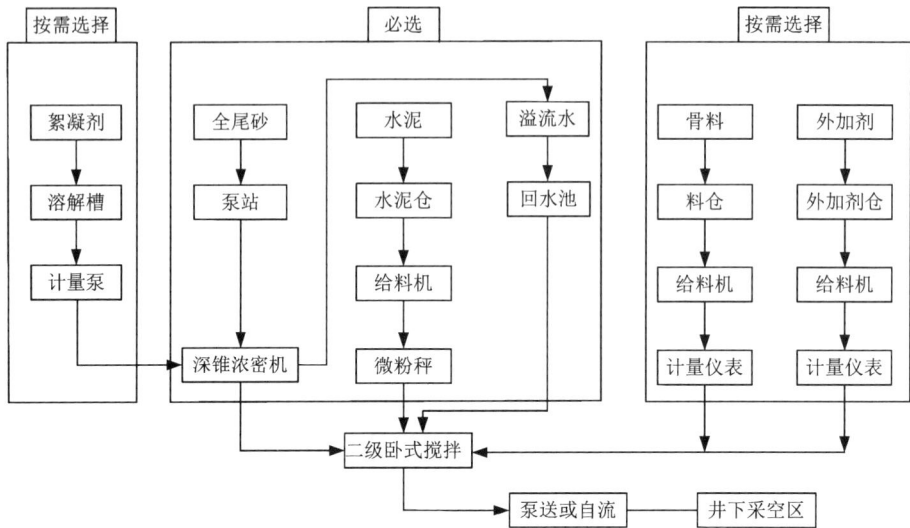

图 7-32　典型充填工艺流程图

（2）半自动控制。

半自动控制即操作鼠标或键盘的控制方式。控制柜上的"就地/远程"开关选择"远程"方式时，操作人员通过中央控制的监控画面用鼠标或键盘选择"半自动"方式，并对设备进行启/停操作。

（3）自动控制。

控制柜上的"就地/远程"开关选择"远程"方式，操作人员通过中央控制的监控画面用鼠标或键盘将"半自动/手动"设定为"自动"方式时，设备的运行完全由中央控制系统根据充填工况及生产要求来完成对设备的运行或开/关控制，而不需要人工干预。

远程控制时，机旁"启动"按钮失效，但机旁的"急停"按钮依然有效。机旁设置必要的信号系统，如设备运行状态信号灯、故障信号灯。

7.7.4　应用案例

7.7.4.1　武山铜矿充填自动化系统

武山铜矿充填工艺为选厂浮选尾砂自流至输送泵房、泵池，经渣浆泵加压后通过DN300陶瓷复合管输送至膏体充填站的深锥浓密机，尾砂浆流量与浓度分别通过电磁流量计与核子密度计测量。尾砂浆通过深锥浓密机进行絮凝沉降浓缩，深锥浓密机泥层料位采用泥层界面仪测量，溢流水自流至回水池，回水池液位采用雷达料位计测量。经深锥浓密机制备合格的尾砂浆通过底流渣浆泵泵送至搅拌系统，浆液流量与密度分别通过电磁流量计与核子密度计测量。充填用水泥通过水泥罐车采用高压风吹至水泥仓内并储存，仓顶安装除尘器雷达料位计，仓底安装的微粉秤将胶凝材料输送至搅拌系统。搅拌系统采用双轴叶轮片式搅拌机+双叶轮螺旋搅拌输送机两段连续搅拌，搅拌机入口设置调浓水管，调浓水管上安装电磁流量计与电动调节阀。搅拌后的合格料浆自流至膏体泵斗，泵斗上方安装雷达料位计监测料位，然后经膏体充填泵输送至井下采空区。

上位机设置在控制室，下位机 PLC 控制主站设置在机柜房，深锥浓密机 PLC 控制分站与膏体充填泵控制分站设置在相应设备附近。上位机与下位机均通过以太网通信。

待井下采场具备充填条件、深锥浓密机泥层高度满足充填要求时，依次开启两段搅拌机、膏体充填泵、深锥浓密机排料阀、底流渣浆泵，直至采场充填完毕。

武山铜矿全尾矿膏体充填站自动化控制系统功能包括：

(1) 深锥浓密系统的自动控制。

深锥浓密机进料口与出料口设置密度计、流量计，对深锥浓密机进出料进行监测，保证尾砂的进出料平衡；顶部安装泥层界面仪对泥层料位进行监控，使通过的尾砂进出量处于合理位置；驱动电机安装扭矩传感器，对深锥浓密机耙架进行监控；深锥浓密机底部中心筒安装压力传感器，对泥层压力进行监控，指导充填工作人员作业。

深锥浓密机底部配置输送管路、低位循环管路、高位循环管路，在管路合适位置安装多个气动刀闸阀，通过设计的控制程序，控制不同气动刀闸阀的开闭，实现自动开启高低位循环和关闭高低位循环、高浓度尾砂浆输送及自动洗管功能。

(2) 实时及历史数据趋势图显示。

实时数据趋势图用于显示数据的实时变化情况。在画面运行时，实时数据趋势曲线由系统自动更新。

(3) 消息系统及事故报警处理功能。

消息系统为过程故障和操作状态提供综合信息，为报警画面提供显示信息以及语音警示，这样可以及早识别临界状态，减少或避免停机时间。

(4) 报表(记录)和存储功能。

上位机提供了一套集成的报表系统，数据库里的所有过程点都可以打印输出。

7.7.4.2　紫金山金铜矿充填自动化系统

紫金山金铜矿充填工艺流程如图 7-33 所示，当采用分级尾砂充填时，尾砂在选矿厂经旋流分级后，分级粗砂经尾砂输送系统输送至充填站，经高效深锥浓密机浓密后，溢流水返回选矿厂；采用全尾砂充填时，经尾砂输送系统输送至充填站，高效深锥浓密机浓密后，溢流水返回选矿厂。高浓度底流进入充填站尾砂仓存储，充填时，砂仓内饱和砂浆经压气造浆、管道放砂，进入搅拌机中搅拌，水泥和用来调节浓度的水通过各自的供料设施添加到搅拌机中。充填料浆采用两段连续搅拌制备，搅拌好的充填料浆通过充填钻孔及充填管网自流输送至井下采空区充填。

紫金山深部充填自动化控制系统如图 7-34 所示。根据充填工艺流程和自动控制技术要求，自动化控制系统主要由三部分组成：充填站主厂房 PLC 控制柜、隔膜泵房 PLC 控制柜、工控机软件组态控制平台，工控机与两台 PLC 控制柜通过网络模块通信用光纤连接到交换机，其他辅助设备如深锥浓密机、絮凝剂设备以及电子秤也是通过网络和 PLC 控制柜通信。在控制中心用一台装有 WICC 组态平台的工控机通过交换机和两台控制柜通信，实现对所有数字量和模拟量的监控，并把模拟量的数据以及报警数据存储在数据库里，以备查看。

主厂房 PLC 控制柜监控设备主要有高效深锥浓密机、强力搅拌机、高效活化机、液下渣浆泵，尾砂仓、水泥仓料位检测及生产用水水池液位检测回路；尾砂仓进料、尾砂仓出料、充填料流量、浓度控制、回路检测；生产用水补加水、生产用水总水量检测回路，混料漏斗补加水量控制及检测回路；水泥添加量控制及检测回路；风量控制及检测回路。各控制工位通过传感器把模拟量传送到 PLC 模拟量模块，再通过程序分析对各工位的动作进行控制，以达到全自动化控制系统的要求。

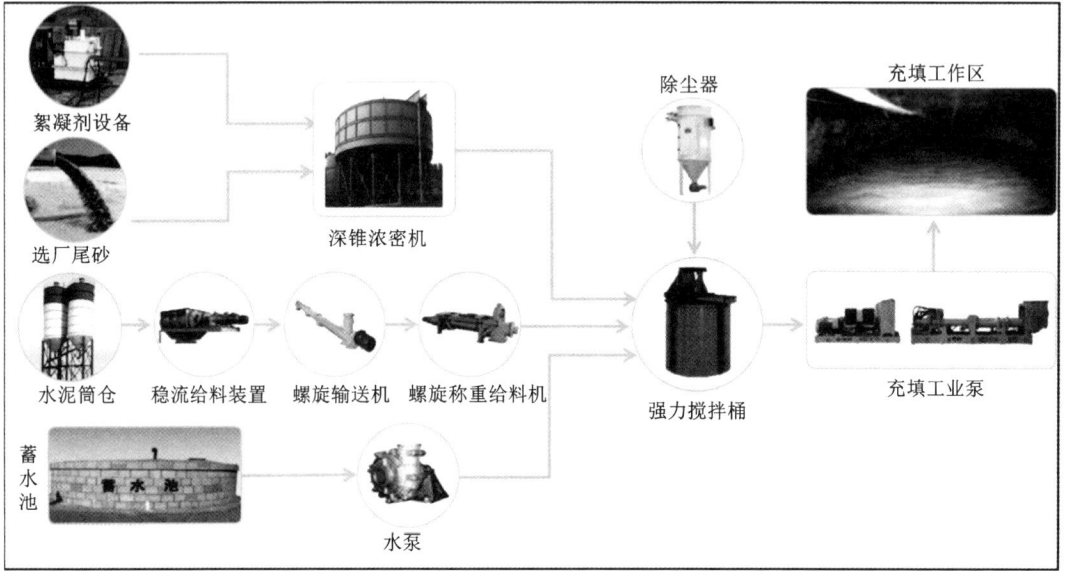

图 7-33 紫金山金铜矿充填工艺流程图

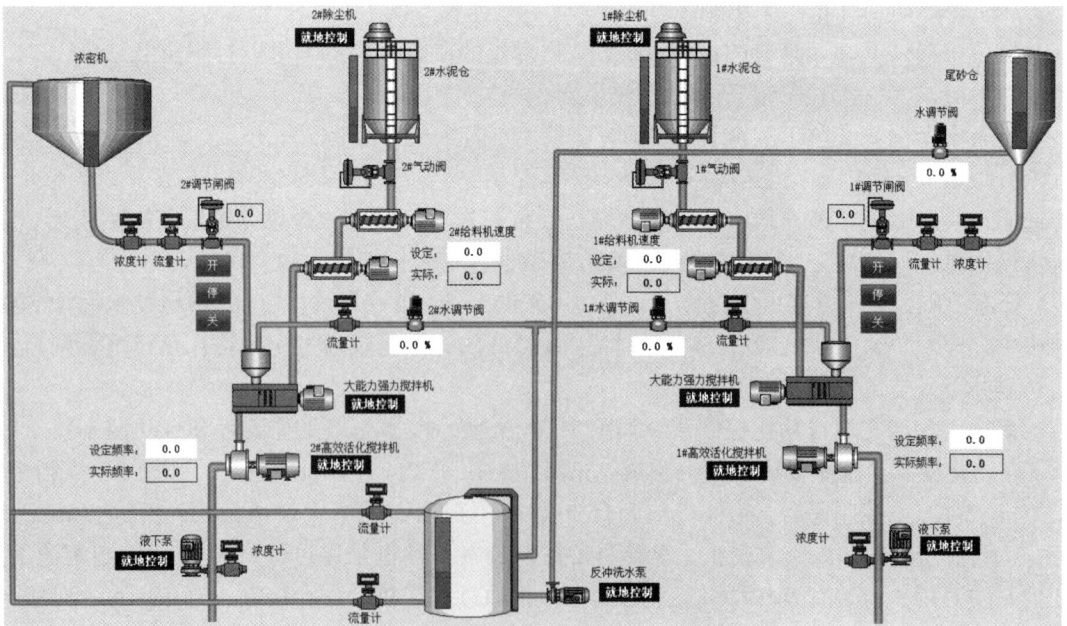

图 7-34 紫金山深部充填自动化控制系统

　　隔膜泵房 PLC 控制柜监控设备主要有隔膜泵、深锥浓密机、渣浆泵、闸阀以及冷却水循环泵，通过采集渣浆池的液位变化，系统能够自动调节变频器的频率控制渣浆泵的转速，使渣浆池的液位稳定在设定的液位值。各辅助设备通过传感器把模拟量传送到 PLC 模拟量模块，通过程序分析对隔膜泵及其相关设备进行数据监控及自动控制。

参考文献

[1] 梁南丁，周斐. 矿山机械设备电气控制[M]. 徐州：中国矿业大学出版社，2009.

[2] 丁孟军. 自动化远程智能监控在矿山溜破系统的应用[J]. 现代矿业，2015，31(4)：172-174，176.

[3] 吴立活. 地下矿山溜破系统设备远程控制设计与应用[J]. 矿业研究与开发，2018，38(7)：109-111.

[4] 郑连山. PLC 在煤矿胶带运输机监控系统中的应用设计[J]. 山西煤炭管理干部学院学报，2013，26(4)：37-39.

[5] 纪根东. 井下胶带机集控系统的应用[J]. 内蒙古煤炭经济，2016(8)：17-18，32.

[6] 刘晓明，林振烈，杨鹏伟，等. 凡口铅锌矿电机车全自动无人驾驶系统开发及应用[J]. 有色金属(矿山部分)，2023，75(6)：15-20.

[7] 赵建才. 电机车无人驾驶系统在西沟矿的应用[J]. 酒钢科技，2018(4)：77-81.

[8] 李辉，李占炎，李浩，等. 谦比希铜矿西矿体大盘区长距离多进路采场智能通风管控系统[J]. 中国有色金属，2023(A1)：255-258.

[9] 曹龙，杨敏. 按需通风技术在加拿大 Éléonore 金矿的应用[J]. 黄金，2021，42(12)：38-41.

[10] 唐光毅. 某矿山井下水泵无人值守控制系统的应用[J]. 有色金属设计，2023，50(3)：87-89.

[11] 林如山. 自动化排水系统在谦比希铜矿的应用[J]. 中国有色金属，2023(S1)：189-194.

[12] 孙旭娜. 矿山供配电系统中的自动化技术分析及应用[J]. 世界有色金属，2020(2)：19-20.

[13] 何西攀. 矿山供配电系统中的自动化技术应用[J]. 中文科技期刊数据库(引文版)工程技术，2022(1)：285-288.

[14] 沈楼燕. 某铜矿全尾砂膏体充填技术及其工业应用研究[J]. 现代矿业，2023，39(2)：40-43.

[15] 蔡晓敏，成超. 膏体充填工作面智能化系统的设计与应用[J]. 自动化仪表，2023，44(3)：46-49，53.

第 8 章

矿山安全监控与信息化

8.1 概述

安全生产，是指在生产经营活动中，为了避免人员伤害和财产损失而采取的相应预防和控制措施，使生产过程在符合规定的条件下进行，以保证从业人员的人身安全与健康，使设备和设施免受损坏，环境免遭破坏，从而保证生产经营活动得以顺利进行的相关活动。我国是矿业大国，矿产资源禀赋"矿贫物性复杂"，开采难度大，风险高，井下采空区、露天边坡和尾矿库等区域灾害频发，以及矿山企业普遍具有有毒有害、易燃易爆、线长面广、高温高压、连续作业等安全风险特点，此外，还存在生产装置人机交互环节多、检维修作业多等特有的安全管理问题，尤其是直接作业环节方面的管理比较薄弱，因此实现安全生产是绝大部分矿山企业在生产过程中面临的一大挑战。

近年来，国家对矿山生产安全的重视程度越来越高，相关管理部门对露天矿山边坡、地下矿山采空区及尾矿库等矿山灾害多发对象的安全监控，以及安全风险管控和隐患排查治理、安全实训及应急救援管理、智能识别和预警等信息化应用尤为重视，出台了一系列法律法规及导向性政策，有效控制了矿山企业安全事故的发生。同时，矿山安全管控与信息化已成为国内外科研机构、高等院校和矿山企业的研究热点，围绕矿山潜在安全隐患的在线监测、准确预警、快速响应和精细管控开展技术攻关，取得了明显的成效。因此，将矿山安全监控与信息化技术和安全管理进行有效结合，能够有力提升矿山安全管理工作整体水平，并在矿山安全监管、安全调度、安全监控、风险预警、事故预防以及突发性事故救援等方面发挥重要的作用。

本章围绕矿山安全监控与信息化主题，从矿山安全监控系统的整体架构、数据采集、系统可靠性、软件管理平台等方面整体介绍了安全监控系统和安全信息化系统，重点阐述了露天边坡安全监测、井下地压监测、尾矿库安全监测三种应用的方案设计、设备比选、数据应用、典型案例，并介绍了离子型稀土矿原地浸矿开采的安全监控系统；此外，重点阐述了安全风险管控和隐患排查治理、安全实训及应急救援管理、智能识别和预警等应用的业务流程、功能体系和典型案例。

8.2 安全监控与信息化系统架构

8.2.1 总体框架

8.2.1.1 矿山安全在线监控系统

矿山安全在线监控系统的建设和运行维护采用"*N*-3-2-1"架构,以保障系统运行稳定。其中"*N*"代表多种监控设施或监测传感器,布置于各个监测点位置,其监测数据通过高兼容性信息采集仪(数据汇聚点)采集处理;"3"表示监控系统的供电、通信和防护,即应采用多层次冗余供电系统、高可靠性通信系统和完善的防护系统[包括环境三防(防水、防尘、防腐蚀)和雷电防护];"2"表示本地安全监测综合信息管理平台和矿山安全监测分析云服务平台,本地安全监测综合信息管理平台用于现场监控管理,矿山安全监测分析云服务平台用于系统维护、数据分析、应急救援服务等;"1"代表远程专家服务团队,用于提高安全监控系统的运维、安全管理和突发灾害处置的专业化和实效性。本地安全监测综合信息管理平台建议采用三维系统,实现二、三维系统联动,更好地展示监测数据和现场实时安全状态,便于安全管理和应急救援等工作的开展。图 8-1 为矿山安全监控系统建设运维模式图。

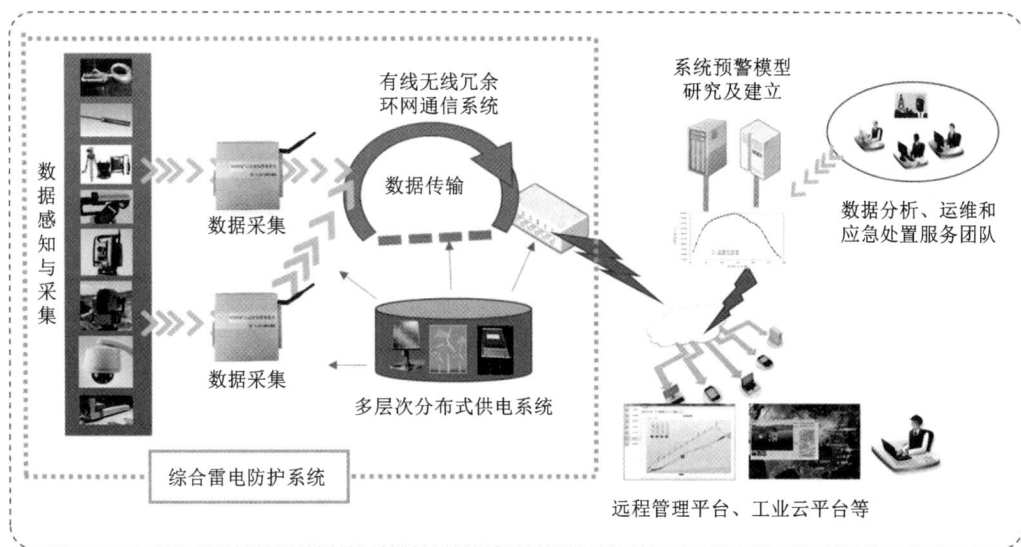

图 8-1 矿山安全监控系统建设运维模式图

安全监测综合信息管理平台宜采用地理信息系统理念与虚拟现实技术,对矿山复杂的多源异质数据进行整合,建立面向矿山应用的数据仓库,同时,在服务端建立地图服务和空间数据库,为矿山数据存储、分析、共享等操作奠定基础,在前端采用 GIS 和虚拟现实技术相融合的方式进行二、三维联动展示。

应急事件发生之后,需要上级指挥系统及时有效地防止灾害进一步蔓延,为此,在灾害发生的时候,监控系统可以快速对灾害进行评估,并从既定的应急预案中筛选出合理的方案以供指挥者进行应急调度指挥,同时由于指挥中心的指挥者远离灾害现场,如何在远程有效地指挥控制就显得非常重要。

另外,从监控系统数据流的采集、处理和应用角度来看,系统总体包括三个层次:

(1)现场数据采集层主要完成现场监测数据的采集和传输,其体现形式是现场监控设备、数据传输线路,系统供电、系统防护等辅助设备;

(2)数据管理层设置在现场办公室,主要用于数据管理、分析、预警及信息的互联网发布;

(3)网络应用层为发布数据的远程应用,包括远程的短信预警、集团公司及其他监管部门的远程应用及监测数据的远程分析中心等。

矿山综合监测系统拓扑图如图8-2所示。

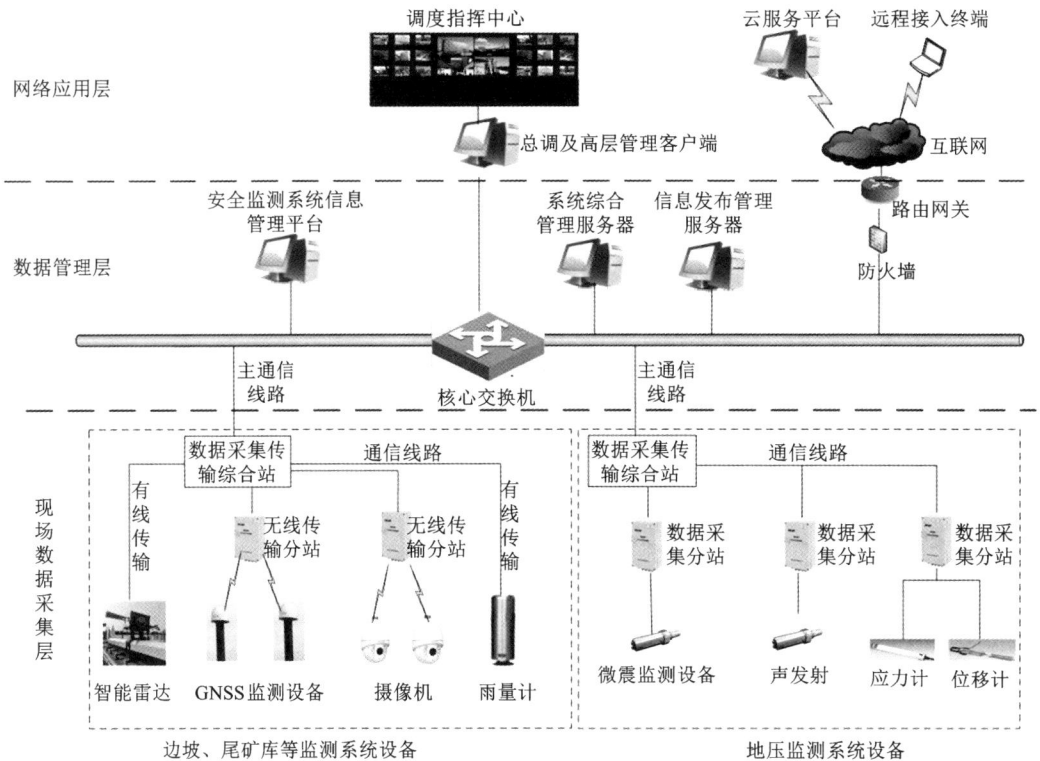

图8-2　矿山综合监测系统拓扑图

8.2.1.2　矿山安全生产信息化系统

矿山安全生产信息化系统主要包括五个层次,即数据源、数据采集、数据管理、综合应用和决策分析(图8-3)。数据源主要是整合实时数据、关系数据、空间数据、文件数据和手工填报数据,为安全生产信息化系统提供数据支撑。数据采集主要包括事件触发、接口定义、业务模块转换、数据抽取状态监控和数据接收等环节,实现对数据的有效汇总。数据管理主要依照业务类型和数据存储类型,将采集到的数据按照微震监测、尾矿库监测、人员定位、视频监控进行分类存放。综合应用主要完成风险分级管控、隐患排查治理、应急调度管理和安全实训平台等核心功能,并通过决策分析为矿山安全生产提供技术支撑。

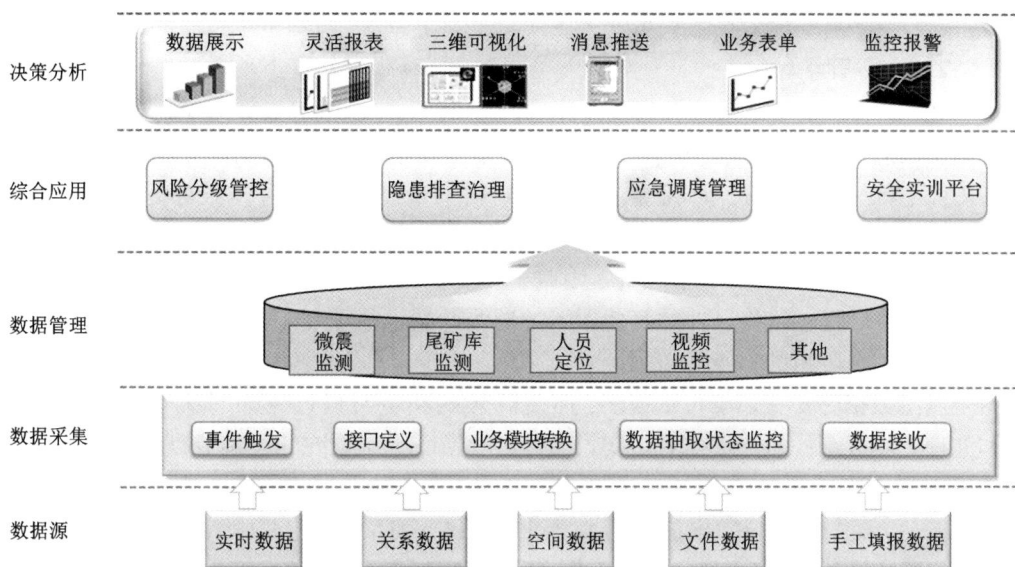

图 8-3　安全生产信息化系统总体框架图

典型的矿山安全生产信息化系统主要包括以下内容。

1）风险分级管控系统

风险分级管控系统主要是通过建立风险识别评价分级和管控措施的方法标准及企业风险评估单元结构树，在标准化、模块化的信息系统中输入危险源信息、评估指标数据和控制措施，形成企业危险源台账，并实施分级管理，确保风险尤其是重大风险控制措施落实到位并持续有效运行，防止安全风险演变成事故隐患。

2）隐患排查治理系统

隐患排查治理系统主要是通过建立隐患排查治理标准依据和业务流，一方面实现隐患排查治理依法依规有序开展，实现排查有方法、检查有标准、记录有格式；另一方面实现隐患的及时发现、整改和闭环管理，防止事故隐患演变成事故。

3）应急调度管理系统

应急调度管理系统主要是通过建立应急预案体系和应急保障体系，实施应急演练和应急评估，建立和完善应急处置能力，并通过应急值守和应急调度指挥，实现对紧急事件或事故高效正确的处理，从而减少事件或事故造成的影响或损失。

4）安全实训平台

安全实训平台主要是通过建立工作 3D 模拟环境，使员工沉浸式体验或了解工作岗位和工作环境，熟悉岗位操作要求和安全风险，并掌握操作技能和安全知识技能。

5）智能化安全识别与预警系统

智能化安全识别与预警系统主要分为风险在线监测预警系统和风险趋势分析预警系统，前者主要针对生产环境内外部存在的重大风险因素通过传感装置动态监测因素指标，一旦指标值达到预警阈值即发出预警信息；后者主要根据安全管理工作指标数据，通过预警预测数据模型计算，形成预警预测分析结果，表征安全生产风险状态。

8.2.2 安全监控

8.2.2.1 感知与采集

1）概述

影响矿山岩体（包括围岩、矿体或尾矿坝、排土场堆积体等）破坏的因素有很多，如应力、水文、气象、爆破振动、荷载等，这些影响因素最终引起的岩体破坏是以位移（或形变）的形式直观体现的，包括表面位移和内部位移。而且，相对而言，表面位移监测技术选择较多，更容易实现，监测数据比较可靠，因此，矿山安全监测中，以位移监测作为主要监测手段，使用得最为广泛。位移以外的其他因素的监测数据也很重要，可以与位移监测数据一同作为安全状态综合分析的参考和依据。

安全监测数据感知和采集技术很多，需要根据实际需要进行比选。多种数据信息的前端采集和处理要求有统一的泛在信息采集设备，才能保证监测系统的高集成度，进而保证系统的整体运行稳定性。

目前，安全监测监控技术根据监测类型可以大致分为：位移监测（表面位移监测、内部位移监测、裂缝监测等），应力监测，爆破振动和岩体破裂监测，水文气象监测（降雨量监测、地表水流量监测、地表水位监测、内部水位监测、渗压监测等），高度、距离监测，视频监控等。按此分类对相应的监测技术进行统计，如表8-1所示。

表 8-1 用于矿山安全监测的主要技术和装备

监测类型	细分监测类型	监测技术或仪器	技术参数
表面位移监测	区域监测、非接触监测技术	边坡雷达	精度：0.1~1 mm
		三维激光扫描仪	精度：6 mm
	点监测、接触监测技术、水平位移和垂直位移同时监测技术	全站仪	测角精度：$1''$ 测距精度：$1\ mm + 1 \times 10^{-6} \times D$
		GNSS 接收机	水平精度：$3\ mm + 1 \times 10^{-6} \times D$ 竖向精度：$5\ mm + 1 \times 10^{-6} \times D$
	点监测、接触监测技术、水平位移或垂直位移单方向监测技术	激光准直仪	测距精度：$1\ mm + 1 \times 10^{-6} \times D$
		水准仪	精度：1 mm/km
		静力水准仪	精度：0.5 mm
裂缝监测	裂缝监测、可在线监测	测缝计	精度：0.5 mm
	大裂缝监测	测距仪	精度：0.2%F.S
内部位移监测	点监测，内部包括分层及界面位移的深层应变监测	测斜仪	精度：0.25 mm/m
		沉降仪	精度：0.5%F.S，分辨率0.2%F.S
应力监测	点监测、应力、变形监测	深部滑动力	与安装深度相关
	点监测、应力应变监测	应力计等	与不同种类传感器相关

续表8-1

监测类型	细分监测类型	监测技术或仪器	技术参数
爆破振动和岩体破裂监测	点监测、爆破振动监测	测振仪	与监测点位置相关
	区域监测、岩体内部破裂、爆破振动监测	微震监测	振动事件位置精度：小于 10 m
		声发射监测	振动事件位置精度：小于 10 m
水文气象监测	渗压监测	孔隙水压力计、渗压计	0.5%F.S，分辨率 0.2%F.S
	内部水位监测	渗压计、水位计	10 mm
	地表水位监测	液位计、渗压计	0.2% F.S、0.5%F.S
	地表水流量监测	量水堰水尺或测针	水尺分辨率 1 mm，测针分辨率 0.1 mm
		量水堰计（水位）	0.2%F.S
	降雨量监测	雨量计	0.2 mm
高度、距离监测	干滩长度监测	全站仪	测角：$1''$，测距：$1\ mm+1\times10^{-6}\times D$
	干滩高程、地表水位等监测	激光测距仪、超声波测距仪	测距：$5\ mm+5\times10^{-6}\times D$
视频监控		摄像机	像素：200 万

（1）位移监测。

位移监测包括表面位移、内部位移监测，矿山主要监测区域是露天矿采场、排土场与边坡、尾矿坝、工业场地边坡、地下采空区等，其监测方法按监测范围可以总体分为点监测和区域监测两大类。裂缝监测属于岩体局部表面变形的一种特例，其监测技术不同于常用的表面位移监测技术。

点监测和区域监测的区别是监测范围不同，尾矿坝和边坡监测常用的静力水准仪、经纬仪、激光准直仪、GNSS、智能全站仪等监测技术属于点监测，内部位移监测常用的测斜仪、沉降仪等也属于点监测，而三维激光扫描仪、孔径雷达和微震等监测技术属于区域监测。点监测技术需要通过多点组成多条监测断面实现区域监测，而区域监测技术覆盖范围大，能实施整体高分辨率监测，近年来得到大力发展。同时，点监测技术需要在被监测对象上设置监测设备，属于接触性监测，难以实现动态变动对象（生产过程边坡、中线法尾矿坝、排土场边坡等）的实时监测。区域监测（三维激光扫描仪、孔径雷达）技术为非接触性监测，方便对动态变动对象的实时监测。

目前，位移监测常用的点监测技术分为两类，一是使用经纬仪、水准仪、GNSS、智能全站仪等根据基点高程和位置来测量坝体表面标点、觇标处高程和位置变化，这种方式可以实现测点的三维位移数据测量；二是在监测对象表面或内部安装或埋设一些仪器来监测表面或内部位移，这种方式通常只能测量监测点的单项位移数据（水平位移或垂直位移）。常用的位移监测仪器有位移计、测缝计、倾斜仪、沉降仪、多点位移计和应变计等。

位移监测目前应用较多的区域监测技术或装备主要有三维激光扫描仪、合成孔径雷达、真实孔径雷达等，主要用于地表位移监测。

裂缝及接缝监测主要针对面板堆石坝、自然边坡以及坝体软性材料与刚性材料交界处裂缝的监测。常用的裂缝及接缝监测仪器有测缝计、大变形拉力计等。

（2）应力监测。

应力监测仪器主要有锚杆(锚索)应力计、钻孔应力计、土压力计、光弹应力计、混凝土应力计、地应力测试仪等。目前，在地表边坡使用较多的应力监测技术是深部滑动力监测技术，具体介绍见后续章节。

（3）爆破振动和岩体破裂监测。

长期爆破振动会增加岩体破坏的概率，影响岩体稳定性，加大岩体破坏潜在危险。爆破振动监测是通过测振仪记录测试点的质点振动速度、加速度、振动频率和振幅，通过这些数据的分析，并对照《爆破安全规程》(GB 6722—2014)相关标准，可判断岩体在爆破振动作用下是否安全。目前，国内爆破振动监测设备种类不多，主要采用振动测试仪监测。

微震监测技术是监测岩体破裂产生的振动信号，计算岩体破裂震源发生时间、空间位置、震源强度等参数，并采用定量地震学和统计地震学的研究方法对微震事件的力学信息进行分析。微震事件集的变化规律，可以反映岩体内部破裂状态演变过程，从而可以得到监测区域内岩体应力分布及变形状况。微震监测技术可实现非直接接触、大尺度监测，实时反映围岩动态破裂、扩展机理，对研究岩体裂隙动态发育过程有很好的指导意义，可以用于边坡岩体、采空区围岩等区域的安全监测。

目前国内外微震监测产品较多，市场运用较为广泛的为澳大利亚 IMS、加拿大 ESG 微震监测系统。国内微震设备研发起步较晚，主要有长沙迪迈、矿冶集团 BSN、中科微震、淮南万泰等。

（4）水文和气象监测。

水对矿山安全有多方面影响，地表降雨、地表和地下水位、岩体内部渗流压力等直接影响岩体、坝体的稳定性，主要监测项目包括降雨量、地表径流水位、地下水位、岩体(坝体内)渗流压力等。

对应尾矿库安全监测，其关于水的监测项目主要是降雨量、库水位、浸润线、坝体和坝基的渗流压力、绕坝渗流、渗流量等；对应岩体边坡安全监测，其关于水的监测项目主要是降雨量、岩体内水位(渗流压力)、地表径流水位等。

（5）视频监控。

视频监控可以直观发现矿山关键区域的安全风险隐患，为安全管理提供便利、提高效率，已经在矿山安全监测系统中广泛采用。其监测设备是摄像机，可以固定安装在关键监测区域，也可用于无人机等设备上，实现大范围安全巡视。

2) 信息采集

为保证矿山安全监测系统对安全风险监测的全面性和预测预警的准确性，安全监测系统需要监测多种项目，应用多种监测技术，因此，监测数据的采集传感器种类繁多，采集的数据种类多样，数据的转换和传输涉及的辅助设备很多，这使得系统的稳定性和可靠性很难保障。而且，矿山在线监测系统各种监测设备分散安装、防护性较差，在矿山的极端气象条件下容易发生故障，影响系统正常工作。因此，需要采用泛在信息采集与输出控制装置来完成各类监测装备的工况数据采集、协议中间转换及信息的实时转发等工作，最大化集成现有数据类型和设备，提高监测系统的集成度和数据稳定性。

例如，在尾矿坝及坝体周边可能设置的监测项目有坝体表面位移监测、内部位移监测、浸润线监测、干滩监测、视频监控等多种，这些监测项目采用的监测技术和装备各不相同，其采集、传输、供电等方式不同，供电和通信线路混杂，严重影响监测的稳定性，维护工作困难。因此，矿山安全监测系统中需要采用集成度高、防护性好的系统集成设备。

泛在信息采集与输出控制装置的集成化首先应采用模块化设计，将不同监测项目采集单元模块化，再对模块化单元进行高可靠性封装，以提高防尘、防水、防雷电等防护能力，形成高防护和高集成的数据采集基站(数据采集仪)。

例如，由矿冶科技集团有限公司设计研发的用于尾矿库和采场边坡在线监测的数据采集仪，其内部包括电源模块、可充电锂电池、采集仪主机三部分。采集仪主机为主要功能模块，包含数据采集模块、电池控制模块、通信传输模块等子模块。

其中，数据采集模块集成了 4 路模拟量信号采集(4~20 mA 电流/-20~20 V 电压各两路)、2 路计数器输入、2 路继电器输出共三种信号形式采集方式；通信传输模块主要通信方式为 TCP/IP 网络通信方式(RJ45 端口)，可以扩展为光纤通信接口。同时，支持多种无线通信方式，包括 Zigbee/GPRS 等，监测基站及内部采集主电路板卡如图 8-4 所示。

图 8-4　监测基站及内部采集主电路板卡

数据采集仪装置充分考虑了矿山现场的使用环境和特点，主要具备以下特点：

(1)可扩展性

该装置支持多种主流通信方式，包括 TCP/IP、ZIGBEE、GPRS 三种通信方式，也可以直接采用 RS485 总线通信方式，或扩展为光纤通信方式；供电方面，除了常规的 220 V 交流供电，还预留了太阳能充电接口，能够在某些无法提供常规交流电源的监测地点使用；通信协议上采用 MODBUS-RTU 协议，适用范围广，易于与其他设备联网。

(2)高可靠性

在硬件上选用了高可靠性的工业级宽温宽压元器件和子模块，电路上有过压过流保护、光耦隔离保护以及高防护等级(>IP65)的产品壳体等，以提高产品对矿山恶劣环境的适应性；在软件上加入了看门狗程序、循环冗余检验等功能，可以降低矿山应用环境下复杂的信号干扰带来的不利影响，提高采集的可靠性。

（3）防护性好

采用先进的密封技术在电源接口、数据接口处进行密封处理（图 8-5）；采用坚固的壳体材料和先进表面处理工艺提高监测基站模块的防锈、抗腐蚀能力；通过紧固装置、缓冲及减震设计提高模块关键部件的防震性能；对模块中各子设备的选型优先选用宽温型号，必要时在监测基站模块内可增加温度控制装置，最终提高监测基站模块 IP 防护等级和环境适应性。同时，系统进行了雷电防护优化（图 8-6），防止在出现雷暴、闪电等恶劣气候条件下，直击雷或感应雷导致系统出现损坏或运行不稳定等情况，使系统能够在高温、低温、暴雨暴雪、雷暴等极端天气条件下仍然保持良好的工作状态。泛在信息采集仪应用案例如图 8-7 所示。

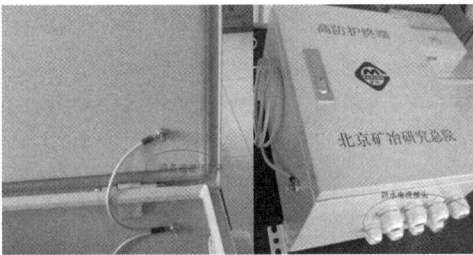

图 8-5　泛在信息采集仪高可靠封装

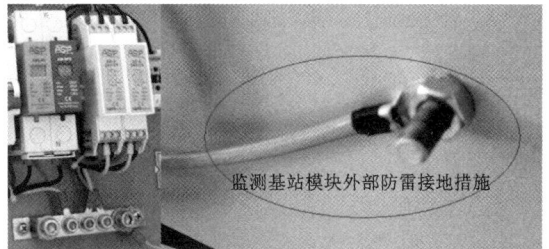

图 8-6　泛在信息采集仪防雷措施

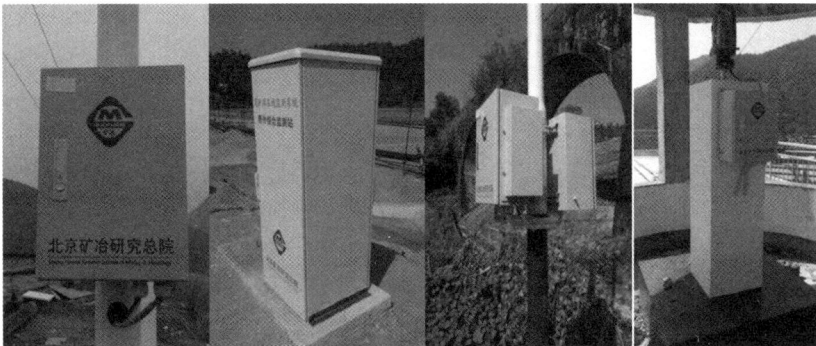

图 8-7　泛在信息采集仪应用案例

8.2.2.2　数据传输

矿山所处环境恶劣，出现大雨雪、大雾、高寒等极端气候概率较大，严重影响安全监测系统的整体稳定性，特别是供电、通信和雷电防护等辅助系统的稳定性。

目前，长距离有线通信技术中应用最广泛的是光纤通信技术，其特点是带宽高、抗干扰、稳定可靠、本质防雷，但通信线路建设和维护费用高。矿山安全监测系统的主通信网络以光纤有线通信为主，为保证通信系统的稳定性，一般采用光纤环网结构。

对于矿山现场，为适应不同使用环境，除了以光纤通信作为主要通信网络外，无线通信技术也被大量使用。无线通信技术有多种，如 802.11a/h、WLAN、ZigBee、LTE-M 和 LoRa 等。这些无线通信技术在覆盖范围、传输速率、发送电流、待机电流、接收电流、2000 mAh 电池使用寿命、抗干扰性、拓扑结构等参数指标上多有区别。其中典型无线通信技术比较如表 8-2 所示。

表 8-2　典型无线通信技术比较

对比指标	技术类型				
	无线网桥 （802.11n）	WLAN	ZigBee	LTE-M	LoRa
覆盖范围	室外 1~10 km	室内：30 m 室外：200 m	室内：30 m 室外：150 m	城市：2 km 郊外：20 km	城市：2 km 郊外：30 km
传输速率	100~1000 Mbps	6 Mbps	250 kbps	1 Mbps	0.3~37.5 kbps
发送电流	300 mA 20 dB	350 mA 20 dB	35 mA 8 dB	800 mA 30 dB	120 mA 20 dB
待机电流	NC	NC	0.003 mA	3.5 mA	0.0018 mA
接收电流	50 mA	70 mA	26 mA	50 mA	10 mA
2000 mAh 电池 使用寿命	NC	NC	NC	18 个月	105 个月
抗干扰性	好	中等	较差	中等	好
拓扑结构	星形	星形	自组网	星形	星形

为保证监测通信系统的稳定性，应根据系统使用地点的实际需求选择具体的通信方案，可以采用有线、无线或有线无线结合等多种通信方案。

对应矿山地表监测系统的通信，可以采用有线和无线通信相结合的形式，以期提高通信稳定性。以下介绍一种冗余式网络通信技术，形成有线无线冗余环网通信组网方案。

该有线无线冗余环网通信组网方案是利用无线 Mesh 网络和有线环网通信技术互补备份，形成有线无线混合式自愈 Mesh 网络通信方案。其核心思想为以光纤通信为主体，利用无线网络作为有线通信的冗余备份，形成有线网络无缝链接，组成有线和无线的通信环网。当有线网络内节点发生故障时，无线网络将自动激活，接替故障节点完成网络传输，提高通信线路的稳定性。同时，在通信线路的主要节点、主要监测点等处设置多个无线 Mesh 网络终端和网关，当各节点与主回路通信意外中断时，无线 Mesh 网络自动激活，保障通信持续不间断，提高系统通信稳定性。Mesh 网络结构如图 8-8 所示。

具体地，有线网络采用环网设计，环网中任一节点数据有一用一备 2 个传输线路，当一条线路发生故障时，交换机会自动将备份有线链路激活，保证网络传输的正常运行；若有线网络中 1 个节点的两条通道都发生故障，该节点的无线 Mesh 网络将自动激活，接替故障节点完成网络传输。因此，可通过光纤环网、固定无线覆盖及移动自组 Mesh 网络三层复合架构，为监测监控系统提供全方位覆盖及多层次冗余通信服务，结合无线网络基站，可实现尾矿库 WiFi 覆盖。

以下是某矿山尾矿库监测系统的有线无线混合式自愈 Mesh 网络通信方案案例介绍。

某尾矿库监测范围大，通信距离远，现场气候条件差，为保证其通信稳定性，采用有线无线通信环网系统，在多个数据采集区域布置无线 Mesh 通信基站，各基站通过光纤连接，形成光纤与无线 Mesh 通信的有线无线冗余环网，如图 8-9、图 8-10 所示。

对于地下矿山，井下通信环境不适合无线通信技术，目前绝大多数井下通信主网络采用光纤环网（单环网或冗余环网）模式，可以保证系统通信的稳定。具体环网布设方案根据矿山实际情况确定，图 8-11 是某地下矿安全监测系统主通信网络设计图。

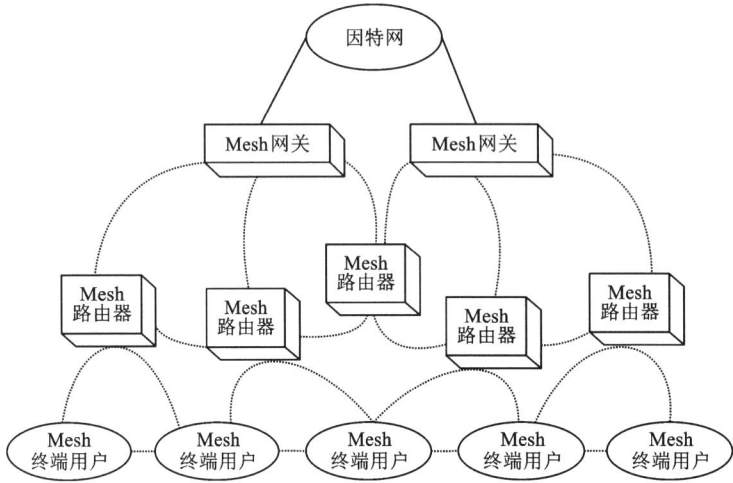

图 8-8　Mesh 网络结构图

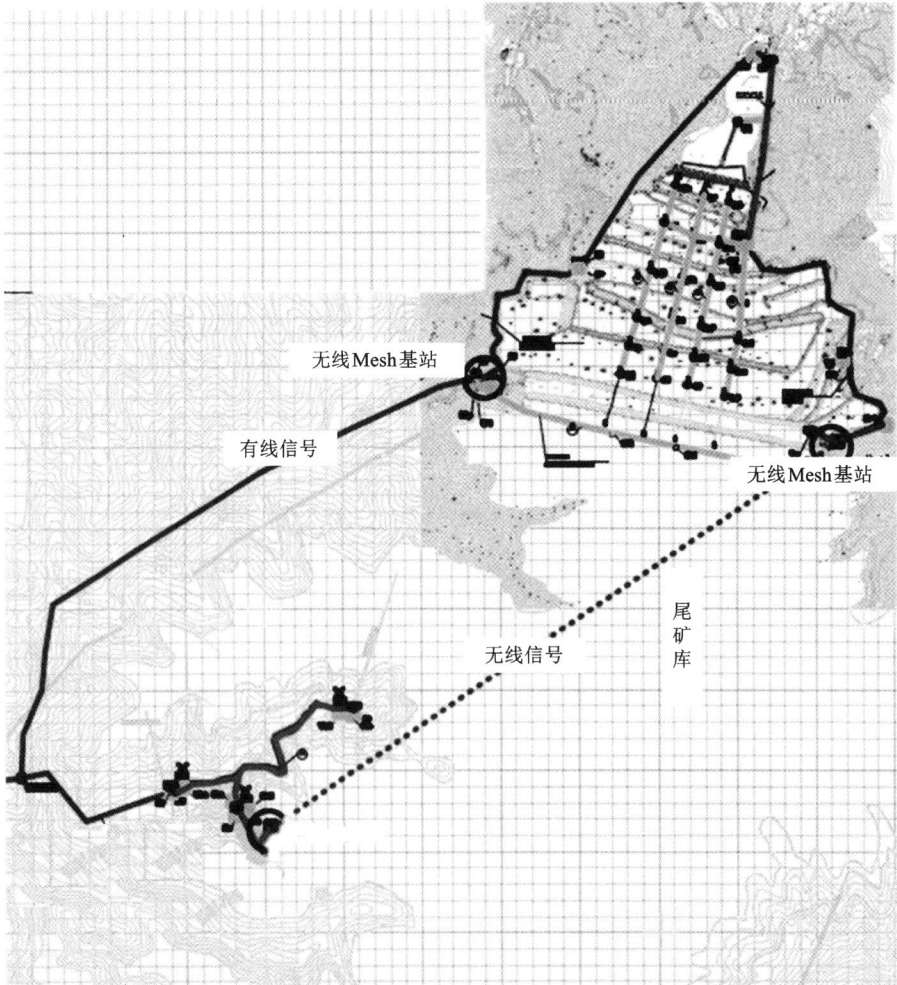

图 8-9　某尾矿库监测系统通信环网中布置多台无线 Mesh 基站

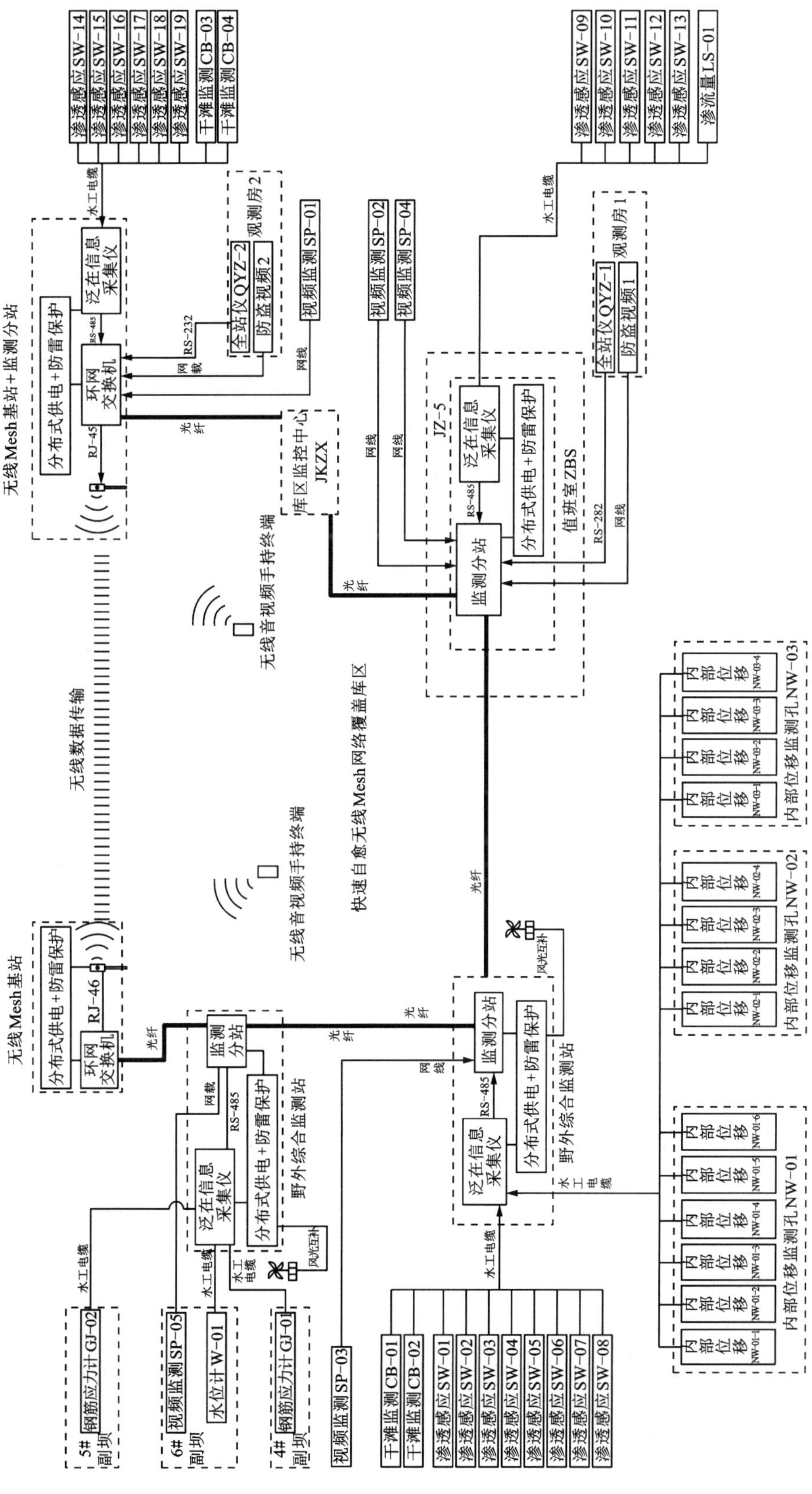

图 8-10　某尾矿库监测系统拓扑结构构图（光纤与无线 Mesh 基站环网通信）

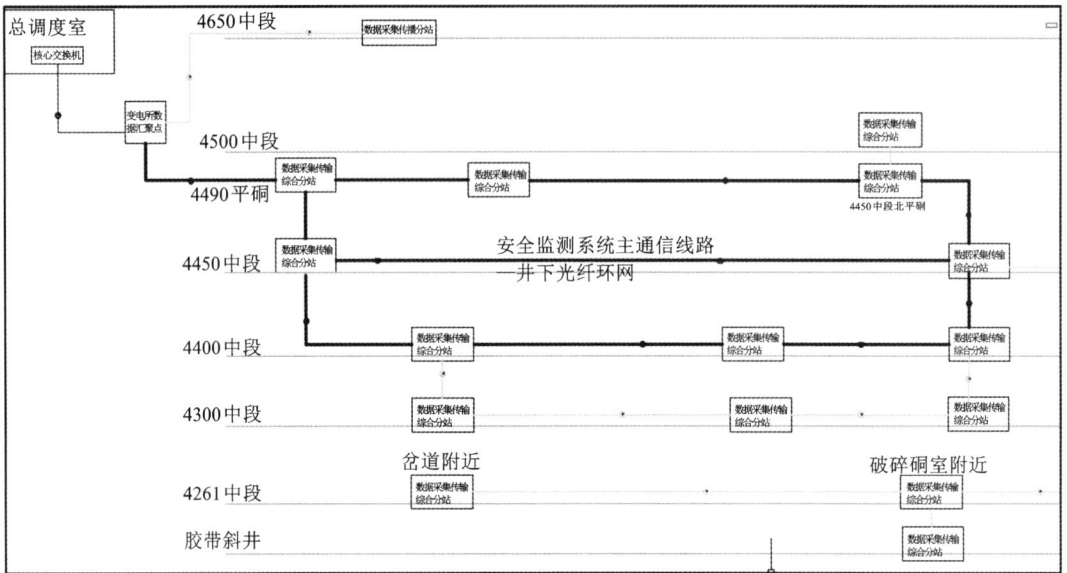

图 8-11　某地下矿安全监测系统通信网络设计图

8.2.2.3　系统可靠性

影响在线监测系统稳定运行的因素主要有设备选型、安装质量和辅助系统(供电、通信和防护)的稳定性。其中,设备本身的质量由当前的技术装备水平和加工工艺决定,一旦系统技术和设备使用,施工(安装)质量和辅助系统(供电、通信和雷电防护)的稳定性就成为保障系统稳定运行的主要因素。实际工程的故障统计数据也说明,设备安装和辅助系统故障占监测系统总故障的 90% 以上。因此,必须采用完善的供电和防护建设方案,通过系统故障自诊断功能、规范的施工组织等措施可以保障监测系统的稳定运行。

1) 系统故障诊断功能

监测系统故障往往是在发生相当长一段时间后,才能依靠人工判断数据异常等方式被发现,这种故障发生的不确定性和维护的滞后性为尾矿库灾害应急处理埋下了隐患。建立系统故障自诊断及故障点智能定位,可以实时监控网络数据流量、收发状态节点等信息,对网络中断、流量异常、意外断电等故障进行在线诊断,并对故障点及时定位,给出解决方案或处理意见,实现网络化故障诊断与处理功能,提高系统稳定性和健壮性。

(1) EPS 供电故障自诊断及定位技术。

EPS 应急电源主要应用在各类恶劣工况环境,为各种不能断电的负载设备提供纯净正弦波的高质量供电电源,在多处矿山在线监测系统中被采用,其供电状态的在线监控和故障的及时诊断和定位是保证监测系统正常运行的关键。

图 8-12 是单相 EPS 电源电路原理图,在系统控制器中开发远程在线实时监控功能,并配置标准 RS232/RS485 通信接口,保证系统状态的实时获取;配置串口服务器可直接将状态数据接入通信网络,远程监控,保证 EPS 电源分布配置不受物理位置限制;同时,通过串口服务器的 IP,可以定位 EPS 的位置,便于及时发现故障位置,并及时处理。

(2) 风光互补供电系统故障诊断技术。

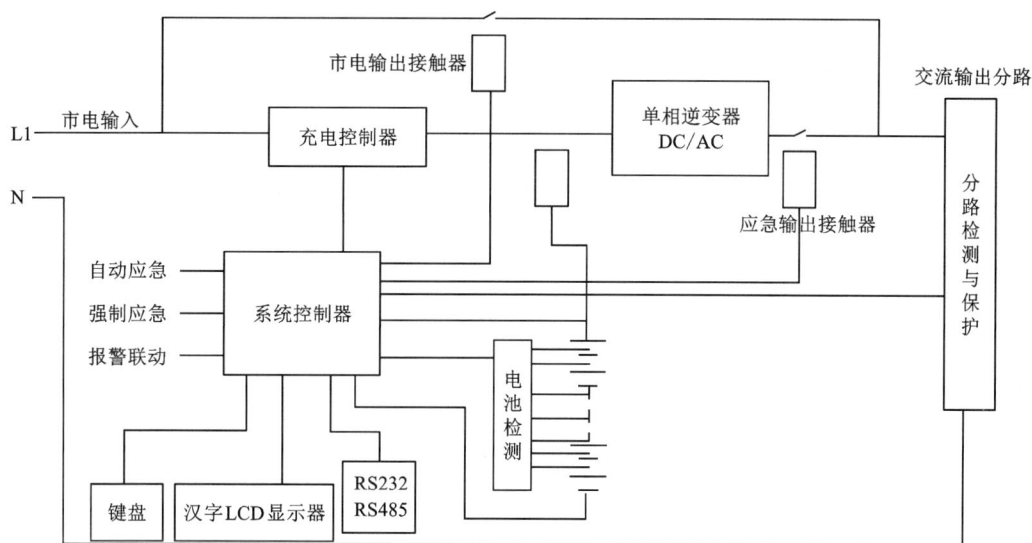

图 8-12　单相 EPS 电源电路原理图

　　长久以来，风和光一直以互补的形式存在，风光互补方式更加强有力地保障了发电系统在连续阴雨天气或无风天气下用电设备的正常使用。风光互补控制器就是结合了风力发电和太阳能发电，使风和光可以同时发电，并且一路的损坏不会影响另一路的正常工作，通过智能控制，达到了良好的充电效果。

　　在矿山在线监测系统中，野外的关键监控点往往地处偏远，供电困难，环境恶劣。但鉴于监测点数据的重要性，必须提供稳定的电源才能保证其数据稳定获取，所以配备冗余的风光互补系统很有必要。

　　图 8-13 是风光互补供电系统原理图。与 EPS 电源相似，在风光互补控制器中开发远程在线实时监控功能，并配置标准 RS232/RS485 通信接口，保证系统状态实时获取；配置串口服务器可直接将状态数据接入通信网络，远程监控，不受物理位置限制；同时，通过串口服务器的 IP，可以定位风光互补系统的位置，便于及时发现故障位置并及时处理。

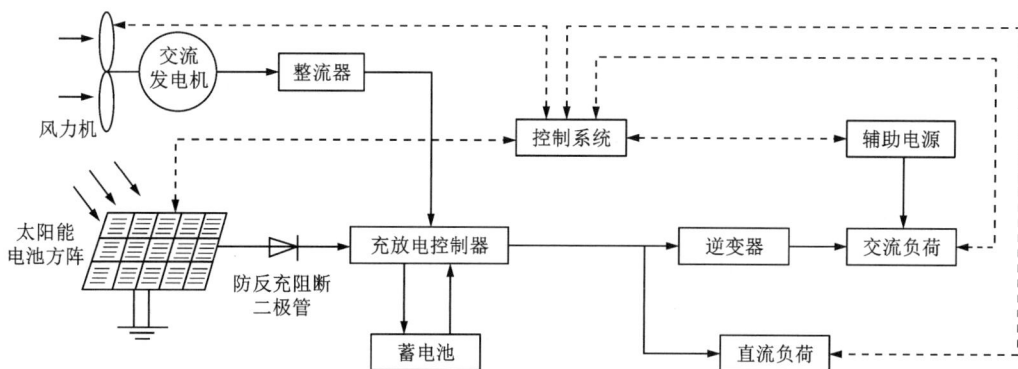

图 8-13　风光互补供电系统原理图

（3）分布式供电装置自诊断及定位技术。

分布式供电装置是专用于泛在信息采集仪中的一种野外极端环境下的临时供电装置，主要在外部供电断电（工业供电、EPS 供电、风光互补供电等）的情况下使用。其基本原理是：在外部供电正常情况下，供电系统正常供电，并为电池充电；当外部供电中断时，及时切换到电池供电，保证采集系统正常供电，如图 8-14 所示。其核心是系统控制器，其具有集成供电控制、充电控制、状态监测、状态数据输出等功能，可将状态信息接入网络，形成远程监控及定位功能。

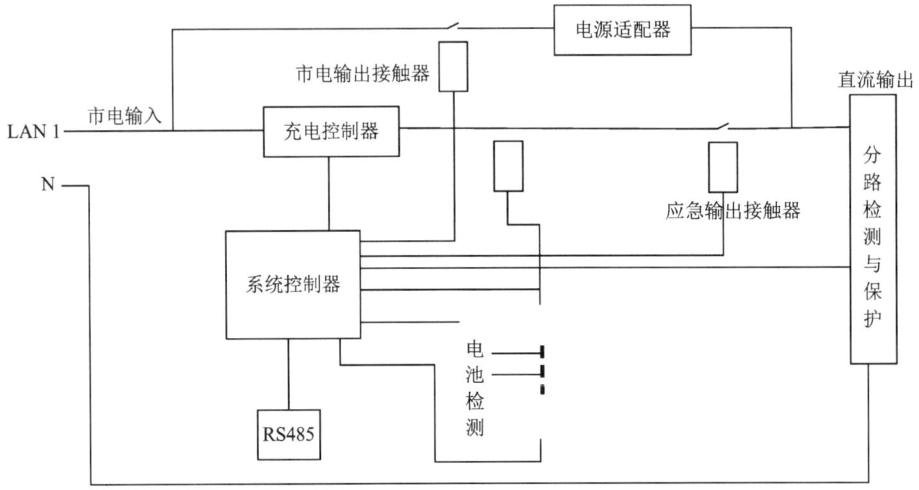

图 8-14　分布式供电系统原理图

（4）数据流量监控及故障诊断技术。

①路由器数据流量监控。

路由器提供端口镜像功能，可将 LAN 端口的其他端口的流量自动复制到镜像端口（LAN 1 端口），实时提供各端口的传输状况的详细资料，以便网络管理人员进行流量监控、性能分析和故障诊断。根据路由器流量监控功能，二次开发，获取各监测点数据流量，通过数据流量分析监测点数据是否异常，再结合该点的供电状态分析该监测点的故障原因。

②环网交换机故障信号监控。

在有线无线无缝接入的环网通信中，使用具有网管功能的交换机作为环网节点和数据接入点。具有网管功能的交换机也具有异常报警功能，其先将数据异常通过继电器信号输出，再通过监控该交换机的故障信号来分析线路的运行状态，供系统故障诊断使用。

③监测设备输出的采集信号为固定区间，可以通过采集数据分析监测设备的运行状态和诊断故障。例如，采集设备数据输出信号为电流信号时，电流范围一般为 4～20 mA，采集的电流信号超出该范围的原因可能是设备安装问题和设备本身性能问题，没有信号可能是供电问题，结合该设备的供电状态信息可以分析出设备运行状态和故障原因。

④系统故障信息处理与分析技术。

各种监控信息分类存储在故障信息数据库中，先通过端口数据流量的异常信息激发来确定故障位置，再通过故障位置查找故障点及其他故障信息，最后通过层层分析确定系统故障原因和故障位置。图 8-15 是一个简易的系统故障诊断流程图。

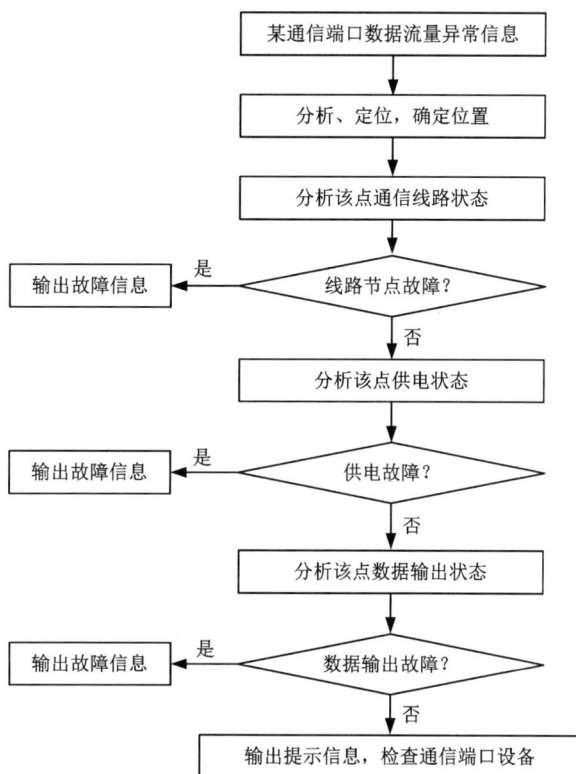

图 8-15 系统故障诊断流程

2）监测系统供电可靠性

为保证监测系统供电的稳定性，供电系统应采用多层次分布式供电方案（图 8-16）。

（1）矿山监测设备应采用就近的工业场地供电，供电要求 $220(1\pm10\%)$ V 的单相交流电，功率不低于 2 kW，供电稳定，无突波浪涌现象。考虑可能发生的工业场地交流电意外断电的情况，设置 1 套光伏供电系统作冗余电源，后备电池采用耐低温的胶体蓄电池，按设备功耗配置后备时长 12 h 蓄电池。

（2）监测设备在供电线路敷设困难的情况下，可以采用无线通信模块、数据转换模块等，按最大功耗配备太阳能供电。

（3）监测设备本身可以配置分布式配电模块和数据存储模块，在其他供电方案出现问题时，设备本身具备短时供电和数据存储功能，确保在线监测设备供电不间断。

部分监测监控设备不能满足集中供电的要求，可以采用太阳能、风能等结合电池实现本地供电，如图 8-17 所示。

3）系统雷电防护

露天矿山的自然环境对监测系统的影响因素主要包括雷电、雨雪、温差和高海拔等，其应对方案也应主要考虑这几种环境因素，而其中防护难度最大的是雷电防护。

露天矿山气候复杂，变化剧烈，雷雨集中，所有监测用电子设备安装在矿山地表相对地势高的点，通常为立杆安装，很容易成为雷击对象，而且矿山地处深沟高岭，防雷系统建设难度大；干旱地区土壤电阻率高，接地制作难度大，很难达到要求的接地电阻。

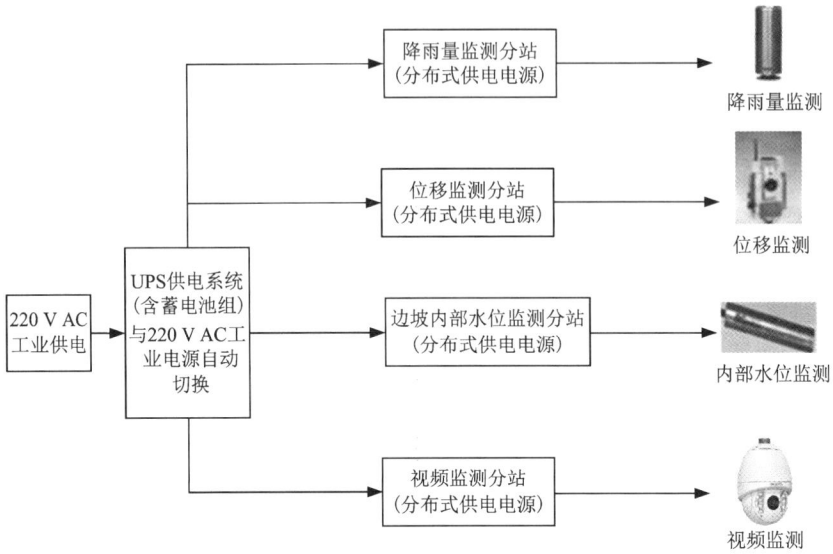

图 8-16　某监测系统多层次供电方案

由于入井电缆雷电阻断作业不规范、高压设备供电与地压监测设备共用、高压供电线缆与低压监测线缆距离小等，地下矿山监测设备同样能受到雷电和大浪涌的干扰和损坏。

监测系统防雷建设方案应采用整体规划、分级防护原则，从电源防护、设备防护、直击雷防护、接地网建设、等电位连接、线路防雷等方面整体考虑防雷、防浪涌方案。

防雷接地系统内容主要包括：各监测点独立接地网、尾矿库库区整体接地

图 8-17　太阳能和风能供电系统效果图

环网(通信线路防雷)、浪涌保护器(SPD)模块的配置及等电位设计。

(1)独立接地网。

防雷、防浪涌保护的基础是接地，接地设计总体思路是在各设备安装点集中建设独立接地体，充分利用自然水体等条件降低接地电阻；同时，利用通信和供电线路中的光缆吊线、金属线缆保护管、PE线将独立接地网相互连接，形成库区接地等电位、降低接地电阻、减少接地断开的概率，提高接地稳定性。

进入值班室的所有金属管路(穿线的金属保护管、入室水管、其他电缆保护管等)都良好接入接地网。在库区内所有设备安装点建设简易接地网，同主接地网。简易接地网的接地电阻要求小于 10 Ω。

（2）野外安装设备防雷要求。

①需要建设观测防护亭的设备，防护亭需要设置独立避雷针。避雷针接地电阻不大于 10Ω；

②供电和通信线路在观测亭内部设备侧设置二级浪涌保护器（SPD），并规范接地；

③单个野外设备设置独立避雷针防护，避雷针引下线和接地电阻应达到规范要求；

④每个供电线路在设备侧设置 SPD，并规范接地，采用有线通信的设备，有线线路需要设置浪涌保护器；

⑤设备分站箱内辅助设备等电位，并规范接地。

（3）视频监控等立杆安装设备防雷要求。

视频监控等立杆安装设备易受雷电影响，其防雷方案如下：

①每个设备立杆应规范制作接地设施。其太阳能供电如果采用另杆架设，则立杆施工也应规范制作接地设施。

②每个设备供电线路设备侧设置二级 SPD，并规范接地。

③设备分站箱内辅助设备等电位，并规范接地。

④设备的安装位置应低于安装杆顶 500 mm。不能满足时，应在杆顶设置避雷针（不短于 500 mm）。

（4）SPD 模块配置要求。

根据系统设备安装位置，配置合理的 SPD 模块，电源设置三级防护，设备数据通信接线穿越不同防雷分区时必须配置信号防雷模块。办公室系统电源接入点配置防雷箱。

供电系统采用三级防护，如图 8-18 所示，监控室入户电源加装一级 SPD，在 UPS 供电前端加装二级 SPD，用电设备之前加装三级 SPD。SPD 性能参数要求见表 8-3。另外，传感器、数据传输接口等设置隔离模块，隔离大浪涌冲击。

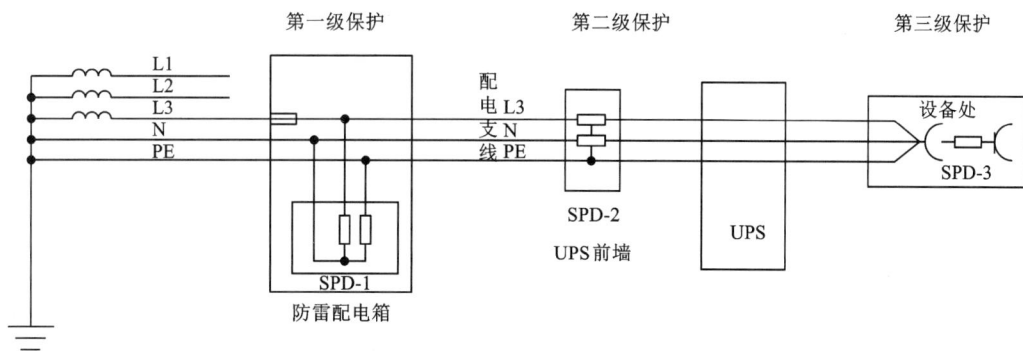

图 8-18　电源三级防护示意图

矿山野外综合供电通信站和其他各种室外设备防护箱、供电箱内的电源设二级 SPD，数据信号、弱电信号、控制信号设置 SPD。

表 8-3 浪涌保护器(SPD)性能参数要求

序号	名称	参数要求
1	一级电源 SPD	保护电压≤2 kV,最大放电电流 80 kA 响应时间:≤25 ns 工作温度:−40~75℃
2	二级电源 SPD	保护电压≤1.8 kV,最大放电电流 40 kA 响应时间:≤25 ns 工作温度:−40~75℃
3	三级电源 SPD	保护电压≤1.3 kV,最大放电电流 20 kA 响应时间:≤25 ns 工作温度:−40~75℃
4	网络信号 SPD	保护水平≤15 V,总最大放电电流 12 kA 工作温度:−40~75℃
5	控制信号 SPD	保护水平≤42 V,总最大放电电流 12 kA 工作温度:−40~75℃

(5)等电位连接要求。

监测中心室内设置接地等电位连接箱与主地网连接,所有电气设备通过等电位连接箱接地。室外设备监测站和配电箱内设置汇流排,所有设备通过汇流排接地。

(6)施工要求。

防雷建设方案是否能达到防护要求,关键在于现场能否按规范施工,达到设计目的,现场施工要遵守 99D501-1《建筑物防雷设施安装》相关的施工标准要求进行规范施工。

另外,雷电防护的重点是雷雨天气感应雷电的入侵,而入侵的线路主要是通信和供电线路,因此,线路施工要求在进入室内、室外分站前,光缆金属加强芯必须断开接地,信号和电源电缆地埋接入并配备防雷模块。

8.2.3 信息管理平台

8.2.3.1 监测系统综合管理软件平台

监测系统综合管理软件平台是整个监测系统的核心,其功能结构如图 8-19 所示,主要提供监测和分析数据的存储、分析、显示、报警、输出、打印、报表、日志、网络发布等功能。综合管理软件平台包括数据采集子系统软件、数据分析管理子系统软件、远程发布子系统软件等软件系统,根据软件需求搭建的硬件平台包括数据采集服务器、管理发布服务器、大屏幕显示器及打印机、声光报警系统、UPS 供电系统等设备。

管理平台主体功能包括:

(1)监测数据采集:在前端实现传感器数据采集、数据转换和传输等。

(2)视频监控:主要完成各区域监测点的视频浏览、配置、录像、重播、视频流发布、报警设置、云台控制、存储管理等。

（3）报警联动：当各分系统监测到险情或者故障时，系统将产生报警信息，报警信息存储于数据库，并发送通知信息到服务器，在用户界面上以显著方式进行报警信息通知，并将报警信息存储于报警信息列表，软件平台启动相关应急处理预案进行应急处理。

（4）用户及权限管理：系统支持多种基于角色的用户及用户权限管理，实现分级用户管理，根据用户权限及角色，能够看到、操作的内容均有所不同。

（5）监测数据存储：监测系统存储以 SQL Server 数据库为核心，数据库服务器进行双机备份，确保数据可靠性。

（6）系统应提供相应的接口，保证与未来其他系统进行数据交换。

（7）人工巡查数据、其他监测数据等的手工录入功能。

（8）数据显示、报表输出和远程发布等其他功能。

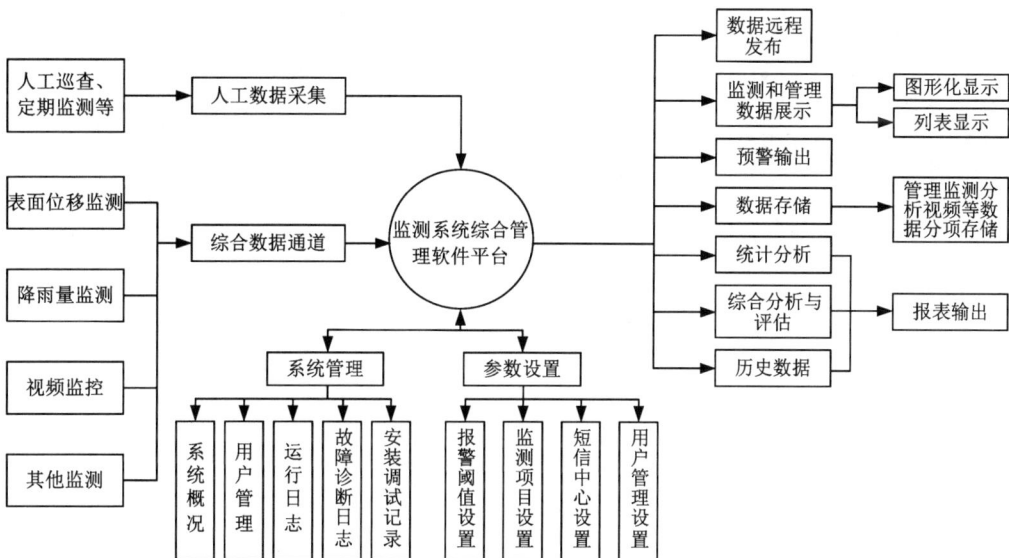

图 8-19　监测系统综合管理软件平台功能结构图

另外，数据管控平台通过融合多源地理空间数据和各项实时监测数据实现矿山安全运行状态实时监控与分析，为矿山安全管理及应急救援提供管理平台、技术支持和险情决策依据，并实现与虚拟现实实验平台的对接，具备数据模拟分析预警、模拟真实场景培训和应急演练等扩展功能。

为提高本地信息平台的可展示性，便于现场管理，安全监测系统可以建设三维软件平台，图 8-20 为监测系统综合管理软件平台效果图，其主要功能如下：

（1）以三维场景和 WebGIS 等技术为基础，开发创建和编辑三维场景功能，其中三维场景要素包括基本自然要素（三维地形、建筑物、坝体、水面及干滩等）和相关监测内容的监测监控设备，并且具有上述要素的渲染、无缝建模和动态建模功能；

（2）实现监测区域整体地形及坝体建模展示，实现安全在线监测系统设备建模展示，数据分析结果三维展示，三维监测断面展示，监测数据实时三维展示等功能，可实现地上、地下无缝建模和动态模型的更新；

（3）三维软件可以实现与矿山虚拟现实系统、工程现场的有机结合，实现沉浸式软件操控和数据展示，具备灾害模拟分析、现实场景模拟培训、应急演练多种扩展功能。

图 8-20　监测系统综合管理软件平台效果图（以尾矿库监测系统平台为例）

8.2.3.2　矿山安全监测分析云服务平台

针对矿山安全监测系统的远程运维、协同分析、应急处置等需求，需构建基于工业混合云架构的远程数据管控方案，充分发挥矿山本地资源和专业技术提供者的外部云服务资源的优势，形成适合矿山安全生产管理的网络协同远程管理平台，为矿山安全生产提供保障。

云服务是基于互联网的相关服务的增加、使用和交互模式，通常涉及通过互联网来提供动态易扩展且经常是虚拟化的资源。云是网络、互联网的一种比喻说法。过去在图中往往用云来表示电信网，后来也用来表示互联网和底层基础设施的抽象。云服务指通过网络以按需、易扩展的方式获得所需服务。这种服务可以是 IT 和软件、互联网相关服务，也可是其他服务。

通过使计算分布在大量的分布式计算机上，而非本地计算机或远程服务器中，企业数据中心的运行将与互联网更相似。这使得企业能够将资源切换到所需要的应用上，根据需求访问计算机和存储系统。

矿山安全监测分析云服务平台采用基于工业的混合云技术，可以实现矿山安全在线监测系统的远程诊断和分析预警，平台架构和照片分别如图 8-20 和图 8-21 所示。通过数据异地容灾备份和远程自动故障诊断提高系统可靠性；通过远程协同服务提升安全监测数据处理的时效性，增强矿山安全状态评估及灾害预警分析的专业性。

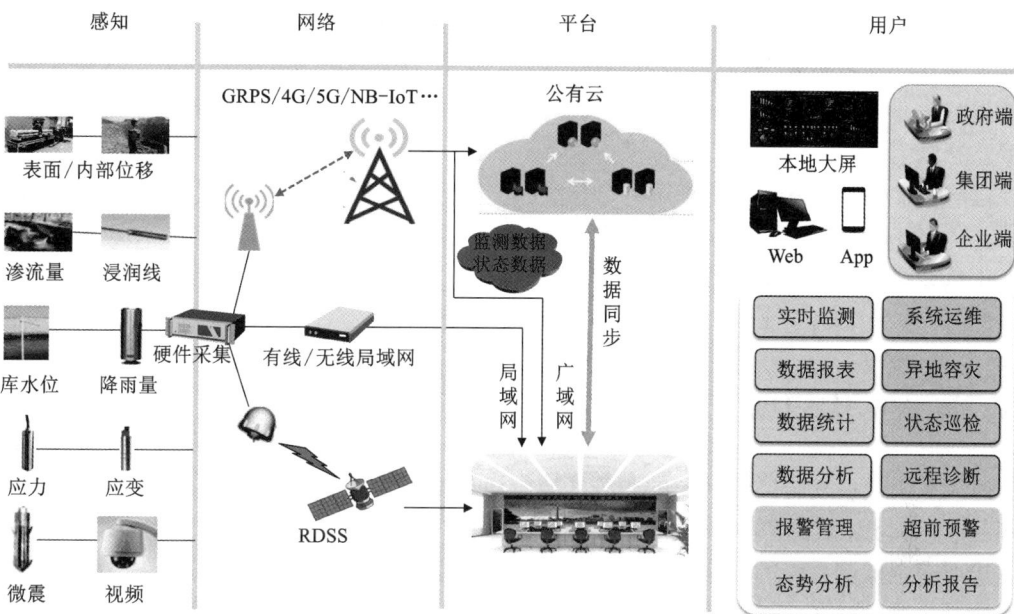

图 8-21　矿山安全监测分析云服务平台架构

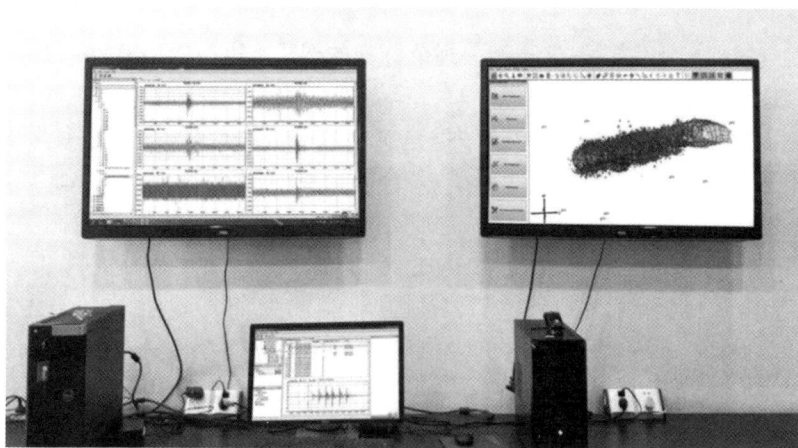

图 8-22　矿山安全监测分析云服务平台

　　目前，该云服务平台能实现矿山与相关专业单位的数据互通、远程分析服务、远程运维等基础功能。矿山现场安全监测中心的监测数据通过互联网实时传输到专业单位的矿山安全监测分析云服务平台，通过云服务平台综合分析监测数据，再将分析后的数据上传至云服务平台，进而推送至现场，实现安全预警；矿山通过云服务远程访问综合在线监测系统，实时了解边坡、地压、尾矿库等的相关参数。

8.2.3.3　矿山安全生产信息化系统

　　矿山企业普遍具有有毒有害、易燃易爆、线长面广、高温高压、连续作业等安全风险特点，还存在生产装置人机交互环节多、检维修作业多等特有的安全管理问题，尤其是直接作业环节方面的管理比较薄弱，实现安全生产是绝大部分矿山在生产过程中都面临的一大挑战。将信息化技术与安全管理进行有效结合，能够有力提升矿山安全管理工作整体水平，并在矿山安全监管、安全调度、安全监控、风险预警、事故预防以及突发性事故救援等方面发挥重要的作用。

目前，部分矿山企业建设了一些安全生产管理信息系统，实现了对企业内部安全教育培训、事故隐患排查治理等工作的信息化管理，提高了安全生产管理工作效率，但是各企业的信息化建设缺乏规范指引，系统功能实用性不强，未与业务紧密融合，信息化建设效果有待加强。

8.3　露天矿山边坡安全监测

露天矿山边坡安全监测涉及的监测区域主要包括采场边坡、排土场边坡、工业场地边坡等。目前，采场边坡的监测系统建设得较多。

边坡安全监测系统的框架、监测数据感知和采集、监测系统的数据传输、系统建设可靠性保障等问题已经在前述章节阐述，本节主要就露天矿边坡监测系统方案编制、具体监测设备比选、分析预警、系统监测数据应用等问题进行详细说明。

8.3.1　监测方案

露天矿山应根据矿山实际需求和相关规范标准的要求，进行边坡监测系统实施方案的整体设计，并根据生产进度情况分步实施。

监测系统实施方案设计(初步设计)依据是矿山基础资料(采场边坡勘察报告、边坡稳定性研究报告和开采设计报告等)、设计委托书(合同)、相关规范标准等。

设计工作包括的主要内容：现场踏勘、资料收集、稳定性研究、设计编制等。

设计方案包括的主要内容：露天矿山概述、设计原则和依据(基础资料、规范标准)、边坡分区分级、监测项目确定、监测技术和装备选择、监测点布设、监测系统整体结构设计、系统管理软件平台设计、系统辅助设施设计(供电、通信和防护等)、系统建设周期和概预算、设计附图等。

8.3.1.1　边坡监测系统方案设计原则和遵循的规范

1)边坡监测方案的设计原则

(1)边坡监测系统应结合矿山实际和先进装备技术水平，保证技术先进，且科学适用。

(2)边坡监测系统技术选择的原则是将点监测与区域监测技术相结合、将高距离分辨率和高平面分辨率监测技术相结合。

2)边坡监测系统设计遵循的主要规范

(1)《非煤露天矿边坡工程技术规范》(GB 51016)；

(2)《金属非金属矿山安全规程》(GB 16423)；

(3)《冶金矿山采矿设计规范》(GB 50830)；

(4)《工程测量标准》(GB 50026)；

(5)《建筑边坡工程技术规范》(GB 50330)；

(6)《建筑边坡工程鉴定与加固技术规范》(GB 50843);

(7)《金属非金属露天矿山高陡边坡安全监测技术规范》(AQ/T 2063)。

8.3.1.2　监测内容

确定边坡监测系统的监测项目前,应根据相关研究资料、矿山现状及相关规范标准确定边坡安全等级,由于边坡各个区域的地质条件和开采进度不同,有必要对边坡进行分区,从而针对边坡不同区域确定不同的安全监测等级,如表 8-4 所示。

表 8-4　露天边坡监测项目的选择

监测项目	监测内容	测点布置	边坡安全监测等级		
			一级	二级	三级
变形监测	地表水平位移和垂直位移	采场境界线外坡顶、边坡表面、裂缝、滑带支护结构变形部位	应测	应测	应测
	裂缝、错位		应测	应测	应测
	边坡深部变形		应测	应测	应测
	支护结构变形		应测	应测	宜测
应力监测	边坡应力	边坡内部	应测	应测	可测
	支护结构应力	结构应力最大处	应测	宜测	可测
振动监测	爆破振动监测	爆破振动影响区	应测	应测	宜测
水文监测	降雨监测	采场范围	应测	宜测	宜测
	地表水监测	溢流位置	应测	宜测	宜测
	地下水监测	出水点、滑面部位	应测	宜测	宜测

《金属非金属露天矿山高陡边坡安全监测技术规范》(AQ/T 2063)给出了不同安全等级边坡应设置的安全监测项目,如表 8-5 所示。设计方案应依据这些规范进行边坡监测系统的设计。

表 8-5　边坡监测系统的监测项目要求

边坡安全监测等级	变形监测			采动应力监测	爆破振动	水文气象监测			视频监控
	表面位移	内部位移	边坡裂缝		质点速度	渗透压力	地下水位	降雨量	
一级	应测	应测	可测	应测	应测	应测	应测	应测	应测
二级	应测	可测	可测	可测	应测	可测	应测	应测	应测
三级	应测	可测	可测	可测	可测	可测	应测	应测	应测
四级	可测	不测	可测	不测	可测	不测	不测	可测	可测

从规范可以看出,边坡变形监测是最基本的监测项目之一。变形监测可直接获取边坡信

息，掌握边坡稳定状况，检验稳定性计算结果与边坡工程治理效果，对边坡变形发展趋势做出预测，是优化工程设计、确保边坡安全运行的重要手段。边坡变形包括表面变形(位移)、内部变形(位移)、地表裂缝、隆起等。

在规范要求的基础上，结合矿山前期研究结果和矿山边坡实际需求，分析边坡安全监测内容，针对不同安全等级分区，确定对应的监测项目。

8.3.1.3　监测设施布置

1) 监测技术选择

监测设施的布设应与各监测项目所采用的监测技术相关。例如，表面位移监测选择点监测技术时，需要根据矿山实际情况，确定监测断面和监测点的位置；采用区域监测技术时，需要根据矿山实际情况，确定主要监测区域。

研究对比当前监测技术和装备的发展现状，针对各监测项目的要求，比选不同的监测技术和装备，确定各监测项目采用一项或多项监测技术。其中雨量监测设备、爆破振动和视频监控设备的比选重点在设备本身的精度和稳定性上，可以按矿山环境和使用要求进行选择，本节不再赘述。

目前，边坡表面位移和内部位移的监测技术和装备有较大的技术进步，具体介绍见后续章节。

2) 监测点布设

边坡监测项目和监测技术确定后，需要根据相关监测技术需要，确定监测位置，完成整体监测点的布局。

表面位移监测应根据监测技术需要，确定主要监测区域、监测断面和监测点的布设；此外，还需要确定监测基准点、工作基点等的布设。

内部位移应根据边坡稳定性研究确定重点监测区域和监测断面，同时与表面位移监测断面和监测点对应布设。

地表裂缝、内部水位等的监测要根据实际需要和相关研究分析结果确定监测位置和数量。

降雨量监测点一般设置在调度室、监测中心等供电通信方便且同时能代表边坡区域降雨的位置。视频监控主要为方便边坡管理设置，应监控边坡重点区域、主要生产区域等。

图8-23是某矿山监测点布置图，其表面位移监测采用点监测(GNSS)和区域监测(边坡雷达)两种方案对比设置：

(1) 表面位移采用点监测时，需要根据规范和实际监测需求布置多个监测断面，每个监测断面布置多个监测点，通过点线组合，形成对整个矿山边坡的区域监测。

(2) 表面位移采用区域监测技术时，根据需要监测的区域布置监测设备即可。通常情况下，通过技术和经济比选，选择点监测和区域监测相结合的方案。

8.3.1.4　监测方案涉及的其他问题

作为一个完整的监测系统方案设计，除了前述章节中阐述的系统结构、系统管理软件平台、远程云服务平台、系统通信、系统可靠性、系统设计原则和依据、系统监测项目选择、监测点布设等内容之外，还应该给出具体的实施周期、概预算编制、施工图纸等内容，这些内容不再详细说明。

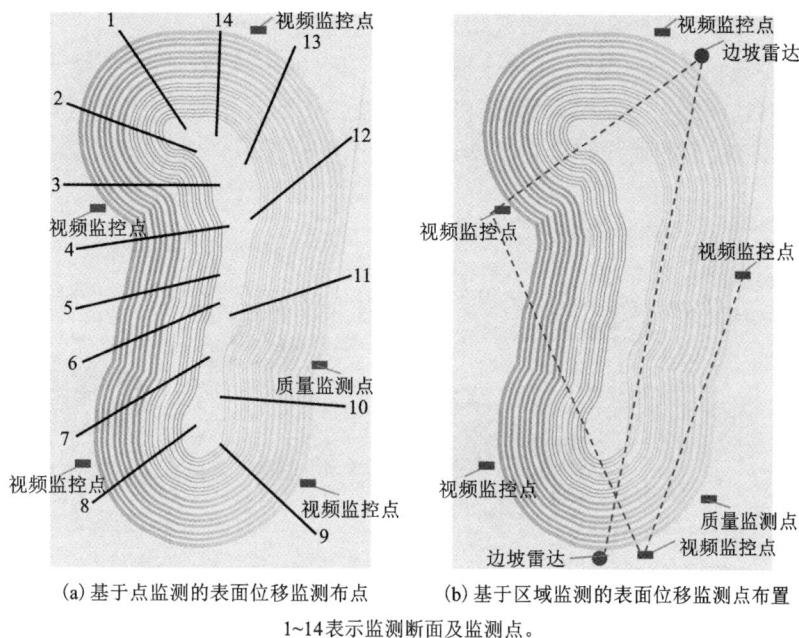

(a) 基于点监测的表面位移监测布点　　(b) 基于区域监测的表面位移监测点布置

1~14 表示监测断面及监测点。

图 8-23　某矿山边坡监测点布置图

8.3.2　设备比选

边坡监测系统设备的选择是在系统方案审核通过后，根据监测项目采用的具体监测技术选择相应的设备。监测设备选择的主要原则包括：

(1)设备参数满足规范标准要求；

(2)监测设备满足边坡监测系统使用的参数要求；

(3)监测设备应满足矿山实际环境要求，能在矿山边坡环境下稳定运行；

(4)除了主体设备外，通信、供电和雷电防护等辅助设备更应该选择能长期稳定运行的设备。

8.3.2.1　表面变形(位移)监测设备

目前，应用较为广泛和成熟的表面位移在线监测技术主要有 GNSS 监测技术、智能全站仪技术、合成孔径雷达干涉测量(InSAR)技术、真实孔径雷达监测技术、三维激光扫描技术、光纤分布式测量技术和静力水准测量技术等。其中，光纤分布式测量技术和静力水准测量技术只能监测单一方向的位移，其他几种技术可实现三维空间位移监测。

1)GNSS 监测技术

GNSS(全球导航卫星系统)监测技术主要包括美国的 GPS、中国的北斗卫星系统、俄罗斯的 GLONASS 及欧洲的伽利略系统等，其基本原理是采用卫星发送的导航定位信号进行空间后方交会测量，确定地面待测点的三维坐标，根据坐标值在不同时间的变化来获取绝对位移的数据及其变化情况。基于该技术的监测系统在人工结构物(如桥梁、大坝、矿山边坡、尾矿库)或者自然结构物(山体滑坡、火山、地壳运动)位移和沉降变形监测中的应用已经相当广泛。典型的 GNSS 监测系统如图 8-24 所示。

GNSS 监测技术与传统方法相比具有很多优点：环境适应性强、测站之间无须通视、可同时提供监测点的三维坐标信息、全天候监测、监测精度高、操作简便、易于实现监测自动化，尤其适合监测点较少、监测场所地表起伏较大的场合。

但从工程投资和维护角度讲，GNSS 监测设备单点价格较高，每个监测点设备都需供电、通信和防护，一旦被滚石砸坏、人为破坏或者遭受雷击，会导致维护成本激增，在监测区较大、监测点较密情况下的建设和维护成本偏高。

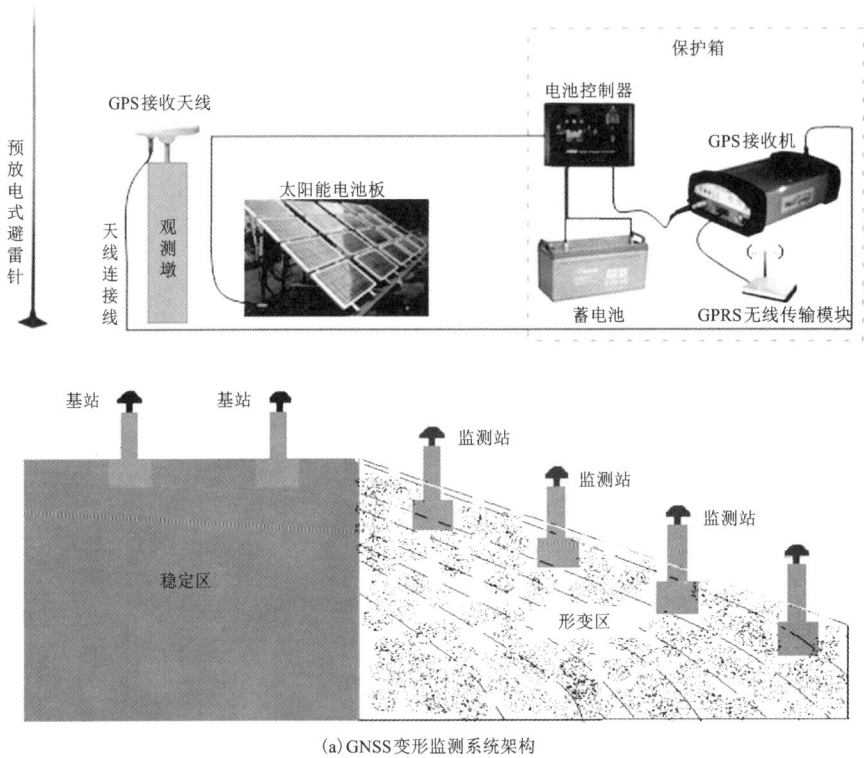

(a)GNSS变形监测系统架构

(b)GNSS现场应用案例

图 8-24　典型的 GNSS 监测系统

2）智能全站仪监测技术

智能全站仪，即测量机器人，是一种能代替人进行自动搜索、跟踪、辨识和精确找准目标并获取角度、距离、三维坐标以及影像等信息的智能型电子高精度测量系统，如图 8-25 所示。

从工程投资角度讲，该系统具有高精度、高效、全自动、实时性强、结构简单、操作简便等优点，尤其在边坡监测场合，其监测棱镜无须供电和通信，可极大地提高系统布设的便利性。其缺点是监测范围有限，智能全站仪监测主机与监测棱镜之间需要通视，长期的恶劣天气条件(如雨、雾、雪等)会影响其监测精度。

(a) 表面位移监测

(b) 监测棱镜

(c) 监测主机

图 8-25　智能全站仪表面位移监测

3) 合成孔径雷达监测技术

合成孔径雷达监测技术，即合成孔径雷达干涉测量(interferometric synthetic aperture radar)技术，是近几十年发展起来的极具潜力的微波遥感新技术，如图 8-26 所示，它利用两副天线同时观测(单轨双天线模式)或两次近平行观测(重复轨道模式)获得同一地区的两组数据，通过获取同一目标对应的两个回波信号之间的相位差，并结合轨道数据来获取干涉图像，然后经相位解缠，从干涉条纹中获取高精度、高分辨率的地形高程数据。

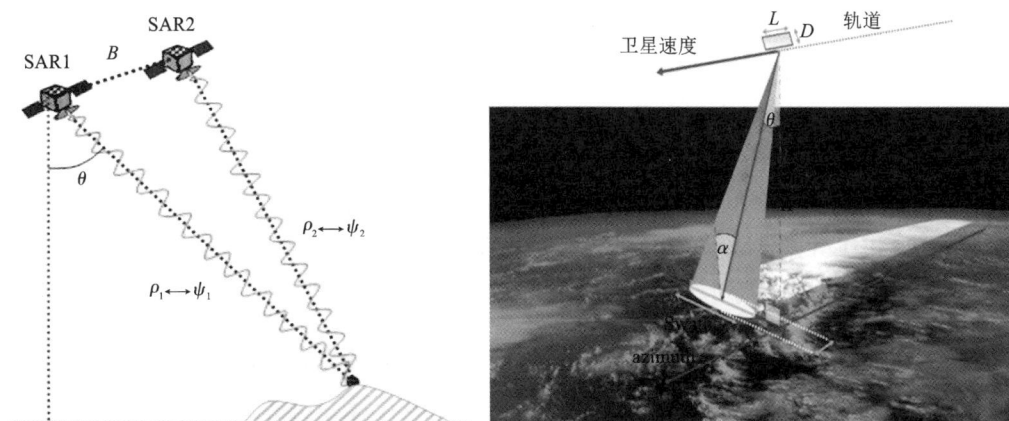

图 8-26　星载 InSAR 测量原理图

地基合成孔径雷达干涉测量技术，是 InSAR 技术在地基测量领域的技术转化，属于一种远程非接触区域监测方法，如图 8-27 所示，其工作原理是利用天线在水平轨道上运动，形成方位向合成孔径，获取 SAR 图像，通过天线多次沿轨道的往复运动获取监测区域的长时间序列 SAR 数据，利用差分干涉技术实现高精度形变监测结果。

地基合成孔径雷达干涉测量系统是一种高分辨率成像雷达，可以在能见度极低的气象条件下得到类似光学照相的高分辨率雷达图像，由于采用的雷达波长更短，因此测量的精度能达到毫米级甚至亚毫米级。

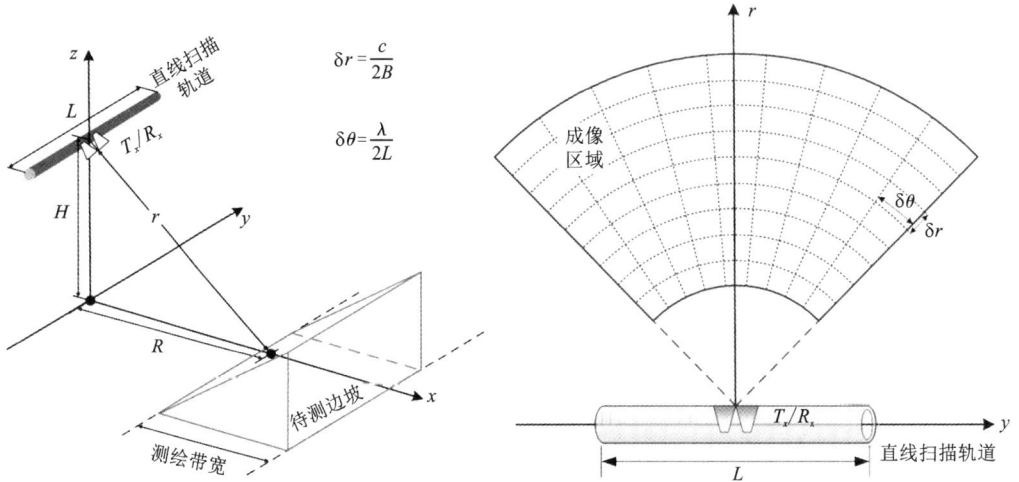

图 8-27 地基合成孔径雷达边坡监测原理示意图

地基合成孔径雷达干涉测量系统使用的零基线差分干涉测量技术，距离向通过步进频率连续波技术实现高分辨率，方位向利用天线在直线轨道的匀速运动和孔径综合技术实现高分辨率，距离向分辨率不受距离向上测程大小的影响。把同一目标区域，不同时间获取的 SAR 复图像结合起来，通过比较目标在不同时刻的相位差，获得目标的毫米级精度位移信息。

与传统变形观测方法相比，地基合成孔径雷达干涉测量系统具有 6 大特点：

(1) 全天候：不受光线、天气影响(主动式、衰减小)。

(2) 大范围：4 km、60°~120°监测范围全覆盖(通视型)。

(3) 非接触：无须合作点、无须人工跑点(遥感监测)。

(4) 高精度：变形观测精度 0.1 mm(干涉差分技术)。

(5) 高分辨率：距离向分辨率 50 cm(离散网格)。

(6) 快速获取：单次测量周期 5~10 min(2.5 m 轨道)。

地基合成孔径雷达边坡监测已在国内公路与铁路边坡、自然灾害边坡、露天矿山边坡等监测场合有若干应用案例，且效果良好，如图 8-28 和图 8-29 所示。

4) 真实孔径雷达边坡监测技术

真实孔径雷达边坡监测技术是采用雷达波的单次反射成像原理对露天矿的高陡边坡监测区域进行雷达孔径尺寸的依次循环扫描成像，从而实现位移监测的一种高效监测方法与技术。真实孔径雷达是由一个天线在一个位置上接收同一目标回波信号的侧视雷达，如图

图 8-28　某型号地基合成孔径雷达边坡监测系统

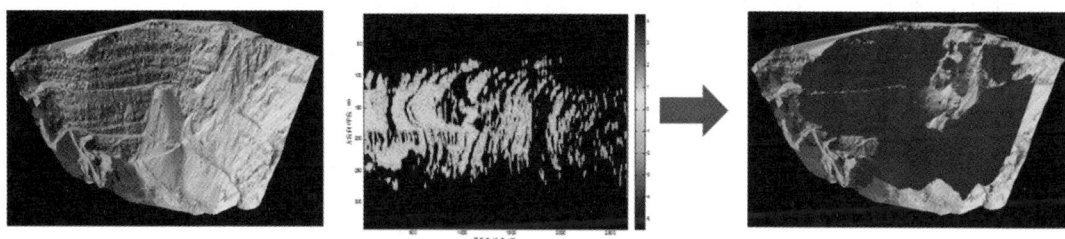

图 8-29　地基合成孔径雷达边坡监测数据与 DTM 数据叠加匹配分析

8-30 所示。真实孔径雷达要提高其方位分辨率，必须加大天线的孔径、尽量缩短观测距离和采用较短波长的电磁波。

　　针对边坡监测的真实孔径雷达在工作时，需预先在边坡监测雷达位移监测软件中设置相应的高陡边坡监测区域、监测区域内的位移稳定参考区、扫描时间间隔等参数，边坡监测雷达按照设置好的参数对监测区域进行连续、反复的监测，将扫描的数据与前一次扫描数据进行对比分析，并将其传输至上位机数据处理软件上，当位移变化量、位移变化速度等参数超过设置阈值时，便触发预警系统。

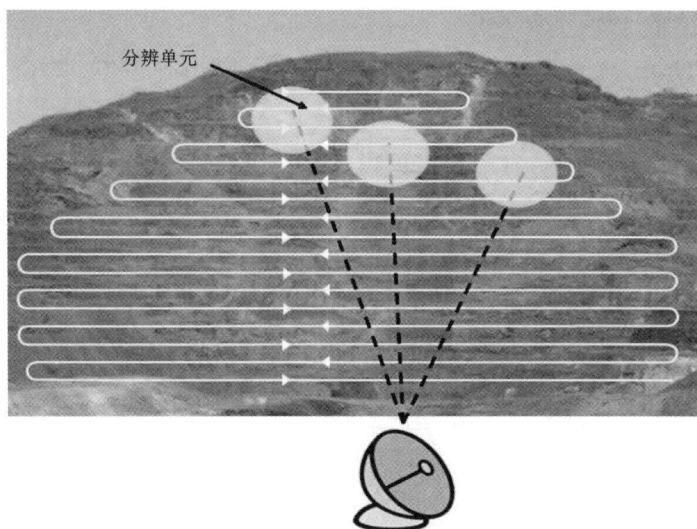

图 8-30　真实孔径雷达扫描成像工作示意图

真实孔径雷达边坡监测的精度可达
0.02 mm，与监测区域的垂直距离可达
3.5 km，雷达可旋转角度为垂直方向
122°、水平方向270°，在3500 m距离上
可探测到30.5 m×30.5 m大小的边坡位
移；其雷达波段能够很好地穿透雨、雾、
雪等气候障碍物而到达边坡表面，其监
测效果不受影响；能够适应高寒、高海拔
使用环境（图8-31），安装使用最高海拔
达到5000 m，使用温度范围为-40~60℃，
抗风速度达到120 km/h。

图8-31　真实孔径雷达应用于高寒、
高海拔矿山露天边坡监测

5）三维激光扫描技术

三维激光扫描技术，又被称为实景
复制技术，作为革命性的技术手段，三维激光扫描仪已成功在文物保护、城市建筑测量、地
形测绘、采矿业、变形监测、工厂、大型结构、管道设计、飞机船舶制造、公路铁路建设、隧
道工程、桥梁改建等领域得到应用。

三维激光扫描监测是近年发展起来的一项全新边坡整体、多局部对象区域同时持续监
测、即时的预警技术，已应用于国外矿山采场边坡、排土场边坡等场合，但其在国内的应用
尚处于起步阶段，故发展潜力很大。其在露天矿山边坡监测领域具有多种应用方式（图8-
32），具有便携、易用易学、应用灵活（移动架站测量、固定架站测量、车载快速测量）的使用
特点，可完成定期边坡监测、持续边坡监测、常规三维激光扫描测绘、工程量验收、地质岩土
工程分析、现状测量、工程施工超欠挖质量检测等工作，具备完整的数据采集及边坡稳定性
分析软件系统。

矿山边坡监测三维激光扫描仪的测距范围最大可达2000 m，测量精度较高，在200 m距
离范围内的监测精度为4~6 mm，测量精度会随监测距离的增大而适当降低，需合理规划扫
描仪的布设位置，以达到最佳的监测效果。

全天候持续监测　　　　定期定点监测　　　　移动监测系统

图8-32　边坡监测三维激光扫描仪实施方式

6）地表变形监测技术对比和选择

上述几种表面位移监测技术中，从监测区域和监测点覆盖范围角度看，GNSS监测技术

和智能全站仪监测技术属于点监测，其监测位置的区域代表性不强，容易产生监测盲区，这两种监测方案需要在监测对象上建设监测点，不适合在动态变动的监测对象上使用。合成孔径雷达(星载和地基)监测技术、真实孔径雷达监测技术和三维激光扫描技术属于区域(三维)监测，在监测区域覆盖的完整性(全面性)、准确性上，合成孔径雷达(星载和地基)监测技术、真实孔径雷达监测技术和三维激光扫描技术更先进，其监测结果更完整更准确。而且，该技术最大的优点是采用了非接触式监测技术，不需要在被测边坡上安装监测设备，适合生产过程中的动态变化边坡监测。

GNSS 监测技术需要在被测边坡表面安装有源的仪器设备，提供供电通信设施，仪器移装和维护的成本很高，不适合动态变化和通信供电比较困难的边坡使用。而且，随着凹陷露天矿坑向下开采，坑内空间有限，GNSS 搜星能力受限，会影响监测精度，不适合动态变化边坡和深凹露天采场边坡的整体在线监测，但可作为其他监测方案的补充，监测局部区域。

智能全站仪监测技术也需要在被测边坡安装无源的监测棱镜，不受安装位置和雷电等客观因素的影响，但受雨雾影响大，雨雾天气无法正常使用。

地表变形监测技术、成本比较如表 8-6 所示。

表 8-6　地表变形监测技术、成本比较表

序号	监测技术名称	监测方式及先进适用性	监测精度	前期成本投入	后期维护
1	合成孔径雷达监测技术	技术先进，监测距离大于 4 km，非接触测量，维护方便，环境适应性强	0.1 mm	国产设备成本相对较低，后期服务具备优势	维护量小，无须扩展和增加监测点
2	真实孔径雷达边坡监测技术	技术先进，监测距离 2～4 km，非接触测量，维护方便，环境适应性强	0.2 mm	无国产设备，国外设备价格很高	维护量小，无须扩展和增加监测点
3	三维激光扫描技术	技术先进，非接触式监测，监测距离小于 2 km，受雨雾天气影响大	6 mm	无国产设备，国外设备价格很高	维护量小，无须扩展和增加监测点
4	智能全站仪监测技术	接触式监测，监测距离小于 1 km，受雨雾天气影响大	$1\ mm\pm D\times10^{-6}\ m$	单点成本低，后期扩展费用低，但监测范围小；如果采场全覆盖，则投入较高	维护量小，需增加监测点
5	GNSS 监测技术	接触式测量，监测距离不限，环境适应性强	水平 3 mm；垂直 5 mm	单点成本较高，监测点较多时，投入较高	维护量稍大，监测点增加成本高，尤其按规范监测网度布设，监测成本很大

8.3.2.2　内部变形(位移)监测设备

内部位移监测的主要设备有测斜仪、引伸仪、沉降仪、TDR 监测仪等。

1)测斜仪

目前，用于矿山潜在滑坡体内部位移监测的技术中使用最为广泛的是测斜仪监测技术，

这种监测技术需要在钻孔内安装测斜管，主要通过对钻孔内测斜管的逐段测量获得内部位移变化情况，进而确定其变形的大小、方向和深度。常规型测斜仪又称滑动测斜仪，带有滑轮导向轮的测斜仪可以在测斜管内部逐段测出发生位移后测斜管轴线与铅垂线的夹角，分段求其水平位移，进行累加得到总位移量以及沿管轴线方向孔内位移的整体变化情况，目前滑动测斜仪使用较广泛。固定测斜仪是将测斜传感器固定在测斜管的多个位置进行自动、连续遥控监测对应部位测斜夹角的变化量，如图 8-33 所示，这种设备不能测出孔深方向整体倾角的变化情况。钻孔测斜仪具有结构简单、可靠性较高等优点，但有监测成本较高、设备存在弯曲极限、测斜管存在扭转的问题等。而且，监测传感器量程较小，滑动面错动较大后易损坏而失去监测作用，尤其对松散型边坡体，其滑坡前后的内部位移变化较大，无法应用该技术实现连续可靠测量。

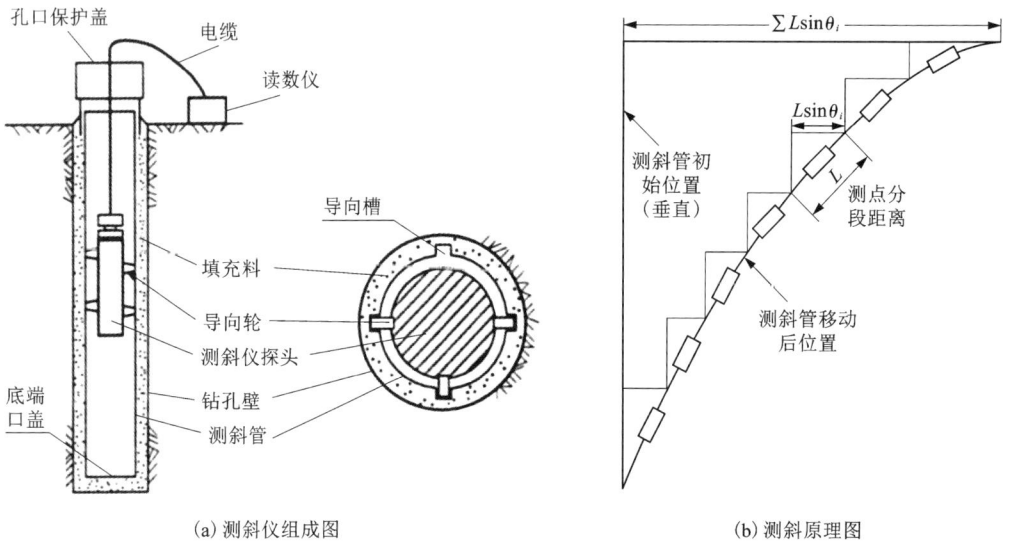

(a) 测斜仪组成图　　(b) 测斜原理图

图 8-33　固定测斜仪监测水平位移原理图

2) 引伸仪

钻孔引伸仪一般由灌浆锚栓、测杆与锚栓接头、传递杆、变位计基准端、电测传感器等组成。引伸仪的工作方式：引伸仪的灌浆锚栓与所测对象(如尾矿库岩土体)牢固连成一片，当岩土体沿钻孔轴线发生位移时，锚栓带动传递杆到钻孔孔口基准端，位于基准端的伸长量测量仪表随着该位移产生相应变化，随着锚点的移动，相对于基准端的伸长量即可测出。引伸仪监测操作简单、结构牢固、易安装、较经济，但只能测出地表至灌浆锚栓底部整体的相对位移量。

3) 沉降仪

沉降仪主要用于测量岩土体的垂直位移，按传感方式分为水管式、电磁式、干簧管等。目前常用的为电磁式沉降仪，主要由磁敏感探头、沉降磁环、分层沉降管、伸缩管、磁性沉降板、蜂鸣器及电感探测装置等组成，当可滑动的磁性沉降环等间距地分布在一根固定在地面下的沉降管上时，地层沉降带动磁环同步下沉，磁环的移动被监测。观测分层沉降时，首先应测定孔口的高程，再用磁敏测头自上而下测定每个沉降环的位置，利用孔口高程及孔口到沉降环的距离可以计算出各沉降环高程，进而计算出每个沉降环的沉降量以及各沉降环两两间的相对沉降量，从而间接得到所监测尾矿库的分层沉降量。该监测方法简单、操作简便、受环境影响较小，但具有施工安装干扰及影响范围较大、埋设过程中基准点的选取较困难等缺点。

4）TDR 监测仪

TDR 监测仪主要包括 TDR 测试仪、同轴电缆、电脉冲信号生成器、信号接收器及读数仪等。测量过程：首先在待测土体中钻孔，将同轴电缆下放钻孔内并灌浆固定，电脉冲信号以电磁波形式沿着同轴电缆从地面传输至地下不同深处，岩土体的位移或变形使埋置其间的同轴电缆发生剪切、拉伸及断裂，电缆特性阻抗随之发生变化。TDR 具有监测成本低、检测时间短、自动化程度高、安全性好的优点，但也有不能确定地下各深度处的具体位移量和方向、TDR 只要出现了缺陷其反射系数就明显衰落等缺点。

8.3.2.3　内部应力（应变）监测设备与技术

应力监测主要是测量边坡岩体内不同部位的应力变化情况，反映变形强度，可配合其他监测资料分析和预测变形动态。目前，传统的应力监测仪器有锚杆应力计、锚索应力计、钻孔应力计、土压力计、地应力测试仪等。目前较为先进有效的边坡应力监测技术为深部滑动力监测技术。以下分别简单介绍应力计、土压力计和深部滑动力监测技术。

1）应力计

应力计监测是一种在矿山应用较为广泛的监测手段，通过围岩应力连续监测得到应力变化规律，并可以应用模糊聚类分析的方法对监测结果进行聚类分析，测量结果可以直接与理论分析计算结果相互印证，判断围岩的稳定性。根据矿山岩体赋存条件及监测需求，可以选择不同的应力监测设备。目前，实际应用中主要有钻孔应力计、锚杆应力计、光弹应力计、混凝土应力计等（图 8-34）。其原理是通过监测应力的相对变化，分析评估岩体的稳定性。

钻孔应力计主要用来测量煤矿或金属矿预留柱应力的变化，或测量基坑岩体、隧道岩体、土基础在开挖前后的应力变化情况。

锚杆应力计适用于各类建筑基础、矿柱、顶底板、地下连续墙、隧道衬砌、边坡等混凝土工程及深基坑开挖安全监测，也可用来测量锚杆的锚固力、拉拔力等。

光弹应力计是一种现场应力测量工具，一般埋于岩石或混凝土的钻孔中，在围岩或外荷载的作用下，产生人工双折射现象，用光弹应力计可测出其双折射条纹，以此判别围岩的应力状态。

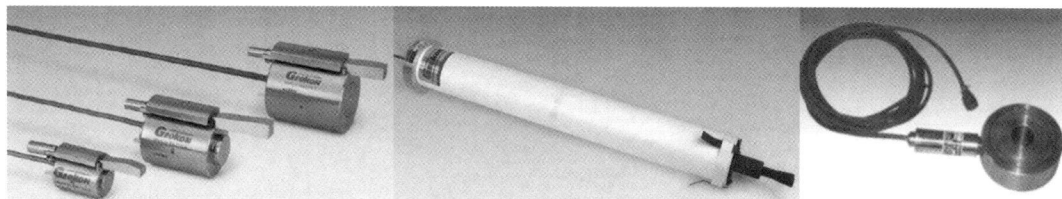

图 8-34　几种典型边坡监测应力计

2）土压力计

土压力计即压力盒，边坡内部应力监测可以通过压力盒来连续测量，电测试的压力盒可以分为应变式、钢弦式、差动变压式、差动电阻式等，在一般情况下，选择差动电阻式和振弦式仪器较多。该技术的优点是测量沉降时安装方便，成本低；缺点是测量水平方向应力时往往不具备安装条件，监测点范围小。松散型边坡在矿岩条件整体性不好的情况下不具备采用压力盒测量水平方向压力的安装条件，且采场边坡的人工开挖形式使得压力盒无法使用。

　　3）深部滑动力监测技术

　　深部滑动力监测技术源于锚索应力监测，其主要原理如下：

　　滑坡主要是重力作用下产生的坡体变形，因此作用在天然滑坡力学系统的基本力系主要由三组力构成：下滑力 T_1、抗滑力 T_2 和滑体自身重力 G。通过在自然不可测的天然滑坡体力学系统中加入一个人为的力学量——扰动力 P，即高能量吸收锚索的锚固力，组成一个复杂可测的力学系统，并建立起边坡深部滑动力监测的力学模型，借此开展滑坡地质灾害防治—加固—监测—预警一体化控制技术研究。

　　深部滑动力作为天然力学系统的一部分是不可测的，而人为力学系统是可以测量的。因此，采用这种"穿刺摄动"技术，把力学传感系统穿过滑动面，固定在相对稳定的滑床之上，施加一个小的预应力扰动 P，称之为"扰动力"，将可测的人为力学系统插入不可测的天然力学系统中，组成一个新的、部分力学量可测的复杂力学系统，即人为力学系统+天然力学系统=复杂力学系统，进而推导出可测力学量和不可测力学量之间的函数关系（图 8-35），根据可测的力学量计算出不可测的滑动力，这样就解决了天然力学系统不可测的难题。图 8-36 是深部滑动力监测系统边坡防治—加固—监测—预警原理图。

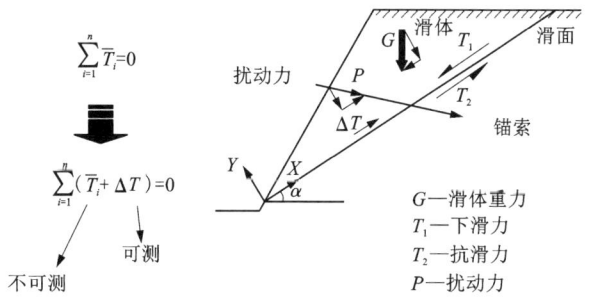

图 8-35　滑坡可测力学系统示意图

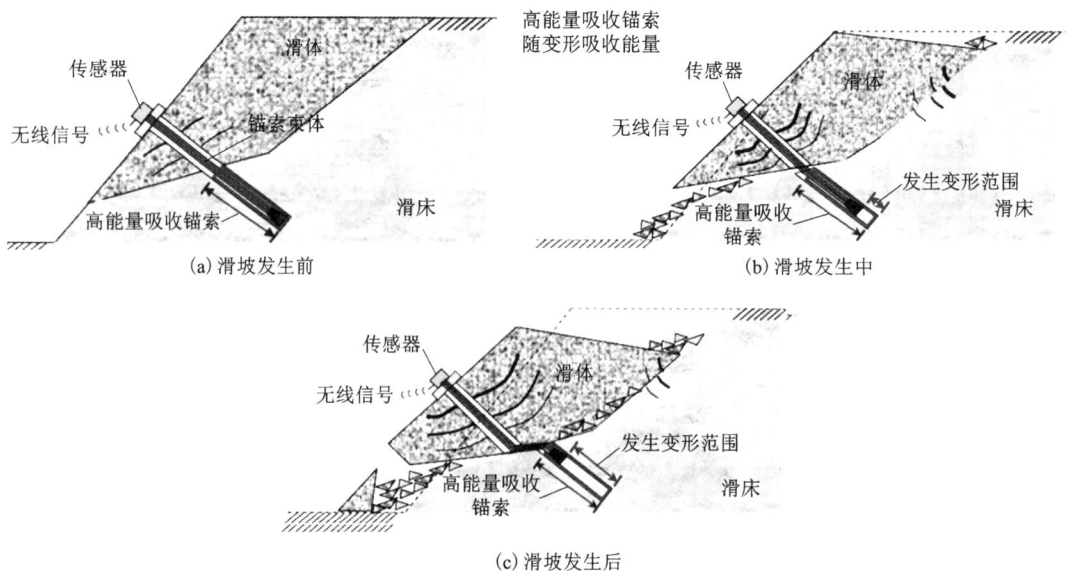

图 8-36　深部滑动力监测系统边坡防治—加固—监测—预警原理图

深部滑动力监测系统技术先进，从滑坡发生的源头和边坡岩石力学角度出发，以一套完整的理论体系支撑该技术在边坡监测预警中的应用，在边坡深部应力监测预警方面应用成功的案例较多，故该技术可以作为边坡变形监测和排土场内部滑动监测的重点技术手段。

8.3.2.4 降雨量监测技术比较

降雨量监测一般采用雨量计，如虹吸式雨量计、称重式雨量计、翻斗式雨量计、容栅式雨量计等。雨量计能连续记录降水量和降水时间，从降水记录上还可以了解降水强度。

1）虹吸式雨量计

虹吸式雨量计由承水器、浮子室、自记钟和外壳组成。雨水由上端的承水口进入承水器，经下部的漏斗汇集，导至浮子室。浮子室由一个圆筒内装浮子组成，浮子随着注入雨水的增加而上升，并带动自记笔上升。当雨量达到一定高度（比如 10 mm）时，浮子室内水面上升到与浮子室连通的虹吸管处，导致虹吸开始，迅速将浮子室内的雨水排入储水瓶，同时自记笔在记录纸上垂直下跌至零线位置，并再次随着雨水的流入而上升，如此往返持续记录降雨过程。虹吸式雨量计实物如图 8-37 所示。

2）称重式雨量计

称重式雨量计可以连续记录接雨杯及存储在其内的降水的质量，记录方式是用机械发条装置或平衡锤系统，将全部降水量的质量如数记录下来，这种仪器还能够记录雪、冰雹及雨雪混合降水。称重式雨量计实物如图 8-38 所示。

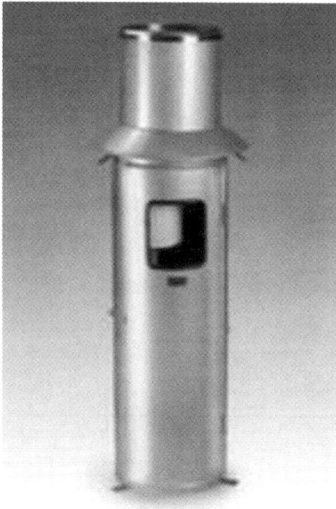

图 8-37 虹吸式雨量计

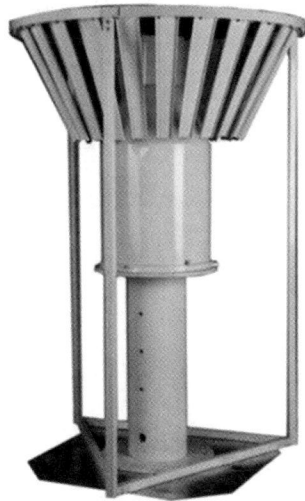

图 8-38 称重式雨量计

3）翻斗式雨量计

翻斗式雨量计是由感应器及信号记录器组成的遥测雨量仪器（图 8-39）。感应器由承水器、上翻斗、计量翻斗、计数翻斗、干簧开关等构成；记录器由计数器、录笔、自记钟、控制线路板等构成。其工作原理为：雨水由上端的承水口进入承水器，落入接水漏斗，经漏斗口流入翻斗，当积水量达到一定高度（比如 0.1 mm）时，翻斗失去平衡翻倒。而每一次翻斗倾倒，都使开关接通一次电路，向记录器输送一个脉冲信号，记录器控制自记笔将雨量记录下来，如此往复即可将降雨量测量出来。

4）容栅式雨量计

容栅式雨量计是水文测验装备中的重要仪器之一（图8-40），通过容栅位移传感器检测降雨量，其分辨率为0.01 mm，计量精确。容栅式雨量计通过采用上、下电动阀控制进水和排水，在记录降水过程中雨量不流失，保证了计量过程的准确性。

图 8-39 翻斗式雨量计

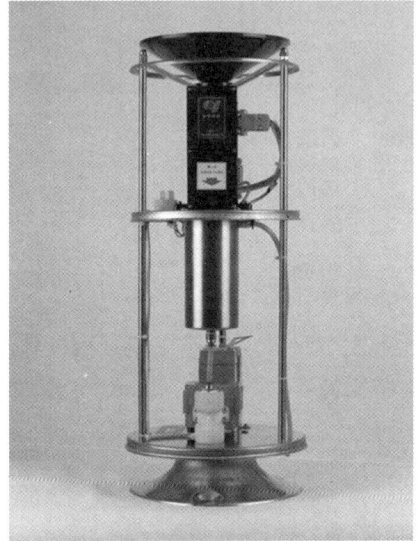

图 8-40 容栅式雨量计

几种雨量计相比较，虹吸式雨量计虽结构简单、安装方便，但是故障率较高，暴雨或大暴雨时测量精度低；称重式雨量计和翻斗式雨量计价格低廉，但是精度较低，对小雨监测的灵敏度不高；容栅式雨量计具有较高的监测精度和可靠性。几种雨量计技术参数对比如表8-7所示。

表 8-7 几种雨量计技术参数对比

序号	雨量计类别	分辨率/mm	量程	误差范围
1	翻斗式雨量计	0.1	4 mm/min	
2	虹吸式雨量计		0~4 mm/min	走时误差：±5 min（24 h） 记录误差：±0.05 mm
3	称重式雨量计	0.1	0~10 mm/min	≤2%
4	固态存储式雨量计	0.01	6″（15 cm）/h	±4%
5	容栅式雨量计	0.01	0.1~4 mm/min	误差≤2%

8.3.2.5 爆破振动

长期爆破振动会增加边坡破坏的概率，影响边坡的稳定性，加大滑坡的潜在危险。爆破振动监测是通过测振仪记录测试点的质点振动速度、加速度、振动频率和振幅,通过这些数据的分析,并对照《爆破安全规程》(GB 6722)相关标准,可判断边坡在爆破振动作用下是否安全。爆破振动监测子系统主要由爆破测振仪主机、振动传感器、微型计算机等组成,如图 8-41 所示。

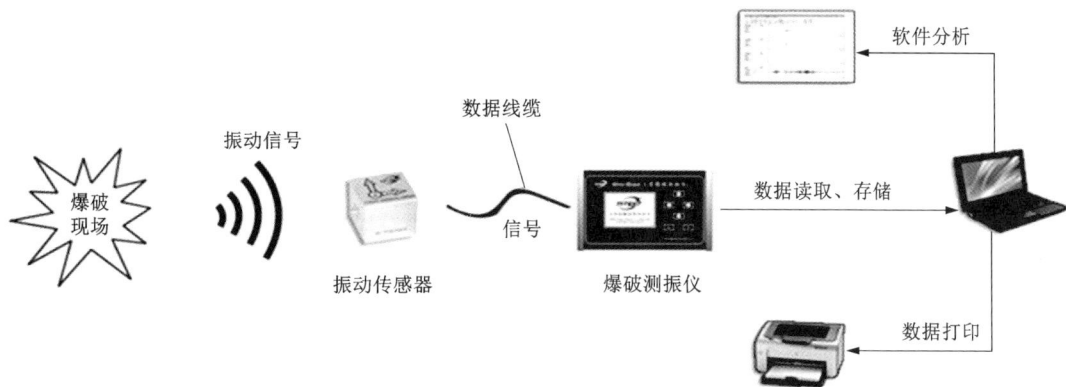

图 8-41　爆破振动监测子系统拓扑结构

目前,国内爆破振动监测设备种类不多,根据应用实践,DSVM-4C 型振动测试仪和 Mini-Blast Ⅰ型爆破测振仪应用较多(图 8-42),其功能和使用方法相似。

(a)DSVM-4C型振动测试仪　　　　　　　(b)Mini-BlastⅠ型爆破测振仪

图 8-42　爆破振动监测设备

8.3.3　数据应用

建立矿山边坡监测系统的目的是综合分析边坡安全状态,及时准确预报重大灾害隐患(滑坡、洪水、泥石流等),为安全生产提供安全保障。

8.3.3.1　监测系统数据应用方法

1)边坡安全状态分析技术路线

边坡安全状态分析是指通过在线监测系统进行边坡(采场和排土场边坡)的变形监测、应力监测、水文气象监测(矿区降雨、内部水位等)、视频监控等,并结合爆破振动测试、人工巡查、地质勘查等数据,利用各种分析技术,综合分析矿区边坡的安全状态,其总体技术路线见图 8-43。

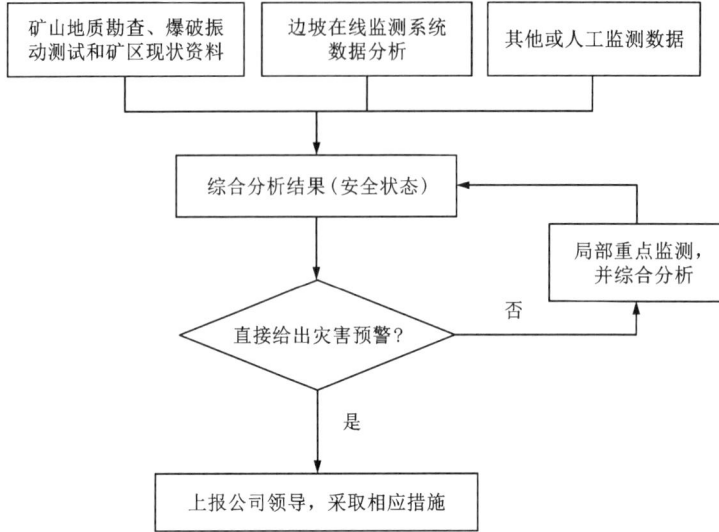

图 8-43　矿区边坡安全状态分析工作总体技术路线

边坡在线监测系统通过获取多种监测数据进行综合分析以提高系统监测的预警准确性，这种综合分析可以是两种数据的综合分析，也可以是多种监测数据的综合对比分析。综合分析是在各种单项分析的基础上进行的。各种单项分析技术内容包括在线监测系统数据分析、爆破振动测试分析、其他人工监测信息等。

2）监测系统数据分析方法

在线监测系统应根据边坡变形监测、应力监测、水文气象监测和人工巡查等资料结合实际情况进行分析，了解各监测物理量的大小、变化规律、趋势，发现边坡的异常情况和不安全因素，评估边坡的安全状态，预测将来的变化趋势，这样才能准确及时分析区域安全状态。以下简单介绍几种监测技术的数据分析方法。

（1）边坡雷达监测系统数据分析

边坡雷达监测系统数据分析，即为排除扫描区和雷达之间大气温度、湿度等的影响，找到真正的变形、速度曲线，并设置报警，最后预测滑坡时间的过程。

雷达气候校正过程（图 8-44）为：操作人员指定边坡上某一稳定面（或点），通过该稳定面（点）来进行步进扫描数据的校正，其数据校正过程较快，通过有经验的监测人员人工指定的边坡稳定点比计算机自动计算的参照面（或点）更可靠，可以更加迅速和准确地完成气候校正。

图 8-44　雷达气候校正过程

智能雷达基于图像数据快速匹配技术，可以方便快速地将不同时间段对同一边坡监测的数据进行拼接处理，方便对同一边坡在不同地点、不同时间进行不连续的监测。

通过处理分析智能雷达采集的数据，做出边坡岩体位移、速度曲线，通过日常管理经验和软件分析推荐值，在软件中设置合理的报警阈值，达到边坡监测预警的效果。

（2）GNSS 监测数据、降雨量监测数据处理流程及分析方法

GNSS 监测数据为点数据，根据点数据的时域变化曲线，分析位移累积量、速率和加速度等的变化，从而分析边坡表面位移的变化趋势。

降雨量监测数据也是时域变化的点数据，可以根据降雨时间和累积量与同为时域数据的位移数据进行对比分析。

视频图像可以远程控制监测区域，辅助人工对重点监测区域远程观测，结合在线监测数据对边坡风险进行辅助分析判断。

（3）爆破振动测试工作流程及分析方法

爆破地震效应是一个比较复杂的问题，它受到各种因素影响，如源的位置、炸药量的大小、爆破方式、传播途径中不同介质和局部场地条件等。

通过爆破振动测试，在获取足够数据的基础上分析爆破振动对矿区边坡的影响，并通过对数据的分析拟合，回归监测区域场地系数 K 值和衰减指数 α 值，得出矿区爆破振动的衰减规律，控制爆破地震产生的危害，并对露天边坡稳定性的影响进行评估分析，为爆破设计提供科学合理的技术支持，保证矿山的安全高效生产。

爆破振动测试和分析工作的基本工作流程：

①选择适用的监测设备；

②根据采场边坡实际条件，确定监测点位和数量；

③多次提取爆破监测数据（至少 2 次）；

④拟合分析爆破振动数据，包括爆破振动质点振动速度与质点振动水平速度拟合、爆破振动主振频率拟合等；

⑤根据拟合分析得到的爆破衰减规律给出爆破设计和边坡稳定性相关建议，以爆破振动监测分析报告的形式体现。

（4）人工巡查、定期现场观测等人工监测数据的处理分析

定期人工监测数据和人工巡查内容可以及时与在线监测分析结果相互认证，同时将人工观测结果和现象及时录入管理系统，作为系统数据库内容，为边坡风险综合分析判断提供相关依据。

（5）多技术综合分析

结合各单项监测分析内容，开展边坡安全状态综合分析，才能更准确了解边坡的安全状态。例如：结合某监测区域安装的智能雷达监测数据和采场边坡所处环境特征，分析采场边坡的安全状态，再与降雨量监测数据，尤其是雨季时获取的雨量数据相互印证，了解降雨量对边坡安全状态的影响，如果出现同方向作用现象，说明降雨量对其安全状态有影响，也说明分析结果的可信度较高。另外，通过高清夜视视频观察边坡的表观状态，如坡脚出水情况、边坡开挖状态等，结合爆破振动分析结果、人工观测结果等多种监测数据的融合分析，得到对所监测边坡的全面准确稳定性评价，力求实现对边坡稳定状态的定量评估和灾害的及时预警。

8.3.3.2 基于监测数据分析的各类边坡安全现状评价

监测数据平台可得出在每一年的运行周期内采场边坡水平位移、沉降量等多项监测数据，经数据整理分析可得出上述监测数据的阶段变化规律，由此反映和表达各边坡在该运行期内的真实工作状态。基于多种仪器多角度测量、监测，同样可得到采场边坡的动态开挖情况等，并可依据监测数据构建各阶段的边坡稳定性分析数值模型。

依据项目开展前期工程地质勘查资料所提供的岩土体力学参数和采用测量数据所建立的数值模型，基于数值分析手段可评价各类采场边坡在理论状态下的稳定性状况；而通过监测数据平台得出的边坡位移、沉降量等监测数据可反映各类边坡的真实工作状态。基于参数反演等手段，实现监测数据分析与稳定性分析的有机结合，最终使得经理论计算得出的边坡稳定性情况逼近边坡的真实工作状态。

按照上述方式可计算得出各典型工况(正常工况、暴雨工况、地震工况)下各类边坡的稳定性安全系数，根据各类边坡的实时稳定性状况提出下一周期内边坡处置的改进措施(例如优化采场边坡坡度等)，及时指导下阶段现场管理工作。

8.3.3.3 边坡灾害预警策略

边坡稳定性研究是一个古老而又复杂的课题，即使在科技飞速发展的今天，边坡失稳的预测预报问题也没有得到解决，但是由于滑坡灾害发生时间的突发性、种类的多样性、条件的恶劣性、影响因素的复杂性，对滑坡的下一个状态或者参量的下一个值的预测虽然有多种方法可以得出，但是对这些预测值的评价却非常困难。与自然界其他事物的发展演化一样，边坡从出现变形开始，到最终整体失稳破坏，也有其产生、发展及消亡的演化规律。从时间演化规律来说，要经历初始变形、等速变形、加速变形三个阶段；从空间演化规律来说，边坡变形伴随潜在滑动面的孕育、形成和贯通；按照分期配套先后出现后缘拉张裂缝、侧翼剪裂缝、前缘隆胀裂缝等变形体系。正确把握斜坡的时空演化规律，是边坡失稳预测预报的基础。其中，边坡变形阶段的正确判断是成功预报边坡失稳的关键。数据分析及综合预测预警技术路线如图 8-45 所示。

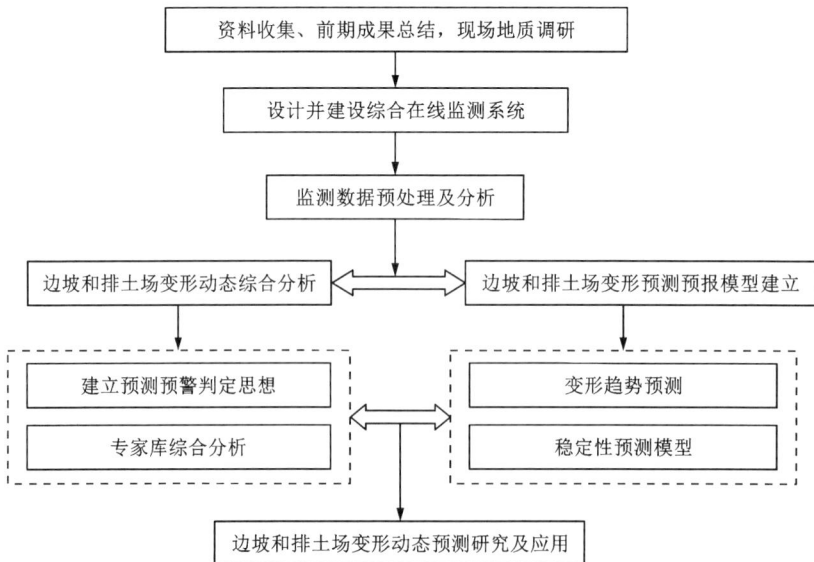

图 8-45 数据分析及综合预测预警技术路线

将预测预警判定思想、专家库综合分析、变形趋势预测与边坡稳定性预测模型相结合，采用动态预测预报方法综合评价露天边坡和排土场稳定状态。目前，边坡失稳破坏灾害预警分级没有统一的标准和规定，参照《中华人民共和国突发事件应对法》对预警级别的规定，将边坡失稳破坏灾害等级按边坡变形的发生概率和可能发生的时间及危害程度分为一级、二级、三级和四级，分别用红色、橙色、黄色和蓝色标示，一级为最高级别。

四级预警：注意级，用蓝色来标示。边坡变形演化阶段处于匀速变形阶段，边坡体上出现变形迹象，一年内发生滑坡的可能性不大，定为蓝色预警。

三级预警：警示级，用黄色来标示。边坡变形演化阶段处于加速阶段初期，边坡体上有明显的变形特征，在数月或一年内发生大规模滑坡的概率较大，定为黄色预警，需发布预报，引起重视。

二级预警：警戒级，用橙色来标示。边坡变形演化阶段处于加速阶段中后期，边坡体上出现一定的宏观前兆特征，在几天或数周内发生大规模边坡失稳破坏的概率大，定为橙色预警，需及时发布预警。

一级预警：预报级，用红色来标示。边坡变形演化阶段处于临滑阶段，边坡体上各种短临前兆特征显著，在数小时或数周内发生大规模滑坡的概率很大，定为红色预警，需及时发布警报。

另根据边坡变形演化规律分析，只有边坡进入加速变形阶段，边坡才会发生整体失稳破坏。在边坡变形的初始阶段和等速阶段，不管边坡变形的位移量或位移速率多大，如果没有诱发边坡失稳的外界因素（如地震、暴雨）影响，边坡体都不会发生整体变形失稳破坏。一旦边坡变形演化处于加速阶段，如果不采取治理措施，随着时间的推移，边坡必然发生整体失稳破坏。因此，进行边坡失稳预警时，一定要正确判断边坡变形所处的演化阶段，特别要注意边坡变形从等速变形阶段发展到加速变形阶段的具体时间。

8.3.4　应用案例

8.3.4.1　某露天铜矿采场边坡在线监测系统应用案例

1）项目概述

某露天铜矿属广义的矽卡岩型和斑岩铜矿床，并共生硫、钼、铁等矿产，矿体走向近东西，走向长 160～1040 m，倾向北，倾角 10°～40°，矿体平均厚度约 30 m。矿体赋存标高为 -493～78 m，埋藏浅，覆盖层不厚，易于露天开采；部分矿体直接埋藏于湖底，绝大部分矿体位于湖水位线以下。

矿区工程地质条件复杂，矿岩风化强烈，南部深达 -140 m，北部深 -150～-100 m，西南风化带最深达 -300 m。矿床底盘为石英砂岩、粉砂岩等；大部分矿体的直接顶底板为板岩、火成岩。F1 断层在矿区南部，形成长 1600 m、宽 20～60 m 的断裂破碎带。矿区岩溶发育，最深达 -350 m 标高。

矿区水文地质条件极其复杂，绝大部分矿体在侵蚀基准面以下；矿区面积 2.7 km²，矿区三面环湖，湖泥作为边坡的顶部地层，分隔了湖水区域与矿区，广泛分布于露天采坑的北部区域。

露采二期扩建主要在最终境界的东南部，其境界范围为东西长 1100 m，南北宽 1160 m；标高为 -202～125 m。三期扩建工程系在二期扩建工程基础上，向西部、北部及深部扩建。露采最终境界上口尺寸 1330 m×1450 m（EW×SN），坑底尺寸为 300 m×400 m，最高台阶标高 122 m，坑底标高 -322 m。至 2020 年初，露天采场已开采至 -110 m，台阶总高度超过 230 m。

2）监测等级分析及监测点布设

（1）监测等级分析。

由于在线监测系统立项建设时露天采场边坡上、下高差已超过 200 m，根据相关规范，判定属于高边坡，边坡高度等级指数 $H=2$；南部边坡坡角 40°~42°，属于斜坡级别，坡度等级指数 $A=2$；矿区水文地质条件极其复杂，绝大部分矿体在侵蚀基准面以下，地质条件等级指数 $G=1$；前期边坡稳定性研究确定边坡的最终优化许用安全系数为 1.20 和 1.25 两种工况，根据相关规范，滑坡风险等级指数为 3 或 4；综上其变形指数 $D=H+A+G=5$，边坡安全监测等级为二级。根据相关规范，安全监测等级为二级的露天矿山边坡必备监测项包括边坡表面变形（位移）、爆破振动监测、地下水监测、视频监测。

该矿采场边坡安全监测预警以边坡表面变形（位移）监测为主要监测内容，同时结合降雨量、地下水、爆破振动、采场视频等监测数据，综合分析采场边坡的安全状态。为实现系统的预警，需要在监测系统建设情况的同时，研究边坡监测预警判例的确定方法和预警初值，为边坡监测预警提供参考阈值；然后，通过边坡的过程监测数据、现场边坡水文地质资料等综合分析，分级分区逐步确定和完善边坡的生产过程预警阈值，真正实现边坡安全监测系统的监测和预警功能。

（2）监测点布设。

根据相关资料，该矿露天采场分为 4 个不同的工程地质分区，即地质Ⅰ区、地质Ⅱ区、地质Ⅲ区、地质Ⅳ区，如图 8-46 所示。本方案以工程地质分区为分区监测依据，对各分区的监测项目进行针对性设计。

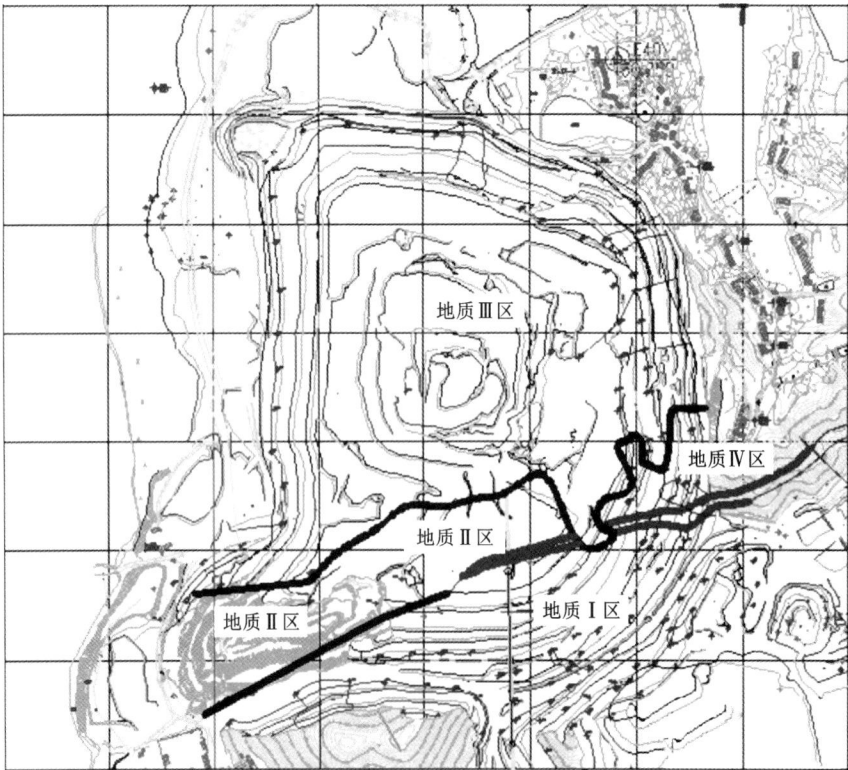

图 8-46　露天采场岩体工程地质分区

3）边坡监测预警系统建设方案

从系统功能角度，在线监测系统包含以下三个层次。

①现场数据采集层。主要完成现场监测数据的采集和传输，其体现形式是现场监控设备、数据传输链路、系统供电等辅助设备等。

②数据管理层。采集发布服务器设置在采矿办公室一楼服务器机房，现场采矿办公室设分析处理终端，主要用于发布数据信息的浏览、管理、分析、预警。

③网络服务层。用来发布数据的远程应用，包括远程的短信预警、集团公司及其他监管部门的远程应用及监测数据的远程分析等。边坡监测系统拓扑结构如图8-47所示。

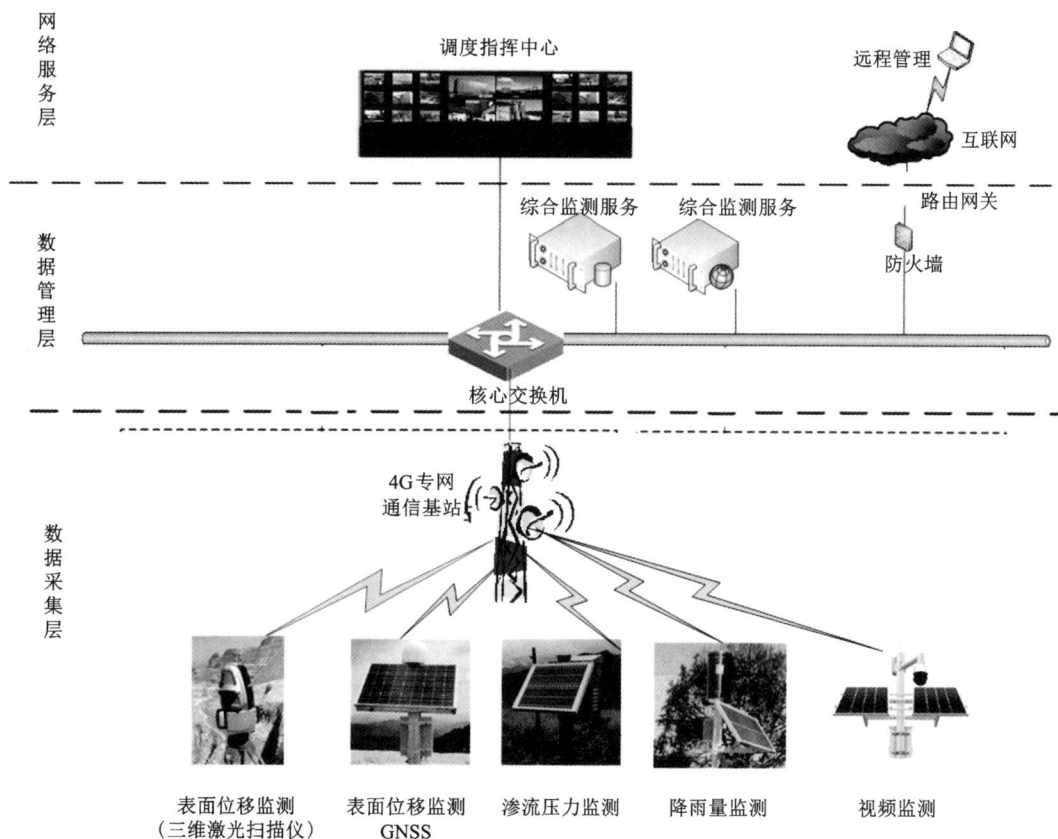

图8-47　边坡监测系统拓扑结构图

（1）设备选型。

表面位移监测设备采用GNSS接收机（图8-48），同时监测边坡表面水平位移和垂直位移，监测精度较高，且能够全天候不间断获取数据，是对三维激光扫描面监测的有力补充。

渗透压力监测设备选用振弦式孔隙水压力计配合一体化低功耗数据采集仪（图8-49），该套传感设备成熟、稳定、可靠，非常适用于岩土体内部渗流压力的监测。

图 8-48　可快速拆装部署的一体化 GNSS 接收机

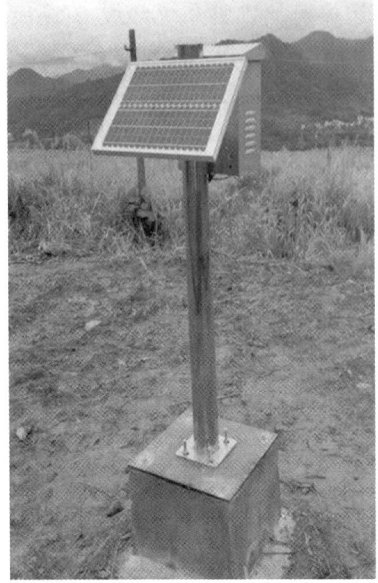

图 8-49　一体化低功耗数据采集仪

在其他监测设备中,降雨量监测选用翻斗式雨量计,裂缝监测采用振弦式裂缝计,爆破振动监测选择 DSVM-4C 型振动测试仪(图 8-50)。

(2)供电通信防护方案

GNSS 接收机及其无线发送设备最大功耗约 3 W,采用 100 W 太阳能电池板,配 12 V/100 A·h 太阳能专用胶体蓄电池,能够满足 GNSS 接收机及其无线发送设备连续 15 天阴雨天气下的可靠供电,优于相关规范对后备供电时长的要求。

渗流压力监测设备、降雨量等采集装置最大功耗约 0.4 W,采用 20 W 太阳能电池板,配 4.2 V/40 A·h 太阳能专用电池,能够满足采集装置及其无线发送设备连续 15 天阴雨天气下的可靠供电,优于相关规范对于后备供电时长的要求。

图 8-50　DSVM-4C 型振动测试仪

在通信方面,由于矿山已建设了移动 4G-LTE 专网,本方案所有监测设备配备与移动 4G-LTE 专网匹配的 CPE 设备(图 8-51),作为接入移动 4G-LTE 专网的数据传输设备,CPE 专为户外移动网络接入设计,可全天候不间断高速可靠运行,目

图 8-51　4G-LTE 专网联网 CPE 设备

前矿区移动 4G-LTE 专网已经接入矿山服务器机房,有利于数据直接回传到服务器机房。

在雷电防护方面,该矿所处地区雨季气候复杂、变化剧烈、雷雨集中,所有监测用电子设备安装在采场边坡表面或相对地势高点,通常为立杆安装,很容易成为雷击对象。系统防雷建设方案采用整体规划、分级防护原则,从电源防护、设备防护、直击雷防护、接地网建设、等电位连接、线路防雷等全方位整体考虑的防雷、防浪涌方案,具体防雷措施主要包括独立避雷针防护、设备接地、防雷 SPD 模块配置、等电位设计等。

(3)边坡灾害预警。

为系统掌握该矿边坡变形滑移的发展趋势,项目部署了采场边坡三维激光扫描仪及12 个点位的 GNSS 接触式表面位移监测设施,获取了采场边坡变形的量化数据,并在 2020 年夏季持续强降雨导致的东部浅层滑移及南部破碎带大变形时提供了及时的预警信息,取得了一定的研究与应用成果。

根据监测系统圈定的位移范围和获取的数据变化趋势,结合现场实地查看,发现东部边坡局部出现开裂,开裂区域主要为土质或强风化边坡,数据显示部分区域持续开裂,矿山据此采取了削坡卸荷、疏水支挡等措施,并将东部开裂边坡下部的运输道路挡墙外移,有效避免了边坡滑移造成的损失。

该矿露天边坡监测系统、边坡位移与降雨量的关联分析、边坡监测结果与勘查结果对比情况如图 8-52~图 8-54 所示。

图 8-52 该矿露天边坡监测系统

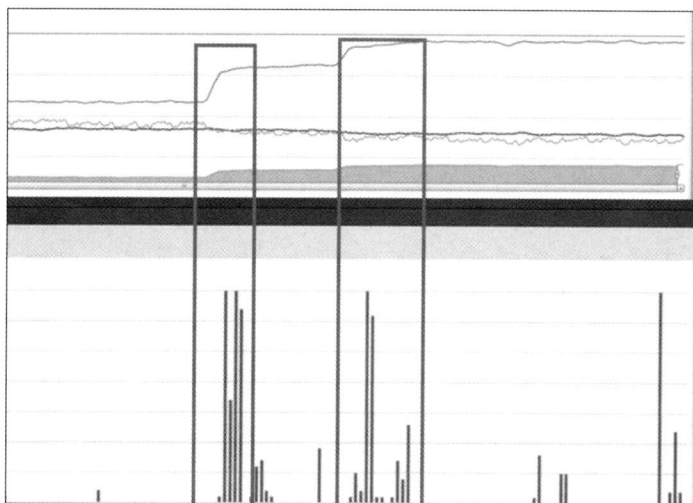

图 8-53 边坡位移与降雨量的关联分析

图 8-54 边坡监测结果与勘察结果对比情况

8.3.4.2 某铜矿采场边坡合成孔径雷达在线监测应用案例

1) 项目概述

根据《金属非金属露天矿山采场边坡安全监测技术规范》(AQ/T 2063)等相关规范,结合《某铜矿初步设计安全专篇》的相关设计内容,该矿露天采场边坡的安全监测项包括边坡表面位移、内部位移、爆破振动、地下水位、采动应力、裂缝、降雨量等。该矿露天采场边坡共布置 6 个监测剖面,30 余个监测点,采场边坡安全监测预警以边坡表面变形(位移)为主要监测内容,同时结合降雨量、地下水、内部位移等其他监测数据,综合分析采场边坡的安全状态,可通过短信、邮件等方式实时推送报警信息,实现采场边坡安全状态的全面感知。

系统分为三级网络架构(图 8-55):

(1)数据采集层:负责现场监测数据的采集和传输,包括现场传感器和采集设备、数据传输链路、系统供电设备等。

(2)数据管理层:采集发布服务器设置在露采指挥中心,用于发布数据信息的浏览、管理、分析、预警。

(3)网络应用层:负责发布数据的远程应用,包括邮件/短信预警、集团公司及其他监管部门的远程数据对接及监测数据的远程分析等。

合成孔径边坡雷达监测预警系统是集合成孔径雷达成像技术、边坡位移智能分析预警技术为一体的新型边坡在线监测预警系统。该系统基于形变遥感监测原理,可实现亚毫米级形变的实时不间断测量,能够对露天矿山采场边坡、排土场、尾矿坝和自然边坡等工程构筑物变形实施远距离、大视场、高精度、24 小时不间断自动监测,实时、自动分析数据,快速、精确预测预报边坡滑坡和坍塌险情,对边坡安全管理科学决策、滑坡风险早期预警具有重要意义。

系统具体参数和特征如下:

(1)技术原理:基于合成孔径雷达成像原理;

(2)数据采集间隔:≤1 min;

(3)监测距离:≥5 km;

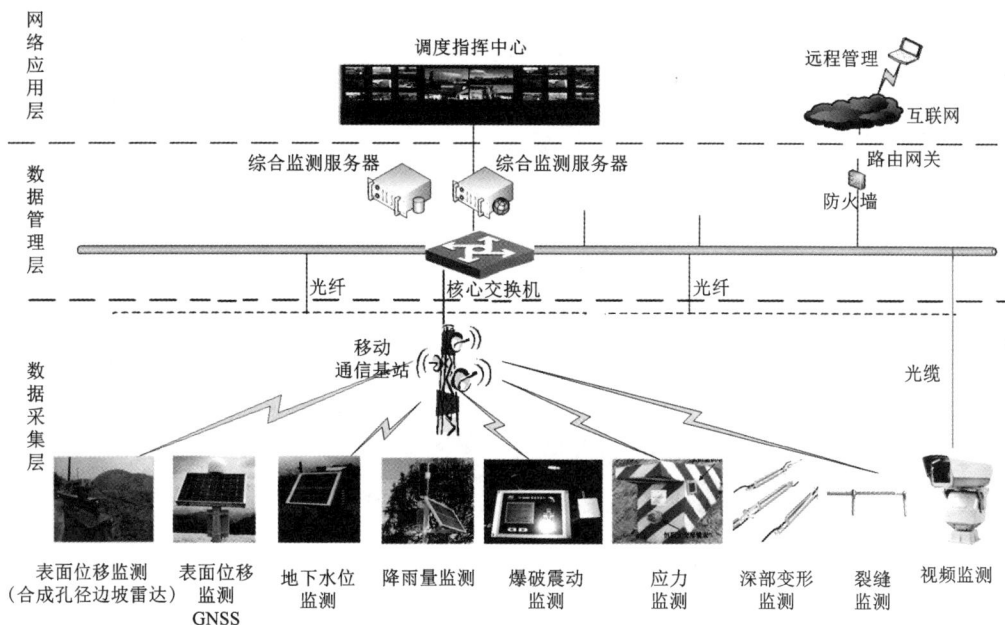

图 8-55 某铜矿边坡监测系统网络拓扑图

（4）监测范围：120°角度可调；

（5）监测精度：≤0.1 mm；

（6）空间分辨率：0.3 m（距离）×3 mrad（方位）（@1 km 处）；

（7）防护等级：不低于 IP65；

（8）工作温度：−40~70℃。

2）边坡监测预警案例

该铜矿建立了以合成孔径边坡雷达为主体、多种监测手段相结合的采场边坡在线监测系统（图 8-56），监测项目包括边坡表面位移（合成孔径边坡雷达）、地下水位、内部位移、降雨量、裂缝、应力等。

图 8-56 某铜矿采场边坡在线监测系统

在系统运行中，边坡雷达设置了一级、二级、三级（黄、橙、红）预警，系统于 2021 年 4 月 16 日发出预警邮件和短信，提示采场区域 27 触发一级预警门限（24 小时内累积变形超过 12 mm），如图 8-57 所示，现场边坡安全管理人员迅速根据预警信息查看边坡雷达软件，分析边坡变形数据，协调现场采取应对措施。

根据边坡雷达 4 月至 5 月初的累积变形数据，可发现采场东北侧 475~490 m 平台附近有两块明显变形区域，一块大致呈圆斑状，位于 475~490 m 平台的台阶坡面，另一块呈不规则条带状，沿 475 m 平台走向分布。圈定这两个分析区域后，可观察到在分析时间窗口内，左侧圆斑状变形区域最大变形为 300 mm 左右，平均变形达 120 mm；而条带状变形区域平均变形约 70 mm，最大变形约 100 mm。雷达历史数据分析和局部变形区域分析分别如图 8-58 和图 8-59 所示。

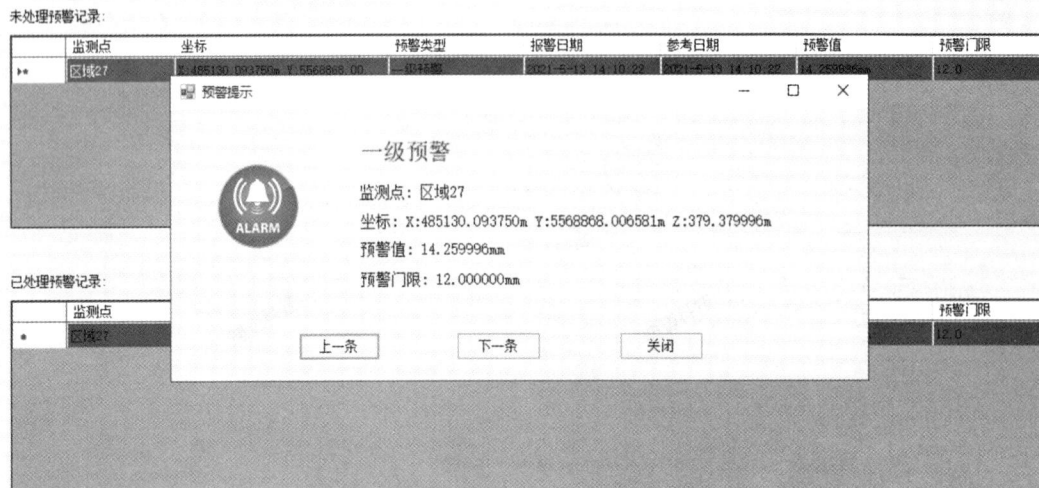

图 8-57　边坡雷达系统发出的预警信息

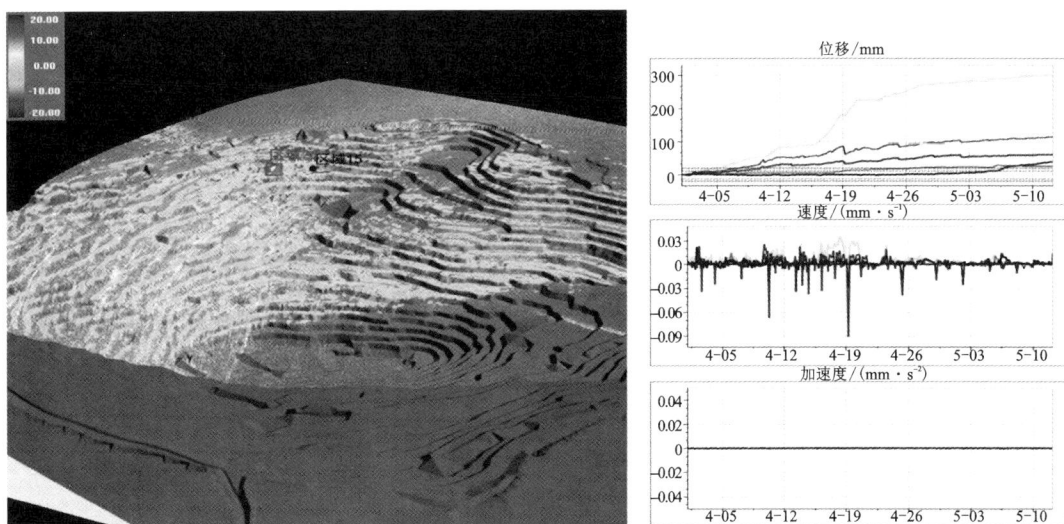

图 8-58　雷达历史数据分析

扫一扫，看彩图

　　圆斑状变形区域在 4 月 10—12 日、4 月 16—21 日有两段比较明显的变形增大趋势段，4 月 22 日后逐渐趋于平缓；条带状变形区域 4 月 23 日前变形比较缓慢，4 月 23 日至 5 月 10 日的变形相对发展，但没有比较明显的加速变形趋势。位移-速度曲线和位移-加速度曲线，与累积位移变化趋势对应，上述变形曲线斜率增大的区间位移速度较大，其他区间位移速度在较小范围内波动，加速度不明显，整体无明显失稳迹象。现场检查的 475 m 平台开裂情况如图 8-60 所示。

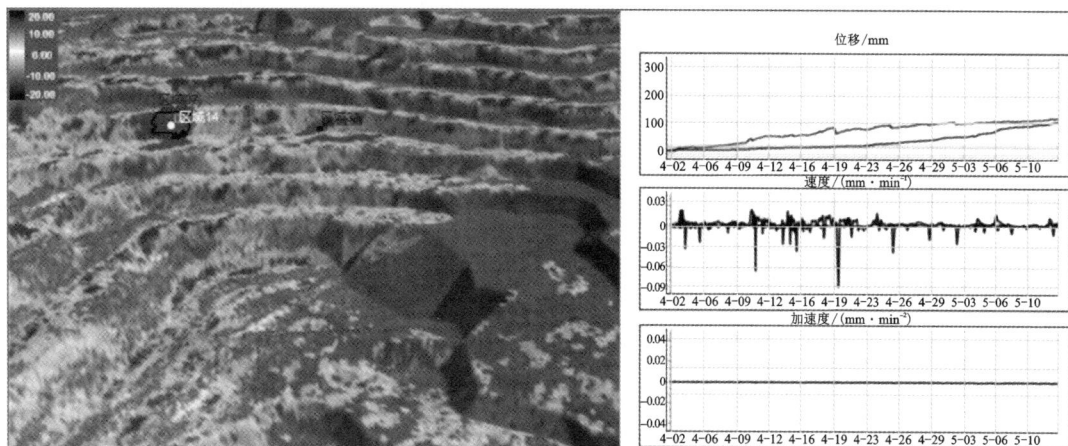

图 8-59 局部变形区域分析

图 8-60 现场检查的 475 m 平台开裂情况

8.4 地下矿山地压监测

地下矿山开采过程中，岩体表现为各向异性，其力学形态或者本构关系为非线性，地压动态变化规律较复杂且难以预见，随着井下采空区面积的不断增大及开采深度的不断增加，地压问题已严重制约矿山安全生产。因此，需要建设矿山地压监测系统，以揭示复杂条件下矿山地压活动规律，进而保障矿山的安全生产。

本节重点阐述矿山地压在线监测系统的方案制定、设备比选、监测数据应用等，从而为矿山地压在线监测系统的建设和使用提供参考。

8.4.1 监测方案制定

地压监测的方案设计内容与前述边坡监测设计内容类似，应满足规范设计文本应具备的基本内容，即项目概述、设计原则、依据、监测网点布设、设备比选、系统整体框架、辅助系统(供电、通信、防护等)设计、软件管理平台设计、建设周期及概预算等，其中的监测系统整体框架、辅助系统(供电、通信、防护等)、软件管理平台设计等与前述矿山安全监测系统内容类似,本小节重点介绍设计原则、设计理念、设计要求和依据、测点布设及台网优化方法等内容。

8.4.1.1　地压监测方案设计原则、理念、要求和依据

1)地压监测方案设计原则

地压监测方案设计应充分结合矿山现场实际情况,遵循以下设计原则:

(1)监测系统应遵循兼容性、科学合理性、经济实用性、系统可拓展性的原则;

(2)监测仪器、设备与设施的选择,应便于实现在线监测,监测仪器与设备的安装、线缆敷设、系统运行管理应按规范要求实施,确保施工质量和系统运行可靠;

(3)监测台网设计应充分结合矿山实际情况,突出重点、兼顾全面、合理布置;

(4)监测系统应满足矿山安全开采日常管理要求,相关监测内容应根据安全管理要求,在同一时间内进行同步补充和完善。

2)地压监测方案设计理念

对于地压灾害风险等级在中等以上的矿山,建议采用以微震监测技术为主的区域性监测与以应力(应变)、位移等为主的单点式监测相结合的综合在线监测技术,通过微震监测技术,构建大尺度区域性监测系统,分析采掘过程中岩体地压活动时空演化规律,确定区域尺度范围内的地压异常区;针对地压异常的重点区域,建立应力(应变)、位移等小尺度常规监测系统,分析小尺度范围的地压变化,动态评价其影响范围,最终做到矿山地压灾害风险的整体评估。

在矿山地压监测案例中,单点监测与区域监测存在单点监测不具代表性、区域监测定位精度不高、单点监测与区域监测结果耦合程度不高等问题,因而可从以下几个方面进行完善。

(1)优化台网设计。

采用可拆卸复用安装方式,动态调整微震检波阵列、应力计、位移计等传感器与数据采集基站的位置及数量,并阶段性向"能量集中、事件频发"的重点区域进行收敛监测,从而实现台网设计的优化,提高地压监测的针对性和监测数据的有效性。

(2)提高定位精度。

基于高信噪比微震检波阵列与主被动结合岩体波速场建模技术,运用微震监测的高灵敏度、高信噪比、高精度、可远传的岩体微破裂感知方法,提高深部复杂地质条件下地压灾害征兆信息的感知灵敏度,从而进一步提高地压监测系统的定位精度。

(3)完善运维模式。

通过"系统维护—数据分析—安全预警—灾害防控"的多维一体化云服务运维模式,采用系统故障远程自诊断、动态监控与在线维护、高性能并行计算、远程在线数据分析、多维一体风险评估、安全预警灾害防控等技术,实现不同层级的虚拟化、服务化和协同化,建设深部开采过程地压监测一体化云服务运维模式,进一步提高矿山地压监测预警与安全管控能力。

3)地压监测方案设计的要求和依据

地压监测方案设计应具备强针对性、高可靠性和经济适用性。其设计依据主要有以下几方面。

(1)符合国家安监总局关于印发《非煤矿山领域遏制重特大事故工作方案的通知》(安监

总管—〔2016〕60 号）、《金属非金属地下矿山监测监控系统建设规范》（AQ 2031—2011）等规范的要求；

（2）建设地压监测系统应结合矿山实际需求，如对于在需要保护的建筑物、构筑物、铁路、水体下面开采的地下矿山，应进行井下地压或变形监测，并对地表沉降进行监测；对于存在大面积采空区、工程地质条件复杂、有严重地压活动的地下矿山，应进行地压在线监测；

（3）应依据矿山开采深度、地质条件、岩体基本质量分级、综合开采工艺等指标，评估地压灾害风险，分区明确地压监测等级，进行地压总体监测方案设计，并按设计要求进行建设，地压灾害风险等级可分为严重、中等和轻微，具体地压灾害风险等级划分及技术装备要求见表 8-8。

表 8-8　地压灾害风险等级划分及技术装备要求

地压灾害风险等级	划分依据	技术装备要求
严重	至少具备以下条件之一的： ①已发生地压灾害事故的； ②采用空场采矿工艺，遗留空区面积较大，易发生大范围空区失稳的； ③采用充填采矿工艺，开采深度大于 800 m，围岩岩爆倾向性强，开采过程易诱发大能量岩爆动力灾害的； ④矿山地质条件复杂，存在较大断层构造的； ⑤岩体质量差，存在大范围围岩失稳地压灾害风险的； ⑥具备以下条件中两个及以上的：开采深度大于 800 m、地质条件复杂及以上、岩体质量分级Ⅳ或Ⅴ级； ⑦结合开采工艺及现状、地质条件、岩体基本质量分级、开采深度等因素评估矿山存在较大地压安全隐患的	应在开采安全隐患区建立区域与点监测结合的在线监测系统
中等	至少具备以下条件之一的： ①采用空场采矿工艺，经过空区处理后遗留空区较小，但易发生采场范围空区岩体失稳的； ②岩体质量差，存在岩体采场范围岩体失稳地压灾害风险的； ③围岩岩爆倾向性轻微、中等的，开采过程易诱发局部范围围岩爆动力灾害的； ④岩体质量差，存在采场范围岩体失稳地压灾害风险的； ⑤开采深度大于 800 m，岩体质量分级Ⅰ或Ⅱ级，矿山开采过程中易造成地压灾害的； ⑥开采深度小于 800 m，但是地质条件复杂或岩体质量分级Ⅳ或Ⅴ级，开采过程中易造成一定范围岩体失稳的	应在安全隐患区建立区域监测系统
轻微	开采深度小于 800 m、岩体质量分级Ⅲ级以上、地质条件中等及简单，开采过程中存在局部较小范围内的岩体失稳的	应设立采场围岩应力和位移在线监测

8.4.1.2　地压监测点布设及监测台网优化

1）地压监测传感器布置需考虑的因素

（1）当前开采巷道的布置形式；

（2）区域内的主要地质构造的空间状态；

（3）地压活动的主要区域；

（4）岩体特性的分布及安全要求；

（5）地下基础设施的布置形式及与已有矿山通信网络的衔接；

（6）通信系统的布置等。

根据这些影响因素，在实地考察采场工程地质条件下，结合开采计划、施工难易程度等情况，设计布置传感器，并依据如下原则进行优化：

（1）测得的监控数据对监控对象的变化最为敏感；

（2）为了避免因为微震信号绕过采场而造成时间误差影响定位精度，尽可能地把传感器布置在矿体的下盘；

（3）能够通过采用多轴传感器对地压活动重点部位进行重点采集；

（4）在多个中段布置监测点，形成立体监测网络。

2）监测台网分析

在初步设置微震监测点的位置后，需要根据台网精度分析的结果来优化监测点的布置。台网精度分析是基于如下理论获得的：

设地震事件震源未知数：

$$x = \{ t_0 , x_0 , y_0 , z_0 \}^T$$

式中：t_0 为地震事件发生的时间；x_0，y_0，z_0 为地震事件发生的三维坐标。

A. Kijko 和 M. Sciocatti 认为传感器测站位置的优化取决于 x 的协方差矩阵 C_x：

$$C_x = k(A^T A)^{-1}$$

式中：k 为常数；A 表示为：

$$A = \begin{bmatrix} 1 & \partial T_1 / \partial x_0 & \partial T_1 / \partial y_0 & \partial T_1 / \partial z_0 \\ \vdots & \vdots & \vdots & \vdots \\ 1 & \partial T_n / \partial x_0 & \partial T_n / \partial y_0 & \partial T_n / \partial z_0 \end{bmatrix}$$

式中：$T_i (i = 1, \cdots, n)$ 为计算得到的地震到时，n 为传感器测站数。

该协方差可用置信椭球体进行图形解释，协方差矩阵的特征值构成椭圆主轴的长度。求解测站最优化布置即求解使该椭球体体积最小的测站布置。由于该椭球体体积最小的乘积成比例，因此，对监测网所记录到的所有地震事件，最优化的测站位置应使下式最小化：

$$\text{obj} = \min \left[\sum_{i=1}^{n_e} p_h(h_i) \lambda_{x_0}(h_i) \lambda_{y_0}(h_i) \lambda_{z_0}(h_i) \lambda_{t_0}(h_i) \right]$$

式中：obj 表示目标；n_e 为地震事件数，指被监测的地震活跃区域的地震事件数；$p_h(h_i)$ 指震源 $h_i = \{ x_i , y_i , z_i \}^T$ 的事件的相对重要性，可以是一个事件出现在该位置附近的概率函数；$\lambda_{x_0}(h_i)$ 为 C_x 的特征值。

在实际设计矿山微震监测台网时，可根据矿山实际情况设计多个测站布置方案，利用上述方法绘制每种测站布置方案对应的地震事件参数 $x = \{ t_0 , x_0 , y_0 , z_0 \}^T$ 的标准误差图，从中确定最优测站布置方案。S. J. Gibowicz 和 A. Kijko 表示震中位置的标准差为：

$$\sigma_{xy} = \{ (C_x)_{22} (C_x)_{33} - [(C_x)_{33}]^2 \}^{1/4}$$

式中：$(C_x)_{ij}$ 为矩阵 C_x 的 (i, j) 元素。

由震中位置的标准差公式绘制的期望标准差图形是事件震级的函数，即该图形表示震级为 M_L、震源坐标为 h_i 的地震事件的震源定位标准误差。

通过台网分析得出定位精度云图和监测灵敏度云图,由此判断台网精度和传感器灵敏度是否符合监测范围等要求,并最终形成传感器安装坐标。

8.4.2 设备比选

地压监测设备包括点监测设备、区域监测设备。点监测设备有应力和位移监测设备,其中应力监测设备有钻孔应力计、锚杆应力计、光弹应力计、混凝土应力计等,这些内容在前述章节已经介绍,故本小节将不再赘述。本小节重点介绍井下位移监测设备和区域监测设备(微震监测和声发射监测设备)。

8.4.2.1 单点监测设备(位移监测)的选择

为实时掌握围岩变形实际情况,进而分析围岩稳定性,需采取针对性的位移监测措施。根据现场实际需求,对顶板离层、巷道收敛、岩体内部位移、裂缝扩展等进行监测,常用的位移计有拉线式、拉杆式、超声波式等。

拉线式位移计主要用于岩体表面位移变化监测,拉杆式位移计主要用于顶底板收敛监测,超声波式位移计主要用于环境恶劣、粉尘大、长距离的溜井料位监测。

8.4.2.2 区域监测设备的选择

在矿山实际生产中,单点监测存在一定的局限性,如对于无法进入的空区、存在较大安全隐患的区域,该监测手段无法满足非接触式测量的需求,因此需要进行区域性围岩稳定性监测。目前,区域性监测围岩稳定性的方法主要有微震监测和声发射监测。

1)微震监测

目前国内外微震监测产品较多,市场运用较为广泛的为澳大利亚 IMS、加拿大 ESG 微震监测系统,国内微震设备研发起步较晚,主要有矿冶科技集团 BSN 矿用高精度微震监测系统、长沙迪迈微震监测系统、中科微震监测系统、淮南万泰微震监测系统等。微震监测系统硬件组成主要包括传感器、数据基站、微震主机等,微震监测系统结构如图 8-61 所示。

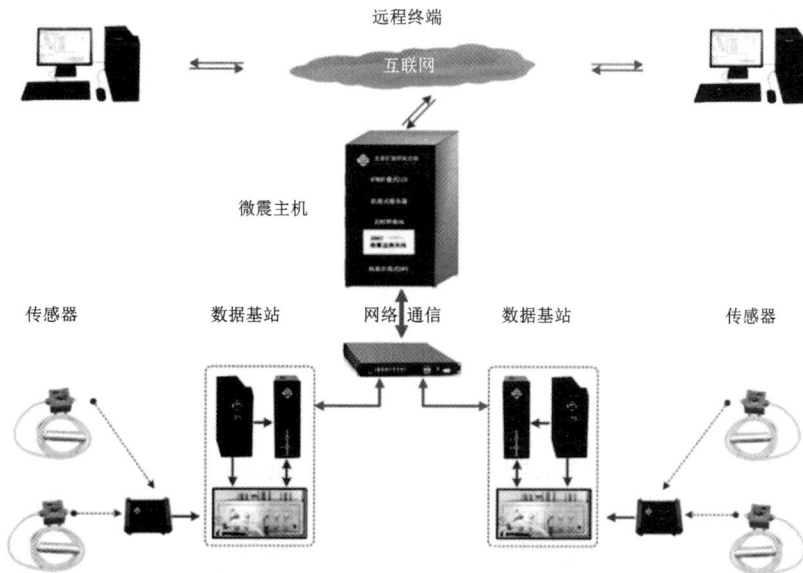

图 8-61 微震监测系统结构图

2）声发射监测

声发射技术是一种动态无损伤检测技术，属于超声检测技术领域，涉及声发射源、波的传播、声电转换、信号处理、数据显示与记录、解释与评定等方面。声发射监测系统工作原理为通过接收岩体破坏时所产生的弹性波，反演得出破裂源时空参数，如图8-62所示。

相对于单点监测，声发射监测可实现非直接接触，监测小范围的岩体微破裂过程，但由于监测事件源发生频率较高，在岩体中传播时衰减得快，所以监测范围小，监测到的声波信号事件能量小。

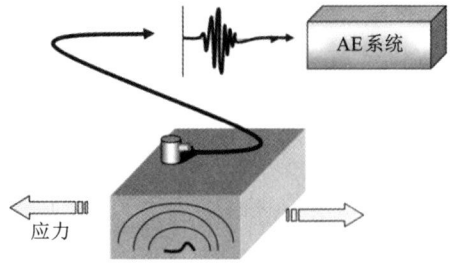

图8-62 声发射监测系统工作原理图

对比微震和声发射技术，在矿山岩体稳定性监测方面，微震监测主要用于监测大范围的岩体移动，而声发射监测系统主要监测局部或小范围的岩体破裂现象。从应用上看，它们的区别主要体现在被监测事件源的发生频率和监测区域的体积或范围上。相对于微震监测，声发射监测到的事件源发生频率更高，范围更小，监测到的声波信号事件能量小。因此，目前国际上在矿山地压监测方面做得较好的公司开发的产品逐渐淘汰了声发射监测，而以微震监测为主。

8.4.3 数据应用

8.4.3.1 点监测数据分析及预警

通过分析应力、变形等监测数据的变化规律，设置报警阈值，同时结合矿山地质条件、实际生产情况等因素，对小范围内岩体稳定性进行风险评估，为后续支护措施、设计优化等提供依据，保障矿山安全生产。

8.4.3.2 区域监测数据处理、分析及预警

目前，区域性地压监测以微震监测技术为主，基于微震监测技术的岩体稳定性分析和风险评估结果的准确性很大程度上依赖于对微震监测数据的处理与分析，微震监测数据处理与分析的内容主要有波形处理、空间定位、聚类分析、统计分析、震级分析、震源机制分析等。目前，可基于微震事件数量的突变、微震能量指数突降及累积视体积突增等判断准则对岩体失稳等地压灾害进行预测预警。

1）微震监测数据处理

由于微震监测系统采集到的信号具有复杂性、多样性、噪声多等特点，而目前微震监测系统软件还不能实现完全自动的无人化处理与分析，因而在获得微震信号之后，需要人工判别微震和爆破事件，以及划定P波和S波的起始时间，进而进行伪信号的筛选、爆破事件的剔除、微震事件提取及高精度定位。

（1）微震信号滤波。

微震事件指由岩体内部结构面滑移或岩块断裂引起的微小震动事件，其能量一般很小。但矿山现场由于施工、机器运作、爆破等产生持续且能量较大的震动事件，微震事件信号往往湮没在噪声信号中，因此对微震信号进行滤波、降低微震信号信噪比是微震监测系统的重要工作内容。在微震监测系统中不仅系统硬件需要实现噪声处理，软件也要带有数字滤波功能。典型的微震信号如图8-63所示。

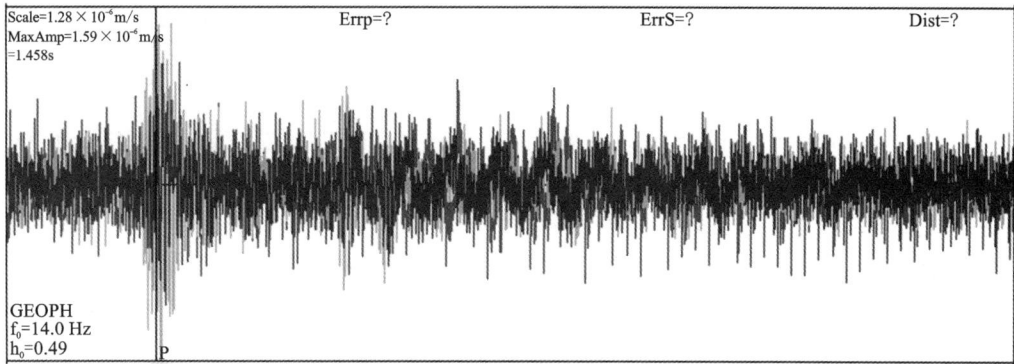

(a) 高信噪比微震信号

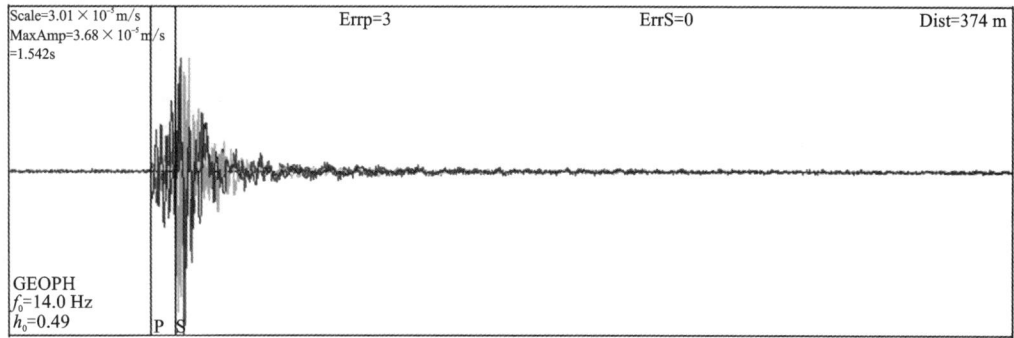

(b) 低信噪比微震信号

图 8-63　典型的微震信号

微震监测系统硬件滤波一般先通过低噪声放大器和低通滤波器对接收信号进行放大滤波处理，然后使用自动增益控制电路将信号调整到适合 A/D 转换的输入范围，经过模数转换后得到高速的离散数字信号，最后使用 CIC 抽取滤波器和 FIR 抽取滤波器将信号的速率降低到奈奎斯特采样率后传输到 PC 端，其大致构架如图 8-64 所示。

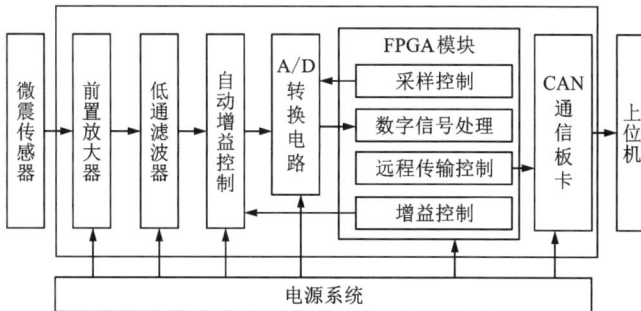

图 8-64　微震系统硬件滤波构架

微震监测系统软件数字滤波是利用数字加法器等从算法上实现对波形过滤的效果。其实际上是一种基于代码的数学运算处理方式，经典滤波方式通常利用低通滤波器、高通滤波器、带通滤波器、带阻滤波器，通过对微震信号进行频域分析，从频域上对波形进行处理，利用噪声与有效信号频段的不同来对微震波形进行滤波,对其中有用的频带信号保留,去除某一频段的噪声信号,有效提高微震波形的信噪比。

(2)微震信号识别。

微震监测系统所采集的信号包括微震信号、爆破信号、机器噪声信号以及其他一些信号,而对后续数据分析有价值的只有微震信号和爆破信号。通过微震信号可以求解震源参数,分析微震事件的时空分布,从而评价岩体的稳定性。

爆破信号则可用于波速场校正、矿山盗采定位以及分析爆破对采场稳定性的影响等。因此,微震信号识别是微震监测系统数据处理中一个必不可少的环节。微震波形滤波效果如图 8-65 所示。

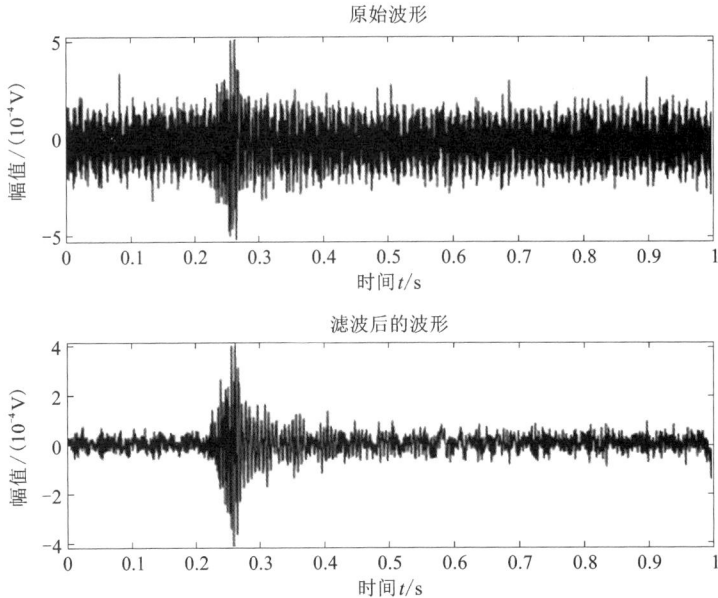

图 8-65 微震波形滤波效果

在微震信号自动识别研究领域通常采用互相关模板匹配、自相关盲搜索、机器学习等方法。但由于矿山现场环境复杂、噪声源多且杂,即使通过滤波处理,也难以对微震信号进行自动识别,目前国内外市场尚未出现能够完全准确识别微震信号的微震监测产品,所以在微震数据处理过程中一般需要人工参与对微震信号进行识别。

在人工识别过程中,可根据微震信号与爆破信号的一些波形参数特征进行判别,微震事件波形与爆破事件波形一般有较大差别。从波形判别,微震事件横向较为松散,有相对清晰的 P 波和 S 波,具有相对明显的 S 波峰值,通常情况下,每个通道只有 1 个波形信号,且震级较小。当爆破事件波形 S 波湮没在 P 波尾波中、不易分辨时,波形横向比较紧凑,纵向峰值较多,在连续爆破过程中,爆破波形堆叠在一起。典型信号波形如图 8-66 所示。

(3)微震信号初至拾取。

微震信号属于地震波的一种,按其传播方式可分为纵波(P 波)、横波(S 波)。在获得 P 波、S 波初至时刻且在已知 P 波、S 波波速和传感器位置的情况下,可运用定位算法得到微震事件发生的位置和时间。但与天然地震相比,矿山微震信号拾取间隔短、分布范围小、多处

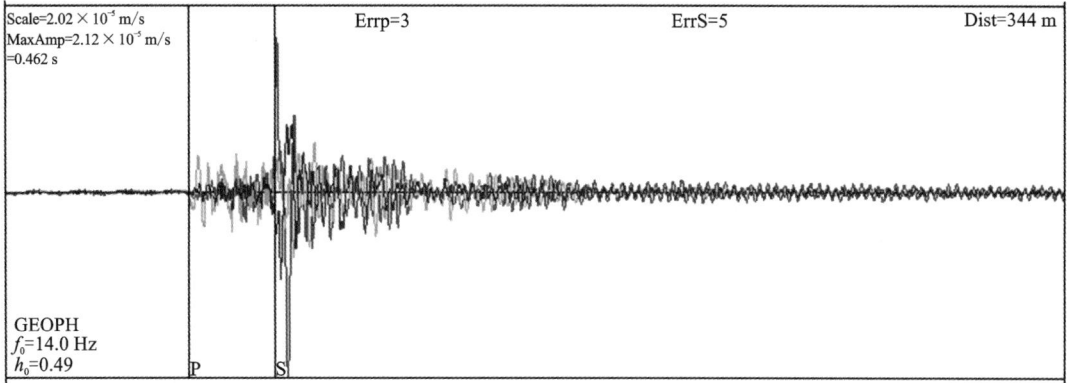

Scale=2.02×10⁻⁵ m/s
MaxAmp=2.12×10⁻⁵ m/s
=0.462 s

Errp=3　　　　　　　　　　ErrS=5　　　　　　　　　　Dist=344 m

GEOPH
f_0=14.0 Hz
h_0=0.49

P　S

(a) 典型微震事件波形

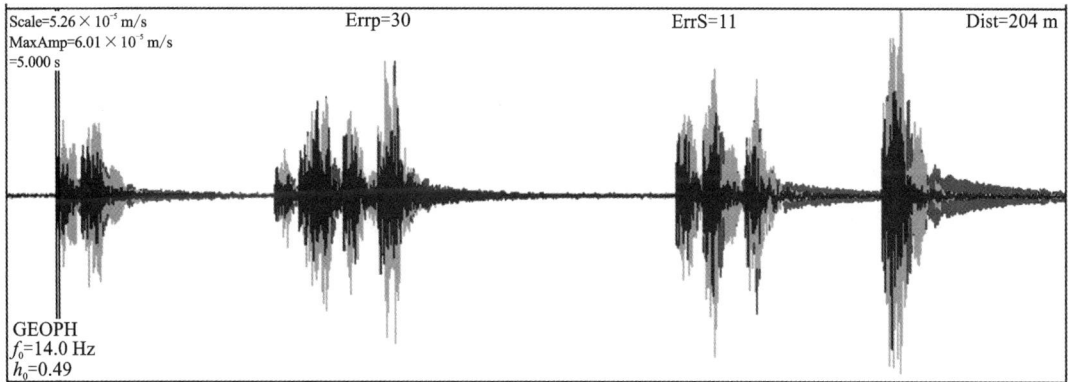

Scale=5.26×10⁻⁵ m/s
MaxAmp=6.01×10⁻⁵ m/s
=5.000 s

Errp=30　　　　　　　　　　ErrS=11　　　　　　　　　　Dist=204 m

GEOPH
f_0=14.0 Hz
h_0=0.49

(b) 典型爆破事件

图 8-66　典型信号波形

于浅部，受地表不均匀影响大，导致 P 波、S 波分离不明显，识别难度巨大。因此，现阶段微震信号 P 波、S 波初至自动拾取仍处在研究阶段。

在 P 波、S 波初至自动拾取研究领域所采用的方法有基于能量判据的时域分析法、长短时窗比法、震源扫描叠加法、机器学习方法等，目前市场上还没有较成熟的可用于工业应用的微震信号自动拾取产品，仍需要人工参与进行 P 波、S 波初至拾取，P 波、S 波初至拾取位置如图 8-67 所示，人工拾取过程中可参照以下 P 波、S 波特征进行处理。

P 波特征：

一般在滤波处理较好的情况下，P 波的起波点较为清晰，P 波初至位置在整个波形信号窗口的第一个起跳点。

S 波特征：

①在 P 波衰减后，紧跟 P 波的第二个起跳点一般为 S 波初至时刻；

②S 波初至后波形频率发生变化，即频率减小；

③按照传感器触发时间先后，越晚触发的传感器，其波形起跳位置越清晰；

④对于三向传感器，当 P 波初至出现在红色分量波形中时，S 波一定出现在绿色或者蓝色分量波形中。

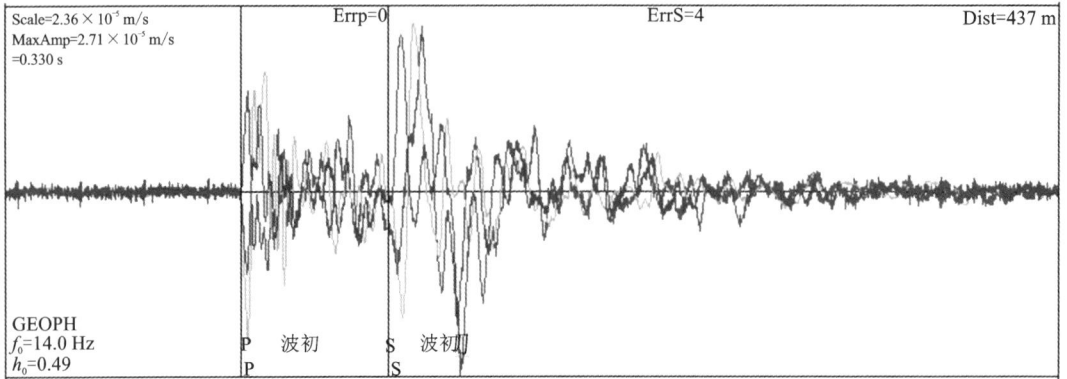

图 8-67 P 波、S 波初至拾取位置

2）微震监测数据分析

提取到微震事件后，使其在软件中进行三维空间显示，并通过对微震监测周期内的微震事件数量的统计，形成微震事件数量直方图；对微震事件发生的时间进行统计，形成微震事件的周分布图、日分布图及微震活动性时间分布图；对微震事件能量进行分析，形成微震事件震级分布图、累积体变势历时图、能量微震矩关系图、累积视体积能量指数时间分布图等。在此基础上，根据各数据直方图或过程曲线图等，对采场或采空区的地压活动变化趋势进行综合分析。

（1）微震事件三维分布。

微震事件定位后，通过三维空间分布（图 8-68）确定采场或采空区周边的岩体破裂情况，可依据此结果制定相应的应急预案和措施。

图 8-68 微震事件三维图

（2）微震活动分析。

主要分析每天微震事件的数量、震级的变化规律，结合实际生产情况进行综合分析与预警。图 8-69 为微震活动时间分布图。

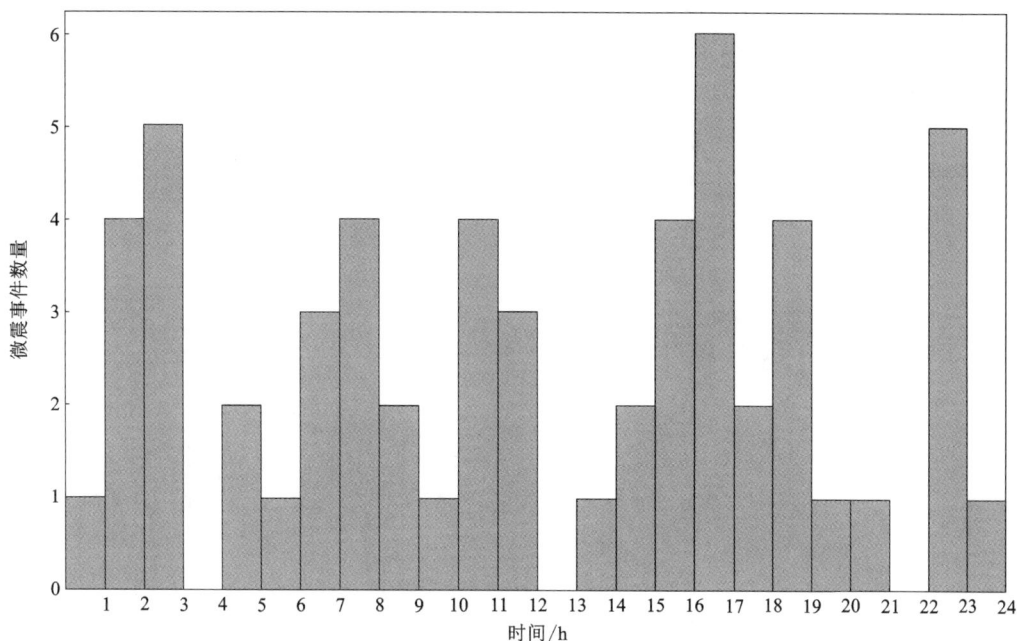

图 8-69　微震活动时间分布图

（3）微震事件日分布图（图 8-70）。

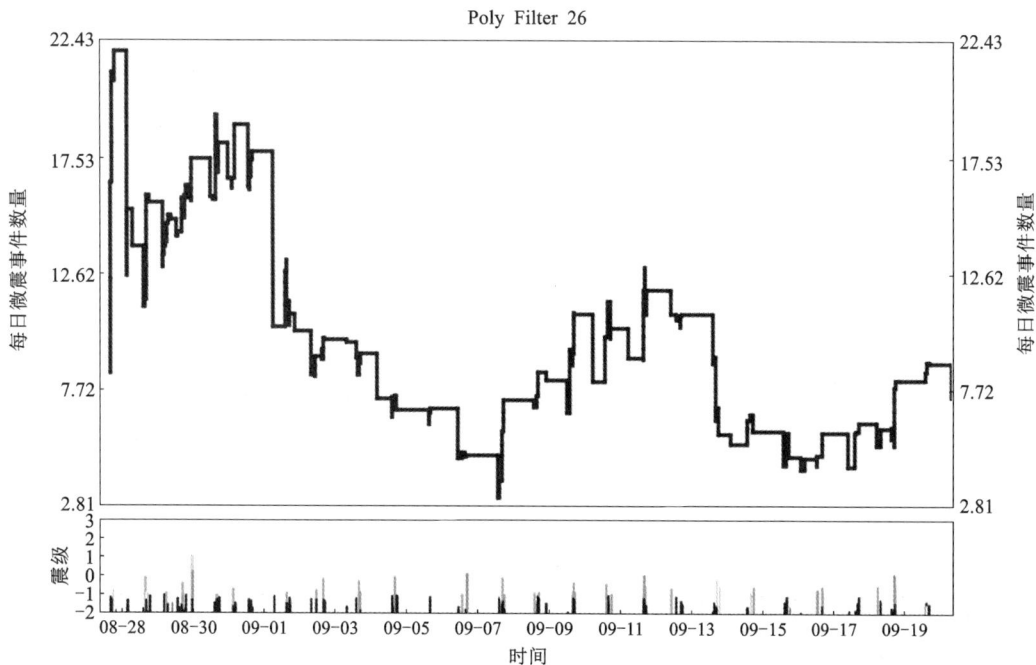

图 8-70　微震事件日分布图

微震事件日分布图主要分析每小时微震事件的数量变化规律,并结合实际生产情况进行综合分析与预警。

(4)累积视体积与能量指数时间分布图(图8-71)。

能量指数增大与视体积慢速增加状态表明震源区岩体是稳定的,岩体处于能量积蓄的硬化阶段。在岩石峰值强度之后,岩石承载能力下降导致应力下降而变形增大,与此对应的能量指数下降而视体积增大,表明岩石出现应变软化现象,产生破坏。

采用累积视体积和能量指数作为岩爆预测指标,发现岩爆和大尺度岩体破裂前存在孕育期和预警期。能量指数突然下降,同时累积视体积快速增长,可以看作岩爆和大尺度岩体破裂发生的前兆。

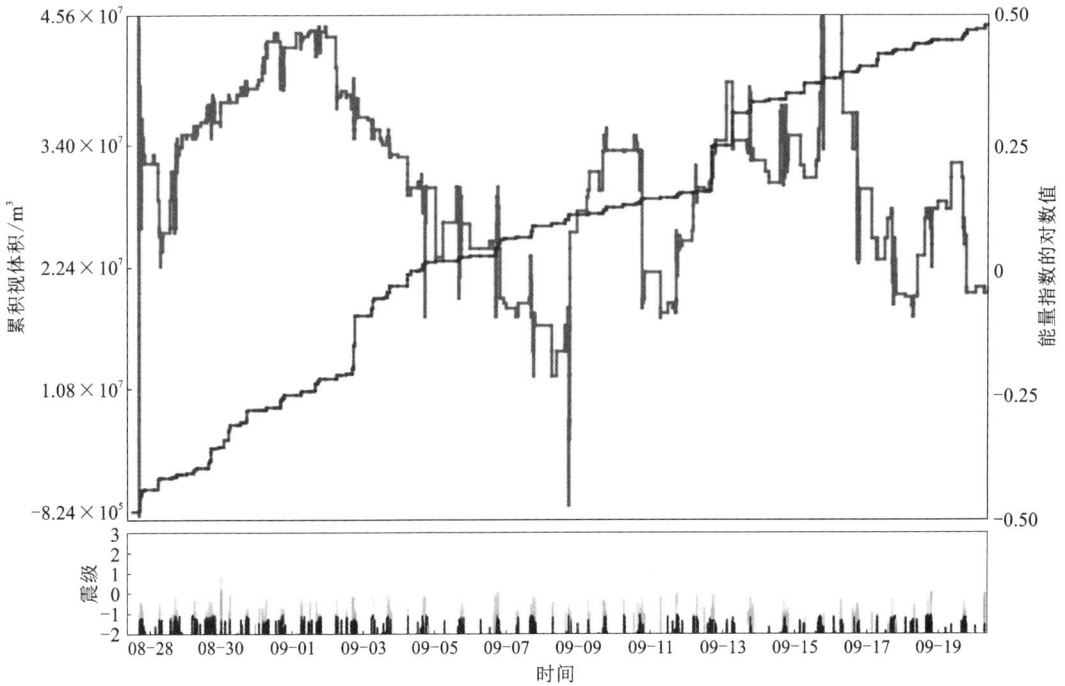

图8-71 累积视体积与能量指数时间分布图

(5)基于微震事件的围岩应力分析。

在微震分析中采用能量指数表征应力,一个微震事件的能量指数是该事件产生的实测辐射微震能量与区域内所有事件的平均微震能量之比,能量指数越大表示事件发生时震源的驱动应力越大,能量指数相对较高的区域代表岩石的应力比较集中。图8-72为微震能量指数云图。

(6)基于微震事件的围岩变形分析。

基于微震事件计算分析监测目标区域围岩的变形分布情况,可及时发现岩体变形等情况,为后续采取支护等保护措施提供依据。图8-73为微震变形云图。

3)微震预警

微震监测中用来评价岩体破裂的强度与程度的参数主要有微震事件率和能量释放率。

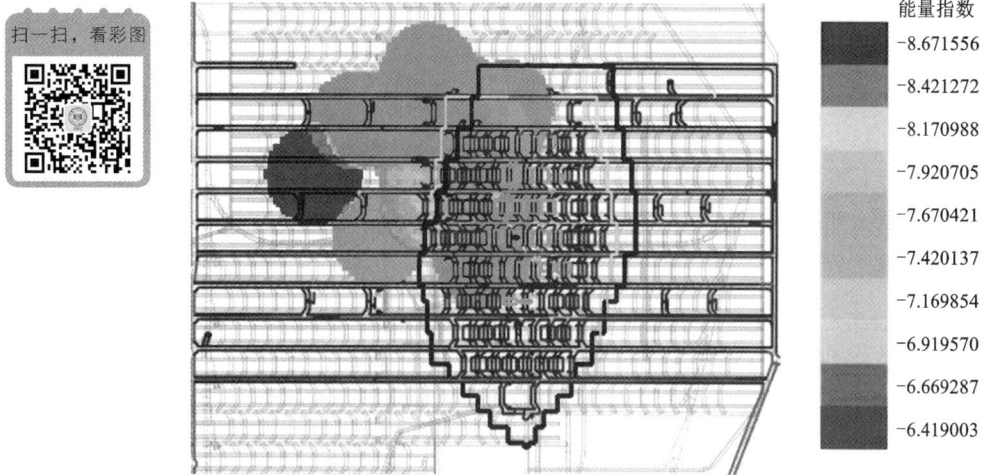

图 8-72　微震能量指数云图

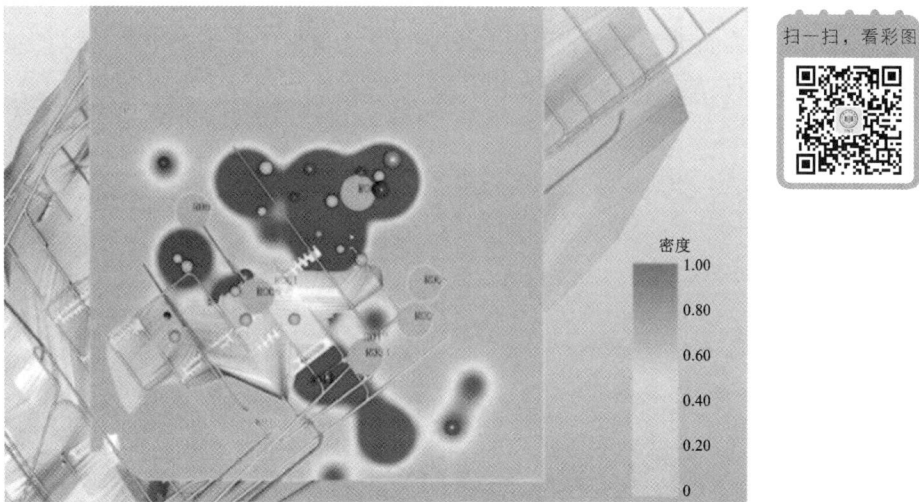

图 8-73　微震变形云图

目前，通过微震来判断岩体稳定性原则的方法颇多，但微震监测数据对岩体稳定性的定量判断还未有统一的定论，也就是说不能给出一个阈值、参数或指标，超出该阈值、参数或指标表明该岩体马上就失稳，或者小于这个阈值、参数或指标，该岩体就是稳定的。根据以往的数据及案例分析，业界形成的具有统一共识、通用性和可实施性的判断原则如下：

（1）岩体失稳之前微震事件的突变（突增、突降）率持续增加，微震事件发生的位置集中；

（2）岩体失稳之前微震能量释放持续维持高位并有突然降低的趋势，且微震累积视体积突然增大。

8.4.4 应用案例

8.4.4.1 某钨矿地压监测应用案例

1）项目简介

某钨矿的矿体分布广且薄，属于急倾斜矿体，矿山经过长时间开采留下了大量的采空区，存在一定的地压安全隐患。为了降低地压活动造成的安全风险，采用微震监测技术实时监测采空区及开采区域岩体破裂发生的微震事件，分析矿山地压活动规律，为矿山安全合理生产提供参考。项目中应用了矿冶科技集团有限公司 BSN 微震监测系统监测采空区稳定性，搭建了一套包含 40 支微震传感器、5 套微震采集仪、1 套微震采集与分析服务器的微震监测系统。微震监测系统在 75 m 中段、35 m 中段与 −5 m 中段各穿脉采空区或采场周边共布置了 40 个微震监测点；通过数据管理软件可以监控微震监测系统的数据采集、网络通信、时间同步等设备功能的运行情况，各功能显示绿色表示运行状态正常，显示红色表示运行状态不正常，通常表现为停电、设备故障、通信中断等状态。

2）系统建设

微震监测系统建设主要包括微震传感器钻孔、线缆敷设、传感器安装、设备安装（图8-74）、波速校正等工作。微震监测系统在矿山建立以后，需要通过标定爆破进行波速校正（图8-75）。通过模拟岩石破裂情况，利用微震监测系统得出符合现场地质情况的波速，使监测系统更为精确地定位微震事件和爆破事件。

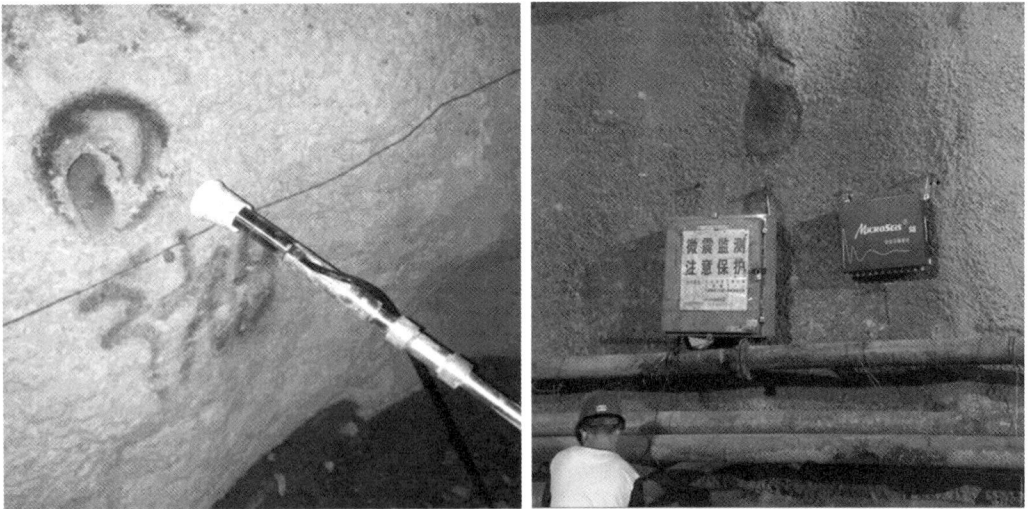

图 8-74 系统设备安装过程

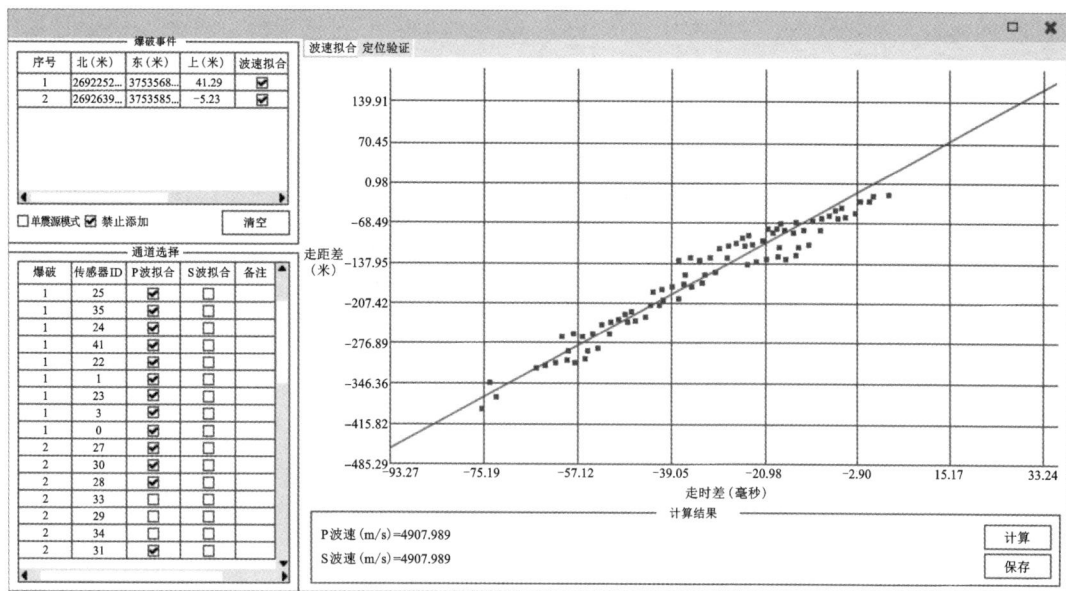

图 8-75　爆破波形及波速校正结果

3）微震监测数据的过滤、鉴别与处理

（1）干扰信号的筛选与剔除。

微震监测系统可以采集到频率为几赫兹到几千赫兹的振动信号，所以它检测到的井下信号可能具有多种来源，而从中剔除伪信号干扰、提取真正岩体破坏的地震波的微震信息至关重要。

（2）干扰信号的筛选与剔除。

在干扰信号中主要的伪事件信号为爆破信号，剔除伪微震事件的一个关键步骤就是区分爆破和微震事件。由于微震系统监测到的信号非常复杂，通过简单匹配信号波形的方法无法将爆破和微震事件区分开，需要根据爆破与微震波形的特征，从以下几个方面进行鉴别。

一般来说，爆破波形图存在一个单调递减的尾部，这使得 S 波的到时拾取难以实现，且衰减较快，波形尾部较短，如图 8-76 所示。

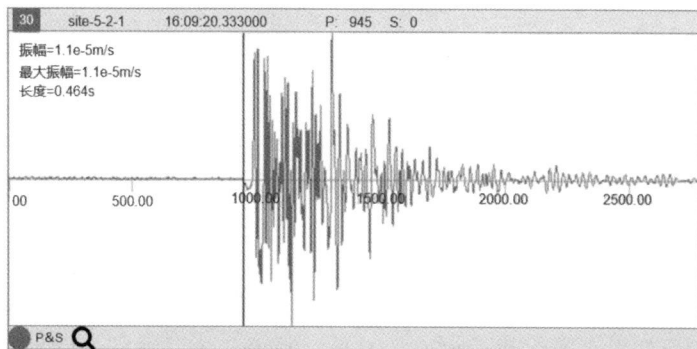

图 8-76　典型的单段爆破信号波形

爆破尤其是采场爆破，一般采用分段爆破，这在波形图中表现为在一个波形图中有多个事件，如图 8-77 所示。

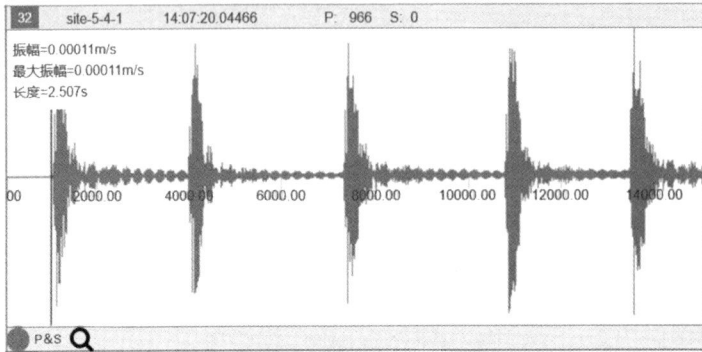

图 8-77　波形图记录的多段爆破波形

爆破事件一般不符合矿山微震事件最常用的 Brune 模型曲线，微震事件与爆破事件频谱图如图 8-78 所示。

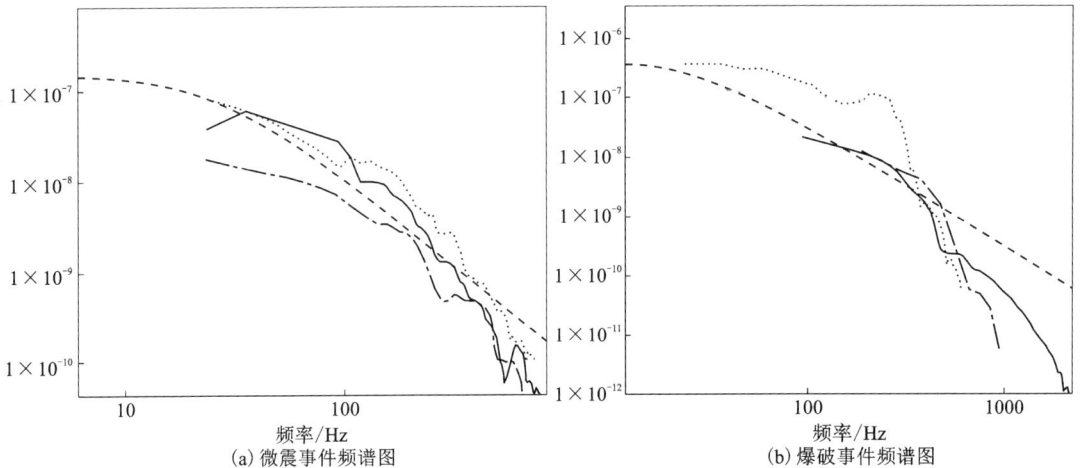

(a) 微震事件频谱图　(b) 爆破事件频谱图

图 8-78　频谱图

4）基于微震监测系统的地压分析

针对该矿的监测台网布置，建立了微震监测总体块体模型作为分析区域，如图 8-79 中立方体区域所示。基于微震事件的应力与变形分析，结合矿山地质、生产情况对监测区域内的地压情况进行评价。

（1）微震事件空间分布特征。

图 8-80 为 2020 年 6 月—2020 年 8 月微震事件空间分布图，微震事件球的大小表示震级的大小，颜色表示事件发生的时间。2020 年 6 月—2020 年 8 月微震事件数量较多，主要分布在 -5~75 m 中段 7#穿脉和 4#穿脉之间。

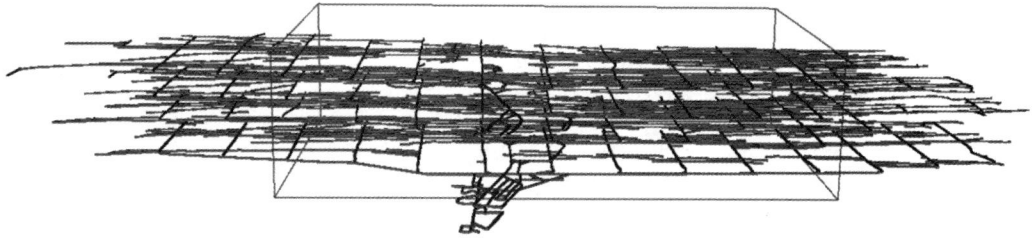

图 8-79　微震监测数据分析区域

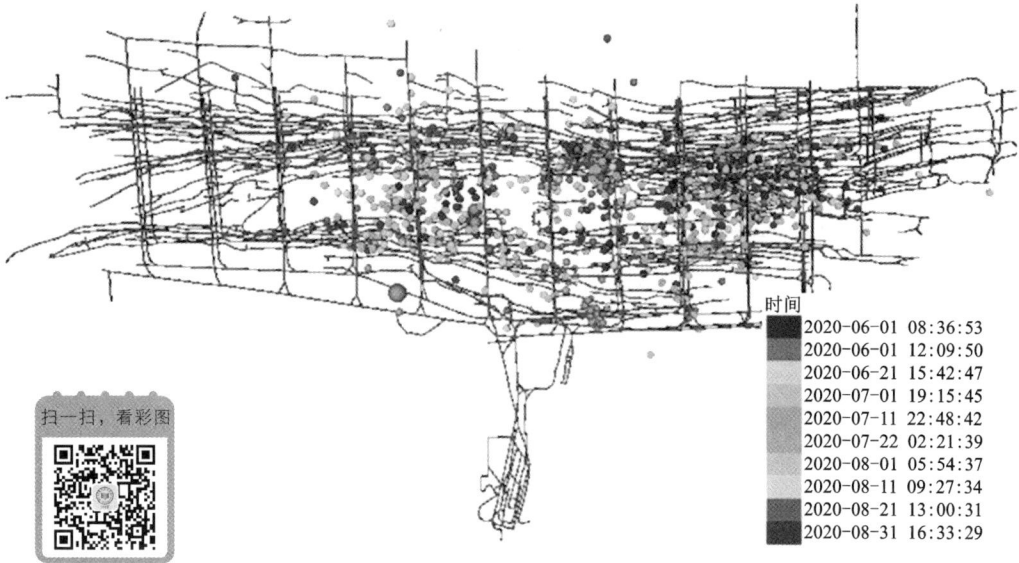

时间
2020-06-01 08:36:53
2020-06-01 12:09:50
2020-06-21 15:42:47
2020-07-01 19:15:45
2020-07-11 22:48:42
2020-07-22 02:21:39
2020-08-01 05:54:37
2020-08-11 09:27:34
2020-08-21 13:00:31
2020-08-31 16:33:29

扫一扫，看彩图

(a) 俯视图

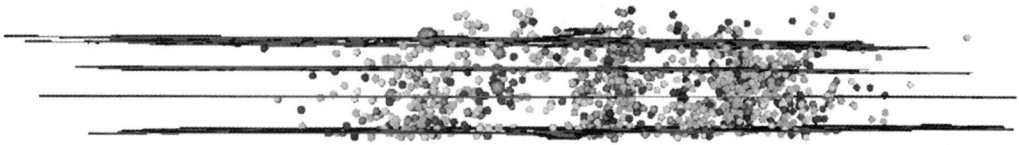

(b) 侧视图

图 8-80　微震事件空间分布图

（2）微震事件短时间触发及区域聚集现象分析。

75 m 中段微震事件长期在 1575 沿脉、3001 沿脉、3046 沿脉等区域局部聚集，如图 8-81 所示，以 2020 年 12 月与 2021 年 3 月两个正常生产的月份为例，75 m 中段 1575 沿脉（1#区域）、3001 沿脉（2#区域）长期存在残采作业，对应区域微震事件局部聚集；2846 沿脉北侧（3#区域）2020 年 12 月巷道出现严重收敛变形、顶板冒落、片帮现象（图 8-82），显现为大量微震事件在该区域集中，而 2021 年 3 月该区域微震事件明显减少，在井下观察现场发现其与 2020 年 12 月相比变化不大，表明该区域围岩破裂活动有所减缓。

(a) 2020年12月

(b) 2021年3月

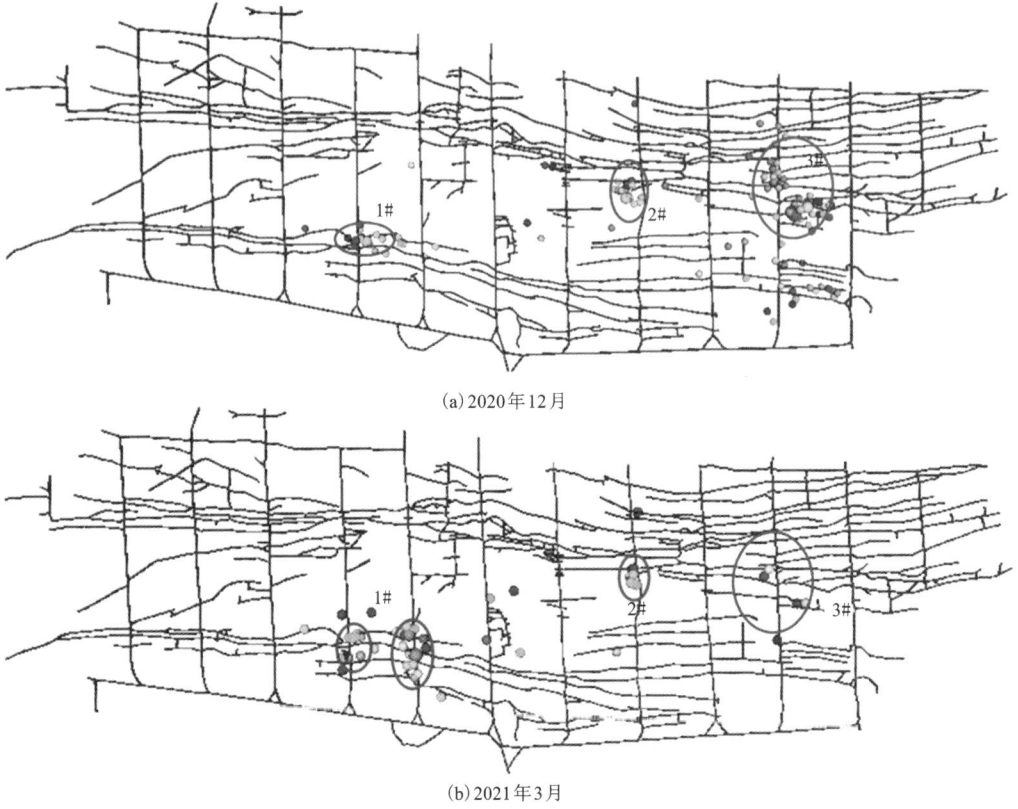

图 8-81　75 m 中段微震事件区域聚集现象

图 8-82　75 m 中段 2846 沿脉北侧区域巷道照片

（3）围岩变形分布特征。

图 8-83 为各中段基于微震事件的围岩变形云图，从图中可以看出，35 m 中段 2801 沿脉、-5 m 中段 3210 沿脉和 3446 沿脉区域围岩相对变形较大，为围岩变形破坏风险区。

5）功能与应用效果

通过监测数据及处理结果判定，监测范围内岩体整体较为稳定，但局部区域存在地压风险，本年度监测过程中在遗留空区出现了微震事件聚集现象，该现象是岩体破裂变形的前兆，对应位置有围岩破裂变形、顶板冒落、片帮等地压破坏现象显现。监测台网范围以外的-55 m 中段及以下区域产生大量振动破裂信号，表明深部开采对围岩扰动较大。

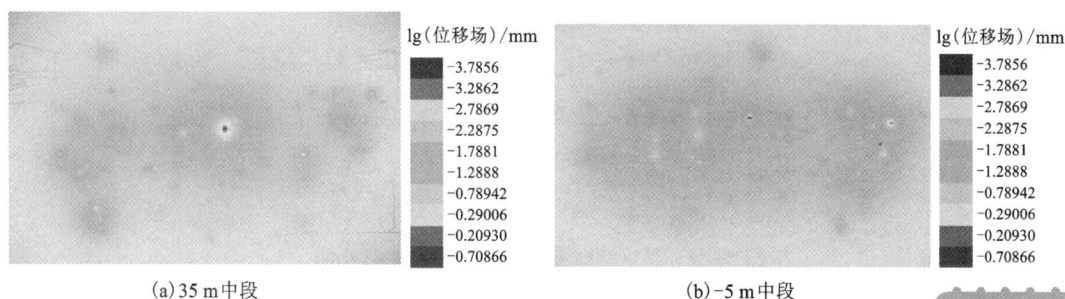

(a) 35 m 中段　　　　　　　　　　　　　(b) -5 m 中段

图 8-83　各中段基于微震事件的围岩变形云图

扫一扫，看彩图

对系统运行情况的及时排查诊断和故障修复，保障了监测数据的完整性与连续性。微震事件数量与生产情况相关，反映采矿的动态活动；生产爆破扰动是监测区域产生破裂事件的主要原因，表现为微震事件与生产爆破时间分布呈现较强的一致性，表明爆破区域有岩体破坏危险。对重点区域进行研究，保障了矿山的安全高效生产。

8.4.4.2　某铅锌矿地压监测应用案例

1）项目简介

某铅锌矿为大型有色金属矿山，生产区域埋深超过 800 m，具有较强的岩爆灾害风险。在建设智慧矿山项目中引进了长沙迪迈微震监测系统并将其用于深部地压活动监测，该微震监测系统共布设了 63 个通道，可提前圈定岩爆灾害风险区域，进而主动采取支护措施以避免出现严重地压事故。矿山的微震监测系统网络拓扑如图 8-84 所示。

通过在 2522 m、2462 m、2402 m 和 2342 m 中段各布设一台微震监测分站和多个传感器，实现对井下全矿区大范围的安全监测；在地表建设微震监测服务器、时间同步服务器和客户端电脑，并部署微震监测数据采集软件和微震数据处理与分析软件，实时自动分析、预警井下地压安全风险。

2）项目软硬件选择

（1）微震传感器。

根据矿山地质情况、岩石性质，生产情况选择与之相适应的微震传感器型号，微震传感器（图 8-85）按类型可分为速度计和加速度计、单轴传感器和三轴传感器，以及表面安装传

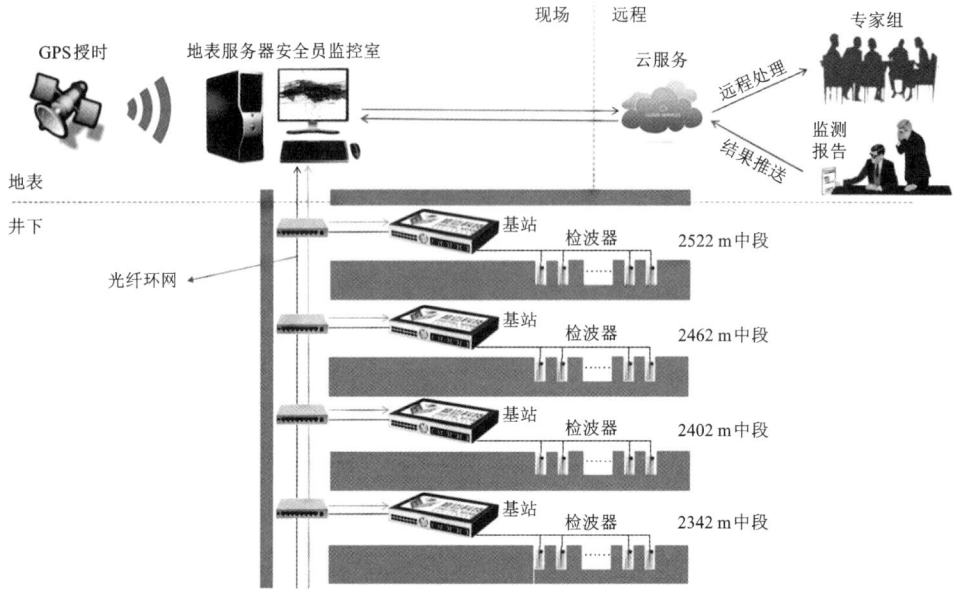

图 8-84 某铅锌矿微震监测系统网络拓扑图

感器和钻孔安装传感器等。微震速度计的特点是监测距离远、监测信号频域广，但对高频震级较小的微震事件不够敏感；微震加速度计的特点是对高频信号敏感，能够较好地分辨小震级微震事件。微震采集模块如图 8-86 所示。

图 8-85 微震传感器

图 8-86 微震采集模块

（2）微震数据采集基站。

微震数据采集基站是根据国内矿山应用环境特点，采用集成化设计理念将数据采集单元、通信单元、时间同步单元集成在一起，从而大大提高微震数据采集基站的防护性能。该数据采集基站相对 IMS、ESG 数据采集设备的一个亮点是采用 16 通道数据采集端口，传感器与数据采集设备之间采用电流信号传输，抗电磁干扰能力强，可实现超远距离传输，而国外产品数据采集通道一般是 6 通道或者 8 通道，传感器到数据采集设备之间模拟信号传输距离一般小于 300 m。因此，微震数据采集设备在井下可以很灵活地进行台网布置，大大降低了系统建设成本。

（3）高精度时间同步仪。

微震监测系统时间同步仪能够支持 PPS/GPS/PTPv2 等多种时间同步方式，其时间同步精度达亚微秒级，指标优于同类微震产品。其授时模块如图 8-87 所示。

（4）微震数据采集服务器（图 8-88）。

高处理能力、高可靠性、高扩展性的服务器是微震监测的重要保障，其通过对监测数据进行实时预处理，判断生成微震事件后，进行云存储，并在本地缓存历史波形，需要时可回查数据，并且能够自动检查微震监测系统硬件故障和报警。

图 8-87　授时模块

图 8-88　微震数据采集服务器

（5）微震数据处理与震害分析软件。

微震数据处理与震害分析软件可充分运用互联网+、大数据、云服务、深度学习、人工智能等技术，并配合微震专家组，为用户提供专业的数据分析服务，定期发布开采安全诊断报告，指导矿山安全高效生产。

3）功能与应用效果

该项目实施后的应用效果主要体现在：

（1）实现微震监测数据和生产数据的比较分析，结合生产爆破等生产活动数据和微震数据在时空上的比对，分析微震事件发生的原因，从而反过来优化指导爆破施工、充填和围岩支护效果评价。

（2）通过微震数据与现场地压显现事件的比对分析，实现对危险区域的准确定位和圈定；对采场冒顶和矿柱片帮特点与微震事件时空分布规律进行比较分析，得到地压显现的原因，进而实现对岩爆等地压灾害的预警及预防。自微震监测系统安装完成以来，共实现较大地压预警 1 次，小震级地压监测预警多次，有效地保障了井下施工作业人员的安全。

（3）该项目的实施，提高了矿山工作人员对矿山井下地震活动和岩层稳定性的认识，明确了地震活动和岩层不稳定的成因，以及岩爆和地压控制的重点区域，使地压安全控制措施更加合理，为矿山安全高效开采提供了安全保障。重点防治措施的合理实施，大大减少了安全措施方面的投入经费，保证了矿山安全生产，其经济效益和社会效益巨大。

8.5　尾矿库安全在线监测

尾矿库是矿山重大危险源之一，必须对其做好监测、监控和评估工作，以提升其安全运行能力和水平。不同的尾矿库，其所处区域岩土条件和水文条件各异，堆坝方式与堆坝材料不同，基于有限的在线监测数据实现灾情的及时、有效预警的难度很大。

本节重点阐述尾矿库在线监测系统的方案制定、设备选择、监测数据应用等，为矿山在线监测系统的建设和使用提供参考。

8.5.1 监测方案

尾矿库安全在线监测系统的方案设计内容与前述边坡监测设计内容类似，应包含规范设计文本应具备的基本内容，即项目概述、设计原则、依据、监测网点布设、设备比选、系统整体框架、辅助系统(供电、通信、防护等)设计、软件管理平台设计、建设周期及概预算等，其中的系统整体框架、辅助系统(供电、通信、防护等)、软件管理平台等与前述矿山安全监测系统内容类似，本小节重点介绍总体设计要求和基础资料、设计原则和规范、监测项目的确定等内容。

8.5.1.1 总体设计要求和基础资料

尾矿库在线监测系统的方案制定至关重要，总体上应满足安全适用、技术先进、经济合理、保护环境和运行可靠等要求，并要能实现尾矿库灾害的有效预警，有效保障尾矿库的安全运行。

在进行监测系统总体方案设计时，需要根据尾矿库堆坝方式的不同，搜集并查阅相关基础资料及相应堆坝类型的详细资料。尾矿库在线监测系统设计调阅资料清单如表 8-9 所示。

表 8-9 尾矿库在线监测系统设计调阅资料清单

序号	堆坝方式	基础资料	详细资料
1	上游法	①历史气象、水文资料； ②现场交通、供电、无线与有线通信条件；	放矿方式； 子坝上升速度
2	中线法	③尾矿库目前运行情况，包括但不限于现有高度及子坝级数、筑坝材料、安全等级或隐患等； ④尾矿库下游厂矿、居民区分布及当地民风情况等；	子坝上升速度
3	下游法	⑤尾矿库库区及尾矿坝地形图为大比例尺的现状地形图； ⑥尾矿库施工图设计资料； ⑦尾矿库安全环境评价资料；	放矿计划
4	一次性筑坝	⑧新建、在用、扩容、闭库尾矿库等岩土工程勘察报告；	放矿方式
5	干式堆存	⑨当地形图或勘察报告不能满足尾矿库监测方案设计要求时，应进行补充地形测量或补充勘察	

8.5.1.2 总体设计原则和遵循的规范

1)监测设计原则

(1)安全监测系统满足规范要求。

(2)监测点的布置，既要保证监测点的位置具有代表性，又要体现其特殊性。

(3)全面、准确地反映坝体工作状态，及时发现异常迹象，有效地监视坝体安全，为生产运行期间的管理提供可靠的资料，满足安全生产管理的需要。

（4）监测系统的设计和选型，既要有先进性，又要有实用性；在满足安全监测要求的前提下，力求经济合理。

（5）配置相应的软件，实现坝体安全监测数据的自动整理和分析。

2）设计依据

尾矿库监测系统设计依据主要是相关规范、实际监测需求等，涉及的主要规范有：

（1）《尾矿库在线安全监测系统工程技术规范》（GB 51108）

（2）《尾矿库安全监测技术规范》（AQ 2030—2010）

（3）《尾矿库安全规程》（AQ 2006—2005）

（4）《尾矿设施设计规范》（GB 50863）

（5）《土石坝安全监测技术规范》（SL 551）

（6）《工程测量标准》（GB 50026）

（7）《降水量观测规范》（SL 21）

（8）《低压配电设计规范》（GB 50054）

（9）《通信线路工程设计规范》（YD/T 5137）

（10）《建筑物防雷设计规范》（GB 50057）

（11）《建筑物电子信息系统防雷技术规范》（GB 50343）

（12）《数据中心设计规范》（GB 50174）

8.5.1.3　监测系统监测项目的确定

尾矿库安全监测需要确定的监测项目较多，应根据尾矿库自身安全要求和相关规范确定需要监测的内容，具体如表 8-10、表 8-11 所示。

表 8-10　湿排及高浓度堆存尾矿库安全监测项目

监测对象	监测项目	筑坝工艺、尾矿库等级别及主要构筑物级别			
		尾矿堆积坝		初级坝、一次筑坝的土石坝	
		一等~三等	四等、五等	一等~三等	四等、五等
		1 级~3 级	4 级、5 级	1 级~3 级	4 级、5 级
尾矿坝	巡视检查	应测	应测	应测	应测
	表面位移	应测	应测	应测	应测
	内部位移	应测	可测	应测	宜测
	外坡比	应测	宜测	—	—
	浸润线	应测	应测	应测	应测
	渗流压力	可测	—	宜测	可测
	渗流量	宜测	可测	宜测	可测
	渗流水浑浊度	宜测	可测	宜测	可测
	干滩长度及坡度	应测	应测	宜测	可测
	视频	应测	应测	宜测	可测

441

续表8-10

监测对象	监测项目	筑坝工艺、尾矿库等级别及主要构筑物级别			
		尾矿堆积坝		初级坝、一次筑坝的土石坝	
		一等~三等	四等、五等	一等~三等	四等、五等
		1级~3级	4级、5级	1级~3级	4级、5级
库区	巡视检查	应测	应测	应测	应测
	库水位	应测	应测	应测	应测
	降水量	应测	宜测	应测	宜测
	视频	应测	应测	宜测	可测
	库区地质滑坡体表面位移	应测	应测	应测	应测
	库区地质滑坡体内部位移	宜测	宜测	宜测	宜测
排洪设施	巡视检查	应测	应测	应测	应测
	视频	宜测	可测	宜测	可测
	管、涵排水量	宜测	可测	宜测	可测
	表面位移	宜测	宜测	宜测	宜测

表8-11 干式堆存尾矿库安全监测项目

监测对象	监测项目	筑坝工艺、尾矿库等级别及主要构筑物级别			
		尾矿堆积坝		初级坝、一次筑坝的土石坝	
		一等~三等	四等、五等	一等~三等	四等、五等
		1级~3级	4级、5级	1级~3级	4级、5级
尾矿坝、尾矿堆体外坡	巡视检查	应测	应测	应测	应测
	表面位移	应测	应测	应测	应测
	内部位移	宜测	可测	宜测	可测
	外坡比	应测	宜测	—	—
	浸润线	宜测	可测	宜测	可测
	视频	宜测	可测	宜测	可测
尾矿堆场	巡视检查	应测	应测	应测	应测
	降水量	应测	宜测	应测	宜测
	视频	宜测	可测	宜测	可测
排洪设施	巡视检查	应测	应测	应测	应测
	视频	宜测	可测	宜测	可测
	管、涵排水量	宜测	可测	宜测	可测
	表面位移	宜测	宜测	宜测	宜测

8.5.2　设备比选

尾矿库在线监测内容包括位移、浸润线、地表水位、干滩、降雨量等，其中位移监测、降雨量监测等的设备与前述边坡监测中的设备通用，可以参考前述内容。本小节重点介绍前述章节没有提及的相关设备。

8.5.2.1　表面位移监测

表面位移监测一般采用大地测量法、近景摄影法、GNSS 法、测缝法等，主要监测设备选择智能全站仪、智能经纬仪、雷达、三维激光扫描仪、GNSS 设备、位移计等。

监测方法比较如表 8-12 所示，不同筑坝方式对应的监测方法及仪器设备如表 8-13 所示。

表 8-12　监测方法比较表

监测方法	主要监测仪器	监测特点
大地测量法	智能全站仪、智能经纬仪、水准仪、测距仪等	投入小、建设周期短、范围大；受地形通视和气候条件影响，不能连续监测
近景摄影法	三维激光扫描仪、雷达等	操作简单、节省人力，可自动连续多点监测，不受地形通视条件的限制
GNSS 法	GNSS 接收机	全天候、高精度、自动连续监测等。在复杂地形区域卫星信号易被阻拦，多路径效应较为严重，影响监测精度，监测成本较高
测缝法	钢卷尺、卡尺、裂缝测量仪、裂缝计、位移计等	人工或自动测缝法建设周期短、测量范围广、测量方法简单；自动化监测程度高，全天候观测，远距离传输，但精度相对低，易出故障和稳定性差

表 8-13　不同筑坝方式对应的监测方法及仪器设备

筑坝方式	监测方法	监测仪器设备
上游法	大地测量法、近景测量法、GNSS 法、测缝法	智能全站仪、三维激光扫描仪、GNSS 接收机、位移计等
中线法	近景测量法、测缝法	三维激光扫描仪、位移计等
下游法	近景测量法、测缝法	三维激光扫描仪、位移计等

8.5.2.2　浸润线监测设备

浸润线监测主要采用渗压计、水位计等，也有的采用高密度电法监测技术。目前，坝体浸润线监测大多采用以渗压计为传感器的测压管测量方法。该方法选择能反映主要渗流情况的坝体横断面，或预计有可能出现异常渗流的横断面作为观测断面，埋设适当数量的测压管，通过人工或在线测量测压管中的水位来获得浸润线的位置。在图 8-89 所示的浸润线监测断面中，就是采用渗压计在线测量测压管中的水位，从而实时观测浸润线的埋深。

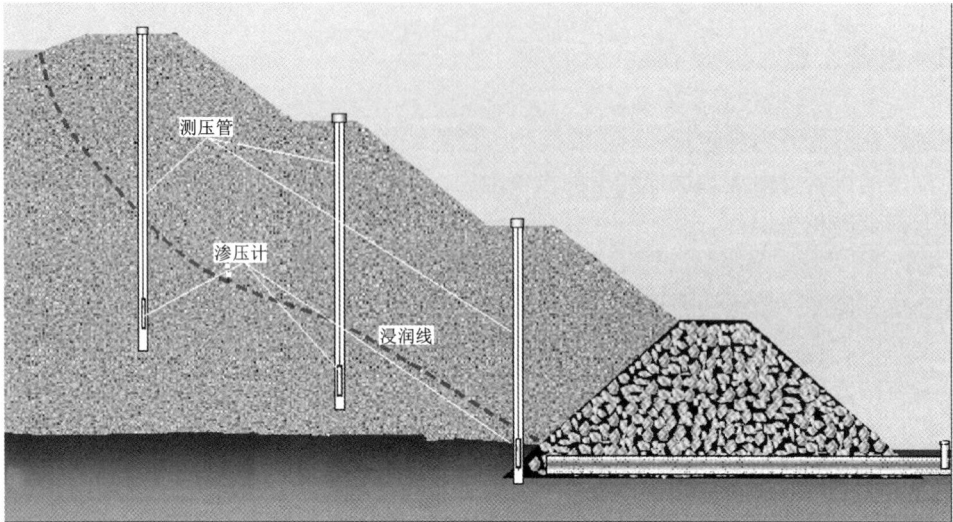

图 8-89 浸润线监测断面示意图

渗压计为压力传感器，在施工时，首先在坝体里钻孔，然后把渗压计放置在钻孔里(与测压管结合使用)。通过测量渗压计的压力，再将其转换为水头高度(高程)，结合安装深度以及孔口高程即可得到坝体或绕坝的浸润线高度(高程)。

渗压计为现场监测传感器，其通过线缆与自动采集仪通信，由自动采集仪实时采集数据，并传输至上位机，经过软件解算，得到浸润线埋深。测压管内的线缆可分为通气型线缆和不通气型线缆，通气型线缆需要与通气型渗压计共用，由通气型渗压计进行精密监测，目前采用的一般渗压计能满足尾矿库监测要求。自动化采集仪安装在尾矿库坝体适当位置或尾矿库现场监测管理站(现场值班室)。渗压计与采集仪之间通信采用 485 数据格式，通信电缆地埋敷设。针对尾矿库水的酸碱性，选择不同防护等级的设备。渗压计安装于测压管内出现"钙化"情况时，应根据钙化原因采取防护措施以保证监测的准确性。

渗压计有振弦式、光纤式和差阻式等不同形式，其中振弦式渗压计使用最多。几种渗压计稳定性都较好，都具备自动化使用条件，振弦式渗压计的精度最高，但防雷性能差，光纤渗压计的稳定性最好，但精度高、防雷性能好、价格高，具体见表 8-14。

表 8-14 几种渗压计的性能价格比较表

序号	名称	性能参数	输出信号	稳定性评价	价格
1	振弦式	分辨率 0.02%，灵敏度高	频率	稳定性好，抗干扰，生产厂家多，防雷性能差	一般
2	差阻式	灵敏度低	电阻	稳定性好，抗干扰性差，防雷性能差	低
3	光纤式	分辨率 0.1%	光信号	稳定性好，抗干扰性好，防雷性能好	高

8.5.2.3 尾矿库水位监测设备的选择

尾矿库的水位监测基本采用接触式和非接触式两种技术，接触式主要采用压力传感器，非接触式主要采用超声波液位计和雷达液位计，两者均具有精度高、操作和维护简单等特点,故使用广泛。超声波液位计是由微处理器控制的数字液位仪表,在测量中超声波脉冲由传感器(换能器)发出,经液体表面反射后被同一传感器或超声波接收器接收,并通过压电晶体或磁致伸缩器件转换成电信号,根据声波发射和接收的时间差来计算传感器与被测液体表面的距离。雷达液位计则通过天线系统发射并接收能量很低的极短微波脉冲。其中雷达波以光速运行,运行时间可以通过电子器件转换成物位信号。尾矿库水位监测原理如图 8-90 所示。

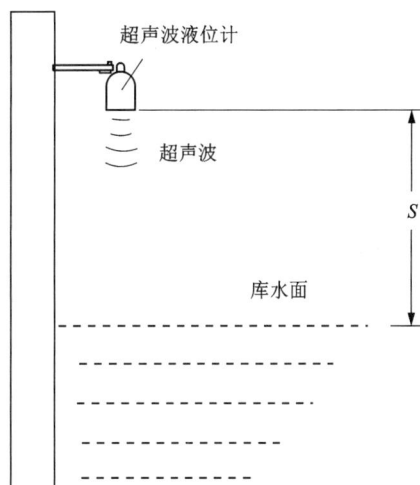

图 8-90　尾矿库水位监测原理图

在监测水面出现波纹和冬季结冰情况下,通过传感器本身不能智能判定尾矿库水位,需要通过后期数据处理平台滤波分析处理后确定。由于传感器一般安装在室外,温度变化对监测数据有影响,可以加装防晒装置或使用软件处理。

8.5.2.4　干滩监测设备的选择

干滩监测内容包括干滩长度、滩顶高程、干滩坡度。干滩长度为正常水位下尾矿沉积滩长度,监测干滩长度能判定尾矿库的有效库容,及时调节尾矿库洪水期的库容。干滩超高是最高洪水位与洪水期水位的高差,必须大于最小安全超高。

干滩长度监测采用激光测距仪、超声波测距仪、全站仪、三维激光扫描仪、雷达等,滩顶高程监测采用水准仪、激光测距仪、雷达物位计、超声波物位计等,干滩坡度采用三维激光扫描仪、雷达等,如表 8-15 所示。

表 8-15　干滩监测表

监测内容	监测设备	主要特点
干滩长度	激光测距仪	测量范围广、精度高等,受天气和环境影响较大,超过测距范围后需要人工协助测量
	超声波测距仪	测量范围小、精度高等,不受天气和环境影响,但需要人工协助测量
	全站仪	测量范围广、精度高等,但需要人工协助测量
	三维激光扫描仪	测量方便、适用于极端气候条件、计算结果导出方便等
	雷达	测量方便、适用于极端气候条件、计算结果导出方便等
滩顶高程	水准仪	测量精度高,但需要人工协助测量
	激光测距仪	测量精度高,受天气和环境影响较大
	雷达物位计	测量方便、适用于极端气候条件、计算结果导出方便等
	超声波物位计	测量方便、适用于极端气候条件、计算结果导出方便等
干滩坡度	三维激光扫描仪	测量方便、适用于极端气候条件、计算结果导出方便等
	雷达	测量方便、适用于极端气候条件、计算结果导出方便等

8.5.2.5 视频监控设备

视频监控对象主要是尾矿库重要构筑物(如排水井等)和部位(初期坝、滩面、放矿口等),有直观易懂、迅速快捷等特点。目前,尾矿库视频监控大多采用具有高防护等级的高速球机与枪机。枪机具有成本较低、维护简单、故障率低等特点,非常适合于监测位置固定的场合,而高速球机具有监控范围广、性能优异、自动变焦、水平360°旋转和垂直90°旋转及自动巡航等功能,非常适合于大范围、多角度的智能化监测。尾矿库视频监控采用红外枪机与红外球机相结合的方式,其中,红外枪机主要用于监测尾矿库的排水井进水口,以掌握排水防洪构筑物的运行状态,红外高速球机则用于监测初期坝、堆积坝、坝顶放矿情况及库内情况。另根据尾矿库等级和安全管理要求,可选择具有激光夜视功能的摄像机,实现尾矿库全天候24 h监控,如尾矿库坝顶放矿管理。视频监控和存储一般设置在安全管理中心集中管理。

8.5.2.6 外坡比监测设备

外坡比监测一般采用人工测量尾矿库堆积坝坝顶和初期坝坝顶高程,以及两者之间的水平距离,计算得出外坡比。监测采用的设备为三维激光扫描仪、雷达等。

8.5.2.7 渗流量监测设备

渗流量监测一般采用量水堰、管道流量计等监测方式。量水堰监测是将三角形堰板或梯形堰板及其他形式堰板安装于堰槽下游落水处,然后采用量水堰水尺、超声波液位计等监测堰槽水位变化,通过上位机软件计算渗流量。管道流量计则安装于规则的管路中,通过监测计算得出渗流量。

有的尾矿库采取了降低坝体浸润线的安全措施,如建设辐射井等,可通过监测辐射井水位变化及时了解尾矿库渗流情况,其中辐射井水位通常采用液位计、渗压计等进行监测。

截渗池水位采用液位计、渗压计等进行监测,与尾矿库回水泵房联动,实现尾矿库水不外排。

8.5.2.8 渗流压力监测设备

渗流压力采用渗压计等进行监测,渗压计一般安装在测压管里或直接预埋安装,通信线路直接引至坝外稳定区域。

8.5.2.9 渗流水浑浊度监测设备

渗流水浑浊度采用浊度仪等进行监测,浊度仪一般和渗流量监测设备集中安装。

8.5.3 数据应用

随着尾矿库运行状态分析和灾害预警的重要性愈来愈受到重视,由于其工作的基础是监测数据的分析,且尾矿库运行数据量庞大,数据的整理、筛选、分析成了一项越来越艰巨的工作。由于尾矿库实际管理人员技术水平和装备水平不足,该工作很难由尾矿库现场管理人员完成。根据尾矿库数据分析管理现状的要求,结合网络云计算等先进技术,通过建立远程监测数据智能分析平台,实现"工程+数据分析服务"模式,是矿山实现尾矿库运行状态数据分析和灾害预警功能的首选方案。

尾矿库远程监测数据智能分析和灾害预警软件平台建设要求:

(1)根据尾矿库初期坝运行期、堆积坝运行期、闭库期等各阶段的安全监测数据和运行维护需求,建立涵盖尾矿库各运行阶段的数字化尾矿库云服务模型,结合软件运营服务(SaaS)的高性能并行计算技术,形成快速、准确的尾矿库数据处理、分析能力。

（2）建立尾矿库全服役期安全监测系统软硬件设计建设标准，建成尾矿库数据分析系统，最终实现尾矿库宏观灾变预测预警大数据系统。

（3）结合尾矿库具体数据，模拟灾变状态，检验并提升系统运行分析能力。

（4）根据尾矿库监测数据、后期挖掘数据的内在联系，逐步研究适应对应尾矿库的变形规律，找到变形与浸润线之间的联系，开展尾矿库水位与浸润线的时空关系、静态、动态调洪演算算法及系统开发研究等工作，智能判定尾矿库的运行状态（正常库、病库、险库、危库），实现尾矿库安全三级报警，通过后台专家库分析诊断尾矿库处理措施，为尾矿库的安全生产提供技术保障。

（5）可对尾矿库的溃坝做出预报，尾矿库截渗池监测为环保提供相应的数据支撑，建设安全环保绿色的尾矿库。

目前，尾矿库监测数据分析和灾害预警已经实现数据实时显示、过程线显示，监测项目单独预警（即位移、浸润线、干滩、库水位等监测数据单独设置预警值，单独预警），多监测项目的过程数据同时显示，以及相关性对比。但还应进一步加强位移监测速率和加速度预警、尾矿库整体安全状态的综合分析评价、监测数据与应急处置联动、尾矿库动态调洪演算等，为尾矿库的精细化、智能化安全管理提供支撑。

8.5.4　应用案例

8.5.4.1　概述

某山谷型尾矿库，坝体如图 8-91 所示，初期坝为黏土斜墙堆石坝，坝高 38 m，堆积坝采用中线法筑坝，尾矿库最终堆积标高为 280 m，总坝高 208 m，总库容 8.35×10^8 m³，有效库容 7.7×10^8 m³，为一等库。

图 8-91　某尾矿库坝体

根据规范要求，在线安全监测系统监测项目包括坝体位移、浸润线、库水位、干滩、降雨量、渗流量、视频监控等。

该尾矿库监控范围较大、监控区域分布较广、监测项目较多，同时当地多雨，属于强雷暴区，监测系统建设难度大。方案设计中对监测设备布置、供电、通信和雷电防护都要求充分考虑其适用性和系统可靠性。

1）监测设备选择

（1）坝体表面位移：GNSS。

（2）坝体内部位移：固定测斜仪。

（3）浸润线：渗压计。

（4）库水位：雷达液位计；

（5）干滩监测：

干滩高程：雷达物位计。

干滩坡度：人工定期监测并录入监测系统。

干滩长度：通过干滩高程、坡度和库水位实时计算。

（6）降雨量监测：翻斗式雨量计。

（7）渗流量监测：水位计+量水堰。

2）监测点布置

（1）浸润线监测设置 3 个监测断面，共设置 48 个监测点；

（2）表面位移设置 4 个监测断面，共设置 18 个监测点、1 个坝外基点；

（3）内部位移设置 1 个监测断面，设计 5 个监测垂线，共计 25 个监测点；

（4）干滩监测设置 3 个滩顶高程监测点；

（5）库水位监测设置 1 个监测点，设置在库尾排水斜槽处；

（6）降雨量监测设置 1 个监测点，设置在东分级站附近；

（7）渗流量监测设置 1 个监测点，设置在坝底渗流槽出口附近；

（8）视频监控设置 9 个监测点，设置在相关区域。

8.5.4.2　系统整体结构设计

在线监测系统分三个层次：数据采集层、数据处理传输层和数据分析管理层。三个层次对应相关规范中提及的监测站、监测管理站和监测管理中心站。

数据采集层作为整体架构的第一级，用于实时获取监测点数据。监测站布置在尾矿坝及相关区域，由数据采集设备、泛在信息数据采集设备、数据前端转换设备等组成，实时获取各种监测数据，并将其传输至现场数据采集分站(监测管理站)中。

数据处理传输层是整体架构的第二级，由分布式供电设备、无线有线通信设备、防雷设备和数据综合处理设备等组成，实现数据转换、数据传输、供电、防雷等功能。

数据分析管理层(监测管理中心站)是整体架构的第三级，用于数据的二、三维显示、分析、存储、管理、预警、远程网络发布、综合调度、应急指挥、预案筛选等。该层设备主要设置在矿山总调或现场值班室，由数据存储服务器、管理发布服务器、系统信息展示系统、供电系统、通信组件、防雷组件等组成。

其他各部门可通过互联网接入监测系统，对尾矿库的运行状态进行实时查看、分析，经授权后，可以对监测系统进行管理。具体系统层次结构见图 8-92。

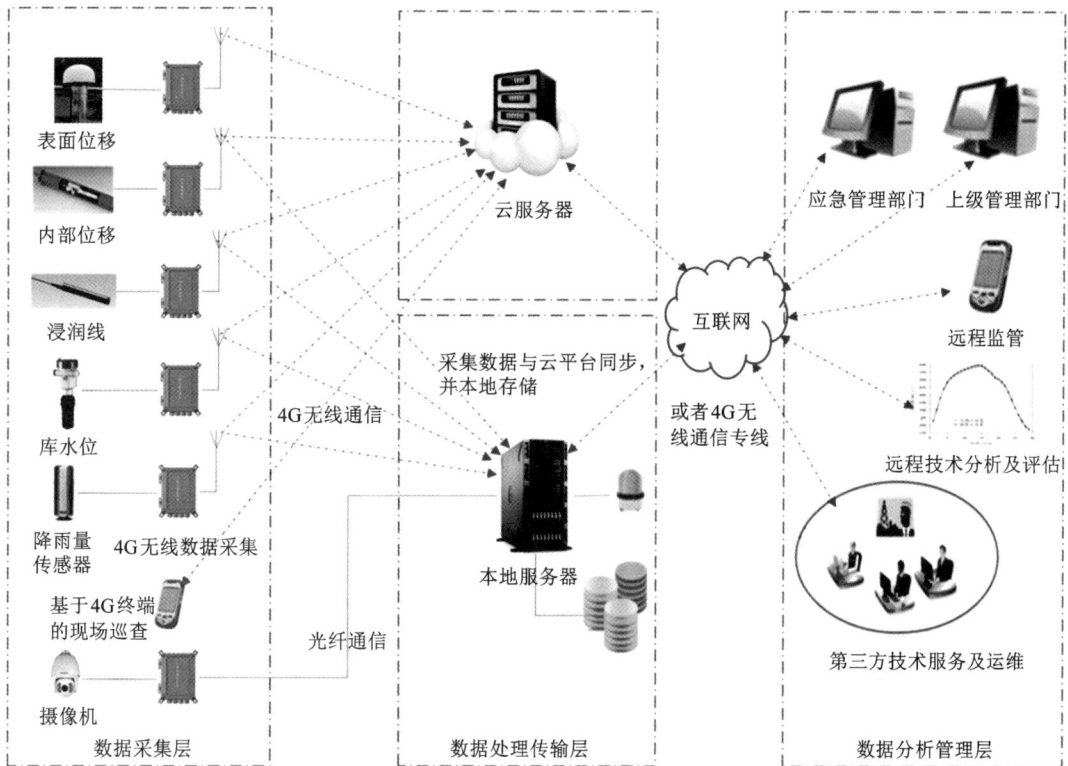

图 8-92　尾矿库在线监测系统层次结构示意图

8.5.4.3　软件平台及数据应用

在线监测系统软件主要有 2 套，1 套为数据采集软件，另 1 套为综合预警管理软件，数据采集软件同时布设在本地和云服务器中，实现采集原始数据的冗余备份；综合预警管理软件设置在云平台服务器中，便于系统远程管理。本地采集服务器和云服务器同步备份设置，形成基于云服务的综合软件管理平台。

1）数据采集软件功能

数据采集软件基于本地服务器开发，可以安装到云服务器或现场本地服务器中，实现如下几种主要功能：

(1)监测数据的采集、接收、处理、输出功能；

(2)设备供电、通信状态的基本信息采集、输出功能；

(3)监测设备相关参数设置、修改、删除等功能；

(4)监测数据、设备状态信息等的显示、查询、导出等功能。

数据采集软件在后台运行，尾矿库管理人员和操作人员不需要操作和管理。

2）综合预警管理软件功能

综合预警管理软件是整个监测系统的核心，负责系统的显示分析、预警和其他综合管理等功能。软件采用 B/S 结构开发，布设在云服务器上，实现本地服务器和远程客户端的便捷高效管理。软件主要功能如下。

（1）"一张图"功能：软件首页"一张图"展示系统监测点实时数据和布置情况；显示设备的运行状态、故障信息和系统"健康"情况；滚动显示系统实时未处理报警信息、显示系统整体报警状态；显示系统各监测项目的近期数据变化趋势等。

（2）尾矿库各种安全管理信息显示、存储和下载功能：包括尾矿库和监测系统基本信息，以及尾矿库相关安全管理过程文件、各种规范、标准等信息资料。

（3）尾矿库安全监测数据处理分析功能：包括安全在线监测数据处理与存储、展示与查询、趋势分析、剖面分析等功能。

（4）尾矿库安全监测预警分析功能：包括各监测项目四级预警功能，多种预警分析（可选）功能、报警信息显示和处置、报警阈值设置、报警信息查询等。其中报警信息处置功能具有报警事故处置过程的记录上传留底功能，管理人员可远程实时查询历史报警事件的处置过程和结果等信息，引导和监督报警事件处置过程的规范管理。

（5）其他管理功能：历史数据查询与导出、工作报表输出、用户管理、日志查询等功能。

（6）人工监测和现场巡查（录入与预警）功能：包括人工监测数据录入、与在线监测数据的对比功能，以及现场巡查信息录入和巡查报警功能等。

（7）数据备份功能：软件基于云服务器运行，数据可以实现云服务器和本地服务器双备份功能，保障数据安全。

（8）专项分析预警功能：包括水情预警、调洪演算等功能。

8.6　离子型稀土矿原地浸矿开采边坡安全监测

8.6.1　监测方案

离子吸附型稀土矿于20世纪70年代初被发现和正式命名，它是一种世界罕见且极为宝贵的稀有资源，主要分布于我国江西、广东、湖南、福建、广西等地。离子型稀土资源的开采先后经历了池浸、堆浸和原地浸矿三个阶段。原地浸矿是利用溶浸液从天然埋藏条件下的非均质矿体中，把呈吸附态的稀土离子交换浸出并回收的采矿方法，原地浸矿与堆浸和池浸相比，具有不破坏地表植被、不剥离表土、不开挖矿体、无尾矿库、综合资源利用率高、环境友好等优点。近年来，原地浸矿工艺在稀土矿山随着现场经验的积累、改进，已在南方离子型稀土矿区被广泛推广和应用，取得了巨大的经济和社会效益，有效缓解了矿山企业采富弃贫、矿区环境破坏严重的局面。

采用原地浸矿工艺开采离子型稀土资源，需将大量溶浸液注入山体，导致饱水山体易发生山体滑坡或泥石流等灾害。离子型稀土原地浸矿开采的矿山中，严重采场滑坡事故时有发生。2011年5月，赣州稀土矿业公司猪牯坑稀土矿发生采场山体滑坡事故，造成3人死亡；2011年11月，广西苍梧县马王村私采稀土矿点发生山体滑坡事故，造成9人死亡；2012年4月，福建古田县隆德洋村稀土矿点发生采场山体滑坡事故，致6人死亡。这些事故不但限制了原地浸矿工艺的适用范围，而且严重制约了社会经济的发展和地区的繁荣稳定。

采用原地浸矿技术开采的稀土矿山，由于在开采时需对浸矿山体进行注液，山体原有的岩土重应力分布状况被改变，山体原有的力学平衡状态被打破。如果在矿山生产过程中，增大注液强度、注入过量浸矿液,就会导致山体长时间处在饱和状态,山体抗剪切能力下降,致使采场下部坡面临空面失稳,牵引上部采场表面坡积层和全风化层岩土向下滑动,从而引发山体滑坡地质灾害。尤其在雨季,雨水的渗入使正在开采的采场短时间内达到超饱和状态,更易诱发范围更广、规模更大的山体滑坡灾害。龙南、定南、寻乌、信丰这四个稀土资源大县的 4 处典型滑坡点滑坡现场如图 8-93 所示。

(a) 龙南县乡际矿滑坡点

(b) 定南县猪牯坑矿滑坡点

(c) 寻乌县原矿公司3矿滑坡点

(d) 信丰县中和矿滑坡点

图 8-93　赣南稀土矿滑坡现场

按原地浸矿采场滑坡体成分的不同,大致可将滑坡划分为未涉及矿土层的表土层滑坡和风化层滑坡两类。

(1) 表土层滑坡。该类型滑坡特征如图 8-94 所示。其滑落部分主要为第四纪残积层表土,滑动面即为表土与全风化矿层接合面。采场浅层土体一般为强风化残积物,浸矿液和降雨入渗后,极易遇水软化成泥,按物料称为残积层滑坡。该类型滑坡滑动面光滑,滑动范围无规律,有时在山脚,有时在山坡。一般滑下的土石方不大,滑下物为残坡积层表土,此类滑坡较易恢复正常生产。

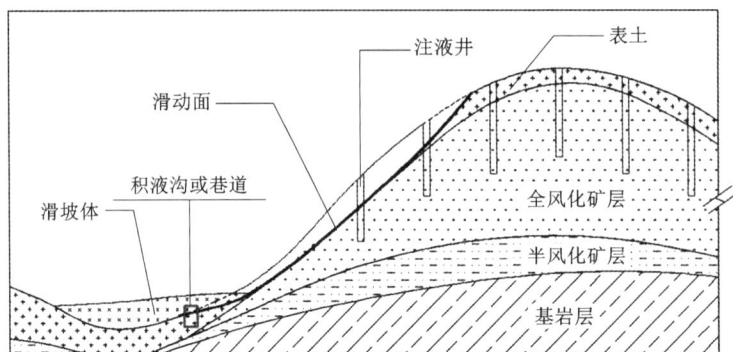

图 8-94 表土层滑坡特征示意图

（2）风化层滑坡。该类型滑坡特征如图 8-95 所示。该类型滑坡一般深度已涉及全风化矿层，滑坡面不平整，具有不明显的阶梯形态，滑动范围在山腰上、下部位。由于滑动面已深入全风化层，滑下的土方量较大，且造成矿土和母液的损失，此类滑坡将直接导致经济指标的下降，要恢复正常生产则很困难。

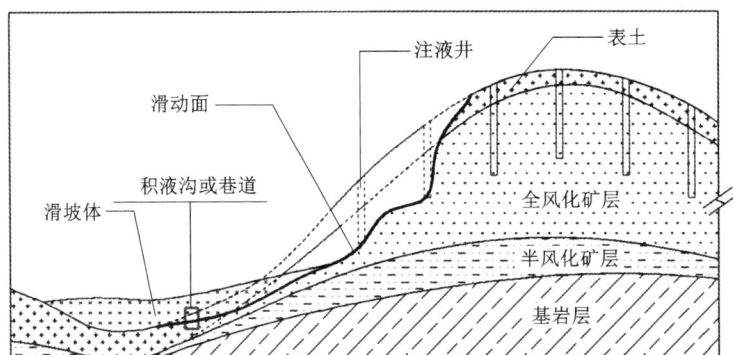

图 8-95 风化层滑坡特征示意图

离子型稀土原地浸矿采场滑坡破坏类型为浅层小型圆弧强风化残积层滑坡，坡度主要为陡坡，其基本特征为滑动范围一般从山顶或山腰到山脚，滑前在坡面出现裂缝，逐渐发育成滑动面，地表一般有植物或林木覆盖，滑坡发生时随滑体一起滑动。

采场发生滑坡后，不但损失了浸矿电解质药剂及析出的稀土母液，造成稀土资源回收率、母液综合回收率等经济技术指标的下降，还对周边地下水系安全造成威胁，同时滑坡产生的泥沙污染矿区环境、造成河道堵塞以及突发性环境污染事件，甚至导致人员伤亡事故。为避免和减小离子型稀土矿原地浸矿开采过程中山体滑坡造成的人身财产损失，开展原地浸矿采场滑坡安全监测具有重大的社会经济和现实意义。

离子型稀土矿边坡在线监测是通过测量边坡表面和内部坡体中力学或几何参数的变化及生产参数，动态评价离子型稀土矿边坡的稳定及健康状态，为矿山施工建设、开采规划提供技术支持的监测手段。稀土矿区边坡在开采期间，采场坡面发生位移和变形变化，坡体内部发生应力应变、孔隙水压力、内部位移等参数的变化。在一定条件下，这些因素的变化能够反映采场的稳定性趋势。同时，由于原地浸矿工艺需向山体中注入大量的溶浸液，所以还需在矿山周边设置环境监测设备；为精确监测生产情况，还需要设置生产要素监测传感器，根据这些趋势提出针对性对策，以保证矿山安全可持续生产。离子型稀土矿需监测的参数如表 8-16 所示。

表 8-16　离子型稀土矿需监测的参数

监测参数	传感器	监测位置	监测目的
注液山体水位	水位计	坡体内部	坡体稳定、精确生产
坡体土压力	土压计	坡体内部	坡体稳定
坡体内部位移	测斜仪	坡体内部	坡体稳定
表面位移	位移计	坡体表面	坡体稳定
离子浓度	离子浓度监测计	地下水	环境保护、精确生产
生产控制参数	各类浓度监测仪器	生产流程	精确生产

8.6.2　应用案例

8.6.2.1　某稀土矿山边坡基本情况

该矿床主要分布于花岗岩全风化层，矿区风化壳可分为残坡积层（表土层）、全风化层（矿土层）、半风化层和基岩层，离子型稀土矿主要赋存于全风化层及部分表土层，矿体的分布与花岗岩全风化层的分布情况基本一致，似层状沿花岗岩全风化层分布，且大体连续成片，具有面型风化壳特征，沿地形变化呈波状起伏展布。矿体由中部往四周倾斜，沿山脊矿体倾斜较缓，倾角一般为 5°~10°；沿山坡矿体倾斜较陡，倾角多为 20°~30°，山坡局部倾角可达 40°。

矿区矿体垂向上厚度多为 6~10 m，最小厚度为 4.7 m，最大厚度达 13 m。据勘探浅井工程统计，矿体平均厚度为 8.1 m，其中山顶矿体最厚，一般厚度为 9~13 m；山脊矿体厚度次之，一般为 6~9 m；山坡两翼及坡脚矿体厚度较薄，一般为 4~6 m。

（1）表土层：厚度为 0~1.2 m，局部厚度可达 2 m，一般山顶最薄，由山腰往山脚逐渐变厚。表土层表面一般有薄腐殖土，主要由亚砂土、亚黏土及腐殖质组成，呈灰黑或灰绿色，厚度为 0~0.4 m；表土层下部为黏土层，夹杂有石英碎块，厚度为 0.4~1.1 m。

（2）全风化层：厚度一般大于 10 m，形态特征简单，一般山顶厚、山脚薄。矿体主要分布于该层中上部，微裂隙较发育，裂隙易被黏土矿物充填。该层质地均一，结构松散，一般呈砖红色、黄褐色或土黄色，部分呈灰白色。

（3）半风化层：厚度不详，其基本特征与原岩（基岩）差异较小。半风化层长石主要为碎粒状，不易揉搓成粉，局部有高岭土发育，质地较松散，且基本为铁质充填。

山顶与山脚表土层厚度对比如图 8-96 所示。

根据南方离子淋积型风化壳稀土矿的成矿特征，绘制了矿区矿体分层及特征剖面图，如图 8-97 所示。

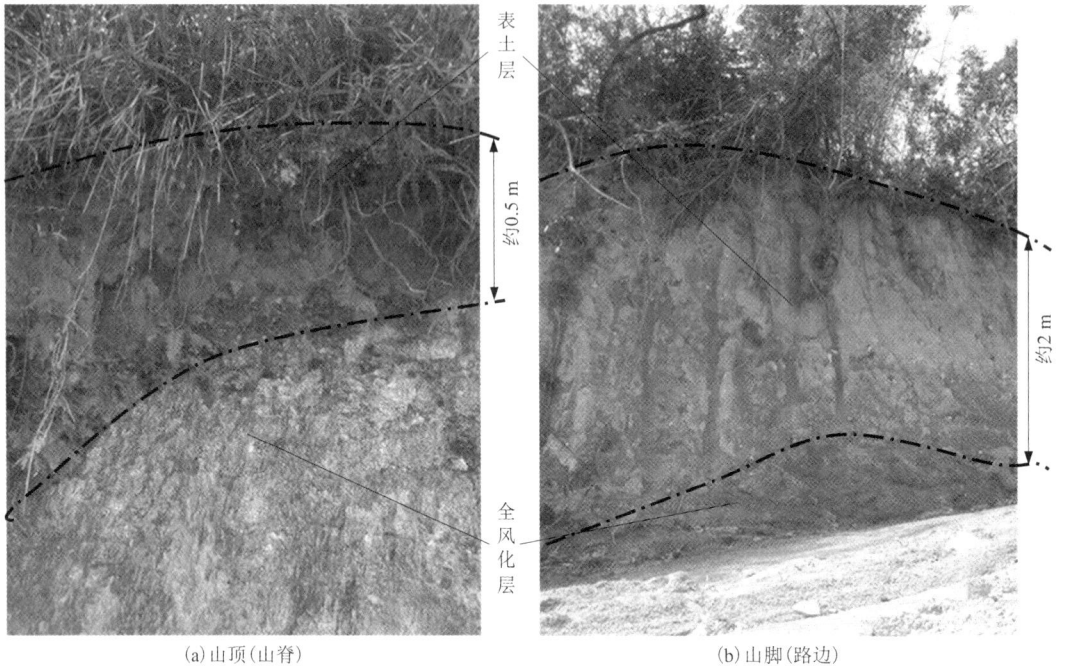

(a)山顶(山脊)　　　　　　　　　　　(b)山脚(路边)

图 8-96　山顶与山脚表土层厚度对比

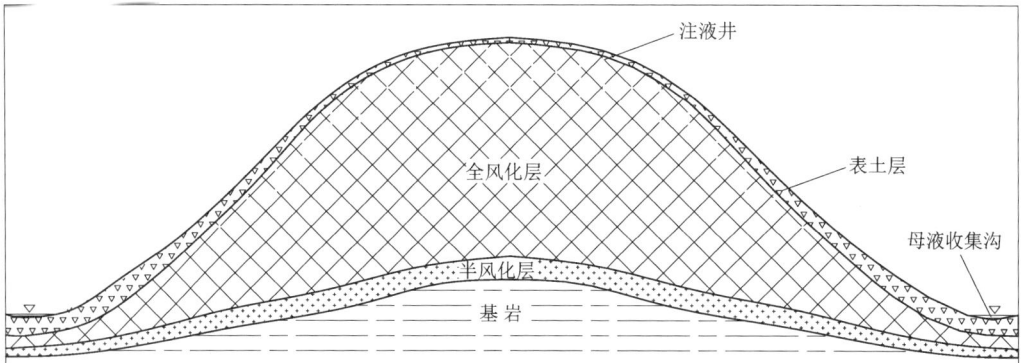

图 8-97　矿区矿体分层及特征剖面图

某稀土矿试验矿块全景如图 8-98 所示。矿区地处亚热带季风气候。据龙南县气象局资料，该地年最高气温为 39.3℃，最低气温为-7.9℃，年平均气温为 19.2℃。矿区内年平均降雨量为 1510.8 mm，最大降雨量为 2595.5 mm，最小降雨量为 938.5 mm。每年 4—6 月为丰水期，占全年降雨的 56.4%；10 月至次年 1 月为枯水期，占全年降雨的 14.2%；2 月和 7—9 月为平水期。矿区

图 8-98　某稀土矿试验矿块全景图

内地表水较发育，主要为受季节影响的山间沟谷溪流，平水期流量为 1~50 L/s，部分溪流在枯水期干涸，丰水期流量是平水期的 2~3 倍。

矿区内年平均蒸发量为 1487.3 mm，最大蒸发量为 1866.4 mm，最小蒸发量为 1160.7 mm。每年 7、8 月蒸发量最大，占全年蒸发量的 28.2%；1—3 月蒸发量最小，占全年蒸发量的12.7%。

8.6.2.2　传感器安装

由于浸矿液，山体长期处于酸性水环境中，对传感器的抗酸性要求高。一般的传感器长期处于酸性环境中易导致仪器损坏，对其进行特殊处理则费用高昂；光纤传感器具有良好的抗酸碱性能，无须通电，具有独特的优势。因此，设计采用 2 套传感器共用的方式，一方面是为了确保在线监测系统的有效运行，另一方面是为了检验不同传感器在酸性矿山水环境条件下的适用性能。总之，采用 2 套传感系统，是为了弥补稀土矿山相关监测工程的空白，为日后离子型稀土矿山传感器的选择提供经验和借鉴，是对原地浸矿采场在线监测系统所做的积极探索。

根据稀土矿区采场在线监测系统主要内容与目的要求，结合其他边坡监测工程经验，须选择合适的传感器量程及精度。监测系统中使用到的数字式传感器有柔性位移计、测斜仪、土压力计，对应配套仪器有自动采集终端（含 GPRS 无线发送模块）、太阳能蓄电控制模组；使用到的光纤光栅（FBG）传感器有表面位移计、测斜仪、土压力计和渗压计，对应配套设备仅有光纤解调仪。一般稀土矿采场现场无支护工程，故不考虑支护应变传感器。

数字式传感器实质上是振弦式传感器，其基本结构是圆柱形金属筒两端接两个连接块，连接块位置随受力大小的变化而变化。在连接块之间接有一条钢弦，当外力作用于圆柱形金属筒两端时，钢弦松紧度发生变化，钢弦产生的振动频率也会发生变化，如图 8-99所示。

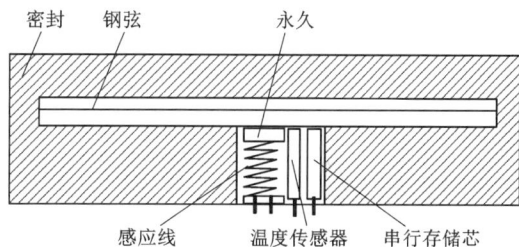

图 8-99　数字振弦式传感器结构图

把金属筒两端沿变形方向固定在被监测物上，被监测物的变形通过钢弦变化体现。当电流通过感应线圈激发钢弦做单向振动时，在感应线圈上有与钢弦振动频率相同的交流频率信号输出，经过放大、滤波、平滑处理，得到钢弦振动频率。温度传感器用于测量温度变化，标定数据和测量数据存储在串行存储芯片上。将所得振动频率与标定频率、标定温度比对，即可求得应变变化量。

Bragg 光纤光栅传感器（图 8-100）是在光纤材料上刻录一段纵向折射率周期性变化排列的光栅，将发光二极管、半导体激光等宽频光源注入光纤中，波长为 λ_B 的光会被反射回来，从而求得波长 λ_B 与光栅间距 Λ 的关系。应用上述原理将

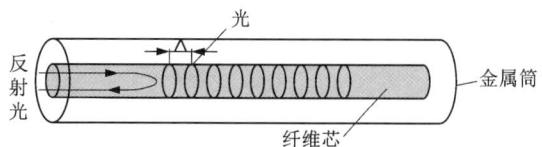

图 8-100　Bragg 光纤光栅传感器结构图

光纤光栅封装到弹性元件上，即可利用波长和温度的变化来求压力、位移、应力应变，实现光纤光栅传感器在岩土工程中的应用。

$$\lambda_B = 2n \cdot \Lambda \qquad (8-1)$$

光纤轴向变形或温度变化，引起栅格间距 Λ 和折射率 n 发生漂移，反射波长 λ_B 也相应发生漂移，反射波长差值 $\Delta\lambda_B$ 表示为

$$\Delta\lambda_B = 2n \cdot \Delta\Lambda + m \cdot \Delta T \qquad (8-2)$$

式中：λ_B 为光纤光栅的反射波长；n 为光纤折射率；Λ 为栅格间距；m 为光纤材料对温度的敏感系数；T 为温度。

应变公式为

$$\varepsilon = \frac{\Delta l}{l} = \frac{\Delta\Lambda}{\Lambda}$$

将式(8-1)、式(8-2)代入应变公式得

$$\varepsilon = \alpha_\lambda \Delta\lambda_B + \alpha_T \Delta T$$

式中：α_λ 为光纤光栅波长灵敏度系数；α_T 为光纤光栅的温度灵敏度系数。

龙南县关西稀土矿滑坡监测系统于 2013 年 12 月 9 日建成，在开采期间，实现了对试验采场坡体表面位移、孔隙水压力、土压力等物理量的远程在线监测，以及对滑坡预警提供支持。测点与测线布置如图 8-101 所示。

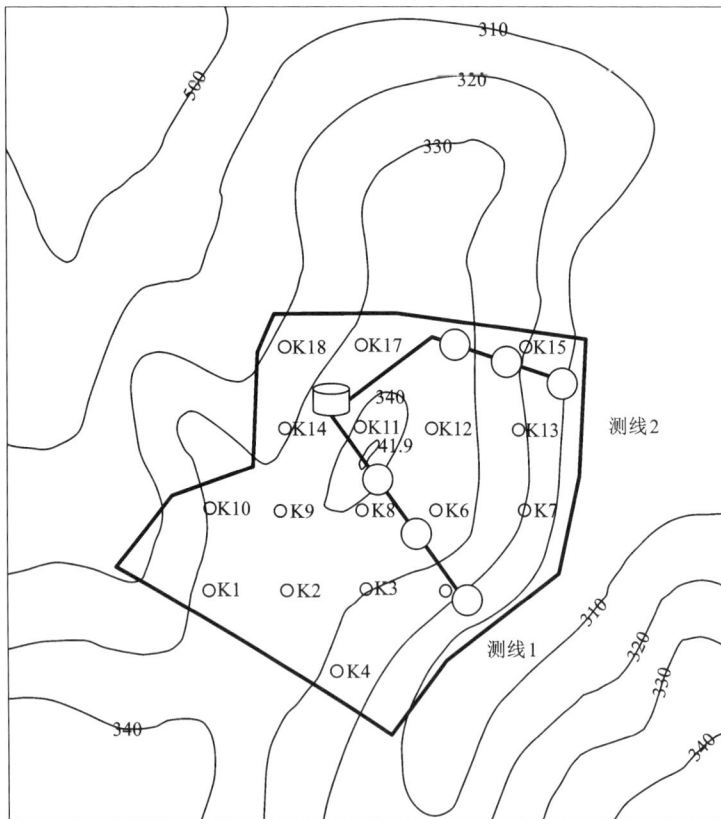

图 8-101　龙南关西稀土矿测点与测线布置图

除边坡表面位移计外，其他类型传感器均须钻孔埋设。钻孔孔径一般大于 80 mm，竖直偏差控制在±1.5%范围内，若有缩孔过快或塌孔现象，则须在钻孔完毕后套管维护。表面位移计的布设较为简单，只需将传感器两端固定于水泥桩体上，即可监测坡面位移变化。特别要指出的是，表面位移计金属保护杆应与坡面保持平行，且尽可能远离坡面。坡面上存在树根、蕨类植物等障碍物时，即使它们低于金属保护杆高度，也应一并清除，避免对传感器造成干扰；两端之间的坡面还应保持排水畅通。各类型传感器安装现场如图 8-102 所示。

(a) 光纤光栅表面位移计

(b) 数字式表面位移计

(c) 测斜管固定传感器

(d) 测斜管安装

图 8-102 各类型传感器安装现场图

孔隙水压(渗压)计布于孔底上部，先将小黏土球投入孔中并捣实，即将充填至预定渗压计位置时，改用粗砂充填至传感器被全部覆盖，以保证渗水充分进入渗压计，从而得到准确的孔隙水压力。土压力的布设方法则有部分差异，当用小黏土球充填至预定土压力位置时，改用中细砂以保证压力的均衡传递。在本次试验中，孔隙水压计和土压力计不单独布设，而是与测斜管固定后一起埋设于监测孔中。

埋设测斜仪时，须将测斜管连接起来，总长度约 10 m。埋设入孔时，可分段安装，也可全段组合后竖直置入孔内，安装后应保证测量方向与山体等高线方向一致。将测斜管、土压力计、孔隙水压计捆绑置入孔内，待各传感器布设完毕后，用小黏土球或原土回填并夯实监测孔，且在坡体表面设立相应标志。

8.6.2.3 传输网络构建

传输网络分为有线和无线两部分，有线部分采用 485 总线与传感器相连，无线部分应用移动通信公司的无线网络进行传输。数据采集终端[图 8-103(a)]通过 485 总线为传感器提供电力并采集传感信号。

数据采集终端按方案选择安装在山顶平地处，其基座由水泥浇筑而成。基座上承载太阳能板和防雷箱，箱子内安装有太阳能控制器、蓄电池、数据采集终端、无线传输模块。太阳能控制器负责切换 12 V 直流电源和太阳能电源，当太阳能电源在雨季无法满足工作需求时，其自动切换为直流电源以保证系统不受影响。

对于光纤光栅传感器，则使用光纤网络解调仪实现数据的采集和传输[图 8-103(b)]。光纤光栅传感器通过移动网络传输时，无须供电，只需将光纤直接接入网络解调仪。对于单个传感器解调，则可通过熔接光纤与光纤跳线来恢复光路，再将光纤跳线插入解调仪接口进行解调。所有工程完成后，将有线传输总线装入专用 PVC 小管，并浅埋于土体中，避免外壳被割断。此外，由于整个系统内有闭合电路，故还应布设相关防雷防水设施。

(a) 数据采集终端　　　　(b) 光纤网络解调仪

图 8-103　数据采集模块

8.6.2.4 在线监测系统

远程控制中心与数据采集终端通过无线传输模块进行通信。若数据采集终端调试运行正常，则在设置相应通信参数后，在远程控制中心设定对应通信参数。通信建立后，远程控制中心发出初始化命令参数，设定采集次序、采集时间间隔、采集误差控制等基础参数，而数据采集终端则将采集数据发回远程控制中心。

　　远程控制中心通过边坡在线监测控制软件实现各项功能。边坡在线监测控制软件拥有整个监测系统的管理权限,能够自动或人工实现对监测系统的完全控制,包括通信控制、数据管理两大核心功能。一方面,通信控制往往只需控制软件自行处理,而数据备份、处理和分发等数据管理功能则更多地要求进行人工控制,频繁的人工干预控制使得系统运行效率下降,甚至因操作失误导致系统崩溃。系统服务器版功能管理界面如图 8-104 所示。

图 8-104　系统服务器版功能管理界面

　　另一方面,边坡在线监测控制软件只运行于控制中心服务器上,由于存在跨平台及安全问题,手机、平板、安装不同系统的电脑均不能实现实时查看数据的功能,这与在线监测系统的初衷是相违背的,也有悖于信息化融合趋势。针对上述需求开发的边坡在线监测系统 Web 版,可根据用户登录后的操作权限,实现对监测数据的各项管理功能。在线监测系统服务器版与 Web 版相辅而成,各有侧重,各具优势。服务器版安全稳定,可实现所有控制功能;Web 版轻巧适用,可跨平台运行于所有浏览器上,即便在 Andriod、IOS 等平台的平板手机上也能实现数据的相关查询与管理。

8.6.2.5　滑坡预警实例

　　2013 年 12 月 9 日,开始对某山体注液,随着注液量的加大,山体表面出现裂缝。为了试探山体临界注液量,继续加大注液强度,山脚位置于 2014 年 1 月 17 日凌晨出现失稳现象,如图 8-105 所示。根据注液水表统计数据,2014 年 1 月上旬单日最高注液量为 850 m^3/d,注液均值超过 765 m³/d，而后通过降低注液量至约 700 m³/d，山体失稳不再继续发展，表明单日注液量应控制在 700 m³/d。

图 8-105 边坡失稳实例现场图

土压力数据显示，自 2013 年 12 月 26 日开始，三号监测点下部土压力急剧增大，14 日以后增大幅度减小，17 日出现坡脚失稳破坏，破坏后应力释放并达到新的平衡，即 19 日后土压力又趋于稳定。与此形成对比的是，三号监测点上部土压力计基本未受到压力，波动变化小，说明坡体位移主要发生在下部，但土压力缓慢增大说明山体总体上仍然向下移动，且土压力的监测表明失稳位置出现在全风化层。三号监测点土压力数据变化如图 8-106 所示。

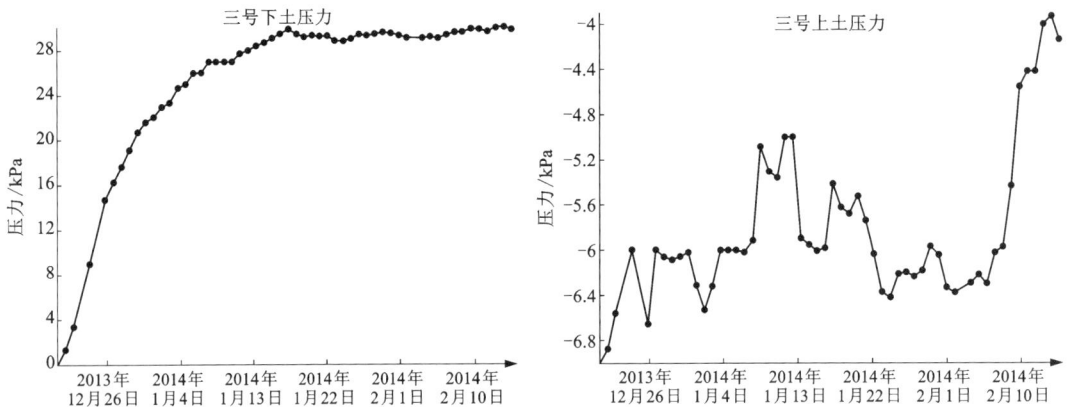

图 8-106 三号监测点土压力数据变化

六号监测点土压力监测值在该区间出现了先急剧上升、后急剧下降、再上升的变化过程，土压力高峰对应小面积滑塌前夕。这是由于注液和降雨使山体有下滑趋势，土压力逐渐增大，到某一临界点致使山体滑动，山体下部出现泄压过程，直到达到新的力平衡后，土体又开始积聚能量，所以土压力监测值又上升。五号监测点土压力监测值具有相似的变化规律，其对应的预警指标为土压力增速，临界值为 1.5 kPa/24 h。五号、六号监测点土压力数据变化如图 8-107 所示。

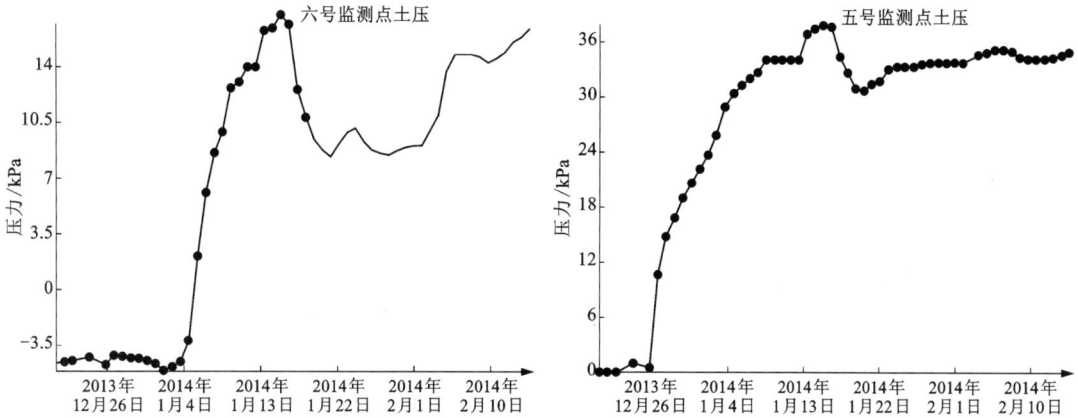

图 8-107　五号、六号监测点土压力数据变化

二号监测点位移在 2013 年 12 月 26 日至 2014 年 1 月 4 日期间，先迅速增大，后趋于平稳；三号监测点位移、五号监测点位移、六号监测点位移在 1 月中(下)旬增速较大，而后趋于平稳。位移计数据变化如图 8-108 所示。六号监测点测斜仪挠度曲线如图 8-109 所示，必须注意预防滑坡风险。

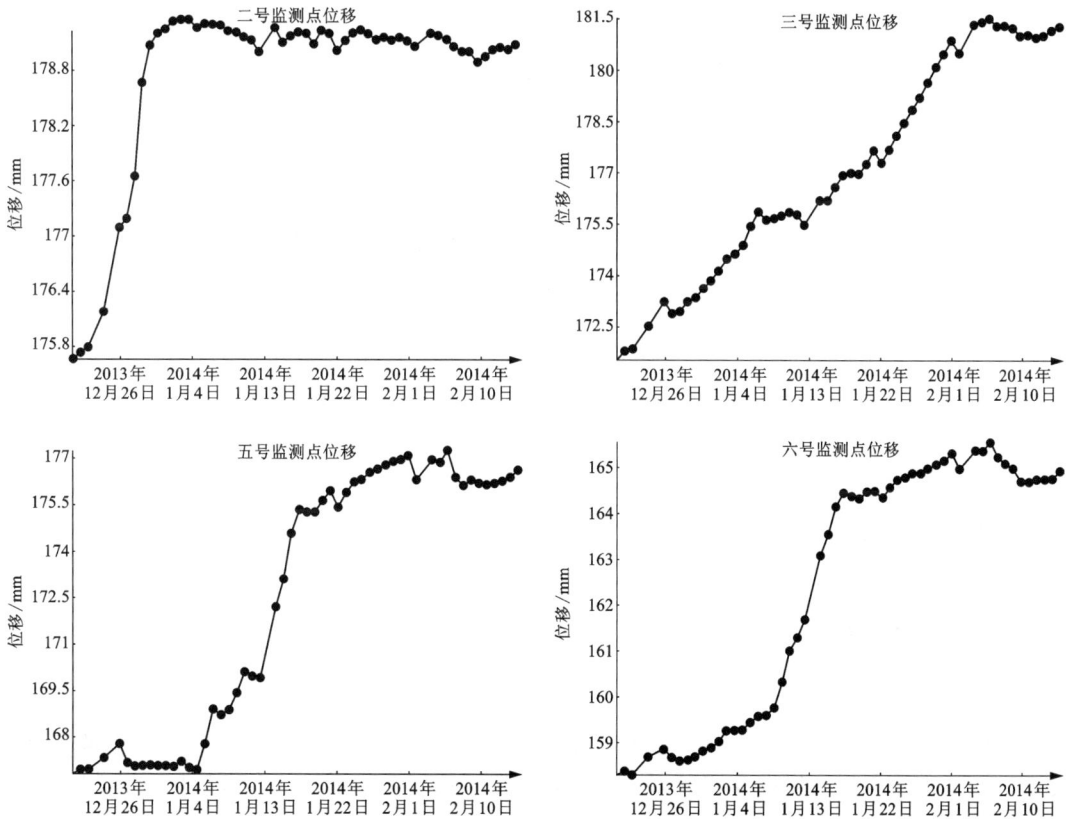

图 8-108　位移计数据变化

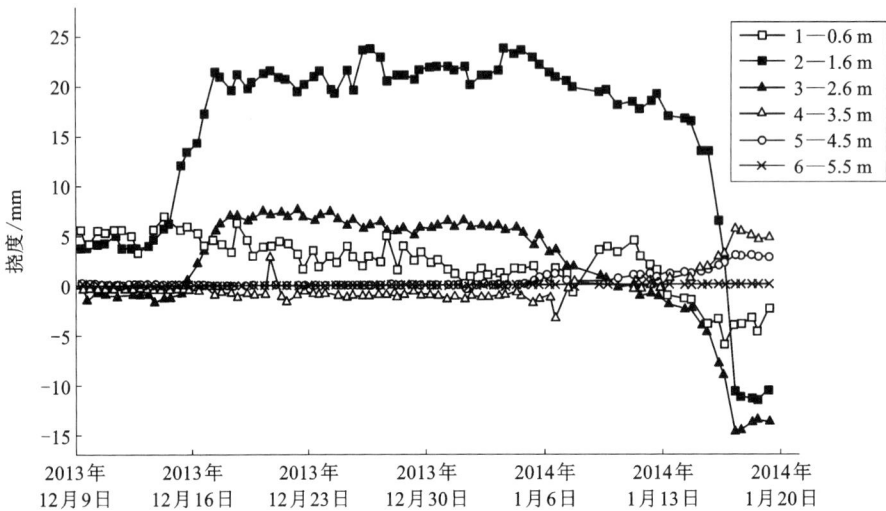

图 8-109 六号监测点测斜仪挠度曲线

远程监控中心在比对异常数据后，及时通知现场人员减少注液量，注意控制注液速度，特别是在降雨天气，尤其要加强安全管理，预防大面积山体滑坡的发生。经过 1~2 周的注液调控后，各参数回归正常变化范围，实现了离子型稀土矿滑坡的自动综合预警，可为矿山安全生产决策提供实时参考，从而提高矿山安全生产保障能力。

随着信息技术的发展，生产力的提高不仅依靠企业管理水平的提升，还越来越多地加入了信息化技术。不久的将来，融合数字化、信息化和自动化技术的智能采矿，将变革矿山传统的生产工艺和管理模式，将极大提高生产效率和安全水平。智能矿山的核心任务是建立统一的矿山时空框架，整合各类矿山数据资源，关联矿山各类软件系统与数据流，为矿山设计、生产作业、安全管理、应急救援等提供基础平台和决策支持。基于传感器的矿山物联网系统，是离子型稀土矿智能矿山建设的核心子系统。在此基础上，进一步研发基于水位反馈的自控制注液和收液系统，即可初步实现离子型稀土矿山的信息化改造，最终构建基于数字化、云计算、物联网协同管理的科学智能采矿体系，实现离子型稀土矿山的全过程自动化开采和智能开采。

8.7 风险分级管控

8.7.1 业务流程

安全风险分级管控作为生产安全事故双重预防机制核心之一，主要是指通过建立危险源识别、风险评估、风险管控等基础工作标准，识别生产活动中存在的危险源，并采取适当的风险评估方法确定其风险程度和分级，再制定相应的管理控制措施，将事故风险控制在可接受程度。风险分级管控具体业务流程如图 8-110 所示。

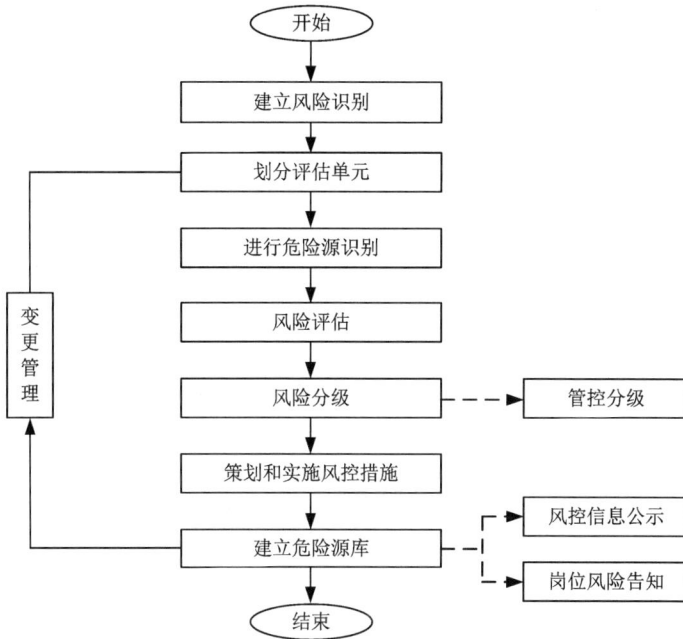

图 8-110 风险分级管控具体业务流程图

8.7.2 功能体系

风险分级管控模块(图 8-111)主要包括建立风险分级管控标准,风险识别、评估和控制,危险源库管理三个部分,其中建立风险分级管控标准是基础,风险识别评估和控制是核心,危险源库管理是目的。

8.7.2.1 建立风险分级管控标准

用户可根据相关国家标准、地方标准或行业标准建立适用于本单位的危险源识别方法[如工作危害分析法(JHA)和安全检查表法(SCL)]、风险评价分级方法[如作业条件危险性分析法(LEC)和风险程度分析法(MES)]、风险控制措施的标准方法,这些标准方法作为基础数据元将在后期风险识别评价控制中直接应用。

8.7.2.2 风险识别、评估和控制

1)危险源识别

危险源识别主要包括两个步骤:

(1)划分评估单元:用户可根据设施、部位、区域、场所、作业活动等划分评估单元,并

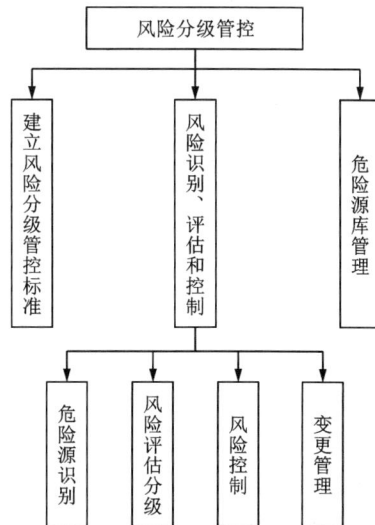

图 8-111 风险分级管控功能结构图

将评估单元分解到可直接进行危险源识别的层级(即评估子单元)。

(2)危险源识别:针对评估子单元,用户可在系统内根据选取的识别方法输入识别出的危险源,并对危险源的类别、状态、事故后果等因素进行分类,系统将自动生成危险源识别表。

2)风险评估分级

用户可在系统中针对识别出来的危险源,根据选取的风险评价方法(如作业条件危险性分析法)选择匹配的评价指数(如 L、E、C 值),由系统自动生成风险评估值和风险分级结果(如红、橙、黄、蓝四级),并分配对应管控层级部门。系统同时支持根据重大风险判定原则进行直接判定。

3)风险控制措施

用户可根据前期制定的风险控制措施标准直接选择合适的控制措施类别,并对控制措施进行具体描述和定义,同时根据管控分级要求明确相应的管理部门和管理责任人。

4)变更管理

当生产条件出现变更时,用户可对受变更影响而新增或变化的危险源重新进行风险识别评价分级和制定控制措施。

8.7.2.3　危险源库管理

系统在危险源识别评估和控制措施等信息全部录入完毕后自动生成危险源库,危险源库管理主要包括:

(1)危险源台账的上报审批管理。

用户可在系统内对危险源台账进行上报,并根据需要提供审批管理功能。

(2)危险源的统计分析。

用户可根据危险源台账的主要要素如危险源类别、风险等级、责任部门等进行数据统计和分析,形成可视化数据看板,帮助用户尤其是领导层和管理层全盘把握风险概况,了解风险管控工作重心,科学决策。

8.7.3　应用案例

某矿山为强化风险管控意识、规范隐患排查治理,落实安全生产的关口前移工作,结合《标本兼治遏制重特大事故工作指南》(国务院安委办〔2016〕3 号)要求,构建风险分级管控与隐患排查治理双重预防机制,实现双重预防机制工作的标准化、信息化作业,同时解决安全管理标准不统一、信息流通不畅等问题,着力推进开发建设风险管控平台。

平台主要提供危险源识别、风险评价和控制措施策划管理和隐患排查治理全过程管理,一方面帮助企业掌握安全风险分布情况,实施精准监管,另一方面厘清隐患排查治理业务流,及时有效地跟踪和促进隐患整改工作。

1.系统功能

(1)基础信息和标准维护。

平台支持建立风险分级管控和隐患排查治理业务所采取的工作标准,如建立评估单元树、采用工作危害分析法(JHA)进行危险源辨识并建立相应模板工作表、采用工作条件危险性评价法(LEC)进行风险评价分级并建立取值列和自动分级函数、明确隐患排查类别(包括日常隐患排查、综合性隐患排查、专项性隐患排查、季节性隐患排查、专家诊断性检查)等。

（2）危险源辨识、评价和控制。

用户在各评估单元基础上通过使用工作危害分析表识别危险源并自动录入危险源识别库，划分危险源类别(人、物、环、管)、状态(正常、异常、紧急)、事故后果，选取正确的 $L/E/C$ 评价指数，自动计算风险值 D，并根据 D 值进行红、橙、黄、蓝四级风险分级，再选择合适的管控措施(如工程技术措施、管理措施、教育培训、劳动防护、应急预案等)并进行具体说明，最后制定责任部门和责任人员，最终形成本单位危险源台账。

用户对危险源台账进行审批管理，并根据需要提取数据以供其他宣传、教育使用。

（3）隐患排查治理。

用户在平台内建立隐患排查计划并发布，然后根据已建立的隐患排查表和排查计划实施排查，再通过电脑端或移动端录入排查信息，形成隐患排查记录表，排查发现的问题则通过排查记录表页面跳转或者直接进入隐患登记页面进行隐患登记和发布，相关责任人通过系统接收隐患整改通知，进行整改并反馈整改情况后申请验收，在系统内根据验收申请通知进行验收和隐患闭环。

系统对逾期的隐患整改提供告警提示，并时刻跟进重大事故隐患整改进度。

（4）统计分析。

平台根据安全管理相关数据模型自动对危险源台账和隐患排查治理台账进行统计分析，形成风险分析和隐患排查治理分析数据图表，帮助领导层和管理层直观了解风险管控和隐患治理工作的重点、难点。

2. 系统效果

平台以信息化手段帮助企业构建安全生产管理双重预防机制，通过建立风险识别评价控制措施及隐患排查治理标准数据模块，实现风险分级管控和隐患排查治理工作的标准化、信息化作业。

标准化使双体系管理工作标准统一、有法可依。信息化则建立业务、人员一张网，实现工作的快速流转和沟通，提高安全管理全员参与度，同时管控平台的信息数据处理能力，从而帮助企业发现安全管理弱项，方便对症下药，最终达到增强安全文化氛围、提升安全工作效率、提高安全管理绩效的效果。

8.8　隐患排查治理

8.8.1　业务流程

隐患排查治理作为生产安全事故双重预防机制核心之一，主要是指通过建立隐患排查类别、隐患排查表、隐患等级等基础工作标准，按计划开展隐患排查，并针对排查发现的隐患进行登记、整改、验收销案的全过程闭环管理，从而构筑起防范事故发生的最后一道防线。隐患排查治理具体业务流程如图 8-112 所示。

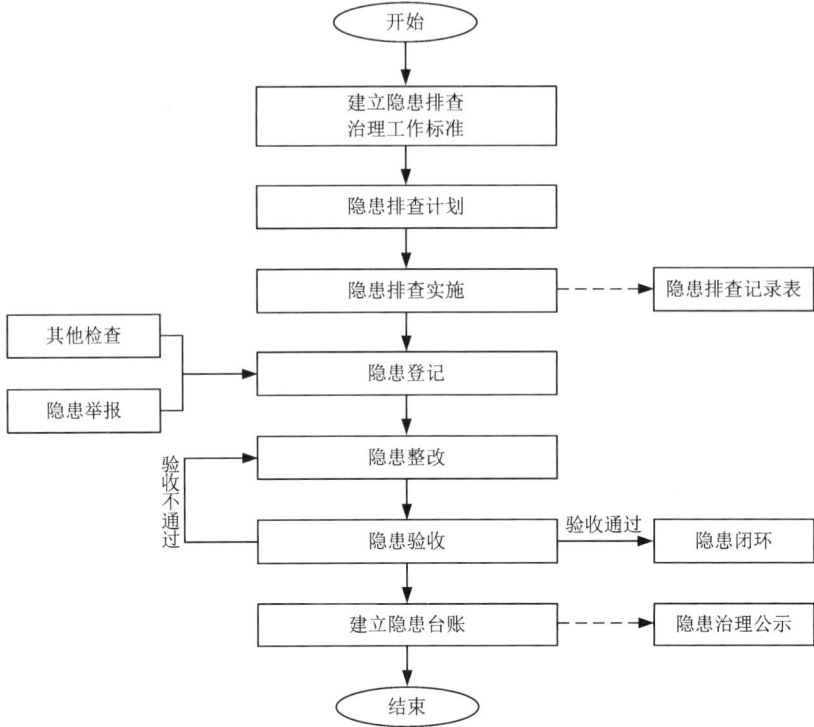

图 8-112　隐患排查治理业务流程图

8.8.2　功能体系

隐患排查治理功能模块(图 8-113)主要包括隐患排查治理工作准备、隐患排查治理、隐患排查治理台账管理三个模块。其中隐患排查治理工作准备是基础,隐患排查治理是核心,隐患排查治理台账管理是方法。

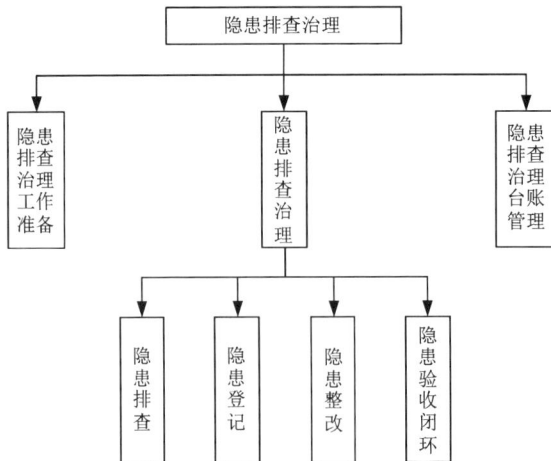

图 8-113　隐患排查治理功能结构图

8.8.2.1　隐患排查治理工作准备

隐患排查治理工作准备主要包括：

(1)隐患排查治理工作标准建立。

用户根据相关标准结合单位实际情况在系统中定义隐患排查类别、排查内容、排查方法、排查层级、排查周期、隐患类别、隐患等级等，形成基础数据和标准，供后期隐患排查治理功能模块选择使用。

(2)隐患排查表建立。

系统支持用户建立适用各排查类别和排查层级的隐患排查表。排查表的排查项目分为生产现场类隐患和基础管理类隐患，主要是对风险控制措施(即风险分级管控环节数据)的完整性、有效性，以及适用法律法规标准要求的合规性进行验证。

8.8.2.2　隐患排查治理

隐患排查治理措施主要包括：

(1)隐患排查。

用户根据需要在系统内建立或者由系统根据前期建立的工作标准自动建立隐患排查计划并选择相应的隐患排查表，排查计划可通过系统通知相关人员。用户根据排查计划实施排查，并在排查过程中通过移动端在该隐患排查表内记录排查结果，最终形成隐患排查记录表。

(2)隐患登记。

对于用户在隐患排查过程中发现的问题，可在系统移动端或者电脑端跳转到隐患登记工作界面进行隐患登记，录入相关信息，如隐患描述、隐患类别、隐患等级、整改部门、责任人、整改时限、整改措施等。系统支持用户根据权限配置对登记的隐患下发整改通知，并提供整改逾期告警功能。

系统同时支持对其他如监管部门、第三方机构检查和隐患举报发现的隐患进行登记。

(3)隐患整改。

用户在系统电脑端或移动端接收到隐患整改通知，并进行整改后将整改情况和附件资料如照片、文档等录入该隐患台账。系统支持用户发起验收申请功能。

(4)隐患验收闭环。

用户在系统电脑端或移动端接收到隐患验收申请，查验整改情况后录入验收意见，通过验收则隐患自动闭环，不通过验收则该隐患流程返回隐患整改环节。

系统支持对各流程节点用户提供工作提醒功能。

8.8.2.3　隐患排查治理台账管理

系统自动汇总各节点隐患信息，形成本单位隐患排查治理台账。隐患排查治理台账管理主要包括：

(1)重大事故隐患管理。

系统根据隐患台账筛选建立重大隐患治理台账，并提供可视化数据图表显示整改进度，方便用户重点关注和跟进。

(2)隐患统计分析管理。

系统根据隐患责任部门、隐患整改进度、隐患类别、隐患等级等因素对隐患数据进行统计分析，形成可视化的数据图表，帮助用户尤其是领导层和管理层掌握单位安全工作缺陷和弱项，对症下药，精准施策。

8.8.3 应用案例

某黄金矿山针对风险分级管控与隐患排查治理需求，建立了相关信息化系统，系统通过隐患排查治理功能模块聚焦优化隐患排查治理作业模式，将传统线下纸质隐患排查治理方式改为线上电子化操作，提高了信息流转效率和隐患治理效率；同时，通过对数据的自动智能统计分析，发掘隐患数据价值，为企业重防重控管理提供参考。

1. 系统功能

（1）基础信息维护。

根据单位实际情况，在系统内建立单位安全检查区域树，并结合隐患排查工作实际需求，建立相应安全检查表。

（2）安全检查表登记和隐患排查。

用户组织隐患排查时，选择当次排查工作对应的安全检查表，逐一比对排查现场实际情况和标准要求，记录不符合项。

（3）隐患登记。

隐患排查人员针对排查中记录的问题在 APP 端或 Web 端进行隐患登记，确定整改要求、时限、责任人员信息并下发整改通知。

（4）隐患治理（整改/签转/延期）。

隐患整改人收到整改通知，进行隐患整改后在 APP 端或 Web 端进行整改情况反馈和申请验收。

（5）隐患验收和销号。

隐患验收人和销号人收到验收申请和销号申请后，进行验收和销号处理。

（6）隐患数据统计分析。

以安全管理理论方法对隐患排查治理形成的数据记录进行统计和分析，从宏观层面把握隐患治理情况，把控重点治理领域和方向。

2. 系统特色

（1）支持隐患排查治理闭环流程全过程 APP 端处理。

（2）支持用户随时随地对表进行检查，防止遗漏检查项和减少业务能力水平对隐患排查的影响。

（3）APP 支持在联网和离线两种状态下隐患排查和登记工作，尤其适用于矿山井下环境。

8.9 应急调度管理

8.9.1 业务流程

应急调度管理，指根据风险分级管控环节确定的重大、较大风险，通过制定应急预案、配置应急保障资源、配备应急值守人员、开展应急演练，达到对重大、较大风险预警信息的及时接收处理、应急调度指挥和处置能力提升的目的，从而控制事故范围、减少事故损失。应急调度管理具体业务流程如图 8-114 所示。

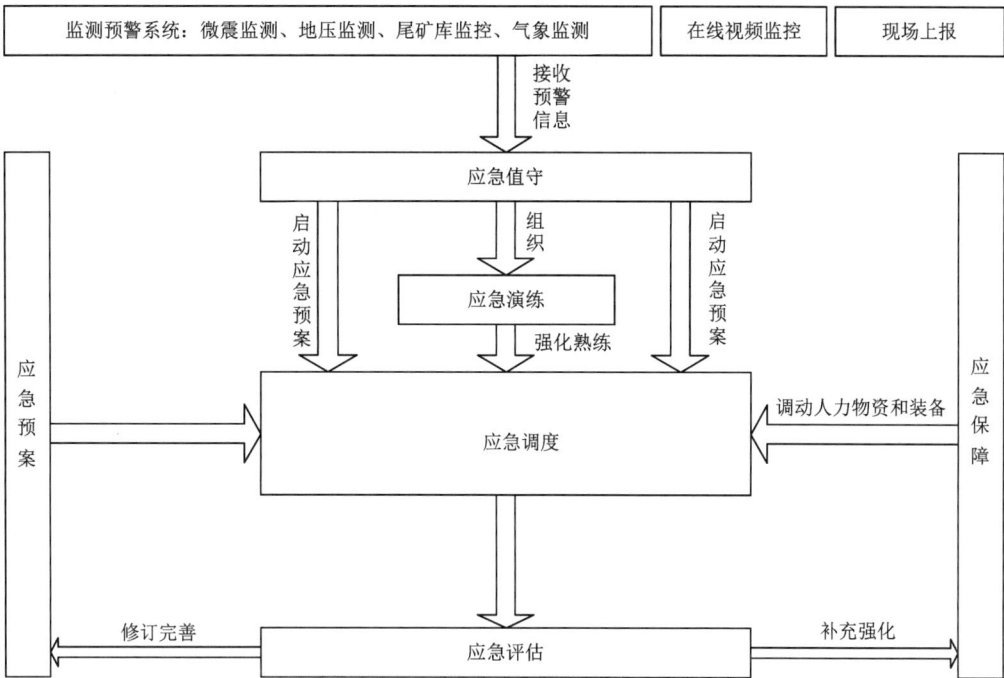

图 8-114　应急调度管理业务流程图

8.9.2　功能体系

应急调度管理功能模块（图 8-115）主要包括事前应急准备、事中应急响应和事后应急评估三个部分。其中应急准备包括应急预案管理、应急保障管理、应急演练管理、应急值守管理；事中应急响应即应急调度指挥；事后应急评估即应急评估管理。

8.9.2.1　应急预案管理

系统根据《生产经营单位生产安全事故应急预案编制导则》（GB/T 29639）标准要求，针对相关要素如应急预案类别、预警分级、响应分级等建立基础数据标准，并针对各类别应急预案建立预案模板结构框架。

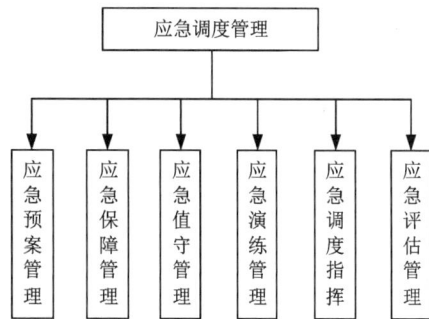

图 8-115　应急调度管理功能结构图

用户在编制预案时选择预案类别，由系统自动生成预案模板，用户在模板结构框架内按照向导进行预案编辑，或者参照某项已编成预案进行修改编制，生成数字化、模块化结构预案。结构化内容包括应急小组、应急处置措施等。系统支持预案保存、修改、删除、审批、导出等功能。

通过将预案要素数字化、模块化，用户能够在应急调度指挥功能模块选择预案、分级预警、分级响应，检索出模块化的应急小组和应急处置措施进行分工安排和精准施策。

应急预案管理还包括电子地图制作接口，通过该接口可在电子地图上进行定位、标注和文字的编写，实现应急预案"一张图"的效果，让用户对单位全盘事故风险及预案有一个可视化的认知，用户也可通过电子地图上的预案跳转进入应急调度指挥界面。

8.9.2.2 应急保障管理

应急保障管理主要包括对应急物资装备、应急队伍、应急专家、外协支援等应急资源的管理。其主要针对应急资源的基本信息、位置信息和非结构化信息进行分类管理。基本信息管理是为了更方便检索，位置信息管理是为了直观展现应急资源的地理位置，非结构化信息管理是为了提供更多结构化信息所没有包含的信息。

应急保障管理指对应急资源的属性信息和状态进行管理，形成数字化、模块化数据。用户能够在应急调度指挥功能模块检索出模块化的应急资源数据，并根据应急处置需要调度部署相应的资源。

应急保障管理还包括通过电子地图制作接口在电子地图上进行定位、标注和文字的编写，实现应急资源"一张图"的效果，使用户全盘了解应急资源状态和分布情况。

8.9.2.3 应急值守管理

应急值守管理主要包括预警告警数据接入、预警或事故信息上报和处理、值守计划和记录等的管理。

预警告警数据接入：指系统接入诸如微震监测、地压监测、尾矿库监控、极端天气预报等系统预警数据，通过视频监控画面、人员上报，以及其他途径接收事故预警或事故信息。

预警或事故信息包括预测预警信息、现场图片、音频、视频等多媒体信息。系统同时利用空间地理信息系统进行快速定位，在调度屏幕上显示灾害区域，并借助视频监控系统显示现场实时图像。预警或事故信息上报和处理：指针对系统接收到的事故预警或事故信息，系统自动或由值守人员在系统中建立预警信息台账，值守人员根据相应应急预案通过系统、电话、当面报告等方式上报预警信息，预案应急总指挥根据上报信息决定是否启动应急预案进行处理（后续进入应急调度管理）。预警信息处理结果由值守人员进行跟踪记录闭环。

值守计划和记录：值守人员在系统中定期建立应急值守工作计划，并对应急值守工作日常情况进行记录。

8.9.2.4 应急演练管理

应急演练管理主要包括应急演练计划管理和应急演练记录管理。

应急演练计划管理：系统提供应急演练计划编制功能，可同时建立演练方案和脚本数字化结构，用户可在建立演练计划后根据模板结构编写演练方案和脚本，同时可在系统中对演练计划和方案进行审批和发布，以供相关人员查看熟悉。

应急演练记录管理：用户可在演练计划下建立相应演练记录，录入实际演练信息和总结报告。

8.9.2.5 应急调度指挥

系统调用应急预案管理、应急保障管理、应急值守管理模块数据，通过网络互连，建立基于三维电子地图的应急调度指挥中心及支撑平台，主要支持以下功能：

（1）事故精准定位。

中心调度界面同步展示应急值守管理模块预警信息或事故信息，为调度指挥中心提供现场实时状态信息。

（2）应急处置方案、措施的智能制定。

支持用户根据预警信息或事故信息，启动相应应急预案，并自动提取和显示该预案应急处置工作分工和处置措施等模块化数据，为用户提供正确快速的技术支持。

（3）资源、队伍、专家的在线调度。

支持用户根据应急处置工作需要，在应急资源"一张图"上对应急资源如抢险物资工具、应急专家、外部医疗机构等进行联系和调度安排，并实现资源在三维电子地图上的运动态势展示。

（4）避灾路线智能分析和建立。

基于信息化矿山的基础信息，整合巷道系统、通风系统、供水压风等数据在应急调度管理系统中叠加显示，利用自动化监控系统和矿井通信系统，直观显示和查看灾害点位置及环境等信息，系统通过基于矿山巷道系统的最短路径分析、加权最短路径分析，建立最佳避灾路线。

（5）通信系统支撑。

调度指挥中心通过互联网、5G 等网络互连方式，保障中心与事故现场及应急保障单位的信息沟通传递。

8.9.2.6 应急评估管理

系统根据《生产经营单位生产安全事故应急预案评估指南》（AQ/T 9011）标准要求，建立应急预案评估报告及评估表模块化结构。用户可在系统中建立评估记录，并在该记录下按照评估报告及评估表模板结构，输入评估报告内容如评估人员情况、预案基本情况、预案评估内容、预案适用性分析、评估结论等。

系统可根据需要提供评估报告审批、发布和导出功能。

8.9.3 应用案例

某矿山应急救援管理系统（图 8-116）是一套面向矿井应急管理领域的专业管理软件，用于建立和强化生产矿井应急救援管理体系，规范预案编制及审批，建立应急救援资源及管理信息数据库，强化应急救援日常工作的组织、监督，并以应急救援资源数据库为基础，建立应急处置、指挥及演练综合性平台，全面提升矿井应急组织能力、保障能力及应急指挥能力，为矿山安全生产提供科学有效的技术保障。

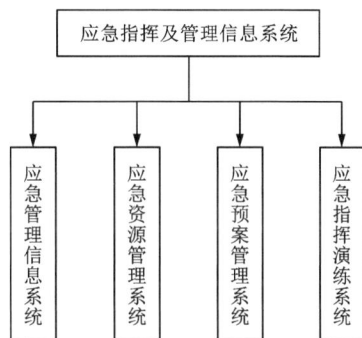

图 8-116 应急救援管理系统结构图

1）系统组成

（1）应急管理信息系统。

应急管理信息系统是应急管理信息门户，是组织、宣传各项应急工作的专业网站。生产矿井、集团公司的所有人员均可通过此网站了解矿井应急工作的开展情况，并起到全面宣传、监督及管理的作用。

（2）应急资源管理系统。

建立完备的应急资源数据库，是快速、有效实施救援指挥的必要条件。应急资源数据库将救援所需要的物资装备信息、指挥人员信息、救援措施及井下安全生产相关的技术资料融合为一个整体，通过它可以快速掌握所需要的一切应急资源信息。

（3）应急预案管理系统。

系统可在线查看综合预案、专项预案及现场处置方案，方便快捷地在线查看预案内容。

（4）应急指挥演练系统。

系统提供对应急救援演练的计划和记录管理，通过应急演练及评估改进，不断强化提升应急救援处置实战能力。

8.10 安全实训平台

8.10.1 业务流程

安全实训平台(图8-117)是集安全虚拟实训和安全实训管理为一体的综合平台。安全虚拟实训通过 VR 技术使体验者"身临其境"感受事故发生的过程、以第三视角分析了解事故原因、在三维场景内实时考核,从而达到安全教育培训的目的。安全实训管理则是为方便用户使用与管理而推出的一个云平台系统,安全虚拟实训过程中生成的实训数据可通过此平台进行集中管理。

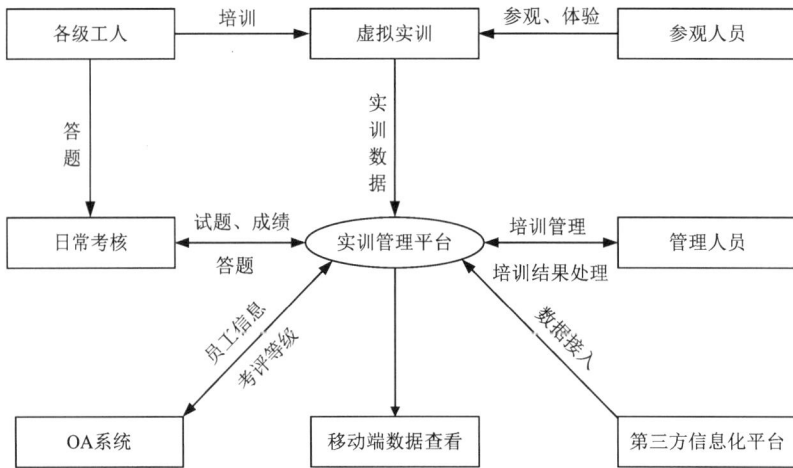

图 8-117 安全实训平台业务流程图

8.10.2 功能体系

8.10.2.1 安全虚拟实训

安全虚拟实训以提高安全教育培训效率、改善安全教育效果为目标,融合三维建模技术、虚拟角色人工逻辑控制实现技术、多人协同 VR 技术、面向感知信息与模型的系统集成技术等先进技术;涵盖了矿山常见的事故类型,如冒顶片帮事故、火灾中毒窒息事故、机械伤害事故、车辆伤害事故、触电事故、高处坠落事故、爆破事故、坍塌事故、起重伤害事故、物体打击事故、中毒窒息事故这十一类事故类型。

每类事故分为三个模块,分别是事故过程体验、事故原因分析及事故考核。事故过程体验选取矿山典型事故作为事故蓝本,还原事故发生场景,通过动作捕捉技术由人员演绎事故发生经过,还原过程,让体验者"真实体验"事故发生过程。事故原因分析是针对典型事故过程,在体验馆里,回溯事故过程中的违章、违规画面,逐条分析事故发生原因,同时总结防范和整改措施。事故考核是针对日常作业、维保过程中可能存在的违章和违规行为,选取典型场景,抛出若干典型问题给员工,考核员工是否熟悉操作规程及规章制度。其中问题提供两个选项,若选择正确,就展示操作后的正确作业过程;若选择错误,则展示违章操作可能会造成的事故。让员工亲历事故,以达到警示教育的目的。矿山安全虚拟实训如图 8-118 所示。

(a) 机械伤害

(b) 坍塌

(c) 冒顶片帮

(d) 中毒与窒息

(e) 火灾事故

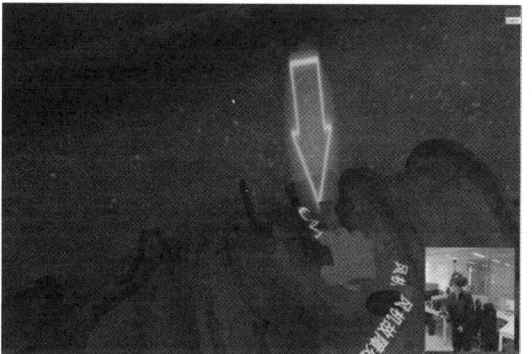

(f) 触电事故

(g) 高处坠落

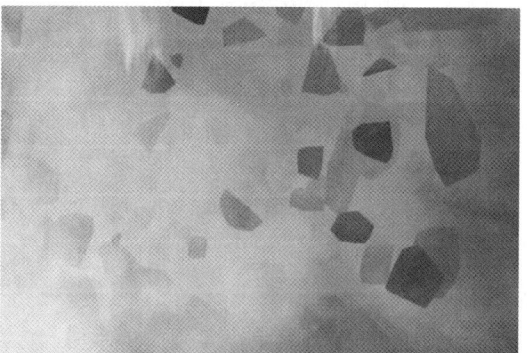

(h) 物体打击

(i) 放炮　　　　　　　　　　　　(j) 起重灾害

图 **8-118**　矿山安全虚拟实训

8.10.2.2　实训管理

矿山安全虚拟实训管理系统将各级工人和参访人员参加安全虚拟实训的数据及时存储管理，用户可通过系统的档案管理、资源管理、课程管理以及考核管理几大模块，为不同用户类别推送相匹配的虚拟实训系统进行实训与考核，并对结果进行记录与反馈，形成一套完整的安全实训体系。同时，该系统可对接企业的人员管理系统等第三方信息化平台录入的监察数据，直接管控每一位矿山人员的安全培训任务，切实将安全培训任务落实到每一位矿山人员身上，增强培训效果，减少整体培训时间成本，提高培训效率。使用人员也可通过移动客户端扫码登录使用该系统，可实时查看自己的培训档案。矿山安全虚拟实训管理系统如图 8-119 所示。

8.10.3　应用案例

某铅锌矿安全虚拟实训平台包括安全生产实训视频、安全虚拟实训系统、设备虚拟实训系统、虚拟实训管理系统、虚拟实训硬件系统，采用虚拟仿真、三维动画和信息化平台，开启易于接受、易于理解的培训新模式，可视化表达安全生产知识

图 **8-119**　矿山安全虚拟实训管理系统

点，有效提高安全培训质量。其中安全虚拟实训系统包含冒顶片帮、机械伤害、触电三大类事故的安全警示教育。

（1）建设内容。

矿山安全虚拟实训平台整体建设内容如表 8-17 所示。

表 8-17　某矿山安全虚拟实训平台建设内容

序号	建设内容	分项	子项	数量	单位
1	安全生产实训视频	下井安全须知培训视频	下井须知	1	项
		生产认知培训视频	生产认知	1	项
2	安全虚拟实训系统	矿山事故警示教育（VR 版）	冒顶片帮	1	套
			机械伤害	1	套
			触电	1	套
3	设备虚拟实训系统	设备虚拟实训	撬毛台车	1	套
			凿岩台车	1	套
			铲运机	1	套
4	虚拟实训管理系统	培训档案管理	培训档案管理	1	套
		培训资源管理	培训资源管理	1	套
5	虚拟实训硬件系统	虚拟实训装备	现场定制	1	项

（2）建设成果。

部分建设成果如图 8-120~图 8-122 所示。

图 8-120　矿山安全虚拟实训中心

图 8-121 矿山安全虚拟实训系统

(a) 安全生产班前会议

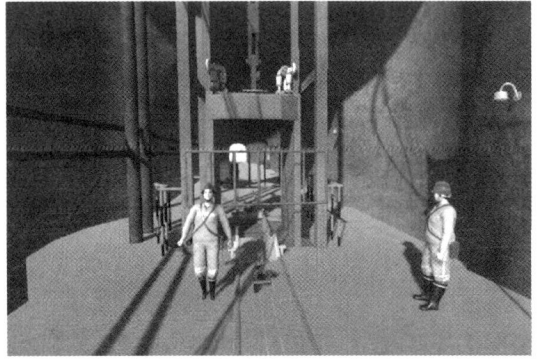

(b) 马头门

(c) 凿岩台车作业

(d) 铲运机作业

图 8-122 矿山安全虚拟实训系统软件画面

8.11　智能化安全识别与预警

8.11.1　业务流程

智能化安全识别与预警通过明确预警项目、制定预警指标、界定报警阈值、采集和输入监测指标、自动判断是否达到报警阈值、发出预警信息并经处理后确定是否转入应急调度管理环节。其作为风险管控的自动化工具，帮助企业实现对隐患的早发现、早处理，达到及时消除隐患、控制事故的目标。智能化安全识别与预警具体业务流程如图 8-123 所示。

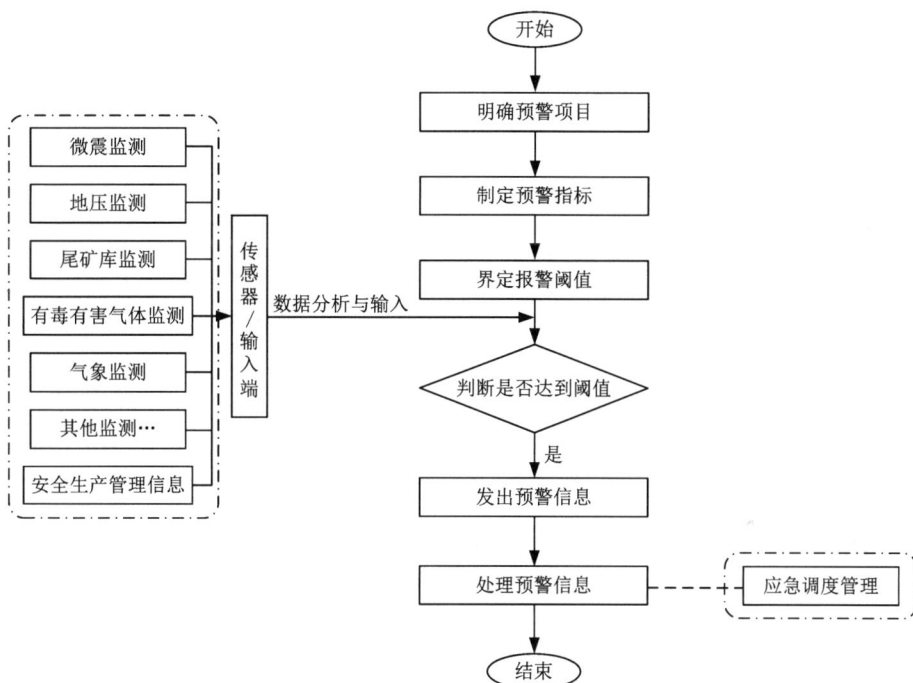

图 8-123　智能化安全识别与预警业务流程图

8.11.2　功能体系

智能化安全识别与预警体系(图8-124)主要包括风险在线监测预警和风险趋势分析预警两种类型。风险在线监测预警是指针对影响生产环境安全的内外部物理因素进行动态监测与预警；风险趋势分析预警是指根据在线监测预警信息结合安全生产管理要素对整体安全生产形势和发展的研判与预测。

8.11.2.1　风险在线监测预警

常见的风险在线监测预警有微震监测、地压监测、尾矿库监测、有毒有害气体监测、气象监测及其他监测系统等。这些在线监测系统对生产环境内外部存在的重大风险因素如位移量、渗流压力、岩石应力、有毒气体含量、氧含量、降雨量等通过前置的传感器、采集器、分析仪等工具进行数据采集，并通过网络上传到系统数据处理中心，系统数据处理中心通过预

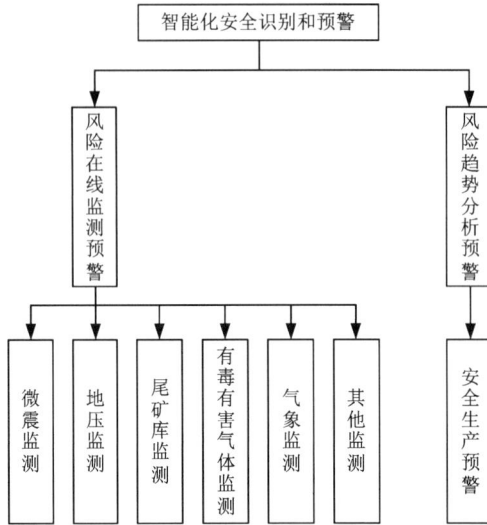

图 8-124 智能化安全识别与预警体系结构图

设逻辑判断重大风险因素指标是否达到阈值，进而根据判断结果确定是否发出预警信息，系统管理人员根据预警信息进行问题的处理或者进入应急调度处置环节。

8.11.2.2 风险趋势分析预警

风险趋势分析预警通常指安全生产预警系统，其通过收集安全管理工作指标，输入预警预测数据模型，生成预警预测指数图，从而表征当前及未来一段时间的安全生产风险状态。安全生产预警系统功能结构如图 8-125 所示。

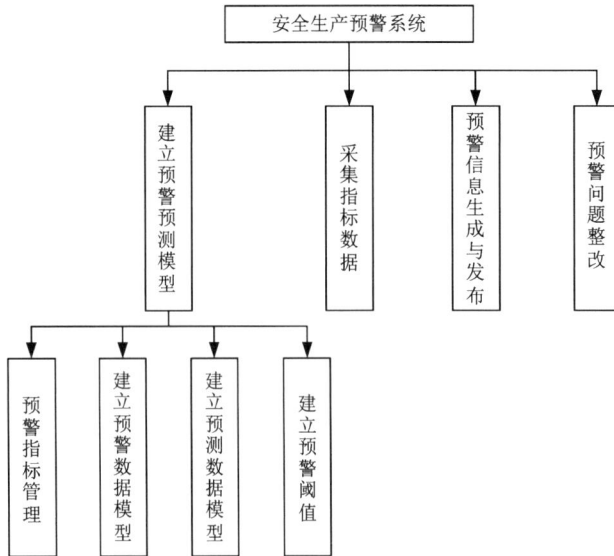

图 8-125 安全生产预警系统功能结构图

（1）预警指标管理。

系统根据用户需要选取合适的预警指标如事故隐患（包括隐患等级、隐患整改情况等）、安全教育培训（包括培训级别、培训时间比等）、应急演练（包括应急演练级别、演练影响等）、生产安全事故（包括事故等级、事故类型等）、人的因素（包括职业技能等级、工龄、劳动强度等）、物的因素（包括设备功能完好率、超负荷运行率等）等，并对各指标的权重进行定义。

（2）建立预警数据模型。

系统通过对预警指标进行量化，结合各指标权重，建立数学模型，得出安全生产预警指数，表征当前安全生产状态。安全生产预警指标根据其对安全生产状况的影响，对安全生产预警指数的生成产生正向和负向的系数影响。

$$SPI = I_1W_1 + I_2W_2 + I_3W_3 - I_4W_4 - I_5W_5 - I_6W_6 - I_7W_7 + I_8W_8$$

式中：SPI 为企业安全生产预警指数值（safety precaution index）；W_n 为各指标所对应的权重，$n = 1，2，3，4，5，6，7，8$。

（3）建立数据预测模型。

系统可采用指数预警法、统计预警法、模型预警法等，通过对历史安全生产预警指数的运算，建立数据预测模型，计算出未来时间点的生产安全数值，对未来生产安全状态进行预测。

对预测模型应进行有效性验证，确保预测模型与其所反映的趋势保持一致，以及预警系统的有效性。

（4）建立预警阈值。

安全生产预警状态可划分为安全、注意、警告、危险 4 个等级，预警阈值为各等级之间的界定数值。预警阈值可根据企业历史预警指数与企业事故发生状况或风险可接受程度来确定。预警阈值可用 3 个数值来表示，记为 $a，b，c$。

表 8-18　预警状态分级表

预警等级	安全	注意	警告	危险
预警值 SPI	SPI≤a	a<SPI≤b	b<SPI≤c	SPI>c

（5）采集指标数据。

系统按照一定的周期如每周或每月通过人工输入或者与安全生产管理系统、在线监测系统网络互联自动采集相关预警指标数据。

（6）预警信息生成与发布。

系统根据采集的指标数据及预警数据模型和预测数据模型，自动生成一段时间内的安全生产预警指数曲线图、预测值曲线图及预警报告，确定当前预警状态及预测未来一段时间的安全生产状态，并发送给相关部门和人员。

（7）预警问题整改。

系统管理人员根据预警指数曲线图及预警报告，对其中提出的重点问题进行督促整改，以降低该指标对指数的不利影响，从而降低风险。

8.11.3　应用案例

　　某矿山井下安全避险"六大系统"(图8-126)是基于国家关于金属非金属地下矿山安全避险"六大系统"建设要求而开发的集无线数据传输、信息采集与网络传输、自动控制等技术为一体的动态在线监测监控系统。该系统通过配置传感器、分析仪等前端装置采集相关重大风险因素如有毒有害物质含量、人员井下工作时间等数据,并将数据实时上传到系统数据处理中心,实现矿山企业对井下重大安全风险的全天候监控及预警,达到通过前移安全生产关口、强化安全风险管控从而降低发生生产安全事故的目的。

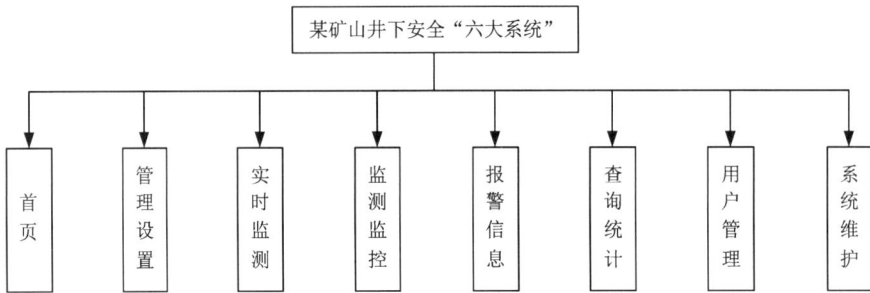

图8-126　某地下矿山安全避险"六大系统"功能结构图

参考文献

[1] 孙玉科,杨志法.中国露天矿边坡稳定性研究[M].北京:中国科学技术出版社,1999.

[2] 王永全,苏军.尾矿坝位移在线监测技术及其发展方向[J].有色金属(矿山部分),2011,63(5):4-7.

[3] 符伟杰,谢红兰.土坝内部水平位移自动监测系统[J].水电自动化与大坝监测,2003(3):56-58.

[4] 陶志刚,孟祥臻,马成荣,等.南芬露天采场楔形滑坡机理及滑动力监测预警分析[J].煤炭学报,2017,42(12):3149-3158.

[5] 马天辉,唐春安,唐烈先,等.基于微震监测技术的岩爆预测机制研究[J].岩石力学与工程学报,2016,35(3):470-483.

[6] 苏军,张达.极端天气条件的尾矿库安全在线监测系统防护技术研究[J].中国矿业,2014(S1):190-194.

[7] 范涛,张燕.无线Mesh网络的组网及其相关标准[J].数据通信,2005(4):40-42.

[8] 苏军,张达,韩志磊,等.尾矿库在线监测系统防雷设计[J].金属矿山,2013(11):126-129,134.

[9] 张达,苏军,等.尾矿库灾害应急指挥综合业务平台关键技术研究报告(2011EG115004)[R].北京矿冶研究总院,2014.

[10] 张达,苏军.适应极端环境的金属矿山尾矿库在线监测技术研究(2012BAK09B04-03)[R].北京矿冶研究总院,2014.

[11] 吴星辉,璩世杰,马海涛,等.边坡雷达系统在露天矿边坡监测中的应用[J].金属矿山,2018(2):188-191.

［12］王桂杰，谢谟文. D－INSAR 技术在大范围滑坡监测中的应用［J］. 岩土力学，2010，31（4）：1337－1344.

［13］王维勤，韦忠跟. MSR300 边坡雷达监测预警系统在凹山采场的应用［J］. 现代矿业，2017，33（1）：174－176.

［14］谢谟文，胡嫚，王立伟. 基于三维激光扫描仪的滑坡表面变形监测方法——以金坪子滑坡为例［J］. 中国地质灾害与防治学报，2013，24（4）：85－92.

［15］王涛，刘干，李博，等. 滑动式测斜仪在露天矿边坡监测中的应用［J］. 露天采矿技术，2017，32（1）：12－15，22.

［16］张晓朴，张达，苏军. 基于固定式测斜仪的尾矿库坝体变形监测［J］. 有色金属（矿山部分），2012，64（5）：64－67.

［17］陶志刚，李海鹏，孙光林，等. 基于恒阻大变形锚索的滑坡监测预警系统研发及应用［J］. 岩土力学，2015，36（10）：3032－3040.

［18］唐礼忠，杨承祥，潘长良. 大规模深井开采微震监测系统站网布置优化［J］. 岩石力学与工程学报，2006，25（10）：2036－2042.

［19］李晓新，王吉宇，牛昱光. 基于高密度电阻率法的尾矿坝浸润线监测系统设计［J］. 工矿自动化，2013，39（4）：20－23.

［20］张国栋，王宏，陈明，等. 差阻式和振弦式渗压计探讨［J］. 大坝与安全，2009（3）：31－37.

［21］苏军，王治宇，袁子清，等. 光纤光栅（FBG）传感器在尾矿库在线监测中的应用［J］. 中国安全生产科学技术，2014，10（7）：65－70.

［22］汤平，李端有，马水山. 光纤渗压计试验研究［J］. 长江科学院院报，2000，17（B12）：52－55.

［23］王晓明，吕颖. 模糊层次分析法的企业安全生产预警系统改进研究［J］. 石化技术，2018，25（11）：196，178.

第 9 章

生产管理信息化

9.1 概述

随着计算机技术、网络技术、数据库技术、自动化技术、传感器技术、数字视频技术和现代管理技术的发展，矿山信息化正向信息扩展、高度集成、综合应用、自动控制、预测预报、智能决策的方向发展。

露天矿生产过程信息化管理系统是以满足矿山生产计划、生产管理、设备管理、安全环保、质量控制、统计分析等业务信息化处理的软件系统。该系统从矿山生产工艺流程入手，通过对生产信息的采集、跟踪和分析，不断挖掘人力资源和设备作业的潜能，提升入堆合格率，一键输出各类图表，方便领导决策，最终实现信息化管理、精细化生产。其功能结构如图 9-1 所示。

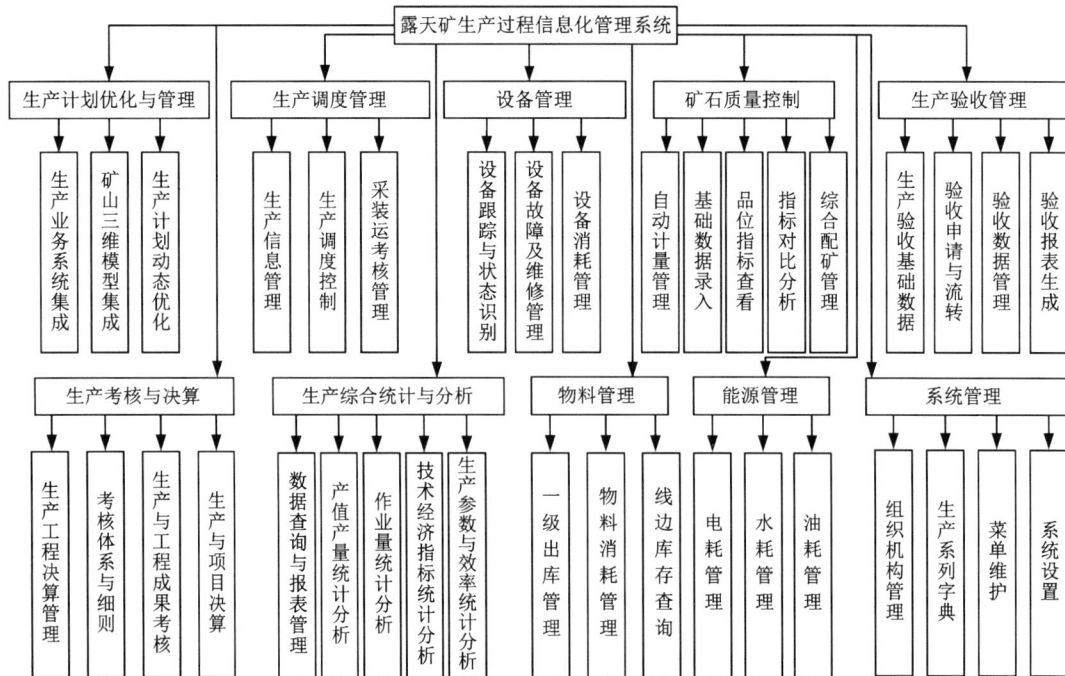

图 9-1 露天采矿生产过程管理系统功能结构图

地下采矿生产过程信息化管理系统以资源储量为基础，以生产计划为依据，基于生产过程的实时工艺信息和设备运行状态信息，提供包括计划执行与修正、物料消耗和能源消耗管理、产量统计分析、异常工况的动态调度、辅助生产调度决策等功能一体化解决方案，做到"实时监控、平衡协调、动态调度、资源优化"，从而持续提高劳动生产率，挖掘设备的生产潜力，优化生产组织，实现生产过程精细化、透明化管理。其功能结构如图 9-2 所示。

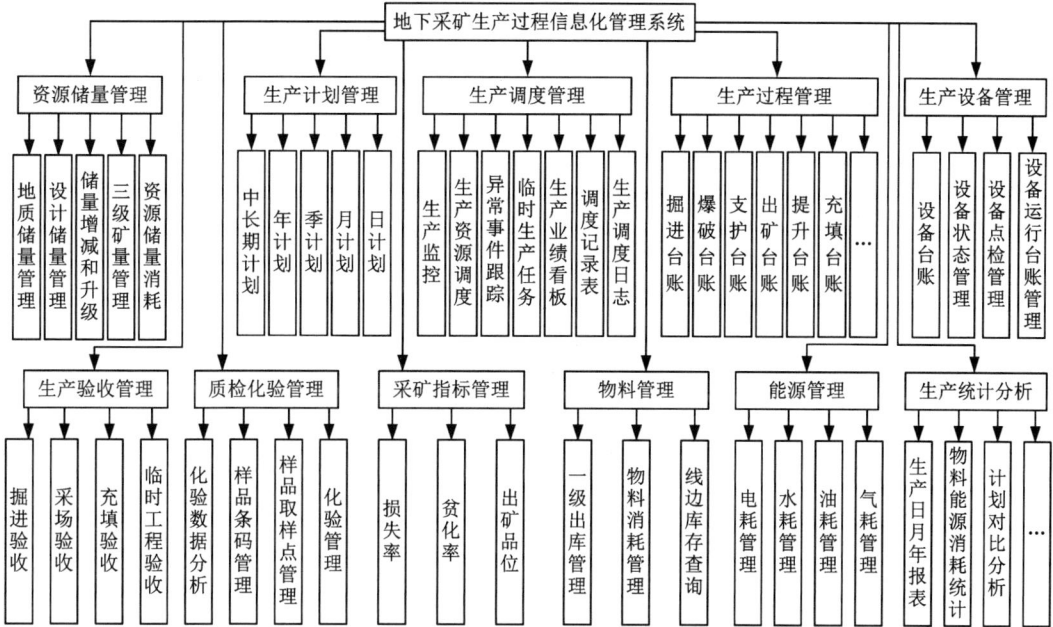

图 9-2　地下采矿生产过程信息化管理系统功能结构图

9.2　采矿生产过程分析

在矿山企业中，不仅生产系统内部存在大量的多源、异质信息流动，而且系统内部与外部环境之间也存在着信息的交换和流动。与其他工业企业相比，矿山企业的信息化、智能化、可视化、可控化工作更难实现。矿山企业生产经营的特征使其决策、设计、生产计划、生产调度与过程控制、安全生产、质量控制等各个环节均非常复杂。因此，采矿生产过程信息化管理系统的开发，需以矿石/废石流为主线，以生产要素为载体，在开采工艺流程基础上以生产过程精细化控制为目标，通过信息化管理、智能化控制实现矿山企业效益最大化。

9.2.1　生产工艺流程

露天采矿生产工艺主要涉及资源评价、规划设计、穿孔、爆破、采装、运输及排土，其工艺流程如图 9-3 所示。

地下采矿生产工艺主要涉及资源评价、开采规划、掘进爆破、出渣、运输和充填，其工艺流程如图 9-4 所示。

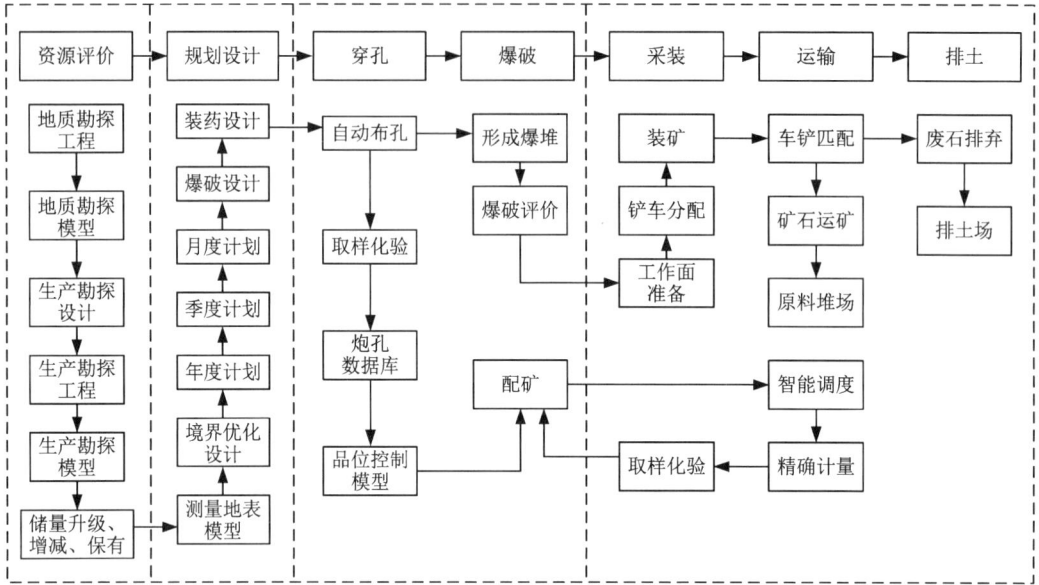

图 9-3　露天采矿生产工艺流程图

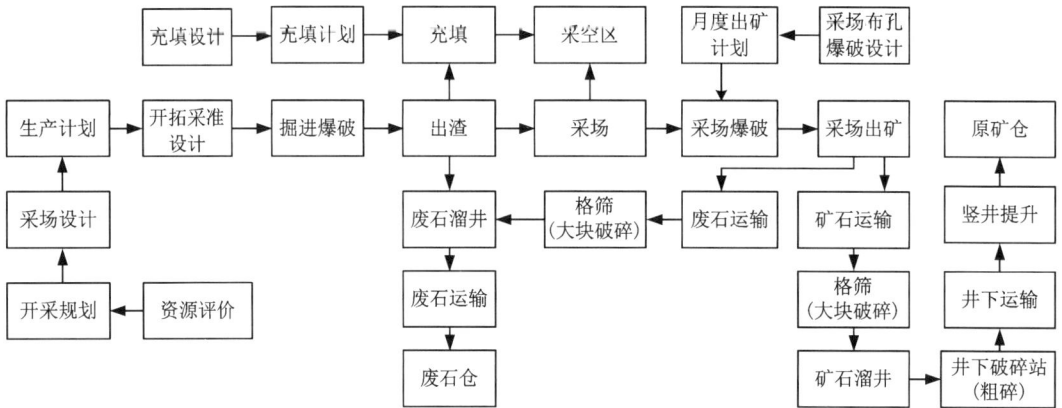

图 9-4　地下采矿生产工艺流程图

9.2.2　生产管理业务架构

矿山生产管理业务主要包括以下几个阶段：生产计划管理、生产过程管理、生产验收管理、生产统计管理及生产成本管理，如图 9-5 所示。

生产计划管理阶段，主要包括技术与计划管理，通过采矿部门的设计和测量数据，进行各类设计，设计完成后进行审批，最后由办公室下发设计资料到相应车间，车间再根据设计资料进行施工。设计完成后由采矿技术员或采矿主管编制生产计划，生产计划编制好后经各个环节审批，审批通过后由生产运营处报送给集团，由办公室下发计划到相应车间，其中相关采矿计划需要细分到每日计划，且每日计划可以进行调整。

生产过程管理阶段，采矿作业人员接收任务后进行采矿作业，铲车司机装矿，矿卡司机运矿，生产管理系统对整个过程中的人、机、物所产生的工作量进行实时统计，同时对设备的运行状况及消耗情况进行全流程监控。此外，取样人员通过地质取样进行化验，化验人员最终检测矿石品位，实现矿石品位摸排，及时调整配矿计划，并对设备运行过程中的物资消耗及能源消耗等进行统一管理。

生产验收管理阶段，每月对掘进、出矿量及其他作业与工程进行验收。

生产统计管理阶段，对日常生产采集到的数据进行统计，形成周报、日报，进而开展进度分析，以及实际与计划的对比分析。

生产成本管理阶段，主要统计物料消耗、能源消耗等，并结合产量情况实现成本管控。

图 9-5　矿山生产管理业务架构图

9.2.3　业务流与矿石流数字化融合

在矿山资源的全生命周期内，信息资源要素变动过程包括：勘探、掘进(开拓、采准、切割)、采矿(凿岩、爆破、出矿)、运输(溜井放矿、坑内运输、竖井提升)和选矿(破碎、磨矿、浮选)，最终形成精矿。矿石流主要节点包括地质资源、地质储量、备采矿量、采矿量、出矿量、提升量、原矿量和精矿量。业务流与矿石流数字化融合如图 9-6 所示。

9.3　矿山生产流程数字化再造

根据采矿整体业务流程和数据处理过程，每个阶段都可以对业务进行分解，分解后按照各细分流程实现信息化过程管理。

9.3.1　矿产勘探业务

矿产勘探管理要求实现对整个勘探过程中储量和各类地质资料的管理。具体管理流程如图 9-7 所示。

从信息化角度考虑，矿山在矿产勘探业务流程中需要对以下两方面进行建设：

(1)地质单元管理。

管理矿山地质单元的基本信息，包括矿床、矿区、矿体单元的构造定义、编码及其空间位置和相关信息。

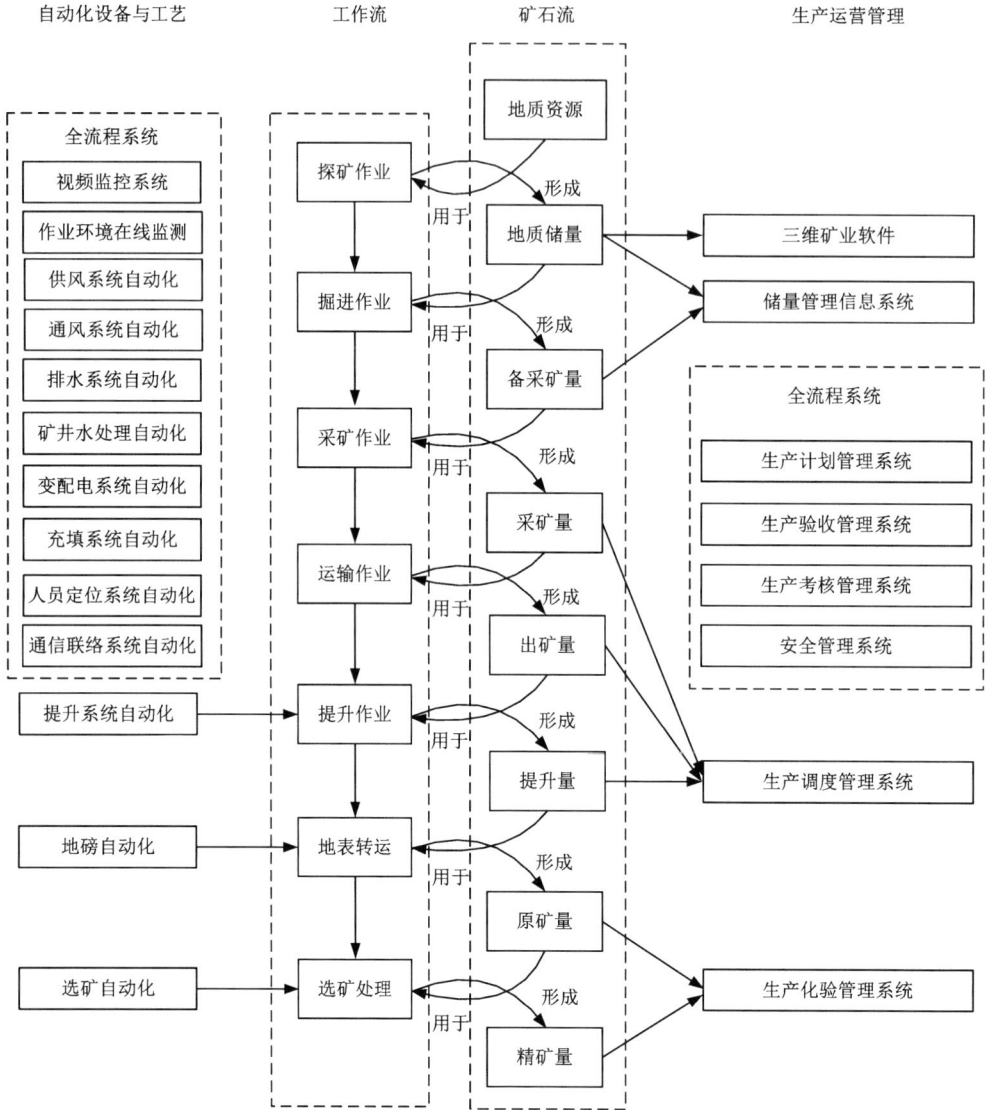

图 9-6　业务流与矿石流数字化融合

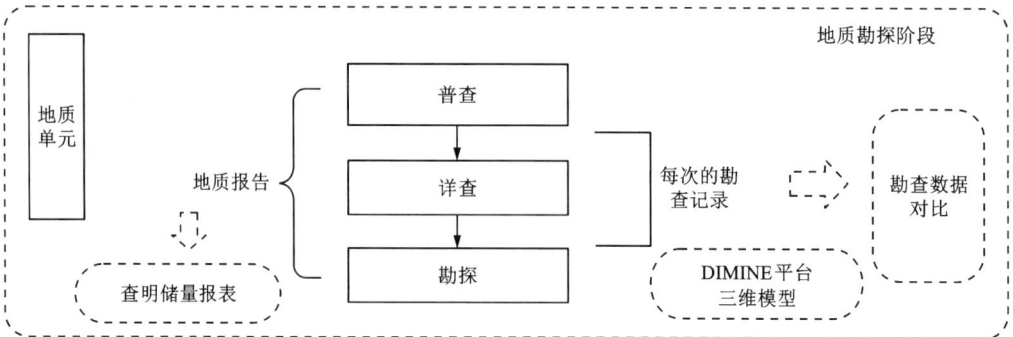

图 9-7　矿产勘探管理流程图

（2）地质勘探储量管理。

以地质单元为单位管理地质勘探的储量、金属元素及品位信息。

9.3.2　储量管理业务

矿山在生产过程中，采矿和生产探矿同时进行，因此，矿产资源储量也在不断变化。通过探采对比分析，可获得实际的矿石贫化损失指标，从而可得管理矿山年度生产过程中的实际采矿、贫化、损失记录，详细掌握采矿各单元的开采记录信息。储量变化管理流程如图9-8所示。

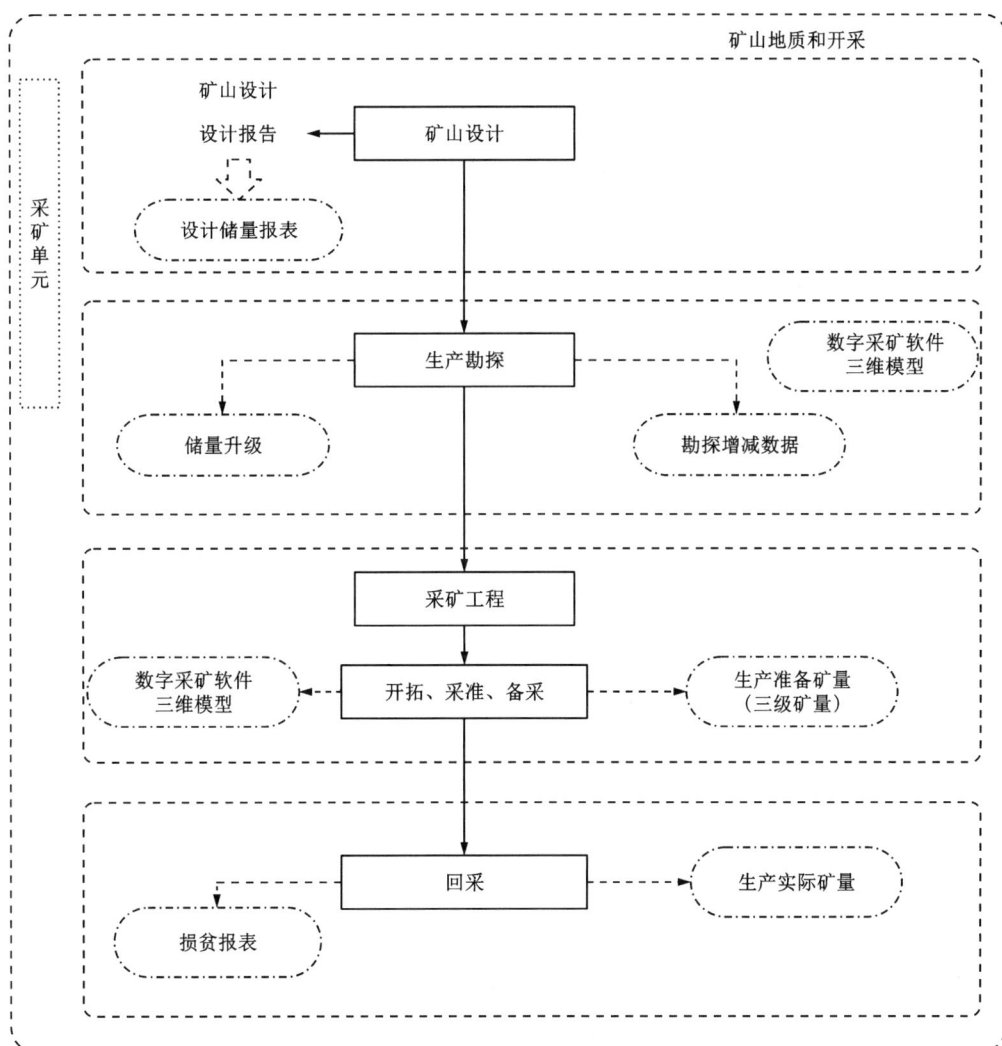

图9-8　储量变化管理流程图

从信息化角度考虑，矿山储量管理包括以下几个方面。

1）采矿单元信息化管理

对矿山的采矿单元自上而下进行管理,实现对矿山开采单元的中段、分段等信息的新增、修改、删除、查看功能。

2)设计储量信息化管理

以设计阶段为单位,依据地质勘探报告,管理设计储量基础数据。

以设计阶段的分段水平或台阶为单位,管理设计阶段的初始化储量基础数据。维护的信息包括勘探阶段、勘探次数、品位、所属矿山、所属矿体、储量级别、矿石类型、占用状态、资源储量、控制的工程间距、探明的工程间距、勘探日期、勘探单位等。

3)生产勘探储量信息化管理

在生产勘探阶段,根据勘探工程计算出工程控制范围内的资源储量信息,该储量信息主要是在地质储量的基础上进行增减。

以分段为单位核实生产勘探储量,进行资源储量的增减;维护的信息包括资源储量、储量级别、金属元素及品位等;可查看以往储量增减的历史信息。

4)储量升级信息化管理

在生产勘探过程中增补或减少的储量报上级部门审批通过后,完成生产勘探报告,根据生产勘探报告管理勘探储量升级和储量增减。

以分段或台阶为单位,维护生产勘探储量数据,维护的信息包括资源储量、金属元素及品位等。

5)三级矿量信息化管理

三级(二级)矿量又叫生产矿量,指地下矿山切割完、采准完和开拓完的回采单元中的矿石储量,这三级矿石储量分别叫作备采矿量、采准矿量和开拓矿量。露天矿山为二级矿量,分别叫作开拓矿量和备采矿量。管理维护的信息包括矿种元素、矿石量、平均品位、金属量等,可实现对三级矿量的新增、修改、删除、查看功能。

6)动用计划储量信息化管理

管理矿山月度资源动用的计划信息,以进路或台阶为单位选择月计划动用的单元,管理计划动用储量。

将月度计划开采总量与选取单元实际总量进行对比,判断是否合理。

实现对动用计划储量信息的新增、修改、删除、查看功能。

矿山维护每月动用计划中,一个月只能有一条总的月度计划数据信息。选择月度计划可以维护该月动用的进路或者台阶储量详情。

7)生产消耗矿量信息化管理

管理采矿生产过程中的实际采矿、贫化、损失记录,可以查询单元对应的详细开采记录信息,以分段或台阶为单位,每日维护实际生产数据,包括储量级别、储量分类、储量开采、储量消耗管理、矿种元素、矿体信息、矿区基本信息等。

消耗矿量数据包括累计年、月度采出、损失数据、保有资源量、当年开采、累计开采、当年损失、累计损失、矿体信息、矿石类型、品位信息等。实现对生产实际储量信息的新增、修改、删除、查看功能。

8)储量查询

储量查询主要用于查询地质储量、设计储量、生产勘探储量、储量升级、三级(二级)矿量、生产消耗、选矿生产等各生产阶段各储量级别,以及不同占用状态的资源情况。

（1）勘探储量查询。

按条件查询勘探储量数据，按照地质单元可向下钻取、向上钻取展示矿床、矿区和块段的资源储量信息。

（2）设计储量查询。

按条件查询设计储量数据，按照开采单元可向下钻取、向上钻取展示矿床、矿区、中段等的资源储量信息。

（3）储量升级查询。

按条件查询储量升级数据，按照开采单元可向下钻取、向上钻取展示矿床、矿区、中段等的资源储量信息。

（4）储量增减查询。

按条件查询储量增减数据，按照开采单元可向下钻取、向上钻取展示矿床、矿区、中段等的资源储量信息。

（5）动用计划储量查询。

按条件查询动用计划储量数据，按照开采单元可向下钻取、向上钻取展示矿床、矿区、中段等的资源储量信息。

（6）生产实际储量查询。

按条件查询生产实际储量数据，按照开采单元可向下钻取、向上钻取展示矿床、矿区、中段等的资源储量信息。

9）三维可视化储量管理

（1）地质模型图。

用三维模型图方式展示地质勘探储量数据。

（2）设计模型图。

用三维模型图方式展示设计储量数据。

（3）开拓模型图。

用三维模型图方式展示开拓矿量数据。

（4）采准模型图。

用三维模型图方式展示采准矿量数据。

（5）备采模型图。

用三维模型图方式展示备采矿量数据。

9.3.3　矿山生产组织

采矿生产过程管理旨在从矿山生产工艺流程入手，以生产计划—生产监控—生产统计为主线，记录生产计划数据和生产过程信息，集成数字采矿软件、设备管理系统、物资管理系统、计量系统和自动化系统等第三方软、硬件系统数据，对信息进行记录、加工、分析和展示，实现信息的高度共享。系统提供包括计划执行与修正、资源合理利用、产量与质量统计分析、平衡工况的优化调度、异常工况的动态调度、辅助生产调度决策等功能的一体化解决方案，做到"实时监控、平衡协调、动态调度、资源优化"，从而尽可能规避安全风险、挖掘设备的生产潜力、降低生产成本、改善企业生产状况、持续提高劳动生产率，实现精益生产。矿山生产组织过程如图 9-9 所示。

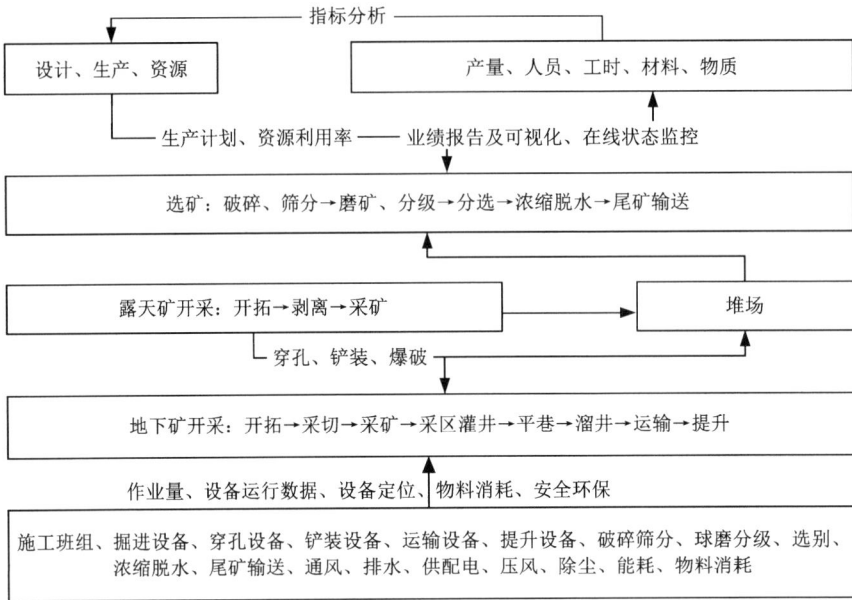

图 9-9　矿山生产组织过程图

1）生产标准化管理

生产标准化管理是实现生产过程数据流程化、规范化管理的基础，也是实现生产计划管理、生产调度管理、生产验收管理、生产统计分析等功能的先决条件。主要包括：生产工艺配置、工序定义、指标定义、生产运营标准创建、开采单元划分、工程设计数据管理、业务配置等。

（1）生产工艺配置。

可根据实际生产运营情况，配置采矿、选矿的生产工艺。例如，采矿生产工艺主要包括穿孔、爆破、铲装、转运、辅助、掘进、采矿、支护、充填、运输、井下破碎、提升、安装等。

（2）工序定义。

可根据生产管理的实际需要，对每一项生产工艺配置其工序，如某一矿山的掘进工艺包含掘进、出渣两个生产管理工序。露天采矿主要包括穿孔、爆破、铲装、运输、破碎、辅助等工序；地下采矿主要包括钻孔、落矿、出矿三个生产管理工序。

（3）指标定义。

每一个生产工序对应的指标应可配置，如掘进工序的指标包括掘进进尺和掘进方量，有特殊需求的车间掘进工序还可能包括掘进单价和产值。在系统中，用户可以根据自己的实际需要进行配置和定义。

（4）生产运营标准创建。

通过系统对一些生产指标进行提醒或警示，创建一个预警、报警限值的标准。

（5）开采单元划分。

按矿山的实际情况对开采单元进行划分，可按照矿区、台阶、爆堆或矿带、中段、分段、盘区、矿块等划分开采单元，并作为条件查询和统计分析的依据。

（6）工程设计数据管理。

工程设计数据管理是统一管理开拓工程、采切工程、采场、安装工程、其他工程等，也是实现生产计划管理、生产调度管理、生产验收管理、生产统计分析等功能的基础。此外，工程设计数据管理可维护工程的设计信息，如开拓工程的设计长度、设计断面，采场的设计可采矿量、设计出矿品位、设计出矿能力等信息，并作为跟踪工程施工进度及验证设计与生产实绩的基础。

（7）业务配置。

对矿石容重、岩石容重、矿石松散系数、工序与施工设备的关联、工序与班组的关联进行配置。

2）生产计划执行跟踪

生产计划管理依据计划周期可以分为年计划管理、季度计划管理、月计划管理、周计划管理四个部分。由技术人员维护计划的基础数据，系统可自动生成目前统一使用的计划报表，报表内容主要包括开采、采掘、三量平衡、质量平衡、汇总横表、汇总竖表、基建掘进、生产掘进、采（出）矿、副产矿、支护、充填、中深孔、安装、其他、标准采掘总量、凿岩台车等。

年计划、季度计划主要包括生产作业计划、三级矿量平衡计划及设备计划，其中生产作业计划包含编制说明、掘进计划、质量平衡计划、采出矿计划、支护计划、充填计划、安装计划、其他及反井工程计划等，三级矿量平衡计划只包含三量平衡计划表，设备计划包含铲运机、有轨运输、卡车运输的作业量计划以及设备需求配置计划表。月计划、周计划主要为生产作业计划，包含编制说明、掘进计划、采出矿计划、支护计划、充填计划、安装计划、其他及反井工程计划等，月计划、周计划编制必须录入施工班组、施工设备信息，保证计划精确、具有可执行性，并以此作为调度的依据。

（1）生产计划数据同步。

系统支持同步数字采矿软件编制的生产计划数据和支持 Excel 格式生产计划报表的数据导入。

（2）生产计划审批下达。

根据业务需要制定的业务流程，在系统中定义系统业务流程的先后顺序，对各业务流程进行标准化、规范化处理。在后期进行相关业务的功能操作时，严格按照定义的业务流程进行，避免人工操作的随意性，保证业务流转的完整性。根据定义的流程进行相关业务操作和数据流转的过程中，需要领导在关键节点对相关的数据、资料等信息进行审核，因此，需要在线进行相关的业务审批，保证流程顺利进行。

在系统中按角色定义各类生产计划的审批流程，如"车间主任→厂长→矿长→公司经理→员工"的审批流程，实现生产计划的线上逐级审批，具有完善的审核记录（同意、驳回、审核意见等）。对于下达后的计划，各级用户可以根据自己的权限在系统中实现对计划的查询、导出、打印等操作。

（3）生产计划调整。

审批过程中发现计划存在一定的缺陷时，需要对计划做进一步调整。在系统中，具有调整权限的用户对计划重新导入并进入审批流程，系统对调整之前的计划信息进行保留，提高监控能力。

（4）计划执行跟踪与反馈。

生产实际中的剥离量、供矿量、精矿量、回收率等生产指标应及时反馈到生产计划。通过对生产计划的跟踪，实现计划完成率、计划允差等分析。系统通过对生产数据的统计、分析，与生产计划数据形成对比，计算计划的兑现率。

3）生产调度台账

生产调度台账是跟踪每天、每班的工程施工情况，及时记录生产过程信息及考勤信息，主要包含工程台账、设备台账、其他台账、影响因素统计四部分内容。其中工程台账包含穿孔台账、二次爆破台账、铲装台账、运输台账、破碎台账、辅助台账或掘进台账、采出矿台账、支护台账、充填台账、安装台账、其他工程台账、反井工程台账及竖井循环工作台账；设备台账包含设备运行台账、铲运机台账、有轨运输台账及卡车运输台账；其他台账主要为二次爆破台账。

针对矿山制定统一的调度台账样式，台账的基础数据统一由生产调度室负责记录，系统结合月计划信息，对月计划外的工程进行标识。

工程台账主要记录当天的施工作业地点、施工班组、施工设备、工程量及人员考勤等信息。设备台账主要记录主要生产设备的运行情况和台时及其作业量。二次爆破台账记录爆破量及火工材料的使用情况，作为月底内部结算的依据。

9.3.4　生产验收业务

1）月度验收

月度验收是对该月现场实际情况的汇总。月度验收流程如图 9-10 所示。验收内容包括工程进度、采矿完成情况等信息。每月定期到现场对实际生产情况进行验收，验收完成后新增月度验收记录并维护月度验收的相关数据，由各相关负责人和项目总负责人进行审批，若通过审批则存档，未通过审批则驳回调整。

图 9-10　月度验收流程图

2）工程竣工验收

工程竣工验收是对某工程实际完成情况进行验收。工程竣工验收流程如图 9-11 所示。项目完工后，由相关负责人上传工程进度材料，发起项目竣工验收申请，公司组织相关人员到现场进行验收，根据现场情况填写工程验收信息，并发起竣工验收审批。若验收未通过则需要进行整改，验收通过后则进行工程竣工结项，随后提交竣工验收报告，批复后提交竣工验收材料并存档。

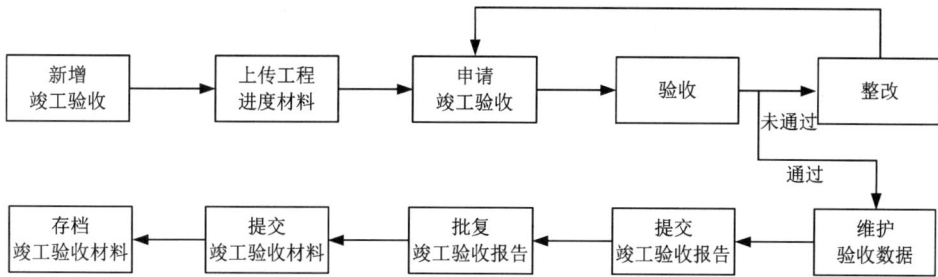

图 9-11　工程竣工验收流程图

9.3.5　质量控制业务

采场矿石质量控制通过如下过程实现：

（1）按照采矿设计要求及原矿的质量情况，计算原矿的配合比例及控制范围。

（2）对采场出矿量（比例）进行优化配置，即配矿。

（3）根据配矿结果指挥调度采场出矿过程。

（4）对质量指标进行实时监测，根据监测结果进行报警提示，并及时反馈，进一步优化配矿。

（5）质检化验管理，通过质量检查与化验分析管理模块对原材料、过程物料、产成品进行检验，以便及时调整生产控制参数，保证产品的质量；化验管理模块主要完成原材料、生产过程中半成品、产成品的成分化验。其主要包括化验元素录入、化验标准管理、化验数据采集与录入、化验报告生成、质量异常预警等功能。

1）化验元素录入

用户可以根据自身的实际需要添加或减少化验元素种类。

2）化验标准管理

在化验项目标准模块中记录各送检单位化验的样品信息。依次填入样品的各类信息，其中送检单位、前缀定义、用户单位等信息栏，可以通过双击鼠标左键来进行选择，也可以输入填写。

3）化验数据采集与录入

与现有质检、化验自动化装备对接，通过数据接口，自动采集样品基本信息及样品化验信息。样品送检化验时，首先要在系统中进行登记，待化验结束后，进行化验结果登记，形成化验结果台账。化验结果可自动输入系统，也可以手动输入系统，如对炮孔分组数据的手动输入。化验结果可以按照用户设置的时间段进行统计分析、展示，也可以进行化验结果的查询。

4）化验报告生成

样品化验报告是指样品经过化验分析形成的最终结果报告单，该报告需要反馈给送样人和具有相关权限的用户。化验报告主要包括送样单位、样品名称、样品编号、检验类别、样品数量、送样人、送样日期、样品状态、检测日期、检测项目、检测/判定依据、检测编号、原样编号、检测项目等信息。

5）质量异常预警

当送检样品中的关键指标不达标时，质检化验模块将关键质量指标达不到质量控制要求的信息反馈至质量控制系统，并触发供矿方案自动调整功能，保证生产产品的质量。质量化验报告及异常质量数据信息可以通过网络传输到相关管理平台及相关管理人员手机 APP 上，及时反馈矿山生产质检控制情况。用户可以依据权限查看、下载或打印相关的化验报告，并将其用于指导生产。

9.3.6 生产数据统计与分析

利用现代数据仓库技术、线上分析处理技术、数据挖掘和数据展现技术进行生产过程信息化数据归纳整理，通过数据报表、图表、动画、视频、短信等展示方式，从资源、生产、质量、验收、经营指标等方面为企业管理层在企业发展中的战略决策和精细化管理提供全面准确的报表统计、对比分析、趋势预测数据，辅助决策。

1）储量统计报表

通过储量统计功能模块，可以查看矿山的年度或者月度储量、资源保有量、变动等台账信息。

2）三率指标分析统计

三率指标是矿产资源管理中常用的三项重要指标的简称，其包括矿山开采回采率、选矿回收率及共生伴生矿产综合利用率。

3）生产过程作业统计

生产过程作业统计是对计划数据、生产调度数据、设备运行数据进行进一步加工、处理，根据实际需求定制各类型的生产统计报表，形成生产管理所需的日报、月报、年报等。其主要包括主要技术经济指标报表，产量、作业量报表，矿石质量统计报表，设备运行统计报表，设备成本分析报表等。

9.4 采矿生产执行系统

9.4.1 系统建设目标

采矿生产执行系统以资源储量为基础，以生产计划为依据，基于生产过程的实时工艺信息和设备运行状态信息，提供包括计划执行与修正、物料消耗和能源消耗管理、生产台账管理、设备全生命周期管理、质检化验管理、产量统计分析、异常工况的动态调度、辅助生产调度决策等功能一体化解决方案，做到"实时监控、平衡协调、动态调度、资源优化"，从而持续提高劳动生产率、挖掘设备的生产潜力、优化生产组织、实现生产过程精细化管理。

9.4.2 系统架构与数据中心

1）系统架构

采矿生产过程信息化管理系统根据矿山生产工艺和工序特点，基于业务流对矿山技术和生产进行综合管理，并考虑与外部系统的对接，如设备管理、质检化验管理、能源管理和仓储管理等。系统以优化后的生产业务流程为主线，以生产信息为管理对象，以生产管理过程中的业务管理为工作内容，以智能化信息综合服务平台为数据展示方式，通过多平台的协同与融合过程，形成了"目标同向、管理同步、密不可分、闭合循环"的矿山生产全流程管理体系。系统的整体架构如图 9-12 所示。

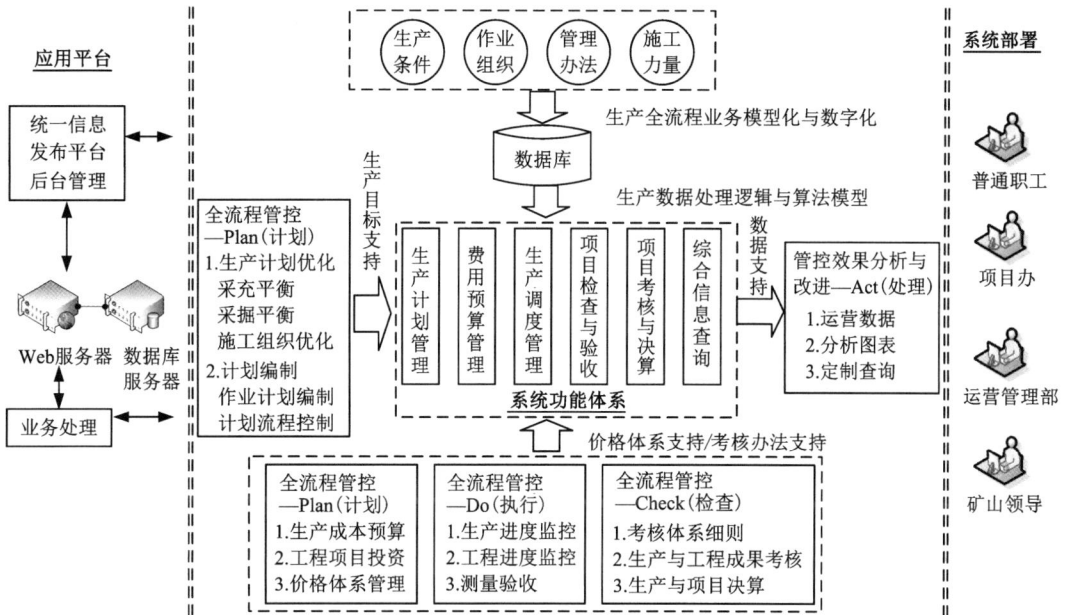

图 9-12　采矿生产过程信息化管理系统架构图

2）数据中心

（1）数据资源与组织。

矿山数据中心的数据资源包括生产技术平台数据、调度系统数据、质检化验数据、生产计划数据、生产台账、称重计量数据、设备数据、选矿自动化（生产过程与生产设备自动化、安全环境监测监控）数据、各种生产作业数据等。

（2）数据集成。

数据集成包含了 ETL、主数据管理、数据质量监控、元数据管理、数据生命周期管理等多个不同的功能模块。

不同操作系统之间的数据一般是相互独立、异构的。而数据仓库中的数据是对分散的数据进行抽取、清理、转换和汇总后得到的，这保证了数据仓库内的数据在整个企业的一致性。

（3）数据处理。

数据处理系统实时处理采集到的海量数据，完成数据压缩、标准化存储、智能分析、数据发布等作业。

矿山实时数据量巨大，且高频时序数据占绝大多数，考虑各类业务数据变化的特定情况，采用变化存储、变化率存储、时间间隔存储等压缩机制对海量数据进行实时压缩存储。

元数据主要用来描述产生时序数据的数据源信息、数据类型单位、报警范围、采集所需参数等管理性数据，需要在实施阶段由实施人员采集，并填入数据中心元数据管理表格中，采集系统将依据元数据进行实时数据的采集和存储。

实时数据为数据采集系统主要采集的目标数据,采集来源有数据库、文件、OPC、TCP/IP、MODBUS 协议等多种接口,采集服务按照采集频度和存储频度等策略进行数据采集,历史数据按月存储于数据中心的数据库表中,实时数据可供实时展示和管控系统使用。

空间位置实时数据的采集来源有 GPS、WiFi 等各类定位技术,采集服务通过各种数据来源采集到相关信息之后,统一将其计算为空间位置坐标数据,标准化地存储在数据中心的数据库表中,供实时展示和管控系统使用。

地测采业务数据中地形、矿体模型、生产计划等数据,以专业数字采矿软件的格式进行存储,以文件形式存储于数据中心的文件库中,并可根据生产状况变化进行版本更新,设计人员可以定期提交改变后的模型数据,数据采集系统自动将其收集进入数据中心,三维可视化管控平台可以展示反映当前状态的模型数据,也可对变化过程进行模拟展示。

(4)数据仓库。

数据仓库的数据来源于经过不同处理的源数据,并提供多样的数据应用,数据自上而下流入数据仓库后向上层开放应用,而数据仓库只是中间集成化数据管理的一个平台。数据仓库的基本架构主要包含数据流入、流出的过程,可以分为三层——源数据、数据仓库、数据应用。数据仓库架构如图 9-13 所示。

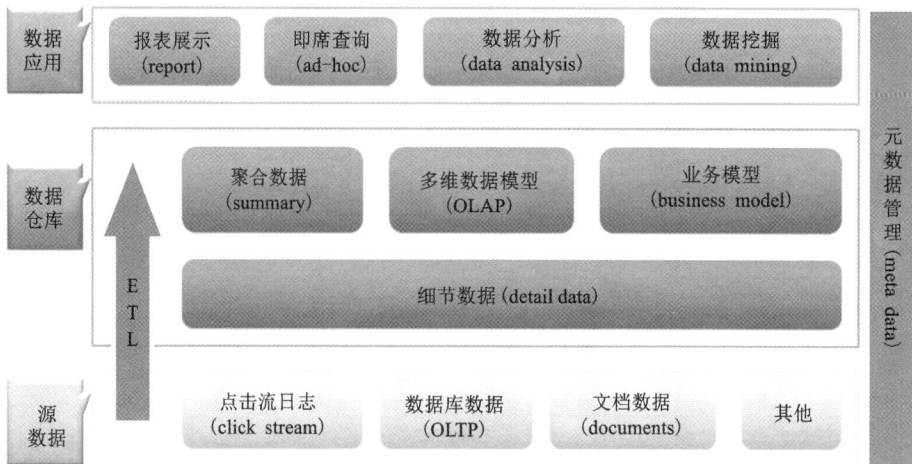

图 9-13 数据仓库架构图

(5)数据钻取查询。

数据钻取是改变维的层次,变换分析的粒度。它包括向上钻取(roll up)和向下钻取(drill down)。生产过程中资源储量数据往往按照上、下级单元层次关系进行存储,综合统计分析报表中数据即可使用数据钻取查询方式进行,从汇总数据深入到细节数据进行观察或增加新维。例如按"矿山单元矿床→矿区→矿体→中段→分段→采场"层层点击、钻取查询各储量级别资源储量、品位、金属量分布情况,如图 9-14 所示。

(6)数据即席查询。

数据仓库的所有数据(包括细节数据、聚合数据、多维数据和分析数据)都应该开放即席查询功能,即席查询提供了足够灵活的数据获取方式,用户可以根据自己的需要查询获取数据,并提供导出到 Excel 等外部文件的功能。

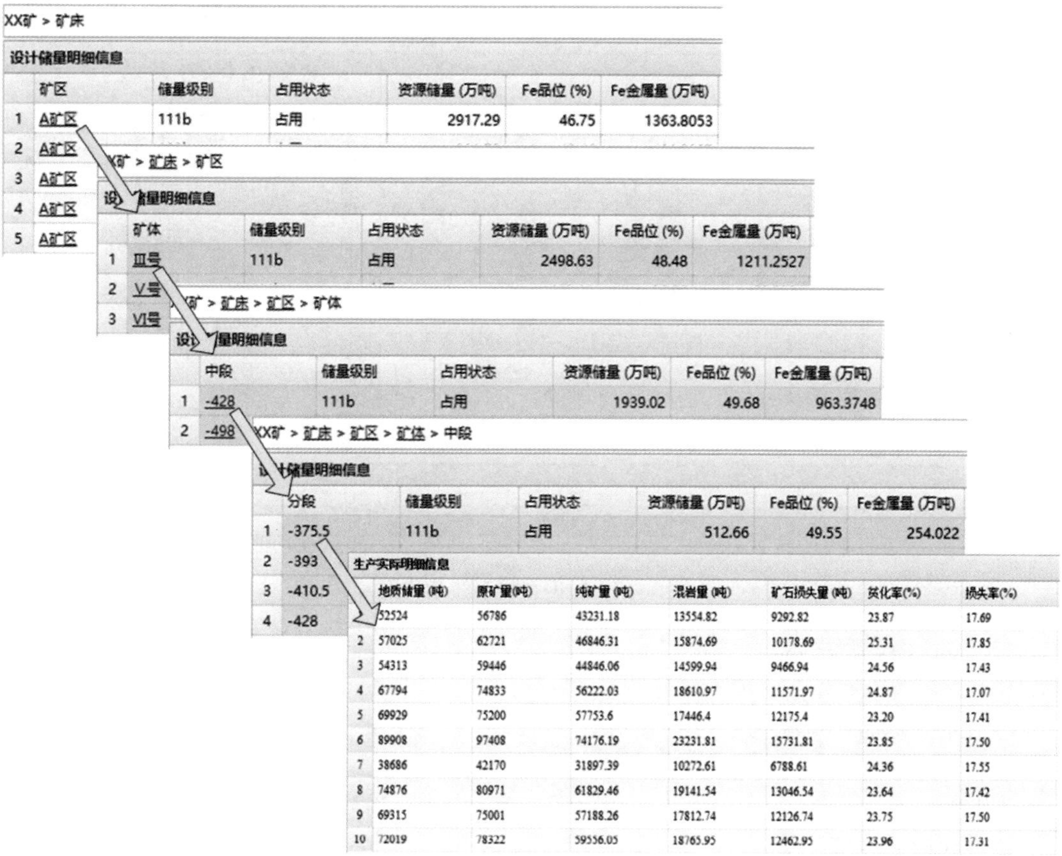

XX矿 > 矿床

设计储量明细信息

	矿区	储量级别	占用状态	资源储量 (万吨)	Fe品位 (%)	Fe金属量 (万吨)
1	A矿区	111b	占用	2917.29	46.75	1363.8053
2	A矿区					
3	A矿区					
4	A矿区					
5	A矿区					

XX矿 > 矿床 > 矿区

设计储量明细信息

	矿体	储量级别	占用状态	资源储量 (万吨)	Fe品位 (%)	Fe金属量 (万吨)
1	Ⅲ号	111b	占用	2498.63	48.48	1211.2527
2	Ⅴ号					
3	Ⅵ号					

XX矿 > 矿床 > 矿区 > 矿体

设计储量明细信息

	中段	储量级别	占用状态	资源储量 (万吨)	Fe品位 (%)	Fe金属量 (万吨)
1	-428	111b	占用	1939.02	49.68	963.3748
2	-498					

XX矿 > 矿床 > 矿区 > 矿体 > 中段

设计储量明细信息

	分段	储量级别	占用状态	资源储量 (万吨)	Fe品位 (%)	Fe金属量 (万吨)
1	-375.5	111b	占用	512.66	49.55	254.022
2	-393					
3	-410.5					
4	-428					

生产实际明细信息

	地质储量 (吨)	原矿量 (吨)	纯矿量 (吨)	混岩量 (吨)	矿石损失量 (吨)	贫化率(%)	损失率(%)
1	52524	56786	43231.18	13554.82	9292.82	23.87	17.69
2	57025	62721	46846.31	15874.69	10178.69	25.31	17.85
3	54313	59446	44846.06	14599.94	9466.94	24.56	17.43
4	67794	74833	56222.03	18610.97	11571.97	24.87	17.07
5	69929	75200	57753.6	17446.4	12175.4	23.20	17.41
6	89908	97408	74176.19	23231.81	15731.81	23.85	17.50
7	38686	42170	31897.39	10272.61	6788.61	24.36	17.55
8	74876	80971	61829.46	19141.54	13046.54	23.64	17.42
9	69315	75001	57188.26	17812.74	12126.74	23.75	17.50
10	72019	78322	59556.05	18765.95	12462.95	23.96	17.31

图 9-14　数据钻取查询示意图

（7）数据智能分析。

经数据处理引擎得到标准化数据后，实时对海量数据进行标准业务分析、交叉业务分析，如监测值是否超限，是否越界、越权，设备工作状态是否符合预期等，如发现异常情况则自动产生报警记录并发布到监测客户端。数据分析三要素包含指标、维度、分析方法，针对精益生产分析报表按照三要素梳理出分析结构，不仅对后期的报表制作有很大帮助，还可加深工作人员对业务逻辑的理解。

智能分析结果包括环形图、柱状图、折线图等多种展示形式，这些形式清晰明了，提高了生产管理水平和问题处理的及时性。数据智能系统架构如图 9-15 所示。

（8）企业数据发布与管理驾驶舱。

经过数据采集、处理、分析后，成果应用数据将通过 web service 的方式对外发布。所有接入的外部业务系统，按照对应的业务主题来呈现，形成细分业务系统的可视化展示与信息交互操作，而无须进入相应业务系统即可直接操作。

在多场景的数据大屏上进行可视化集中管控，适用于会议中心、监控中心、企业大屏看板等场景。

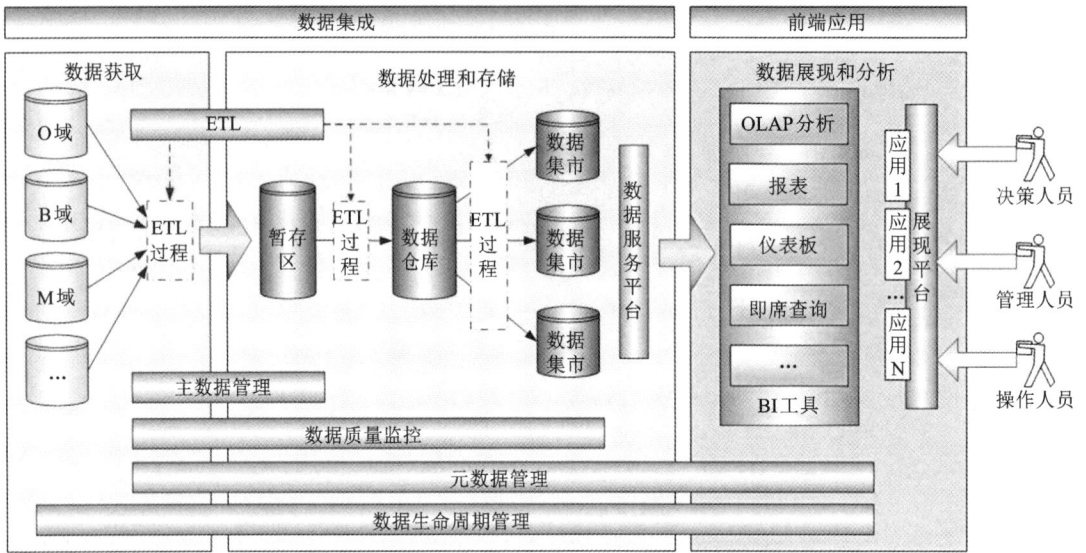

图 9-15 数据智能系统架构图

9.4.3 资源储量管理

1）地质资源储量管理

地质资源储量管理内容包括储量、金属元素及品位信息。地质资源储量的数据可通过三维块段模型获取。

2）设计资源储量管理

设计资源储量管理的内容包括储量、金属元素、储量级别及品位。设计资源储量的数据可通过三维模型提交获取。

3）储量增减和升级管理

储量增减和升级管理内容包括增减/升级储量、金属元素、储量级别及品位。

4）资源储量消耗管理

资源储量消耗管理内容主要包括采出矿量、设计采出矿量、采出品位、设计采出品位等。

5）三级矿量管理

三级矿量管理主要是对矿山开拓矿量、采准矿量、备采矿量数据进行定期填报与更新。其管理信息包括填报周期、矿种、开拓矿量、采准矿量、备采矿量、保有期、备注等，并实现了三级矿量信息的增加、修改、删除、查询等功能。

6）储量报告管理

储量报告管理为矿山每年储量年报编制提供必要的地质资源模型数据、资源储量消耗基础数据。

9.4.4 生产计划管理

生产计划管理内容根据时间可以分为中长期规划、年计划、季度计划、月计划、日计划。模块提供生产计划数据导入、审核发布、操作跟踪和计划调整等功能，便于矿山进行管理。

1）中长期规划

采矿生产执行系统获取矿业软件计划编制成果文件，并配置三年滚动计划的审批流程，根据流程完成三年滚动计划的审批，审批通过后的三年滚动计划可发布（包括移动应用发布），以供具有查看权限的人员查看。

系统提供历史计划的查询与删除功能。

2）年计划

年计划在技术协同作业系统中编制，并提交至数据中心。采矿生产执行系统自动获取年计划编制成果文件，并在生产执行系统平台中配置年计划的审批流程，审批通过后的年计划可发布（包括移动应用发布），以供具有查看权限的人员查看。

系统提供计划执行情况数据填报功能，通过对比计划与实际执行情况，并将对比信息反馈到技术协同作业系统，对计划编制人员进行生产计划调整待办提醒。

系统提供历史计划的查询与删除功能。

3）季度计划

季度计划在技术协同作业系统中编制，并提交至数据中心。采矿生产执行系统自动获取季度计划编制成果文件，并在生产执行系统平台中配置季度计划的审批流程，审批通过后的季度计划可发布（包括移动应用发布），以供具有查看权限的人员查看。

系统提供计划执行情况数据填报功能，通过对比计划与实际执行情况，并将对比信息反馈到技术协同作业系统，对计划编制人员进行生产计划调整待办提醒。

系统提供历史计划的查询与删除功能。

4）月计划

月计划在技术协同作业系统中编制，并提交至数据中心。采矿生产执行系统自动获取月计划编制成果文件，并在生产执行系统平台配置月计划的审批流程，审批通过后的月计划可发布（包括移动应用发布），以供具有查看权限的人员查看。

系统提供计划执行情况数据填报功能，通过对比计划与实际执行情况，并将对比信息反馈到技术协同作业系统，对计划编制人员进行生产计划调整待办提醒。

系统提供历史计划的查询与删除功能。

5）日计划

日计划在技术协同作业系统中编制，并提交至数据中心。采矿生产执行系统自动获取日计划编制成果文件，并进行计划的下达分发。

系统提供历史计划的查询与删除功能。

9.4.5 生产调度管理

生产调度管理主要实现生产重要参数、重要设备、重要物料、重要能源的实时监视，从而做出合理调度、平衡生产，同时通过调度任务管理、调度交接班日志、调度工作记录等规范日常调度工作，提升调度效率，保障生产的平稳性。

1）生产监控

生产监控通过接入采、充关键工艺流程组态，实时显示相关生产情况、工艺过程参数、设备运行参数等，从而进行生产、工艺过程控制和设备运转情况监控，一旦发现生产过程中存在问题，就要及时调整生产。生产过程监控界面如图 9-16 所示。

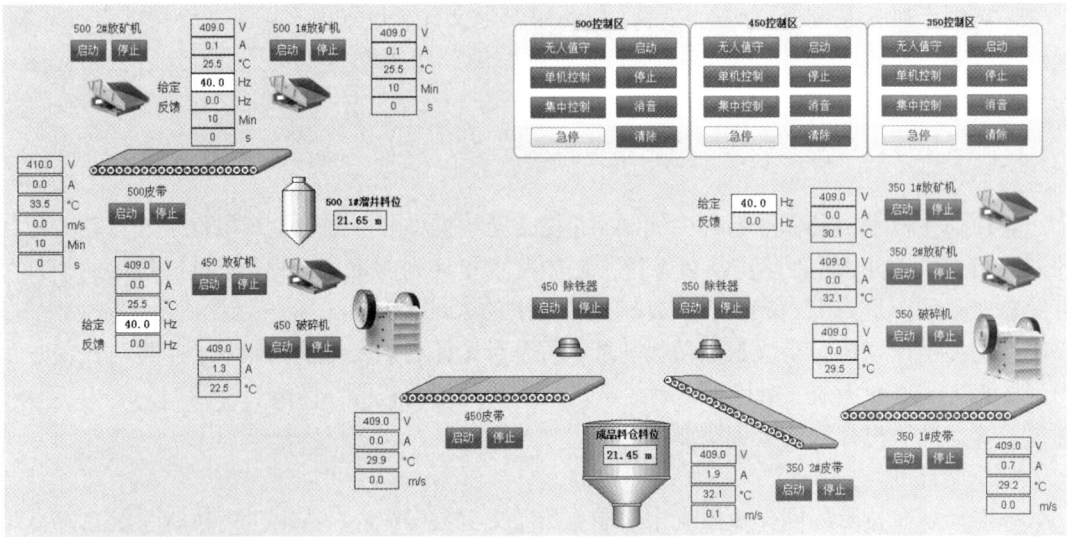

图 9-16 生产过程监控界面

2）生产资源调度

基于实际生产需求和生产计划对生产过程人员、设备等资源的调度情况进行填报，对调度人员向上级调度请示与向下指令传达的过程进行管理。

3）生产异常事件跟踪

提供异常事件填报、查询、修改、状态显示功能，对生产过程中出现的异常事件处理全过程（包括请示与指令传达）进行记录与跟踪。

4）临时生产任务调度

对于生产过程中出现的临时生产任务进行调度，提供调度过程痕迹管理功能，对调度人员向上级请示与向下指令传达的过程进行记录。

5）生产业绩看板

生产业绩看板包括业绩指标看板、问题看板、设备状况看板。

业绩指标看板：分级管理（车间、厂级、公司级）生产指标，包括开拓工程量、采准工程量、备采矿量、中深孔、崩矿量、充填量、出矿量、汽车运输量、电机车运输量、提升量等数据。

问题看板：管理生产设备事故、工伤事故、隐患问题和处理结果。

设备状况看板：对采矿、运矿设备运行台时进行统计。

6）调度记录表

调度记录表主要对矿山井下出矿量、主井提升矿量、采出矿品位及充填量等信息进行记录。

7）调度交接班日志

每班对安全生产情况进行描述，对当班遇到的问题、处理措施、待办事宜进行说明，形成生产日志。可以通过系统，按日期、班次、人物、地点、信息重要性对日志进行统计查询，系统支持针对内容的模糊查询。

9.4.6　生产过程管理

平台通过生产台账的形式管理生产过程中的每个关键工序和工段，保障生产过程的有序规范和管理数据的及时归档。管理内容主要包括掘进台账、爆破台账、穿孔台账、铲装台账、提升台账、运输台账、充填台账、破碎台账、出矿台账、出渣台账等。

系统提供三种方式对生产台账进行管理：一是网页端数据填报，二是移动 APP 填报，三是其他接口接入。移动 APP 填报主要考虑现场数据的即时产生，如果填报时间过长，数据容易出现失真或丢失的情况。另外，对于部分自动化控制系统形成的统计数据，可实现生产数据的自动填报。

每个生产岗位将实际生产数据填报至系统，实现碎片化的一线数据一线填报。各业务主管人员审批填报的生产台账，审批通过后，将生产台账发布给具有相关权限的人员，方便相关人员及时查看。台账填报内容举例如下，具体台账内容需根据矿山实际情况进行定制。

1) 掘进台账

掘进台账用来记录在开拓、采准、切割工程中，根据采掘计划进行的采掘生产作业。每班完成采掘作业后，可在网页端或移动 APP 填报当班的掘进作业情况。填报的内容包括掘进类型、班组、班次、掘进作业地点、设备、掘进进尺、掘进方量、相关其他事项。掘进台账如图 9-17 所示。

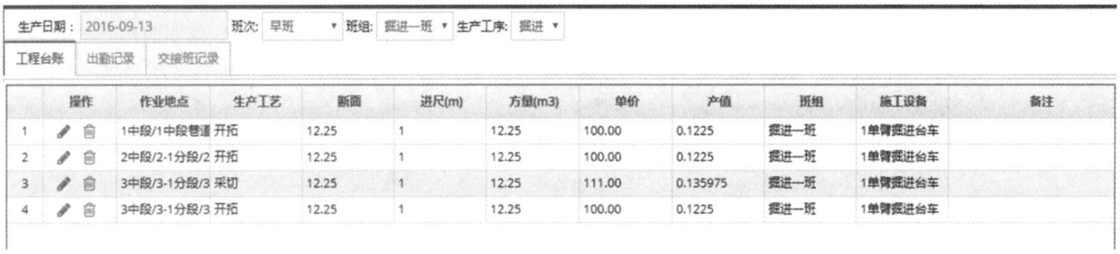
生产日期：2016-09-13　班次：早班　班组：掘进一班　生产工序：掘进
工程台账　出勤记录　交接班记录

	操作	作业地点	生产工艺	断面	进尺(m)	方量(m3)	单价	产值	班组	施工设备	备注
1		1中段/1中段巷道	开拓	12.25	1	12.25	100.00	0.1225	掘进一班	1单臂掘进台车	
2		2中段/2-1分段/2	开拓	12.25	1	12.25	100.00	0.1225	掘进一班	1单臂掘进台车	
3		3中段/3-1分段/3	采切	12.25	1	12.25	111.00	0.135975	掘进一班	1单臂掘进台车	
4		3中段/3-1分段/3	开拓	12.25	1	12.25	100.00	0.1225	掘进一班	1单臂掘进台车	

图 9-17　掘进台账

2) 爆破台账

爆破台账用来记录爆破落矿量，在生产中根据每天的作业计划在指定地点进行爆破作业。每班完成爆破落矿作业后，在网页端或移动 APP 填报当班爆破台账。填报的内容包括班组、班次、爆破作业地点、炸药消耗、雷管消耗、导爆管/导爆索消耗、落矿量、其他事项。爆破台账如图 9-18 所示。

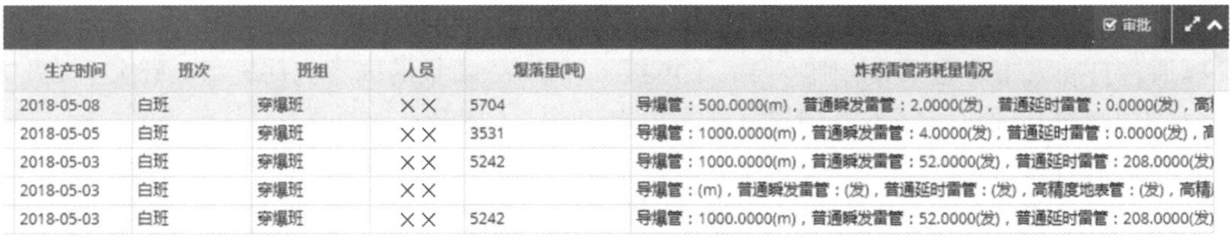
审批

生产时间	班次	班组	人员	爆落量(吨)	炸药雷管消耗量情况
2018-05-08	白班	穿爆班	××	5704	导爆管：500.0000(m)，普通瞬发雷管：2.0000(发)，普通延时雷管：0.0000(发)，高
2018-05-05	白班	穿爆班	××	3531	导爆管：1000.0000(m)，普通瞬发雷管：4.0000(发)，普通延时雷管：0.0000(发)，高
2018-05-03	白班	穿爆班	××	5242	导爆管：1000.0000(m)，普通瞬发雷管：52.0000(发)，普通延时雷管：208.0000(发)
2018-05-03	白班	穿爆班	××		导爆管：(m)，普通瞬发雷管：(发)，普通延时雷管：(发)，高精度地表管：(发)，高精
2018-05-03	白班	穿爆班	××	5242	导爆管：1000.0000(m)，普通瞬发雷管：52.0000(发)，普通延时雷管：208.0000(发)

图 9-18　爆破台账

3)穿孔台账

穿孔台账填报的内容主要包括日期、班次、穿孔位置、穿孔量。穿孔台账如图 9-19 所示。

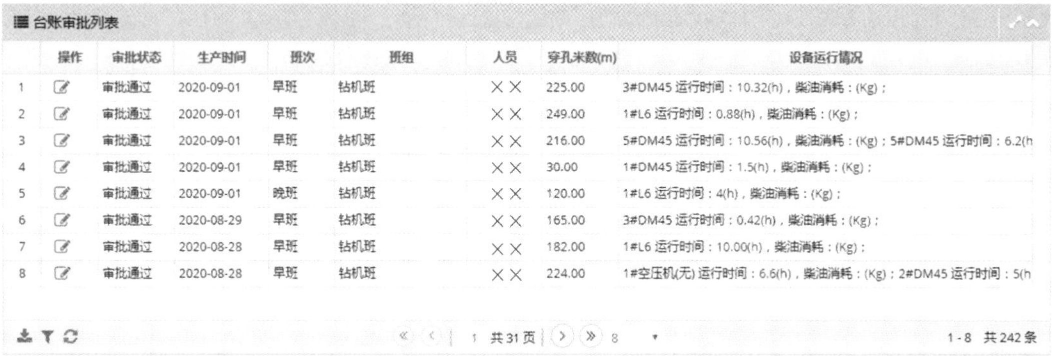
台账审批列表

	操作	审批状态	生产时间	班次	班组	人员	穿孔米数(m)	设备运行情况
1		审批通过	2020-09-01	早班	钻机班	××	225.00	3#DM45 运行时间：10.32(h)，柴油消耗：(Kg)；
2		审批通过	2020-09-01	早班	钻机班	××	249.00	1#L6 运行时间：0.88(h)，柴油消耗：(Kg)；
3		审批通过	2020-09-01	早班	钻机班	××	216.00	5#DM45 运行时间：10.56(h)，柴油消耗：(Kg)；5#DM45 运行时间：6.2(h
4		审批通过	2020-09-01	早班	钻机班	××	30.00	1#DM45 运行时间：1.5(h)，柴油消耗：(Kg)；
5		审批通过	2020-09-01	晚班	钻机班	××	120.00	1#L6 运行时间：4(h)，柴油消耗：(Kg)；
6		审批通过	2020-08-29	早班	钻机班	××	165.00	3#DM45 运行时间：0.42(h)，柴油消耗：(Kg)；
7		审批通过	2020-08-28	早班	钻机班	××	182.00	1#L6 运行时间：10.00(h)，柴油消耗：(Kg)；
8		审批通过	2020-08-28	早班	钻机班	××	224.00	1#空压机(无) 运行时间：6.6(h)，柴油消耗：(Kg)；2#DM45 运行时间：5(h

1 共 31 页 8 1-8 共 242 条

图 9-19 穿孔台账

4)铲装台账

铲装台账填报的内容主要包括日期、班次、作业地点、产量。铲装台账如图 9-20 所示。

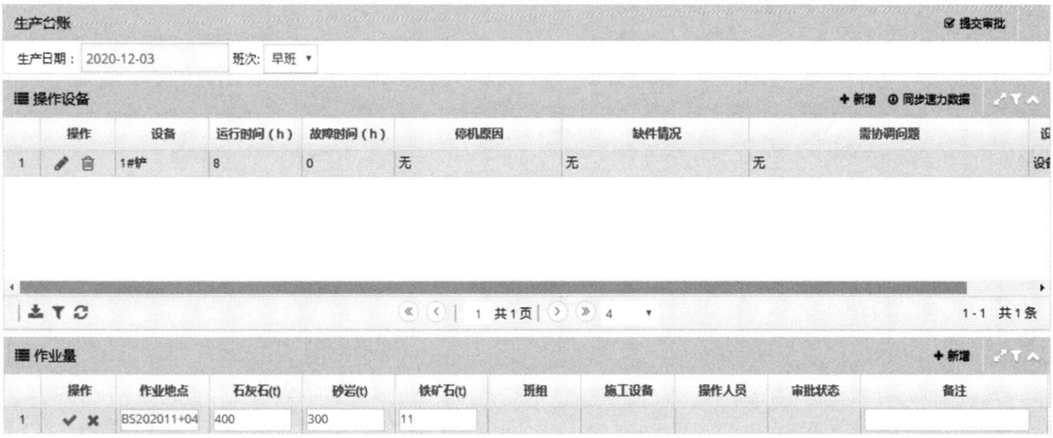
生产台账 提交审批

生产日期：2020-12-03 班次：早班

操作设备 新增 同步速力数据

	操作	设备	运行时间（h）	故障时间（h）	停机原因	缺件情况	需协调问题	设
1		1#铲	8	0	无	无	无	设

1 共 1 页 4 1-1 共 1 条

作业量 新增

	操作	作业地点	石灰石(t)	砂岩(t)	铁矿石(t)	班组	施工设备	操作人员	审批状态	备注
1	✔ ✖	BS202011+04	400	300	11					

图 9-20 铲装台账

5)提升台账

提升台账用来记录矿/废石从井下提升至地表的作业量。各提升班组根据每天的作业计划提升指定水平的矿石。每班完成提升后，在系统中确认当班的提升量。如果当班的作业量未能通过自动采集平台采集，则需要人工填报。其确认/填报的内容包括班组、班次、提升类型(矿石/废石)、提升井(主井/副井/新主井/新副井)、提升点、提升量、其他事项。

6)运输台账

运输台账填报的内容主要包括日期、班次、作业地点、产量。运输台账如图 9-21 所示。

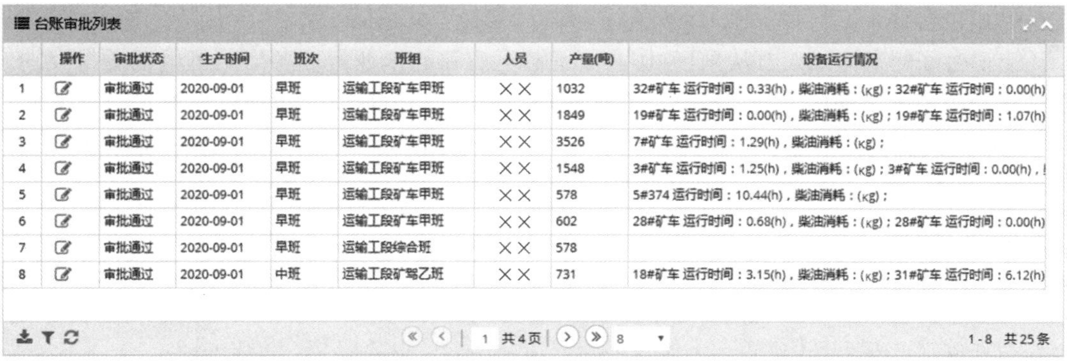

台账审批列表

	操作	审批状态	生产时间	班次	班组	人员	产量(吨)	设备运行情况
1		审批通过	2020-09-01	早班	运输工段矿车甲班	××	1032	32#矿车 运行时间：0.33(h)，柴油消耗：(kg)；32#矿车 运行时间：0.00(h)
2		审批通过	2020-09-01	早班	运输工段矿车甲班	××	1849	19#矿车 运行时间：0.00(h)，柴油消耗：(kg)；19#矿车 运行时间：1.07(h)
3		审批通过	2020-09-01	早班	运输工段矿车甲班	××	3526	7#矿车 运行时间：1.29(h)，柴油消耗：(kg)；
4		审批通过	2020-09-01	早班	运输工段矿车甲班	××	1548	3#矿车 运行时间：1.25(h)，柴油消耗：(kg)；3#矿车 运行时间：0.00(h)，
5		审批通过	2020-09-01	早班	运输工段矿车甲班	××	578	5#374 运行时间：10.44(h)，柴油消耗：(kg)；
6		审批通过	2020-09-01	早班	运输工段矿车甲班	××	602	28#矿车 运行时间：0.68(h)，柴油消耗：(kg)；28#矿车 运行时间：0.00(h)
7		审批通过	2020-09-01	早班	运输工段综合班	××	578	
8		审批通过	2020-09-01	中班	运输工段矿驾乙班	××	731	18#矿车 运行时间：3.15(h)，柴油消耗：(kg)；31#矿车 运行时间：6.12(h)

1　共4页　8　1-8　共25条

图 9-21　运输台账

7) 充填台账

充填台账用来记录地下采场空区充填的作业量。充填台账如图 9-22 所示。各充填班组按照每天的作业计划充填空区。每班完成充填工作后，在系统中确认当班充填量。若当班充填量未能通过自动采集平台采集，则需要人工填报。其确认/填报的内容包括班组、班次、充填作业点、充填量、充填时长、充填配比、其他事项。

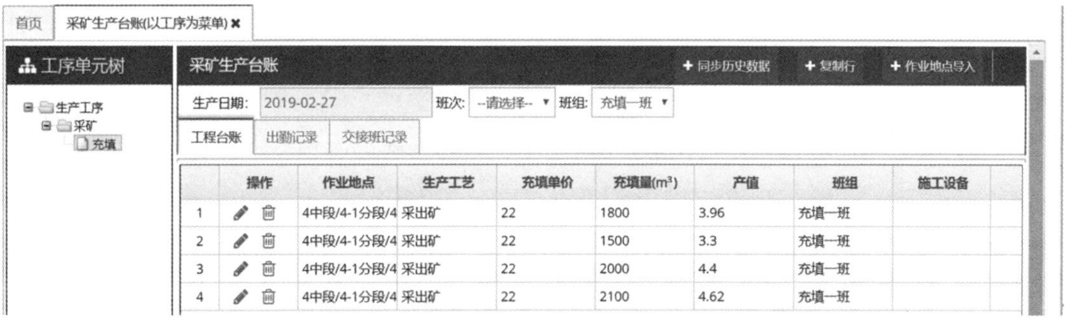

首页　采矿生产台账(以工序为菜单)

工序单元树：生产工序 / 采矿 / 充填

采矿生产台账　+同步历史数据　+复制行　+作业地点导入

生产日期: 2019-02-27　班次: --请选择--　班组: 充填一班

工程台账　出勤记录　交接班记录

	操作	作业地点	生产工艺	充填单价	充填量(m³)	产值	班组	施工设备
1		4中段/4-1分段/4	采出矿	22	1800	3.96	充填一班	
2		4中段/4-1分段/4	采出矿	22	1500	3.3	充填一班	
3		4中段/4-1分段/4	采出矿	22	2000	4.4	充填一班	
4		4中段/4-1分段/4	采出矿	22	2100	4.62	充填一班	

图 9-22　充填台账

8) 破碎台账

破碎台账填报的内容主要包括日期、班次、产量等。破碎台账如图 9-23 所示。

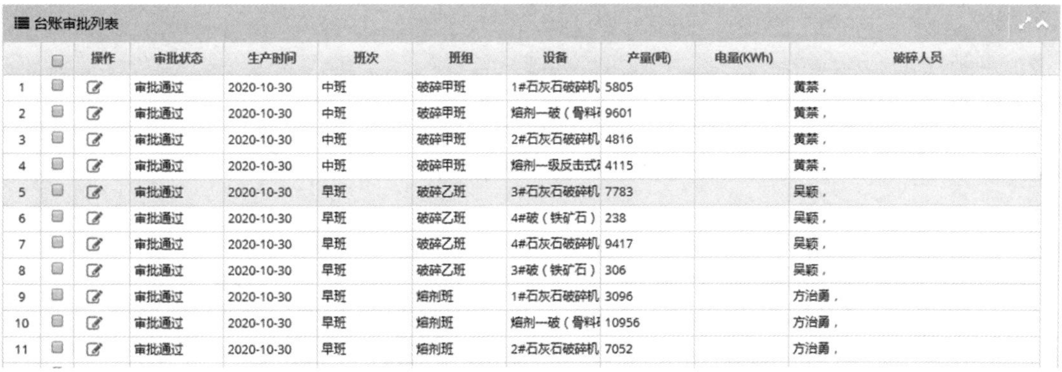

台账审批列表

		操作	审批状态	生产时间	班次	班组	设备	产量(吨)	电量(KWh)	破碎人员
1			审批通过	2020-10-30	中班	破碎甲班	1#石灰石破碎机	5805		黄荼，
2			审批通过	2020-10-30	中班	破碎甲班	熔剂一破（骨料	9601		黄荼，
3			审批通过	2020-10-30	中班	破碎甲班	2#石灰石破碎机	4816		黄荼，
4			审批通过	2020-10-30	中班	破碎甲班	熔剂一级反击式	4115		黄荼，
5			审批通过	2020-10-30	早班	破碎乙班	3#石灰石破碎机	7783		吴颖，
6			审批通过	2020-10-30	早班	破碎乙班	4#破（铁矿石）	238		吴颖，
7			审批通过	2020-10-30	早班	破碎乙班	4#石灰石破碎机	9417		吴颖，
8			审批通过	2020-10-30	早班	破碎乙班	3#破（铁矿石）	306		吴颖，
9			审批通过	2020-10-30	早班	熔剂班	1#石灰石破碎机	3096		方治勇，
10			审批通过	2020-10-30	早班	熔剂班	熔剂一破（骨料	10956		方治勇，
11			审批通过	2020-10-30	早班	熔剂班	2#石灰石破碎机	7052		方治勇，

图 9-23　破碎台账

9)出矿台账

出矿台账用来记录矿石从采场/作业面运输至溜井的作业量。各出矿班组根据每天的作业计划到指定位置进行出矿。每班完成出矿作业后,在网页端或移动 APP 填报当班出矿台账,填报的内容包括班组、班次、是否副产、出矿点、出矿量(车)、出矿设备、出矿时长、其他事项。

10)出渣台账

出渣台账用来记录废石从采场运输至溜井的作业量。各出矿班组根据每天的作业计划到指定位置进行出渣。每班完成出渣作业后,在网页端或移动 APP 填报当班出渣台账,填报的内容包括班组、班次、出渣点、出渣量(车)、出渣设备、出渣时长、其他事项。

9.4.7 生产设备管理

生产设备管理主要是对生产执行过程中的设备台账、设备状态、设备点检、设备运行台账、设备保养、设备故障、设备检修、设备隐患、设备消耗、修旧利废进行管理。

1)设备台账

在生产执行系统中设备台账记录在用设备名称、设备编码、投用时间、型号规格、使用部门、安装地点、使用年限等设备信息。

2)设备状态管理

设备状态管理包括设备移动记录、设备使用记录(安装、运行、维修、停用、封存、报废等)、设备移交记录(工程)、调试记录(基础数据、测试报告)等的管理。

3)设备点检管理

设备点检管理包括设备点检标准、点检计划、点检台账的管理,如图 9-24 所示。

	操作	检查内容	通报时间	通报录入系统时间	通报人
1	👁	消防安全隐患专项检查通报 矿维专【2020】33号	2020-11-08	2020-11-09 13:53:25	何润球
2	👁	关于卡调运行及劳动纪律情况检查通报 矿运设【20	2020-11-07	2020-11-09 12:55:41	吴伟才
3	👁	关于设备运行情况检查通报 矿运设【2020】59号	2020-11-06	2020-11-09 12:49:32	吴伟才
4	👁	维修工段特种车辆安全性能检查通报 矿维设【20		2020-11-08 20:44:24	何润球
5	👁	关于卡调运行情况及劳动纪律情况检查通报 矿		2020-11-02 12:51:49	吴伟才
6	👁	关于卡调运行情况检查通报 矿运设【2020】57		2020-11-02 15:59:17	吴伟才
7	👁	包胜龙:10.29现场作业安全及劳动纪律检查		2020-11-03 19:34:10	包胜龙
8	👁	自营设备二级点检专项检查通报 矿台设[2020] 22#	2020-10-29	2020-10-29 11:28:18	吕欢欢

附件信息管理

	文件	附件名称	备注
1		矿运设【2020】60号.pdf	

图 9-24 设备点检

(1)点检标准。

点检标准即每台设备的点检维护标准,包括点检维护部位、维护方式、维护周期等信息,为后续指定计划及执行点检维护操作提供基本依据。

（2）点检计划。

点检计划是将设备保养检修计划维护到系统，定期按计划进行保养检修，提前提醒保养检修并自动生成记录。

（3）点检台账。

点检台账是根据设备点检维护计划内容，记录设备点检维护详情，在点检维护过程中发现的故障，直接跳转到设备故障界面进行设备故障登记。

4）设备运行台账

设备运行台账主要实现对设备运行中的开、停机时间，停机原因，故障时间，使用状态，运行状况评估等进行记录和分析，根据公司实际需求及相关指令将所有停工情况上报总部，并能形成设备完好率、故障率、设备可利用率等指标，便于对设备进行评估分析。

5）设备保养管理

设备保养管理是指对设备进行定期的检查、维护、保养和修理，以确保设备能够正常运行并且延长设备的使用寿命。通过对设备的保养管理，可以及时发现和解决设备存在的问题，提高设备的运行效率和使用效果，减少设备故障的发生率。

设备保养管理包括设备保养标准、设备保养计划、设备保养台账三部分。

（1）设备保养标准。

设备保养标准详情包括保养部位、保养内容、保养标准、保养周期和备注信息，如图9-25所示。

图 9-25　设备保养标准

（2）设备保养计划。

设备保养计划除设备基本信息外，还有保养部位、预计保养日期、逾期天数、备注信息，所有信息由系统自动生成，如图9-26所示。

（3）设备保养台账。

设备保养台账是对设备保养记录进行统计，包括保养部位、保养内容、保养时间、保养人员、保养描述、保养费用、保养工时、保养结果和备注信息，如图9-27所示。

图 9-26　设备保养计划

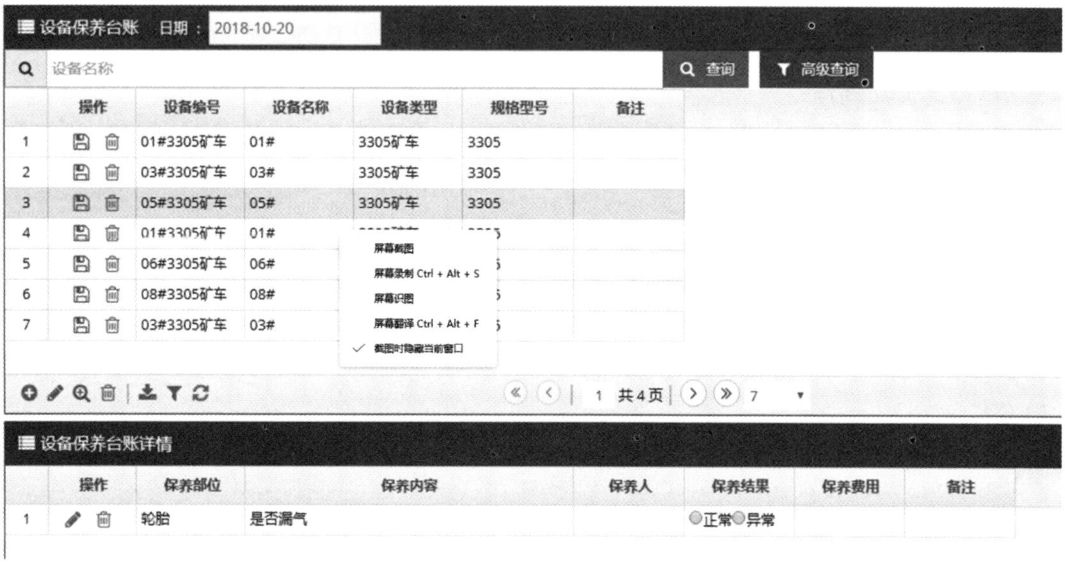

图 9-27　设备保养台账

6）设备故障管理

设备故障管理包括设备故障维护和设备故障统计两部分。

（1）设备故障维护。

管理设备在点检、润滑、保养期间发现的故障，以及设备在运行过程中的突发故障，记录设备的故障信息、维修信息和备品备件更换信息，如图 9-28 所示。

（2）设备故障统计。

统计设备故障数目、故障时长、故障停机时长、维修工时、维修费用、平均故障时长、平均故障停机时长、平均维修工时、平均维修费用，同时对故障数目按照故障类型进行统计。

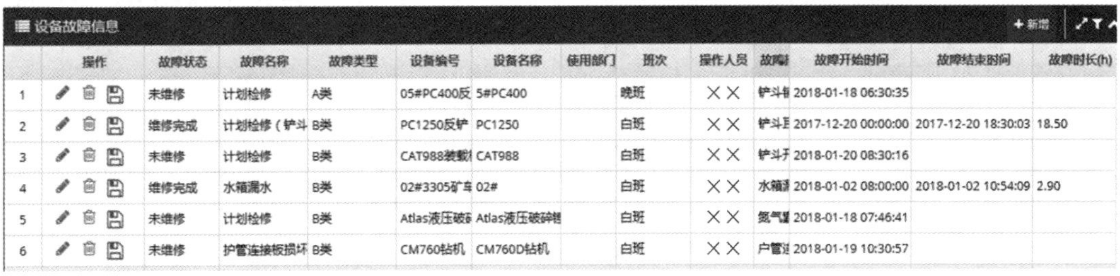

	操作	故障状态	故障名称	故障类型	设备编号	设备名称	使用部门	班次	操作人员	故障	故障开始时间	故障结束时间	故障时长(h)
1	✏🗑💾	未维修	计划检修	A类	05#PC400反	5#PC400		晚班	××	铲斗壹	2018-01-18 06:30:35		
2	✏🗑💾	维修完成	计划检修（铲斗	B类	PC1250反铲	PC1250		白班	××	铲斗壹	2017-12-20 00:00:00	2017-12-20 18:30:03	18.50
3	✏🗑💾	未维修	计划检修	B类	CAT988装载	CAT988		白班	××	铲斗壹	2018-01-20 08:30:16		
4	✏🗑💾	维修完成	水箱漏水	B类	02#3305矿车	02#		白班	××	水箱壹	2018-01-02 08:00:00	2018-01-02 10:54:09	2.90
5	✏🗑💾	未维修	计划检修	B类	Atlas液压破碎	Atlas液压破碎锤		白班	××	氮气壹	2018-01-18 07:46:41		
6	✏🗑💾	未维修	护管连接板损坏	B类	CM760钻机	CM760D钻机		白班	××	户管壹	2018-01-19 10:30:57		

图 9-28　设备故障维护界面

7）设备检修管理

根据设备隐患登记情况和设备隐患整改情况编制设备的检修计划，该计划主要由驾驶员、巡检工发起，并将流程推送给维修人员。维修人员接受维修任务后对设备进行检修，完成维修后将维修结果填报到系统，并将维护完成的图片以附件形式上传到系统中。设备检修管理界面如图 9-29 所示。

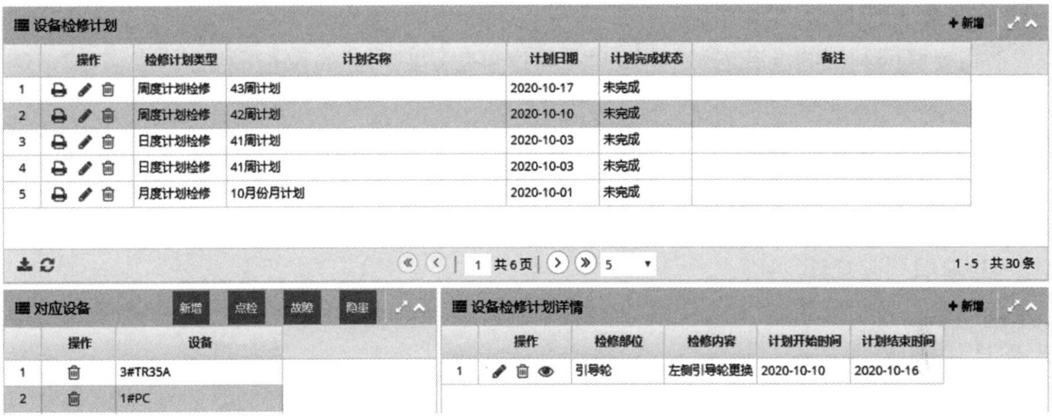

图 9-29　设备检修计划界面

8）设备隐患管理

（1）隐患数据上报。

对隐患发生的位置、时间、发现人、整改人等信息进行手动记录。

（2）隐患分级汇总。

按照隐患等级，对隐患进行分级汇总。

（3）隐患监控记录上传。

以附件的形式上传隐患监控记录，包含图片、文档等文件。设备隐患管理界面如图 9-30 所示。

9）设备消耗管理

设备消耗管理内容主要包括柴油消耗、备件消耗、轮胎单机消耗、润滑油消耗，可手动导入备件消耗、轮胎单机消耗、润滑油消耗、柴油消耗信息，也可由物资系统自动导入。设

507

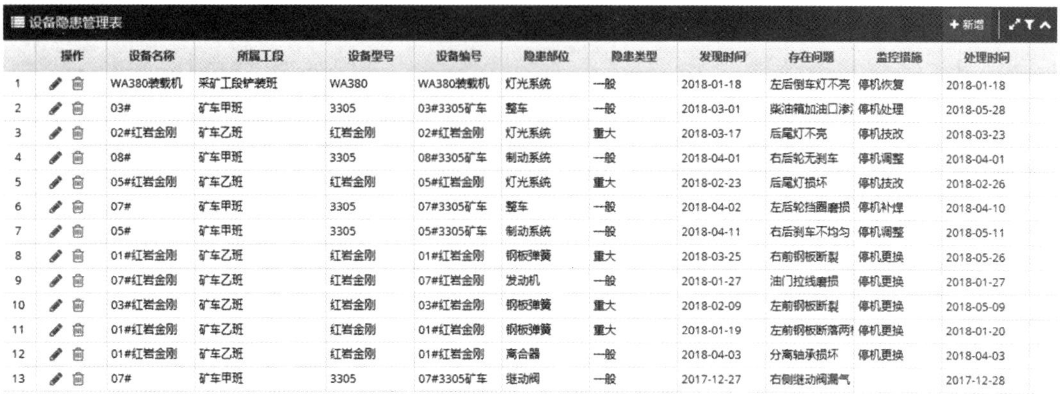

设备隐患管理表 + 新增

	操作	设备名称	所属工段	设备型号	设备编号	隐患部位	隐患类型	发现时间	存在问题	监控措施	处理时间
1		WA380装载机	采矿工段铲装班	WA380	WA380装载机	灯光系统	一般	2018-01-18	左后倒车灯不亮	停机恢复	2018-01-18
2		03#	矿车甲班	3305	03#3305矿车	整车	一般	2018-03-01	柴油箱加油口渗	停机处理	2018-05-28
3		02#红岩金刚	矿车乙班	红岩金刚	02#红岩金刚	灯光系统	重大	2018-03-17	后尾灯不亮	停机技改	2018-03-23
4		08#	矿车甲班	3305	08#3305矿车	制动系统	一般	2018-04-01	右后轮无刹车	停机调整	2018-04-01
5		05#红岩金刚	矿车乙班	红岩金刚	05#红岩金刚	灯光系统	重大	2018-02-23	后尾灯损坏	停机技改	2018-02-26
6		07#	矿车甲班	3305	07#3305矿车	整车	一般	2018-04-02	左后轮挡圈磨损	停机补焊	2018-04-10
7		05#	矿车甲班	3305	05#3305矿车	制动系统	一般	2018-04-11	右后刹车不均匀	停机调整	2018-05-11
8		01#红岩金刚	矿车乙班	红岩金刚	01#红岩金刚	钢板弹簧	重大	2018-03-25	右前钢板断裂	停机更换	2018-05-26
9		07#红岩金刚	矿车乙班	红岩金刚	07#红岩金刚	发动机	一般	2018-01-27	油门拉线磨损	停机更换	2018-01-27
10		03#红岩金刚	矿车乙班	红岩金刚	03#红岩金刚	钢板弹簧	重大	2018-02-09	左前钢板断裂	停机更换	2018-05-09
11		01#红岩金刚	矿车乙班	红岩金刚	01#红岩金刚	钢板弹簧	重大	2018-01-19	左前钢板断落两	停机更换	2018-01-20
12		01#红岩金刚	矿车乙班	红岩金刚	01#红岩金刚	离合器	一般	2018-04-03	分离轴承损坏	停机更换	2018-04-03
13		07#	矿车甲班	3305	07#3305矿车	继动阀	一般	2017-12-27	右侧继动阀漏气		2017-12-28

图 9-30 设备隐患管理界面

备消耗可设置异常报警值，报警信息发送给相关管理人员后由工段、分厂审核后再进行处理(柴油、燃油、轮胎、润滑油、炸药及雷管消耗从物资系统中读取，按月度报警，能够从 IC 卡加油系统中读取加油数据)。

10)修旧利废管理

(1)修旧利废申报。

对需要修旧利废的设备进行申报，申报的内容包括修旧利废设备编号、设备名称。申报后发起对应的审批流程。

(2)修旧利废过程登记。

对修旧利废的过程和结果进行登记。根据修旧利废计划(申报通过)，登记修旧利废时间和结果，如不成功还需要填报备注说明。

(3)修旧利废统计。

统计修旧利废情况，统计的内容包括修旧利废设备、修旧利废时间、修旧利废结果，如图 9-31 所示。

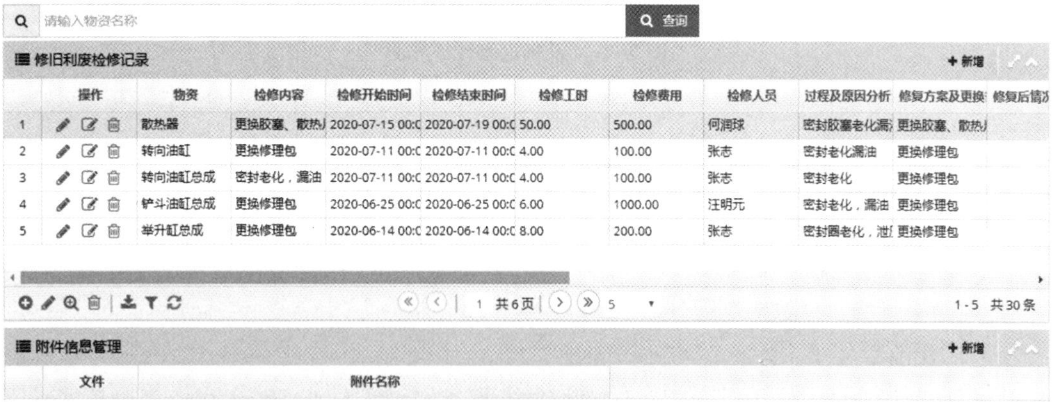

	操作	物资	检修内容	检修开始时间	检修结束时间	检修工时	检修费用	检修人员	过程及原因分析	修复方案及更换	修复后情况
1		散热器	更换胶塞、散热	2020-07-15 00:0	2020-07-19 00:0	50.00	500.00	何润球	密封胶塞老化漏	更换胶塞、散热	
2		转向油缸	更换修理包	2020-07-11 00:0	2020-07-11 00:0	4.00	100.00	张志	密封老化漏油	更换修理包	
3		转向油缸总成	密封老化，漏油	2020-07-11 00:0	2020-07-11 00:0	4.00	100.00	张志	密封老化	更换修理包	
4		铲斗油缸总成	更换修理包	2020-06-25 00:0	2020-06-25 00:0	6.00	1000.00	汪明元	密封老化，漏油	更换修理包	
5		举升缸总成	更换修理包	2020-06-14 00:0	2020-06-14 00:0	8.00	200.00	张志	密封圈老化，泄	更换修理包	

图 9-31 修旧利废统计界面

9.4.8　生产验收管理

结合矿山工程实际施工情况，平台主要对掘进工程、采场情况、充填情况、临时工程情况进行验收管理。

1）掘进验收

掘进验收是在开拓、采准、切割工程完成后，根据掘进实际情况进行验收。每个工程完成验收后，可在电脑端或手机端填报验收结果。填报的内容包括掘进类型、掘进作业地点、验收状态（通过）、掘进进尺、掘进方量、其他相关事项。如验收不通过，则填报内容包括掘进类型、掘进作业地点、验收状态（不通过）、原因、整改措施、整改人、其他事项。

2）采场验收

采场验收是在完成采场采、出矿后，对采场进行验收。采场验收完成后在电脑端填报验收结果。其验收填报的内容有采场地点、采场体积、采场情况说明、其他相关事项。

3）充填验收

充填验收是在完成采场空区验收后，对空区进行充填。充填验收完成后在电脑端填报验收结果。填报的内容有充填地点、充填方量、充填情况说明、其他相关事项。

4）临时工程签证

临时工程签证主要为矿山临时性工程的验收管理。

9.4.9　质检化验管理

1）样品条码管理

化验样品取样并送检化验的过程需得到唯一的编号，该编号作为后期化验、样品化验结果登记、样品化验结果发布的唯一识别码。系统根据取样点、班次、取样日期、样品类型、送检样号等信息自动生成样品条码。

2）样品取样点管理

系统提供取样点信息填报功能，取样点信息填报完成后自动同步到样品条码管理模块。

3）化验结果

系统提供化验结果数据手动录入与自动获取两种方式。根据前端化验仪器设备情况，尽量做到自动读取化验结果，避免人工输入产生错误。化验结果通过审批后，根据样品编号及送检部门，自动将化验结果推送到相关部门，并对所有的化验结果进行电子存档，以便于查阅。

9.4.10　采矿指标管理

采矿指标管理是通过自动采集、人工填报方式实现一定周期内采矿量、掘进量、采掘比、矿石损失率、贫化率、计划量、实际生产量、穿孔量、出矿量、下料量、破碎产量、铲装产量、转场量、辅助产量、采出矿品位、采出矿金属量、充填方量等数据的归档统计与展示，如图 9-32 所示。

	操作	年份	月份	石灰石类月消耗备件金额(元)	石灰石类月产量(吨)	砂岩类月消耗备件金额(元)	砂岩类月产量(吨)
1	✏🗑📋	2020	1	413207.51	1723088.80	271903.00	163075.00
2	✏🗑📋	2020	2	344619.09	928616.00	320970.50	114200.00
3	✏🗑📋	2020	3	402940.57	1345060.00	70908.50	139025.00
4	✏🗑📋	2020	4	545147.67	1724296.00	283668.40	199325.00
5	✏🗑📋	2020	5	758709.99	2113623.00	121766.10	202750.00
6	✏🗑📋	2020	6	517887.81	1961331.00	198805.00	184871.00
7	✏🗑📋	2020	7	558065.12	1829336.00	108070.50	208377.00
8	✏🗑📋	2020	8	691301.84	1944729.00	223811.00	190825.00
9	✏🗑📋	2020	9	718709.99	2103623.00	120766.10	201750.00
10	✏🗑📋	2020	10	600869.40	2054744.00	272422.10	187276.00
11	✏🗑📋	2019	10	590838.09	1734969.00	331473.26	144604.00
12	✏🗑📋	2019	11	575672.71	1573855.00	294880.05	163225.00

图 9-32　采矿指标管理界面

9.4.11　物料管理

通过建立相关物料的档案，对生产物料进行统一管理，包括物料的入库和消耗管理，以及物料库存数据的查询。

1）一级出库

一级出库包括物料名称、数量、金额、领用人、领用单位、作业类型等相关信息。

2）物料消耗

系统提供物料消耗填报功能，方便一线操作人员进行物料消耗数据填报。

3）线边库存查询

根据班组物料消耗填报信息，系统可计算出线边库存信息。

9.4.12　能源管理

能源管理即对矿山水、电、油、气能源资源进行管理，依据全矿能源计量统计模型，进行自动或人工计量汇总及校正，实现能源计量信息管理。系统提供三种方式对生产能源进行管理。一是设备仪表数据自动读取；二是提供网页端填报，需要考虑现场设备仪表数据不能自动提取，只能通过一线工人人工抄表的特殊情况；三是提供移动 APP 数据填报功能。

1）电耗管理

系统对电耗数据进行分工序、分区域管理。对不能实现自动提取的电耗数据，系统通过移动 APP 进行补充填报。

2）水耗管理

系统对水耗数据进行分工序、分区域管理。对不能实现自动提取的水耗数据，系统通过移动 APP 进行补充填报。

3）油耗管理

系统对油耗数据进行分工序、分区域管理。对不能实现自动提取的油耗数据，系统通过移动 APP 进行补充填报。

4）气耗管理

系统对气耗数据进行分工序、分区域管理。对不能实现自动提取的气耗数据，系统通过移动 APP 进行补充填报。

9.4.13　生产统计分析

采矿生产执行系统生产统计分析主要是对生产过程数据、计划数据、生产验收数据、产品产量质量数据、设备运行等进行进一步加工、处理，根据实际需求定制各类型的生产统计分析报表，形成生产管理所需的日报、周报、月报、季报、年报等，并对各类数据进行对比分析。

生产统计分析的内容包括掘进统计、爆破统计、出矿统计、提升统计、充填统计、排水统计、设备运行统计、破碎统计、影响因素统计分析、运输统计、能源消耗统计分析、计划对比分析、生产验收对比分析等。以下举例说明部分生产统计分析的内容，具体统计分析内容需根据实际情况进行定制。

1）掘进统计

对填报的掘进类型、班组、班次、掘进作业地点、设备、掘进进尺、掘进方量等内容进行统计，形成生产管理所需的日报、周报、月报、季报、年报。

2）爆破统计

对填报的爆破班组、班次、爆破作业地点、炸药消耗、雷管消耗、导爆管/导爆索消耗、落矿量等内容进行统计，形成生产管理所需的日报、周报、月报、季报、年报。

3）计划对比分析

对比分析生产计划与实际完成情况，分析生产计划的执行率，通过统计分析生产计划执行偏差的原因，为下月制定生产计划提供对应的参考。

4）设备运行统计

对生产设备进行分类统计，包括穿孔量、运行时间、产量、故障时间、完好率、台时等。

9.5　应用案例

9.5.1　三山岛金矿智能化生产管理系统

1）项目总体情况

山东黄金矿业（莱州）有限公司三山岛金矿（以下简称"三山岛金矿"）按夯实管理基础、精炼生产组织、监控矿石流动、精细成本管控的思路，将业务协同与 PDCA 闭环管理理论引入矿山生产信息管理中，研发应用了"三山岛金矿智能化生产管理系统"，对矿山生产的全过程、全环节、全要素进行管控，在提供实时准确的现场生产信息的同时，形成全面系统的生产统计分析数据，以辅助各级管理人员决策。

三山岛金矿采用"过程控制+安全生产+经营决策"的逻辑架构，核心思想是以地质资源的数字化与可视化为基础，采用生产过程数字化管控的手段，将集成化安全生产管理系统作为日常生产的执行与调度工具，并通过建设生产管理系统实现矿山生产组织、管理与控制的高效率与精细化运转。其主要生产业务及协同过程内容如9-33所示。

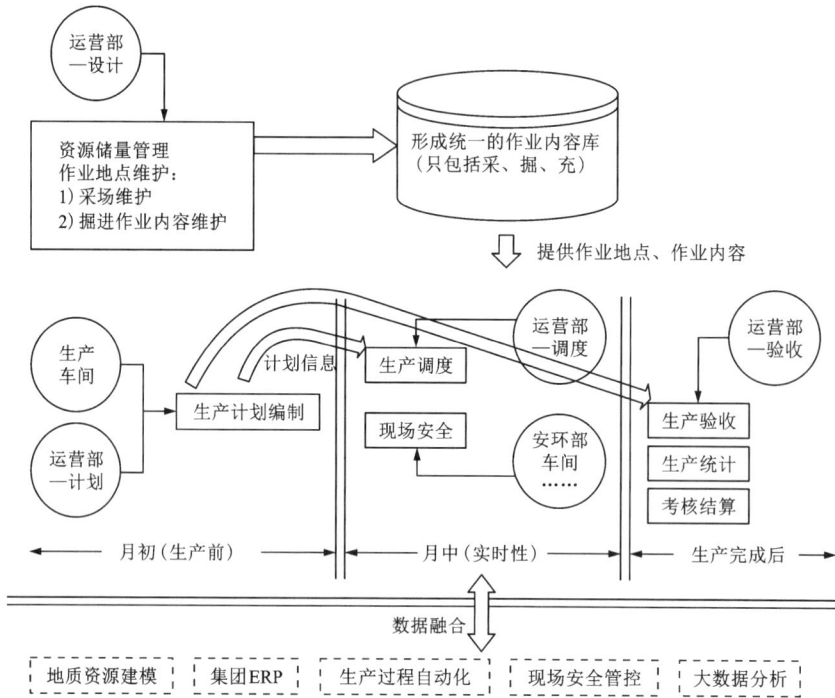

图 9-33 三山岛金矿主要生产业务及协同过程内容

2）系统功能体系

系统主要针对三山岛金矿资源与能力、计划与组织、执行与调度、总结与考核四个主题进行了规划设计，并形成了包括资源与能力、计划与组织、执行与调度、总结与考核等在内的业务应用系统，如图 9-34 所示。

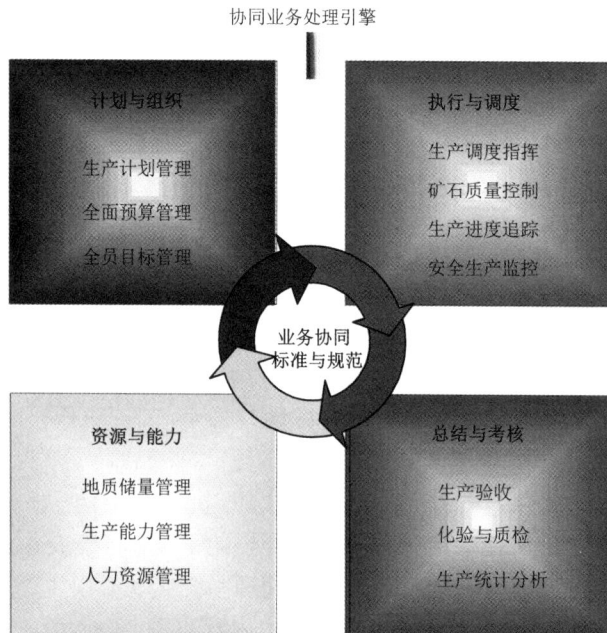

图 9-34 系统功能体系

（1）资源与能力——企业生产准备：包括资源准备和人、财、物的准备。

（2）计划与组织——生产资源优化配置：根据生产能力与资源条件，通过对矿山人力、财力、物力、资源等条件进行最优配置，对所接收的生产任务进行具体的落实和组织。

（3）执行与调度——生产过程控制：依据计划与生产组织，安排生产并采集生产过程中产生的信息，为总结与考核提供高效准确的数据。

（4）总结与考核——生产效果评价：在一个生产周期结束后，对本周期生产效果进行总结，并基于此总结，以生产经营任务为目标，以考核实施办法为准则，以生产经营效果为依据，对各业务主体、部门、人员进行考核，并为下一生产周期的计划制订提供依据。

3）系统功能

（1）资源储量管理：包括两率管理、储量管理、系统维护和辅助功能等，如图9-35所示。

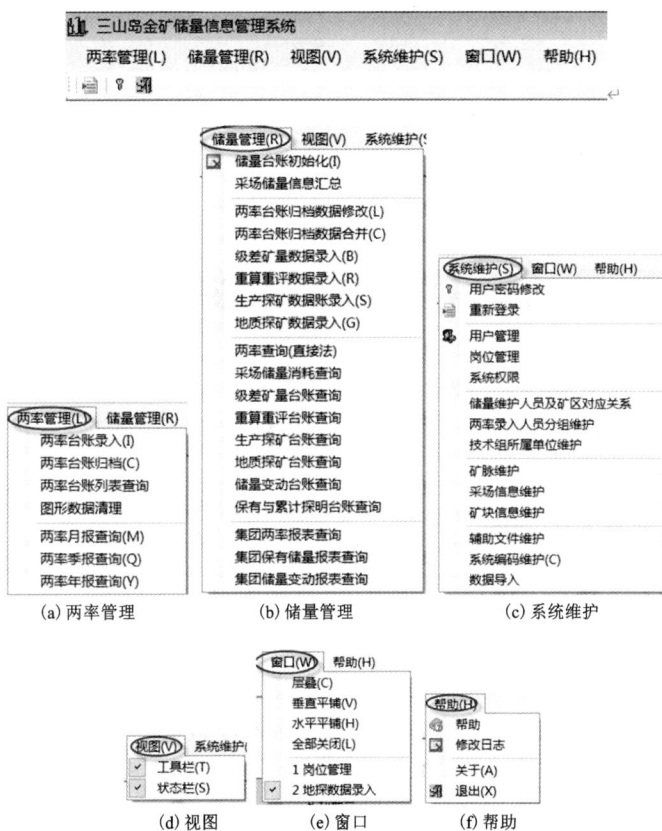

图 9-35　系统功能实现——资源储量管理

（2）生产计划管理：生产计划是矿山生产活动的源头，以集团下达的生产任务指标为基础，展开生产任务的初步分解与计划编制，各生产主体按照时间、作业地点、施工单位等维度进行详细规划与落实，通过提交审核的方式明确各生产主体的任务量，以保证生产任务有的放矢、稳步推进，最终借助综合信息服务平台发布生产计划信息。

（3）成本费用管理：生产计划的精细化延伸，建立成本费用管理体系和完善的企业成本费用管理制度，实现生产计划任务所需成本的快速、准确核算，通过对企业资金流转与各项业务费用的分配,完成企业生产经营活动的精细化管控。

(4)生产调度管理:连接矿山生产各个环节、搞好综合平衡的枢纽,组织实现生产作业计划,并对产生的动态情况和原始数据进行及时、准确的记录,为各级领导、各部门了解生产、指挥生产提供真实可靠的依据。

(5)项目检查与验收:对生产项目阶段性验收数据的管理,跟踪各部门及施工单位的项目进度情况,反映项目的工程量和质量信息,验收信息同时为工程量核算、生产考核提供依据。系统项目检查与验收功能应用展示如图9-36所示。

采场验收明细 + 新增

操作	作业地点	采矿方法	矿脉类型	本月采矿			
				采幅(m)	脉幅(m)	圆积(m)	体积(m3)
编辑　删除	29500900	房柱法		4.273649	3.99	18.286046	78.148148
编辑　删除	30000903	房柱法		3.179502	2.97	28.073345	89.259259
编辑　删除	V37-1001	残采		2.169492	2	10.072338	21.851852
编辑　删除	V3004	房柱法		2.354579	2.21	16.830874	39.62963
编辑　删除	030501	残采		3.141957	2.91	16.267288	51.111111
编辑　删除	031201	房柱法		3.357868	3.15	21.728955	72.962963
编辑　删除	051201-4	房柱法		3.635245	3.42	29.138595	105.925926
编辑　删除	010309	残采		2.32	2.17	43.742018	101.481481
编辑　删除	041201-3	残采		3.585214	3.38	28.925385	103.703704
编辑　删除	020503	房柱法		2.36	2.22	21.029504	49.62963

掘进验收明细

操作	巷道名称	性质	规格		实际完成(m)	合格(m)
			宽(m)	高(m)		
编辑　删除	9线9脉探矿天井	生探	1.6	1.4		36.3
编辑　删除	9线9脉探矿天井安全碉	生探	1.6	1.4		4
编辑　删除	-25中段9线8-2脉腰巷	采准	1.6	1.4		6.7
编辑　删除	0线44脉沿脉	生探	2	2		23.5
编辑　删除	13线8-2脉天井	生探	1.6	1.4		20
编辑　删除	9线19脉采场废石充填巷	采准	1.6	1.4		1.9
编辑　删除	9线19脉采场东顺路天井	采准	1.6	1.4		10
编辑　删除	7-9线8-2脉探矿天井	生探	1.6	1.4		10
编辑　删除	9线9脉采场沙斗探矿腰…	地探	1.2	1.8		5
编辑　删除	9线9脉采场天井探矿腰…	地探	1.2	1.8		7.8

图9-36　系统项目检查与验收功能应用展示

(6)项目考核与决算:生产管理的最后阶段,也是生产管理螺旋上升、提高水平的关键阶段。依据计划、验收及考核规范,对生产计划执行情况进行考核,依据合同及相关规定进行决算。同时,将工程效果反馈给相关各方,对于有偏差的工程,总结经验或责成相关单位整改落实。

(7)综合信息查询与信息发布:以所收集和汇总的生产作业计划、成本费用信息、生产调度信息、验收及决算信息为数据基础,开发综合查询与信息发布平台。跟踪各部门及施工单位的生产进度情况,实现在授权范围内的生产过程信息的查询功能。以数字化、图形化方式,为管理人员提供矿山生产全流程、全环节、全要素的过程控制细节,为管理人员了解生产进度、及时发现问题、快速调整生产布局提供决策支持。

9.5.2 海螺水泥数字化矿山智能管控系统

1）项目总体情况

海螺水泥建设智能矿山管控系统以石灰石质量控制为主线，建立了数字采矿软件系统、露天卡车调度系统、在线质量检测系统、生产执行系统、三维可视化集成管控系统，实现了矿山生产调度自动化和质量控制智能化，并依托智能管控平台完成生产、质量、设备等数据的自动采集和管理，从而达到了安全、高效、绿色开采的目的。

综合利用智能制造与现代信息化技术手段，通过建设露天矿生产执行系统，进一步融合采选装备、工艺、自动化与信息化，以提高生产设备和过程可靠性，提高过程自动化及操作智能化程度，稳定和优化流程，减员增效，提高技术和经济指标，提高新型竞争能力，建设国内领先的数字化矿山。

通过对设备进行数据采集，自动生成统计分析报表，使数据应用于管理，便于生产历史追溯。从矿山生产工艺流程入手，以资源管理—生产计划—生产调度—质检化验—生产统计为主线，实现生产计划以及生产工单的审批、查阅，在日常生产管理中对计划的执行情况进行跟踪；对产量数据、设备运行情况、质检化验信息等生产过程数据进行跟踪。最后通过对生产过程数据进行统计，对各项指标进行对比分析，并依据分析结果进一步优化生产计划，优化生产组织方式。生产执行系统平台中数据可以通过数据中心实时显示，重要生产信息可以通过数字矿山 VR 系统平台集中显示和传输到手机 APP，便于生产调度及生产管理决策。数字化矿山平台建设整体架构、露天矿生产全业务流程覆盖以及数字化矿山智能管控平台分别如图 9-37~图 9-39 所示。

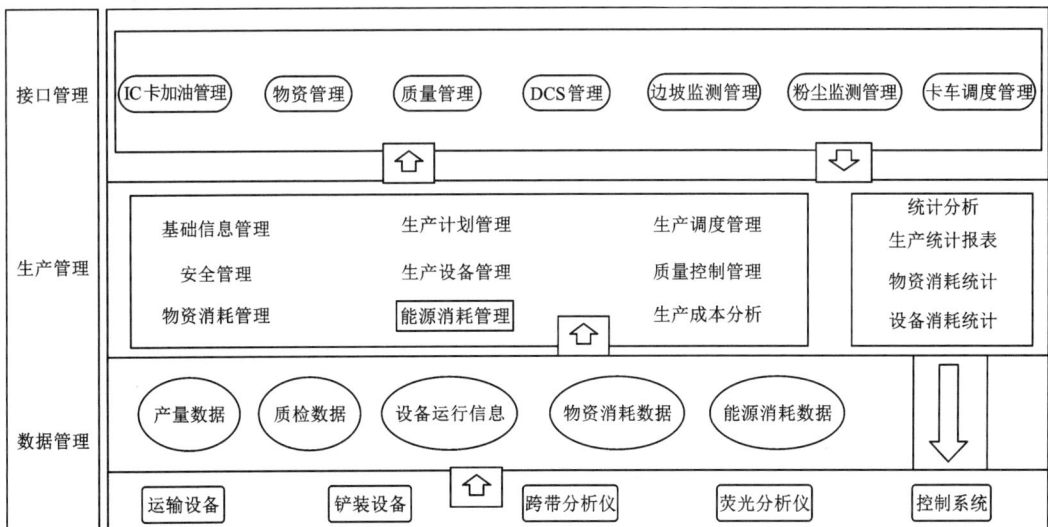

图 9-37 数字化矿山平台建设整体架构

1）系统功能

（1）生产计划管理：全面及科学制定生产计划，全面实时监控生产执行过程，及时进行反馈和纠正。生产计划主要包括中长期计划、年计划、季度计划、月计划等，生产计划在数字采矿软件中编制，编制好后直接将其数据提交数据中心，生产执行系统直接在数据中心获

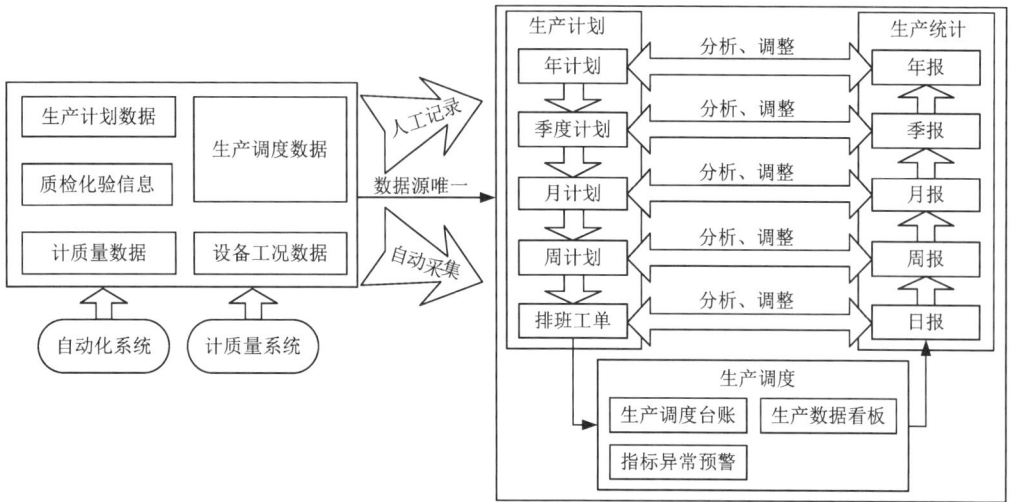

图 9-38 露天矿生产全业务流程覆盖

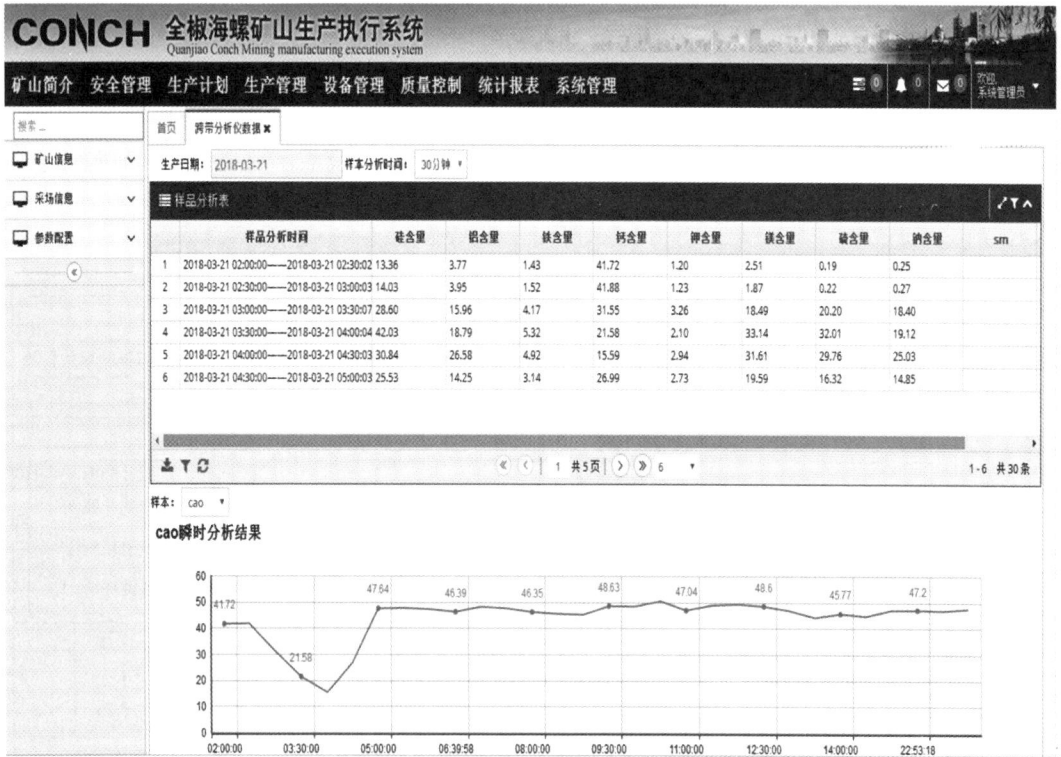

图 9-39 数字化矿山智能管控平台

取生产计划数据,生产执行系统提取数据中心数据后按审批流程逐级进行审批,以便于矿山对计划进行跟踪管理。

(2)生产管理:主要对生产管理中的主要台账进行管理,具体包括穿孔、爆破、铲装、运输、破碎等台账。

（3）设备管理：以设备全生命周期管理为主线，对矿山所有设备进行综合管理，实现设备从规划、设计、制造、安装、调试、使用、维护、维修、改造、报废，直至废品处理和销售的全过程、全生命周期跟踪及全方位管控。设备管理包括设备资产信息管理、设备运行管理、设备专项检查管理、设备保养管理、设备维修管理、设备隐患管理、状态监控、设备事故、修旧利废等，如图 9-40 所示。

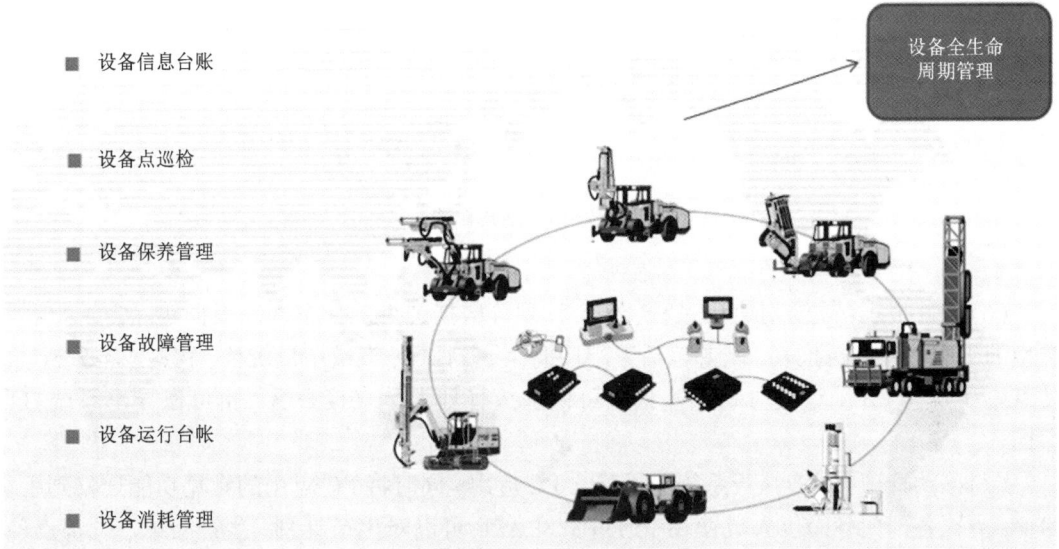

图 9-40　设备管理

（4）质量控制管理：以质检化验数据传递为核心，实现从原材料检验、中间品检验到产成品化验情况的全面管理，以及实现化验从送样、化验、结果发布全过程的跟踪管理。质量控制管理如图 9-41 所示。在化验过程中，使用唯一的编码保障样品与化验结果的对应。结合现有自动化验设备，自动获取化验设备结果数据，减少人工的二次抄录。采集或同步其他系统计量数据，自动生产产品质量化验报表，定向发布至相关管理人员。

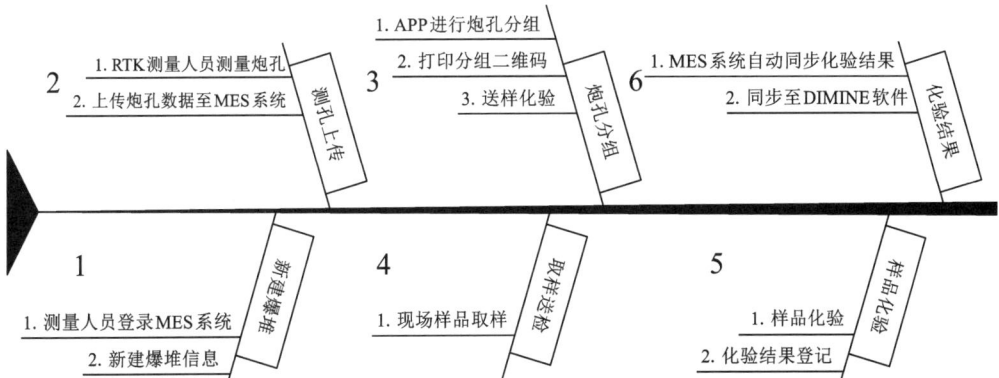

图 9-41　质量控制管理

（5）炮孔管理，如图 9-42 所示。

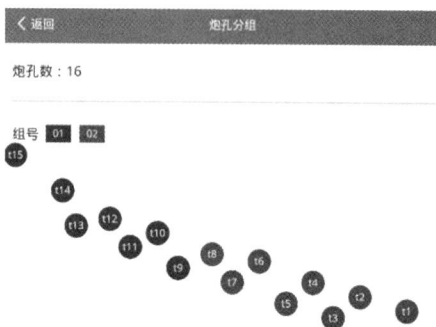

图 9-42　炮孔管理

（6）统计报表：主要对生产过程、生产计划等数据进行统计整理。根据实际需求定制各类型的生产统计分析报表，主要包括生产日报、设备日报、人员产量统计、物料成本分析、日盘点库存测量、开采计划分析图。报表可供上级管理人员直接查看，也可以导出系统打印存档。。

（7）移动管理：生产执行系统除了建立 PC 应用，同时将 PC 应用的常见功能迁移到手机 APP，方便各部门各岗位人员使用，通过手机 APP 可以对生产计划、生产台账、设备点检、检修、保养、岗位工交接班、设备隐患、设备事故信息上报、设备消耗、设备运行信息、安全环保、质量控制、统计报表等及时进行业务处理，如图 9-43 所示。

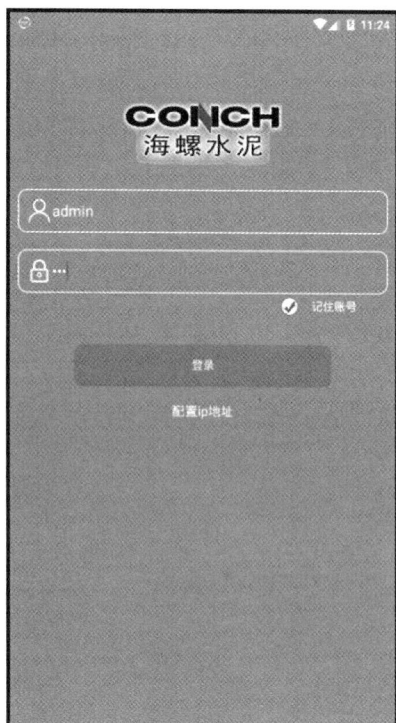

(a) 登录　　　　　　　　　　　　　　　(b) 首页

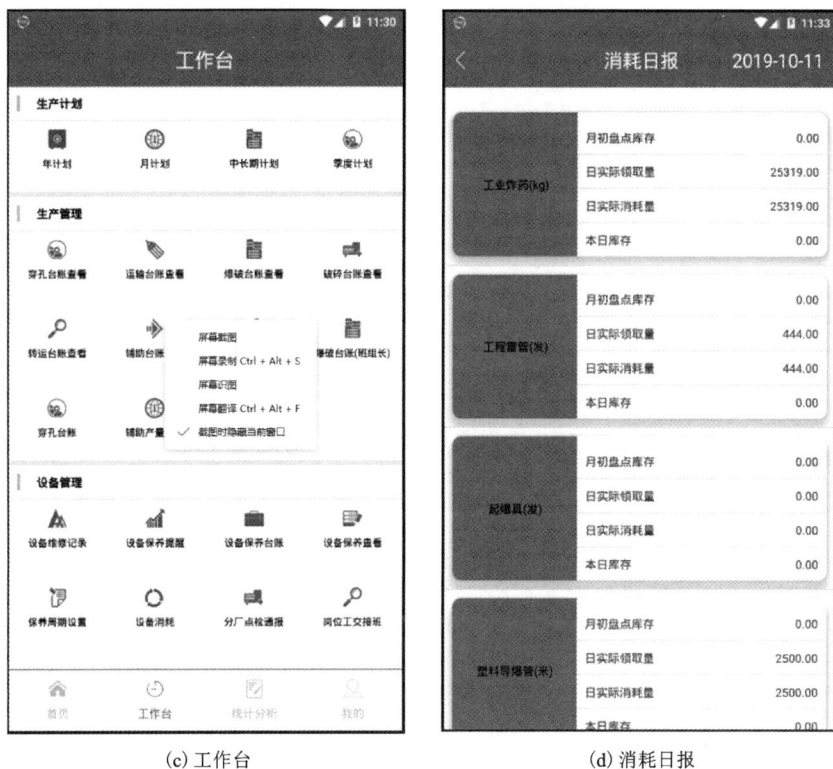

(c) 工作台　　　　　　　　　　(d) 消耗日报

图 9-43　移动管理

参考文献

[1] 龚林懋. 论矿山企业的信息化应用[J]. 广东科技, 2013, 22(12): 163, 147.

[2] 周广超, 杨晓亮. 核电站三维数字化工程信息管理系统平台开发[J]. 核工程研究与设计, 2011(1): 96-100.

[3] 宋震, 陈剑, 卢冰清, 等. 面向服务的智慧矿山建设[J]. 资源与产业, 2013, 15(2): 55-59.

[4] 高程. 解析自动化、信息化与数字矿山[J]. 大科技, 2013(4): 287-288.

[5] 贾学良. 浅谈矿山企业档案信息化建设[J]. 统计与管理, 2012(3): 63-65.

[6] 王娟. 浅析矿山数字化建设的问题[J]. 华北国土资源, 2014(2): 96-97.

[7] 王李管, 陈鑫. 数字矿山技术进展[J]. 中国有色金属学报, 2016, 26(8): 1693-1710.

[8] 刘益江. 数据仓库的数据质量分析与评价[D]. 广州: 广东工业大学, 2012.

[9] 姜川, 许世范. 数字矿山——矿山企业信息化的方向[J]. 黄金, 2004, 25(5): 25-28.

[10] 张丽丽. 新疆某地浸矿山资源储量三维动态管理研究[D]. 石家庄: 石家庄经济学院, 2015.

[11] 王正祥, 李马, 杨莉萍, 等. 矿山信息化建设的探讨[J]. 矿山机械, 2008, 36(20): 45-48.

[12] 王李管. 数字矿山技术发展与应用高层论坛论文集[M]. 长沙: 中南大学出版社, 2013.

[13] 刘晓峰, 杨文忠. 矿山生产管理[M]. 北京: 中国劳动社会保障出版社, 2010.

图书在版编目（CIP）数据

采矿手册. 第六卷，矿山智能化／王李管主编. ——
长沙：中南大学出版社，2024.4
ISBN 978-7-5487-5710-8

Ⅰ. ①采… Ⅱ. ①王… Ⅲ. ①矿山开采－技术手册
②智能技术－应用－矿山开采－技术手册 Ⅳ. ①TD8-62

中国国家版本馆 CIP 数据核字（2024）第 035574 号

采矿手册　　第六卷　　矿山智能化
CAIKUANG SHOUCE　DILIU JUAN　KUANGSHAN ZHINENGHUA

古德生 ◎ 总主编
王李管 ◎ 主　编
毕　林　胡建华 ◎ 副主编

□出 版 人　林绵优
□责任编辑　刘小沛　胡　炜
□封面设计　殷　健
□责任印制　唐　曦
□出版发行　中南大学出版社
　　　　　　社址：长沙市麓山南路　　　　邮编：410083
　　　　　　发行科电话：0731-88876770　　传真：0731-88710482
□印　　装　湖南省众鑫印务有限公司

□开　　本　787 mm×1092 mm　1/16　□印张 34　□字数 829 千字
□互联网+图书　二维码内容　字数 1 千字　图片 18 张
□版　　次　2024 年 4 月第 1 版　　□印次 2024 年 4 月第 1 次印刷
□书　　号　ISBN 978-7-5487-5710-8
□定　　价　228.00 元